中 国 国 家 标 准 汇 编

523

GB 28062～28108

（2011 年制定）

中国标准出版社　编

中国标准出版社

北　京

图书在版编目(CIP)数据

中国国家标准汇编:2011 年制定.523:GB 28062～28108/中国标准出版社编.—北京:中国标准出版社,2012
ISBN 978-7-5066-6978-8

Ⅰ.①中…　Ⅱ.①中…　Ⅲ.①国家标准-汇编-中国-2011　Ⅳ.①T-652.1

中国版本图书馆 CIP 数据核字(2012)第 197810 号

中国标准出版社出版发行
北京市朝阳区和平里西街甲 2 号(100013)
北京市西城区三里河北街 16 号(100045)

网址 www.spc.net.cn
总编室:(010)64275323　发行中心:(010)51780235
读者服务部:(010)68523946

中国标准出版社秦皇岛印刷厂印刷
各地新华书店经销

*

开本 880×1230　1/16　印张 39.5　字数 1 192 千字
2012 年 10 月第一版　2012 年 10 月第一次印刷

*

定价 220.00 元

出 版 说 明

1.《中国国家标准汇编》是一部大型综合性国家标准全集。自1983年起，按国家标准顺序号以精装本、平装本两种装帧形式陆续分册汇编出版。它在一定程度上反映了我国建国以来标准化事业发展的基本情况和主要成就，是各级标准化管理机构，工矿企事业单位，农林牧副渔系统，科研、设计、教学等部门必不可少的工具书。

2.《中国国家标准汇编》收入我国每年正式发布的全部国家标准，分为“制定”卷和“修订”卷两种编辑版本。

“制定”卷收入上一年度我国发布的、新制定的国家标准，顺延前年度标准编号分成若干分册，封面和书脊上注明“20××年制定”字样及分册号，分册号一直连续。各分册中的标准是按照标准编号顺序连续排列的，如有标准顺序号缺号的，除特殊情况注明外，暂为空号。

“修订”卷收入上一年度我国发布的、被修订的国家标准，视篇幅分设若干分册，但与“制定”卷分册号无关联，仅在封面和书脊上注明“20××年修订-1，-2，-3，……”字样。“修订”卷各分册中的标准，仍按标准编号顺序排列(但不连续)；如有遗漏的，均在当年最后一分册中补齐。需提请读者注意的是，个别非顺延前年度标准编号的新制定的国家标准没有收入在“制定”卷中，而是收入在“修订”卷中。

读者配套购买《中国国家标准汇编》“制定”卷和“修订”卷则可收齐由我社出版的上一年度我国制定和修订的全部国家标准。

3. 由于读者需求的变化，自1996年起，《中国国家标准汇编》仅出版精装本。

4. 2011年我国制修订国家标准共1 989项。本分册为“2011年制定”卷第523分册，收入国家标准GB 28062～28108的最新版本。

中国标准出版社

2012年8月

目　　录

ICS 65.020.01
B 16

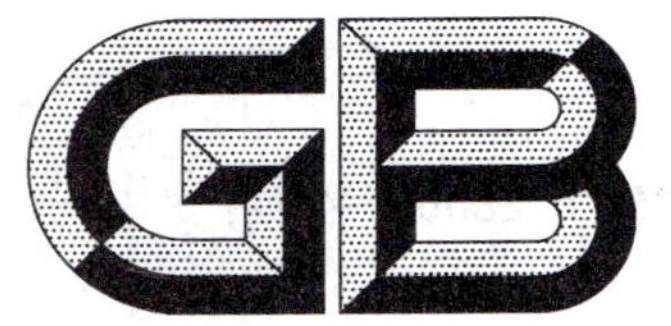

中华人民共和国国家标准

GB/T 28062—2011

柑桔黄龙病菌实时荧光PCR检测方法

Detection of *Candidatus* Liberibacter asiaticus using the real-time fluorescent PCR

2011-12-30 发布　　2012-06-01 实施

中华人民共和国国家质量监督检验检疫总局
中国国家标准化管理委员会　发布

前　　言

本标准按照 GB/T 1.1—2009 给出的规则起草。

本标准由全国植物检疫标准化技术委员会(SAC/TC 271)提出并归口。

本标准起草单位:重庆大学、农业部农业技术推广服务中心、中华人民共和国北京出入境检验检疫局。

本标准主要起草人:殷幼平、王中康、王玉玺、高文娜、夏玉先、曹月青、彭国雄、李正国。

柑桔黄龙病菌实时荧光 PCR 检测方法

1 范围

本标准规定了柑桔黄龙病亚洲韧皮杆菌(*Candidatus* Liberibacter asiaticus)实时荧光 PCR 检测的样品制备、检测操作方法及结果判定标准。

本标准适用于对芸香科和非芸香科植物罹病植株和传播媒介柑桔木虱中黄龙病亚洲韧皮杆菌的检测和病害鉴定。

2 规范性引用文件

下列文件对于本文件的应用是必不可少的。凡是注日期的引用文件,仅注日期的版本适用于本文件。凡是不注日期的引用文件,其最新版本(包括所有的修改单)适用于本文件。

GB 5040 柑桔苗木产地检疫规程

GB/T 19495.2 转基因产品检测实验室技术要求

3 术语和定义

下列术语和定义适用于本文件。

3.1

柑桔黄龙病 Citrus Huanglongbing

一种由韧皮杆菌引起的植物检疫性病害。主要侵染柑桔属、金柑属和枳属等柑桔类植株重。由带菌种苗远距离传播,田间主要由柑桔木虱取食传播。典型受害植株叶片斑驳不均匀黄化,枝梢黄化,果实畸形,种子败育,严重时可引起植株死亡。

3.2

实时荧光 PCR real-time fluorescent PCR

实时荧光聚合酶链式反应,一种在体外扩增微量的特殊 DNA 片段的方法,在扩增过程中由于荧光物质的释放或荧光物质与扩增产物结合并被实时检测而能够快速、灵敏地检出模板 DNA 的存在。

3.3

扩增引物 primer

人工合成的寡核苷酸序列,其序列与待扩增的目标 DNA 序列中的一段相同,用于引导 DNA 体外扩增。

3.4

扩增模板 templet

DNA 体外扩增中所用的待扩增的靶标序列。

3.5

Ct 值 cycle threshold value

实时荧光 PCR 反应中每个反应管内荧光信号达到设定阈值时所经历的循环数。

3.6

亚洲韧皮杆菌重组质粒 DNA recombinant plasmid DNA

利用特异性引物扩增柑桔黄龙病亚洲韧皮杆菌基因组模板,获得的亚洲韧皮杆菌特异性 DNA 扩增序列，经构建重组质粒、转入大肠杆菌 JM109 菌株中繁殖培养后，重新提取获得的质粒 DNA。用于作为柑桔黄龙病亚洲韧皮杆菌实时荧光 PCR 检测的阳性对照。

4 柑桔黄龙病菌基本信息

学名：亚洲韧皮杆菌 *Candidatus* Liberibacter asiaticus。

病害名称：柑桔黄龙病，常用英文名：Citrus Huanglongbing。

分类地位：α-朊细菌亚纲、根瘤细菌目（Rhizobiales），根瘤细菌科（Rhizobiaceae），韧皮杆菌属 Liberibacter 的 G^- 细菌。是一种难培养细菌。

引起柑桔黄龙病的韧皮杆菌根据其核糖体基因序列的差异可以分为 3 种，即分布于非洲的柑桔黄龙病非洲韧皮杆菌 *Candidatus* Liberibacter africanus，分布于南美洲的柑桔黄龙病美洲韧皮杆菌 *Candidatus* Liberibacter americanus 和分布于亚洲及北美的柑桔黄龙病亚洲韧皮杆菌 *Candidatus* Liberibacter asiaticus Jagoueix et al。

柑桔黄龙病菌其他信息参见附录 A。

本标准规定了对亚洲韧皮杆菌的检疫鉴定方法。对来自于非洲的柑桔材料的检疫检验，可参见附录 B 检测柑桔黄龙病非洲韧皮杆菌；对来自美洲的柑桔材料，除利用本标准检测柑桔黄龙病亚洲韧皮杆菌外，可参见附录 C 检测柑桔黄龙病美洲韧皮杆菌。

5 方法原理

本标准采用的实时荧光 PCR 检测包括了荧光染料法和荧光探针法两种检测方法。其原理是，利用病菌特有 DNA 序列设计引物，在 PCR 扩增时加入荧光染料，荧光染料与扩增形成的产物-DNA 双链结合而发出荧光被检测器实时检测（荧光染料法），或在合成特异性引物的同时合成一条特异性的荧光双标记探针，探针 5’端和 3’端分别标记荧光素报告基团和淬灭基团，如果反应体系中存在待测目标 DNA 模板，引物和探针则与模板上的序列配对而特异性结合，当 PCR 扩增延伸到探针结合部位时，*Taq* DNA 聚合酶将探针水解成单核苷酸，使标记在探针上的报告基团游离出来并发出荧光信号被检测器实时检测（荧光探针法）。由于初始模板量的不同，反应管内的荧光物质达到设定的可检测阈值时所经历的 Ct 值不同，因此 Ct 值可以用于判定检测样品的初始菌量。

6 实验室设置

参照 GB/T 19495.2。实验室应至少分为三个相对独立的工作区域：样本制备区、反应试剂配制区和检测区；每个工作区域应有明确标记，避免不同工作区域内的设备、物品混用。

7 主要仪器设备和试剂

7.1 仪器设备

7.1.1 实时荧光 PCR 仪。

7.1.2 高速台式离心机。

7.1.3 生物安全柜或超净工作台。

7.1.4 冰箱（冷藏室 4 ℃和冷冻室 −20 ℃）。

7.1.5 涡旋混匀仪。

7.1.6 紫外灭菌灯。

7.1.7 微量可调移液器(0.5 μL～10 μL、10 μL～100 μL、100 μL～1 000 μL)。

7.1.8 带滤芯 Tip 头。

7.1.9 PCR 反应管(0.2 mL 八联管)。

7.1.10 微滤柱。

7.1.11 高压灭菌锅。

7.2 试剂

7.2.1 次氯酸钠 ($NaClO_3$)。

7.2.2 十二烷基硫酸钠(SDS)。

7.2.3 蛋白酶 K (Proteinase K)。

7.2.4 三羟甲基氨基甲烷(Tris)。

7.2.5 乙二胺四乙酸(EDTA)。

7.2.6 盐酸胍(Guanidinge HCl)。

7.2.7 无水乙醇(ethanol)。

7.2.8 实时荧光 PCR 混合试剂(Real-time PCR Master Mix)。

8 取样及样品处理

8.1 取样用具

8.1.1 样品袋:牛皮纸袋或信封(一次性使用)。

8.1.2 枝剪。

8.1.3 剪刀,镊子,打孔器。

8.1.4 研钵。

8.1.5 塑料离心管(1.5 mL)。

8.1.2～8.1.5 的取(制)样用工具应经 121 ℃±2 ℃,15 min 高压蒸汽灭菌。田间采样每个样品采集后或实验室处理每个不同样品后,工具应用 70%酒精棉球擦拭 2 次以上,以避免样品间相互污染。

8.2 取样方法

8.2.1 实地取样

产地检疫田间实地取样参照 GB 5040。

8.2.2 叶片样品

疑似病树按树冠东南西北四方采集,每点取中下部成熟叶片各 5 片,每棵树共采集叶片 20 张。

种苗抽取显现疑似症状植株或随机抽取植株(无症材料)10 株,每株取中下部成熟叶片 5 片,共 50 片。

接穗等繁殖材料按规程规定的比例抽取样品。

黄龙病病害症状及疑似症状详参见附录 D。

8.2.3 果实样品

幼果期采样,切取果柄和果蒂,每样品采集 4 份;商品鲜果每批果实随机抽取 10 个果实,切取果柄和果蒂。

8.2.4 传病媒介柑桔木虱

在柑桔新梢抽发期，每株树采集1头～10头成虫，每园采集50头以上；口岸或调运种苗、接穗等材料中发现的木虱则直接收集。用75%乙醇浸泡固定30 min。放入1.5 mL离心管封装。

样品采集后立即装入样品袋(木虱用75%乙醇杀死固定后装入微量离心管)，并按照要求填写采样记录，记载样品来源、样品品种、目测症状、采样人、采样地、采样时间等，及时送指定检测实验室。

8.3 样品贮运与保存

采集的植株样品按上面要求用样品袋分装，乙醇固定的柑桔木虱控干乙醇后用塑料离心管分装，与采集记录一并寄送指定实验室检测。检测后余下的植物材料可置于4 ℃条件下保存7 d，以备复测的需要。不需保存的样品应立即进行无害化灭菌处理以防止病害扩散。

8.4 样品DNA制备操作(在检测实验室样品制备区进行)

样品DNA制备在检测实验室样品制备区进行。制备好的DNA样本在4 ℃条件下保存应不超过7 d，在−20 ℃冻存不超过30 d，避免反复冻融。

样品DNA制备的具体操作过程见附录E。

9 PCR扩增

PCR扩增反应体系为25 μL。准备PCR扩增反应管，分别加入反应液23 μL，最后加入制备的待测样品DNA 2 μL。每个样品设置3次重复。每次PCR检测应设立相应的阳性对照、阴性对照和空白对照。

扩增过程中，设置在每次循环的延伸阶段采集荧光。

荧光染料法检测须在扩增结束后立即进行熔解曲线分析，以验证扩增的特异性。熔解曲线的反应程序为：95 ℃，1 min；55 ℃，1 min；然后从55 ℃开始每升高0.5 ℃保持10 s，连续升高80次(到95 ℃为止)。

检测结束后，根据采集的荧光曲线和Ct值判定结果。

PCR扩增的准备及扩增具体操作过程见附录F(使用不同PCR仪具体扩增程序参数可能稍有调整)。

推荐使用柑桔黄龙病菌亚洲种实时荧光PCR检测试剂盒。试剂盒组成、功能及使用注意事项参见附录G。

10 结果判定与表述

10.1 结果分析条件设定

直接读取检测结果。检测阈值设定应根据仪器噪声情况进行调整，以阈值线刚好超过正常阴性样品扩增曲线的最高点为准。

10.2 质控标准

10.2.1 阴性对照及空白对照应无Ct值并且无扩增曲线。否则，此次检测视为无效。

10.2.2 阳性对照的Ct值应<28.0，并出现典型的扩增曲线。否则，此次检测视为无效。

10.3 结果判定

10.3.1 阴性反应

测试样品检测 Ct 值≥40 或者无 Ct 值并且无扩增曲线，且阴性对照、阳性对照、空白对照结果正常，判定该样品为阴性，表示该样品中不带可检出的柑桔黄龙病亚洲韧皮杆菌。

10.3.2 阳性反应

荧光探针法检测时，样品 Ct 值≤35，出现典型的扩增曲线，且阴性对照、阳性对照、空白对照结果正常，判定该样品为阳性，表示该样品中存在柑桔黄龙病亚洲韧皮杆菌。

荧光染料法检测时，Ct 值≤35，出现典型的扩增曲线，且阴性对照、阳性对照、空白对照结果正常；熔解曲线为单峰，并且熔解曲线与预期目标扩增产物熔解曲线一致，或熔解曲线出现双峰，其中一个峰为引物二聚体，另一个峰的熔解曲线与预期目标产物熔解曲线一致，则判定该样品为阳性，表示该样品中存在柑桔黄龙病亚洲韧皮杆菌。

10.3.3 特殊情况

实时荧光 PCR 检测样品 Ct 值大于 35 的样品但小于 40，建议用同一样品模板量加倍(相应减少加入灭菌超纯水量)进行实时荧光 PCR 复测。复测的结果按上述判定标准判定是否带柑桔黄龙病菌；如果 Ct 值仍大于 35，判定为阴性。

附 录 A
（资料性附录）
柑桔黄龙病菌其他信息

A.1 寄主及分布

主要分布在亚洲地区的印度、日本、菲律宾等东南亚国家以及中国的部分地区。寄主为柑桔类植物，柑桔属、金柑属和枳属植物受害严重。也可低度浸染芸香科的九里香、黄皮，特殊情况下也可侵染长春花等非芸香科植物。

A.2 传播方式

带菌种苗、接穗及其上附着的传播媒介昆虫柑桔木虱（*Diaphorina citri* Kuwayamd）是远距离传播的主要途径，田间则主要由柑桔木虱取食传播以及嫁接传播。

附 录 B
（资料性附录）
柑桔黄龙病非洲韧皮杆菌常规 PCR 检测（Hocquellet，1999）

B.1 采样及样品制备

同柑桔黄龙病亚洲韧皮杆菌 PCR 检测。

B.2 PCR 扩增

B.2.1 引物名称及序列

Laf A2：5’-TATAAAGGTTGACCTTTCGAGTTT-3’
Laf J5：5’-ACAAAAGCAGAAATAGCACGAACAA-3’

B.2.2 PCR 反应体系

PCR 反应体积为每管 25 μL。25 μL 的反应体系中含有终浓度为 1×PCR 缓冲液、1 μmol/L 引物对 Laf A2/Laf J5（序列见 B.2.1）以及适量模板进行 PCR 扩增。预期扩增片段大小为 669 bp。

B.2.3 PCR 反应程序

预变性 94 ℃/5 min；然后 92 ℃变性 20 s，62 ℃退火 20 s，72 ℃延伸 45 s 共 35 个循环；72 ℃延伸 7 min，4 ℃保温。PCR 扩增结束后，以 2%的琼脂糖凝胶电泳，然后通过紫外成像系统成像。保存成像图片作为结果判定依据。

B.3 结果判定与描述

B.3.1 质控标准

扩增结果经电泳在阴性对照和空白对照泳道无扩增条带，阳性对照泳道有 669 bp 大小的预期片段，结果视为有效。否则检测无效，应重新进行检测。

B.3.2 阴性反应

在电泳图片中样品泳道不出现 669 bp 大小的预期扩增片段，阴性对照、阳性对照和空白对照正常，判定为阴性，表示样品中无可检出的柑桔黄龙病非洲韧皮杆菌。

B.3.3 阳性反应

在电泳图片中样品泳道有 669 bp 大小的预期扩增片段，阴性对照、阳性对照和空白对照正常，判定为阳性，表示样品中存在柑桔黄龙病非洲韧皮杆菌。

附 录 C
（资料性附录）
柑桔黄龙病美洲韧皮杆菌实时荧光 PCR 检测

C.1 采样及样品制备

同柑桔黄龙病亚洲韧皮杆菌实时荧光 PCR 检测。

C.2 PCR 扩增

C.2.1 引物和探针(依据美洲韧皮杆菌 16S rRNA 基因特异序列设计的引物对及探针)

C.2.1.1 引物名称及序列

HLBLamF:5'-GAGCGAGTACGCAAGTACTAG-3'
HLBLamR:5'-GCGTTATCCCGTAGAAAAAGGTAG-3'

C.2.1.2 探针名称及序列

HLBLamP:5'FAM/AGACGGGTGAGTAACGCG/BHQ-3'

C.2.2 PCR 反应体系

PCR 反应体积为每管 25 μL。25 μL 的反应体系中含有终浓度为 1×PCR Master Mix、0.6 μmol/L 引物对 HLBLam F/HLBLam R、探针 HLBLam P 0.3 μmol/L 以及适量模板。

C.2.3 PCR 反应程序

预变性 95 ℃/20 s;然后 95 ℃变性 1 s,58 ℃退火 40 s,共 40 个循环,仪器设置在每个循环的退火延伸阶段自动采集荧光。验证检测结束后,根据采集的荧光曲线和 Ct 值判定结果。

C.3 结果判定

C.3.1 结果分析条件设定

直接读取检测结果。阈值设定原则根据仪器噪声情况进行调整,以阈值线刚好超过正常阴性样品扩增曲线的最高点为准。

C.3.2 质控标准

C.3.2.1 阴性对照和空白对照无 Ct 值并且无扩增曲线。检测结果有效,否则此次实验视为无效。
C.3.2.2 阳性对照的 Ct 值<28,并出现典型的扩增曲线。否则,此次实验视为无效。

C.3.3 结果判定及描述

C.3.3.1 阴性反应

样品无 Ct 值并且无扩增曲线,且阳性对照、阴性对照和空白对照结果正常,判定为阴性,表示样品中无可检出的柑桔黄龙病美洲韧皮杆菌(*Candidatus* Liberibacter americanus,Lam)。

C.3.3.2 阳性反应

Ct 值≤35,并出现典型的扩增曲线,且阳性对照、阴性对照和空白对照结果正常,判定为阳性,表示样品中存在柑桔黄龙病美洲韧皮杆菌(*Candidatus* Liberibacter americanus,Lam)。

C.3.3.3 其他情况

若实时荧光 PCR 检测的 Ct 值大于 35,建议同一样品加大样品量(加倍)重新进行荧光 PCR。复测的结果按上述标准判定,若 Ct 值仍大于 35,判定为阴性。

附 录 D
（资料性附录）
柑桔黄龙病的症状鉴定

D.1 柑桔黄龙病症状

D.1.1 叶片症状(图 D.1)

当年抽生的春梢叶片转绿后,沿叶脉附近、叶片基部或边缘不均匀的黄化,形成黄绿相间的斑驳症状。而柑桔叶片缺锌、缺锰症状的黄化沿叶脉间均匀分布。

图 D.1 柑桔黄龙病叶片初期斑驳症状

D.1.2 枝梢症状(图 D.2)

夏秋梢:5 月～8 月抽生的夏梢与 8 月～10 月抽生的秋梢症状表现基本相同,病梢一般出现在树冠顶部,多数仅 1 梢～2 梢或少数几梢出现。感病的夏秋梢在叶片老熟过程中往往叶脉先变黄,随后叶肉由淡黄绿变成黄色,均匀黄化,形成黄梢。当年感病的黄梢落叶成秃枝,翌年春季重新萌发的新梢短而纤弱,叶片窄小。

图 D.2 柑桔树冠黄梢症状

D.1.3 果实症状(图 D.3,图 D.4)

柑桔病果外形变小、畸形,果内维管呈黄褐色(正常果实维管束为绿白色),种子变褐败育,有的品种病果可以形成下部青色,上部橙红色的"红鼻果"。

图 D.3 柑桔黄龙病芦柑“红鼻果”病果

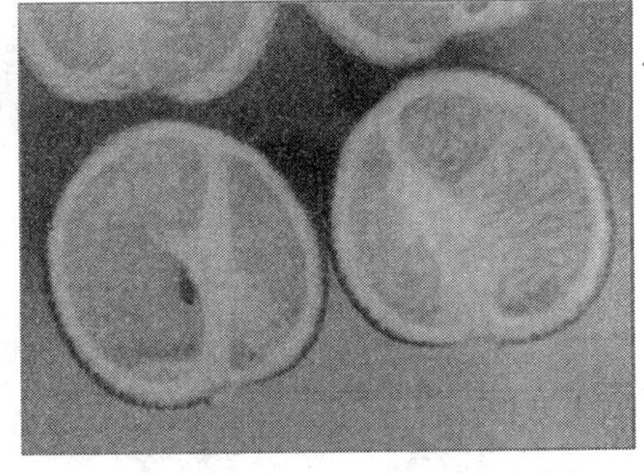

图 D.4 柑桔黄龙病病果剖面不对称症状

D.2 柑桔黄龙病鉴定步骤

D.2.1 通过症状鉴定

D.2.1.1 叶片斑驳：首先观察中脉基部及叶脉附近是否有不均匀分布的黄化病斑，再看叶缘是否有黄化病斑。黄龙病所致黄化病斑呈浅黄色，与周围绿色叶肉分界不如缺锌症状明显，而缺锰引起的黄化通常分布均匀。

D.2.1.2 树冠黄梢：病树上部个别枝梢叶片黄化，叶脉变黄，叶片发脆。若天牛为害则枝梢叶片中脉均匀黄化或全树黄化。

D.2.1.3 果实畸形：病树果实畸形、变小，歪斜，果皮内维管黄褐色(键果维管束绿白色)，果实种子败育。

D.2.2 通过柑桔木虱鉴定

柑桔木虱为同翅目的木虱科昆虫，传播亚洲韧皮部杆菌的为亚洲柑桔木虱，传播非洲柑桔韧皮部杆菌的为非洲二点木虱(柑桔木虱见图 D.5)。

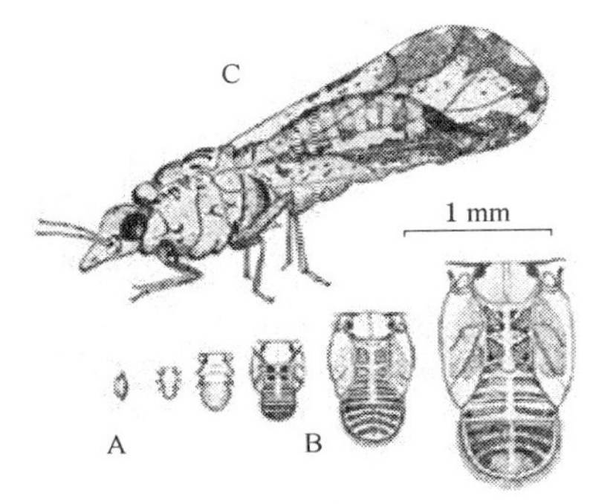

a） 亚洲柑桔木虱

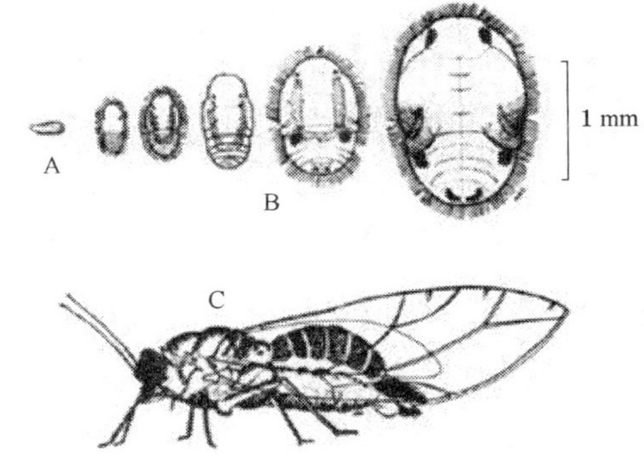

b） 非洲二点木虱

A——卵；
B——若虫；
C——成虫。

图 D.5 柑桔木虱

柑桔木虱成虫吸食嫩梢状见图 D.6，柑桔木虱若虫取食及分泌蜜露见图 D.7。

图 D.6　柑桔木虱成虫吸食嫩梢状

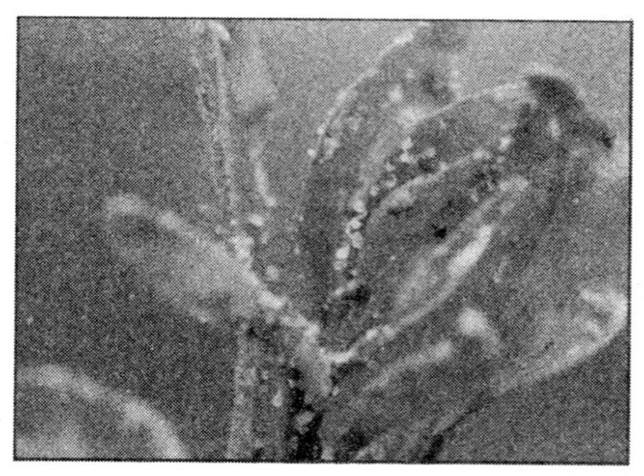

图 D.7　柑桔木虱若虫取食及分泌蜜露

附 录 E
（规范性附录）
样品处理试剂配制及样品 DNA 提取

E.1 样品处理试剂配制

除非特殊说明，本标准所有样品制备试剂均用无菌容器分装，常温保存备用。

E.1.1 TES 缓冲液（pH 8.0）：10 mmol/L Tris-Cl，1 mmol/L EDTA，1% SDS，121 ℃高压灭菌 20 min。

E.1.2 TE 缓冲液（pH 8.0）：10 mmol/L Tris-Cl，1 mmol/L EDTA，121 ℃高压灭菌 20 min。

E.1.3 蛋白质变性剂：7 mol/L Guanidinge HCl（盐酸胍）。

E.1.4 10 mg/ml 蛋白酶 K，－20 ℃冰箱保存。

E.2 样品 DNA 提取

E.2.1 工作台及操作者消毒灭菌：样品处理在超净工作台或生物安全柜中进行；工作台和操作者双手应消毒灭菌。

E.2.2 待测柑桔组织样品或柑桔木虱 DNA 制备

E.2.2.1 将柑桔叶片或果实用清水洗净，吸水纸擦干，撕取叶片中脉或果柄、果蒂，放于研钵中，加入液氮研成粉末，或直接用剪刀剪碎（每一样品处理换干净研钵，剪刀用后以医用酒精擦拭并用火焰灼烧防止交叉污染），取约 200 mg 碎屑装入 1.5 mL 离心管中；或取柑桔木虱 5 头，装入 1.5 mL 离心管中，用 Tip 头尖捣碎。

E.2.2.2 离心管中加入 800 μLTES 缓冲液 65 ℃水浴中预热 10 min 和 10 μL 的蛋白酶 K 液（10 μg/μL），混合均匀后置于 65 ℃水浴 1 h，其间振荡 2 次。

E.2.2.3 吸取上清液转入 1.5 mL 离心管，按照 1∶2 的比例加入蛋白质变性剂，混合均匀后，在室温下放置 10 min。

E.2.2.4 10 000 *g* 离心 10 min 后，吸取上清液加入微滤柱中，10 000 *g* 离心 1 min，弃滤过液，

E.2.2.5 向微滤柱中加入 75%乙醇 750 μL，10 000 *g* 离心洗涤 1 min，弃滤过液。如微滤柱滤膜上有黄褐色沉淀，应再加 75%乙醇重复洗涤直到洗去黄褐色沉淀。

E.2.2.6 10 000 *g* 离心 1 min 以除去残余乙醇。

E.2.2.7 向柱中加入 50 μLTE 缓冲液，10 000 *g* 离心 1 min，收集洗脱液约 40 μL，即为后续 PCR 步骤中的待测样品模板。

E.2.3 阳性对照：按照上述方法提取确诊的柑桔黄龙病典型斑驳叶片中脉 DNA 或以浓度为 0.44 pg/μL的病菌特异 DNA 序列无害化重组质粒 DNA 作为阳性对照（推荐）。

E.2.4 阴性对照：按照上述方法提取健康的柑桔成熟叶片中脉 DNA 作为阴性对照。

附 录 F
（规范性附录）
检测试剂配制及实时荧光 PCR 检测

F.1 扩增试剂配制（在反应试剂配制区进行）

F.1.1 用无菌超纯水配制 25 μmol/L 亚洲韧皮杆菌特异性引物对 CQULas F 03/CQULas R 03 母液（用于荧光染料法，引物序列为 5'-CAAGGAAA GAGCGTAGAA-3'/5'-CCTCAAGATCG GGTAAA G-3'，扩增柑桔黄龙病菌亚洲种 *rplJ/rplL* 特异基因序列片段为 382 bp）。
F.1.2 以无菌超纯水配制 25 μmol/L 亚洲韧皮杆菌特异性引物对 CQULasF04/CQULasF04 母液：（用于荧光探针法，序列为 5'-TGGAGGTGTAAAAG TTGCCAAA-3'/5'-CCAACGAAAAG ATCAGATATTCCTCTA- 3'，扩增柑桔黄龙病亚洲韧皮杆菌 *rplJ/rplL* 特异基因靶序列片段为 87 bp）。
F.1.3 以无菌超纯水配制 25 μmol/L 荧光标记探针 CQULasP1 母液（序列为 5'-ATCGTCTCGTCAAGATTGC TA TCCGTGATACTAG- 3'）。

F.2 加样 （在反应试剂配制区进行）

F.2.1 方法 1 试剂盒方法（推荐方法）

从固相化试剂盒中取出 0.2 mL PCR 固相化试剂检测管，管中分别加入 23 μL 样品恢复液，再在不同管中分别加入 2 μL 待测样品 DNA 液、阳性对照、阴性对照、空白对照（灭菌超纯水），盖紧管盖，转移至 PCR 反应区。

F.2.2 方法 2 自配试剂方法

F.2.2.1 荧光染料法（反应体系为 25 μL）
F.2.2.1.1 加入引物对 CQULas F03/CQULas R03 母液到实时荧光 PCR Master Mix 中，加入适量灭菌超纯水，使反应液中引物终浓度为各 0.3 μmol/L，1×PCR Master Mix，振荡混匀。
F.2.2.1.2 取 0.2 mL PCR 反应管，编号后每管中加入 23 μL 上步所配反应液。
F.2.2.1.3 反应管中分别加入待测样品 DNA 液 2 μL/每管；以新鲜制备的阴性对照、阳性对照和空白对照 2 μL/每管代替待测样品设置对照，盖紧试管盖，3 000 *g* 瞬时离心，以混匀并去除气泡。
F.2.2.1.4 转移至 PCR 检测区。
F.2.2.2 荧光探针法（反应体系为 25 μL）
F.2.2.2.1 在避光条件下加入引物母液 CQULasF04/CQULas R04 和荧光标记探针 CQULas P1 母液到实时荧光 PCR Master Mix 中，加入适量灭菌超纯水，使反应液中引物对终浓度为各 0.3 μmol/L，探针浓度为 0.3 μmol/L，1×PCR Master Mix，振荡混匀。
F.2.2.2.2 取 0.2 mL PCR 反应管，编号后每管中加入 23 μL 上步所配反应液。
F.2.2.2.3 分别加入待测样品 DNA 液 2 μL/每管；以新鲜制备的阴性对照、阳性对照和空白对照（灭菌超纯水）2 μL/每管代替待测模板设置对照，盖紧试管盖，3 000 *g* 瞬时离心，以混匀并去除气泡。
F.2.2.2.4 转移至 PCR 检测区。

F.3 实时荧光 PCR 检测（在检测区进行）

设置好各反应管在实时荧光 PCR 仪上的孔位并做好标记记录，按照预设孔位将各检测样品及对照放入荧光 PCR 仪内进行 PCR 扩增。

F.3.1 荧光染料法 PCR 扩增

F.3.1.1 扩增程序

在 iCycler™(Bio-Rad,USA)实时荧光 PCR 仪上进行的扩增程序为(其他型号 PCR 仪扩增程序参数可能稍有变化):

——94 ℃预变性 5 min;

——95 ℃变性 5 s,然后 59 ℃退火 15 s,72 ℃延伸 45 s,共 40 个循环;设置在每个循环的延伸阶段自动采集荧光;

——末次延伸 72 ℃,7 min。

F.3.1.2 熔解曲线分析

PCR 扩增结束后立即进行熔解曲线分析,以验证扩增的特异性。熔解曲线的反应程序为:95 ℃,1 min;55 ℃,1 min;然后从 55 ℃开始每升高 0.5 ℃保持 10 s,连续升高 80 次(到 95 ℃为止)。

验证检测结束后,设备自动记录并生成报告。根据采集的荧光曲线和 Ct 值判定结果。

F.3.2 荧光探针法扩增程序

在 iCycler™(Bio-Rad,USA)实时荧光 PCR 仪上进行的扩增程序为(其他型号 PCR 仪扩增程序参数可能稍有变化):

——预扩增 95 ℃,1 min;

——95 ℃,15 s,59 ℃,15 s,72 ℃,45 s,40 个循环;在每个循环延伸阶段(72 ℃)同步采集荧光;

——末次延伸 72 ℃,7 min。

检测结束后,根据采集的荧光曲线和 Ct 值判定结果。

附　录　G
（资料性附录）
柑桔黄龙病菌亚洲种实时荧光 PCR 检测试剂盒组成及使用说明

G.1　试剂盒组成

每个试剂盒可做 48 个检测，包括以下成分：

样品制备液Ⅰ	50 mL×1 瓶
样品制备液Ⅱ	10 mL×5 管
样品制备液Ⅲ	20 mL×1 瓶
阴性对照（健康柑桔叶片 DNA）	100 ng/管×2 管
阳性对照（柑桔黄龙病菌亚洲种重组质粒 DNA）	100 ng/管×2 管
固相化试剂检测管	八联管×6 条
恢复液	10 mL×5 管

G.2　试剂盒说明

G.2.1　样品制备液Ⅰ：主要成分为三羟甲基氨基甲烷（Tris）、乙二胺四乙酸（EDTA）和十二烷基磺酸钠（SDS），外观为无色液体，常温保存时可能有絮状沉淀，使用前应在 65 ℃下水浴加热溶解沉淀。使用前按说明书要求加入蛋白酶 K 水溶液。

G.2.2　制备液Ⅲ第一次使用时应按包装上注明的剂量加入无水乙醇，然后常温密闭保存备用，可保存 2 个月。

G.2.3　恢复液用于溶解荧光 PCR 固相化混合试剂。

G.2.4　用于荧光染料法检测的固相试剂检测管中包含除待测样品 DNA 外的所有 PCR 扩增反应试剂及荧光染料，用于荧光探针检测的固相化试剂检测管中包含除待测模板 DNA 外的所有 PCR 反应试剂及荧光探针。

G.3　功能

所列试剂盒可用于柑桔黄龙病叶片和果实等组织样品中柑桔黄龙病菌亚洲种的实时荧光 PCR 检测和病害鉴定。若需检测样品带菌量，则样品和阳性对照都需要定量。具体操作按使用说明进行。

G.4 试剂盒使用注意事项

G.4.1 发生褐变的柑桔组织材料不可用作 PCR 检测的样品。

G.4.2 在检测过程中,应严防不同样品间的交叉污染,所有用具应彻底清洗并消毒。移液器头尖应一次性使用,并且转移每个样品时都应更换。

G.4.3 全部检测过程可在室温(23 ℃)下进行。试剂盒可以在室温条件下置于干燥器内密封保存,使用时取出所需数量,剩余部分立即放回干燥器中。

ICS 65.020.01
B 16

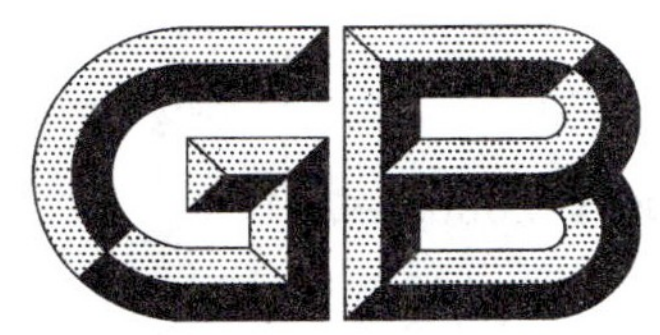

中华人民共和国国家标准

GB/T 28063—2011

菜豆荚斑驳病毒检疫鉴定方法

Detection and identification of bean pod mottle virus

2011-12-30 发布　　2012-06-01 实施

中华人民共和国国家质量监督检验检疫总局
中国国家标准化管理委员会　发布

前　言

本标准按照 GB/T 1.1—2009 给出的规则起草。

本标准由全国植物检疫标准化技术委员会(SAC/TC 271)提出并归口。

本标准起草单位:中华人民共和国厦门出入境检验检疫局、中华人民共和国福建出入境检验检疫局、中华人民共和国深圳出入境检验检疫局。

本标准主要起草人:廖富荣、沈建国、郑耘、陈青、林石明、陈红运、黄蓬英、吴媛。

菜豆荚斑驳病毒检疫鉴定方法

1 范围

本标准规定了菜豆荚斑驳病毒血清学和分子生物学的检测鉴定方法。

本标准适用于可能携带该病毒的豆科作物的种子、苗木等植物繁殖材料的检测鉴定，也适用于传播该病毒介体昆虫的检测鉴定。

2 菜豆荚斑驳病毒基本信息

中文名：菜豆荚斑驳病毒。

英文名：bean pod mottle virus。

异名：bean pod mottle comovirus（菜豆荚斑驳病毒），pod mottle virus（荚斑驳病毒），desmodium virus（金钱草病毒）。

英文缩写：BPMV。

属豇豆花叶病毒科 Comoviridae、豇豆花叶病毒属 *Comovirus*。

菜豆夹斑驳病毒的其他信息参见附录 A。

3 方法原理

利用基于抗原抗体反应的双抗夹心酶联免疫吸附测定（DAS-ELISA）、反转录和体外 DNA 扩增技术的反转录聚合酶链式反应（RT-PCR）进行检测鉴定。

4 主要仪器设备

本标准的检测鉴定方法主要使用以下仪器设备：

微量榨汁机、酶标仪、洗板机、微量天平（感量：0.001 g）、PCR 仪、荧光 PCR 仪、电泳仪、水平电泳槽、凝胶成像仪、高速冷冻台式离心机、水浴槽、pH 计和各种量程的可调移液器（1 000 μL、200 μL、100 μL、20 μL、2 μL）。

5 检测样品的制备

5.1 DAS-ELISA 和 IC-RT-PCR 检测样品的制备

对每批送检样品进行症状检查，优先选取具有褐色或黑色斑驳症状的种子（从种脐开始），或者选取具有斑驳、皱缩、褪绿等症状的叶片。

种子样品：称取 0.5 g～1.0 g 的种皮作为检测样品，在液氮中充分研磨，回温后按 1∶10 比例加入样品提取缓冲液继续研磨。

叶片样品：称取 0.5 g～1.0 g 的叶片作为检测样品，在研钵中研磨或在液氮中研磨，按 1∶10 比例加入样品提取缓冲液继续研磨。

把研磨后的样品转移到 5 mL 离心管中，8 000 r/min 离心 5 min，上清液作为 DAS-ELISA（见附录 B）和 IC-RT-PCR（见附录 C）检测提取液。

注：提取液在 3 h 内使用，否则保存在 4 ℃中。

5.2 RT-PCR 检测样品的制备

称取表现症状的 0.1 g 叶片、种子等样品在液氮中充分研磨后，利用 TRIzol 方法提取 RNA。(见附录 D 中的 D.3)

6 检测与鉴定

6.1 检测鉴定流程

通常，初筛时采用 DAS-ELISA 检测方法。当 DAS-ELISA 产生阳性结果时，再采用 IC-RT-PCR 或 RT-PCR 等方法进行验证。

当首先采用 IC-RT-PCR 或 RT-PCR 方法检测时，如果产生阳性结果，则通过实时荧光 RT-PCR 方法或序列测定等方法验证。

6.2 DAS-ELISA 检测

把制备的样品上清液加入已包被 BPMV 抗体的在 96 微孔板中，进行 DAS-ELISA 检测，每个样品平行加到两个孔中。用健康的植物组织作阴性对照，用感染 BPMV 的植物组织作阳性对照，用样品提取缓冲液作空白对照，其中阴性对照种类和材料(如：种子或叶片)应该尽量与所检测样品相一致。

具体操作过程见附录 B。

6.3 RT-PCR 检测

分别提取样品和对照的总 RNA，反转录合成 cDNA 后，进行 PCR 扩增。用健康的植物组织作阴性对照，用感染 BPMV 的植物组织作阳性对照，用超纯水作空白对照。

具体操作过程见附录 D。

6.4 IC-RT-PCR 检测

把制备的样品上清液加入已包被 BPMV 抗体的离心管中，然后进行 RT-PCR 扩增。用健康的植物组织作阴性对照，用感染 BPMV 的植物组织作阳性对照，用超纯水作空白对照。

具体操作过程见附录 C。

6.5 序列测定

将 PCR 产物回收后，进行克隆、测序，或者直接测序，测序可由生物公司完成。把测序所得到的核苷酸序列翻译成氨基酸后与已知的 BPMV 相应序列进行比对，如果与已知的 BPMV 相应序列同源性大于 75%则判定为 BPMV 序列，同源性小于 75%则判定为非 BPMV 序列。

注：序列比对可利用 NCBI 网站上的 BLAST 软件进行，网址为 http://www.ncbi.nlm.nih.gov/BLAST/

7 结果判定与报告

7.1 结果判定

当产生以下检测结果时，则判定为检出 BPMV：

——当 DAS-ELISA 检测、IC-RT-PCR(或 RT-PCR)检测、其中两种方法的检测结果呈阳性时，则判定为检出 BPMV；

——当 IC-RT-PCR 或 RT-PCR 检测结果呈阳性，测定的序列为 BPMV 序列时，则判定为检出 BPMV。

7.2 结果记录与保存

记录各项实验数据，包括样品种类、来源，检测时间、地点、方法和结果等。DAS-ELISA 检测结果保存吸光值的数据报告，IC-RT-PCR 或 RT-PCR 检测结果保存电泳照片，序列测定结果保存测序报告图。

附 录 A
（资料性附录）
菜豆荚斑驳病毒简介

A.1 分布地区

北美洲：美国、加拿大。
南美洲：巴西、厄瓜多尔、秘鲁。
亚洲：伊朗。

A.2 形态特征

病毒粒子形态为等轴对称二十面体，无包膜，直径为 28 nm。

A.3 寄主范围及症状

BPMV 的寄主局限于豆科植物，主要是大豆(*Glycine max*)和菜豆(*Phaseolus* spp.)，山蚂蟥(*Desmodium paniculatum*)是其多年生寄主。

在鉴别寄主植物上的症状：

大豆(*Glycine max*)：表现为严重的系统症状，叶片斑驳、皱缩、荚和种子斑驳，甚至坏死、植株死亡。该病毒还能延迟大豆茎杆成熟，引起"绿茎"现象。在种子上产生褐色、黑色的斑驳症状，症状从种脐开始，因而称为"种脐渗色"。

菜豆(*Phaseolus vulgaris*) Tendergreen 品种：起初出现褪绿斑，后发展为严重的系统褪绿，叶片畸形，豆荚严重斑驳、深绿色、豆荚变短、畸形、扭曲、变得粗糙有疣状突起。

菜豆(*P. vulgaris*) Pinto 品种：无系统症状，接种后约 3 d～4 d 出现散生的红色局部枯斑，接种叶有时叶脉坏死。

菜豆(*P. vulgaris*) Bountiful 品种：无系统症状，接种后约 3 d～4 d 出现大的淡黄色局部病斑。

A.4 传播途径

BPMV 可以通过昆虫介体传播，主要是大豆叶甲(*Cerotoma trifurcata*)，而玉米根叶甲(*Diabrotica virgifera*)、带斑黄瓜叶甲(*D. balteata*)、点斑黄瓜叶甲(*D. undecimpunctata howardii*)、葡萄甲虫(*Colaspis flavida*)、甲虫(*C. lata*)、曲条豆芫菁(*Epicauta vittata*)、墨西哥叶甲(*Epilachna varivestis*)和大豆潜叶虫(*Odontota horni* [*Xenochalepus horni*])也是该病毒的传播介体。

该病毒另外还可以机械传播，嫁接传播，以及通过种子进行远距离传播。从感染 BPMV 植株上收获的种子，其种传率为 0.10%，种传率相对较低。与大豆花叶病毒(Soybean mosaic virus，SMV)一起感染，种传率可以达到 39%。

A.5 血清学特性

BPMV 具有很强的免疫原性，制备的多克隆抗体可以检测大豆叶片、种子、草本寄主植物和介体昆虫中的病毒。

A.6 分子生物学特性

BPMV是正链RNA病毒,其基因组由两条正链RNA-1(约3.6 kb)和RNA-2(约6.0 kb)组成,分别包裹在两个直径为28 nm的等轴多面体粒体中。RNA-1编码5个复制所需的蛋白,RNA-2编码一个推导的细胞间运动蛋白和两个外壳蛋白。

A.7 豇豆花叶病毒属种间区分依据

A.7.1 大外壳蛋白(Large coat protein, LCP)的氨基酸序列同源性小于75%。

A.7.2 聚合蛋白酶的氨基酸序列同源性小于75%。

A.7.3 在可能的成分间没有假重组。

A.7.4 抗原反应有差异。

附 录 B
（规范性附录）
DAS-ELISA 检测操作步骤

B.1 DAS-ELISA 所采用的试剂

B.1.1 包被缓冲液(pH9.6)

碳酸钠(Na_2CO_3) 1.59 g

碳酸氢钠($NaHCO_3$) 2.93 g

叠氮化钠(NaN_3) 0.20 g

加入 900 mL 蒸馏水溶解，用 HCl 调节 pH 值到 9.6，然后加水至 1 L。

B.1.2 磷酸盐缓冲液(PBS，pH7.4)

氯化钠 (NaCl) 8.0 g

磷酸二氢钾 (KH_2PO_4) 0.2 g

磷酸氢二钠(Na_2HPO_4) 1.15 g

氯化钾(KCl) 0.2 g

叠氮化钠 (NaN_3) 0.2 g

加入 900 mL 蒸馏水溶解，用 NaOH 或 HCl 调节 pH 值到 7.4，然后加水至 1 L。

B.1.3 PBST

每升 PBS 中加入 0.5 mL 的 Tween-20。

B.1.4 样品提取缓冲液(pH7.4)

PBST＋2% PVP (PVP-40 聚乙烯基吡咯烷酮)。

B.1.5 酶标抗体稀释缓冲液

PBST＋2% PVP＋0.2%卵白蛋白。

B.1.6 底物缓冲液

二乙醇胺 97 mL

蒸馏水 600 mL

叠氮化钠 (NaN_3) 0.2 g

用 HCl 调整 pH 至 9.8，然后加 H_2O 到 1 L。

注：缓冲液可以储存在 4 ℃～10 ℃中至少 2 个月，使用前回温至室温。

B.1.7 抗体

BPMV 包被抗体、碱性磷酸酶标记的 BPMV 抗体。

B.2 操作步骤

B.2.1 包被

根据检测试剂盒说明，用包被缓冲液稀释 BPMV 抗体(如 1∶200)，在微孔板中每孔加入 100 μL 包被抗体溶液。在室温下孵育 2 h～4 h 或 4 ℃下包被过夜。

B.2.2 捕获抗原

倒去孔中的抗体包被溶液，用 PBST 洗 4 次～5 次孔(可在洗板机上完成)。加入 100 μL 检测样品提取液到酶标板的孔中，每个样品至少两个孔。并设置阳性和阴性对照。在室温下孵育 2 h 或 4 ℃下过夜。

B.2.3 加入酶标抗体

根据试剂盒说明，用酶标抗体缓冲液稀释相应的酶标抗体(如 1∶200)。倒去孔中的检测样品提取液，用 PBST 洗 4 次～5 次孔(可在洗板机上完成)。每孔加入 100 μL 酶标抗体溶液。在室温下孵育 2 h。

B.2.4 加底物

用底物缓冲液把对硝基苯磷酸二钠盐(p-Nitrophenyl Phosphate，pNPP)配制成 1 mg/mL 的底物溶液。倒去酶标抗体溶液，用 PBST 洗 4 次～5 次孔(可在洗板机上完成)。每孔加入 100 μL 新鲜配制的底物溶液。室温下避光放置(约 30 min～60 min)，至阳性对照孔明显显色。

B.2.5 吸光值的测定

用酶标仪在 405 nm 处读取吸光值。

B.2.6 结果判定

通过酶标仪上 405 nm 的 OD 值来判定。

对照孔的 OD_{405} 值(缓冲液孔、阴性对照及阳性对照孔)，应该在质量控制范围内，即：缓冲液孔和阴性对照孔的 OD_{405} 值<0.15，当阴性对照孔的 OD_{405} 值<0.05 时，按 0.05 计算。阳性对照有明显的颜色反应；孔的重复性基本一致。在满足了该要求后，结果原则上可判断如下：

——样品 OD_{405} 值/阴性对照 OD_{405} 值明显>2，判为阳性；

——样品 OD_{405} 值/阴性对照 OD_{405} 值明显<2，判为阴性；

——样品 OD_{405} 值/阴性对照 OD_{405} 值在阈值附近，判为可疑样品，需重新做一次，或用其他方法加以验证。

附　录　C
（规范性附录）
IC-RT-PCR 检测操作步骤

C.1　主要试剂

BPMV 抗体、包被缓冲液和 PBST 试剂见 B.1；RT-PCR 试剂见 D.1。

C.2　包被抗体

根据检测试剂说明，将包被抗体用包被缓冲液稀释（如 1∶200），取 50 μL～100 μL 稀释好的包被溶液于 0.6 mL 的离心管中。25 ℃中放置 3 h 或 4 ℃冰箱中过夜，然后用 PBST 缓冲液洗涤 3 次～5 次，去除残留溶液。

C.3　抗原捕捉

向每个已包被抗体的离心管中加入检测样品上清液 100 μL，25 ℃下放置 2 h～3 h 或 4 ℃冰箱中放置过夜；加入 PBST 缓冲液洗涤 3 次～5 次，双蒸水洗涤 1 次，去除残留溶液。

注：如果是用于验证 DAS-ELISA 的检测结果，可直接使用血清学检测样品的剩余提取液。

C.4　cDNA 合成

在上述离心管中加入 1 μL 的 BPM4 引物（10 μmol/L）、37.5 μL 的 ddH_2O（经 DEPC 处理），于 95 ℃的水浴中处理 7 min，然后迅速冰浴 5 min；继续加入 5×RT 缓冲液 10 μL、10 mmol/L 的 dNTP 混合物 0.5 μL、M-MLV 反转录酶 0.5 μL、RNase Inhibitor 0.5 μL；然后 37 ℃水浴 1 h，95 ℃水浴 10 min，冷却后作为 PCR 扩增模板。

C.5　PCR 扩增

在 25 μL 的反应体系中：2.5 μL 的 10×PCR buffer（含 20 mmol/L 的 Mg^{2+}），dNTP（每种各 10 mmol/L）0.5 μL，*Taq* DNA 聚合酶（2.5 U/μL）0.5 μL，BPM3 和 BPM4 引物（10 μmol/L）各 1.0 μL（引物见表 D.1），加入上述 DNA 模板 10 μL，ddH_2O 补足体积。

与 D.5 反应程序相同，反应完成后，取 5 μL 扩增产物在 1.5%的琼脂糖凝胶上进行电泳，然后用 EB 染色，在凝胶成像系统上观察。

C.6　结果判定

阴性对照和空白对照没有产生条带、阳性对照产生预期大小（约 228 bp）的条带情况下：

——如果检测样品出现与阳性对照大小一致的条带，则为阳性；

——如果检测样品未出现与阳性对照大小一致的条带，则为阴性。

附　录　D
（规范性附录）
RT-PCR 检测操作步骤

D.1　主要试剂

D.1.1　RNA 提取试剂

TRIzol reagent、三氯甲烷、异丙醇、70%乙醇。

D.1.2　反转录试剂

M-MLV 反转录酶(200 U/μL)、5×反应缓冲液(250 mmol/L Tris-HCl pH8.3 25 ℃、375 mmol/L KCl、15 mmol/L $MgCl_2$、50 mmol/L DTT)、dNTP 混合液(各 10 mmol/L)、RNase Inhibitor (40 U/μL)。

D.1.3　PCR 试剂

10×PCR 缓冲液(含 15 mmol/L 的 Mg^{2+})、*Taq* DNA 聚合酶、dNTP 混合液(各 10 mmol/L)。

D.2　引物序列

本方法的特异性引物序列见表 D.1。其中 BPM3 为正向引物，BPM4 为反向引物，扩增区域在大外壳蛋白基因上，扩增大小为 228 bp。引物由生物公司合成与纯化。

表 D.1　所使用的引物序列

引物名称	引物序列	在 NC_003495[a] 上的位置
BPM3	5'-CATAGCATTTGGAAATTTGGCTG-3'	2 587～2 609
BPM4	5'-TCACCTGGTATTGTRGACAC-3'[b]	2 795～2 814
注：也可以采用根据 BPMV 基因组序列合成的其他特异性引物。		
[a] 在 GenBank 上的基因序列登录号。 [b] 序列中的 R=G 或 A。		

D.3　总 RNA 的提取

取 0.05 g～0.1 g 样品，加入 1 mL TRIzol reagent 充分研磨，室温放置 5 min；12 000 *g* 离心5 min，取上清液到另一离心管中；加入三氯甲烷 200 μL，充分振荡 15 s，室温放置 3 min；12 000 *g*，4 ℃离心 15 min；取上层水相加入另一离心管中，加入 0.5 mL 异丙醇；12 000 *g*，4 ℃，离心 10 min，弃去上清液；加入 1 mL 70%乙醇洗涤；RNA 沉淀干燥后，加经过焦碳酸二乙酯(DEPC)处理的 ddH_2O 40 μL 溶解即可。

注：本方法是根据 TRIzol reagent 方法提取总 RNA，在保证总 RNA 质量的情况下，也可以采用其他总 RNA 提取方法。

D.4 cDNA 合成

在 3 μL 的总 RNA 中加入 1 μL 的 BPM4 引物(10 μmol/L),于 95 ℃的水浴中 7 min,然后迅速冰浴 5 min。继续加入 5×反应缓冲液 2.5 μL、dNTP 混合物(10 mmol/L) 0.5 μL、M-MLV 反转录酶(200 U/μL) 0.5 μL、RNase Inhibitor 0.5 μL、经 DEPC 处理的 ddH_2O 4.5 μL。然后 37℃水浴 1 h,95 ℃水浴 10 min,自然冷却至室温,-20 ℃冰箱中保存。

D.5 PCR 扩增

以上述合成的 cDNA 为模板,进行 PCR 扩增。在 PCR 的薄壁管中分别加入以下试剂(25 μL 体系):10 ×PCR 缓冲液(含 20 mmol/L 的 Mg^{2+}) 2.5 μL、*Taq* DNA 聚合酶(2.5 U/μL) 0.5 μL、dNTP 混合物(每种各含 10 mmol/L) 0.5 μL、BPM3 引物(10 μmol/L) 1.0 μL、BPM4 引物(10 μmol/L) 1.0 μL、cDNA 3.0 μL、ddH_2O 16.5 μL。

反应条件:94 ℃预变性 3 min,然后 94 ℃变性 50 s、60 ℃ 退火 50 s、72 ℃延伸 30 s,进行 35 个循环,最后一个循环结束后 72 ℃继续延伸 7 min。

D.6 琼脂糖凝胶电泳

RT-PCR 产物经 1.5%琼脂糖凝胶电泳分析。每个样品取 5 μL 的 RT-PCR 产物与 1 μL 的 6×上样缓冲液混合均匀,并加到置于 0.5×TBE 缓冲液的 1.5%琼脂糖凝胶孔中,然后在 120 V 下电泳。电泳结束后,放入装有 0.5 μg/μL 的溴化乙锭(EB)溶液的容器中染色,然后在清水中清洗后,在凝胶成像系统中观察,拍照,并保存照片。

D.7 结果判定

在阴性对照和空白对照没有产生条带、阳性对照产生预期大小(约 228 bp)的条带情况下:

——如果检测样品出现与阳性对照大小一致的条带,则为阳性;

——如果检测样品未出现与阳性对照大小一致的条带,则为阴性。

ICS 65.020.01
B 16

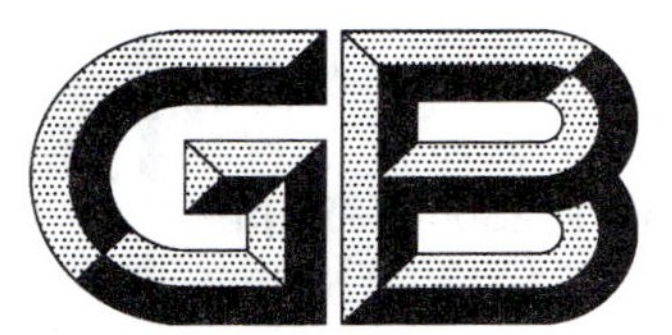

中华人民共和国国家标准

GB/T 28064—2011

蚕豆染色病毒检疫鉴定方法

Detection and identification of broad bean stain virus

2011-12-30 发布　　2012-06-01 实施

中华人民共和国国家质量监督检验检疫总局
中国国家标准化管理委员会　发布

前　言

本标准按照GB/T 1.1—2009给出的规则起草。

本标准由全国植物检疫标准化技术委员会(SAC/TC 271)提出并归口。

本标准起草单位:中华人民共和国厦门出入境检验检疫局、中国检验检疫科学研究院、中华人民共和国深圳出入境检验检疫局。

本标准主要起草人:陈红运、陈青、林石明、郑耘、赵文军、李一农、廖富荣、余芳平、朱水芳、陈枝楠。

蚕豆染色病毒检疫鉴定方法

1 范围

本标准规定了蚕豆染色病毒的血清学和分子检测方法。

本标准适用于蚕豆 *Vicia faba*、小扁豆 *Lens culinaris*、豌豆 *Pisum sativum* 和菜豆 *Phaseolus vulgaris* 种子携带蚕豆染色病毒的检疫鉴定。

2 规范性引用文件

下列文件对于本文件的应用是必不可少的。凡是注日期的引用文件，仅注日期的版本适用于本文件。凡是不注日期的引用文件，其最新版本(包括所有的修改单)适用于本文件。

SN/T 2122 进出境植物及植物产品检疫抽样

3 蚕豆染色病毒基本信息

中文名：蚕豆染色病毒。

学名：broad bean stain virus。

缩写：BBSV。

属豇豆花叶病毒科 Comoviridae；豇豆花叶病毒属 *Comovirus*。

病株花粉可通过授粉将病毒传至健株种子；远距离通过种子传播，种传寄主有蚕豆(种传率 4%～16%)、豌豆(20%)和小扁豆(0.2%～32.4%)。BBSV 易机械接种传播，并可通过甲虫传毒，豆长喙象甲 *Apion vorax* 是最主要的传毒介体。

蚕豆染色病毒的其他信息参见附录 A。

4 方法原理

主要根据 BBSV 的血清学特性和基因组特征进行鉴定，生物学测定为辅助鉴定手段。

5 仪器、设施及试剂

5.1 仪器与设施

酶联检测仪、电子天平(感量 0.000 1 g)、定性 PCR 仪、电泳仪、电泳槽、紫外透射仪、恒温水浴、低温冰箱、普通冰箱、离心机等；微量移液器(2.5 μL，10 μL，20 μL，100 μL，200 μL，1 000 μL)；酶联板、研钵等；防虫温室。

5.2 试剂

酶联免疫吸附测定试剂(见附录 B)、RT-PCR 检测试剂(见附录 C)。

6 检测与鉴定

6.1 抽样

按照 SN/T 2122 的规定执行。

6.2 制样

选取种皮呈 BBSV 为害症状的可疑病粒，无可疑病粒时随机选取。用无菌水浸种 16 h，磁盘中放入两层吸满水的滤纸，将充分吸水的种子摆放在滤纸上，20 ℃催芽，芽长 2 cm～4 cm 时取芽进行检测。检测方法见 6.3。

注：资源性引种时，每份资源选 10 粒～14 粒种子播种于防虫温室或网室内，待长出 4 片～6 片叶时挑选有病毒症状植株的叶片进行检测。

6.3 检测

6.3.1 酶联免疫吸附测定

双抗体夹心法见附录 B。

6.3.2 RT-PCR 检测

称取 0.1 g 植物组织提取总 RNA，沉淀充分干燥后溶于 30 μL DEPC 处理的去离子水中。RT-PCR 检测方法见附录 C。

6.3.3 生物学测定

生物学测定参见附录 D。

7 结果判定与记录

7.1 结果判定

酶联测定为阳性后，RT-PCR 检测结果呈阴性或者鉴别寄主反应与附录 D 描述不符合，判定未检出蚕豆染色病毒。

酶联测定为阳性后，RT-PCR 检测结果呈阳性或者鉴别寄主反应与附录 D 描述相符合，判定检出蚕豆染色病毒。

直接对样品进行 RT-PCR 检测时，检测结果呈阳性即可判定检出蚕豆染色病毒。

7.2 结果记录

记录包括：样品来源、种类、取样人员、原始记录和检测结果等。酶联测定应有酶联板反应的原始数据，RT-PCR 检测应有电泳结果图片，生物学测定应有鉴别寄主的症状照片。

8 样品保存

经检验确定携带蚕豆染色病毒的样品应在合适的条件下保存，种子保存在 4 ℃，病株在 −20 ℃或者 −80 ℃冰箱中保存，做好标记和登记工作。

附　录　A
（资料性附录）
蚕豆染色病毒寄主、分布及危害症状

A.1　寄主范围

BBSV 侵染 7 种豆科植物：美丽猪屎豆（*Crotalaria spectabilis*）、毛羽扇豆（*Lupinus hirsutus*）、白花草木犀（*Melilotus alba*）、菜豆、豌豆、绛车轴草（*Trifolium incarnatum*）和蚕豆。

A.2　病害症状

A.2.1　蚕豆

蚕豆感染 BBSV 后，症状分为花叶型和坏死型。花叶型表现为接种叶片上有或无局部斑，新叶均呈褪绿条纹状、环状和块状花叶片上出现褪绿斑驳和花叶症状；坏死型表现为接种叶片有或无黄化或局部斑，叶脉和茎出现坏死条纹，最后茎坏死、顶枯、全株萎蔫。种子表皮出现褐色坏死色斑。

A.2.2　豌豆

豌豆感染 BBSV 后，症状分为花叶型、顶枯型和花叶、顶枯混合型。花叶型先在新叶出现系统褪绿点，后发展为花叶、畸形；顶枯型在茎上出现系统褐色或坏死条纹，后顶梢枯死。

A.2.3　菜豆

豌豆感染 BBSV 后，症状分为局部斑和系统斑。局部斑是在接种叶上产生局部坏死斑或先为局部褪绿斑而后病斑中心坏死，系统斑不但在接种叶上有坏死斑，新生叶还出现系统枯斑。

A.2.4　小扁豆

小扁豆感染 BBSV 后，症状不明显或很长时间才有症状反应，有些品种出现死株，有些品种接种后 25 d 才见新叶上出现不明显花叶。因此小扁豆不适合作繁殖寄主或鉴别寄主。

A.3　分布地区

英国、法国、德国、瑞典、捷克、奥地利、波兰、匈牙利、意大利、叙利亚、黎巴嫩、苏丹、摩洛哥、埃及和突尼斯等欧洲、西亚和北非国家。

附 录 B
（规范性附录）
双抗体夹心酶联免疫吸附测定

B.1 试材

B.1.1 酶联板。

B.1.2 包被抗体：特异性的蚕豆染色病毒抗体。

B.1.3 酶标抗体：碱性磷酸酯酶标记的蚕豆染色病毒抗体。

B.1.4 底物：对硝基苯磷酸二钠(ρNPP)。

B.1.5 PBST 缓冲液(洗涤缓冲液 pH7.4)

NaCl	8.0 g
Na_2HPO_4	1.15 g
KH_2PO_4	0.2 g
KCl	0.2 g
Tween-20	0.5 mL

蒸馏水定容至 1 L。

B.1.6 样品抽提缓冲液(pH7.4)

Na_2SO_3	1.3 g
PVP(MW24 000～40 000)	20.0 g
NaN_3	0.2 g

PBST 定容至 1 L，4 ℃储存。

B.1.7 包被缓冲液(pH9.6)

Na_2CO_3	1.59 g
$NaHCO_3$	2.93 g
NaN_3	0.2 g

蒸馏水定容至 1 L，4 ℃储存。

B.1.8 酶标抗体稀释缓冲液(pH7.4)

BSA(牛血清白蛋白)或脱脂奶粉	2.0 g
PVP (MW24 000～40 000)	20.0 g
NaN_3	0.2 g

PBST 定容至 1 L，4 ℃储存。

B.1.9 底物(ρNPP)缓冲液(pH9.8)

$MgCl_2$	0.1 g
NaN_3	0.2 g
二乙醇胺	97 mL

溶于 800 mL 蒸馏水中，用 HCl 调 pH 值至 9.8，蒸馏水定容至 1 L。4 ℃储存。

B.2 程序

B.2.1 包被抗体

用包被缓冲液将抗体按说明稀释，加入酶联板的孔中，100 μL/孔，37 ℃孵育 2 h，清空孔中溶液，PBST 洗涤 3 次。

B.2.2 样品制备

待测样品按 1∶10(质量∶体积)加入抽提缓冲液,用研钵研磨成浆,7 500 g 离心 10 min,上清液即为制备好的检测样品。阴性对照、阳性对照作相应的处理或按照说明书进行;空白对照为样品抽提缓冲液。

B.2.3 加样

根据检测需要设计 96 孔(或 48 孔)酶联板,包括 2 个阴性对照孔、2 个阳性对照孔、2 个空白对照孔和多个待测样品孔。加样量为 100 μL/孔,每个样品设 1 个重复。4 ℃冰箱孵育过夜,酶联板用 PBST 洗涤 3 次。

B.2.4 加酶标抗体

用酶标抗体稀释缓冲液按说明将酶标抗体稀释至工作浓度,并加入到酶联板中,100 μL/孔,37 ℃孵育 4 h,PBST 洗涤 3 次。

B.2.5 加底物

将底物 pNPP 加入到底物缓冲液中使终浓度为 1 mg/mL(现配现用),按 100 μL/孔,加入到酶联板中,室温避光孵育。

B.2.6 读数

用酶标仪在 30 min、1 h 和 2 h 于 405 nm 处读 OD 值。

注:实际检测时,PBST 洗涤次数和显色读数时间需按照检测抗体或试剂盒中说明书的规定执行。

B.3 结果判断

B.3.1 对照孔的 OD_{405} 值(缓冲液孔、阴性对照及阳性对照孔),应该在质量控制范围内,即:

缓冲液孔和阴性对照孔的 OD_{405} 值<0.15;

阳性对照 OD_{405} 值/阴性对照 OD_{405} 值>2;

同一样品的 OD_{405} 值应基本一致。

B.3.2 在满足了 B.3.1 质量要求后,结果原则上可判断如下:

样品 OD_{405} 值/阴性对照 OD_{405} 值>2,判为阳性;

样品 OD_{405} 值/阴性对照 OD_{405} 值接近阈值,判为可疑样品,需重做一次或用其他方法验证;

样品 OD_{405} 值/阴性对照 OD_{405} 值<2,判为阴性。

B.3.3 若满足不了 B.3.1 质量要求,则不能进行结果判断。

注:质量控制标准和结果判定需按照检测抗体或试剂盒中说明书的规定执行。

附 录 C
（规范性附录）
RT-PCR 检测

C.1 试剂

C.1.1 TrizoL 裂解液。

C.1.2 三氯甲烷。

C.1.3 异丙醇。

C.1.4 75%乙醇。

C.1.5 去离子水(DEPC 处理)。

C.1.6 50×TAE

Tris	242 g
冰醋酸	52.1 mL
$Na_2EDTA \cdot 2H_2O$	37.2 g

加去离子水定容至 1 L。用时加水稀释至 1×TAE。

C.1.7 6×加样缓冲液

0.25%溴酚蓝

40%(质量浓度)蔗糖水溶液

C.2 实验步骤

C.2.1 总 RNA 提取

称取 0.1 g 植物组织加液氮研磨成粉末状，迅速将其移入灭菌的 1.5 mL 离心管中，加入 1 mL 的 TrizoL 试剂，剧烈振荡摇匀后室温保持 5 min；4 ℃，12 000 *g* 离心 10 min，取上清液；加入 0.2 mL 三氯甲烷并剧烈振荡混匀；4 ℃，12 000 *g* 离心 10 min，取上清液；加 0.6 倍体积的异丙醇，颠倒混匀，室温保持 5 min；4 ℃，12 000 *g* 离心 10 min，弃上清液；加 75%的乙醇洗涤沉淀，4 ℃，7 500 *g* 离心 2 min，弃乙醇；沉淀于室温下充分干燥后，溶于 30 μL 去离子水(DEPC 处理)中，−20 ℃保存备用。也可采用等效的试剂盒提取总 RNA。

C.2.2 RT-PCR 反应

RT-PCR 检测引物见表 C.1。cDNA 的合成：在 0.2 mL 反应管中，加入总 RNA 6 μL，1 μL 下游引物(20 μmol/L)，去离子水 4 μL，10 mmol/L dNTPs 1 μL，65 ℃水浴 5 min，取出后立即放在冰上，加入 5×First Strand Buffer 4 μL，40 U/μL RNase Block Ribonuclease Inhibitor 1 μL，0.1 mol/L DTT 2 μL，42 ℃水浴 2 min，然后再加入 200 U/μL Reverse Transcriptase 1 μL，混匀后 42 ℃水浴 50 min，70 ℃水浴 15 min，合成 cDNA。First Strand Buffer 和 Reverse Transcriptase 的用量需要依据反转录酶的品牌进行调整。也可采用一步法 RT-PCR 试剂盒进行扩增。

表 C.1 RT-PCR 检测的引物

检测基因	引物序列(5'-3')	
小外壳蛋白(SCP)	上游引物	Tgg CAA gTC ACA gTT CgC
	下游引物	CgC CTC TTT ggT TTC ACg

PCR 反应体系见表 C.2。反应参数:94 ℃ 5 min;94 ℃ 30 s,54 ℃ 45 s,72 ℃ 45 s,35 个循环;72 ℃ 7 min。

表 C.2 PCR 反应体系

10×PCR Buffer($MgCl_2$ plus)	2.5
上游引物(20 μmol/L)	0.5
下游引物(20 μmol/L)	0.5
Taq 酶(5 U/μL)	0.2
cDNA 模板	2.0
去离子水	补足反应总体积为 25 μL

C.2.3 电泳

C.2.3.1 制备凝胶

配制 1.5%(质量:浓度)的琼脂糖凝胶。溴化乙锭可直接加入琼脂糖凝胶中(浓度为 0.5 μg/mL),也可在电泳完成后使用溴化乙锭染色。

C.2.3.2 电泳

用 1 μL 6×加样缓冲液与 5 μL 样品混合,然后将其和适合的 DNA 相对分子质量标准物分别加入到样品孔中。电泳结束后将琼脂糖凝胶置于紫外透射仪上观察,拍照并保留结果。

C.3 结果判断

C.3.1 阳性对照在 499 bp 处有扩增片段,阴性对照和空白对照无特异性扩增,待测样品出现与阳性对照一致的扩增条带,可判定为阳性。

C.3.2 阳性对照、阴性对照和空白对照结果正确,且样品在 499 bp 处无扩增条带,判定结果为阴性。

附　录　D
（资料性附录）
生物学测定

D.1　接种

病叶加1：1(质量：体积)的磷酸盐缓冲液(0.01 mol/L,pH7.2)于研钵中充分研碎,在待接种植物叶片表面均匀洒上硅藻土,用手指蘸取研磨好的汁液轻轻涂抹于叶片表面。

D.2　寄主症状

D.2.1　鉴别寄主(diagnostic species)

菜豆:品种 Tendergreen 和 Canadian Wonder 表现褪绿局部斑和系统褪绿花叶。品种 Prince 仅为局部侵染,BBSV 不能侵染品种 Pinto、Idaho Refugee、Blue Lake 和 Tendercrop。

豌豆:BBSV 可侵染所有品种,产生系统褪绿斑驳症状,在冷凉气候下茎和叶片出现坏死。

蚕豆:BBSV 侵染品种"成胡 10 号"后表现花叶型,即接种叶片上有或无局部斑,新叶均呈褪绿条纹状、环状和块状花叶片上出现褪绿斑驳和花叶症状。

BBSV 不能侵染苋色藜(*Chenopodium amaranticolor*),千日红(*Gomphrena globosa*,普通烟(*Nicotiana tabacum*)和克利夫兰烟(*N. clevelandii*)。

D.2.2　繁殖寄主(propagation species)

豌豆品种 Onward,菜豆品种 Tendergreen 和蚕豆品种"成胡 10 号"。

D.2.3　试验寄主(assay species)

BBSV 在菜豆品种 Tendergreen 上引起局部斑,在蚕豆上表现系统侵染。

ICS 65.020.01
B 16

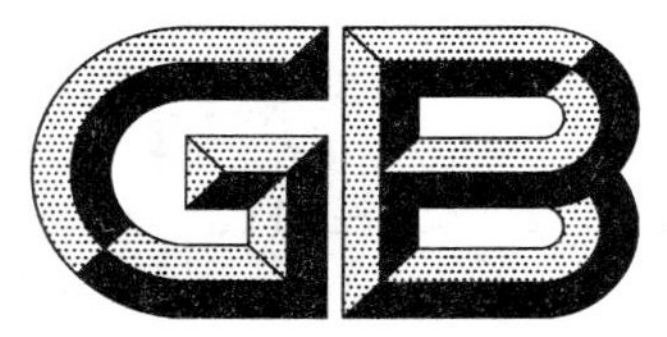

中华人民共和国国家标准

GB/T 28065—2011

地中海实蝇生物芯片检测方法

Biochip detection of *Ceratitis capitata*（Wiedemann）

2011-12-30 发布　　　　2012-06-01 实施

中华人民共和国国家质量监督检验检疫总局
中国国家标准化管理委员会　发布

前言

本标准按照GB/T 1.1—2009给出的规则起草。

本标准由全国植物检疫标准化技术委员会(SAC/TC 271)提出并归口。

本标准起草单位:中华人民共和国深圳出入境检验检疫局、中华人民共和国北京出入境检验检疫局,本元正阳基因有限公司、深圳市检验检疫科学研究院。

本标准主要起草人:余道坚、李建光、任鲁风、徐浪、周琦、章桂明、陈枝楠、汪万春、康林、仲建忠、向才玉。

地中海实蝇生物芯片检测方法

1 范围

本标准确定了地中海实蝇 *Ceratitis capitata*（Wiedemann）（双翅目 Diptera 实蝇科 Tephritidae）的生物芯片制备、检测和结果判定方法。

本标准适用于相关贸易和有害生物监测中地中海实蝇卵、幼虫、蛹的鉴定和成虫的鉴定或复核。

2 规范性引用文件

下列文件对于本文件的应用是必不可少的。凡是注日期的引用文件，仅注日期的版本适用于本文件。凡是不注日期的引用文件，其最新版本（包括所有的修改单）适用于本文件。

SN/T 2039 地中海实蝇检疫鉴定方法 PCR 法

3 缩略语

SN/T 2039 界定的缩略语适用于本文件。

4 方法原理

选择实蝇科昆虫线粒体 DNA COI 基因核苷酸片段为分子标记探针，将探针按预先设置的排列固定于特定的固相支持载体（如：醛基化基片）的表面形成微点阵，利用反向固相杂交技术，用 Cy3 标记脱氧胞苷三磷酸（Cy3-dCTP）荧光标记的样品分子与微点阵上的探针杂交，实现多个分子之间的杂交反应，并通过芯片扫描信号的判读来检测样品中特定基因片段的存在，最后确定是否为地中海实蝇。

5 仪器和用具

PCR 扩增仪、芯片点样仪、芯片扫描仪、离心机、水浴锅、涡旋器、冰箱、电子天平、烘箱、磁力搅拌器。

醛基化基片、多孔板、芯片盖片、芯片分隔围栏、芯片粘贴工具、湿盒、杂交盒、计时器、磁柱、芯片架、2 L 烧杯、15 mL 离心管、量筒、移液器等。

6 试剂

6.1 昆虫基因组 DNA 提取试剂盒。

6.2 DNA 快速纯化/回收试剂盒。

6.3 去离子水。

6.4 50%二甲基亚砜（DMSO）。

6.5 0.2%十二烷基磺酸钠（SDS）。

6.6 0.2%硼氢化钠。

6.7 10×SSPE (20×SSPE:3 mol/L 氯化钠,200 mmol/L 磷酸二氢钠,25 mmol/L EDTA, pH 7.4)。

6.8 0.3×SSC、0.06×SSC (20×SSC:3 mol/L 氯化钠,300 mmol/L 柠檬酸钠)。

6.9 10×PCR 缓冲液(Mg^{2+},15 mmol/L)。

6.10 dATP,dTTP, dCTP,dGTP (10 pmol/μL)。

6.11 Cy3-dCTP。

6.12 *Taq* 酶。

6.13 引物(10 pmol/μL)。

6.14 探针(50 μmol/L)。

6.15 阳性质粒。

6.16 乙醇(70%和 99.9%)。

6.17 洗液Ⅰ(0.3×SSC,0.2% SDS)。

6.18 洗液Ⅱ(0.06×SSC)。

7 生物芯片检测方法

7.1 样品前处理

按照 SN/T 2039 进行。

7.2 基因组 DNA 制备

按照 SN/T 2039 进行。

7.3 生物芯片探针

7.3.1 检测探针

检测探针包括以下类型的探针(见 A.1):

——实蝇科通用探针;

——地中海实蝇与纳塔尔实蝇近缘种特异探针;

——地中海实蝇和非洲芒果实蝇近缘种特异探针;

——地中海实蝇种特异探针;

——纳塔尔实蝇 *C. rosa* 种特异探针;

——非洲芒果实蝇 *C. cosyra* 种特异探针。

注 1:检测探针是一条 20 nt～29 nt 的寡核苷酸;序列为实蝇科昆虫的特异性序列,5'端氨基修饰。

注 2:实蝇科通用探针能够特异检测实蝇科昆虫,近缘种探针能够特异检测相应的两个近缘种,地中海实蝇、纳塔尔实蝇和非洲芒果实蝇种特异性探针分别可特异检测上述三种实蝇。

7.3.2 质控探针

质控探针包括以下四种类型探针(见 A.2):

——定位点探针;

——阳性对照探针;

——阴性对照探针;

——空白对照。

7.4 芯片制备

7.4.1 芯片基片:选择光学级醛基基片。

7.4.2 探针稀释:探针用50%DMSO溶解至终浓度为50 μmol/L,按照探针点阵排布顺序,将探针溶液用移液器加入多孔板中。

7.4.3 点样:用芯片点样仪将探针点至基片上。实蝇芯片探针阵列排布图参见B.1。一张基片四个探针点阵的示意图参见B.2。

注:每个阵列共5行10列,第1行和第1列为定位点探针,其他探针各设三个重复。每张基片可以根据实际需求点1个或多个相同探针点阵。

7.4.4 水合:基片置湿盒(内盛三分之一体积水),在烘箱37 ℃水合12 h。

7.4.5 固定:将基片放在芯片架上,置盛有0.2%SDS溶液的烧杯中磁力搅拌漂洗5 min。取出再放入盛有去离子水的烧杯中磁力搅拌漂洗3次,每次2 min。

注:漂洗时溶液应没过基片,洗涤时应在洗液中加入磁柱,打开磁力搅拌器搅拌;每漂洗一次,更换去离子水。

7.4.6 封闭:将固定的基片放入盛有0.2%$NaBH_4$封闭液的烧杯中先磁力搅拌漂洗5 min,关闭磁力搅拌器,静置5 min,再磁力搅拌漂洗5 min;最后用去离子水磁力搅拌漂洗3次,每次2 min。

7.4.7 质检:基片置15 mL离心管中,2 000 r/min离心2 min除去水分;用芯片扫锚仪对基片进行预扫描质检,质检合格后芯片避光冷藏保存。

注:基片表面无残余固定剂,探针阵列完整,定位点清晰的为合格的芯片。

7.5 荧光标记PCR

荧光标记PCR反应在常规PCR仪上进行,引物P_3和P_5序列见C.1,标记PCR反应体系见C.2。扩增条件:94 ℃ 90 s;94 ℃ 30 s、55 ℃ 30 s、72 ℃ 30 s,30个循环;72 ℃ 5 min。待测样品模板DNA和实蝇阳性质粒平行进行荧光标记PCR,阳性质粒基因序列见C.3。

注:阳性质粒是一段人工合成的DNA片段,其5'端和3'端核苷酸序列分别为引物P_3和P_5的互补链。

7.6 杂交反应

7.6.1 杂交液预热

10×SSPE芯片杂交液在水浴锅中预热至50 ℃。

7.6.2 变性

分别取杂交液10 μL和PCR产物10 μL(实蝇模板扩增产物8 μL和阳性质粒扩增产物2 μL)到一个灭菌的50 μL离心管中,涡旋混匀,在PCR仪上95 ℃变性5 min。

7.6.3 杂交

盖上芯片盖片,取变性后的产物20 μL加入点样区,芯片用锡箔纸包装,置湿盒中在烘箱46 ℃避光杂交3 h。

7.6.4 清洗

杂交后的芯片依次在42 ℃预热的洗液Ⅰ、洗液Ⅱ中磁力搅拌清洗2 min。

7.6.5 离心

芯片置15 mL离心管中,2 000 r/min离心2 min除去水分。

7.7 芯片扫描

杂交后的芯片用芯片扫描仪在远红外光区532 nm处进行扫描,PMT值设为800。通过扫描仪软件获得所有探针阵列的荧光数据。

注:芯片扫描结果存入计算机,扫描后芯片避光室温保存。

7.8 结果判读

芯片杂交信号判读原则见附录D。在质控探针和定位点探针杂交信号正常的情况下，检测探针杂交信号满足以下情况判定为地中海实蝇：

——实蝇科探针(teph)杂交信号阳性；

——地中海实蝇和非洲芒果实蝇近缘种探针(caro)杂交信号阳性；

——地中海实蝇和纳塔尔实蝇近缘种探针(caco)杂交信号阳性；

——地中海实蝇特异探针(ccca)杂交信号阳性。

附　录　A
（规范性附录）
地中海实蝇生物芯片检测探针、质控探针及探针阵列

A.1　地中海实蝇生物芯片检测探针见表 A.1。

表 A.1　地中海实蝇生物芯片检测探针

探针类型	探针名称	探针序列(5'-3')	特异性说明
科通用探针	teph	AGCAAAGACTGCTCCTATTGATAAT	实蝇科通用探针
近缘种特异探针	caco	ATAGCTGGGGAATAATTTAATTG	地中海实蝇和非洲芒果实蝇近缘种探针
近缘种特异探针	caro	CGTTAAACCTCCAACTGTAAA	地中海实蝇和纳塔尔实蝇近缘种探针
种特异探针	ccca	AGAACAACGCCCGTTAAACC	地中海实蝇特异探针
种特异探针	ccco	CTGTTAAACCCCCAACTGTGA	非洲芒果实蝇特异探针
种特异探针	cpro	ACATAATGGAAGTGTGCTACAAC	纳塔尔实蝇特异探针

A.2　地中海实蝇生物芯片检测质控探针见表 A.2。

表 A.2　地中海实蝇生物芯片检测质控探针

类型	代码	序列(5'-3')	长度 nt
定位点探针	A	TGGATACCCAACTTAGCTATTAATAGTC	28
阳性对照探针	P	TGAGACCAACCAACTGAAACG	21
阴性对照探针	N	GACTATAGTATAAGCGCGGTCCA	23
空白对照[a]	B	—	—
[a] 空白对照为水对照。			

附　录　B
（资料性附录）
芯片检测探针点阵图及在基片上布局示意图

B.1　地中海实蝇芯片检测探针阵列示意图见图 B.1。

A	A	A	A	A	A	A	A	A	A
A	teph	teph	teph						
A	caco	caco	caco	caro	caro	caro			
A	ccca	ccca	ccca	ccco	ccco	ccco	cpro	cpro	cpro
A	P	P	P	N	N	N	B	B	B

图 B.1　地中海实蝇芯片检测探针阵列示意图

B.2　探针点阵在基片上布局示意图见图 B.2。

单位为毫米

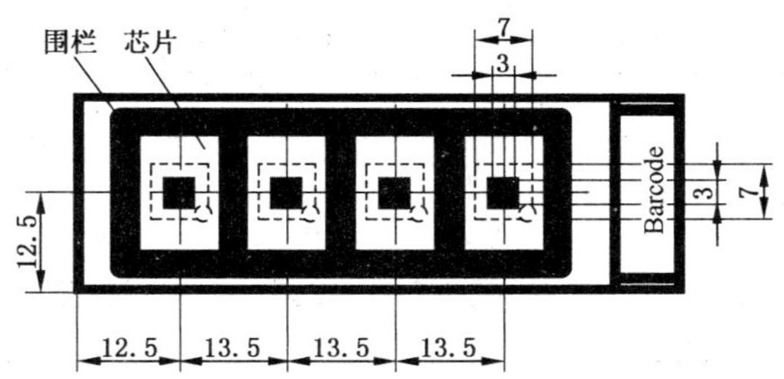

说明：
每张基片有四个探针点阵(小正方形区域)。

图 B.2　探针点阵在基片上布局示意图

附 录 C
（规范性附录）
荧光标记 PCR 引物、反应体系和阳性质粒序列

C.1 地中海实蝇生物芯片检测荧光标记 PCR 引物（李文芬等 2008）见表 C.1。

表 C.1 地中海实蝇生物芯片检测荧光标记 PCR 引物

引物名称	引物序列（5'-3'）	长度 nt	正/反向	来源基因
P_3	TTTTAGTTGACTGGCTACATTACATGG	27	正向	COI
P_5	CTGGAGGGGTATTTTGAAGTCATT	24	反向	

C.2 荧光标记 PCR 反应体系见表 C.2。

表 C.2 荧光标记 PCR 反应体系见表

试剂名称	PCR 反应体系终浓度	杂交信号阳性参考体系[a]
10×缓冲液（Mg^{2+}）	1.5 mmol/L	1.0 μL
dNTP[b]	0.2 mmol/L	0.2 μL
正向引物 P_3	0.2 mmol/L	0.2 μL
反向引物 P_5	0.2 mmol/L	0.2 μL
Taq 酶	1 U	0.15 μL
DNA 模板或阳性质粒	10 ng～20 ng	0.5 μL
去离子水	补足反应总体积到 10 μL	7.75 μL

[a] 反应体系中各试剂的量可根据反应体系的总体积进行适当调整。

[b] dNTP 配方（以 10 μL 为例）：dATP 1 μL，dCTP 1 μL，dGTP 1 μL，dTTP 0.65 μL，1mM CY3-dCTP 3.5 μL，去离子水 2.85 μL。

C.3 实蝇芯片阳性质粒序列（扩增长度：235 bp）

TTTTAGTTGACTGGCTACATTACATGGCACGAGGAGTCTGCTACCCGAGAAACCATAT
TCAGAGCGAATCATCTGTGAGCCGTTTCAGTTGGTTGGTCTCAAAAGCCCTTCCTGCCCAG
AGTGATCTCACTCGTCGAGGCCATCGGCTCTGACGCGATATACGGTTGTGCCGAGTGTCAA
TAGTTTCAAATGAGGTAGCAGACTCCTCGTGAATGACTTCAAAATACCCCTCCAG

注：实蝇芯片阳性质粒载体为 T 载体。

附　录　D
（规范性附录）
杂交信号阳性结果判读原则

D.1　每个检测点信号值＝该点荧光强度值－该点背景强度值。

D.2　空白对照平均信号值＝3个空白对照点信号值的平均值。

D.3　阴性对照平均信号值＝3个阴性对照点信号值的平均值－空白对照平均信号值。

D.4　每条探针的每个检测点信号值－空白对照平均信号值＞3倍阴性对照平均信号值即判读该检测点为阳性。

D.5　每条探针的3个重复检测点平均值为阳性即判读该条探针杂交结果为阳性。

D.6　如定位探针部分或全部为阴性，则表明探针与片基结合有问题，实验结果不准确，重做试验。

D.7　如阳性对照为阴性，则表明扩增标记环节或杂交环节存在问题，实验结果不准确，重做试验。

ICS 65.020.01
B 16

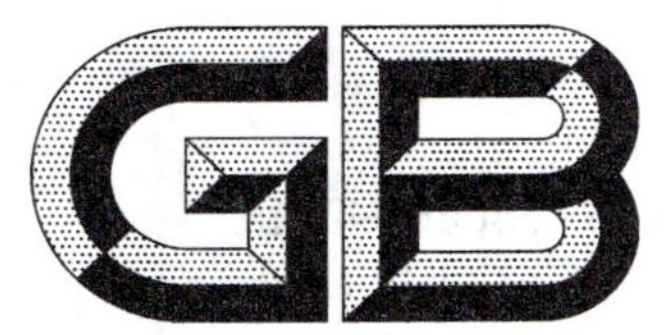

中华人民共和国国家标准

GB/T 28066—2011

丁香假单胞杆菌豌豆致病型检疫鉴定方法

Detection and identification of *Pseudomonas syringae* pv. *pisi* (Sackett) Young et al.

2011-12-30 发布　　　　2012-06-01 实施

中华人民共和国国家质量监督检验检疫总局
中国国家标准化管理委员会　发布

前　言

本标准按照GB/T 1.1—2009给出的规则起草。

本标准由全国植物检疫标准化技术委员会(SAC/TC 271)提出并归口。

本标准起草单位:中华人民共和国厦门出入境检验检疫局、中华人民共和国上海出入境检验检疫局。

本标准主要起草人:林石明、黄蓬英、易建平、陈青、廖富荣、吴媛、陈红运、王宏毅。

丁香假单胞杆菌豌豆致病型检疫鉴定方法

1 范围

本标准规定了丁香假单胞杆菌豌豆致病型生物学、血清学及分子生物学的检测鉴定方法。

本标准适用于植物种子、苗木等植物及其产品中丁香假单胞杆菌豌豆致病型的检测和鉴定。

2 丁香假单胞杆菌豌豆致病型基本信息

中文名:丁香假单胞杆菌豌豆致病型。

中文别名:豌豆(细菌性)枯萎病菌或豌豆细菌性叶斑病菌、豌豆假单胞蔓枯病菌或茎枯病菌等。

学名:*Pseudomonas syringae* Van Hall,1902 pv. *pisi* (Sackett,1916) Young,Dye and Wilkie,1978。

病害英文名:bactrial blight of pea。

异名:*Bacteium pisi* (Sackett) Smith,1920;*Chlorobacter pisi* (Sackett) Patel & Kulkarni,1951;*Pseudomonas pisi* Sackett, 1916;*Pseudomonas syringae* Van Hall, 1902;*Pytomonas* (Sackett) Bergey,et al. ,1923。

属原核生物界 Procaryotes,变形细菌门 Proteobacteria,γ-变形细菌纲 Gammaproteobacteria,假单胞杆菌目 Pseudomonadales,假单胞杆菌科 Pseudomonadaceae,假单胞杆菌属 *Pseudomonas*。

丁香假单胞杆菌豌豆致病型的其他信息参见附录 A。

3 方法原理

依据病菌在培养基上生长的菌落形态、碳源的利用情况、基于抗原抗体反应的双抗夹心酶联免疫吸附测定(DAS-ELISA)、基于体外 DNA 扩增技术的聚合酶链式反应(PCR),以及病菌接种后的致病特征等进行检测鉴定。

4 主要试剂

本标准的检测鉴定方法主要使用以下试剂:

硫酸镁、磷酸氢二钾、蔗糖、甘油、硼酸、氯化镁、蛋白胨、生理盐水、三氯甲烷、异戊醇、异丙醇、Tris-盐酸、EDTA、SDS(十二烷基硫酸钠)、CTAB(十六烷基三甲基溴化胺)、溴化乙锭、头孢氨苄、万古霉素、头孢呋辛酸、溴酚蓝、放线(菌)酮或制霉菌素和 PCR 相关试剂。

5 主要仪器

本标准的检测鉴定方法主要使用以下仪器:

超净工作台、高压灭菌锅、显微镜、培养箱、电子天平、离心机、PCR 仪、电泳仪、凝胶成像系统、BIOLOG微生物鉴定系统和酶标仪。

6 病菌分离

6.1 种子样品的制备

检查皱缩种子和其他为害状的种子。每份种子检测样品至少检测 2 000 粒种子。将种子倒入 5 L 桶内，加 3 L 无菌水，搅拌，用无菌(新)的塑料袋严密封盖，4 ℃下静置 16 h～18 h 或过夜；去掉塑料袋，充分搅拌。取种子浸出液 10 mL，用 15 000 *g* 离心 5 min，用蒸馏水分 2 次(每次 1 mL)洗下沉淀物，制成种子浸出液，以备分离培养。

6.2 种子中病菌的分离培养

取 100 μL 的种子浸出液涂布于 P3 和(或)S4 培养基平板上(培养基配制见附录 B)。每个样品设 3 个～10 个重复，无菌水作为空白对照。

在 25 ℃±2 ℃下黑暗中培养，3 d 后开始观察。

如果在培养基上产生可疑菌落(菌落特征见表 1)，则将菌落转移至 KB 平板上划线培养 1 d～2 d进行纯化(培养基配制见附录 B)，纯化 3 次后进行生化鉴定、DAS-ELISA 或 PCR 等方法鉴定。

表 1 培养基上的菌落特征

P3 培养基	S4 培养基
Pspi 的菌落扁平状，白色、透明，边缘不规则	Pspi 的菌落较大，半球形，白色，边缘整齐
多数菌株有蓝色荧光	—

6.3 植物组织中病菌的分离培养

仔细检查植物叶片、豆荚等组织的症状(参见图 A.1)，用无菌刀片将可疑的病斑切成细的切块，加一滴无菌水，置于载玻片上，盖上盖玻片后在显微镜下观察。如果观察到细菌的菌脓，则进行分离培养。

选择新鲜症状的叶片、豆荚等组织，切取病斑前沿部分 2 mm～7 mm 的组织，用 70%酒精表面消毒 15 s，无菌水洗 2 次～3 次，在 S4 和(或)P3 培养基平板上划线分离。

在 25 ℃±2 ℃下黑暗中培养 3 d 后，开始观察。

如果在培养基上产生可疑菌落(菌落特征见表 1)，则将菌落转移至 KB 平板上培养 1 d～2 d 进行纯化，纯化 3 次后进行生化鉴定、DAS-ELISA 或 PCR 等方法鉴定。

7 病菌鉴定

7.1 生化鉴定

采用 BIOLOG 微生物鉴定仪对可疑菌落进行生化鉴定。

7.2 DAS-ELISA 方法

将可疑菌落配制成 10^4 CFU/mL 悬浮液，取 100 μL 悬浮液作为检测样品。每个检测样品重复一次。用已知菌株作阳性对照，用缓冲液作空白对照。

具体操作步骤见附录 C。

7.3 PCR 方法

将可疑菌落制备成 10^8 CFU/mL 的细菌悬浮液，进行 PCR 扩增。或者把可疑菌落接种到 NB 培养基中(培养基配制见附录 B)，25 ℃±2 ℃下振荡培养过夜，离心后提取沉淀的 DNA，进行 PCR 扩增。用已知菌株作阳性对照，用无菌水作空白对照。

具体操作步骤见附录 D。

7.4 致病性测试

如果生化鉴定、DAS-ELISA 或 PCR 方法中一种或一种以上方法的检测结果产生阳性，则进行致病性测试以确认鉴定结果。

将豌豆种子播种于小盆钵中，待长出 2 片～3 片真叶的小苗。取在 KB 培养基上培养 24 h～48 h 的菌落，用消毒的昆虫针蘸取菌落，在最为幼嫩的秸秆处进行刺伤接种。每个菌落接种 5 株小苗。5 d～7 d 后，观察是否产生致病性。如果出现扩展型的水渍状病斑，则有致病性；反之，则没有致病性。

注：有些 Pspi 的菌株在接种 1 d～2 d 后，就引起小苗倒伏。

8 结果判定与检测报告

8.1 结果判定

8.1.1 未分离到可疑菌落

如果经 S4 或 P3 培养基分离培养，7 d 后仍未产生可疑菌落，则未检出 Pspi。

8.1.2 分离到可疑菌落

分离培养后的可疑菌落，应经生化鉴定、DAS-ELISA 或 PCR 方法检测，并通过致病性测试的确认。

——如果生化鉴定、DAS-ELISA 或 PCR 检测中一种或一种以上方法的结果产生阳性，致病性测试也产生典型症状，则判定为检出丁香假单胞杆菌豌豆致病型；

——如果生化鉴定、DAS-ELISA 检测或 PCR 的结果为阴性，则判定为未检出丁香假单胞杆菌豌豆致病型；

——如果生化鉴定、DAS-ELISA 或 PCR 检测中一种或一种以上方法的结果为阳性，而致病性测试为阴性，则应重新进行致病性测试。致病性重新测试后，如果仍然未产生典型症状，则判定为未检出丁香假单胞杆菌豌豆致病型。

8.2 检测报告

检测报告应包含所采用检测方法所产生的数据，包括 DAS-ELISA 检测结果的吸光值数据报告、菌落形态特征照片、PCR 检测的电泳图片或致病性测试结果的照片等。

附　录　A
（资料性附录）
丁香假单胞杆菌豌豆致病型相关资料

A.1　寄主植物

自然寄主：豌豆（*Pisum sativum*）、扁豆（*Dolichos lablab*）、香豌豆（*Lathyrus odoratus*）和野豌豆（*Vicia sepium*，*V. benghlensis*）等。

接种寄主：天蓝苜蓿（*Medicago lupulina*）、豇豆（*V. unguiculata*）和菜豆（*Phaseolus vulgaris*）等。

A.2　传播途径

病菌通过种子进行远距离传播。病菌在种子表面或种子内部至少存活10个月，在田间病残体上存活几个月，在干燥的种子上可以保持活性3年以上。即使只有0.01%的种子带菌率，也会引起病害发生，产生严重为害。

病残体也是侵染源。在大田，病菌通过雨水的飞溅、风和人工或机械传带而扩散。

A.3　症状特征

豌豆植株所有的地上部分均会产生症状，包括叶柄、复叶、托叶、茎、卷须、花芽和豆荚，其中在茎秆和托叶上的症状最为明显。发病严重的田块颗粒无收，一般损失在20%以下。

在干燥且偶有霜冻的天气条件下，症状通常出现在土表的茎部，其上形成水渍状病斑，后期呈橄榄色至紫褐色。病斑向上发展，侵染复叶和托叶，使叶脉变成褐色至黑色，周围组织发病形成扇形图案，脉间组织变成水渍状，并逐渐变黄色至褐色，最后叶片干枯呈纸质状。

在多雨的条件，复叶和豆荚上会出现病斑，初期为圆形或卵圆形或不规则的水渍状小斑点，呈暗绿色；斑点扩大后相互融合成较大的病斑，但是只限于脉间。在病斑表面可能出现乳白色的菌脓，干燥后有亮光。

在叶片和托叶上，最初症状为小的、暗绿色水渍状病斑。病斑经常扩展并融合，但是均会受到叶脉的限制。在小叶上，病斑发黄，后变褐色，而呈薄纸状。复叶后期变黄，病斑呈褐色纸状。

茎秆上的病斑向托叶和小叶扩展，在托叶上产生伞形病斑。受侵染的叶脉变黑褐色，叶片组织变成黄色至褐色，干枯后变薄纸状结构。茎秆上的病斑可能融合，引起萎缩死亡。

在果荚上，病斑凹陷，橄榄褐色；在近土表的茎秆上也会产生病斑，最初病斑呈水渍状，而后变榄绿色至暗褐色。发病的豆荚成熟后扭曲，病斑下陷，呈暗绿色。豆荚上的病斑只限于缝隙处的一条窄带。发病的种子在种脐周围形成水渍状的斑点，或呈皱缩状，褐黄色。

出苗前后可发生猝倒，而后植株死亡。严重者种子变色，但多数种子表面没有明显症状。

一般只在潮湿的季节或受霜害之后才发生该病害。在潮湿、雨后或重露水的生长季节，易于侵染；潮湿季节发病最重。大降雨加上雨水或重露水极其有利于病菌的扩散。受霜冻或大雨损害的植株最容易发病。*Pseudomonas syringae* pv. *pisi* 和 *Pseudomonas syringae* pv. *syringae* 所产生的症状相似，难于区别。

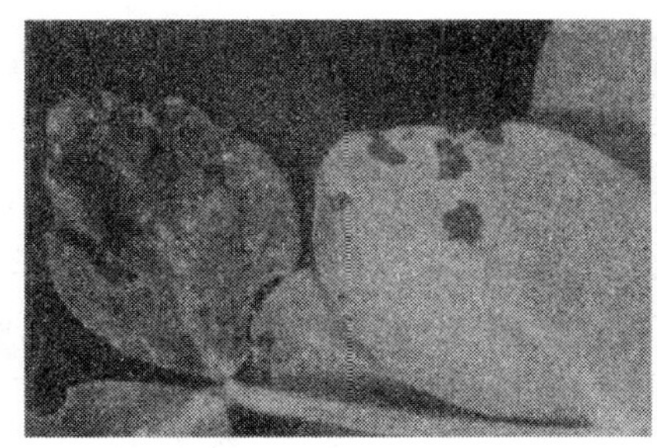
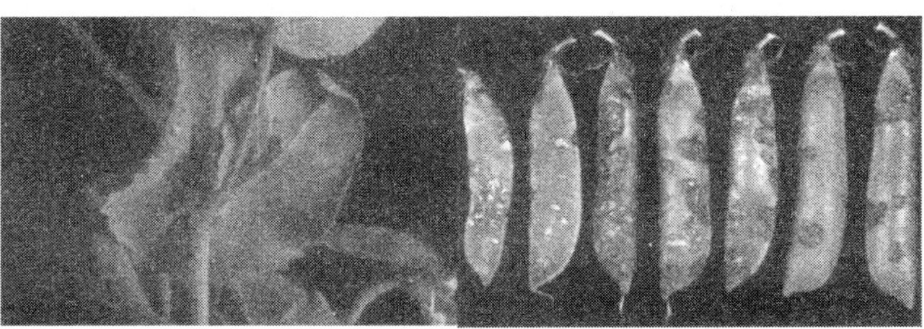

图 A.1 豌豆细菌性枯萎病的症状

A.4 地理分布

非洲:马拉维、肯尼亚、摩洛哥、南非、坦桑尼亚、津巴布韦等。

美洲:巴西、百慕大、加拿大、墨西哥、美国、阿根廷、乌拉圭等。

亚洲:印度尼西亚、以色列、日本、黎巴嫩、尼泊尔、叙利亚、印度等。

欧洲:保加利亚、丹麦、英国、法国、德国、希腊、荷兰、匈牙利、意大利、罗马尼亚、瑞士等。

大洋洲:澳大利亚、新西兰等。

附 录 B
（规范性附录）
培养基的配制

B.1 KB 培养基（改良 KB 培养基，King，et al.，1954）

称取以下试剂：3 号朊蛋白胨 20.0 g、磷酸氢二钾（K_2HPO_4）1.5 g、硫酸镁（$MgSO_4 \cdot 7H_2O$）1.5 g、甘油 15.0 mL、琼脂 15.0 g，倒入适宜的容器内，加 1 000 mL 蒸馏水，溶解所有的试剂。在 121 ℃下湿热灭菌 15 min；冷却至 45 ℃～50 ℃后，加入头孢氨苄（Cephalexin）50 mg（溶解于 75%的酒精中，配制成 25×10^{-6}浓度）；缓慢地倒入培养皿内（每个直径 9 cm 的培养皿 20 mL），避免产生气泡。

培养基在超净工作台凝固后直接使用，或者反扣过来装入塑料袋中，在 4 ℃下保存。最长的保存时间是 2 周～3 周，否则抗生素会失效。

B.2 S4 培养基

称取蔗糖 50 g、硼酸 1.5 g 和琼脂 15.0 g，溶解于 1 000 mL 的蒸馏水中，在 121 ℃下湿热灭菌 15 min，冷却至 50 ℃加入制霉菌素（Nystatine）或放线菌酮（溶解于 30 mL 70%酒精中配制成母液）。

B.3 P3 培养基

称取甘油 10 g、硼酸 1.5 g 和 Pseudomonas F 琼脂 38 g，溶解于 1 000 mL 的蒸馏水中，在 121 ℃下湿热灭菌 15 min，冷却至 50 ℃加入制霉菌素（Nystatine）或放线菌酮（溶解于 30 mL 的 70%酒精中）。

B.4 NB（Nutrient Broth）培养基

蛋白胨 5.0 g，牛肉浸膏 3.0 g，蒸馏水 1 000 mL，121 ℃湿热灭菌 15 min。

附 录 C
（规范性附录）
DAS-ELISA 方法

C.1 包被

用碳酸钠缓冲液稀释抗体溶液（如 1：200），在微孔板中每孔加入 100 μL 包被抗体溶液。在室温下孵育 2 h～4 h 或 4 ℃下包被过夜。

C.2 捕获抗原

倒去孔中的抗体包被溶液，用 PBS-Tween 洗 4 次～5 次孔（或在洗板机上完成）。加入菌悬液或样品提取液到酶标板的孔中，每孔 100 μL，每个样品 2 个孔（重复 1 次）。并设置阳性和阴性对照。在室温下孵育 2 h 或 4 ℃下过夜。

C.3 加入酶标抗体

根据说明用酶标抗体缓冲液稀释相应的酶标抗体（如 1：200）。倒去孔中的样品提取液，用 PBS-Tween 洗 4 次～5 次孔（可在洗板机上完成）。每孔加入 100 μL 酶标抗体溶液。在室温下孵育 2 h。

C.4 加底物

用二乙醇胺缓冲液（pH9.8）配制 1 mg/mL 的对硝基苯磷酸酯的底物溶液。倒去酶标抗体溶液，用 PBS-Tween 洗 4 次～5 次孔（可在洗板机上完成）。每孔加入 100 μL 新鲜配制的底物溶液。室温下避光放置，直至阳性对照孔明显显色（约 30 min～60 min）。

C.5 读数

用酶标仪在 405 nm 处读吸光值。

C.6 结果判定

C.6.1 对照孔的 OD_{405} 值（缓冲液孔、阴性对照及阳性对照孔），应该在质量控制范围内，即：

——缓冲液孔和阴性对照孔的 OD_{405} 值＜0.15；

——阳性对照 OD_{405} 值/阴性对照 OD_{405} 值＞2；

——同一样品的 OD_{405} 值应基本一致。

C.6.2 在满足了 C.6.1 质量要求后，结果原则上可判断如下：

——样品 OD_{405} 值/阴性对照 OD_{405} 值明显＞2，判为阳性；

——样品 OD_{405} 值/阴性对照 OD_{405} 值在阈值附近，判为可疑样品，需重做一次或用其他方法验证；

——样品 OD_{405} 值/阴性对照 OD_{405} 值明显＜2，判为阴性。

C.6.3 若满足不了 C.6.1 质量要求，则不能进行结果判断。

附 录 D
（规范性附录）
PCR 方法

D.1 PCR 模板的制备

D.1.1 菌悬液 PCR 模板的制备

取 3 μL 的 10^8 CFU/mL(OD_{600}=0.1)的菌体悬浮液，转入装有 100 μL 无菌双蒸水的 1.5 μL 离心管中，在 99 ℃水浴 10 min，10 000 *g* 离心 10 min，冷却后，取上清液作为 PCR 反应模板。

D.1.2 DNA 的提取

取 1 mL 在 NB 培养基中振荡培养过夜的菌液，10 000 *g* 离心 2 min，提取沉淀的 DNA；或者取 0.1 g 的发病植物组织，研磨后，提取植物总 DNA。提取步骤根据商用试剂盒说明进行。

D.2 引物序列

用于检测 Pspi 的特异性引物及其序列见表 D.1，经合成纯化后，冻干备用。

表 D.1 用于 PCR 扩增的引物及其序列

引物名称	引物序列	扩增产物
EFEP1	5'-ACGCTGGGATGTTACTTG-3'	303 bp
EFEP2	5'-GCCTGTTCAAAACGTGTG-3'	

D.3 PCR 反应

50 μL 反应体系中加入：10×PCR 缓冲液（含 $MgCl_2$）5.0 μL，10 mmol/L 的 dNTP 混合物1.0 μL，*Taq*DNA 聚合酶（5 U/μL）0.5 μL，10 μmol/L 的上下引物各 2.0 μL，DNA 模板 2 μL，去离子水补足至 50 μL。

在 PCR 仪上完成以下程序：95 ℃预变性 3 min；然后 94 ℃变性 1 min、60 ℃退火 1 min、72 ℃延伸 1 min，共 30 个循环；最后在 72 ℃下保持 10 min。

D.4 电泳分析

取 5 μL 扩增产物与 1 μL 的 6×上样缓冲液混合均匀，在 0.5×TBE 缓冲液配制的 1.5%琼脂糖凝胶中，4 V/cm～6 V/cm 电泳 50 min，溴化乙锭(EB)染色后在凝胶成像系统中观察，拍照并保存。

D.5 结果判定

在阳性对照扩增出预期大小的条带(约 303 bp),阴性对照和空白对照没有扩增到预期大小条件下:

——如果检测样品扩增到与阳性对照大小相一致的条带,则 PCR 检测结果为阳性;

——如果检测样品没有扩增到与阳性对照大小相一致的条带,则 PCR 检测结果为阴性。

ICS 65.020.01
B 16

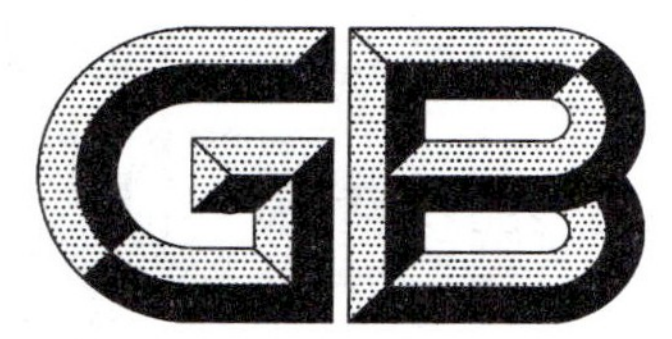

中华人民共和国国家标准

GB/T 28067—2011

甘蔗黄叶病毒实时荧光RT-PCR检测方法

Detection of sugarcane yellow leaf virus using the real-time RT-PCR

2011-12-30 发布　　2012-06-01 实施

中华人民共和国国家质量监督检验检疫总局
中国国家标准化管理委员会　发布

前言

本标准按照 GB/T 1.1—2009 给出的规则起草。

本标准由全国植物检疫标准化技术委员会(SAC/TC 271)提出并归口。

本标准起草单位:福建农林大学甘蔗综合研究所、农业部甘蔗及制品质量监督检验测试中心、农业部甘蔗遗传改良重点开放实验室。

本标准主要起草人:高三基、陈平华、陈如凯、郭晋隆、张华、许莉萍、王恒波、陈由强。

甘蔗黄叶病毒实时荧光 RT-PCR 检测方法

1 范围

本标准规定了甘蔗黄叶病毒实时荧光 RT-PCR 检测方法所需的仪器与试剂、样品的采集与前处理、操作方法以及结果判定。

本标准适用于甘蔗植株、种苗及种茎中甘蔗黄叶病毒的快速检测、诊断。

2 术语和定义

下列术语和定义适用于本文件。

2.1

反转录 reverse transcription

以 RNA 为模板合成 DNA 的过程，也称逆转录。

2.2

实时荧光 RT-PCR real time RT-PCR

实时荧光反转录-聚合酶链式反应。

2.3

Ct 值 cycle time

每个反应管内的荧光信号达到设定的阈值时所经历的循环数。

3 缩略语

下列缩略语适用于本文件。

RNA：核糖核酸

Taq 酶：*Taq* DNA 聚合酶

dNTPs：4 种脱氧核苷 5′-三磷酸混合液

RNase：RNA 酶

M-MLV：莫洛尼鼠白血病病毒（*Moloney murine leukemin virus*）反转录酶

FAM：6-羧基荧光素

TAMRA：6-羧基四甲基罗丹明

4 方法原理

在反转录酶作用下将 RNA 反转录成 cDNA，再以 cDNA 为模板利用 *Taq* 酶进行实时荧光 PCR 扩增反应（采用 *Taq* Man 探针方法）。在比对甘蔗黄叶病毒外壳蛋白基因的基础上，设计一对仅在甘蔗黄叶病毒外壳蛋白基因间保守的特异性引物和一条特异性的荧光双标记探针。探针的 5’端标记 FAM 荧光素为报告荧光基团，3’端标记 TAMRA 荧光素为淬灭荧光基团，结合部位位于目的扩增片段内部。当完整的探针与目的序列配对时，荧光基团发射的荧光因与 3’端的淬灭剂接近而被淬灭，仪器检测不到荧光信号；但在进行延伸反应时，*Taq* 酶发挥 5’→3’的外切核酸酶功能，将探针降解，使得荧光基团与淬灭剂分离,所发出的荧光不再为淬灭剂所吸收而被检测仪所接受。随着扩增循环数的增加,释放出来的荧光基团不断积累。因此荧光强度与扩增产物的数量呈正比关系。

5 甘蔗黄叶病毒基本信息

5.1 病毒粒体形态特征

甘蔗黄叶病毒粒体为二十面对称体,直径 24 nm～29 nm,浮力密度 1.30 g/cm^3,由蛋白质外壳及其包裹着的一条单链、正义的 RNA (ssRNA)构成,病毒基因组大小约 6 kb。

5.2 寄主范围

自然寄主为甘蔗属中的热带种(*Saccharum officinarum*)、大茎野生种(*Saccharum robustum*)、中国种(*Saccharum sinensis*)和割手密(*Saccharum spontaneum*)。

实验寄主包括蔗茅属(*Erianthus sp.*)、小麦、燕麦、大麦、水稻、玉米和高粱等。

在寄主植株内的分布主要局限于组织韧皮部内。

5.3 寄主症状

田间病症表现为甘蔗叶片中脉黄化,并向两侧扩展,中脉下表皮为鲜黄色,上表皮仍是正常的白色或绿白色,有的染病品种叶片中脉两侧出现红褐色。染病植株叶片从叶尖开始干枯坏死,并向下扩展,严重感病植株叶片发黄、坏死。由甘蔗黄叶病毒引起的这种病害称为甘蔗黄叶病(Sugarcane yellow leaf disease),早期称为甘蔗黄叶综合症(sugarcane yellow leaf syndrome)。

5.4 分布地区

甘蔗黄叶病 1989 年首次发生在美国夏威夷,随后陆续在美国的弗罗里达州、德克萨斯州、路易斯安那州以及巴西、澳大利亚、南非、中国、印度等 30 多个国家和地区出现并不断蔓延扩大。

5.5 传播途径

由甘蔗蚜虫(*Melanaphis sacchari*)、甘蔗绵蚜(*Ceratovacuna lanigera*)、玉米叶蚜(*Rhopalosiphum maidis*)和水稻根际蚜虫(*Rhopalosiphum rufiabdominalis*)传播,也可由感病的种茎传播,但不能通过种子、机械摩擦方式传播。

6 病毒的分类信息

国际病毒分类委员会(ICTV)第 8 次报告将甘蔗黄叶病毒列入黄症病毒科(Luteoviridae)马铃薯卷叶病毒属(*Polerovirus*)中成员,英文名称为 sugarcane yellow leaf virus,缩写为 SCYLV。

7 仪器与设备

7.1 实时荧光 PCR 检测系统。

7.2 核酸蛋白分析仪或紫外分光光度计。

7.3 电子天平:感量 0.01 g。

7.4 高速台式冷冻离心机:离心力 12 000 *g* 以上。

7.5 微量加样器：0.1 μL～2.5 μL，0.5 μL～10 μL，5 μL～20μL，10 μL～100 μL，10 μL～200 μL，100 μL～1 000 μL。

7.6 无RNA酶的离心管、PCR反应管、Tip头、实时荧光PCR反应管。

7.7 恒温水浴锅。

7.8 鼓风干燥箱。

7.9 冰箱：2 ℃～4 ℃，－20 ℃，－80 ℃。

8 试剂与材料

8.1 试剂

除另有规定外，所用试剂均为分析纯或生化试剂；所有试剂均用无RNA酶的容器分装。

8.1.1 三氯甲烷。

8.1.2 异丙醇。

8.1.3 75%乙醇[1)]。

8.1.4 无RNase水及双蒸水。

8.1.5 裂解液：主要成分为异硫氰酸胍和苯酚，为RNA提取试剂。

8.1.6 5×反转录反应混合液：含5×反转录反应缓冲液、dNTPs、RNase抑制剂、M-MLV反转录酶，具体配制方法参见附录A。

8.1.7 检测引物

5'-引物：5'-TTCAGTATAACTCATGCTCCTCCG-3'

3'-引物：5'-ACTTTCTTGGCGTTCCTCTTG-3'

扩增片段大小为130 bp。

8.1.8 *Taq*Man探针：5'-FAM-CGCAACTCCAGGTGCAATCGC-TAMRA-3'。

8.1.9 含有*EX Taq*荧光PCR反应混合液

含有2×*EX Taq*荧光PCR反应液、5'-引物、3'-引物、*Taq* Man探针，具体配制方法参见附录A。

8.2 材料

8.2.1 阳性对照：用已知含甘蔗黄叶病毒的样品作阳性对照。

8.2.2 阴性对照：用已知不含甘蔗黄叶病毒的样品作阴性对照。

9 样品的采集与前处理

9.1 取样工具

砍刀、剪刀、镊子等取样工具应经121 ℃±2 ℃、1.1×10^5 Pa高压灭菌15 min或经160 ℃干烤2 h。

9.2 采样方法

9.2.1 采样过程中应避免样本交叉污染，采样及样品前处理过程中应戴一次性手套。

9.2.2 叶片样品：取甘蔗植株或种苗最高可见肥厚带叶上一叶(－1叶)叶片，编号备用。

1) 用无RNase水配制。

9.2.3 蔗茎样品：取甘蔗植株可见肥厚带叶下两叶（+3 叶）对应的蔗茎，若为甘蔗蔗种，取中部种茎，编号备用。

9.3 存放与运送

采集或处理的样本在 2 ℃～8 ℃条件下保存应不超过 24 h；若需长期保存，要求放置－80 ℃冰箱，但应避免反复冻融。采集的样品密封后，采用保温壶或保温桶加冰密封，或用液氮处理，尽快运送到实验室。

10 操作方法

10.1 总 RNA 的提取

10.1.1 取 1.5 mL 无 RNA 酶的离心管，并对每个管进行编号。

10.1.2 称取 0.2 g 样品材料（蔗茎样品要去除表皮），并用液氮研磨成粉末状（要保持液氮不挥发干净）。

10.1.3 向 1.5 mL 离心管中加入粉末，等液氮刚挥发完立即加入 1 mL 裂解液，盖上管盖，振荡混匀，于 4 ℃、12 000 *g* 离心 10 min。

10.1.4 吸取上清液至另一新的离心管中，加入 0.2 mL 三氯甲烷，盖住管盖，剧烈振荡混匀约 15 s，室温静置 3 min 后，于 4 ℃、12 000 *g* 离心 15 min。

10.1.5 吸取上清液至另一新的离心管中，加入 0.5 mL 预冷的异丙醇（－20 ℃），颠倒混匀，室温静置 10 min 后，于 4 ℃、12 000 *g* 离心 15 min（离心管开口保持朝离心机转轴方向放置）。

10.1.6 小心倒出离心管中上清液，加入 1 mL 75％预冷的乙醇（－20 ℃）洗涤，颠倒离心管 2 次～3 次，7 500 *g* 离心 5 min（离心管开口保持朝离心机转轴方向放置）。重复洗涤沉淀 1 次。

10.1.7 小心倒出离心管中上清液，用微量加样器将其吸干，一份样本换用一个吸头，吸头不要碰到有沉淀的一面，室温干燥 10 min～15 min。

10.1.8 加入 50 μL 无 RNase 水，轻轻混匀，溶解管壁上的 RNA，2 000 *g* 离心 5 s，冰上保存备用。提取的 RNA 应在 2 h 内进行 RT-PCR 扩增；若需长期保存，应放置－80 ℃冰箱。

10.1.9 取 5 μL RNA 溶液加无 RNase 水稀释至 1 mL，使用核酸蛋白分析仪或紫外分光光度计上测 260 nm 和 280 nm 处的吸光值 A_{260} 和 A_{280}。RNA 浓度按式(1)计算：

$$c = A \times N \times 40/1\,000 \qquad \cdots\cdots (1)$$

式中：

c ——RNA 浓度，单位为微克每微升(μg/μL)；

A ——260 nm 处的吸光值；

N ——RNA 稀释倍数。

当 A_{260}/A_{280} 比值在 1.8～2.0 之间时，适合于实时荧光 RT-PCR 扩增。

10.2 反转录

10.2.1 取 1.0 μL RNA（约 2.0 μg/μL）、1.0 μL 反转录引物（3'-引物）和 8.0 μL DEPC 水加入到无 RNase 的 PCR 管中，70 ℃15 min。

10.2.2 冰浴 2 min。

10.2.3 加入反转录反应混合液，每个测试样本反转录反应混合液配制参见表 A.1。轻微混匀，500 *g* 离心 30 s，42 ℃ 1 h，75 ℃ 8 min。反应结束后，可以直接进行实时荧光 PCR 检测，或者放于－20 ℃保存备用。

10.3 实时荧光 PCR 反应

10.3.1 荧光 PCR 扩增试剂准备与配制。从试剂盒中取出含有 *EX Taq* 荧光 PCR 反应液，在冰上融化后，2 000 *g* 离心 5 s。每个测试样本反应混合液配制参见表 A.2。

10.3.2 根据测试样品的数量计算好各试剂的使用量，全部加完后，充分混合均匀，2 000 *g* 离心 5 s。向每个实时荧光 PCR 管中各分装 24.0 μL。

10.3.3 在各设定的实时荧光 PCR 管中分别加入 10.2.3 中反转录产物各 1.0 μL(cDNA 约 10 ng～100 ng)，盖紧管盖后，轻微混匀，500 *g* 离心 30 s。

10.3.4 将 10.3.3 中加样后的实时荧光 PCR 反应管放入荧光 PCR 检测仪内，记录样本摆放顺序。实时荧光 PCR 反应条件随不同仪器略有改变，一般的反应程序为：95 ℃10 s，1 个循环；95 ℃5 s，60 ℃30 s，40 个循环，在每次循环的延伸阶段收集荧光。

11 结果判断与表述

11.1 结果分析条件设定

读取检测结果。阈值设定原则以阈值线刚好超过正常阴性对照品扩增曲线的最高点，结果显示阴性为准。或可根据仪器噪音情况进行调整。

11.2 对照结果

检测过程中分别设阳性对照、阴性对照和空白对照。用已知含甘蔗黄叶病毒的样品作阳性对照，用已知不含甘蔗黄叶病毒的样品作阴性对照，用等体积的无 RNase 水代替模板 RNA 作空白对照。

空白对照：无 Ct 值且无扩增曲线。

阴性对照：无 Ct 值且无扩增曲线。

阳性对照的 Ct 值应≤30.0，并出现典型的扩增曲线。否则，此次实验视为无效。

11.3 检测结果的判定

11.3.1 阴性

无 Ct 值且无扩增曲线，表示样品中不含甘蔗黄叶病毒。

11.3.2 阳性

Ct 值≤35.0，且出现典型的扩增曲线，表示样本中含甘蔗黄叶病毒。

11.3.3 有效原则

Ct 值>35.0 的样本应重做。重做结果无 Ct 值者为阴性，否则为阳性。

11.4 结果表述

该试样中检出甘蔗黄叶病毒。

该试样中未检出甘蔗黄叶病毒。

附 录 A
（资料性附录）
甘蔗黄叶病毒反转录反应与实时荧光 PCR 扩增反应混合液配制

表 A.1 每个测试样本反转录反应混合液配制的组分及使用量

试 剂	使用量	25 μL 反应体系终浓度
5×反转录反应缓冲液(Mg^{2+} Plus)	5.0 μL	1×
10 mmol/L dNTPs	1.0 μL	0.4 mmol/L
10 U/μL RNase 抑制剂	0.5 μL	5 U/25 μL
200 U/μL M-MLV 反转录酶	1.0 μL	200 U/25 μL
无 RNase 水	7.5 μL	
总体积	15.0 μL	

表 A.2 每个测试样本荧光 PCR 扩增反应混合液配制的组分及使用量

试 剂	使用量	25 μL 反应体系终浓度
2×荧光 PCR 反应液(含 *Taq* 酶)	12.5 μL	1×
5'-引物(10 μmol/L)	1.0 μL	0.4 μmol/L
3'-引物(10 μmol/L)	1.0 μL	0.4 μmol/L
荧光探针(10 μmol/L)	1.0 μL	0.4 μmol/L[2)]
双蒸水	8.5 μL	
总体积	24.0 μL	

2） 探针浓度与使用的实时荧光 PCR 扩增仪、探针种类、荧光标记物质种类有关，实际使用时请参照仪器说明书，或各荧光探针的具体使用要求进行。

ICS 65.020.01
B 16

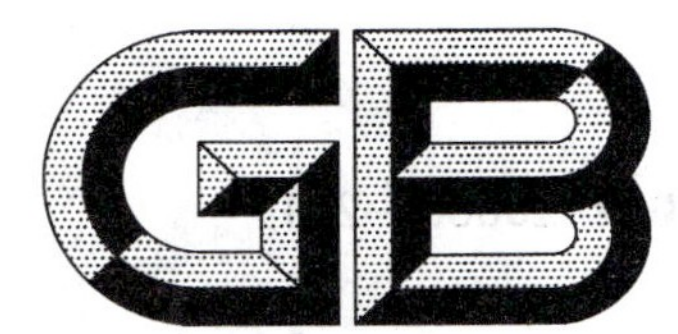

中华人民共和国国家标准

GB/T 28068—2011

柑桔溃疡病菌实时荧光PCR检测方法

Detection of *Xanthomonas citri* subsp. *citri* using the real-time fluorescent PCR

2011-12-30 发布　　2012-06-01 实施

中华人民共和国国家质量监督检验检疫总局
中国国家标准化管理委员会　发布

前　　言

本标准按照 GB/T 1.1—2009 给出的规则起草。

本标准由全国植物检疫标准化技术委员会(SAC/TC 271)提出并归口。

本标准起草单位:重庆大学、农业部农业技术推广服务中心、中华人民共和国北京出入境检验检疫局。

本标准主要起草人:王中康、殷幼平、王福祥、高文娜、夏玉先、李正国、曹月青。

柑桔溃疡病菌实时荧光 PCR 检测方法

1 范围

本标准规定了柑桔溃疡病菌(*Xanthomonas citri* subsp. *citri*,Xcc)的实时荧光 PCR 检测的样品制备、检测技术、操作方法及结果判定标准。

本标准适用于柑桔植物材料中柑桔溃疡病菌的实时荧光 PCR 检测和病害鉴定。

2 规范性引用文件

下列文件对于本文件的应用是必不可少的。凡是注日期的引用文件,仅注日期的版本适用于本文件。凡是不注日期的引用文件,其最新版本(包括所有的修改单)适用于本文件。

GB 5040 柑桔苗木产地检疫规程

GB/T 19495.2 转基因产品检测 实验室技术要求

3 术语和定义

下列术语和定义适用于本文件。

3.1

柑桔溃疡病 citrus canker disease

由柑桔溃疡病菌引起的国内外柑桔检疫性细菌病害。症状特征表现为柑桔叶片、枝条和果实表面出现隆起的木栓化溃疡病斑,造成柑桔落叶落果、树势衰弱,严重影响柑桔产量与果品外观质量。

3.2

柑桔溃疡病菌 *Xanthomonas citri* subsp. *citri*

指引起亚洲型柑桔溃疡病的病原细菌,为黄单胞菌属的柑桔黄单胞柑桔亚种新组合(Schaad 2006;Young 2008)。

3.3

实时荧光 PCR real-time fluorescent PCR

实时荧光聚合酶链式反应,一种在体外扩增微量的特殊 DNA 片段的方法,在扩增过程中由于荧光物质的释放并被实时检测而能够快速、灵敏地检出模板 DNA 的存在。

3.4

扩增引物 primer

人工合成的寡核苷酸序列,其序列与待扩增的目标 DNA 序列中的一段相同,用于引导 DNA 体外扩增。

3.5

扩增模板 templet

DNA 体外扩增中所用的待扩增的靶标序列。

3.6

Ct 值 cycle threshold value

实时荧光 PCR 反应中每个反应管内的荧光信号达到设定阈值时所经历的循环数。

3.7

柑桔溃疡病菌重组质粒

利用特异性引物扩增柑桔溃疡病菌(*Xanthomonas citri* subsp. *citri*)基因组模板,获得的柑桔溃疡菌特异性 DNA 扩增序列构建重组质粒,将该重组质粒转导到大肠杆菌 JM 109 菌株中繁殖培养后,重新提取出获得的质粒 DNA。用于作为柑桔溃疡病菌检测的阳性对照。

4 柑桔溃疡病菌基本信息

拉丁学名:柑桔黄单胞菌柑桔亚种 *Xanthomonas citri* subsp. *citri* Gabriel et. al (1989)。

病害名称:柑桔溃疡病 citrus cancer disease。

分类地位:假单胞菌科 Pseudomonaceae、黄单胞菌属 *Xanthomonas*,柑桔黄单胞 *Xanthomonas citri* [Gabriel et. al (1989)]。

主要分布于亚洲的中国,印度和东南亚,美洲的美国、巴西、乌拉圭、巴拉圭和阿根廷等国家和地区。葡萄柚、甜橙、柠檬、莱檬、柑桔和枳等柑桔种和品种。带菌种苗、接穗及商品果实是远距离传播的主要途径;田间则主要由夹风雨和农事操作传播。

柑桔溃疡病菌其他信息参见附录 A。

利用柑桔溃疡病菌亚种通用引物对 XccF05/XccR05,以常规 PCR 方法可以检测出柑桔材料中柑桔黄单胞柑桔亚种(A 菌系)和褐色黄单胞莱檬亚种(BC/D 菌系)(检测引物、检测方法及结果判定参见附录 B)。

5 方法原理

本标准采用的实时荧光 PCR 检测包括了荧光染料法和荧光探针法两种检测方法。其原理是,利用病菌特有 DNA 序列设计引物,在 PCR 扩增时加入荧光染料,荧光染料与扩增形成的产物-DNA 双链结合而发出荧光被检测器实时检测(荧光染料法),或在合成特异性引物的同时合成一条特异性的荧光双标记探针,探针 5'端和 3'端分别标记荧光素报告基团和淬灭基团,如果反应体系中存在待测目标 DNA 模板,引物和探针则与模板上的序列配对而特异性结合,当 PCR 扩增延伸到探针结合部位时,*Taq* DNA 聚合酶将探针水解成单核苷酸,使标记在探针上的报告基团游离出来并发出荧光信号被检测器实时检测(荧光探针法)。由于初始模板量的不同,反应管内的荧光物质达到设定的可检测阈值时所经历的 Ct 值不同,因此 Ct 值可以用于判定检测样品的初始菌量。

6 实验室设置

柑桔溃疡病菌 PCR 检测实验室主要参照 GB/T 19495.2 设置与管理。检测实验室应至少分为三个相对独立的工作区域:样本制备区、反应试剂配制区和检测区;每个工作区域应有明确标记,避免不同工作区域内的设备、物品混用。

7 材料与试剂

7.1 仪器与器材

7.1.1 实时荧光 PCR 仪。

7.1.2 高速台式离心机。

7.1.3 生物安全柜或超净工作台。

7.1.4 冰箱(冷藏室 4 ℃和冷冻室 −20 ℃)。

7.1.5 涡旋混匀仪。

7.1.6 紫外灭菌灯。

7.1.7 微量可调移液器(0.5 μL~10 μL、10 μL~100 μL、100 μL~1 000 μL)。

7.1.8 带滤芯 Tip 头。

7.1.9 PCR 反应管(0.2 mL 八联管)。

7.1.10 微滤柱。

7.1.11 高压灭菌锅。

7.2 试剂

7.2.1 磷酸二氢钠($NaH_2PO_4 \cdot H_2O$)。

7.2.2 磷酸氢二钠($Na_2HPO_4 \cdot 7H_2O$)。

7.2.3 三羟甲基氨基甲烷(Tris)。

7.2.4 乙二胺四乙酸(EDTA)。

7.2.5 实时荧光 PCR 混合试剂(Real-time PCR Master Mix)。

8 采样及样品处理

8.1 采样及样品处理工具

8.1.1 样品袋:牛皮纸袋或信封(一次性使用)。

8.1.2 枝剪。

8.1.3 剪刀,镊子。

8.1.4 塑料离心管(1.5 mL,50 mL)。

8.1.2~8.1.4 的取(制)样工具应经 121 ℃±2 ℃,15 min 高压蒸汽灭菌。田间取样每个样品采集后或实验室处理每个不同样品后,工具应用 70%酒精棉球擦拭 2 次以上,以避免样品间相互污染。

8.2 取样方法

8.2.1 田间采集

田间实地取样参照 GB 5040。

取带有柑桔疑似溃疡病病斑的柑桔叶片、嫩梢和果实样品(柑桔溃疡病症状特征参见附录 A)。

8.2.2 口岸检疫及调运检疫抽样

种苗抽取显现疑似症状植株或随机抽取植株(无症材料)10 株,每株取叶片 5 片,共 50 片;接穗等材料则随机直接抽取 10 份材料;商品果采集带有疑似病斑的果实。

样品采集后立即装入样品袋。按规定编号密封后,做好相关记载,包括样品品种、目测症状、采样人、采集地、采集时间等。及时寄送检测实验室。

8.3 样品存放

采集的植物材料若需短暂保存,应置于 4 ℃条件下,可保存 1 周。检测后余下的植物材料应置于 4 ℃条件下保存 7 d,以备复测的需要。

8.4 样品 DNA 制备操作

样品 DNA 制备在检测实验室样品制备区进行。所制备的 DNA 样本在 4 ℃条件下保存应不超过

7 d,在－20 ℃冻存不超过 30 d,避免反复冻融。

样品制备的具体操作过程见附录 C。

9 PCR 检测操作

9.1 所用引物对与探针

荧光染料法 PCR 检测所用特异性引物对 CQUXcc F 02/CQUXcc R 02,序列为 CQUXcc F 02:5'-ACGAGAAAGAACTTCGCCCC-3',CQUXcc R 02:5'-TCTG ACCACATCGCAT AGGA-3'。

荧光探针法 PCR 检测所用特异性引物对 CQUXcc F 06/CQUXcc R 06,序列为 CQUXcc F 06:5'-GCGGCTATTGGCTGACTTCA-3'和 CQUXcc R 06:5'-GTAGGGCG GACCTT GGGAT-3'。

荧光标记探针 CQU XccP1,序列为 5'-TCCTCCATAACGAACTCGCAAGGCACG-3'。

9.2 扩增准备

PCR 扩增反应体系为 25 μL。准备 PCR 扩增反应管,分别加入反应液 23 μL,最后加入制备的待测样品 2 μL。每个样品设置 3 次重复。每次 PCR 检测应设立相应的阳性对照、阴性对照和空白对照。

9.3 扩增过程

扩增过程中,设置每次循环的延伸阶段采集荧光。

荧光染料法检测应在扩增结束后立即进行熔解曲线分析,以验证扩增的特异性。熔解曲线的反应程序为:97 ℃,1 min;57 ℃,1 min;从 57 ℃开始每升高 0.5 ℃保持 10 s,连续升高 80 次(到 97 ℃为止)。

检测结束后,根据采集的荧光曲线和 Ct 值判定结果。

实时荧光 PCR 扩增的准备及扩增具体操作过程见附录 D(不同 PCR 仪具体程序参数可能稍有调整)。

推荐使用柑桔溃疡病菌实时荧光 PCR 检测试剂盒。试剂盒组成、功能及使用注意事项参见附录 E。

10 结果判定及描述

10.1 结果分析条件设定

直接读取检测结果。阈值设定原则根据仪器噪声情况自动调整,以阈值线刚好超过正常阴性样品扩增曲线的最高点为准。

10.2 质控标准

10.2.1 阴性对照及空白对照无 Ct 值并且无扩增曲线。否则,此次检验视为无效。

10.2.2 阳性对照的 Ct 值应<28.0,并出现典型的上升扩增曲线。否则,此次检验视为无效。

10.3 阴性

测试样品检测无 Ct 值和扩增曲线,且阴性对照、阳性对照和空白对照结果正常,判定该样品为阴性,表示样品中无柑桔溃疡病菌。

10.4 阳性

测试样品检测 Ct 值≤35,出现典型的扩增曲线,且阴性对照、阳性对照和空白对照结果正常,判定该样品为阳性，表示样品中存在柑桔溃疡病菌。

10.5 其他情况

Ct 值大于 36 的样品，建议重做实时荧光 PCR 扩增，扩增结果按上述标准判定。扩增结果 Ct 值若仍大于 36，结果判定为阴性。

附 录 A
（资料性附录）
柑桔溃疡病症状及病原菌的名称及鉴别特征比较

A.1 分类命名

A.1.1 概要

柑桔溃疡病是由柑桔黄单胞细菌引起的柑桔重要检疫性病害；主要随带菌苗木或接穗远距离传播，随夹风雨溅射在田间扩散。

近年来，柑桔溃疡病菌的分类地位和命名变动较大，原来的柑桔溃疡病菌的A，B/C/D和E菌系，依据16S rRNA基因、多基因分类新方法和培养特征等综合分类方法已经归入三个不同的细菌种下的三个亚种：柑桔黄单胞柑桔亚种（A菌系）、褐色黄单胞莱檬亚种（BC/D菌系）和苜蓿黄单胞枳柚亚种（E菌系）。

A.1.2 柑桔黄单胞柑桔亚种（*Xanthomnas citri* subsp. *citri*）

原称为A系的柑桔黄单胞柑桔亚种（*Xanthomnas citri* subsp. *citri*），是依据N. W. Schaad（2006）和J. M. Young（2008）的黄单胞属最新分类命名的调整确认，是分布最广、危害最重的一种柑桔溃疡病的检疫性细菌，可以侵染芸香科柑桔属、枳属的大部分柑桔种类。病菌在血清学、DNA-DNA复性测定、ITS测序、rep-PCR和培养特征等方面都不同于其他黄单胞属的细菌。

A.1.3 褐色黄单胞莱檬亚种（*X. fuscans* subsp. *aurantifolii*）

根据DNA-DNA复性测定和多基因测序的相似率，把仅引起南美的墨西哥莱檬、柠檬、酸橙和柚子溃疡病的原B/C/D菌系归入褐色黄单胞莱檬亚种（*Xanthomonas fuscans* subsp. *aurantifolii*）。

A.1.4 苜蓿黄单胞枳柚亚种（*X. alfalfae* subsp. *citrumelonis*）

原柑桔溃疡病菌E菌系，引起美国佛州柑桔苗圃的柑桔斑点病。现依据病害症状、同工酶谱带等不同于柑桔亚种的特征，归入到苜蓿黄单胞枳柚亚种（*X. alfalfae* subsp. *citrumelonis*）。

A.2 柑桔溃疡病症状

A.2.1 主要症状

柑桔溃疡病菌可以侵染柑桔叶片、枝条和果实等地上部分。主要症状特征为产生两面木栓化病斑，中心突起呈火山口状。

A.2.2 叶片症状

叶片初始病斑呈圆形、微突起、半透明脓泡状；病斑两面隆起、圆形或近圆形，周围大多有黄色晕圈和釉圈；老病斑木栓化，表面粗糙开裂呈火山口状，晕圈不明显；病斑单生，严重时愈合成片。在潜叶蛾危害的伤口处往往成片发生[图A.1a)]。与柑桔疮痂病等叶部类似症状的区别在于受害叶片仅一面出现隆起的近圆锥形病斑，另一面凹陷。病斑较多时，叶片扭曲畸形，病斑周围仅有黄色晕圈而无釉圈。

a） 柑桔溃疡病叶片初期病斑

b） 柑桔溃疡病枝条后期病斑

c） 柑桔溃疡病果实典型病斑

图 A.1 柑桔溃疡病寄主植株典型症状

A.2.3 枝条症状

在嫩枝上，产生坏死扁平的病斑，有时具有油浸状的边缘，没有黄色晕圈[图 A.1b)]。

A.2.4 果实症状

在幼果的病斑有黄色晕圈，果实上的火山口开裂更加明显，严重时愈合成片。疮痂病罹病果实病斑呈散生或群生的瘤状突起，可以剥落[图 A.1c)]。

A.3 鉴别特征比较

柑桔溃疡病菌及其类似病原菌的鉴别特征比较见表 A.1。

表 A.1 柑桔溃疡病菌及其类似病原菌的鉴别特征比较

病害名称	柑桔溃疡病 citrus bacterial canker		柑桔斑点病(CBS)
	A 型溃疡病	B 型/C 型/D 型溃疡病	
新订学名(拉丁名)	柑桔黄单胞柑桔亚种 *Xanthomonas citri* subsp. *Citri* Gabriel et. al (1989)	棕色黄单胞莱檬亚种 *Xanthonmnas fuscans* subsp. *aurantifolii* Gabriel et. al. ,(1989)	苜蓿黄单胞枳柚亚种 *Xanthomonas alfalfae* subsp. *Citromelonis* Gabriel et. al. ,(1989)
地理分布	亚洲、非洲、南美各国	阿根廷、巴拉圭、乌拉圭；巴西、墨西哥	美国佛罗里达州
寄主范围	葡萄柚、甜橙、柚、柠檬、枳属	柠檬、酸橙、墨西哥莱檬	橙、桔、柚等多种柑桔幼苗
病害症状	初期形成突起小疱斑；后期形成木栓化粗糙，两面隆起病斑，有时病斑边缘釉圈明显，外围呈水渍状	初期形成小的疱斑；后期形成木栓化粗糙，隆起病斑，后期病斑隆起，病斑边缘呈水渍状	叶片病斑扁平或下陷，病斑边缘水渍状明显
培养特性	在 YDC 上，28 ℃～30 ℃培养 40 h～44 h 形成单菌落；不产生水溶性褐色素	在 YDC 上，28 ℃～30℃培养 56 h～60 h 形成单菌落，可产生水溶性褐色素	在 YDC 上，28 ℃～30 ℃培养 30 h～34 h 形成单菌落，可产生水溶性褐色素

表 A.1（续）

病害名称	柑桔溃疡病 citrus bacterial canker		柑桔斑点病（CBS）
	A 型溃疡病	B 型/C 型/D 型溃疡病	
鉴别特征	利用麦芽糖，阿拉伯糖，不能利用菊糖；可碱性水解石蕊牛乳，可水解酪朊	不能利用麦芽糖，可沉淀石蕊牛乳，不能水解酪朊	能利用菊糖，使纤维二糖、甘露醇产酸
	对 CP1、CP2 噬菌体敏感	对 CP1、CP2 噬菌体不敏感	对 CP1、CP2 噬菌体不敏感
	血清学反应呈阳性	与柑桔亚种抗体血清学反应有差异	与柑桔亚种抗体血清学反应呈阴性

附 录 B
（资料性附录）
柑桔溃疡病菌柑桔亚种和褐色亚种的常规 PCR 检测

B.1 采样及样品制备

同柑桔溃疡病实时荧光 PCR。

B.2 PCR 扩增

B.2.1 扩增引物

根据柑桔溃疡病菌专有的保守蛋白基因设计通用引物对 XccF05/XccR05，序列分别为 5’-TTC GGC GTC AAC AAC CTG-3’/5’-AAC TCC AGC ACA TAC GGG TC-3’（扩增柑桔溃疡病菌保守蛋白基因序列 413 bp）。用无菌超纯水配制 25 μmol/L 母液。

B.2.2 扩增体系

配制常规 PCR 反应液，25 μL 反应体系，各种成分终浓度为：

Mg^{2+}	2 mmol/L
dNTP	200 μmol/L
Taq 酶	1 U/25 μL
引物各	0.5 μmol
PCR 缓冲液（pH9.1）	1×

B.2.3 加样

取 PCR 反应管，每管中加入 PCR 反应液 23 μL，再分别加入 2 μL 待测样品浸出液。同时以新鲜制备的阴性对照、阳性对照和空白对照 2 μL/每管代替待测模板作为对照。盖紧管盖，3 000*g* 瞬时离心，以混匀并去除气泡；转移至 PCR，扩增区。

B.2.4 PCR 扩增

设置好各反应管在定量 PCR 仪上的孔位并做好标记记录，按照预设孔位将各检测样品及对照放入常规 PCR 检测仪内进行 PCR 扩增。

扩增程序为（不同 PCR 仪可能稍有差异）

95 ℃裂解变性	4 min	
94 ℃DNA 变性	30 s	35 次循环
58 ℃退火	30 s	
72 ℃延伸	30 s	
72 ℃延伸	7 min	

B.3 扩增产物检测

PCR 反应结束后，各反应管取 10 μL 扩增产物进行 2％琼脂糖凝胶电泳，另一泳道加 DNA Marker

(100 bp DNA Ladder)。100 V 电压下电泳 30 min。

电泳后的凝胶经 Gold Viewer 荧光染料染色后，在凝胶成像系统上观察分析并拍照电泳结果。

B.4 结果判定

B.4.1 质控标准

阳性凝胶图像阳性对照出现 413 bp 左右特征性扩增条带，阴性对照、空白对照无此条带。

B.4.2 阳性

凝胶图像样品泳道中出现 413 bp 左右特征性扩增条带，阳性对照、阴性对照、空白对照正常，判定样品为阳性，表示样品中带有柑桔溃疡病柑桔亚种或褐色亚种。

B.4.3 阴性

凝胶图像样品泳道中没有特异扩增条带，阳性对照、阴性对照、空白对照正常，判定样品为阴性，表示样品中不带可检出的柑桔溃疡病柑桔亚种和褐色亚种。

附 录 C
（规范性附录）
柑桔溃疡病菌检测试剂配制和样品制备

C.1 样品制备试剂

C.1.1 0.01 mol/L 磷酸缓冲液（pH7.2）PBS 缓冲液

A 液：0.2 mol/L 磷酸二氢钠水溶液，$NaH_2PO_4 \cdot H_2O$ 27.6 g，溶于蒸馏水中，定容至 1 000 mL。

B 液：0.2 mol/L 磷酸氢二钠水溶液，$Na_2HPO_4 \cdot 7H_2O$ 53.6 g，（或 $Na_2HPO_4 \cdot 12H_2O$ 71.6 g，或 $Na_2HPO_4 \cdot 2H_2O$ 35.6 g）加蒸馏水溶解，定容至 1 000 mL。

将 0.2 mol/L A 液 14 mL 与 0.2 mol/L B 液 36 mL 混合均匀即成 0.01 mol/L 磷酸缓冲液。

C.1.2 TE 缓冲液

取 0.1 mol/L Tris-HCl（pH7.4）20 mL，加入 0.5 mol/L EDTA（pH8.0）40 mL，用灭菌超纯水定容至 200 mL，4 ℃保存。

C.2 样品制备

C.2.1 工作台及操作者消毒灭菌

样品处理在超净工作台或生物安全柜中进行。工作台和操作者双手应消毒灭菌。

C.2.2 疑似症状柑桔样品制备

切取柑桔组织表面的溃疡病疑似病斑，放入 1.5 mL 微量离心管中，加入 PBS 液 500 μL，室温条件下浸泡 20 min，经 8 000 g 离心 5 min，弃去上清液，以试管底部残液（约 100 μL）直接作为待测模板。

C.2.3 无症柑桔样品制备

对需检测的无症材料，取植物组织 5 g～10 g，用 10 mL～20 mL PBS 液浸泡，150 r/min 富集振荡培养 1 h～1.5 h，10 000 g 离心 5 min，弃去上清液，以试管底部残存液（约 500 μL）经微滤柱过滤，以 200 μL TE 缓冲液再次洗涤离心，去滤液。最后以 100 μL TE 缓冲液将滤膜上的菌体洗脱，洗脱液作为待测模板。

C.2.4 阳性对照配制

按照 C.2.2 方法以典型柑桔溃疡病病斑制备浸出液、或经致病性验证的柑桔溃疡病菌纯培养、或以柑桔溃疡病菌特异 DNA 序列无害化重组质粒 DNA 作为阳性对照。

C.2.5 阴性对照

按照 C.2.3 方法制备健康柑桔植株叶片浸出液作为阴性对照。

附　录　D
（规范性附录）
柑桔溃疡病菌 PCR 检测操作程序

D.1　扩增试剂配制（在反应试剂配制区进行）

D.1.1　用无菌超纯水配制 25 μmol/L 柑桔溃疡病菌特异性引物对母液（用于荧光染料法，引物序列为 CQUXcc F02：5'-ACGAGAAAGAACTTCGCCCC-3'，CQUXcc R02：5'-TCTGACCACATCGCATAGGA-3'，扩增柑桔溃疡病菌特异性基因序列为 278 bp）。
D.1.2　用无菌超纯水配制 25 μmol/L 柑桔溃疡病菌特异性引物对 CQUXcc F 06/CQUXcc R 06 母液（用于荧光探针法，引物序列为 CQUXcc F06：5'-GCGGCT ATTGGCTGACTTCA-3'和 CQUXcc R 06：5'-GTAGGGCG GACCTT GGGAT-3'，扩增柑桔溃疡病菌特异性基因序列为 119 bp）。
D.1.3　以无菌超纯水配制 25 μmol/L 荧光标记探针 CQU XccP1 母液（序列为 5'-TCCTCCATAACGAACTCGCAAGGCACG-3'）。

D.2　加样（反应体系为 25 μL）

D.2.1　方法 1　试剂盒方法（推荐方法）

从固相化试剂盒中取出 0.2 mL PCR 固相化试剂检测管，管中分别加入 23 μL 样品恢复液，再在不同管中分别加入 2 μL 待测样品 DNA 液、阳性对照、阴性对照、空白对照（灭菌超纯水），盖紧管盖，转移至 PCR 反应区。

D.2.2　方法 2　自配试剂方法

D.2.2.1　荧光染料法

D.2.2.1.1　加入引物对 CQUXcc F02/CQUXcc R02 母液到荧光 PCR Master Mix（含 dNTPs、Mg^{2+}、热启动 DNA 聚合酶、PCR 缓冲液、SYBR Green Ⅰ荧光染料）中，加灭菌超纯水使反应液中引物终浓度为 0.25 μmol/L，1×PCR Master Mix，混匀。
D.2.2.1.2　取 0.2 mL PCR 反应管，编号后每管中加入 23 μL 上步所配反应液。
D.2.2.1.3　分别加入待测样品液 2 μL/每管；以新鲜制备的阴性对照、阳性对照和空白对照 2 μL/每管代替待测模板作为对照。盖紧管盖，3 000 *g* 瞬时离心，以混匀并去除气泡。
D.2.2.1.4　转移至 PCR 反应区。

D.2.2.2　荧光探针法

D.2.2.2.1　在避光条件下加入荧光标记探针 CQU $XccP_1$ 母液和引物对 CQUXcc F 06/CQUXccR06 母液到 PCR Master Mix（含 dNTPs、Mg^{2+}、热启动 DNA 聚合酶、PCR 缓冲液）中，使引物终浓度为 0.3 μmol/L，探针浓度为 0.2 μmol/L，1×PCR Master Mix，混匀。
D.2.2.2.2　分别加入待测样品液 2 μL/每管；以新鲜制备的阴性对照、阳性对照和空白对照 2 μL/每管代替待测样品作为对照，盖紧管盖，3 000 *g* 瞬时离心，以混匀并去除气泡。
D.2.2.2.3　转移至 PCR 检测区。

D.3 实时荧光 PCR 扩增(在检测区进行)

D.3.1 荧光染料法 PCR 扩增

D.3.1.1 扩增程序

在 iCycler™(Bio-Rad,USA)实时荧光 PCR 仪上进行的扩增程序为(其他型号 PCR 仪扩增程序参数可能稍有变化):

——95 ℃裂解 & 酶活性热启动 4 min,一个循环(×1);

——94 ℃变性 15 s,61 ℃退火,72 ℃延伸 30 s,共 40 个循环(×40),在每个循环的延伸阶段72 ℃时采集荧光 10 s;

——末次延伸 72 ℃,7 min。

D.3.1.2 熔解曲线分析

PCR 扩增结束后立即进行熔解曲线分析,以验证扩增的特异性。熔解曲线反应程序为:97 ℃,1 min;57 ℃,1 min;从 57 ℃开始每升高 0.5 ℃保持 10 s,升高到 97 ℃止。

验证检测结束后,设备自动记录并生成报告。根据仪器采集荧光曲线和 Ct 值判定结果。

D.3.2 荧光探针法 PCR 扩增

在 iCycler™(Bio-Rad,USA)实时荧光 PCR 仪上进行的扩增程序为(其他型号 PCR 仪扩增程序参数可能稍有变化):

——95 ℃变性 & 酶活性热启动 4 min,1 个循环;

——94 ℃变性 15 s,61 ℃退火,72 ℃延伸 30 s,共计 40 个循环(×40),在每个循环的延伸阶段(72 ℃)同步采集荧光;

——末次延伸 72 ℃,7 min。

检测结束后,设备自动记录并生成报告。根据仪器采集的荧光曲线和 Ct 值判定结果。

附 录 E
（资料性附录）
柑桔溃疡病菌实时荧光 PCR 检测试剂盒组成及使用说明

E.1 检测试剂盒组成

每个试剂盒最多可检测 48 个样品，包括以下成分：

——样品制备液	30 mL×4 瓶
——固相试剂恢复液	50 μL×4 支
——阳性对照（无害化 Xacc 特异序列重组质粒 DNA）	20 ng×5 支
——阴性对照（健康柑桔植株 DNA）	20 ng×5 支
——同相化试剂检测管	8 联管×6 条

E.2 说明

E.2.1 样品制备液的主要成分为磷酸缓冲液。

E.2.2 恢复液用于溶解荧光 PCR 固相化混合试剂。

E.2.3 用于荧光染料法检测的固相试剂管中包含除待测样品 DNA 外的所有 PCR 扩增反应试剂及荧光染料，用于荧光探针检测的固相化试剂反应管中包含除待测模板 DNA 外的所有 PCR 反应试剂及荧光探针。

E.3 功能

所列试剂盒可用于柑桔溃疡病叶片、枝条和果实等组织材料样品中柑桔溃疡病菌的实时荧光 PCR 检测和病害鉴定。具体操作按使用说明进行。

E.4 使用注意事项

E.4.1 发生褐变的柑桔组织材料不宜作为 PCR 检测样品。

E.4.2 在制样及检测过程中，应严格防范不同样品间的交叉污染，所有用具应彻底清洗并消毒；移液器头尖应一次性使用，并且转移每个样品时都应更换，以免交叉污染。

E.4.3 上机前检查各反应管是否盖紧，以免荧光物质泄露污染仪器，反应管内避免产生气泡。

E.4.4 全部检测过程可在室温（23 ℃）下进行，PCR 固相化试剂盒可以在室温条件下置于干燥器内密封保存，使用时取出所需数量，剩余部分立即放回干燥器中。

ICS 65.020.01
B 16

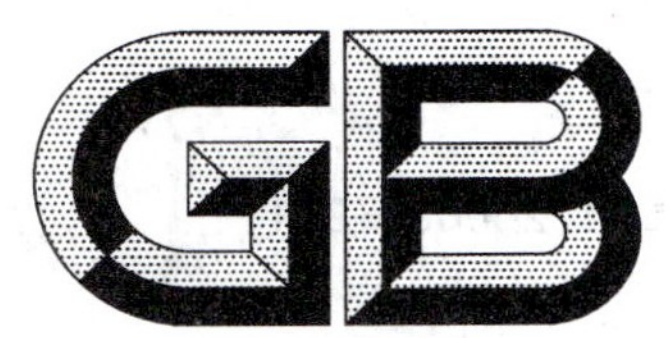

中华人民共和国国家标准

GB/T 28069—2011

根螨检疫鉴定方法

Detection and identification of bulb mites (*Rhizoglyphus* spp.)

2011-12-30 发布 2012-06-01 实施

中华人民共和国国家质量监督检验检疫总局
中国国家标准化管理委员会 发布

前　言

本标准按照 GB/T 1.1—2009 给出的规则起草。

本标准由全国植物检疫标准化技术委员会(SAC/TC 271)提出并归口。

本标准起草单位:福建农林大学、中华人民共和国福建出入境检验检疫局。

本标准主要起草人:范青海、陈艳、林阳武、苏秀霞。

根螨检疫鉴定方法

1 范围

本标准规定了根螨属螨类(*Rhizoglyphus* spp.)的检疫鉴定以雌、雄成螨的形态特征为鉴定依据;明确了根螨属螨类现场检疫、实验室分离与饲养、标本制作、样品保存的方法。

本标准适用于蔬菜、花卉、中药材等根螨寄主植物球根、球茎、鳞茎及块茎中根螨的检疫鉴定。

2 术语和定义

下列术语和定义适用于本文件。

2.1

颚体 gnathosoma

位于身体前端或前端腹面,由颚基和两对附肢即螯肢和须肢组成。

2.2

躯体 idiosoma

蜱螨颚体后方的体段,常以围颚沟与颚体分开,占身体的大部分,多呈囊状。

2.3

前足体 propodosoma

第一对和第二对足着生的体段。

2.4

后足体 metapodosoma

第三对和第四对足着生的体段。

2.5

格氏器 Grandjean's organ

粉螨前足体前侧缘形成的一环绕颚体基部的薄骨板,为指状或叉状等多种形状。

2.6

生殖吸盘 genital papillae

生殖区内小型杯状或盘状结构,偶尔具柄,位于生殖板上、生殖孔或散布于生殖孔两侧的体壁上。

2.7

肛吸盘 anal suckers

粉螨等螨类的雄螨交配器,位于肛门两侧的一对大型吸盘。

2.8

跗节吸盘 tarsal suckers

雄成螨特有特征。位于跗节Ⅳ,由跗节毛(*d*,*e*)特化而成的构造。

2.9

生殖褶 genital fold

无气门螨类遮盖生殖孔的分叉形的褶。

2.10

克氏器 Claparede's organ

仅发现于前幼螨和幼螨期的一种器官，位于前、中两足基节之间，具柄和半球形的端部，或呈凹陷状结构。

3 根螨基本信息

根螨学名：*Rhizoglyphus* spp.。

英文名：bulb mites。

属蜱螨亚纲 Acari、真螨总目 Acariformes、疥螨目 Sarcoptiformes、粉螨科 Acaridae。

根螨各发育螨态都可随货物、土壤、包装材料以及运输工具远距离传播；近距离传播主要以休眠体(第二若螨)附在昆虫等动作上或随真菌孢子等扩散。此外根螨本身可做小范围移动。

根螨寄主植物的相关资料参见附录 A。

4 方法原理

显微镜观察检测获得的样本卵、幼螨、第一若螨、第二若螨(休眠体)或第三若螨和成螨等，依据形态特征进行鉴定。

5 仪器、试剂

5.1 仪器与用具

放大镜、体视显微镜、生物显微镜(具油镜)、解剖刀、镊子、挑针、环形针、指形管、小培养皿、吸管、小号驼毛笔、载玻片、盖玻片、电热板、干燥箱、贝氏漏斗(Berlese funnel)、标签、铅笔、油漆笔。

5.2 试剂

除另有规定外，所有试剂均为分析纯。

5.2.1 奥氏液(Oudemans'fluid)：液浸标本保存液。配方：70%乙醇 87 mL、冰醋酸 8 mL、甘油 5 mL。

5.2.2 内氏液(Nesbitt's fluid)：标本清洗、软化液，经过清洗的标本透明、舒展。配方：水合氯醛 40 g、浓盐酸 2.5 mL、蒸馏水 25 mL。

5.2.3 霍氏液(Hoyer's medium)：玻片标本封固液。配方：水合氯醛 100 g、阿拉伯胶 15 g、甘油 10 mL、蒸馏水 25 mL。

5.2.4 中性树胶(Neutral Balsam)：玻片标本封片液。

6 现场检验

检查蔬菜、花卉、中药材等植物鳞茎、球茎、块茎、根茎和块根等表面有无腐烂、裂缝、伤口以及土壤，肉眼或放大镜下若发现有乳白色囊状物，即有可能是根螨或粉螨科其他属的螨类，需要带回实验室做进一步检查鉴定。

7 实验室检测

7.1 检测方法

7.1.1 表面检测

在放大镜或体视显微镜下检查植物体表面，重点检查有病菌发生的腐烂组织以及有裂缝或伤口的组织，借助解剖刀和挑针仔细检查，若有乳白色囊状物活动，需要调整显微镜放大倍数检查，确认是螨类后，用挑针或驼毛笔挑入盛有奥氏液的指形管中，同时放入采集标签，并登记采集地点、时间、输出国家或地区、寄主、采集人等内容。

7.1.2 贝氏漏斗分离

取待检植物活体、残片、土屑等放置于贝氏漏斗网上，漏斗下放置承接器皿，器皿内放少量清水，以防螨逃逸或干死。用 40 W 灯泡为热源，烘烤干燥 24 h，然后将承接器皿放在体视显微镜下检查，发现螨类后，挑入盛有奥氏液的指形管，并做好标签和记录。

7.2 根螨的饲养

对无法确定种类的卵、幼螨、若螨，可将其放置在盛有酵母片的培养皿或指形管里，然后放于温度为 25 ℃～30 ℃、相对湿度 90%以上的黑暗培养箱里饲养，同时做好饲养记录。数天至十多天后发育为成螨，在体视显微镜下进行初步观察，制作成玻片标本，再进行鉴定。

7.3 标本制作

7.3.1 清洗

在体视显微镜下，用环形针将螨移入盛有内氏液的小培养皿中，浸泡 24 h。

7.3.2 制片

在载玻片上滴 1 滴～2 滴的霍氏液。从内氏液中挑出根螨，触碰滤纸去除多余液体，然后放入霍氏液，整姿后，盖上盖玻片，放在 60 W 白炽灯或 500 W 电热板上加热至气泡排出，用油漆笔在载玻片下方标出螨体位置，并写明采集标签(见图 1)。在低倍显微镜下检查、调整螨体位置，用 40 倍以下物镜进行初步鉴定。

粉螨科 ACARIDAE		标本馆名称
中　　名： 学　　名： 鉴 定 人： 鉴定日期： 鉴定编号：		寄　　主： 采集地点： 采集时间： 采 集 人： 标本编号：

图 1 玻片标本标签标注方法图示

7.3.3 玻片标本保藏

将玻片标本放在 50 ℃左右干燥箱中干燥，1 周后即可用于油镜(100 倍)观察。干燥约 3 个月后，在盖玻片周围封中性树胶，继续干燥 1 d～2 d 即可在常温下保存，也可置于干燥器中长期保存。

7.4 镜检

在生物显微镜下观察玻片标本，种类鉴定需要在100倍油镜下观察、测量，必要时需要对关键特征照相。

8 鉴定特征

8.1 成螨（参见图B.1～图B.4）

躯体长500 μm～900 μm，半透明，乳白色至浅褐色，足深褐色。前足体着生4对背毛和1对足Ⅰ基节上毛，外顶毛（*ve*）微小，位于内顶毛（*vi*）后方、背板外缘。内胛毛（*sci*）显著短于外胛毛（*sce*）。基节上毛（*scx*）光滑。后半体着生12对毛。生殖褶（genital folds）发达。跗节Ⅰ和跗节Ⅱ上近基毛（*ba*）粗壮，靠近感棒（ω_1）。跗节Ⅰ末端具4根长毛和1根长感棒（ω_3）。跗节Ⅱ末端具4根长毛，跗节Ⅲ末端具3根长毛；雌螨跗节Ⅳ末端具2根长毛，雄螨跗节Ⅳ末端具1根长毛。足毛序（Ⅰ～Ⅳ）：基节1，0，2，1，转节1，1，1，0，股节1，1，0，1，膝节2+2σ，2+1σ，1+1σ，0，胫节2+1φ，2+1φ，1+1φ，1+1φ，跗节8*c*+4*t*+3ω+1ε，8*c*+4*t*+1ω，7*c*+3*t*，8*c*+2*t*。

注：σ：膝节感棒；φ：胫节感棒；ω：跗节感棒；*c*：锥状毛；*t*：触毛。

雄螨生殖孔内有阳茎，肛孔后侧有1对肛吸盘，跗节Ⅳ具2个跗节吸盘。异型雄螨一侧或两侧的足Ⅲ异常膨大，末端钩状[参见图B.4 b)]。

根螨属各发育期螨态鉴定可参照附录C。

中国根螨属雌、雄成螨分类鉴定可参照附录D和附录E。

8.2 第三若螨[参见图B.5 a)]

躯体囊状，有两对生殖吸盘，足毛序与雌成螨相同。但无生殖褶，肛毛短。

8.3 休眠体（亦称第二若螨）[参见图B.5 d)，图B.5 e)]

躯体扁平，深褐色，强骨化。颚体微小，螯肢完全退化。除*vi*和h_2外，其他背毛均微小。基节上毛*scx*位于腹面。无生殖褶，有两对生殖吸盘，肛区有4对吸盘。跗节Ⅰ感棒ω_3缺如，近基毛*ba*棒状。膝节感棒σ″缺如。足毛序（Ⅰ～Ⅳ）：基节1，0，2，1，转节1，1，1，0，股节1，1，0，1，膝节2+1σ，2+1σ，1σ，0，胫节2+1φ，2+1φ，1+1φ，1+1φ，跗节1*c*+8*t*+2ω+1ε，1*c*+8*t*+1ω，8*t*，1*c*+7*t*。

8.4 第一若螨[参见图B.5 b)]

躯体囊状，乳白色，足褐色。腹毛3*a*和4*a*缺如。无生殖褶，有一对生殖吸盘。跗节Ⅰ感棒ω_3缺如，转节Ⅳ和胫节Ⅳ无毛。足毛序（Ⅰ～Ⅳ）：基节1，0，1，0，转节0，0，0，0，股节1，1，0，0，膝节2+2σ，2+1σ，1+1σ，0，胫节2+1φ，2+1φ，1+1φ，1+1φ，跗节8*c*+4*t*+2ω+1ε，8*c*+4*t*+1ω，7*c*+3*t*，7*c*+1*t*。

8.5 幼螨[参见图B.5 c)]

躯体囊状，乳白色，足颜色随着发育逐渐加深。背毛f_2和h_3缺如，腹毛3*a*和4*a*缺如。基节Ⅰ和Ⅱ间有克氏器（Claparède organ）。无生殖孔、生殖毛、生殖吸盘、肛毛。只有三对足，跗节Ⅰ感棒ω_2和ω_3缺如。足毛序（Ⅰ～Ⅳ）：基节0，0，0，转节0，0，0，股节1，1，0，膝节2+2σ，2+1σ，1+1σ，胫节2+1φ，2+1φ，1+1φ，跗节8*c*+4*t*+1ω+1ε，8*c*+4*t*+1ω，7*c*+3*t*。

9 结果判定

以成螨的形态特征为依据。外顶毛（*ve*）极小并且位于内顶毛（*vi*）后方、前足体背板外缘，内胛毛

(sci)显著短于外胛毛(sce),后半体着生12对毛,跗节Ⅰ和跗节Ⅱ上近基毛(ba)粗壮,靠近感棒(ω_1),跗节Ⅰ末端具4根长毛和1根长感棒(ω_3),跗节Ⅱ末端具4根长毛。符合上述形态的可鉴定为根螨。

10 样品保存

危害状样品以及根螨应妥善保存。放入盛有奥氏液或70%～75%乙醇的指形管中制成浸渍标本,并插入标签;再将指形管放入盛有70%～75%乙醇的广口瓶中,密封保存。

附 录 A
（资料性附录）
根螨寄主植物

寄主植物类群有：葱科 Alliaceae、石蒜科 Amaryllidaceae、夹竹桃科 Apocynaceae、天南星科 Araceae、菊科 Asteraceae、山毛榉科 Betulaceae、木棉科 Bombacaceae、凤梨科 Bromeliaceae、铃兰科 Convallariaceae、旋花科 Convolvulaceae、十字花科 Cruciferae、葫芦科 Cucurbitaceae、苏铁科 Cycadaceae、薯蓣科 Dioscoreaceae、大戟科 Euphorbiaceae、龙胆科 Gentianaceae、苦苣苔科 Gesneriaceae、禾本科 Gramineae、鸢尾科 Iridaceae、豆科 Leguminosae、百合科 Liliaceae、兰科 Orchidaceae、芍药科 Paeoniaceae、棕榈科 Palmae、露兜树科 Pandanaceae、蓼科 Polygonaceae、毛茛科 Ranunculaceae、蔷薇科 Rosaceae、茄科 Solanaceae、泥炭藓科 Sphagnaceae、梧桐科 Sterculiaceae、延龄草科 Trilliaceae、伞形科 Umbelliferae、姜科 Zingiberaceae。

常见寄主有：

a） 蔬菜类：洋葱 *Allium cepa*、藠头 *Allium chinense*、大蒜 *Allium sativum*、韭菜 *Allium tuberosum*、海芋 *Alocasia macrorrhiza*、野芋 *Colocasia antiquorum*、芋 *Colocasia esculenta*、山芋 *Colocasia* sp.、姜黄 *Curcuma longa*、胡萝卜 *Daucus carota*、番薯 *Ipomoea batatas*、鹿葱 *Lycoris squamigera*、马铃薯 *Solanum tuberosum*、白鹤芋 *Spathiphyllum kochii* 和生姜 *Zingiber officinale* 等；

b） 花卉类：唐菖蒲 *Gladiolus hybrida*、风信子 *Hyacinthus* sp.、百合 *Lilium* sp.、水仙 *Narcissus* sp.、芍药 *Paeonia* sp. 和郁金香 *Tulipa* sp. 等；

c） 中药材类：半夏 *Pinellia ternata*、天麻 *Gastrodia elata* 和何首乌 *Polygonum multiflorum* 等。

附 录 B
（资料性附录）
根螨图例

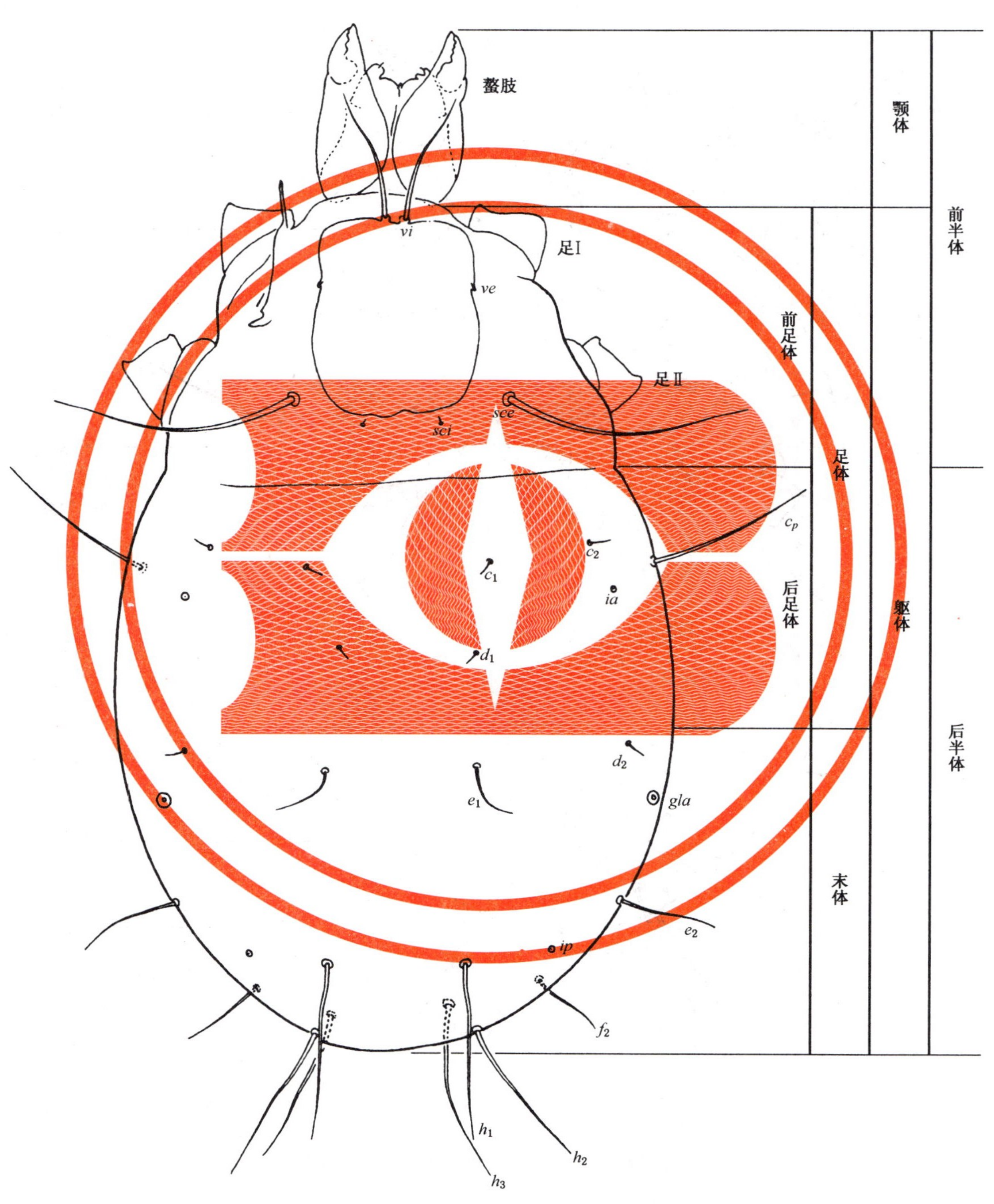

图 B.1 根螨（*Rhizoglyphus* sp.）雌成螨背面观

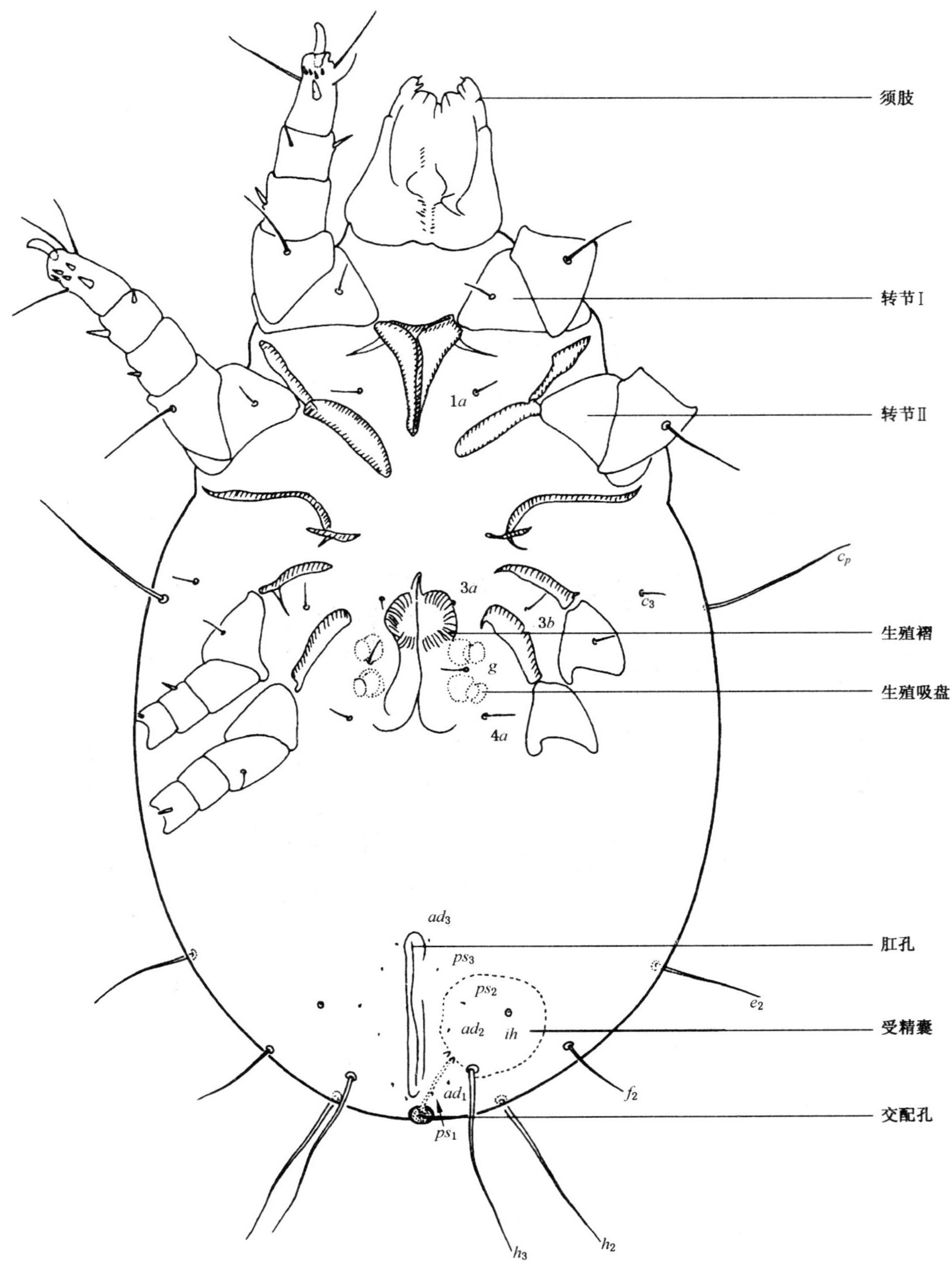

图 B.2　根螨(*Rhizoglyphus* sp.)雌成螨腹面观

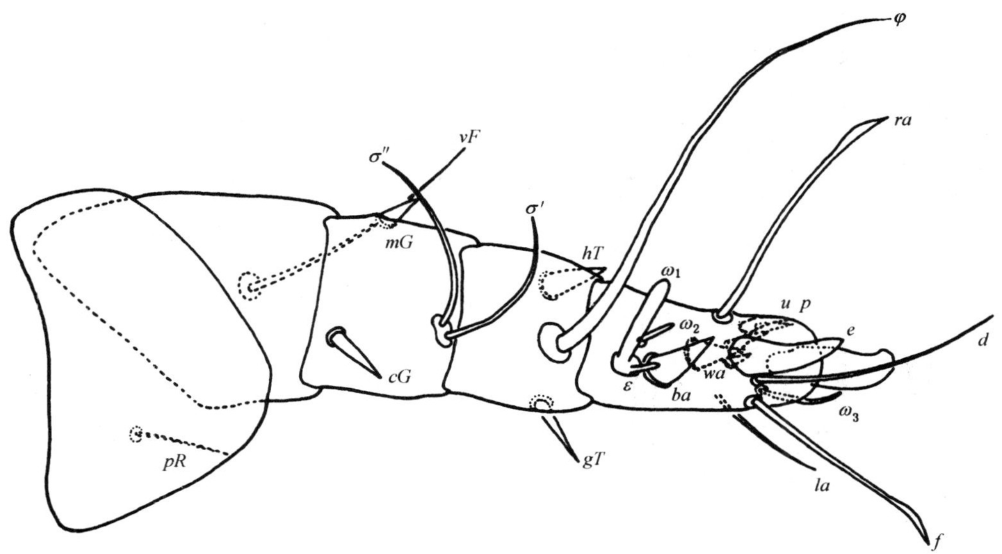

a） 雌螨足Ⅰ

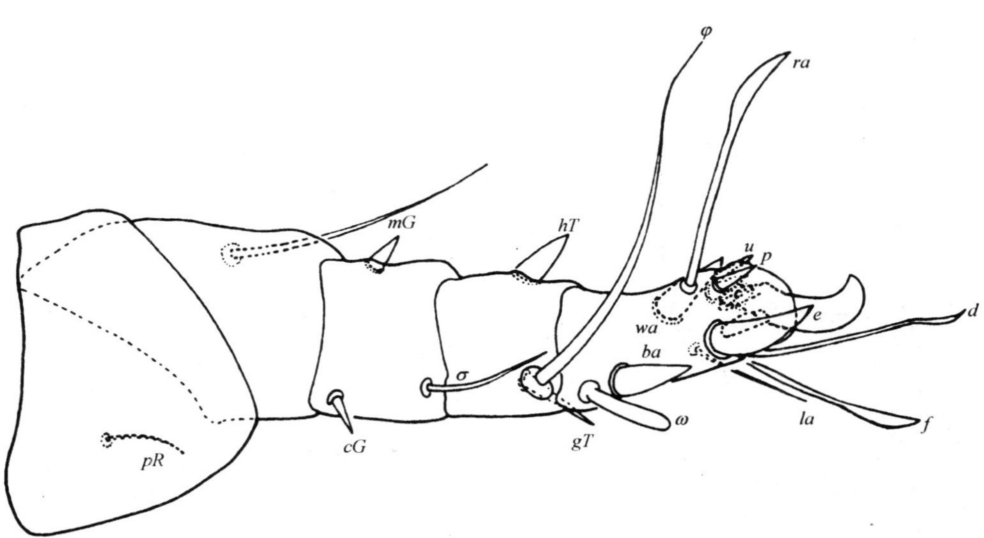

b） 雌螨足Ⅱ

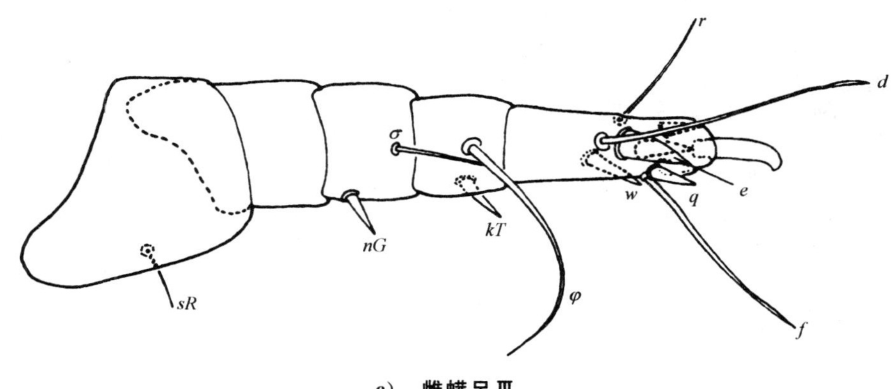

c） 雌螨足Ⅲ

图 B.3 根螨(*Rhizoglyphus* sp.)雌成螨足背面观

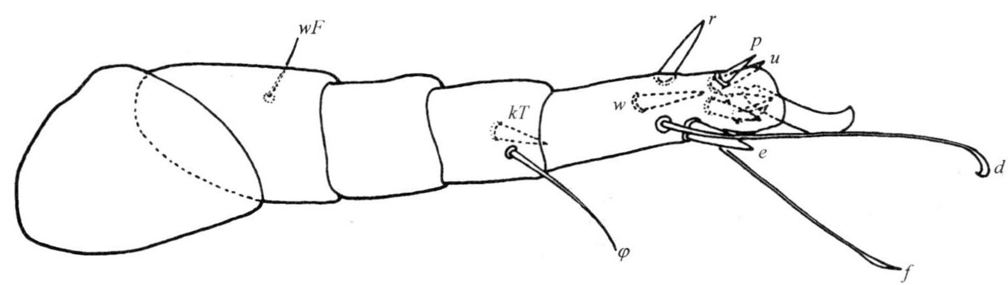

d） 雌螨足Ⅳ

图 B.3（续）

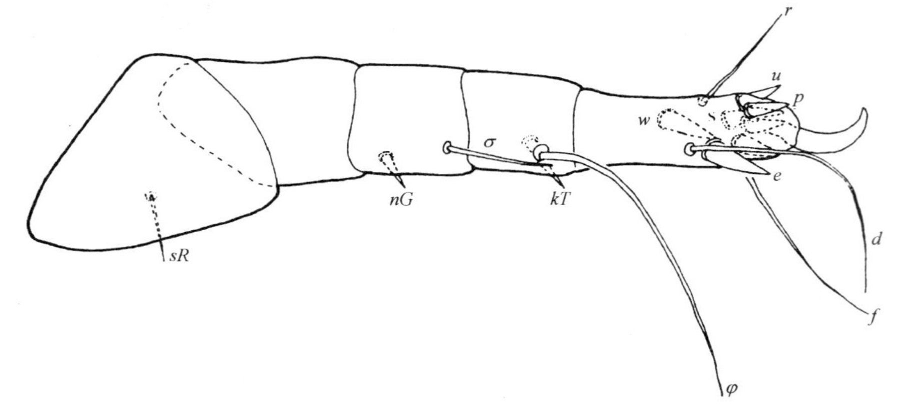

a） 同型雄螨足Ⅲ

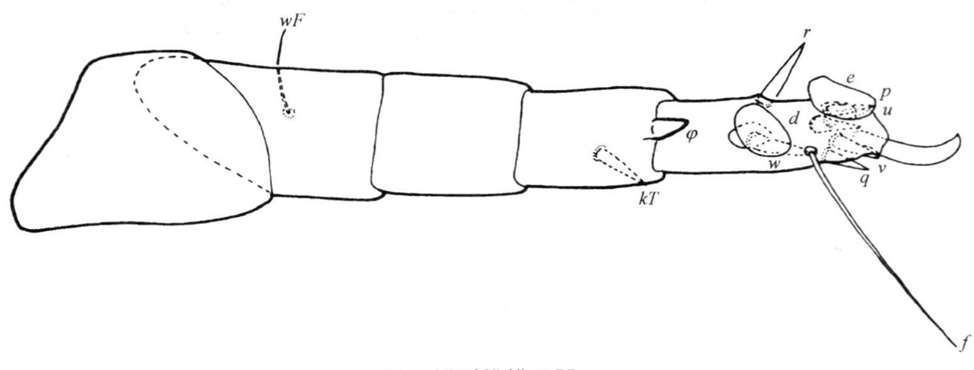

b） 同型雄螨足Ⅳ

图 B.4 根螨（*Rhizoglyphus* sp.）雄螨足背面观

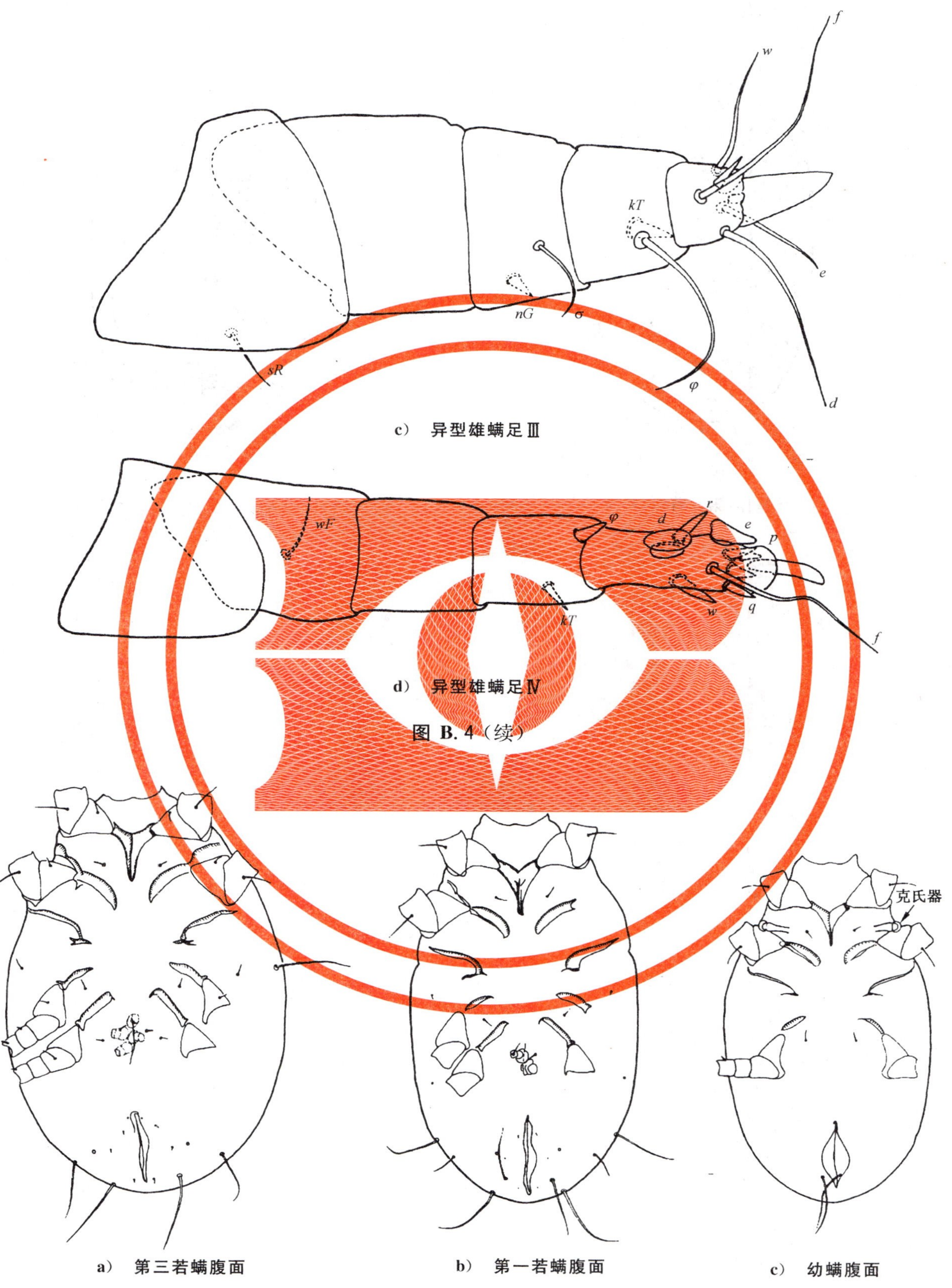

c） 异型雄螨足Ⅲ

d） 异型雄螨足Ⅳ

图 B.4（续）

a） 第三若螨腹面

b） 第一若螨腹面

c） 幼螨腹面

图 B.5 根螨（***Rhizoglyphus* sp.**）未成熟期螨态

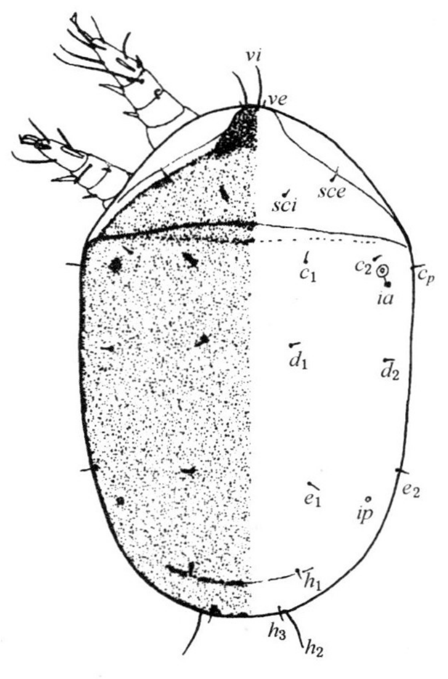

d） 休眠体（第二若螨）背面

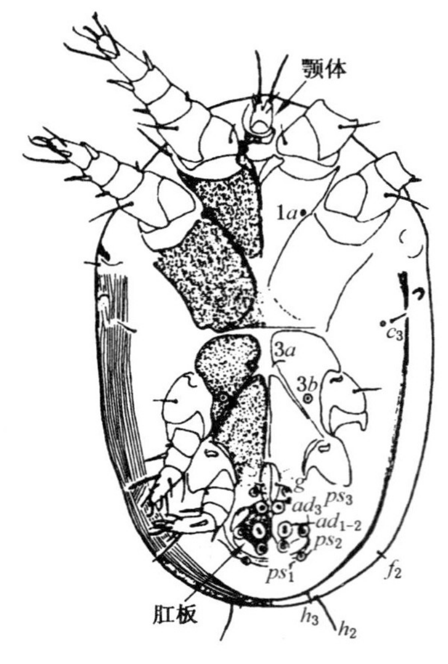

e） 休眠体（第二若螨）腹面

图 B.5（续）

附 录 C
（资料性附录）
根螨属各发育期螨态检索表

1. 具4对足，后半体有12对毛；无克氏器，具1对～2对生殖吸盘 ………………………… 2
-. 具3对足，后半体有10对毛；有克氏器，无生殖吸盘 ………………………… 幼螨
2. 躯体囊状，乳白色，螯肢钳状，多数背毛长，无肛板，膝节Ⅰ具2感棒 ………………………… 3
-. 躯体扁平，褐色，螯肢退化，多数背毛微小，具肛板，膝节Ⅰ具1感棒
………………………… 休眠体（第二若螨）
3. 具2对生殖吸盘，有腹毛 $3a$ 和 $4a$；跗节Ⅰ端具感棒 ω_3，足Ⅳ股节、膝节和胫节具毛或感棒 … 4
-. 具1对生殖吸盘，腹毛 $3a$ 和 $4a$ 缺如；跗节Ⅰ无感棒 ω_3，足Ⅳ股节、膝节和胫节无毛或感棒 ……
………………………… 第一若螨
4. 具生殖褶，有受精囊或阳茎 ………………………… 成螨…5
-. 无生殖褶，无受精囊或阳茎 ………………………… 第三若螨
5. 具阳茎和肛吸盘，无受精囊，跗节Ⅳ具2个吸盘 ………………………… 雄成螨…6
-. 无阳茎和肛吸盘，有受精囊，跗节Ⅳ无吸盘 ………………………… 雌螨
6. 足Ⅲ正常，不异常膨大，跗节爪小 ………………………… 同型雄螨
-. 足Ⅲ异常膨大，跗节爪发达 ………………………… 异型雄螨

附 录 D
（资料性附录）
中国根螨属（*Rhizoglyphus* spp.）雌成螨分种检索表[1)]

1. 输卵管两侧的小骨片接近，间距小于 45 μm；基节上毛 *scx* 细长或微小 …… 2

-. 输卵管两侧的小骨片远离，间距大于 60 μm；基节上毛 *scx* 粗壮 …… 6

2 肛毛微小，若长则呈鞭状；假肛毛 ps_2 微小，不长于 ps_1 和 ps_3；跗节Ⅰ锥状毛 *ba* 长，超出 ω_1 长度的三分之二 …… 3

-. 肛毛粗壮，皆长于 30 μm；假肛毛 ps_2 明显长于 ps_1 和 ps_3；跗节Ⅰ锥状毛 *ba* 短，约为 ω_1 的一半. 花叶芋根螨 …… *R. caladii* Manson,1972

3. 背毛 d_2 远离末体腺开口（*gla*），两者间距大于 30 μm …… 5

-. 背毛 d_2 接近末体腺开口（*gla*），两者间距小于 20 μm …… 4

4. 肛毛 3 对，ps_1 明显长于 ps_2 和 ps_3；c_1 和 d_1 长于 d_2 的 2 倍 …… 单列根螨 *R. singularis* Manson,1972

-. 肛毛 6 对，均微小；c_1、d_1 和 d_2 均微小 …… 大蒜根螨 *R. allii* Bu & Wang,1995

5. 肛侧毛 ad_1 和 ad_2 以及假肛毛 ps_1 微小，不长于假肛毛 ps_3 …… 罗宾根螨 *R. robini* Claparède,1869

-. 肛侧毛 ad_1 和 ad_2 长于 ps_3 或 ad_3 的 3 倍；假肛毛 ps_1 长于 ps_3 …… 长毛根螨 *R. setosus* Manson,1972

6. 格式器分叉显著，分叉点接近基部；基节上毛 *scx* 末端分叉 …… 刺足根螨 *R. echinopus*（Fumouze & Robin,1868）

-. 格式器分叉短，分叉点位于端部四分之一处；基节上毛 *scx* 末端不分叉 …… 7

7. 须肢基节上毛 *elcp* 长 30 μm～35 μm，背毛 *sci* 长 48 μm～60 μm，c_1 长 72 μm～98 μm，e_1 长 84 μm～108 μm …… 水仙根螨 *R. narcissi* Lin & Ding,1990

-. 须肢基节上毛 *elcp* 长 19 μm～25 μm，背毛 *sci* 长 17 μm～28 μm，c_1 长 38 μm～55 μm，e_1 长 60 μm～73 μm …… 澳登根螨 *R. ogdeni* Fan & Zhang,2004

1） 不含猕猴桃根螨 *Rhizoglyphus actinidia* Zhang,1994 和淮南根螨 *R. huainanensis* Zhang & Li,2000。该两种原描述缺少定种依据，据查模式标本已遗失。

附 录 E
（资料性附录）
中国根螨属（*Rhizoglyphus* spp.）雄成螨分种检索表[2)]

1. 假肛毛 ps_1 短，不长于 ps_2 ………………………………………………………… 2

-. 假肛毛 ps_1 长，至少达 ps_2 的 3 倍 ……………………………………………………… 4

2. 假肛毛 ps_1 接近肛吸盘，与肛吸盘之间的距离小于其长度；假肛毛 ps_2 位于肛吸盘侧面；肛盘大，并有发达的放射状网纹 …………………… 花叶芋根螨 *R. caladii* Manson，1972

-. 假肛毛 ps_1 远离肛吸盘，与肛吸盘之间的距离大于其长度的 4 倍；假肛毛 ps_2 位于肛吸盘的后方；肛盘较小，无放射状网纹或仅有数个小孔 ……………………………………………… 3

3. 肛盘小，其直径不及肛吸盘直径的四分之一；背毛 c_1 长 25 μm～38 μm，d_1 长 35 μm～45 μm，d_2 长 27 μm～33 μm …………………………………… 长毛根螨 *R. setosus* Manson，1972

-. 肛盘较大，其直径约为肛吸盘直径的三分之一；背毛 c_1、d_1 和 d_2 均微小，约为 10 μm～11 μm 大蒜根螨 ……………………………………………………… *R. allii* Bu & Wang，1995

4. 背毛 d_2 远离末体腺开口（*gla*）；肛盘微小，无放射状网纹；阳茎内壁不呈波浪状弯曲 ………… 5

-. 背毛 d_2 接近末体腺开口（*gla*）；肛盘发达，有发达放射状网纹；阳茎内壁呈波浪状弯曲单列根螨 ……………………………………………………………… *R. singularis* Manson，1972

5. 格氏器分叉；阳茎粗短，末端平截 ………………………………………………………… 6

-. 格氏器不分叉；阳茎末端尖 ………………………………… 罗宾根螨 *R. robini* Claparède，1869

6. 格氏器分叉显著，分叉点位于基半部；基节上毛 *scx* 末端分叉 ……………………………………………………………… 刺足根螨 *R. echinopus* (Fumouze & Robin，1868)

-. 格氏器分叉短，分叉点位于端部四分之一处；基节上毛 *scx* 末端不分叉 ……………………… 7

7. 须肢基节上毛 *elcp* 长 27 μm～30 μm，背毛 c_1 长 16 μm～23 μm，e_1 长 39 μm～63 μm ……………………………………………………… 水仙根螨 *R. narcissi* Lin & Ding，1990

-. 须肢基节上毛 *elcp* 长 17 μm～20 μm，背毛 c_1 长 33 μm～35 μm，e_1 长 71 μm～100 μm ……………………………………………………… 澳登根螨 *R. ogdeni* Fan & Zhang，2004

2） 不含猕猴桃根螨 *Rhizoglyphus actinidia* Zhang，1994 和淮南根螨 *R. huainanensis* Zhang & Li，2000。该两种原描述缺少定种依据，据查模式标本已遗失。

ICS 65.020.01
B 16

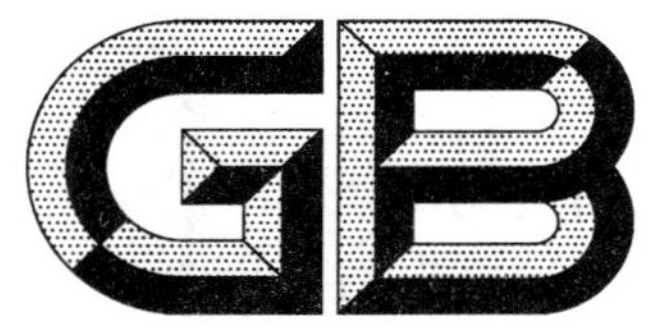

中华人民共和国国家标准

GB/T 28070—2011

黑麦草腥黑粉菌检疫鉴定方法

Detection and identification of *Tilletia walkeri* Castlebury & Carris

2011-12-30 发布　　　　2012-06-01 实施

中华人民共和国国家质量监督检验检疫总局
中国国家标准化管理委员会　发布

前　言

本标准按照GB/T 1.1—2009给出的规则起草。

本标准由全国植物检疫标准化技术委员会(SAC/TC 271)提出并归口。

本标准起草单位:中华人民共和国深圳出入境检验检疫局,深圳市检验检疫科学研究院。

本标准主要起草人:章桂明、程颖慧、王颖、陆清、凌杏元、龙海、陈枝楠、刘新娇、仲建忠、杨伟东、缪建锟。

黑麦草腥黑粉菌检疫鉴定方法

1 范围

本标准规定了黑麦草腥黑粉菌的检疫鉴定方法和检疫鉴定流程，明确了取样和样品保存方法。

本标准适用于黑麦草传带黑麦草腥黑粉菌的检测以及小麦中污染的黑麦草腥黑粉菌的检测。

2 规范性引用文件

下列文件对于本文件的应用是必不可少的。凡是注日期的引用文件，仅注日期的版本适用于本文件。凡是不注日期的引用文件，其最新版本(包括所有的修改单)适用于本文件。

GB/T 6682 分析实验室用水规格和试验方法

GB/T 18085 植物检疫 小麦矮化腥黑穗病菌检疫鉴定方法

GB/T 19495.2 转基因产品检测 实验室技术要求

SN/T 2122 进出境植物及植物产品检疫抽样

3 黑麦草腥黑粉菌基本信息

中文名：黑麦草腥黑粉菌。

学名：*Tilletia walkeri* Castlebury & Carris(简称 TW)。

英文名：ryegrass bunt。

属真菌界 Fungi、担子菌门 Basidiomycota、黑粉菌纲 Ustomycetes、黑粉菌目 Ustilaginales、腥黑粉菌科 Tilletiaceae、腥黑粉菌属 *Tilletia*。

病粒及附着于健康种子表面的冬孢子是病原菌进行远距离传播的主要途径，由于该病局部侵染的特性，在收获期间很难有效的清除混杂于健康种子中的病粒，因而病粒可随同小麦或黑麦草的资源性引种或科研性引种而进行远距离传播。

黑麦草腥黑粉菌的其他信息参见附录 A。

4 方法原理

根据黑麦草腥黑粉菌的生物学和形态学特征以及分子生物学特征，应用相关仪器，包括显微镜和 PCR 仪等对小麦印度腥黑穗病菌进行鉴定。

5 检疫鉴定流程

检疫鉴定流程见图 1。

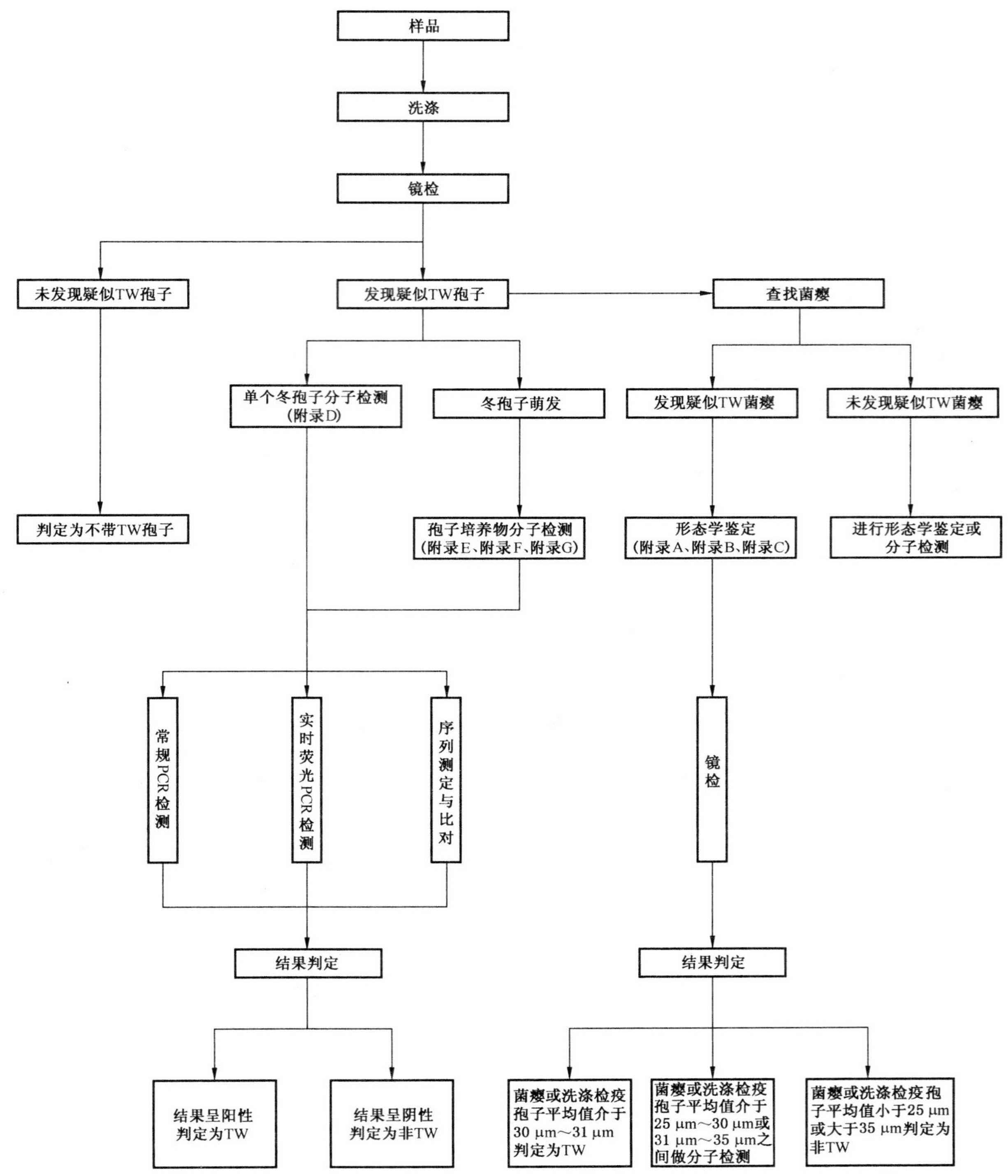

图 1　黑麦草腥黑粉病菌检疫鉴定流程图

6　取样方法

散装船运黑麦草种子及小麦参照 GB/T 18085 取样方法进行取样。

袋装黑麦草及小麦参照 SN/T 2122 取样方法进行取样。

7 主要仪器设备和试剂

7.1 主要仪器设备

7.1.1 摇床。
7.1.2 显微镜。
7.1.3 纯水器。
7.1.4 测序仪。
7.1.5 电泳仪。
7.1.6 低温冰箱。
7.1.7 显微操作仪。
7.1.8 超净工作台。
7.1.9 高压灭菌锅。
7.1.10 光照培养箱。
7.1.11 旋涡振荡器。
7.1.12 普通离心机。
7.1.13 冷冻干燥机。
7.1.14 凝胶成像仪。
7.1.15 核酸蛋白分析仪。
7.1.16 PCR 仪(常规 PCR 仪、实时荧光 PCR 仪)。
7.1.17 破壁针(具有平截切面的针,能将孢子压碎)。
7.1.18 培养皿(9 cm)。
7.1.19 筛网(40 μm、20 μm)。
7.1.20 孔径 100 μm 的毛细管。
7.1.21 锥形瓶(250 mL、500 mL)。
7.1.22 盖玻片(18 mm×18 mm)。
7.1.23 PCR 反应管(0.2 mL,0.5 mL)。
7.1.24 载玻片(25 mm×76 mm),厚(0.8 mm~1.0 mm)。
7.1.25 Tip 头(0.1 μL~10 μL,5 μL~200 μL,100 μL~1 000 μL)。
7.1.26 可调微量移液器(2 μL,10 μL,20 μL,100 μL,200 μL,1 000 μL)

7.2 主要试剂

除另有规定外,所有试剂均为分析纯或生化试剂。

7.2.1 三氯甲烷。
7.2.2 异戊醇。
7.2.3 异丙醇。
7.2.4 醋酸钠。
7.2.5 甲酰胺。
7.2.6 70%乙醇。
7.2.7 无水乙醇。
7.2.8 Tris 饱和酚。
7.2.9 *Taq* 酶。

7.2.10 Gelatin。

7.2.11 溴化乙锭。

7.2.12 DNA Marker。

7.2.13 PDA 培养基。

7.2.14 SDS 提取液。

7.2.15 PCR 缓冲液。

7.2.16 电泳缓冲液。

7.2.17 上样缓冲液。

7.2.18 Bigdye 试剂盒。

7.2.19 TaqMan Universal PCR Master Mix。

7.2.20 席尔氏浮载剂,见 GB/T 18085。

7.2.21 dNTPs(dATP、dGTP、dCTP、dTTP)。

8 检测与鉴定

8.1 实验室器皿和晒网前处理

将所有实验器皿和筛网浸泡于 1.6%的次氯酸钠中 15 min,然后用蒸馏水冲洗 5 次。

8.2 形态学鉴定

对查找到菌瘿,或通过洗涤检验获得冬孢子的,先进行形态学鉴定。对菌瘿采用解剖针挑取菌瘿的冬孢子,置于席尔氏液中制片,对洗涤检验采用滴管吸取冬孢子悬浮液制片,待冬孢子胶质鞘允分展开后,进行封片,观察冬孢子的形状,孢壁结构,在 100×油镜下测量冬孢子的大小,每个样品测量 100 个冬孢子。

形态学鉴定的具体操作过程见附录 B,TW 与近似种的形态学图参见附录 C。

8.3 单个冬孢子直接分子检测

对未查找到菌瘿,但通过洗涤检验发现疑似黑麦草腥黑粉菌冬孢子的,要进行单个孢子分子方法检测。每个 PCR 反应检测 1 个冬孢子,共检测 5 个冬孢子。每次 PCR 检测应设立相应的阳性对照、阴性对照和空白对照。

单个冬孢子直接分子鉴定的具体操作过程见附录 D。

8.4 孢子培养物的分子检测

对未查找到菌瘿,但通过洗涤检验发现疑似黑麦草腥黑粉菌,而这些疑似黑麦草腥黑粉菌通过形态学和单个孢子检测无法获得准确结果时,则要对孢子进行培养(培养方法见 E.1),用培养物分子检测。每次 PCR 检测须设立相应的阳性对照、阴性对照和空白对照。

孢子培养物分子检测的具体操作过程见附录 E、附录 F。

8.5 序列测定与比对

将 PCR 产物纯化后,进行测序,或由生物公司完成。把测序所得的核苷酸序列与已知的黑麦草腥黑粉菌相应序列进行比对。

序列比对的具体操作过程见附录 G。

9 结果判断与表述

9.1 形态学鉴定结果判断和表述

对查找到的菌瘿中的冬孢子或通过洗涤检验获取的冬孢子，所观察的症状和形态学特征与黑麦草腥黑粉菌冬孢子的一致，且对其100个孢子大小测量平均值介于30 μm～31 μm，则判定该样品中含有黑麦草腥黑粉菌；对其100个孢子大小测量平均值小于25 μm或者大于35 μm，则判定该样品不含有黑麦草腥黑粉菌；如孢子大小介于25 μm～30 μm或31 μm～35 μm之间，则判定该样品含有疑似黑麦草腥黑粉菌，须进行进一步分子检测。

9.2 单个孢子直接分子检测结果判断和表述

9.2.1 常规 PCR 检测结果判断和表述

单个孢子进行常规PCR检测，在阳性对照、阴性对照和空白对照结果均正常的情况下，如样品的扩增产生473 bp的特异性条带，且测序比对与黑麦草腥黑粉菌一致的判定为该样品含有黑麦草腥黑粉菌，如没有PCR扩增条带的则须挑取孢子进行萌发，进行分子检测。

9.2.2 实时荧光 PCR 检测结果判断和表述

对单个孢子进行MGB探针实时荧光PCR检测，在阳性对照、阴性对照和空白对照结果均正常的情况下，则：

——检测Ct值小于或等于36，判定黑麦草腥黑粉菌检测结果呈阳性；

——检测Ct值大于36，应重做实时荧光PCR，再次扩增后，如Ct值小于或等于36，判定同上；如再次扩增后Ct值大于36，则需要挑取冬孢子进行萌发，用孢子培养物进行分子检测。

9.3 孢子培养物分子检测结果判断和表述

9.3.1 常规 PCR 判断和表述

对孢子培养物进行常规PCR检测，在阳性对照、阴性对照和空白对照结果均正常的情况下，如样品的扩增产生414 bp(引物Tin11/Tin4)或473 bp(引物P14)的特异性条带，则初步判定黑麦草腥黑穗菌检测结果呈阳性，但需进一步进行实时荧光PCR检测或序列测定与比对进行结果验证，按照实时荧光PCR检测或序列测定与比对结果进行最后结果判定；如该样品无特异性扩增条带，则判定黑麦草腥黑穗菌检测结果呈阴性。

9.3.2 实时荧光 PCR 结果判定和表述

9.3.2.1 普通探针实时荧光 PCR 结果判定和表述

普通探针的实时荧光PCR检测，在阳性对照、阴性对照和空白对照结果均正常的情况下，则：

——检测Ct值小于34，判定黑麦草腥黑粉菌检测结果呈阳性；

——检测Ct值大于或等于34，判定黑麦草腥黑粉菌检测结果呈阴性。

9.3.2.2 MGB 探针实时荧光 PCR 结果判断和表述

MGB探针实时荧光PCR检测，在阳性对照、阴性对照和空白对照结果均正常的情况下，则：

——检测Ct值小于或等于36，判定黑麦草腥黑粉菌检测结果呈阳性；

——检测Ct值大于或等于40，判定黑麦草腥黑粉菌检测结果呈阴性；

——检测 Ct 值在 36～40 之间，应重做实时荧光 PCR，再次扩增后，如 Ct 值小于或等于 36 或者 Ct 值大于或等于 40，判定同上。

9.4 序列测定和比对

把测序所得到的核苷酸序列与已知的黑麦草腥黑粉菌序列进行比对，如果与已知的黑麦草腥黑粉菌相应序列完全一致则判定黑麦草腥黑粉菌检测结果呈阳性，不一致则判定黑麦草腥黑粉菌检测结果呈阴性。

10 样品与原始数据保存

10.1 样品保存

存查样品应视样品的状态采用相应的保存方式，妥善保存 6 个月。如发现黑麦草腥黑粉菌，该样品应保存 1 年，以备复验，如涉及到贸易纠纷则应保存到纠纷解决完毕。保存期满后，需经灭菌处理。

10.2 原始数据保存

样品检测结束后，其原始记录单和检验报告或证书应归档，妥善保管，以备复验、谈判和仲裁。

附　录　A
（资料性附录）
黑麦草腥黑粉菌其他信息

A.1　分布

主要分布在美国、澳大利亚、新西兰、加拿大、丹麦、荷兰、日本、西班牙等国家。

A.2　形态特征及寄主

黑麦草腥黑粉菌局部为害黑麦草穗部，感病小穗形成深褐色菌瘿，外表由菌丝化的果皮包被，与感病子粒果皮本身具有的淡紫色难于区别，发病严重时，小穗的子房完全被黑粉菌孢子所代替。黑麦草腥黑粉菌冬孢子直径为25 μm～35 μm（平均30 μm），较 *T. indica* 的直径25 μm～43 μm（35 μm）略小，冬孢子为淡黄褐色，或金褐色至暗褐色，外孢壁表面纹饰为粗糙的疣状突起，呈同心轮纹状排列，疣突外观较 *T. indica* 更为粗糙。目前已知自然寄主仅为黑麦草。

附 录 B
（规范性附录）
形态学鉴定

B.1 菌瘿查找

在体视显微镜下，检查黑麦草种子中有无菌瘿。对于感病较重的种子，菌瘿颜色多呈暗紫褐色，不同于健康种子，感病种子因腥黑粉菌孢子而散发出三甲胺气味。对于感病轻微的种子，可采用将黑麦草种子浸泡在水中检查菌瘿。

B.2 洗涤检验

B.2.1 取 50 g 样品放入 250 mL 锥形瓶中，加入 100 mL 无菌蒸馏水（含 0.01% Tween-20），放于摇床 200 r/min 摇动 3 min 以便释放孢子。

B.2.2 将洗涤液倒在上层的 40 μm 的筛网上，20 μm 筛网在下层，进行抽气过滤，用 500 mL 的锥形瓶接收滤液。

B.2.3 用 100 mL 无菌蒸馏水冲洗 250 mL 锥形瓶中样品 2 次，然后将样品洗涤液倒在 40 μm 的筛网上，再用 200 mL～300 mL 无菌蒸馏水冲洗 40 μm 筛网，确保孢子从样品上分离。

B.2.4 移去 40 μm 筛网，将 20 μm 筛网倾斜成 45°，用无菌蒸馏水将筛网上的孢子都冲洗下来，然后将孢子洗涤液倒入离心管中，1 000 *g* 离心 3 min。

B.2.5 用移液管将上清缓缓吸出，最后加入席尔氏液，视沉淀物多少定容至 100 μL～500 μL，混匀，镜检。

B.3 形态学鉴定

用解剖针挑起少量孢子，置于席尔氏液中制片，在显微镜下观察孢子大小、颜色和孢壁结构，在 100×油镜下测量 100 个冬孢子。

B.4 结果判定

形态学鉴定的结果判定见 9.1。

附 录 C
（资料性附录）
黑麦草腥黑粉病菌与近似种的孢子形态图

C.1 黑麦草腥黑粉病菌孢子显微形态图(EPPO,2004)见图C.1。

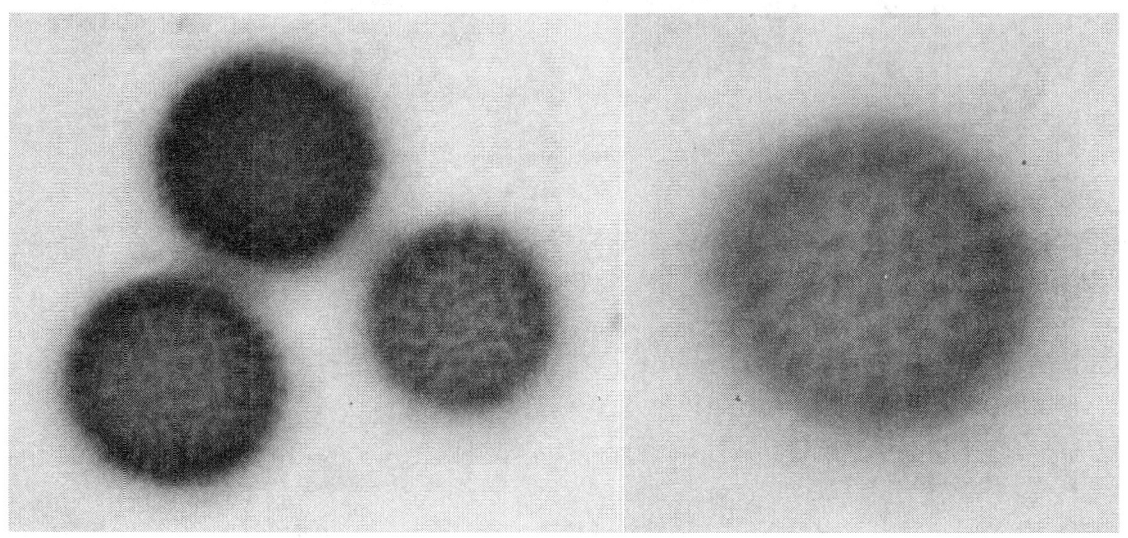

图 C.1 黑麦草腥黑粉病菌孢子显微形态图

C.2 黑麦草腥黑粉病菌孢子电镜扫描形态图(Jim Plaskowitz,2006)见图C.2。

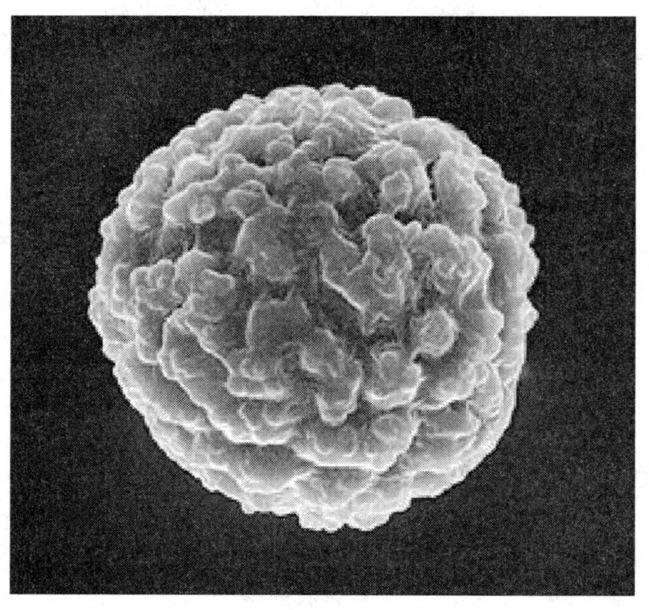

图 C.2 黑麦草腥黑粉病菌孢子电镜扫描形态图

C.3 小麦印度腥黑穗病菌孢子显微形态图(章桂明等,2005)见图C.3。

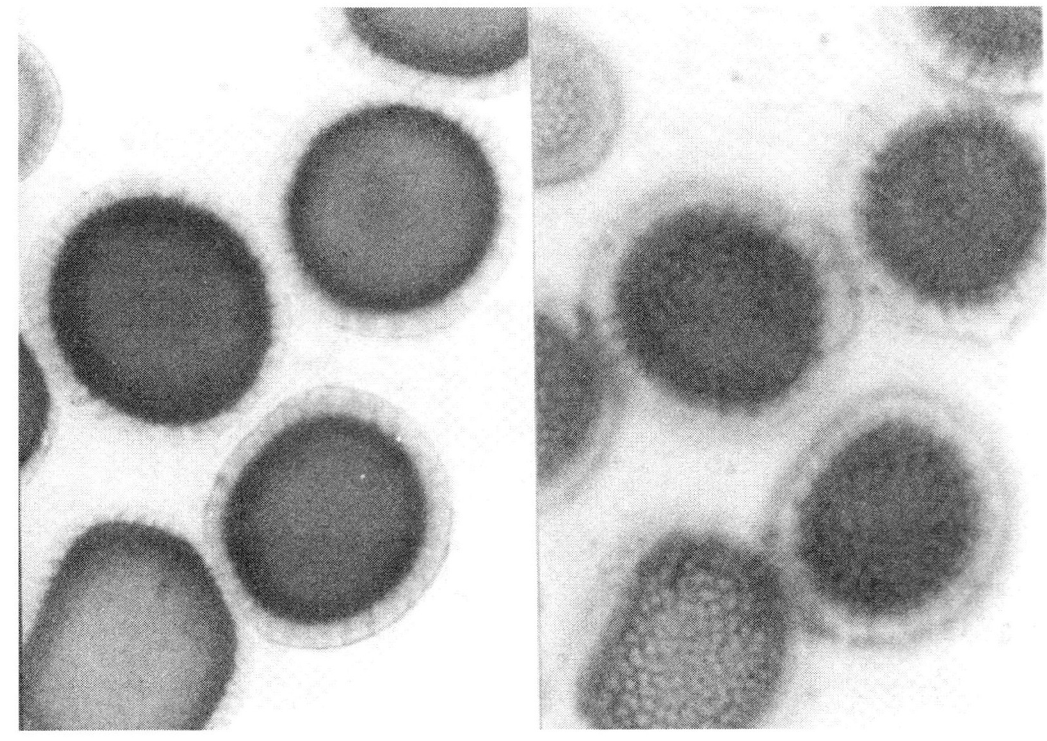

图 C.3　小麦印度腥黑穗病菌孢子显微形态图

C.4　小麦印度腥黑穗病菌孢子电镜扫描形态图(章桂明等,2005)见图 C.4。

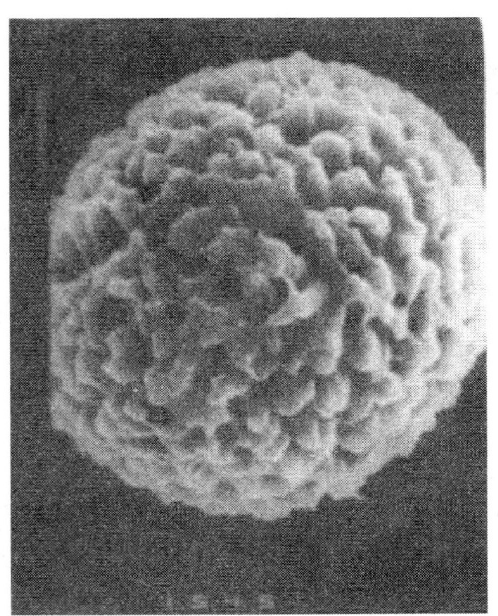

图 C.4　小麦印度腥黑穗病菌孢子电镜扫描形态图

附　录　D
（规范性附录）
单个冬孢子直接分子检测

D.1　单个孢子核酸制备

菌瘿中冬孢子获取方法：用针刺破菌瘿，挑取其中不带植物组织的少许孢子，将这些孢子轻轻展布于载玻片上，在低倍镜下观察孢子是否分散开，再将单个孢子挑起，直接转移到 PCR 管的管盖中，在低倍镜下确认孢子是否已被成功放置。

孢子悬浮液中冬孢子的获取方法：用显微操作系统（或在倒置显微镜下人工操作）从孢子悬浮液中吸取孢子，所用毛细管孔径为 100 μm，整个操作过程可在检测器上进行监控，也可在显微镜下直接进行观察，确认孢子已被吸入毛细管内并被转移到 PCR 管的管盖内。

用破壁针对放置在 PCR 管盖中的孢子实施破壁：在 10×低倍镜下用破壁针头轻轻挤压孢子，促使孢子壁破裂，使孢子中的核酸释放出来，在显微镜下检测孢子壁是否已经被压破。快速将 PCR 反应混合液加到 PCR 管盖中，振荡混匀，置于冰上，振荡后离心。

D.2　分子生物学检测

D.2.1　常规 PCR 检测

D.2.1.1　常规 PCR 引物序列

常规 PCR 引物序列为：

正向引物 P14-1：5’-TGTTTGAGCCACGCTATGACC-3’

反向引物 P14-2：5’-AACTTCCAAGGCGACCATTC-3’

D.2.1.2　常规 PCR 扩增体系及条件

反应体系总体积为 25 μL，各成分终浓度为：2.5 μL 10×PCR 缓冲液[Tris-HCl(pH8.0)10 mmol/L，Mg^{2+} 1.5 mmol/L，KCl 50 mmol/L]，2 μL dNTPs（2.5 mmol/L），0.25 μL 各引物（10 μmol/L），0.3 μL *Taq* 酶（5 U/μL），2.5 μL Gelatin[0.01%(wt/vol)]，无菌双蒸水 17.2 μL。将反应体系混匀，离心后置于 PCR 仪中进行反应，每个 PCR 反应检测 1 个冬孢子，共检测 5 个冬孢子。用无菌双蒸水作空白对照，阳性对照采用含有黑麦草腥黑粉菌的 DNA 作为模板，阴性对照以其他腥黑穗病菌 DNA 作为模板。

PCR 的反应条件为 96 ℃预变性 3 min，然后进入循环反应：96 ℃变性 15 s，59 ℃退火 15 s，72 ℃延伸 15 s，共 70 次循环，72 ℃延伸 10 min。

D.2.1.3　琼脂糖凝胶电泳

每个样品取 5 μL 的 PCR 产物与 1 μL 的 6×上样缓冲液混合均匀，并加到含有溴化乙锭（0.5 μg/mL）的 1.2%琼脂糖凝胶中，在 120 V 下进行电泳。电泳结束后在凝胶成像系统中观察、拍照，并保存照片。

D.2.2 实时荧光 PCR 检测

D.2.2.1 实时荧光 PCR 引物及探针序列

实时荧光 PCR 引物及探针序列为：

正向引物 MP3-1：5'-CTCGAGCCACTCCGTTGG-3'

反向引物 MP3-2：5'-GACAACTCCAGTGATGGCTCC-3'

探针序列 MPb3：5'-FAM-TACTCTTCATTGCCCTCA-MGB-3'

D.2.2.2 实时荧光 PCR 反应体系及条件

反应体系总体积为 5 μL，各成分为：实时荧光反应混合液 2.5 μL *Taq*Man Universal PCR Master Mix，0.45 μL 各引物（10 μmol/L），0.1 μL 探针（10 μmol/L），无菌双蒸水 1.5 μL。将反应体系混匀，离心后置于实时荧光 PCR 仪中进行反应，每个实时荧光 PCR 反应检测 1 个冬孢子，共检测 5 个冬孢子。用无菌双蒸水作空白对照，阳性对照采用含有黑麦草腥黑粉病菌的 DNA 作为模板，阴性对照以其他腥黑穗病菌 DNA 作为模板。

设置扩增反应条件为 50 ℃预热 2 min，95 ℃变性 10 min，然后进入循环反应：95 ℃变性 15 s，60 ℃延伸 1 min，共 40 次循环。

对实时荧光 PCR 仪的程序进行设置，以使该仪器能进行 FAM 荧光的检测。

D.3 结果判定

结果判定见 9.2。

附 录 E
（规范性附录）
孢子培养物常规 PCR 检测

E.1 孢子萌发

挑取冬孢子，置于 2% 水琼脂培养基上，18 ℃～20 ℃、每日连续光照 12 h 条件下培养 10 d，解剖镜下检查萌发情况。对萌发的孢子用接种针挑取置于 PDA 培养基上，20 ℃～22 ℃培养 20 d。

E.2 孢子培养物的核酸制备

E.2.1 称取 0.1 g 培养物，放在无菌的多层滤纸上，吸去水分，置于无菌的研钵中，用液氮冷冻，用研磨棒将它们研成粉末。

E.2.2 立即转移到 2 mL 的离心管中，加入 65 ℃预热的 SDS 提取液 700 μL，置于水浴锅中 65 ℃水浴 30 min，期间不断混匀。

E.2.3 加入 5 μL 10 mg/mL RNA 酶，充分混匀，在 37 ℃放置 30 min。

E.2.4 加入等体积的 Tris 饱和酚，充分摇匀，在 12 000 r/min 下离心 15 min。

E.2.5 取上清液，加入 1∶1 三氯甲烷/异戊醇(24∶1)，在 12 000 r/min 下离心 15 min；重复一次该步骤。

E.2.6 加入等体积预冷的异丙醇，轻轻摇晃，置于－20 ℃冰箱静置 30 min，在 12 000 r/min 下离心 15 min。

E.2.7 弃上清液，加入 70% 乙醇 500 μL，12 000 r/min 下离心 3 min，弃上清液，重复 2 次。

E.2.8 得到 DNA 沉淀，用冷冻干燥仪进行干燥，加入 30 μL～50 μL TE 或水，充分溶解后，测量 DNA 的纯度和浓度后置于－20 ℃冰箱中保存。

注：孢子培养物的核酸也可采用 DNA 提取试剂盒提取。

E.3 DNA 纯度与浓度的测定

用核酸蛋白分析仪测定 DNA 的纯度与浓度，分别取得 260 nm 和 280 nm 处的吸收值，计算核酸的纯度和浓度，计算见式(E.1)和式(E.2)：

$$\text{DNA 纯度} = OD_{260}/OD_{280} \qquad \text{(E.1)}$$

$$\text{DNA 浓度}(\mu g/mL) = 50 \times OD_{260} \qquad \text{(E.2)}$$

PCR 级 DNA 溶液的 OD_{260}/OD_{280} 比值为 1.7～1.9。

E.4 常规 PCR

E.4.1 引物序列

引物序列为：

正向引物 Tin 11:5'-TAATGTTGGCGTGGCGGCAT-3'

反向引物 Tin 4:5'-CAACTCCAGTGATGGCTCCG-3'

也可以选用 D.2.1.1 中的 P14 引物。

E.4.2 扩增体系及条件

引物 Tin 11/Tin 4 的反应体系总体积为 25 μL，各成分为：2.5 μL 10×PCR 缓冲液[Tris-HCl(pH8.0)10 mmol/L，Mg^{2+} 1.5 mmol/L，KCl 50 mmol/L]，1 μL dNTPs(10 mmol/L)，0.1 μL 各引物(25 μmol/L)，0.1 μL Ampli*Taq*(5 U/μL)，1 μL DNA(10 ng/μL)，无菌双蒸水 20.2 μL。将反应体系混匀，离心后置于 PCR 仪中进行反应，每个反应重复 2 次。用无菌双蒸水作空白对照，阳性对照采用含有黑麦草腥黑粉菌的 DNA 作为模板，阴性对照以其他腥黑穗病菌 DNA 作为模板。

PCR 的反应条件为 94 ℃预变性 1 min，然后进入循环反应：94 ℃变性 15 s，65 ℃退火 15 s，72 ℃延伸 15 s，共 25 次循环，72 ℃延伸 6 min。

引物 P14 的扩增体系和反应条件见 D.2.1.2。

E.5 琼脂糖凝胶电泳

琼脂糖凝胶电泳见 D.2.1.3。

E.6 结果判定

结果判定见 9.3.1。

附 录 F
（规范性附录）
孢子培养物实时荧光 PCR 检测

F.1 孢子的萌发

孢子的萌发见 E.1。

F.2 孢子培养物的核酸制备

孢子培养物的核酸制备见 E.2。

F.3 DNA 纯度与浓度的测定

DNA 纯度与浓度的测定见 E.3。

F.4 普通探针实时荧光 PCR 检测

F.4.1 引物及探针序列

引物及探针序列为（Frederick R D，2000）：
引物序列同 E.4.1。
探针序列为：5'-FAM-ATTCCCGGCTTCGGCGTCACT-TAMRA-3'

F.4.2 反应体系及条件

反应体系总体积为 25 μL，各成分为：实时荧光反应混合液 12.5 μL *Taq*Man Universal PCR Master Mix，1 μL 各引物（10 μmol/L），1 μL 探针（10 μmol/L），1 μL DNA（10 ng /μL），无菌双蒸水 8.5 μL。将反应体系混匀，离心后置于实时荧光 PCR 仪中进行反应，每个反应重复 2 次。用无菌双蒸水作空白对照，阳性对照采用含有黑麦草腥黑粉菌的 DNA 作为模板，阴性对照以其他腥黑穗病菌 DNA 作为模板。

反应条件为 50 ℃预热 2 min，95 ℃变性 10 min，然后进入循环反应：95 ℃变性 15 s，60 ℃延伸 1 min，共 34 次循环。

对实时荧光 PCR 仪的程序进行设置，使该仪器能进行 FAM 荧光的检测。

F.5 MGB 探针实时荧光 PCR 检测

F.5.1 引物及探针序列

引物及探针序列为：
正向引物 MP2-1 序列为：5'-AGCGCTAGGATCATGCGG-3'
反向引物 MP2-2 序列为：5'-CCCGGCTTCGGCGT-3'
探针 MPb2 序列为：5'-FAM-TCTGAGGCATCGCTG-MGB-3'

也可采用D.2.2.1中的引物和探针进行检测。

F.5.2 反应体系及条件

反应体系总体积为5 μL,各成分分别为:实时荧光反应混合液2.5 μL *Taq*Man Universal PCR Master Mix,0.45 μL各引物(10 μmol/L),0.1 μL探针(10 μmol/L),1 μL DNA(10 ng/μL),无菌双蒸水0.5 μL。将反应体系混匀,离心后置于实时荧光PCR仪中进行反应,每个反应重复2次。用无菌双蒸水作空白对照,阳性对照采用含有黑麦草腥黑粉菌的DNA作为模板,阴性对照以其他腥黑穗病菌DNA作为模板。

反应条件为50 ℃预热2 min,95 ℃变性10 min,然后进入循环反应:95 ℃变性15 s,60 ℃延伸1 min,共40次循环。

对实时荧光PCR仪的程序进行设置,使该仪器能进行FAM荧光的检测。

F.6 结果判定和表述

结果判定和表述见9.3.2。

附 录 G
（规范性附录）
序列测定与比对

G.1 PCR扩增

rDNA ITS 片段 PCR 扩增方法如下：

ITS4 引物序列：5'-TCCTCCGCTTATTGATATGC-3'

ITS5 引物序列：5'-GGAAGTAAAAGTCGTAACAAGG-3'

反应体系总体积为 25 μL，各成分为：2.5 μL 10×PCR 缓冲液[Tris-HCl(pH8.0)10 mmol/L，Mg^{2+} 1.5 mmol/L，KCl 50 mmol/L]，2 μL dNTPs(2.5 mmol/L)，1.25 μL 各引物(10 μmol/L)，0.3 μL *Taq* 酶(5 U/μL)，1 μL DNA(10 ng/μL)，无菌双蒸水 16.7 μL。

反应条件为 95 ℃预变性 10 min，然后进入循环反应：95 ℃变性 30 s，58 ℃退火 30 s，72 ℃延伸 1 min，共 35 次循环，72 ℃延伸 7 min。

电泳检测见 D.2.1.3。对符合条件的 PCR 产物进行纯化，直接测序，具体操作步骤见相关试剂盒说明书，也可将 PCR 产物送到生物公司进行测序。

也可以用附录 D、附录 E 中的常规 PCR 引物进行 PCR 扩增。

G.2 序列比对

把测序所得的核苷酸序列与已知的黑麦草腥黑粉菌的相对应的序列进行比对。

G.3 结果判定

结果判定见 9.4。

ICS 65.020.01
B 16

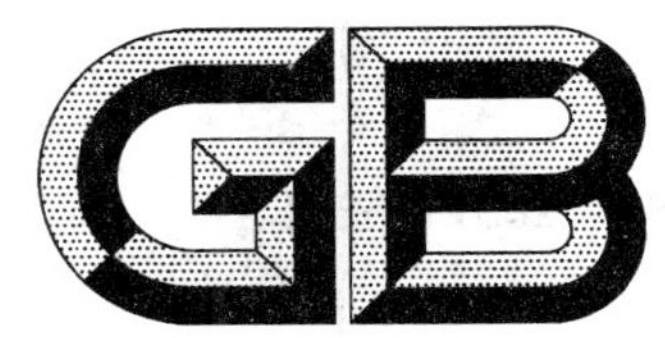

中华人民共和国国家标准

GB/T 28071—2011

黄瓜绿斑驳花叶病毒检疫鉴定方法

Detection and identification of cucumber green mottle mosaic virus

2011-12-30 发布　　2012-06-01 实施

中华人民共和国国家质量监督检验检疫总局
中国国家标准化管理委员会　发布

前　　言

本标准按照 GB/T 1.1—2009 给出的规则起草。

本标准由全国植物检疫标准化技术委员会(SAC/TC 271)提出并归口。

本标准起草单位:中华人民共和国厦门出入境检验检疫局、中华人民共和国广东出入境检验检疫局、中国检验检疫科学研究院。

本标准主要起草人:陈青、陈红运、廖富荣、林石明、吴冰冰、冯黎霞、张永江。

黄瓜绿斑驳花叶病毒检疫鉴定方法

1 范围

本标准规定了黄瓜绿斑驳花叶病毒检疫鉴定方法。

本标准适用于可能携带黄瓜绿斑驳花叶病毒的种子、苗木及其产品的检疫鉴定。

2 黄瓜绿斑驳花叶病毒基本信息

中文名:黄瓜绿斑驳花叶病毒。

学名:cucumber green mottle mosaic virus。

缩写:CGMMV。

属烟草花叶病毒属 *Tobamovirus* 成员。

CGMMV 可通过接触传播,也可通过种子传播。蚜虫等常见瓜类病毒的传播介体不能传播 CGMMV。嫁接等农事操作是田间病害流行的主要因素之一。植株一旦发病,如果未进行杀灭处理,土壤也可带毒,带毒土壤也可成为病害发生的侵染源。

黄瓜绿斑驳花叶病毒的其他信息参见附录 A。

3 方法原理

通过基于抗原抗体反应的双抗夹心酶联免疫吸附测定(DAS-ELISA)、体外反转录和体外 DNA 合成技术的反转录聚合酶链式反应(RT-PCR),并根据生物学特性进行检测鉴定。

4 仪器设备、用具及试剂

4.1 仪器设备

洗板机、酶联检测仪、高速冷冻离心机、电子天平(感量 0.001 g)、超净工作台、旋涡混合仪、PCR 仪、实时荧光 PCR 仪、电泳仪、电泳槽、紫外透射仪、隔离温室、榨汁机、水浴锅。

4.2 用具

微量移液器(0.5 μL,2 μL,10 μL,20 μL,100 μL,200 μL,1 000 μL)、化学 PGR 反应管和(或)96 孔光化学 PCR 反应板、酶联板、研钵。

4.3 试剂

4.3.1 酶联测定试剂(见附录 B)。

4.3.2 RT-PCR 检测试剂(见附录 C)。

4.3.3 实时荧光 RT-PCR 检测试剂(见附录 D)。

4.3.4 生物学测定(参见附录 E)。

5 样品制备

5.1 种子样品制备及检疫鉴定

挑取500粒种子(重点挑取畸形、不成熟的种子)播于灭菌土中,待长出3片～4片叶后将表现症状的植株编号,未表现症状的植株分组(10株为1组)并编号。采集的叶片分成两份,分别用于酶联测定和分子生物学检测。

也可以挑取畸形、不成熟的种子直接进行酶联测定和分子生物学检测。

5.2 苗木检验鉴定

有症状的苗木单独检测。没有症状的分组检测,分组方法和检测方法同5.1。

5.3 植物产品的检验鉴定

植物产品有症状的部分(如:果实上的畸形、斑驳等)单独检测。没有症状或无法观察症状的植物产品,应按比例取样,检测方法为酶联测定和分子生物学检测。

6 检测方法

6.1 双抗体夹心酶联免疫吸附测定

把制备的样品上清液加入已包被CGMMV抗体的96孔酶联板中,进行DAS-ELISA检测。每个样品平行加到两个孔中。健康的植物组织作阴性对照,感染CGMMV的植物组织作阳性对照,样品提取缓冲液作空白对照,其中阴性对照种类和材料(如种子或叶片)应尽量与检测样品一致。

具体操作见附录B。

6.2 RT-PCR检测

分别提取样品和对照的总RNA,反转录合成cDNA后,进行PCR扩增。健康的植物组织作阴性对照,感染CGMMV的植物组织作阳性对照,用超纯水作空白对照。

具体操作见附录C。

6.3 实时荧光RT-PCR检测

分别提取样品和对照的总RNA,进行实时荧光RT-PCR检测。健康的植物组织作阴性对照,感染CGMMV的植物组织作阳性对照,超纯水作空白对照。

具体操作见附录D。

6.4 生物学接种试验

参见附录E。

7 结果判定

6.1、6.2、6.3、6.4中如果两种方法的检测结果为阳性,即可判断该批种子或苗木携带黄瓜绿斑驳花叶病毒。一般是酶联测定为阳性后,RT-PCR或实时荧光RT-PCR检测结果为阳性即可判断为携带黄瓜绿斑驳花叶病毒。必要时可进行生物接种试验。

8 样品保存

经检验确定携带黄瓜绿斑驳花叶病毒的样品应在合适的条件下保存,种子保存在 4 ℃,病株在 －20 ℃或者－80 ℃冰箱中保存,做好标记和登记工作。

9 结果记录与资料保存

完整的实验记录包括:样品的来源、种类、检测时间、地点、方法和结果等,并要有经手人和检测人员的签字。酶联测定应有酶联板反应原始数据,RT-PCR 检测应有扩增结果图片,生物学接种应有症状照片。

附 录 A
（资料性附录）
黄瓜绿斑驳花叶病毒简介

A.1 寄主范围

黄瓜绿斑驳花叶病毒在自然界主要侵染西瓜(*Citrullus lanatus*)、甜瓜(*Cucumis melo*)、黄瓜(*Cucumis sativus*)、南瓜(*Cucurbita moschata*)、瓠子(*Iagenaria siceraria*)、丝瓜(*Luffa cylindrica*)、苦瓜(*Momordica charantia*)等葫芦科植物。一些杂草也是CGMMV的寄主，主要包括北美苋(*Amaranthus blitoides*)、反枝苋(*Amaranthus retroflexus*)、天芥菜(*Heliotropium europaeum*)、马齿苋(*Portulaca oleracea*)、龙葵(*Solanum nigrum*)等。

A.2 病害症状

黄瓜：叶片斑驳并凸起，畸形，植株矮化，果实上可产生黄或银色条斑，果实严重受损。

西瓜：受侵染叶片轻型叶斑驳，严重时出现疱斑，植株矮化，成熟期果实表面出现浓绿色圆斑，果肉变色和腐烂。

甜瓜：茎端新叶出现黄斑，随叶片老化症状减轻。

瓠子：叶片出现花叶，有绿色突起，脉间黄化，叶脉呈绿带状。

A.3 分布地区

CGMMV于1935年在英国首次发现和报道。目前在英国、希腊、罗马尼亚、匈牙利、印度、沙特阿拉伯、丹麦、德国、俄罗斯、保加利亚、捷克、巴西、爱尔兰、摩尔多瓦、瑞典、芬兰、韩国、朝鲜、以色列、波兰、日本、巴基斯坦和我国的大陆和台湾均有分布。

A.4 血清学特性

CGMMV具有很强的免疫原性。

A.5 粒体形态

黄瓜绿斑驳花叶病毒粒体为直杆状，长度为300 nm，直径为18 nm。

A.6 基因组

病毒基因组为正单链RNA，全长约6.4 kb，编码4个蛋白；病毒基因组5'和3'端分别含有一段非编码区。

附 录 B
（规范性附录）
双抗体夹心酶联免疫吸附测定

B.1 试剂

B.1.1 包被抗体

特异性的黄瓜绿斑驳花叶病毒抗体。

B.1.2 酶标抗体

碱性磷酸酯酶标记的黄瓜绿斑驳花叶病毒抗体。

B.1.3 底物

对硝基苯磷酸二钠（ρNPP）。

B.1.4 PBST 缓冲液（洗涤缓冲液 pH7.4）

NaCl	8.0 g
Na_2HPO_4	1.15 g
KH_2PO_4	0.2 g
KCl	0.2 g
Tween-20	0.5 mL

加入 900 mL 蒸馏水溶解，用 NaOH 或 HCl 调节 pH 值到 7.4，蒸馏水定容至 1 L。

每升 PBS 中加入 0.5 mL 的 Tween-20。

B.1.5 样品抽提缓冲液（pH7.4）

PBST	1 L
Na_2SO_3	1.3 g
PVP（MW24 000～40 000）	20 g
NaN_3	0.2 g

用 NaOH 或 HCl 调节 pH 值到 7.4。4 ℃储存。

B.1.6 包被缓冲液（pH9.6）

Na_2CO_3	1.59 g
$NaHCO_3$	2.93 g
NaN_3	0.2 g

加入 900 mL 蒸馏水溶解，用 HCl 调节 pH 值到 9.6，蒸馏定容至 1 L。4 ℃储存。

B.1.7 酶标抗体稀释缓冲液（pH7.4）

PBST	1 L
BSA（牛血清白蛋白）或脱脂奶粉	2.0 g

PVP(MW24 000～40 000)	20.0 g
NaN_3	0.2 g

用 NaOH 或 HCl 调节 pH 值到 7.4。4 ℃储存。

B.1.8 底物(ρNPP)缓冲液(pH9.8)

$MgCl_2$	0.1 g
NaN_3	0.2 g
二乙醇胺	97 mL

溶于 800 mL 蒸馏水中,用 HCl 调 pH 值至 9.8,蒸馏水定容至 1 L。4 ℃储存。

B.2 程序

B.2.1 包被抗体

用包被缓冲液将抗体按说明稀释,加入酶联板的孔中,100 μL/孔,加盖,室温避光孵育 4 h 或 4 ℃冰箱孵育过夜,清空酶联板孔中溶液,PBST 洗涤 4 次～6 次。

B.2.2 样品制备

待测样品按 1∶10(质量∶体积)加入抽提缓冲液,用研钵研磨成浆,2 000 r/min,离心 10 min,上清液即为制备好的检测样品。样品提取缓冲液作空白对照,阴性对照、阳性对照作相应的处理或按照说明书进行。

B.2.3 加样

加入制备好的检测样品、空白对照、阴性对照、阳性对照,100 μL/孔,加盖,室温避光孵育 2 h 或 4 ℃冰箱孵育过夜,清空酶联板孔中溶液,PBST 洗涤 4 次～6 次。

B.2.4 加酶标抗体

用酶标抗体稀释缓冲液按说明将酶标抗体稀释至工作浓度,并加入到酶联板中,100 μL/孔,加盖,室温避光孵育 2 h,清空酶联板孔中溶液,PBST 洗涤 4 次～6 次。

B.2.5 加底物

将底物 ρNPP 加入到底物缓冲液中使终浓度为 1 mg/mL(现配现用),按 100 μL/孔,加入到酶联板中,室温避光孵育。

B.2.6 读数

用酶联检测仪在 30 min、1 h 和 2 h 于 405 nm 处读 OD 值。

B.3 结果判断

B.3.1 对照孔的 OD_{405} 值(缓冲液孔、阴性对照及阳性对照孔),应该在质量控制范围内,即:

缓冲液孔和阴性对照孔的 OD_{405} 值＜0.15,当阴性对照孔的 OD_{405} 值＜0.05 时,按 0.05 计算。

阳性对照有明显的颜色反应;阳性对照 OD_{405} 值/阴性对照 OD_{405} 值＞2;孔的重复性基本一致。

B.3.2 在满足了 B.3.1 质量要求后,结果原则上可判断如下:

样品 OD_{405} 值/阴性对照 OD_{405} 值明显＞2,判为阳性。

样品 OD_{405} 值/阴性对照 OD_{405} 值在阈值附近，判为可疑样品，需重新做一次，或用其他方法加以验证。

样品 OD_{405} 值/阴性对照 OD_{405} 值明显＜2，判为阴性。

若满足不了 B.3.1 质量要求，则不能进行结果判断。

附 录 C
(规范性附录)
RT-PCR 检测

C.1 试剂

C.1.1 RNA 提取试剂

TRIzol reagent、三氯甲烷、异丙醇、75%乙醇。

C.1.2 反转录试剂

M-MLV RT(200 U/μL)、5×RT 缓冲液、dNTP(10 mmol/L)、RNase Inhibitor(40 U/μL)。

C.2 PCR 试剂

10×PCR 缓冲液(含 15 mmol/L 的 Mg^{2+})、*Taq*DNA 聚合酶(5 U/μL)、dNTP 混合液(各 10 mmol/L)。

C.3 实验步骤

C.3.1 总 RNA 提取

称取 0.1 g 植物组织加液氮研磨成粉末状,迅速将其移入灭菌的 1.5 mL 离心管中,加入 1 mL 的 TrizoL 试剂,剧烈振荡摇匀,室温静置 3 min;4 ℃,12 000 *g* 离心 10 min,取上清液;加入 200 μL 三氯甲烷,上下颠倒混匀,室温静止 3 min;4 ℃,12 000 *g*离心 10 min,取上层水相;加等体积的异丙醇,颠倒混匀;4 ℃,12 000 *g* 离心 10 min,弃上清;加 1 mL 75%的乙醇洗涤沉淀,4 ℃,7 500 *g* 离心 5 min,弃乙醇;沉淀于室温下充分干燥后,溶于 30 μL 经 DEPC(焦碳酸二乙酯)处理的 ddH_2O,−20 ℃保存备用。

C.3.2 RT-PCR 反应

C.3.2.1 引物序列

上游引物 CGMMV1:5'-CgTggTAAgCggCATTCTAAACCTC-3'
下游引物 CGMMV2:5'-CCgCAAACCAATgAgCAAACCg-3'
RT-PCR 产物大小 654 bp。

C.3.2.2 cDNA 合成

反转录总体系为 12.5 μL。在 PCR 管中依次加入 3 μL 总 RNA,1 μL CGMMV2 引物,在 65 ℃温浴 7 min,然后,冰浴 5 min,瞬离,再向 PCR 管中加入下列试剂:M-MLV RT(200 U/μL)0.5 μL、5×RT 缓冲液 2.5 μL、dNTP(10 mmol/L)0.5 μL、RNasin(40 U/μL)0.5 μL、DEPC 处理的 ddH_2O 4.5 μL。反应参数:37 ℃ 60 min,95 ℃ 10 min。合成的 cDNA 于−20 ℃冰箱保存备用。

C.3.2.3 PCR 扩增

PCR 反应体系见表 C.1。反应参数:95 ℃ 4 min;95 ℃ 60 s,60 ℃ 50 s,72 ℃ 60 s,30 个循环;72 ℃ 10 min。也可采用一步法 RT-PCR 试剂盒进行扩增。

表 C.1 PCR 反应体系

10×PCR 缓冲液	2.5
dNTP(10 mmol/L)	1.0
CGMMV1(20 pmol/μL)	0.5
CGMMV2(20 pmol/μL)	0.5
Taq 酶(5 U/μL)	0.2
cDNA 模板	3.0
ddH_2O	补足反应总体积至 25 μL

C.3.3 琼脂糖电泳

C.3.3.1 制备凝胶

配制 1.0%(质量浓度)的琼脂糖凝胶。溴化乙铵可直接加入琼脂糖凝胶中(浓度为 0.5 μg/mL),也可在电泳完成后用溴化乙锭染色。

C.3.3.2 电泳

用 1 μL 6×加样缓冲液与 5 μL 样品混合,然后将其和适合的 DNA 相对分子质量标准物分别加入到琼脂糖凝胶孔中。接通电源,以 3 V/cm~5 V/cm 电场强度进行电泳,约 0.5 h 后观察结果。

C.3.3.3 结果观察

电泳结束后,将琼脂糖凝胶放入装有 0.5 μg/μL 的溴化乙锭(EB)溶液的容器中染色,然后在清水中清洗后,置于紫外透射仪上观察,拍照并保留结果。

C.4 结果判断

阳性对照在 654 bp 左右处有扩增片段,阴性对照和空白对照无特异性扩增,样品出现与阳性对照一致的扩增条带,可判定为阳性。

阳性对照、阴性对照和空白对照正确,样品未出现与阳性对照一致的扩增条带,判定结果为阴性。

附　录　D
（规范性附录）
实时荧光 RT-PCR 检测

D.1　主要试剂

RNA 提取试剂见 C.1.1。

*Taq*Man One-Step RT-PCR Master Mix Reagents。

D.2　实时荧光 RT-PCR 检测

D.2.1　引物与探针

引物和探针序列见表 D.1。

表 D.1　引物和探针序列及其在基因组中的位置

名　称	引物和探针序列	位　置
CGMMV-F	5'-gCATAgTgCTTTCCCgTTCAC-3'	6 284 nt～6 304 nt
CGMMV-R	5'-TgCAgAATTACTgCCCATAgAAAC-3'	6 361 nt～6 384 nt
CGMMV-P	CggTTTgCTCATTggTTTgCggA	6 315 nt～6 337 nt

D.2.2　RNA 提取

操作方法见 C.3.1。

D.2.3　反应体系

实时荧光 PCR 反应体系见表 D.2。

表 D.2　实时荧光 RT-PCR 反应体系

试剂名称	加样量 μL
2×Master Mix without UNG	25.0
40×MultiScribe and RNase Inhibitor Mix	1.25
CGGMV 模板(RNA)	3.0
CGMMV-F(20 μmol/L)	1.0
CGMMV-R(20 μmol/L)	1.0
CGMMV-P(20 μmol/L)	0.5
DEPC 处理水	补足反应总体积至 50 μL

D.2.4 实时荧光 RT-PCR 反应参数

检测 CGMMV 反应参数见表 D.3。

表 D.3 实时荧光 RT-PCR 反应参数

作　用	温　度	时　间
反转录	48 ℃	30 min
活化 DNA 合成酶和预变性	95 ℃	10 min
PCR(40 个循环)		
变性	95 ℃	15 s
延伸	60 ℃	1 min

D.3 结果判定

检测样品的 Ct 值大于或等于 40 时，则判定黄瓜绿斑驳花叶病毒阴性。

检测样品的 Ct 值小于或等于 35 时，则判定黄瓜绿斑驳花叶病毒阳性。

检测样品的 Ct 值小于 40 而大于 35 时，应重新进行测试，如果重新测试的 Ct 值大于或等于 40 时，则判定黄瓜绿斑驳花叶病毒阴性；如果重新测试的 Ct 值小于 40，则判定黄瓜绿斑驳花叶病毒阳性。

附 录 E
（资料性附录）
生物学接种

E.1 接种

病叶加 1∶3(质量∶体积)的磷酸盐缓冲液(0.01 mol/L,pH 7.2)于研钵中充分研碎,在待接种植物叶片表面均匀洒上硅藻土,用手指蘸取研磨好的汁液轻轻涂抹于叶片表面。

E.2 寄主及症状

E.2.1 鉴别寄主

黄瓜(*Cucumis sativus*):系统侵染;褪绿斑;花叶。

西瓜(*Citrullus lanatus*):系统花叶。

E.2.2 枯斑寄主

苋色藜(*Chenopodium amaranticolour*):局部侵染;枯斑。

曼陀罗(*Datura stramonium*):局部侵染;枯斑。

碧冬茄(*Petunia hybrida*):局部侵染;枯斑。

ICS 65.020.01
B 16

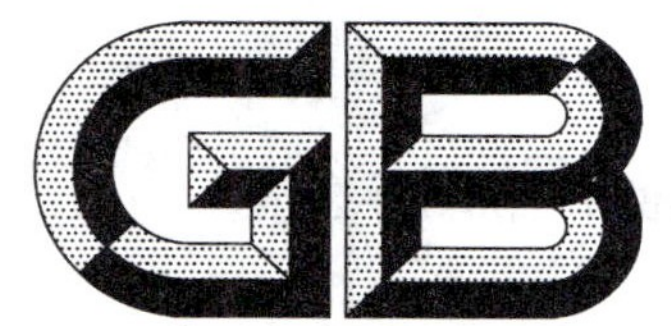

中华人民共和国国家标准

GB/T 28072—2011

梨黑斑病菌检疫鉴定方法

Detection and identification of *Alternaria gaisen* K. Nagano

2011-12-30 发布　　　　2012-06-01 实施

中华人民共和国国家质量监督检验检疫总局
中国国家标准化管理委员会　发布

前　言

本标准按照 GB/T 1.1—2009 给出的规则起草。

本标准由全国植物检疫标准化技术委员会(SAC/TC 271)提出并归口。

本标准起草单位:中国检验检疫科学研究院、中华人民共和国河北出入境检验检疫局。

本标准主要起草人:严进、宋福、赵文胜、吴品珊、王朝华、陈克、黄英、陈岩、张秋娥。

梨黑斑病菌检疫鉴定方法

1 范围

本标准确立了梨黑斑病菌检疫检测和鉴定方法。

本标准适用于对来自梨黑斑病发生国家和地区的梨果实和梨属繁殖材料的检疫，以及国内疑似梨黑斑病的果实、叶片和枝条的检疫鉴定。

2 规范性引用文件

下列文件对于本文件的应用是必不可少的。凡是注日期的引用文件，仅注日期的版本适用于本文件。凡是不注日期的引用文件，其最新版本（包括所有的修改单）适用于本文件。

SN/T 2122 进出境植物及植物产品检疫抽样

3 梨黑斑病菌基本信息

梨黑斑链格孢（*Alternaria gaisen* K. Nagano）属真菌界 Fungi，有丝分裂孢子真菌 Mitosporic fungi。

梨黑斑病菌其他信息参见附录 A。

4 方法原理

对梨黑斑病菌的鉴定可根据该真菌的寄主范围、传播途径、造成的植株症状（参见附录 B）、病原形态（参见附录 C 和附录 D）以及是否对梨叶片致病等进行鉴定。

5 主要仪器设备

5.1 仪器设备

体视显微镜、生物显微镜（具油镜和测微尺）、普通天平（感量 0.1 g）、超净工作台、生物培养箱、高压灭菌器。

5.2 试验用具

手持放大镜、培养皿、三角瓶（500 mL）、试管（直径 12 mm）、烧杯（1 000 mL）、手术刀、手术剪、镊子、载玻片、盖玻片、量筒、吸管、酒精灯。

6 检疫与鉴定

6.1 现场检疫

6.1.1 取样

按照 SN/T 2122 规定的方法执行。

田间取样方法:在果实生长期,仔细检查果园中果树,采集有典型梨黑斑病症状的果实、叶片和嫩梢。

6.1.2 症状观察

6.1.2.1 果实症状

幼果发病初期,果面出现黑色小斑点,逐渐扩大呈圆形,病斑稍凹陷;成熟果实受害时,初期症状与幼果相似,但发病快,病斑大,不规则,黑褐色。数个病斑可融合成大块病斑,果面变黑褐色。

6.1.2.2 叶片症状

嫩叶容易受害。叶片病斑初期为圆形或不规则形,后扩大呈同心环纹状,暗褐色,有时数个病斑融合成不规则形大块病斑,并出现淡紫色环纹。湿度高时,病斑上产生黑色霉层。

6.1.2.3 新梢症状

产生黑色小斑点,发展成长椭圆形,暗褐色,凹陷,病健交接处产生裂缝。湿度高时,病斑表面有霉状物。

6.2 实验室检测与鉴定

6.2.1 分离培养

采用马铃薯-胡萝卜培养基(PCA)(马铃薯 20 g、胡萝卜 20 g、琼脂 15 g、蒸馏水 1 000 mL),用于病原菌的分离、鉴定和菌种保存。

果实:在病斑周围的病健交界处用 70%酒精擦洗消毒,用解剖刀去除表皮,取少许果肉腐烂部分放在 PCA 培养基上,置于 25 ℃培养箱中,12 h 光照,12 h 黑暗条件下培养 3 d~5 d。

叶片和新梢:取病健交界部位边长约 0.5 cm 组织,用 0.5% NaClO 表面消毒 3 min,用无菌水冲洗 3 遍,置于 PCA 平板(直径 9 cm)培养基上,每皿放置 3 片~4 片,于 25 ℃培养箱内培养,黑暗和光照各 12 h 交替。3 d~5 d 后用显微镜检查。

6.2.2 形态鉴定

6.2.2.1 产孢表型观察

将出现链格孢菌的培养皿置于实体显微镜下,在 50×下观察,用极细解剖针(00 号)挑取具有典型 *A. gaisen* 产孢结构的单根孢子链上的孢子转接于 PCA 培养基平板上。将该培养基平板置于 20 ℃~25 ℃的平台上,两支 40 W 冷白光(4 200 k)灯管,8 h 照射和 16 h 黑暗交替进行培养,灯管距离培养物约 40 cm,培养物面向上,培养 7 d 后将培养皿置于实体显微镜下(培养物面向上)观察产孢表型。

6.2.2.2 分生孢子形态测量

从菌落中挑取少量培养物,以水作浮载剂,制成玻片,在显微镜下观察。详细记录并测量分生孢子大小,包括长、宽、喙长、横隔膜数、纵(斜)隔膜数,孢子颜色,孢子表面有无突起等。每个菌株测量 30 个孢子。

6.2.3 致病性测定

将已初步鉴定的菌株进行叶片接种试验,取沙梨(*Pyrus pyrifolia*)的嫩叶,每个菌株接种 5 片叶,在叶片的正反两面用针刺造成伤口,将配好的孢子悬浮液(600 000 个孢子/mL)均匀涂在叶片的正反两面，以无菌水为对照。

将接种的叶片置于 25 ℃±0.5 ℃的条件下培养 5 d，期间 12 h 光照和 12 h 黑暗交替，观察并记录发病情况。

7 结果判定

7.1 产孢表型

分生孢子链直立，不分枝或基本不分枝，多数孢子链含 5 个～9 个孢子。

7.2 分生孢子形态

分生孢子短卵形或长卵形，孢身(12.2 μm～35.0 μm)×(5.8 μm～14.5 μm)，平均 21.6 μm×10.3 μm，喙呈短柱状或锥状，(2.0 μm～8.7 μm)×(2.3 μm～4.6 μm)，平均 4.1 μm×3.7 μm，孢子的横隔膜数为 1～4，纵斜隔膜数为 0～3。

Alternaria gaisen 与近似种形态参见附录 C 和附录 D。

7.3 致病性测定

叶片病斑初期为圆形或不规则形，后扩大成同心环纹状，暗褐色，有时数个病斑融合成不规则形大块病斑，并出现淡紫色环纹。湿度高时，病斑上产生黑色霉层。

7.4 结论

如鉴定结果与 7.1、7.2、7.3 相符合，即可确定分离物为梨黑斑链格孢 *Alternaria gaisen* K. Nagano。

8 样品保存

将分离后纯化获得的梨黑斑链格孢 *Alternaria gaisen* 菌种转入 PCA 斜面，置于常温条件下保存至少 12 个月，以备复验、谈判和仲裁。

附 录 A
（资料性附录）
梨黑斑病菌 *Alternaria gaisen* 分布和寄主

A.1 分布

欧洲：法国、意大利。

亚洲：中国（辽宁、吉林、青海、新疆、山东、河北、江苏、浙江、河南、广东、广西、山西、台湾）、日本、韩国。

北美洲：美国（加里福尼亚、马里兰、密执安）。

A.2 寄主

梨黑斑链格孢的寄主只有梨属 *Pyrus* L.。

附　录　B
（资料性附录）
梨黑斑病症状

1——病果后期症状；
2——病果初期症状；
3——病叶及病部放大。
（图片来自华中农业大学植物科技学院《农业植物病理学》网络课件 http：//uhjy. hzau. edu. cn）

图 B.1　梨黑斑病症状

图 B.2　储藏期果实症状

附　录　C
（资料性附录）

表 C.1　梨黑斑病菌 *Alternaria gaisen* 与近似种区别

学名	产孢表型	分生孢子形态	对梨叶致病性
A. gaisen	分生孢子链直立，不分枝或基本不分枝，多数孢子链含5个～9个孢子	孢身(12.2 μm～35.0 μm)×(9.8 μm～18.5 μm)，平均21.6 μm×15.3 μm 假喙呈短柱状或锥状，(2.0 μm～8.7 μm)×(2.3 μm～4.6 μm)，平均4.1 μm×3.7 μm 横隔膜数为1～4，纵斜隔膜数为0～3	对梨叶致病
A. alternata	分生孢子链分枝繁复，致密	孢身(11.3 μm～31.0 μm)×(5.2 μm～15.0 μm)，平均21.5 μm×10.3 μm 假喙呈短柱状或锥状，(1.8 μm～7.9 μm)×(2.3 μm～4.5 μm)，平均4.0 μm×3.7 μm 横隔膜数为1～4，纵斜隔膜数为0～3	对梨叶不致病
A. tenuissima	分生孢子链长，每链10个～15(～20)个孢子，分枝很少或无	分生孢子较长，倒棍棒形、卵形或长椭圆形，孢身(23.2 μm～47.1 μm)×(6.6 μm～14.7 μm)，平均29.3 μm×10.5 μm 假喙(4.1 μm～12.5 μm)×(2.3 μm～4.7 μm)，平均6.7 μm×3.6 μm 横隔膜数为1～6，纵斜隔膜数为0～4。	对梨叶不致病
A. infectoria	分生孢子链分枝松散，次生孢子梗长	分生孢子倒棍棒形、卵形、长或短椭圆形，孢身(14.4 μm～51.0 μm)×(5.6 μm～16.3 μm)，平均27.7 μm×11.4 μm 假喙(6.1 μm～23.5 μm)×(2.2 μm～4.7 μm)，平均10.2 μm×3.5 μm 横隔膜数为2～7，纵斜隔膜数为0～5	对梨叶不致病

附　录　D
（资料性附录）
梨黑斑病菌 *Alternaria gaisen* 和近似种形态示意图

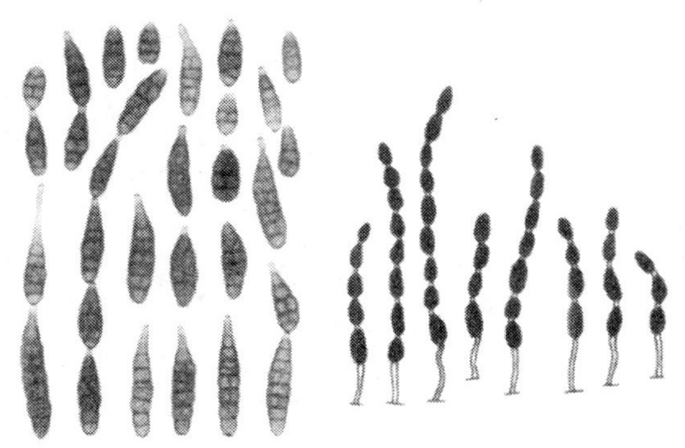

图 D.1　梨黑斑链格孢 *Alternaria gaisen*

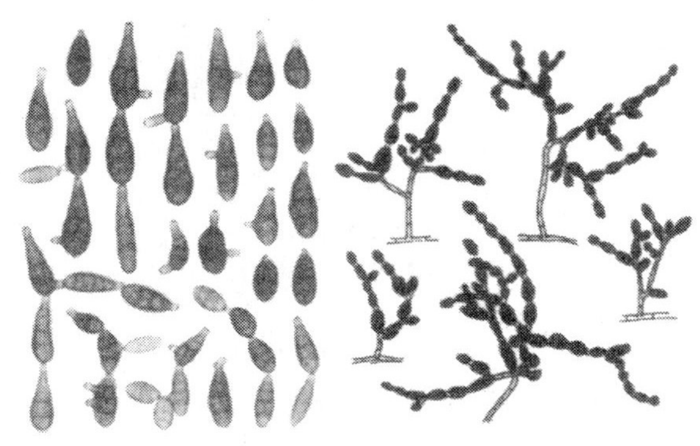

图 D.2　链格孢 *Alternaria alternata*

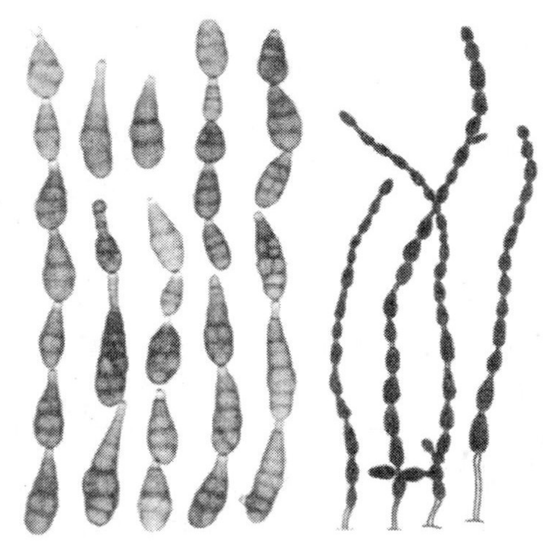

图 D.3　细极链格孢 *Alternaria tenuissima*

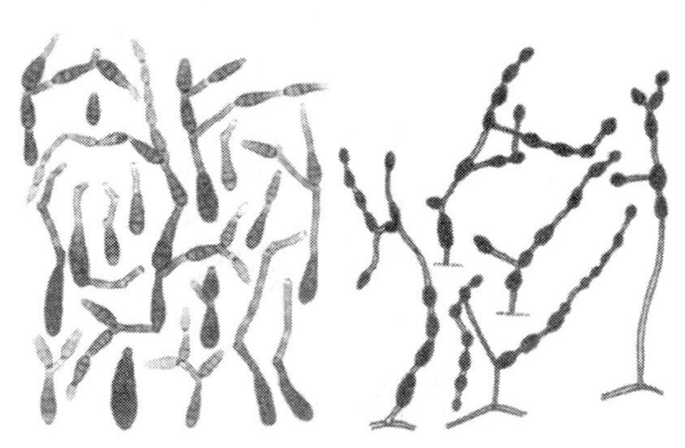

图 D.4　侵染链格孢 *Alternaria infectoria*

注：以上图片由美国农业部农业研究所 Rodney G. Roberts 先生提供

ICS 65.020.01
B 16

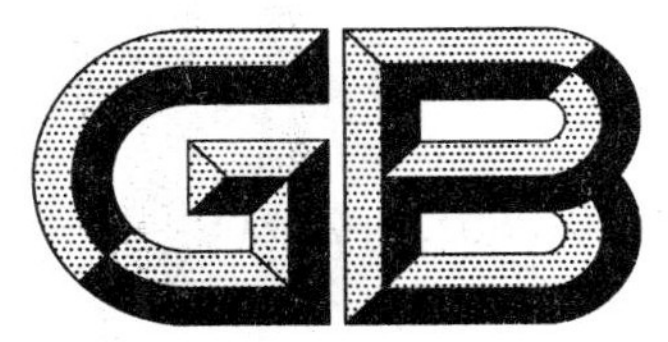

中华人民共和国国家标准

GB/T 28073—2011

南芥菜花叶病毒检疫鉴定方法

Detection and identification of arabis mosaic virus

2011-12-30 发布　　2012-06-01 实施

中华人民共和国国家质量监督检验检疫总局
中国国家标准化管理委员会　发布

前　　言

本标准按照 GB/T 1.1—2009 给出的规则起草。

本标准由全国植物检疫标准化技术委员会(SAC/TC 271)提出并归口。

本标准起草单位:中华人民共和国厦门出入境检验检疫局、中华人民共和国上海出入境检验检疫局、中国检验检疫科学研究院、中华人民共和国福建出入境检验检疫局。

本标准主要起草人:廖富荣、于翠、张永江、陈红运、林石明、陈青、黄蓬英、沈建国、吴媛。

南芥菜花叶病毒检疫鉴定方法

1 范围

本标准规定了南芥菜花叶病毒血清学和分子生物学的检测鉴定方法。

本标准适用于植物种子、鳞球茎、苗木和组培苗等植物及其产品中南芥菜花叶病毒的检测与鉴定。

2 南芥菜花叶病毒基本信息

中文名：南芥菜花叶病毒。

英文名：arabis mosaic virus。

异名：arabis mosaic nepovirus；hop nettlehead virus（啤酒花荨麻病病毒）；rhubarb mosaic virus（大黄花叶病毒）；raspberry yellow dwarf virus（悬钩子黄矮病毒）；ash ring and line pattern viurs（白腊树环线状病毒）；rhabarber-mosaik-virus（大黄花叶病毒）；forsythia yellow net virus（连翘黄网状病毒）；jasmine yellow blotch virus（茉莉黄斑病毒）。

英文缩写：ArMV。

属豇豆花叶病毒科 Comoviridae，线虫传多面体病毒属 *Nepovirus*。

南芥菜花叶病毒的其他信息参见附录 A。

3 方法原理

利用基于抗原抗体反应的双抗夹心酶联免疫吸附测定（DAS-ELISA）、反转录和体外 DNA 扩增技术的反转录聚合酶链式反应（RT-PCR）进行检测鉴定。

4 主要仪器设备

本标准的检测鉴定方法主要使用以下仪器设备：

微量榨汁机、酶标仪、洗板机、微量天平（感量：0.001 g）、PCR 仪、荧光 PCR 仪、电泳仪、水平电泳槽、凝胶成像仪、高速冷冻台式离心机、水浴槽、pH 计等和各种量程的可调移液器（1 000 μL、200 μL、100 μL、20 μL、10μL、2 μL）。

5 检测与鉴定

5.1 DAS-ELISA 检测

把 0.5 g～1.0 g 样品充分研磨或在液氮中研磨，按 1∶10 比例加入样品提取缓冲液，转移到 5 mL 离心管中，8 000 r/min 离心 5 min，上清液作为 DAS-ELISA 的检测提取液。

设置阴性对照、阳性对照和空白对照，阴性对照的种类和材料（如：种子或叶片）应该尽量与所检测样品类型相一致。具体操作过程见附录 B。

注：提取液在 3 h 内使用，否则保存在 4 ℃中。

5.2 RT-PCR 检测

分别提取检测样品的总 RNA，然后用 RT-PCR 检测。用健康的植物组织作阴性对照，用感染 ArMV 的植物组织作阳性对照，用超纯水作空白对照。

具体操作过程见附录 C。

5.3 实时荧光 RT-PCR 检测

分别提取检测样品的总 RNA，反转录合成 cDNA 后用实时荧光 PCR 检测。用健康的植物组织作阴性对照，用感染 ArMV 的植物组织作阳性对照，用超纯水作空白对照。

具体操作过程见附录 D。

5.4 序列测定

将 PCR 产物回收后，进行克隆、测序，或者直接测序，测序可由生物公司完成。把测序所得到的核苷酸序列与已知的 ArMV 相应序列进行比对，如果翻译后氨基酸序列与已知的 ArMV 相应序列同源性大于 75%则判定为 ArMV 序列，小于 75% 则判定为非 ArMV 序列。

注：序列比对可利用 NCBI 网站上的 BLAST 软件进行，网址为 http://www.ncbi.nlm.nih.gov/BLAST/

6 结果判定与报告

6.1 结果判定

当产生以下检测结果时，则判定为检出 ArMV：

——当 DAS-ELISA 检测、RT-PCR 检测、实时荧光 RT-PCR 检测，其中有两种方法检测结果呈阳性时，判定为检出 ArMV；

——当 RT-PCR 检测结果呈阳性，测定的序列为 ArMV 序列，则判定为检出 ArMV。

6.2 结果记录与保存

记录各项实验数据，包括样品种类、来源，检测时间、地点、方法和结果等。血清学检测结果保存吸光值的数据报告，RT-PCR 检测结果保存电泳照片，实时荧光 RT-PCR 检测结果保存采集的数据，序列测定结果保存测序报告图。

附 录 A
（资料性附录）
南芥菜花叶病毒简介

A.1 分布

欧洲：奥地利、白俄罗斯、比利时、保加利亚、塞浦路斯、捷克共和国、丹麦、芬兰、法国、德国、匈牙利、爱尔兰、意大利、拉脱维亚、立陶宛、卢森堡公国、摩尔多瓦、荷兰、挪威、波兰、罗马尼亚、俄罗斯、斯洛伐克、斯洛文尼亚、瑞典、瑞士、英国、乌克兰和南斯拉夫。

亚洲：日本、哈萨克斯坦、土耳其、伊朗。

非洲：南非。

北美洲：加拿大、美国。

大洋洲：澳大利亚、新西兰。

A.2 形态特征

该病毒属线虫传多面体病毒，病毒粒体为等轴对称二十面体，直径约 30 nm，为双分体病毒，含有两条相对分子质量分别为 2.4×10^6 和 1.4×10^6 的单链 RNA。超速离心后分为 T(53S)，M(93S)和 B(126S)三个组分。该病毒具有一个外壳蛋白，相对分子质量为 54 kDa。

A.3 寄主范围及症状

ArMV 可侵染 174 属 215 种植物。主要为害的作物有大麻（*Cannabis sativa*）、啤酒花（*Humulus lupulus*）、黄瓜（*Cucumis sativus*）、西葫芦（*Cucurbita pepo*）、莴苣（*Lactuca sativa*）、草莓（*Fragaia ananassa*）、葡萄（*Vitis vinifera*）、香石竹（*Dianthus caryophyllus*）、水仙（*Narcissus tazetta*）、蔷薇（*Rosa multiflora*）、草木樨（*Melilotus suaveolens*）、郁金香（*Tulipa gesneriana*）、芹菜（*Apium graveolens*）、薄荷（*Mentha sppiperita*）、丁香（*Syringa oblata*）、大豆（*Glycine max*）、甜菜（*Beta vulgaris*）、马铃薯（*Solanum tuberosm*）、烟草（*Nicotiana tabacum*）、番茄（*Lycopericon esculentum*）、菜豆（*Phaseolus vulgaris*）、豇豆（*Vigna unguiculata*）、蚕豆（*Vicia faba*）、豌豆（*Pisum scatwum*）、甜瓜（*Cucumis melo*）、花椰菜（*Brassica oleracea* L. var. *botrytis*）、菠菜（*Spinacia oleracea*）、胡萝卜（*Daucus carota*）等。

ArMV 引起的最常见症状是叶片斑驳和脱落、植株矮化、严重畸型、耳突。症状随着寄主植物、病毒的分离物、栽培条件、季节和年份的不同而改变。有时候 ArMV 的侵染是隐症的，并不会在寄主植物上表现症状。

在鉴别寄主上产生的症状：

a) 昆诺藜（*Chenopodium quinoa*）和苋色藜（*C. amaranticolor*）接种叶上形成褪绿的局部斑点，然后形成系统性斑驳；

b) 黄瓜（*C. sativus*）：接种的子叶上产生褪绿的局部斑点，以及系统性脉带或黄色斑点；

c) 菜豆（*P. vulgaris*）：产生坏死的局部枯斑、系统性坏死和畸型；

d) 矮牵牛（*Petunia hybrida*）：产生局部坏死斑点或小的坏死环和系统性环斑，以及线状斑或明脉。

然而，并不是所有株系能够产生这些明显区别的症状，如啤酒花株系（ArMV-H）就不能产生这些明显的症状。另外，ArMV 经常与草莓潜隐环斑病毒（strawberry latent ringspot virus，SLRV）等病毒混合侵染，从而产生更加复杂的症状。因此，使用鉴别寄主进行鉴定时，还需结合其他方法，如 DAS-ELISA 等。

A.4 传播途径

ArMV 主要通过汁液摩擦接种，种苗传播也很普遍，也可通过介体线虫传播。

通过种子传播的寄主：莴苣（*L. sativa*）、松草莓（*F. ananassa*）、大豆（*G. max*）、甜菜（*B. vulgaris* var. *saccharifera*）、番茄（*L. esculentum*）等。

通过块茎传播的寄主：马铃薯（*S. tuberosm*）等。

通过鳞球茎传播的寄主：水仙（*N. tazetta*）、郁金香（*Tulipa gesneriana*）、百合（*Lilium brownii* var. *colchesteri*）等。

通过苗木传播的寄主：葡萄（*V. vinifera*）、草莓（*F. ananassa*）、啤酒花（*H. lupulus*）、香石竹（*D. caryophyllus*）、蔷薇（*R. multiflora*）等。

传播介体主要为异尾剑线虫（*Xiphinema diversicaudatum*）。

A.5 血清学特性

ArMV 具有很强的免疫原性，提纯的病毒免疫兔子后，可以制备出高质量的抗血清。ArMV 抗血清与烟草环斑病毒（tobacco ringspot virus，TRSV）、番茄环斑病毒（tomato ringspot virus，ToRSV）抗血清之间无交叉反应，与健康寄主和常见的自然寄主蛋白也无反应。

A.6 线虫传多面体病毒属区分种的标准

线虫传多面体病毒属区分种的标准是：

a) 外壳蛋白（Coat protein，CP）的氨基酸序列同源性小于 75%；
b) 聚合蛋白酶的氨基酸序列同源性小于 75%；
c) 在可能的成分间没有假重组；
d) 抗原反应有差异；
e) 不同的介体种类。

附 录 B
（规范性附录）
DAS-ELISA 检测操作步骤

B.1 DAS-ELISA 所采用的试剂

B.1.1 包被缓冲液（pH9.6）

碳酸钠（Na_2CO_3） 1.59 g

碳酸氢钠（$NaHCO_3$） 2.93 g

叠氮化钠（NaN_3） 0.20 g

加入 900 mL 蒸馏水溶解，用 HCl 调节 pH 值到 9.6，然后加水至 1 L。

B.1.2 磷酸盐缓冲液（PBS，pH7.4）

氯化钠（NaCl） 8.0 g

磷酸二氢钾（KH_2PO_4） 0.2 g

磷酸氢二钠（Na_2HPO_4） 1.15 g

氯化钾（KCl） 0.2 g

叠氮化钠（NaN_3） 0.2 g

加入 900 mL 蒸馏水溶解，用 NaOH 或 HCl 调节 pH 值到 7.4，然后加水至 1 L。

B.1.3 PBST

每升 PBS 中加入 0.5 mL 的 Tween-20。

B.1.4 样品提取缓冲液（pH7.4）

PBST＋2％ PVP（PVP-40 聚乙烯基吡咯烷酮）

B.1.5 酶标抗体稀释缓冲液

PBST＋2％ PVP＋0.2％卵白蛋白。

B.1.6 底物缓冲液

二乙醇胺 97 mL

蒸馏水 600 mL

叠氮化钠（NaN_3） 0.2 g

用 HCl 调整 pH 至 9.8，然后加 H_2O 到 1 L。

注：缓冲液可以储存在 4 ℃～10 ℃中至少 2 个月，使用前回温至室温。

B.2 操作步骤

B.2.1 包被

根据检测试剂盒说明，用包被缓冲液稀释 ArMV 抗体（如 1∶200），在微孔板中每孔加入 100 μL 包被抗体溶液。在室温下孵育2 h～4 h或4 ℃下包被过夜。

B.2.2 捕获抗原

倒去孔中的抗体包被溶液,用PBST洗4次～5次(可在洗板机上完成)。加入100 μL检测样品提取液到酶标板的孔中,每个样品至少2个重复。并设置阳性和阴性对照。在室温下孵育2 h或4 ℃下过夜。

B.2.3 加入酶标抗体

根据试剂盒说明,用酶标抗体缓冲液稀释相应的酶标抗体(如1∶200)。倒去孔中的检测样品提取液,用PBST洗4次～5次孔(可在洗板机上完成)。每孔加入100 μL酶标抗体溶液。在室温下孵育2 h。

B.2.4 加底物

用底物缓冲液把对硝基苯磷酸二钠盐(pNPP)配制1 mg/mL的底物溶液。倒去酶标抗体溶液,用PBST洗4次～5次或在洗板机上完成。每孔加入100 μL新鲜配制的底物溶液。室温下避光放置30 min～60 min,至阳性对照孔明显显色。

B.2.5 吸光值的测定

用酶标仪在405 nm处读取吸光值。

B.3 结果判定

通过酶标仪上405 nm的OD值来判定。

对照孔的OD_{405}值(缓冲液孔、阴性对照及阳性对照孔)应该在质量控制范围内,即:缓冲液孔和阴性对照孔的OD_{405}值<0.15,当阴性对照孔的OD_{405}值<0.05时,按0.05计算。阳性对照有明显的颜色反应;孔的重复性基本一致。在满足了该要求后,结果判断如下:

——样品OD_{405}值/阴性对照OD_{405}值明显>2,判为阳性;

——样品OD_{405}值/阴性对照OD_{405}值明显<2,判为阴性;

——样品OD_{405}值/阴性对照OD_{405}值在阈值附近,判为可疑样品,需重新做一次,或用其他方法加以验证。

附 录 C
（规范性附录）
RT-PCR 检测操作步骤

C.1 主要试剂

C.1.1 RNA 提取试剂

TRIzol reagent、三氯甲烷、异丙醇、70%乙醇。

C.1.2 反转录试剂

M-MLV 反转录酶(200 U/μL)、5×反应缓冲液(250 mmol/L Tris-HCl pH8.3 25 ℃、375 mmol/L KCl、15 mmol/L $MgCl_2$、50 mmol/L DTT)、dNTP 混合液(各 10 mmol/L)、RNase Inhibitor (40 U/μL)。

C.1.3 PCR 试剂

10×PCR 缓冲液(含 15 mmol/L 的 Mg^{2+})、*Taq* DNA 聚合酶、dNTP 混合液(各 10 mmol/L)。

C.2 引物序列

ArMV 的特异性引物及其序列见表 C.1，位于 RNA2 的 CP 基因上，预计扩增产物大小为 370 bp。引物可由有关生物公司合成和纯化。

表 C.1 RT-PCR 的引物和序列

引物名称	引物序列	在 D10086[a] 上的位置
ArM1	5'-TTGGCAGCGGATTGGGAGTT-3'	1 120～1 139
ArM2	5'-ATTGGTTCCAGTTGTTAGTGAC-3'	1 468～1 489
注：也可以采用 ArMV 其他特异性引物。		
[a] 在 GenBank 上的基因序列登录号。		

C.3 总 RNA 的提取

取 0.05 g～0.1 g 检测样品，加入 1 mL TRIzol reagent 充分研磨，室温放置 5 min；12 000 *g* 离心 5 min，取上清液到另一离心管中；加入三氯甲烷 200 μL，充分振荡 15 s，室温放置 3 min；12 000 *g*，4 ℃离心 15 min；取上层水相加入另一离心管中，加入 0.5 mL 异丙醇；12 000 *g*，4 ℃，离心 10 min，弃去上清液；加入 1 mL 70%乙醇洗涤；RNA 沉淀干燥后，加经过焦碳酸二乙酯(DEPC)处理的超纯水 40 μL 溶解即可。

注：本方法是根据 TRIzol reagent 方法提取总 RNA，在保证总 RNA 质量的情况下，也可以采用其他总 RNA 提取方法。

C.4 cDNA 合成

在 3 μL 的总 RNA 中加入 1 μL 的 ArM2 引物(10 μmol/L),于 95 ℃的水浴中 7 min,然后迅速冰浴 5 min。继续加入 5×RT 缓冲液 2.5 μL、dNTP 混合物(10 mmol/L)0.5 μL、M-MLV 反转录酶(200 U/μL)0.5 μL、RNasin 0.5 μL、经 DEPC 处理的 ddH_2O 4.5 μL。然后 37 ℃水浴 1 h,95 ℃水浴 10 min,自然冷却至室温,−20 ℃冰箱中保存。

C.5 PCR 扩增

以上述合成的 cDNA 为模板,进行 PCR 扩增。在 PCR 的薄壁管中分别加入以下试剂(25 μL 体系):10×PCR 缓冲液(含 20 mmol/L 的 Mg^{2+}) 2.5 μL、*Taq* DNA 聚合酶(2.5 U/μL)0.5 μL、dNTP 混合物(每种各含 10 mmol/L)0.5 μL、ArM1 引物(10 μmol/L)1.0 μL、ArM2 引物(10 μmol/L) 1.0 μL、cDNA 3.0 μL、ddH_2O 16.5 μL。

反应条件:94 ℃预变性 3 min,然后 94 ℃变性 30 s、56 ℃ 退火 30 s、72 ℃延伸 1 min,进行 35 个循环,最后一个循环结束后 72 ℃继续延伸 7 min。

C.6 琼脂糖凝胶电泳

RT-PCR 产物经 1.5%琼脂糖凝胶电泳分析。每个样品取 5 μL 的 RT-PCR 产物与 1 μL 的 6×上样缓冲液混合均匀,并加到置于 0.5×TBE 缓冲液的 1.5%琼脂糖凝胶孔中,然后在 120 V 下电泳。电泳结束后,放入装有 0.5 μg/μL 的溴化乙锭(EB)溶液的容器中染色,然后在清水中清洗后,在凝胶成像系统中观察,拍照,并保存照片。

C.7 结果判定

在阴性对照没有产生条带、阳性对照产生约 370 bp 的预期大小条带情况下,如果检测样品出现与阳性对照大小一致的条带,则判定为阳性;否则判定为阴性。

附　录　D
（规范性附录）
实时荧光 RT-PCR 方法

D.1　引物及探针序列

本方法的引物及探针序列见表 D.1，扩增区域在 ArMV 基因组 RNA2 的 CP 基因上，扩增长度 100 bp。其中 ArM3 为正向引物，ArM4 为反向引物，探针 5'-端标记报告荧光染料 6-carboxy fluorescent (FAM)，3'-端标记淬灭荧光染料 tetra-methylcar-boxyrhoda mine(TAMRA)。

注：探针也可以用其他荧光染料标记。

表 D.1　实时荧光 RT-PCR 的引物和探针序列

引物名称	引物序列	在 AM238665[a] 上的位置
ArM3	5'-CACTGTAGCCCTTGGAGATAATCCC-3'	22～45
ArM4	5'-GCCTTCCAGGTCCCACATTAACTTT-3'	98～121
ArM-Probe	5'-(FAM)CTCACATGATAGCTTGTCATGGACTCC(TAMRA)-3'	51～77
[a] 在 GenBank 上的基因序列登录号		

D.2　总 RNA 的提取

总 RNA 提取见 C.3。

D.3　实时荧光 RT-PCR 检测

反转录合成 cDNA 见 C.4，然后进行实时荧光 PCR 检测。在 25 μL 的反应体系中加入：12.5 μL 的 2×Premix Ex *Taq*，1.0 μL 引物 ArM3(10 μmol/L)，1.0 μL 引物 ArM4(10 μmol/L)，*Taq*man 探针 ArM-Probe(10 μmol/L) 0.5 μL，0.5 μL 的 Rox Reference Dye，3.0 μL 合成的 cDNA，超纯水 6.5 μL。使用实时数据采集模式，反应条件为：95 ℃预变性 10 min，然后 95 ℃ 15 s、60 ℃ 40 s 共 40 个循环。

注：也可采用其他公司的试剂盒，各种试剂的量根据具体情况进行调整。

D.4　结果判定

在阳性对照 Ct 值≤34，阴性对照和空白对照的 Ct 值≥40 前提下：

——如果检测样品的 Ct 值≤35 时，则判定为阳性；

——如果检测样品的 Ct 值≥40 时，则判定为阴性；

——如果 35＜Ct＜40 时，则应重新测试。重新测试后，如果仍然为 35＜Ct＜40，则判定为阳性。

ICS 65.020.01
B 16

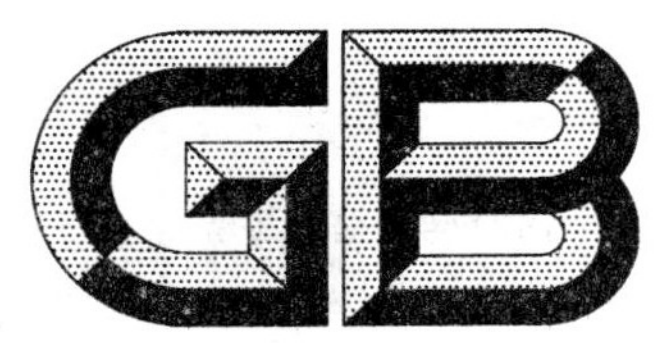

中华人民共和国国家标准

GB/T 28074—2011

苹果蠹蛾检疫鉴定方法

Detection and identification of *Cydia pomonella*(L.)

2011-12-30 发布　　2012-06-01 实施

中华人民共和国国家质量监督检验检疫总局
中国国家标准化管理委员会　发布

前　言

本标准按照GB/T 1.1—2009给出的规则起草。

本标准由全国植物检疫标准化技术委员会(SAC/TC 271)提出并归口。

本标准起草单位:中国检验检疫科学研究院、中华人民共和国新疆出入境检验检疫局、中华人民共和国广东出入境检验检疫局、中华人民共和国吉林出入境检验检疫局、中华人民共和国山西出入境检验检疫局、中华人民共和国北京出入境检验检疫局。

本标准主要起草人:陈乃中、张祥林、梁帆、曹逸霞、魏春艳、李惠萍、李建光、张伟、张俊华、马菲。

苹果蠹蛾检疫鉴定方法

1 范围

本标准明确了苹果蠹蛾 *Cydia pomonella*(L.)的取样、饲养、成虫生殖器解剖和鉴定等方法。

本标准适用于进出境植物检疫、国内植物检疫和大田防治工作中的苹果蠹蛾的取样、饲养和鉴定。

2 苹果蠹蛾基本信息

学名 *Cydia pomonella* (L.)。

异名 *Laspeyresia pomonella* L.。

俗名 codling moth。

属鳞翅目 Lepidoptera,卷蛾科 Tortricidae,新小卷蛾亚科 Olethreutinae,小食心虫族 Grapholitini,小卷蛾属 *Cydia*。

幼虫随果实传带是主要传播途径,老熟幼虫或蛹也可能随包装材料传带。

相关种类有苹果异形小卷蛾 *Cryptophlebia leucotreta*(Meyrick)、樱小卷蛾 *Cydia packardi*(Zeller)、苹小食心虫 *Cydia inopinata* Heinrich、李小食心虫 *Cydia funebrana*(Treitschke)和梨小食心虫 *Cydia molesta*(Busck)等。

苹果蠹蛾的其他信息参见附录 A。

3 方法原理

根据苹果蠹蛾的危害状,在检疫现场或发生苹果蠹蛾的果园肉眼观察寄主果实,取得幼虫或蛹虫样,饲养蛹获得成虫,解剖制作外生殖器标本,用显微镜观察,根据形态特征对种类进行判定。如果有可资鉴定的老熟幼虫,可根据老熟幼虫鉴定;如果仅发现蛹,则将蛹饲养出成虫再做鉴定;如果成虫前翅鳞片不够完整不能准确判断,则进行外生殖器解剖再做鉴定。

4 器材与试剂

70%酒精、体视显微镜、手持放大镜、昆虫针、解剖刀、解剖针、载玻片、盖玻片、塑料盒(管)、细沙、小毛笔、玻璃纸、展翅板、10%氢氧化钠、酒精、二甲苯、加拿大胶、乙醚、氰化钾毒瓶、控温控湿培养箱。

5 检测与饲养

5.1 果实表面检查

肉眼观察或用手持放大镜观察寄主果实表皮有无细小突起伤疤、虫孔、虫粪或流胶。

5.2 剖果检查

将疑似被害果实,用解剖刀将果实剖开,检查果实内是否有幼虫(见附录 B)。如发现疑似幼虫,用70%酒精浸泡,带回实验室。

5.3 包装材料检查

在检疫现场，检查包装材料上有无老熟幼虫或蛹。如发现疑似幼虫，用70%酒精浸泡，如发现蛹，可用指形管盛装，带回实验室。

5.4 蛹的培养

将蛹置于有透气孔的塑料盒（管）内的湿细沙表层中，将塑料盒（管）置于养虫箱内，以25 ℃～30 ℃、相对湿度为65%的条件饲养至成虫羽化。在容器内投入滴有乙醚的棉球将蛾晕倒，将蛾取出置于氰化钾毒瓶内，使之真正死亡。然后针插，使用小毛笔和玻璃纸展翅制成针插标本，供鉴定。

6 标本的制作准备

6.1 成虫针插标本

针插成虫标本，供鉴定。

6.2 成虫外生殖器玻片标本

将成虫腹部取下，浸泡在10%氢氧化钠水溶液中，煮沸5 min，取出解剖，去掉与外生殖器无关的体壁、肌肉、内脏等，再放到75%、85%、95%和100%酒精中各10 min，最后置于二甲苯中透明，整形，再放到载片上，滴加拿大胶，盖片风干，加贴标签。

7 实验室鉴定

用体视显微镜观察将幼虫标本，用手持放大镜或体视显微镜观察成虫标本，或用显微镜观察成虫外生殖器玻片标本，判断是否符合以下形态特征（见附录B、附录C和附录D）。

7.1 成虫

7.1.1 概貌

体长8 mm，翅展19 mm～20 mm，体灰褐色而带紫色光泽。雄蛾色深、雌蛾色浅。

7.1.2 头部

复眼深棕褐色。头部具有发达的灰白色鳞片丛；下唇须向上弯曲，第2节最长，末节着生于第2节末端的下方。

7.1.3 翅

前翅翅基部淡褐色；外缘突出略呈三角形，在此区内杂有较深的斜行波状纹；翅的中部颜色最浅，也杂有波状纹。臀角处的肛上纹呈深褐色，椭圆形，有3条青铜色条斑，其间显出4条～5条褐色横纹，这是本种外形上的显著特征。雄蛾前翅腹面中室后缘有一黑褐色条斑，雌蛾无。后翅深褐色，基部较淡。

7.1.4 外生殖器

7.1.4.1 雄

抱器瓣在中间有明显颈部；抱器腹在中部有明显凹陷，其外侧有一指状尖突；抱器端圆形，具有许多长毛；阳茎短粗，基部稍弯；阳茎针6枚～8枚，分两行排列。

7.1.4.2 雌

产卵瓣内侧平直，外侧弧形；交配孔宽扁；后阴片圆大；囊导管短粗，在近口处强烈几丁质化，扩大呈半圆；囊突两枚，牛角状。

7.2 卵

椭圆形，扁平，中央略隆起；初产时半透明，后期卵上可见一圈红色斑纹，卵壳上有很细的皱纹。

7.3 幼虫

老熟幼虫体长 14 mm～18 mm。幼龄幼虫淡黄白色，渐长呈淡红色。头部黄褐色，两侧有较规则的褐色斑纹。前胸气门前毛片上有 3 根毛(L 毛)。胸足跗爪背侧刚毛短于跗爪。腹部第 8 节与 9 节每侧 SV 毛数量通常为 2∶1，第 9 节 L 毛 3 根，第 3 根通常着生在单独的毛片上。腹足趾钩单序(几乎同一长度)环状，外侧通常有缺口。肛上板较前胸背板浅，上面有淡褐色斑点，无臀栉(肛上板腹面梳齿状骨化刺)。

苹果蠹蛾及其重要近缘种幼虫的鉴别见附录 D。

7.4 蛹

长 7 mm～10 mm，黄褐色。通常雌大于雄。雌腹 3 节可活动，而雄 4 节可动。第 2～7 腹节背面各有两排整齐的刺，前排粗大，后排细小，第 8～10 腹节背面则各有 1 排刺。腹末有臀栉。

8 结果判定

以老熟幼虫或成虫形态特征为依据，符合上述 7.1.3 或 7.1.4.1 或 7.1.4.2 或 7.3 者可判定为苹果蠹蛾。

9 样本保存

鉴定后的标本要永久保存，并加注明时间、地点、寄主、采集人等信息的标签。幼虫可保存在 70% 的酒精中。

附 录 A
(资料性附录)
苹果蠹蛾其他信息

A.1 主要寄主

苹果、榅桲、杏、李、桃、梨等。

A.2 生物学

雌蛾多产卵在果树上层的果实和叶片上。幼虫孵出后,从果萼、果胴、果蒂等部位蛀入果内,取食果肉和种子。幼虫共5龄。幼虫老熟后,往往近直线钻出脱果,在树干皮下、裂缝处或地上隐蔽物内或土中结茧化蛹。以末代老熟幼虫在树干皮下、裂缝处等处越冬,翌年春季化蛹、羽化。被害寄主果实可见细小突起伤疤或虫孔,有时虫孔处还可见虫粪或流胶。

A.3 地理分布

目前已广泛分布于全球各大洲寒温带地区,仅我国北方大部分省区还没有发现,具体分布地区:

欧洲:阿尔巴尼亚、奥地利、白俄罗斯、比利时、保加利亚、塞浦路斯、捷克、斯洛伐克、丹麦、爱沙尼亚、芬兰、法国(包括科西嘉岛)、德国、希腊、匈牙利、爱尔兰、意大利(包括撒丁岛、西西里岛)、拉脱维亚、立陶宛、马耳他、摩尔多瓦、荷兰、挪威、波兰、葡萄牙(包括亚逊尔群岛、马德拉群岛)、罗马尼亚、俄罗斯联邦(俄罗斯欧洲部分、俄罗斯远东、西伯利亚)、塞黑、斯洛伐克、西班牙(包括加那利群岛)、瑞典、瑞士、乌克兰、英国(英格兰和威尔士、北爱尔兰、苏格兰)。

亚洲:阿富汗、亚美尼亚、阿塞拜疆、乔治亚共和国、印度(喜马偕尔邦、克什米尔、北方邦)、伊朗、伊拉克、以色列、约旦、哈萨克斯坦、吉尔吉斯斯坦、黎巴嫩、巴基斯坦、叙利亚、塔吉克斯坦、土耳其、土库曼斯坦、乌兹别克斯坦等地。中国新疆、甘肃等局部地区也已有发生。

非洲:阿尔及利亚、埃及、利比亚、毛里求斯、摩洛哥、南非、突尼斯。

北美洲:美国(加利福尼亚、伊利诺斯、印第安那、爱荷华、马萨诸塞、密歇根、密苏里、纽约、北卡罗莱那、俄亥俄、俄勒冈、宾夕法尼亚、犹他、维吉尼亚、华盛顿、西维吉尼亚、威斯康星)、加拿大(大不列颠哥伦比亚、新不伦瑞克、新斯科舍、安大略、爱德华王子岛、魁北克)、墨西哥。

南美洲:阿根廷、玻利维亚、巴西(巴拉那、南里奥格兰德、圣卡塔琳娜)、智利、哥伦比亚、秘鲁、乌拉圭。

大洋洲:澳大利亚(新南威尔士、昆士兰、南澳、塔斯马尼亚、维多利亚、西澳)、新西兰。

附 录 B
（规范性附录）
苹果蠹蛾图

图 B.1 苹果蠹蛾成虫

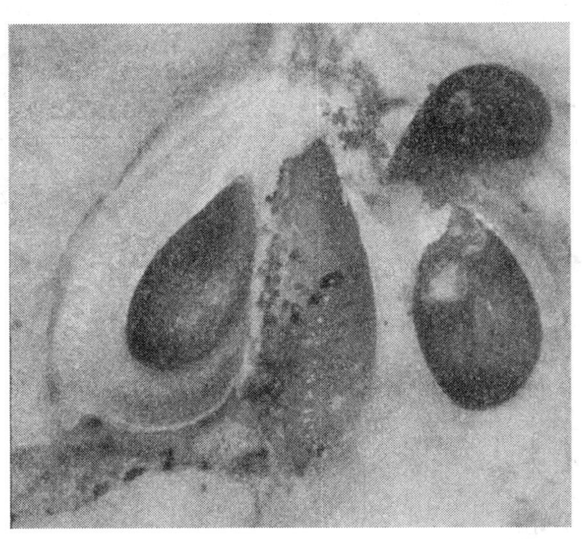

图 B.2 苹果蠹蛾幼虫及苹果果实种子被害状

附 录 C
（规范性附录）
重要形态特征示意图

C.1 卷蛾科及苹果蠹蛾成虫重要形态特征

卷蛾科及苹果蠹蛾成虫重要形态特征示意图见图C.1。

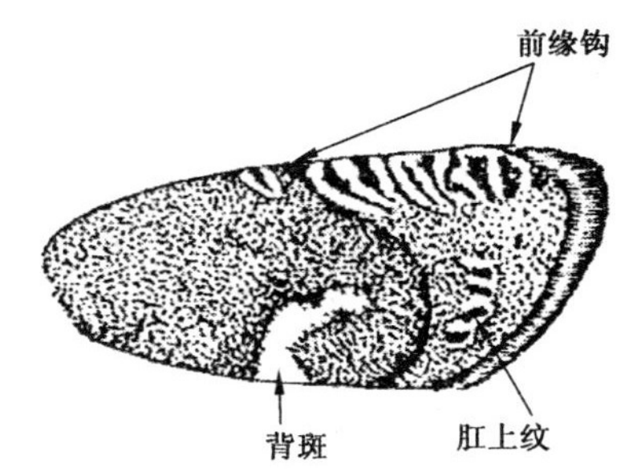

a） 小食心虫族前翅斑纹示意图（引自刘友樵）

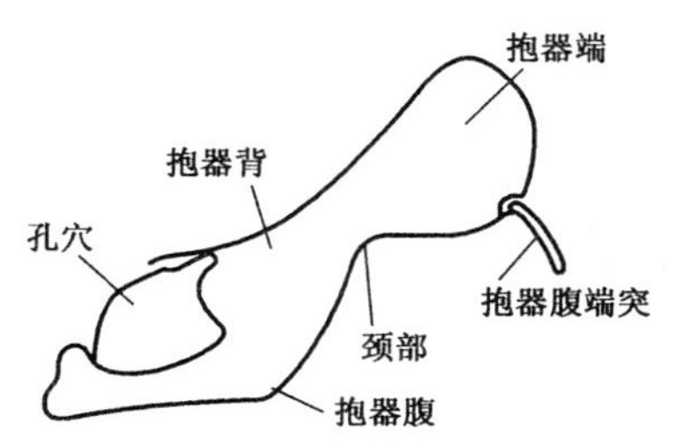

b） 新小卷蛾亚科雄抱器瓣（引自刘友樵）

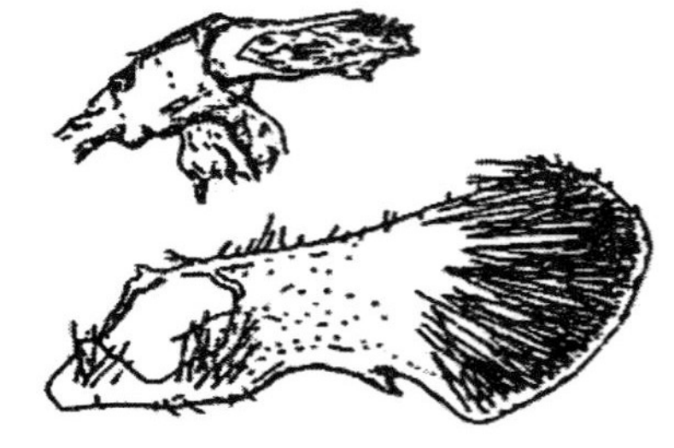

c） 苹果蠹蛾雄外生殖器的阳茎（上）和抱器（仿前苏联）

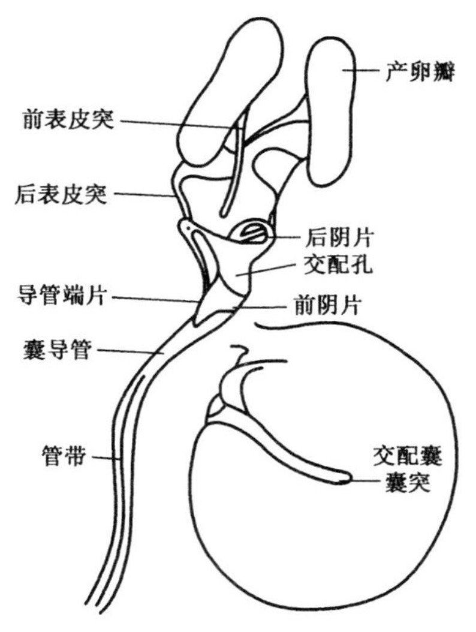

d） 雌外生殖示意器（引自刘友樵）

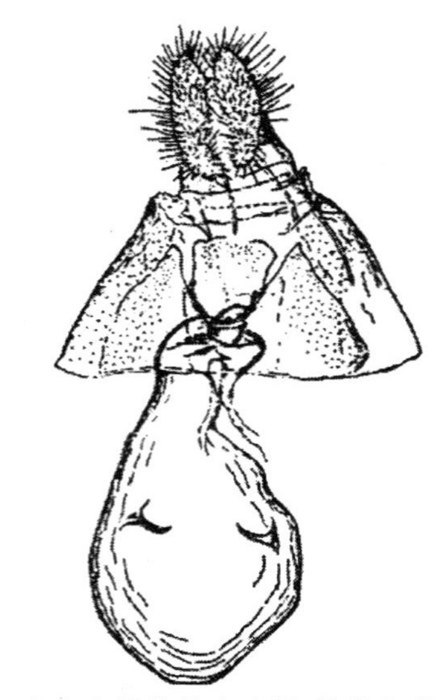

e） 苹果蠹蛾雌外生殖器（仿前苏联）

图C.1 卷蛾科及苹果蠹蛾成虫重要形态特征示意图

C.2 苹果蠹蛾幼虫毛序

苹果蠹蛾幼虫部分胸腹节毛序见图 C.2。

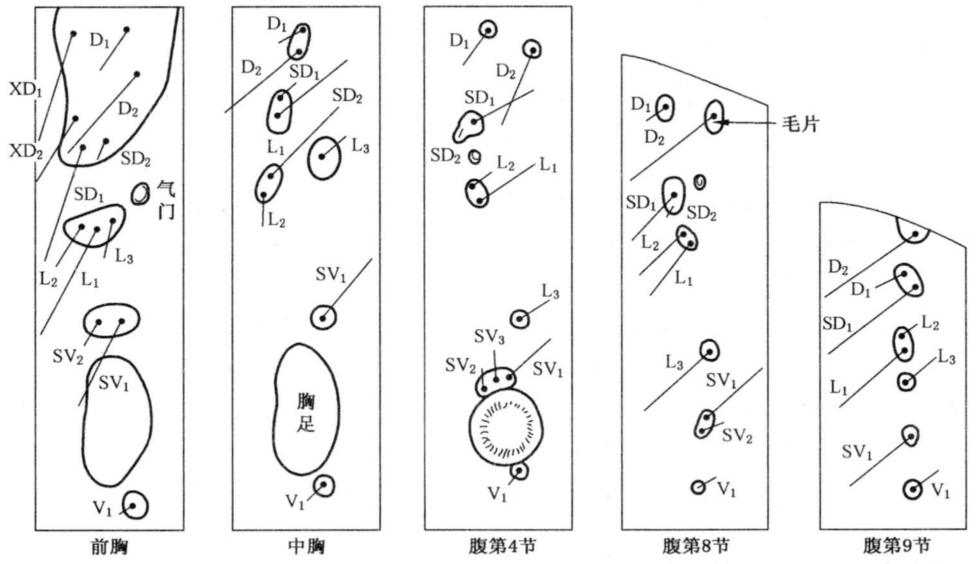

XD——前背毛；

D——背毛；

SD——亚背毛；

L——侧毛；

SV——亚腹毛；

V——腹毛。

图 C.2 苹果蠹蛾幼虫部分胸腹节毛序(引自田中健治)

附 录 D
（规范性附录）
苹果蠹蛾及重要近缘种幼虫鉴别检索表

1 无臀栉；刚毛基部有毛片；头部黄褐色，两侧有较规则的褐色斑纹；胸足跗爪背侧刚毛短于跗爪；腹部第8节与9节每侧SV毛数量通常为2∶1；第9节L毛3根，第3根通常着生在单独的毛片上；腹足趾钩单序环状，外侧有缺口；肛上板较前胸背板浅，上面有淡褐色斑点 ………………………………………………………………………………………… 苹果蠹蛾 *Cydia pomonella*（L.）

有臀栉；腹第9节每侧1根 D_1 毛和1根 SD_1 毛在同一毛片上，SV毛通常每侧1根；肛上板外侧成对刚毛明显长于内侧成对刚毛 ………………………………………………………………………… 2

2 腹足趾钩为单序或双序；前胸气门前毛片不向后延伸到气门下……………………………………… 3

腹足趾钩为三序；前胸气门前毛片向后延伸到气门下；头顶中央锐角状下凹……………………………………………………………………………… 苹果异形小卷蛾 *Cryptophlebia leucotreta*（Meyrick）

3 第9节背中央毛片（D_2 毛片）与两侧毛片（D_1 毛和 SD_1 毛共有毛片）相连或靠近 …………………… 4

第9节背中央毛片与两侧毛片有一定距离，不靠近……………………………………………………… 5

4 腹部刚毛毛片颜色与体表颜色接近；胸足跗爪与背侧刚毛均粗短；腹节背面肌肉附着点亮斑不明显；腹足趾钩为单序环 ………………………………………… 苹小食心虫 *Cydia inopinata* Heinrich

腹部刚毛毛片颜色明显深于体表颜色；胸足跗爪与背侧刚毛比较细长；腹节背面肌肉附着点亮斑明显 ………………………………………………………………… 樱小卷蛾 *Cydia packardi*（Zeller）

5 腹足趾钩为单序环；腹节背面肌肉附着点亮斑通常2对……… 梨小食心虫 *Cydia molesta*（Busck）

腹足趾钩为双序环；腹节背面肌肉附着点亮斑通常1对 ……………………………………………………………………………… 李小食心虫 *Cydia funebrana*（Treitschke）

ICS 65.020.01
B 16

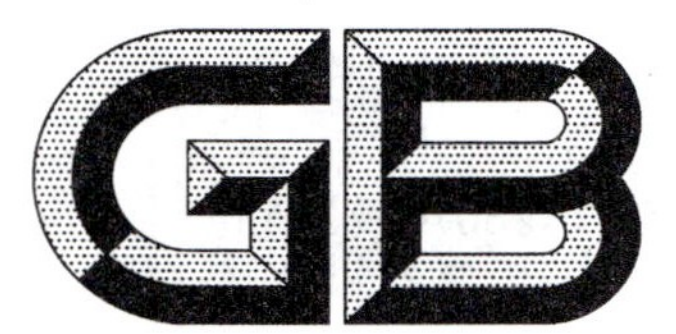

中华人民共和国国家标准

GB/T 28075—2011

萨氏假单胞杆菌菜豆生致病型检疫鉴定方法

Detection and identification of *Pseudomonas savastanoi* pv. *phaseolicola*(Burkholder) Gardan et al.

2011-12-30 发布 2012-06-01 实施

中华人民共和国国家质量监督检验检疫总局
中国国家标准化管理委员会 发布

前　言

本标准按照 GB/T 1.1—2009 给出的规则起草。

本标准使用重新起草法参考国际种子检验协会(International Seed Testing Association,ISTA)的 Seed Health Testing Methods 第 7-023 号标准《豌豆中萨氏假单胞杆菌菜豆生致病型的检测》编制,与 7-023:2008 标准的一致性程度为非等效。

本标准由全国植物检疫标准化技术委员会(SAC/TC 271)提出并归口。

本标准起草单位:中华人民共和国厦门出入境检验检疫局、中华人民共和国上海出入境检验检疫局。

本标准主要起草人:林石明、陈青、黄蓬英、易建平、廖富荣、吴媛、陈红运、王宏毅。

萨氏假单胞杆菌菜豆生致病型检疫鉴定方法

1 范围

本标准规定了萨氏假单胞杆菌菜豆生致病型的生物学、血清学和分子生物学的检测鉴定方法。

本标准适用于植物种子、苗木等繁殖材料及其产品中萨氏假单胞杆菌菜豆生致病型的检测与鉴定。

2 萨氏假单胞杆菌菜豆生致病型基本信息

中文名：萨氏假单胞杆菌菜豆生致病型（菜豆晕疫病菌）。

学名：*Pseudomonas savastanoi* pv. *phaseolicola*（Burkholder，1926）Gardan，Bollet，Abu Ghorrah，Grimont & Grimont，1992。

病害英文名：halo blight of bean

同物异名：*Bacterium medicaginis* var. *phaseolicola*(Burkholder)Link & Hull,1927

Bacterium puerariae Hedges,1927

Phytomonas medicaginis(Sackett)var. *phaseolicola* Burkholder,1926

Phytomonas puerariae(Hedges)Bergey et al. ,1930

Pseudomonas medicaginis var. *phaseolicola*(Burkholder)Stapp & Kotte,1929

Pseudomonas medicaginis f. sp. *phaseolicola*(Burkholder)Dowson,1957

Pseudomonas medicaginis Burkholder,1926

Pseudomonas phaseolicola(Burkholder)Dowson,1943

Pseudomonas syringae pv. *phaseolicola*(Burkholder)Young,Dye & Wilkie,1978

Xanthomonas medicaginis var. phaseolicola(Burkholder)Elliot,1951

属原核生物界 Procaryotes、变形细菌门 Proteobacteria、γ-变形细菌纲 Gammaproteobacteria、假单胞杆菌目 Pseudomonadales、假单胞杆菌科 Pseudomonadaceae、假单胞杆菌属 *Pseudomonas*。

萨氏假单胞杆菌菜豆生致病型的其他信息参见附录 A。

3 方法原理

依据病菌在培养基上生长的菌落形态、碳源的利用情况、基于抗原抗体反应的双抗夹心酶联免疫吸附测定(DAS-ELISA)、基于体外 DNA 合成技术的聚合酶链式反应(PCR)以及病菌接种后的致病特征等进行检测鉴定。

4 主要试剂

本标准的检测鉴定方法主要使用以下试剂：

蛋白胨、氯化钠、硫酸镁、磷酸氢二钾、蔗糖、酪胺酸、甘油、硼酸、头孢氨苄、万古霉素、溴酚蓝、放线（菌）酮或制霉菌素、三氯甲烷、异戊醇、异丙醇、Tris-盐酸、EDTA、SDS（十二烷基硫酸钠）、CTAB（十六烷基三甲基溴化胺）、溴化乙锭等 PCR 相关试剂。

5 主要仪器

本标准的检测鉴定方法主要使用以下仪器设备：超净工作台、高压灭菌锅、显微镜、培养箱、电子天平、离心机、PCR仪、电泳仪、凝胶成像系统、BIOLOG微生物鉴定仪、酶标仪。

6 病菌分离

6.1 种子样品的制备

检查种子表面的为害状与异常情况，感病豆荚的种子可能皱缩，种皮有奶黄色的斑块。每份检测样品至少检测2 000粒种子。根据检测种子样品的质量(g)，按照1∶1.5(质量∶体积)的比例，在样品种子中加入无菌蒸馏水，如500 g种子则加入750 mL；于4 ℃～5 ℃下静置12 h～18 h。取种子浸出液10 mL，用15 550*g*离心5 min，用蒸馏水分2次(每次1 mL)洗下沉淀物，制成种子浸出液。

6.2 种子中病菌的分离培养

取100 μL的种子浸出液涂布于MT和(或)MSP培养基平板(培养基的配制见附录B)。每个处理至少3个～5个重复，无菌水作为空白对照。

在27 ℃±2 ℃下培养，3 d后开始观察。发现可疑菌落(菌落形态特征见6.4)，将菌落转移至KB平板上培养1 d～2 d(培养基的配制见附录B)，纯化3次后进行生化鉴定、或DAS-ELISA、或PCR等方法鉴定。

6.3 植物组织中病菌的分离培养

仔细检查症状(参见图A.7)，用无菌刀片将感染组织切成细的切块，加一滴无菌水置于载玻片上，然后盖上盖玻片在显微镜下观察细菌的菌脓。如有，直接蘸取菌脓，或将菌脓转移入1 mL无菌水中，在MT和(或)MSP平板上划线分离(培养基的配制见附录B)。

选择新鲜症状的叶片、豆荚等组织，切取病斑前沿部分2 mm～7 mm的组织，用70%酒精表面消毒15 s，无菌水洗2次～3次，在MT和(或)MSP平板上培养。

在27 ℃±2 ℃下培养，3 d后开始观察。发现可疑菌落(菌落形态特征见6.4)，将菌落转移至KB平板上培养1 d～2 d(培养基的配制见附录B)，纯化3次后进行生化鉴定、或DAS-ELISA、或PCR等方法鉴定。

6.4 菌落形态特征

可疑菌落在KB培养基上划区培养至少20个菌落，在28 ℃下培养24 h～48 h，观察有无荧光色素产生，并进行革兰氏染色及鞭毛染色。菌落在以下培养基上产生如下特征，可以确定可疑菌落。

在MSP培养基上：Psph菌落圆形、隆起、球形、发亮、淡黄色、中央略浅。3 d后，菌落边缘的培养基变成淡黄色(参见图A.6)。

在MT培养基上：Psph菌落奶油状、乳白色、扁平、圆形、直径4.5 mm～5.0 mm；在紫外光下，多数菌落产生淡蓝色的荧光(参见图A.7)。

在KB培养基上：Psph的菌落扁平、乳白色和奶油状；3 d后，产生蓝绿色荧光。

丁香假单胞杆菌丁香致病型(*Pseonomonas syringae* pv. *syringae*)的一些菌株与Psph一样，在MSP培养基上培养3 d后，菌落边缘的培养基也变成淡黄色。但是，Psph的菌落边缘不整齐。

7 病菌鉴定

7.1 生化鉴定

采用 BIOLOG 微生物鉴定仪对可疑菌落进行生化鉴定。

7.2 DAS-ELISA 方法

将可疑菌落配制成 10^4 CFU/mL 悬浮液,取 100 μL 悬浮液作为检测样品。每个检测样品重复一次。用已知菌株作阳性对照,用缓冲液作空白对照。

具体操作步骤见附录 C。

7.3 PCR 方法

将可疑菌落制备成 10^8 CFU/mL 的细菌悬浮液,进行 PCR 扩增。或者把可疑菌落转到 NB 培养基中(培养基配制见附录 B),在 25 ℃±2 ℃下振荡培养过夜,离心后提取沉淀的 DNA,进行 PCR 扩增。用已知菌株作阳性对照,用无菌水作空白对照。

具体操作步骤见附录 D。

7.4 致病性测试

7.4.1 概述

如果生化鉴定、或 DAS-ELISA、或 PCR 方法中一种或一种以上方法的检测结果产生阳性,则进行致病性测试以确认鉴定结果。致病性测定采用以下针刺接种法或浸泡接种法。

7.4.2 针刺接种

用牙签或解剖针蘸取在 KB 培养基上有蓝绿荧光的纯化菌落,在弯颈期的小苗上刺伤接种子叶的近胚轴面。用无菌水接种叶片作空白对照。最少接种 10 个菌落,每个可疑的菌落接种 10 株以上小苗,每株接种至少 2 个接种点。每次接种前,牙签或解剖针都要消毒。

接种 4 d～5 d 后,子叶内部可以见到典型的"油脂"状斑点。如果 8 d～10 d 后没有出现症状,则可判定为非致病菌。

7.4.3 浸泡接种

将感病品种的种子播种在苗床或吸水纸上,保湿,25 ℃黑暗条件下培养 2 d。

可疑菌落在 KB 上培养 1 d～2 d 后,用无菌水配制成 10^8 CFU/mL 的悬浮液。

用解剖针挑开已充分吸水种子的子叶和种皮,在悬浮液中浸泡 10 min～15 min。每个可疑菌落接种 10 粒以上种子。设无菌水作空白对照。将浸泡后的种子种植在无菌的土壤中,20 ℃下高湿培养 5 d～7 d。

种子萌发后,在子叶上出现"油脂状"的斑点,第一真叶也可能出现症状。如果 8 d～10 d 后没有出现症状,则可判定为非致病菌。

8 结果判定与检测报告

8.1 结果判定

8.1.1 未分离到可疑菌落

如果经 MT 或 MSP 培养基分离培养,7 d 后仍未产生可疑菌落,则未检出萨氏假单胞杆菌菜豆生致病型。

8.1.2 分离到可疑菌落

分离培养后的可疑菌落，应经生化鉴定、或 DAS-ELISA 或 PCR 方法检测，并通过致病性测试的确认：

——如果生化鉴定、或 DAS-ELISA、或 PCR 检测中一种或一种以上方法的结果为阳性，致病性测试也产生典型症状，则判定为阳性，检出萨氏假单胞杆菌菜豆生致病型；

——如果生化鉴定、或 DAS-ELISA、或 PCR 的结果为阴性，则判定为阴性，未检出萨氏假单胞杆菌菜豆生致病型；

——如果生化鉴定、或 DAS-ELISA、或 PCR 检测中一种或一种以上方法的结果为阳性，但致病性测试为阴性，则应重新进行致病性测试。致病性重新测试后，如果仍然未产生典型症状，则判定为未检出萨氏假单胞杆菌菜豆生致病型。

8.2 检测报告

检测报告应包含所采用的检测方法所产生的数据，包括 DAS-ELISA 检测结果的吸光值数据报告、菌落形态特征照片，PCR 检测的电泳图片或致病性测试结果的照片等。

附 录 A
(资料性附录)
萨氏假单胞杆菌菜豆生致病型相关资料

A.1 检疫重要性

属2007年公布并实施的《中华人民共和国进境植物检疫性有害生物名录》。

A.2 地理分布

非洲:埃及、马达加斯加、尼日利亚、南非等。

美洲:阿根廷、巴巴多斯、百慕大、巴西、加拿大、哥伦比亚、多米尼加、古巴、格林纳达、牙买加、墨西哥、波多黎各、圣文森特、美国、乌拉圭、委内瑞拉等。

亚洲:缅甸、柬埔寨、菲律宾、韩国、日本、印度尼西亚、以色列、文莱、黎巴嫩、马来西亚、尼泊尔、斯里兰卡、印度等。

欧洲:保加利亚、英国、芬兰、法国、德国、希腊、荷兰、匈牙利、意大利、摩洛哥、葡萄牙、罗马尼亚、土耳其、俄罗斯、西班牙、前南斯拉夫、瑞士等。

大洋洲:澳大利亚、新西兰、西萨摩亚等。

A.3 寄主植物

菜豆(*Phaseolus vulgaris*)、大豆(*Glycine max*)、多花菜豆(*P. multiflorus*)、豌豆(*Pisum sativum*)、绿豆(*Vigna radiate*)、豇豆(*V. unguiculata*)、扁豆(*Dolichos lablab*)、赤豆(*Phaseolus angus-laris*)、木豆(*Cajanus cajan*)、野葛(*Pueraria thunbergiana*)和桑橙(*Maclura pomifera*)等。

A.4 传播途径

病菌附着在种子表面,多在种皮的外表和里面,严重为害时才侵入子叶,但不会侵入胚乳。种子带菌率一般在1%～10%之间,一般的商业用种子带菌率为1%以下。

病菌可通过种子进行远距离传播。田间可通过风吹雨溅,洒水灌溉传播,但沟灌或畦灌不会传播。冬季在土壤或菜豆植株残体上不能存活,但在于野葛的溃疡病斑上能越冬。

A.5 症状特征

该病菌可通过气孔侵入,引起系统侵染,叶、茎、荚和种子等部位均可发病。病菌产生毒素导致黄色褪绿晕圈,毒素可以转移到无病斑的叶片上,产生类似病毒病的中脉褪绿、花叶和畸形等症状。潮湿时叶、茎和荚等部位的病斑上常有黄色粉状物。晕疫病的症状随温度等变化而异,一般在16 ℃～20 ℃时才会有晕圈产生。大雨和低温有助于晕疫病的发生和蔓延,而温暖气候有利于细菌性萎蔫病的发生。

在叶片上,初期在叶的两面产生水渍状小斑点,扩大后成不规则形,深褐色,边缘有黄色晕圈,干燥时似羊皮纸,半透明,质脆易破裂,最后全叶干枯,严重时似火烧状;病斑周围具黄色褪绿晕圈,后期的叶片坏死,畸形。

叶片症状见图 A.1～图 A.3。

在茎秆上，病斑为水渍状，红褐色，稍凹陷，长条形，后开裂，有时渗出细菌菌脓，引起茎的环状剥皮或萎蔫。

在豆荚上，病斑（见图 A.4）通常表现为类似脂点的暗绿色斑点，凹陷，近圆形或不规则形；豆荚中的种子皱缩（见图 A.5），有浅褐色凹陷的小斑，种皮偶有奶黄色的斑块等症状。

在种子上，严重感染的干燥种子会变色，纵向皱缩或具外缘整齐、稠密的黄色斑。在紫外灯（350 nm～450 nm）下观察，产生白色荧光的表明被感染。多数种子没有明显症状。

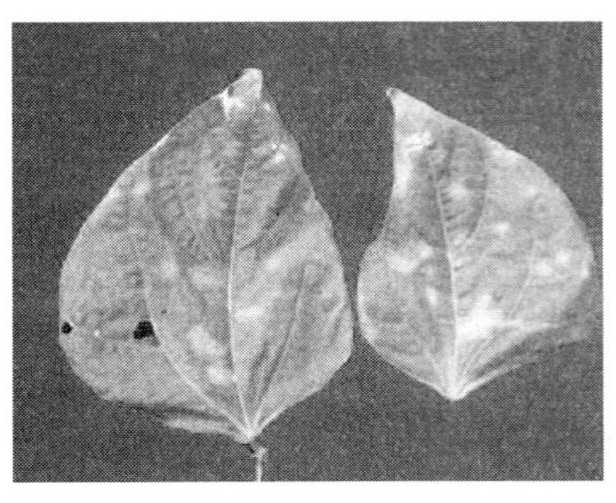

图 A.1　菜豆叶片上的早期症状

图 A.2　菜豆叶片上的症状

图 A.3　绿豆叶片上的后期症状

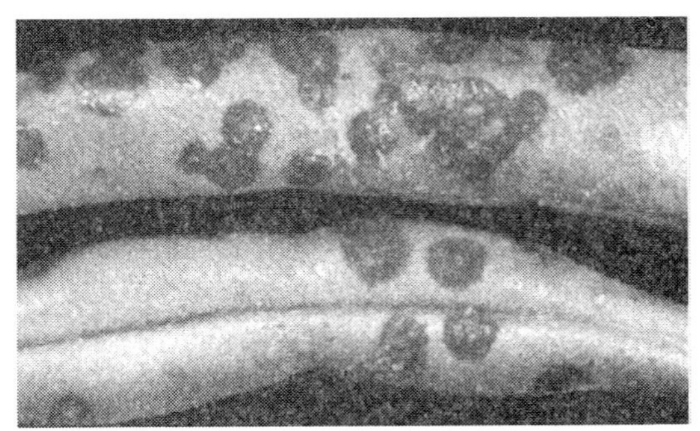

图 A.4　豆荚上的暗绿色斑点

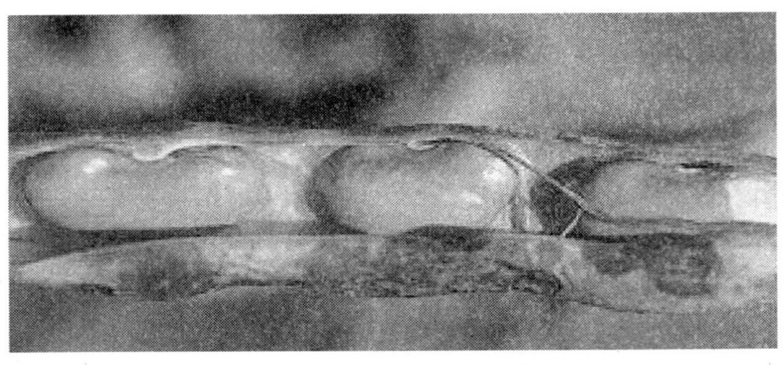

图 A.5　豆荚皱缩症状

A.6 菌落培养特征

该病菌在不同的培养基上产生不同的特征，在 MSP 培养基上的菌落特征参见图 A.6，在 MT 培养基上的菌落特征参见图 A.7。

注：图片引自 ISTA(2006)。

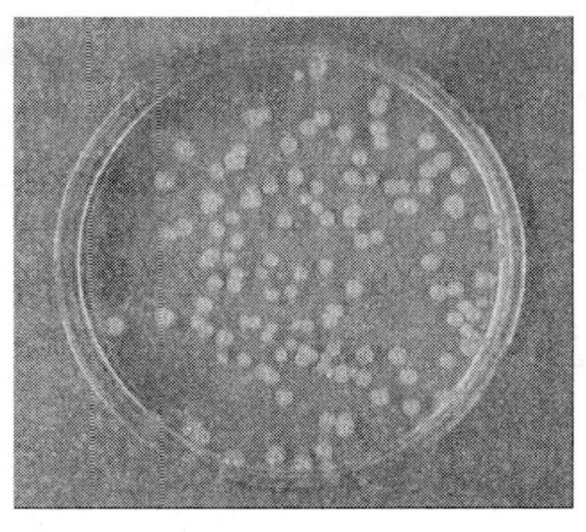

图 A.6 在 MSP 培养基上的菌落

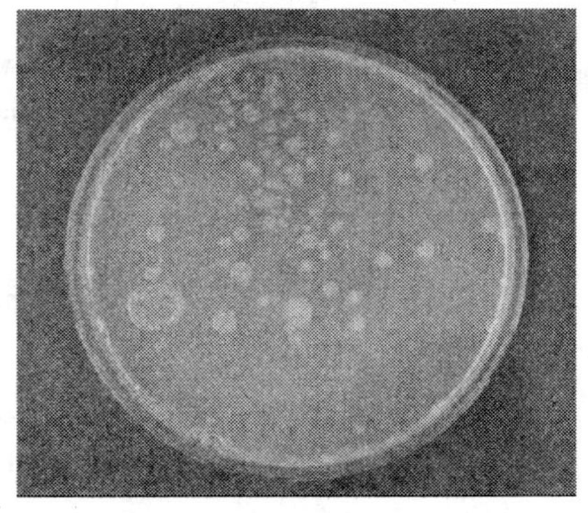

图 A.7 在 MT 培养基上的菌落

附 录 B
（规范性附录）
培养基的配制

B.1 生理盐水

将 8.5 g 氯化钠溶解于 1 000 mL 蒸馏水中，121 ℃湿热灭菌 15 min；加入 0.2 mL 吐温-20。

B.2 NB 培养基（Nutrient Broth）

蛋白胨 5.0 g，牛肉浸膏 3.0 g，蒸馏水 1 000 mL，121 ℃湿热灭菌 15 min。

B.3 KB 培养基（改良 KB 培养基，King，et al.，1954）

称取以下试剂：3 号胨蛋白胨 20.0 g，磷酸氢二钾（K_2HPO_4）1.5 g，硫酸镁（$MgSO_4 \cdot 7H_2O$）1.5 g，甘油 15.0 mL，琼脂 15.0 g，倒入 1 L 的烧杯中，加 1 000 mL 的蒸馏水，搅拌溶解。

在 121 ℃下湿热灭菌 15 min；冷却至 45 ℃～50 ℃后，加入头孢氨苄（Cephalexin） 50 mg（溶解于 75％的酒精中，配制成 25×10^{-6}浓度）。

把培养基缓慢地倒入培养皿内（每个直径 9 cm 的培养皿 20 mL），避免产生气泡。

培养基在超净工作台凝固后直接使用，或者反扣过来装入塑料袋中，在 4 ℃下保存。最长的保存时间是 2 周～3 周，否则抗生素会失效。

B.4 MT 培养基（牛奶土温琼脂培养基，Goszczynska & Serfontein，1998）

称取所有的 A 原液（见表 B.1）倒入适宜的容器内，加 500 mL 蒸馏水；将脱脂奶粉倒入 500 mL 水中溶解；准备 10 mL 的吐温-80；将 A、B、C 原液分别在 121 ℃下灭菌消毒 15 min；在无菌的条件下，将 B、C 原液（见表 B.1）加入 A 溶液中；待冷却到 45 ℃～50 ℃时才加入抗生素（见表 B.1）；缓慢地倒入培养皿内（每个直径 9 cm 的培养皿 20 mL），避免产生气泡。

表 B.1 MT 培养基配方

原液	成 分	比例 mL 或 g/L
A	3 号胨蛋白胨	10.0 g
	氯化钙	0.25 g
	酪胺酸	0.5 g
	琼脂	15.0 g
	蒸馏水	500 mL
B	脱脂奶粉	10.0 g
	蒸馏水	500 mL

表 B.1（续）

原液	成　分	比例 mL 或 g/L
C	吐温-80(10%)	10.0 mL
D	放线(菌)酮(cycloheximide)或 40×10^{-6} 的制霉菌素	200 mg
	头孢氨苄(cephalexin)	80.0 mg
	万古霉素(vancomycin)	10.0 mg

在超净工作台凝固后直接使用，或者反扣过来装入塑料袋中，在 4 ℃下保存。最长的保存时间是 2 周～3 周，否则抗生素会失效。

B.5 MSP 培养基(改良的蔗糖蛋白胨琼脂培养基，Mohan & Schaad，1987)

称取所有的 A 原液(见表 B.2)倒入适宜的容器内，加 1 000 mL 蒸馏水将试剂溶解；在 121 ℃下灭菌消毒 15 min；将培养基冷却到 45 ℃～50 ℃时加入抗生素(见表 B.2)；缓慢地倒入培养皿内(每个直径 9 cm 的培养皿 20 mL)，避免产生气泡。

表 B.2 MSP 培养基配方

原液	成　分	比例 mL 或 g/L
A	蔗糖	20.0 g
	3 号朊蛋白胨	5.0 g
	磷酸氢二钾(K_2HPO_4)	0.5 g
	硫酸镁($MgSO_4 \cdot 7H_2O$)	0.25 g
	琼脂	20.0 g
B	放线(菌)酮 (cycloheximide)或 40×10^{-6} 的制霉菌素	200 mg
	头孢氨苄(cephalexin)	3.2 mL
	万古霉素(vancomycin)	1.0 mL
	溴酚蓝(bromothymolblue)	1.0 mL

在超净工作台凝固后直接使用，或者反扣过来装入塑料袋中，在 4 ℃下保存。最长的保存时间是 2 周～3 周，否则抗生素会失效。

附 录 C
（规范性附录）
DAS-ELISA 方法

C.1 检测样品制备

以种子浸出液可作为检测样品（制备方法见 6.1）。

将可疑菌落的纯培养物可配制成 10^4 CFU/mL 的菌体悬浮液作为检测样品。

C.2 包被

根据 DAS-ELISA 检测试剂盒说明，用碳酸钠缓冲液稀释抗体溶液（如 1∶200），在微孔板中每孔加入 100 μL 包被抗体溶液。在室温下孵育 2 h～4 h 或 4 ℃下包被过夜。

C.3 捕获抗原

倒去孔中的抗体包被溶液，用 PBST 洗 3 次（可在洗板机上完成）。加入样品提取物，每孔 100 μL，每个样品 2 个孔（重复 1 次）。并设置阳性/阴性和空白对照。在室温下孵育 2 h 或 4 ℃下过夜。

C.4 加入酶标抗体

根据说明用酶标抗体缓冲液稀释相应的酶标抗体（如 1∶200）。倒去孔中的样品提取液，用 PBST 洗 3 次（可在洗板机上完成）。每孔加入 100 μL 酶标抗体溶液。在室温下孵育 2 h。

C.5 加底物

用二乙醇胺缓冲液（pH9.8）配制 1 mg/mL 的对硝基苯磷酸酯的底物溶液。倒去酶标抗体溶液，用 PBST 洗 3 次（可在洗板机上完成）。每孔加入 100 μL 新鲜配制的底物溶液。室温下避光放置，直至阳性对照孔明显显色（约 30 min～60 min）。

在准备底物溶液的过程中，不要接触药剂或暴露在强光中，避免在阴性对照孔中出现背景颜色。

C.6 结果判定

C.6.1 对照孔的 OD_{405} 值（缓冲液孔、阴性对照及阳性对照孔），应该在质量控制范围内，即：缓冲液孔和阴性对照孔的 OD_{405} 值＜0.15；阳性对照 OD_{405} 值/阴性对照 OD_{405} 值＞2；同一样品的 OD_{405} 值应基本一致。

C.6.2 在满足了 C.6.1 质量要求后，结果原则上可判断如下：

——样品 OD_{405} 值/阴性对照 OD_{405} 值明显＞2，判为阳性；

——样品 OD_{405} 值/阴性对照 OD_{405} 值在阈值附近，判为可疑样品，需重做一次或用其他方法验证；

——样品 OD_{405} 值/阴性对照 OD_{405} 值明显＜2，判为阴性。

C.6.3 若满足不了 C.6.1 质量要求，则不能进行结果判断。

附　录　D
（规范性附录）
PCR 方法

D.1　PCR 模板的制备

D.1.1　菌悬液 PCR 模板的制备

取 3 μL 的 10^8 CFU/mL（OD_{600}=0.1）的菌体悬浮液，转入装有 100 μL 无菌双蒸水的 1.5 μL 离心管中，在 99 ℃水浴 10 min，10 000g 离心 10 min，冷却后，取上清液作为 PCR 反应模板。

D.1.2　DNA 的提取

取 1 mL 在 NB 培养基中振荡培养过夜的菌液，10 000 g 离心 2 min，提取沉淀的 DNA；或者取0.1 g 的发病植物组织，研磨后，提取植物总 DNA。具体提取步骤根据所采用的 DNA 提取试剂盒。

D.2　引物

用于检测 Psph 的特异性引物及其序列见表 D.1，可由有关生物公司合成和纯化。

表 D.1　用于 PCR 检测的引物及其序列

引物名称	引物序列	扩增片断大小
HB14F	5'-CAACTCCGACACCAGCGACCGAGC-3'	1 375 bp
HB14R	5'-CCGGTCTGCTCGACATCGTGCCAC-3'	

D.3　PCR 反应体系

50 μL 反应体系中加入：10×PCR 缓冲液（含 $MgCl_2$）5.0 μL，10 mmol/L 的 dNTP 混合物 1.0 μL，*Taq* DNA 聚合酶（5 U/μL）0.5 μL，10 μmol/L 的上下引物各 2.0 μL，DNA 模板 3 μL，去离子水补足至 50 μL。

D.4　反应条件

在 PCR 仪上完成以下程序：95 ℃预变性 3 min；然后 94 ℃变性 1 min、65 ℃退火 1 min、72 ℃ 延伸 2 min，共 35 个循环；最后在 72 ℃下保持 10 min。

D.5　电泳分析

取 5 μL 扩增产物与 1 μL 的 6×上样缓冲液混合均匀，在 1×TBE 缓冲液配制的 1.5%琼脂糖凝胶中，50 V 电泳 45 min，用荧光染料或溴化乙锭（EB）染色后在成像系统中观察，拍照并保存。

D.6 结果判定

在阳性对照扩增出预期的1 375 bp大小的条带，阴性对照和空白对照没有扩增到预期大小条带的条件下：

——如果检测样品扩增到与阳性对照大小相一致的条带，则PCR检测结果为阳性；

——如果检测样品没有扩增到与阳性对照大小相一致的条带，则PCR检测结果为阴性。

ICS 65.020.01
B 16

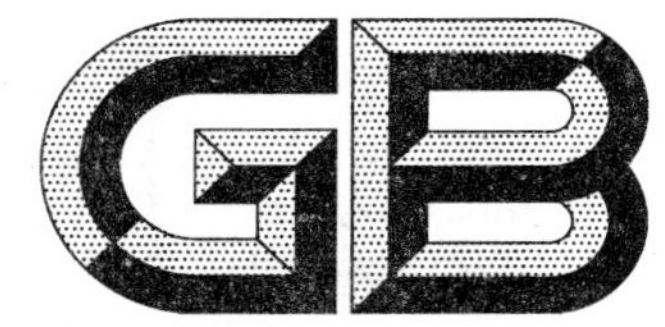

中华人民共和国国家标准

GB/T 28076—2011

三叶斑潜蝇检疫鉴定方法

Detection and identification of *Liriomyza trifolii* (Burgess)

2011-12-30 发布　　2012-06-01 实施

中华人民共和国国家质量监督检验检疫总局
中国国家标准化管理委员会　发布

前　言

本标准按照 GB/T 1.1—2009 给出的规则起草。

本标准由全国植物检疫标准化技术委员会(SAC/TC 271)提出并归口。

本标准起草单位:中国检验检疫科学院、中华人民共和国广东出入境检验检疫局、中华人民共和国山东出入境检验检疫局、中华人民共和国云南出入境检验检疫局、中华人民共和国北京出入境检验检疫局、中华人民共和国湖南出入境检验检疫局、中华人民共和国江西出入境检验检疫局、中华人民共和国广西出入境检验检疫局。

本标准主要起草人:陈乃中、吴佳教、魏晓棠、刘海军、刘忠善、张俊华、江丽辉、卢建、姜金林、黄丽莉、冯贤。

三叶斑潜蝇检疫鉴定方法

1 范围

本标准明确了三叶斑潜蝇的检测、饲养、标本制作和室内鉴定等方法。

本标准适用于进出境植物检疫、国内植物检疫和大田防治工作中的三叶斑潜蝇的检测、饲养和鉴定。

2 术语和定义

下列术语和定义适用于本文件。

2.1

内顶鬃 inner verticals

单眼三角区后侧面2对鬃靠内的1对鬃。

2.2

外顶鬃 outer verticals

单眼三角区后侧面2对鬃靠外的1对鬃。

2.3

后顶鬃 postverticals

位于单眼三角区后方的1对鬃。

2.4

髭 vibrissae

位于口器上面颊下角部位最粗的1对鬃。

2.5

上眶鬃 upper orbitals

位于眼眶上半部的鬃。

2.6

下眶鬃 lower orbitals

位于眼眶下半部的鬃。

2.7

眶毛 orbital setulae

着生于眼眶部位的细毛。

2.8

盾片 scutum

双翅目昆虫中胸节背板位于盾间沟和小盾沟之间的骨片。

2.9

中侧片 anepisternum

中胸节的上前方侧片。是位于背侧片与腹侧片之间、翅侧片之前的大型骨片。

2.10

腹侧片 katepisternum

中胸节的下前方侧片。是位于中侧片下方的一近似三角形的骨片。

2.11

端阳体 distiphallus

雄成虫阳茎的端部构造，又称阳茎端。

3 三叶斑潜蝇基本信息

学名：*Liriomyza trifolii*（Burgess，1880）。

异名：*L. alliovora* Frick，1925。

俗名：American serpentine leafminer、serpentine leaf miner 和 chrysanthemum leaf miner。

属于双翅目 Diptera，潜蝇科 Agromyzidae，植潜蝇亚科 Phytomyzinae，斑潜蝇属 *Liriomyza* Mik。

斑潜蝇属在全世界已知共370余种，属内形态上与三叶斑潜蝇近似的重要多食性种类还有美洲斑潜蝇 *L. sativae* Blanchard、南美斑潜蝇 *L. huidobrensis*（Blanchard）和番茄斑潜蝇 *L. bryoniae* Kaltenbach。

三叶斑潜蝇的其他信息参见附录A。

4 方法原理

根据三叶斑潜蝇的危害状，在检疫现场或发生疑似三叶斑潜蝇的田地，肉眼观察寄主叶片，取得幼虫或蛹虫样，饲养获得成虫，解剖制作雄外生殖器标本，用显微镜观察，根据形态特征对种类进行判定。

5 器材和试剂

5.1 器材

可封口塑料袋、标签、培养皿、吸水纸、镊子、生物培养箱、小毛笔、指形管、纱布、冰箱、三角纸剪刀、昆虫针、滴管、培养皿、载玻片、盖玻片、体视显微镜。

5.2 试剂

荷燕尔胶（用阿拉伯树胶30 g：蒸馏水50 mL：水合氯醛200 g：甘油20 mL配方配制而成）、树脂胶、无水乙醇、氢氧化钠或氢氧化钾、蒸馏水。

6 检测与饲养

6.1 检测

在检疫现场或发生疑似三叶斑潜蝇的田地，观察有关寄主植物叶片（参见附录A），如发现上表发白、由细变粗、弯曲甚至缠绕的疑似虫道，观察虫道末尾有无半透明的幼虫，并进一步查找附近有无长椭圆形长约2.0 mm的黄褐色蛹粒。如发现疑似蛹粒，用指形管盛装；如发现上述幼虫，摘取叶片，用可封口塑料袋装。上述管、袋均加标签，或编号，记录时间、地点、寄主、采集人等，带回实验室。

6.2 饲养

带虫叶片置于皿底铺有吸水纸的培养皿中，蛹盛于指形管中，用纱布扎口，防止羽化成虫逃逸，放入生物培养箱中25 ℃～30 ℃下培养。成虫羽化24 h后可将指形管置于冰箱－1 ℃下不短于1 h将成虫冷冻杀死。

7 标本的制作准备

7.1 成虫标本

7.1.1 针插标本

成虫标本可制作为针插标本。其中，粘虫用的三角纸应用三角纸剪刀制作；可用荷燕尔胶或其他快干的树脂胶作为粘虫胶；成虫翅向外方、头部露出、侧身粘在三角纸尖上；要有注明地点、寄主、羽化时间等信息的标签。

7.1.2 浸泡标本

也可以用无水乙醇浸泡保存成虫标本。但如果要备分子试验用，则可用无水乙醇浸泡，并冷冻保存。

7.2 雄外生殖器玻片标本

用昆虫针取下雄虫腹部(见附录 B)投入 5%氢氧化钠或氢氧化钾溶液中煮沸 3 min～5 min(体视显微镜下观察，以骨质部分保留深色、肌肉脂肪等溶解为佳)；用滴管吸移至培养皿装薄层蒸馏水中浸洗；在体视显微镜下(载物台为白色背景)用细针解剖，除去背腹板等物，仅剩第 9 背板及其附属构造(雄外生殖器)；用针尖粘取第 9 背板及其附属构造至载玻片上荷燕尔胶滴中，体视显微镜下整姿，尽量使雄外生殖器构造在视野中为正面图像；封片；自然干燥或用烘箱 45 ℃ 24 h 烘干。

8 实验室鉴定

将成虫标本置于体视显微镜下，雄外生殖器玻片标本置于显微镜下，观察是否符合以下鉴定特征(见附录 B 和附录 C)。

8.1 潜蝇科成虫的鉴别特征

体小或微小，长 1.5 mm～4.0 mm。有鬃，后顶鬃分歧，上眶鬃分歧，下眶鬃内向。翅 C 脉仅在 Sc 脉端处折断，Sc 脉端部退化为一褶痕或与 R 脉合并，R 脉 3 分支直达翅缘。腹部扁平，雌第 7 节长而骨化，不能伸缩。

8.2 植潜蝇亚科 Phytomyzinae 成虫的鉴别特征

Sc 脉端部退化为一褶痕，独立于 R_1 脉之基伸达前缘脉。

8.3 包括三叶斑潜蝇在内的具经济意义 *Liriomyza* spp. 成虫鉴别特征

上额眶鬃 2 对，眶毛后倾；小盾片通常为黄色；翅 C 脉伸达 M_{1+2}脉端，它们终止于翅端附近，有第 2 横脉。

8.4 三叶斑潜蝇的鉴别特征

8.4.1 成虫

8.4.1.1 头部

触角各节亮黄色；内、外顶鬃均着生于黄色区域，至少外顶鬃着生于黑黄交界处。

8.4.1.2 胸部

盾片黑色无光泽，带灰白色绒毛被(侧光照射可见)；小盾片鲜黄色；中侧片下缘具黑斑，腹侧片大部分黑色；翅 M_{3+4} 脉末段长是次末段的约 3 倍；足基节黄色，腿节大部分黄色，有时有淡褐色条纹，胫节、跗节暗褐色。

8.4.1.3 雄外生殖器

阳茎端阳体基半部分明显凸起，中间部位缢缩明显；柄部(中阳体)长，长度接近端阳体长度。

8.4.2 卵

白色，长椭圆形，长约 0.25 mm。

8.4.3 幼虫和蛹

幼虫 3 龄，初产幼虫长约 0.5 mm，老熟幼虫长约 3.0 mm，略呈蛆形。蛹长椭圆形，长约 2.0 mm，腹面扁平，有突出的前、后气门，后气门有 3 个指状突。

9 结果判定

以 8.1、8.2、8.3、8.4.1 为主要依据，8.4.3 和附录 C 可作参考，符合 8.4.1.1 和 8.4.1.2 的可初步判定为三叶斑潜蝇，且符合 8.4.1.3 的可判定为三叶斑潜蝇。

10 标本保存

经过鉴定的三叶斑潜蝇标本应永久保存，并加注明时间、地点、寄主、采集人等信息的标签。

附 录 A
（资料性附录）
三叶斑潜蝇其他信息

A.1 地理分布

韩国、日本、菲律宾、印度、塞浦路斯、以色列、黎巴嫩、土耳其、也门、奥地利、比利时、保加利亚、克罗地亚、捷克、丹麦、芬兰、法国、德国、匈牙利、冰岛、意大利、马耳他、荷兰、挪威、波兰、葡萄牙、罗马尼亚、俄罗斯、斯洛伐克、斯洛文尼亚、西班牙、瑞典、瑞士、英国、南斯拉夫、贝宁、象牙海岸、埃及、埃塞俄比亚、几内亚、肯尼亚、马达加斯加、毛里求斯、马约特岛、尼日利亚、留尼汪、塞内加尔、南非、苏丹、坦桑尼亚、突尼斯、赞比亚、津巴布韦、加拿大、美国、巴哈马、巴巴多斯、百慕大、哥斯达黎加、古巴、多米尼加共和国、瓜德罗普、危地马拉、马提尼克岛、特立尼达和多巴哥、巴西、哥伦比亚、法属圭亚那、圭亚那、秘鲁、委内瑞拉、美属萨摩亚、密克罗尼西亚、关岛、北马里亚纳群岛、萨摩亚、汤加(其中有的国家或地区声称已根除)。

我国台湾和大陆局部也有发生。大陆实施官方控制。

A.2 寄主植物

该虫为害包括重要花卉、果、蔬、棉和牧草等在内的 20 余科植物。重要的寄主作物包括菊花、扶朗花、大丽花、百日菊、石竹花、丝石竹花、黄瓜、南瓜、甜瓜、西瓜、旱芹、番茄、辣椒、马铃薯、豌豆、菜豆、豇豆、甜菜、菠菜、蒜、韭、洋葱、青菜、白菜、莴苣、苜蓿和棉等。其中菊科、茄科、葫芦科和旱芹是三叶斑潜蝇的嗜食寄主。

A.3 生物学及传播途径

产卵于寄主叶片表皮下，幼虫孵出后即潜食叶肉，主要危害上表皮下的栅栏组织，叶面上表可见弯曲缠绕的虫道，幼虫老熟后弹出，在土中或叶片上化蛹。成虫取食叶片汁液，交配、产卵。

卵、幼虫和蛹等随寄主叶片传带是主要传播途径。

A.4 三叶斑潜蝇及其相关种类的危害状

寄主植物叶片上弯曲虫道及取食刻点是斑潜蝇可能存在的标识性被害状。斑潜蝇成虫取食刻点圆，直径约 0.2 mm，在叶片上表呈现为白色小斑点。三叶斑潜蝇及美洲斑潜蝇、番茄斑潜蝇幼虫主要潜食叶片上面部分的栅栏组织，并在取食过程中排出粪便，因此，外观虫道为白色，并透过虫道上留下的叶片上表皮可见虫道两侧交替出现的断续的黑色线状细斑。斑潜蝇种类和寄主种类等因素对虫道式样有一定影响，三叶斑潜蝇的虫道在一些寄主上缠绕比较紧密，末端甚至成块状，而美洲斑潜蝇、番茄斑潜蝇的虫道比较疏松，南美斑潜蝇的虫道常顺叶脉伸展和或限于叶脉之间。南美斑潜蝇及田间常见的豌豆彩潜蝇 *Chomatomyia horticola* Goureau 既危害叶片上面部分的栅栏组织，也危害下面的海绵组织，故叶片下表也可见虫道。斑潜蝇幼虫老熟后，一般弹出化蛹，其弹出孔呈半圆性裂缝。豌豆彩潜蝇的蛹(白色)主要在虫道内化蛹，往往露出前截在叶片下表外。

附　录　B
（规范性附录）
三叶斑潜蝇及其重要近缘种成虫重要形态特征

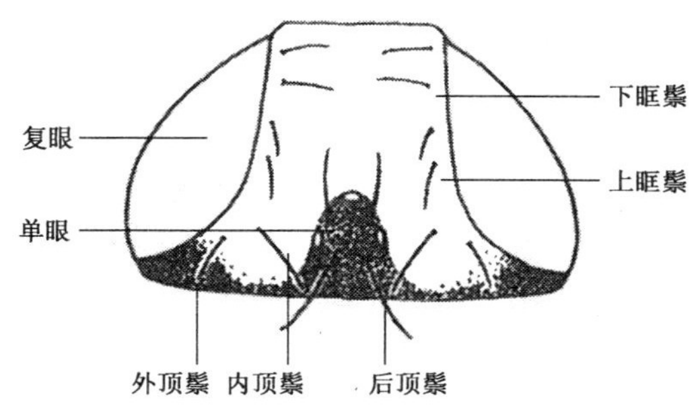

图 B.1　三叶斑潜蝇头部背面观

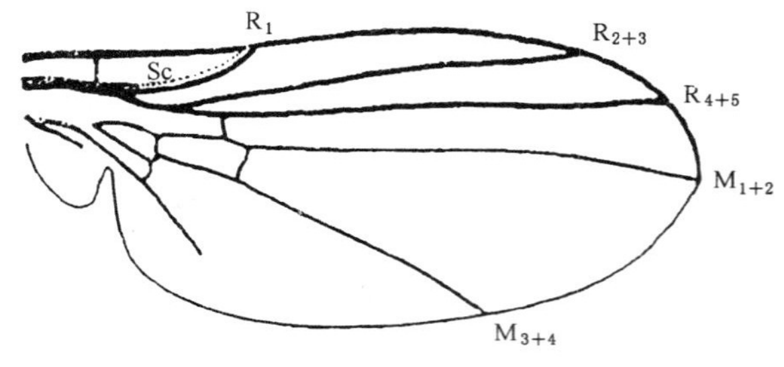

图 B.2　三叶斑潜蝇翅脉示意图

图 B.3　三叶斑潜蝇雄成虫腹部（采自 Collins）

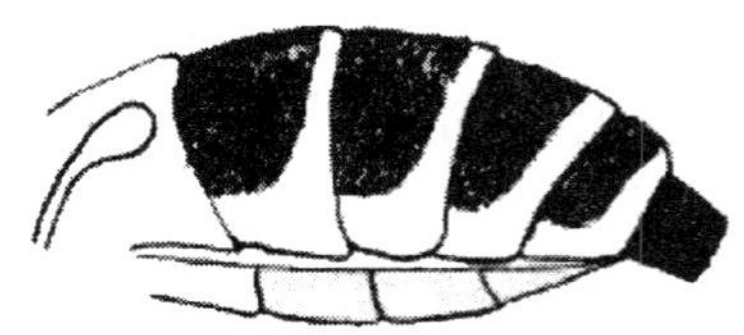

图 B.4　三叶斑潜蝇雌成虫腹部（采自 Collins）

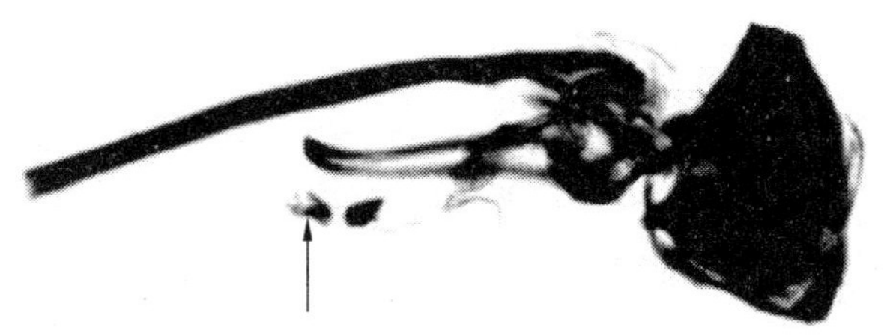

图 B.5　斑潜蝇雄外生殖器侧观图（采自 Collins）

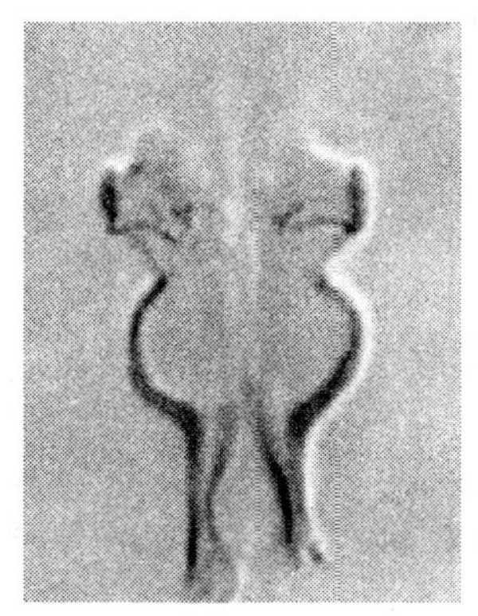

a) 三叶斑潜蝇

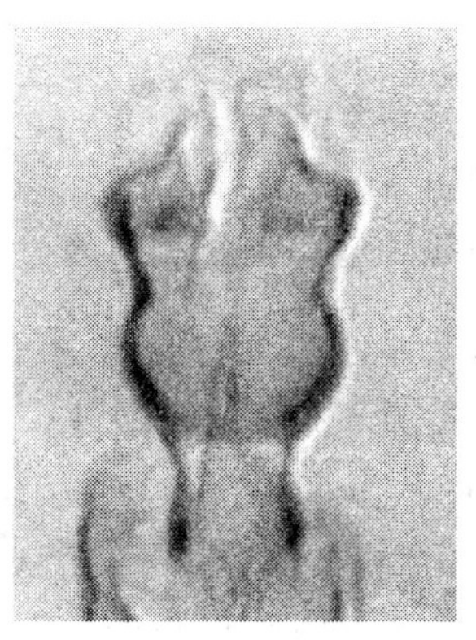

b) 美洲斑潜蝇

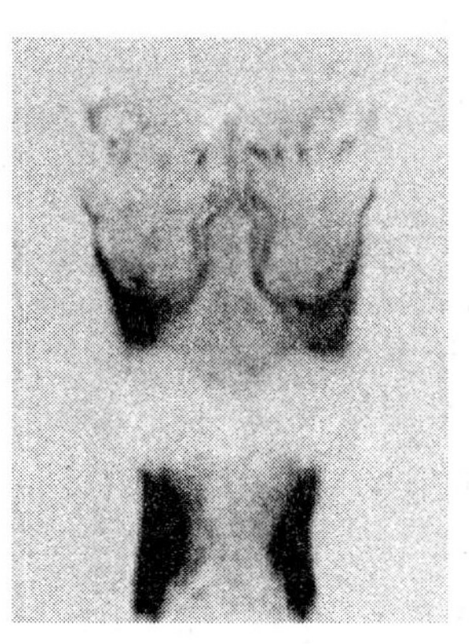

c) 南美斑潜蝇

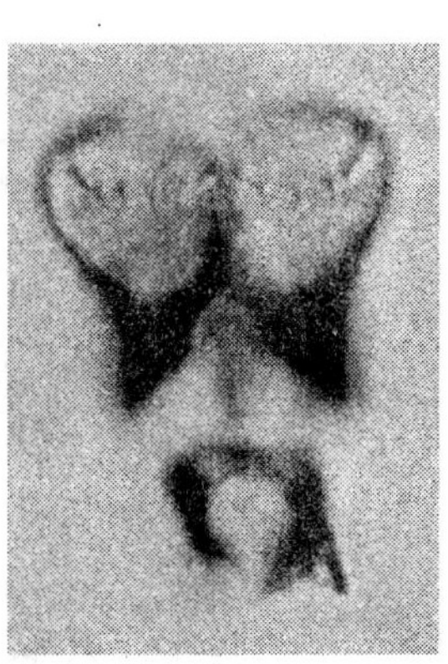

d) 番茄斑潜蝇

图 B.6 三叶斑潜蝇及其重要近缘种雄外生殖器阳茎端阳体的比较(采自 Collins)

附　录　C
（规范性附录）
三叶斑潜蝇及其重要近缘种成虫鉴别检索表

1　内、外顶鬃均着生于黄色区域，或至少外顶鬃着生于黑黄交界处 ………………………… 2

内、外顶鬃均着生于黑色区域，或至少内顶鬃着生于黑黄交界处 ………………………… 3

2　中胸盾片带灰白色绒毛被；M_{3+4}脉末段长是次末段长的约3倍；幼虫和蛹后气门有3个指状突 ………………………………………………… 三叶斑潜蝇 *Liriomyza trifolii*（Burgess）

中胸盾片无如上述灰白色绒毛被；M_{3+4}脉末段长是次末段长的约2倍；幼虫和蛹后气门有7～12个指状突 ……………………………………………… 番茄斑潜蝇 *L. bryoniae* Kaltenbach

3　M_{3+4}脉末段长是次末段长的约3倍～4倍；触角鲜黄色；腿节主要为鲜黄色；幼虫和蛹后气门有3个指状突 …………………………………………………… 美洲斑潜蝇 *L. sativae* Blanchard

M_{3+4}脉末段长是次末段长的2倍～2.5倍；触角棕黄色；腿节有黑色斑块或全为黑色；幼虫和蛹后气门有6～9个指状突 ……………………………… 南美斑潜蝇 *L. huidobrensis*（Blanchard）

ICS 65.020.01
B 16

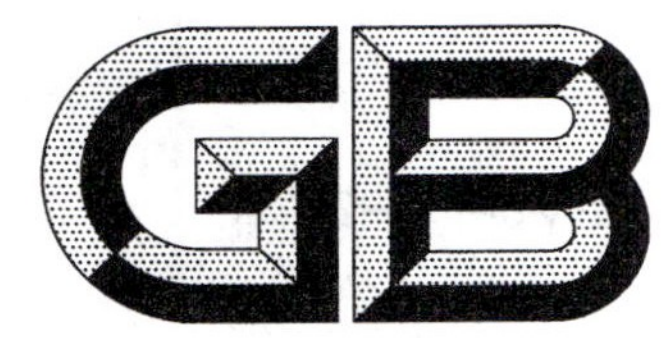

中华人民共和国国家标准

GB/T 28077—2011

双棘长蠹检疫鉴定方法

Detection and identification of *Sinoxylon anale* Lesne

2011-12-30 发布　　2012-06-01 实施

中华人民共和国国家质量监督检验检疫总局
中国国家标准化管理委员会　发布

前　言

本标准按照 GB/T 1.1—2009 给出的规则起草。

本标准由全国植物检疫标准化技术委员会(SAC/TC 271)提出并归口。

本标准起草单位:中华人民共和国汕头出入境检验检疫局。

本标准主要起草人:吴剑光、陈和仁、陈捷先、胡学难、郭奕亮、刘晓莹、杨红霞、许建楷。

双棘长蠹检疫鉴定方法

1 范围

本标准规定了双棘长蠹的检疫和鉴定方法。

本标准适用于双棘长蠹的检疫鉴定。

2 双棘长蠹基本信息

中名双棘长蠹。中文别名鱼藤根长蠹、黄檀双棘长蠹。

学名 *Sinoxylon anale* Lesne,1897。

属鞘翅目 Coleoptera、长蠹科 Bostrichidae、大长蠹亚科 Bostrichinae、长蠹族 Bostrichini、双棘长蠹属 *Sinoxylon*。

主要靠货物、包装材料和运输工具传播。

双棘长蠹的其他信息参见附录 A。

3 方法原理

用解剖镜、显微镜对检查、饲养中收集到的成虫的形态特征进行观察,依据形态学特征进行鉴定。

4 试剂

4.1 福尔马林溶液:1 份福尔马林(含甲醛 40%)加 17 份～19 份蒸馏水摇匀而成。用于一般性标本的保存。

4.2 酒精溶液:在 75%的酒精中加入 0.5%～1%的甘油而成。用于短期标本的保存。

4.3 10%氢氧化钾或 10%氢氧化钠溶液:氢氧化钾或氢氧化钠 10 g 加 90 mL 蒸馏水摇匀而成。用于雄虫外生殖器解剖处理。

5 仪器及用具

5.1 解剖镜、显微镜、放大镜。

5.2 解剖针、昆虫针、培养皿、吸管、小毛笔、毒瓶。

5.3 养虫箱、恒温箱、木材水分检测仪。

5.4 标本盒。

6 现场检测

6.1 抽查

6.1.1 抽查在现场进行。

6.1.2 现场用随机方法进行抽查。

6.2 抽查数量

6.2.1 原木

船运原木按该批货物总根数的0.5%～5%进行抽样检查。集装箱运原木，开箱比例每批不低于总箱量的30%，其检查根数不低于总根数的10%。

6.2.2 锯材

锯材按该批货物的总件数进行抽查：100件以下（含100件），抽检10件，10件以下全部检查；101件～500件，自101件起，每递增100件，增加抽检1件；501件～2 000件，自501件起，每递增200件，增加抽检1件；2 001件以上，自2 001件起，每递增400件，增加抽检1件；裸装的锯材按总数量的0.5%～5%进行抽样检查；集装箱运输的开箱检查数不低于总箱量的30%。

6.2.3 木质包装

按有关规定进行抽查。

6.3 取样

6.3.1 现场取样结合抽查进行。
6.3.2 发现为害状应截取木材样品以待进一步观察，发现有活的害虫为害迹象时送实验室培养。
6.3.3 收集成虫并将发现的幼虫送实验室培养。

6.4 检疫检查方法

6.4.1 肉眼检查

对原木、锯材、木家具、竹木藤制品、木质包装材料、集装箱等采用肉眼检查，收集成虫并将发现的幼虫送实验室培养。

6.4.2 饲养检查

按5.3取回的木材样品放入养虫箱，保持木材含水率35%～45%，在温度25 ℃～32 ℃的恒温箱中培养。

7 标本的制作准备

通过检查、饲养收集的成虫、幼虫和蛹，根据需要分别保存于标本盒及相关溶液中，根据实验室鉴定的需要选用相关的标本。

8 实验室鉴定

8.1 双棘长蠹属成虫主要形态特征

8.1.1 体长3.0 mm～9.0 mm、圆筒形；头部从背面不能见，额前角有小齿状突起。
8.1.2 上颚强壮、短而阔、端部截切形。
8.1.3 触角10节，端部3节向内急伸成叶片状。
8.1.4 前胸背板前半部密布小齿状突起，后半部无侧隆线，前缘具明显钩突。
8.1.5 鞘翅短而阔，末端急剧向下倾斜成粗糙斜面，周缘具微弱的小齿状突起或脊状突起，斜面中部在翅缝两侧处具一对棘状突起。

8.1.6 各足胫节末端具距，距发达。

8.2 双棘长蠹成虫形态特征

8.2.1 体长 4.0 mm～5.5 mm。

8.2.2 头额有一明显隆起横脊，脊上具 4 粒～6 粒瘤突。

8.2.3 触角 10 节，端部 3 节向内急伸成叶片状；触角末节近端部较大，基部明显较小，呈棒状(见图 1)。

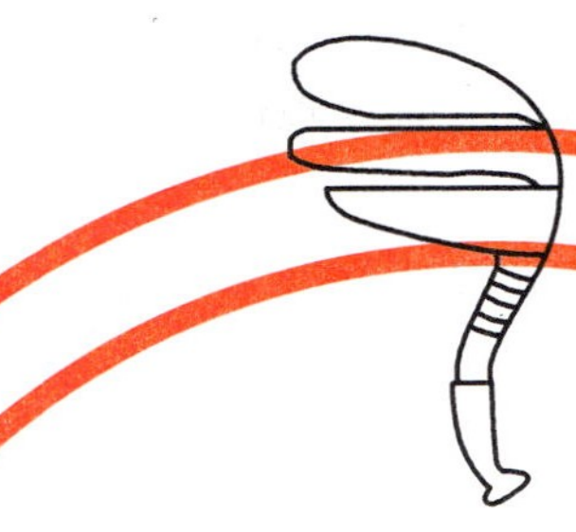

图 1 双棘长蠹成虫触角

8.2.4 前胸背板发达、帽状，两侧缘具 4 个～5 个锯齿，前 3 个粗壮，后 1 个～2 个细小。

8.2.5 鞘翅前半部暗褐色，后半部黑褐色；鞘翅两侧都具有亚缘隆线并在鞘翅斜面向上弯曲成斜面的亚侧隆线；鞘翅斜面无边缘瘤突，斜面翅缝的下半部呈锯齿状，斜面中部在翅缝两侧具一对棘状突起，棘状突较小、端尖、端部向后(见图 2、图 3)。

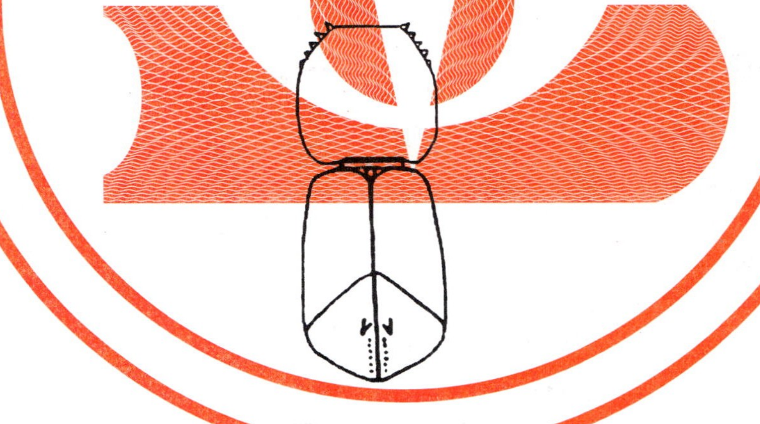

图 2 双棘长蠹成虫背面观

图 3 双棘长蠹鞘翅后部和鞘翅斜面端部

8.2.6 腹突窄，两侧近平行。

9 结果判定

符合双棘长蠹成虫形态特征，可鉴定为双棘长蠹。双棘长蠹属其他常见种的鉴定参见附录B和附录C。

10 标本保存

检查和饲养中收集到的害虫制成标本妥善保存，干燥标本保存于干燥环境中，针插标本保存于标本盒，短期保存的标本可保存于酒精溶液中，未能及时处理的标本作为一般性标本保存于福尔马林溶液中。

附 录 A
（资料性附录）
双棘长蠹其他信息

A.1 分布

分布于泰国、马来西亚、菲律宾、缅甸、印度、斯里兰卡、巴基斯坦、澳大利亚、新西兰和中国南方地区（广东、广西、福建、四川、湖南、云南、海南和台湾）。

A.2 生物学与危害

该虫是国内分布未广的林木害虫，其食性复杂，钻蛀力强，对林业生产、木家具和竹木藤制品等有极大的危害，为害状呈现直径 2.5 mm、深约 5 mm 的圆孔，并顺年轮方向形成 15 cm～20 cm 母坑道和极密的纵向子坑道，使受害木材、木家具等严重损毁。

附 录 B
（资料性附录）
双棘长蠹属常见种类检索表

1 鞘翅两侧亚缘隆线自翅端向前延伸，并在鞘翅斜面处向上弯曲成斜面亚侧隆线……………………2
鞘翅两侧亚缘隆线不在斜面处向上弯曲，鞘翅斜面无亚侧隆线…………………………………………3

2 鞘翅前半部暗褐色、后半部近黑褐色；鞘翅斜面翅缝下半部呈锯齿状；触角末节近端部较大，基部小，呈棒形；雄虫阳茎端尖，阳基侧突渐向内弯且端尖；体长4.0 mm～5.5 mm …………………………………………………………………………………… 双棘长蠹 *S. anale* Lesne
鞘翅前半部黄褐色、后半部暗褐色；触角末节近中部较大、前后小，略呈长椭圆形；翅缝两侧自小盾片侧斜向隆起至翅缝四分之一处，形成“V”字型；雄虫阳茎端钝，阳基侧突弓曲内弯且端钝；体长4.0 mm～5.2 mm ……………………………………………… 拟双棘长蠹 *S. flabrarius* Lesne

3 亚缘隆线沿鞘翅两侧向前延伸至鞘翅中部 …………………………………………………………4
亚缘隆线不向前延伸至鞘翅中部……………………………………………………………………………5

4 鞘翅斜面边缘具瘤突，侧缘有2个齿，一个在上方，另一个较突出；鞘翅斜面上棘状突三角锥状、周边圆、光亮；触角棒感觉孔清晰，孔上着生金黄色毛；体长3.5 mm～5.5 mm ……………………………………………………………………… 瘤双棘长蠹 *S. sexdentatum* (Olivier)
鞘翅斜面边缘不具瘤突，斜面上棘状突圆锥形，相距窄，端向外弯且尖，不侧扁，基部有圆形颗粒；体长3.5 mm～5.5 mm …………………………………… 黑双棘长蠹 *S. conigerum* Gerstacker

5 鞘翅斜面的一对棘状突相距宽，内侧相互平行，近圆柱形，端部钝，体长5.0 mm～6.0 mm ……………………………………………………………………… 日本双棘长蠹 *S. japonicum* Lesne
鞘翅斜面的一对棘状突起内侧相互向外，端部尖，体长小于5.0 mm ……………………………… 6

6 前胸背板的后半部平滑，鞘翅在小盾片附近具纵隆线，体长3.5 mm～5.0 mm ……………………………………………………………………… 芒果双棘长蠹 *S. mangiferae* Chujo
前胸背板的后半部不平滑，鞘翅在小盾片附近没有纵隆线，斜面上侧缘有2对微弱齿突，体长4.0 mm～5.0 mm ……………………………………………… 椽子双棘长蠹 *S. tignarium* Lesne

附 录 C
(资料性附录)
双棘长蠹属六个种的形态特征比较

表 C.1 双棘长蠹属六个种的形态特征比较表

形态特征	双棘长蠹 *S. anale* Lesne	拟双棘长蠹 *S. flabrarius* Lesne	黑双棘长蠹 *S. conigerum* Gerstacker	瘤双棘长蠹 *S. sexdentatum* (Olivier)	圆双棘长蠹 *S. circuitum* Lesne	印度双棘长蠹 *S. indicum* Lesne
体长	4.0 mm～5.5 mm	4.0 mm～5.2 mm	3.5 mm～5.5 mm	3.5 mm～5.5 mm	约 4 mm	5.5 mm～6.0 mm
头额	有一明显隆起横脊，脊上具 4 粒～6 粒瘤突	具一弧形横脊，脊上有 4 粒～6 粒黑色瘤突	具一隆起不明显的横脊，脊上具 4 粒瘤突	隆起横脊有 4 粒瘤突，中央瘤突为两侧的两倍	无额瘤，无浓密长毛	无额瘤，具浓密长毛
触角	末节近端部较大，基部明显较小，呈棒状	末节近中部较大，前后端缩小，长椭圆形；触角棒第 1 节自基向端渐窄呈长三角形	末节近端部较大，基部较小，呈棒状	末节基部缩小，中部向端部逐渐加宽，呈棒状	触角棒第 1 节宽略大于长	触角棒第 1 节宽为长的 2.5倍
鞘翅	前半部暗褐色，后半部黑褐色；鞘翅基缘具锐边，斜面翅缝下半部呈锯齿状	前半部黄褐色至褐色，后半部暗褐色；翅缝两侧自小盾片侧斜向隆起至翅缝四分之一处，形成"V"字型	黑褐色	暗黑褐色	鞘翅基缘不具尖锐的边，斜面下半部不呈锯齿状	暗红褐色，有光泽；鞘翅基缘不具尖锐的边，斜面下半部不呈锯齿状
鞘翅斜面亚侧隆线	有	有	无	无	有	有
鞘翅斜面边缘瘤突	无	无	无	具脊状瘤突	有	具脊状瘤突
鞘翅斜面的棘状突	较小，端尖，端部向后	锥形，端向外	不侧扁，相距窄，端向外弯而尖，圆锥形	外侧近垂直，内侧向外，三角锥状	侧扁，间距小，几乎位于翅缝上	不侧扁，间距较大，端尖
腹部	腹突窄，两侧近平行		腹突平坦，呈"T"型		腹突三角形，雌虫腹末后缘中央双凹，形成 2 个小缺刻	腹突三角形，雌虫腹末后缘中央有 2 个深而小凹入，形成中间小圆叶

ICS 65.020.01
B 16

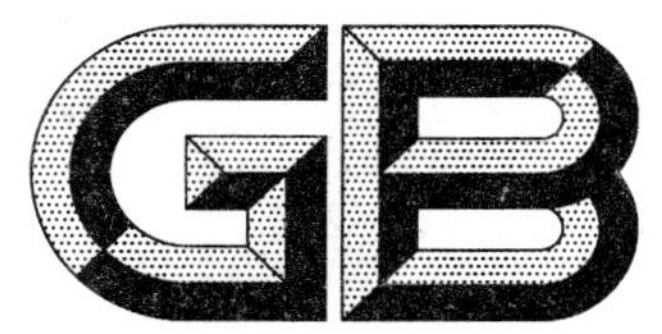

中华人民共和国国家标准

GB/T 28078—2011

水稻白叶枯病菌、水稻细菌性条斑病菌检疫鉴定方法

Detection and identification of *Xanthomonas oryzae* pv. *oryzae*(Ishiyama) Swings et al.、*Xanthomonas oryzae* pv. *oryzicola*(Fang et al.)Swings et al.

2011-12-30 发布　　2012-06-01 实施

中华人民共和国国家质量监督检验检疫总局
中国国家标准化管理委员会　发布

前　言

本标准按照 GB/T 1.1—2009 给出的规则起草。

本标准由全国植物检疫标准化技术委员会(SAC/TC 271)提出并归口。

本标准起草单位:中华人民共和国湖南出入境检验检疫局、中国检验检疫科学研究院、中华人民共和国厦门出入境检验检疫局。

本标准主要起草人:朱金国、赵文军、唐连飞、朱水芳、莫瑾、彭梓、陈红运、钟文英。

水稻白叶枯病菌、水稻细菌性条斑病菌检疫鉴定方法

1 范围

本标准规定了水稻种子和其他水稻材料的水稻白叶枯病菌 *Xanthomonas oryzae* pv. *oryzae*(Xoo)和水稻细菌性条斑病菌 *Xanthomonas oryzae* pv. *oryzicola*(Xcola)的检疫鉴定以植物的形态学特征、生理生化特性、分子生物学和酶联免疫学技术作为依据,明确了田间观察、分离鉴定、样品保存的方法。

本标准适用于水稻材料和相关环境中水稻白叶枯病菌、水稻细菌性条斑病菌的检测。

2 规范性引用文件

下列文件对于本文件的应用是必不可少的。凡是注日期的引用文件,仅注日期的版本适用于本文件。凡是不注日期的引用文件,其最新版本(包括所有的修改单)适用于本文件。

GB 15569—1995 农业植物调运检疫规程

ISTA 国际种子检验规程

3 方法原理

根据水稻植株的形态学特征进行田间观察,并采用分离培养、分子生物学和酶联免疫学筛选、生理生化鉴定以及致病性测定对植株材料上的水稻白叶枯病菌、水稻细菌性条斑病菌进行判定。

4 设备和材料

4.1 冷冻高速离心机:转速≤15 000 r/min。

4.2 PCR 扩增仪。

4.3 恒温培养箱:28 ℃±1 ℃。

4.4 显微镜:物镜头 10×~100×。

4.5 天平:精度 0.001 g。

4.6 高压灭菌器。

4.7 均质器:转速 4 000 r/min~8 000 r/min。

4.8 可调移液器:0.2 μL~1 μL,1 μL~10 μL,10 μL~100 μL,100 μL~1 000 μL。

4.9 器具:灭菌的镊子、剪刀、称量勺。

4.10 吸管:1 mL、10 mL。

4.11 灭菌平皿:直径 90 mm,玻璃或一次性塑料平皿。

4.12 三角瓶:100 mL。

5 培养基和试剂

5.1 SPA 培养基:见 A.1。

5.2 0.001%吐温20-磷酸盐缓冲液。

5.3 革兰氏染色试剂:见A.2。

5.4 鞭毛染色试剂:见A.3。

5.5 明胶液化培养基:见A.4。

5.6 氧化酶试剂:见A.5。

5.7 硝酸盐培养基:见A.6。

5.8 过氧化氢酶试验试剂:见A.7。

5.9 石蕊牛乳试剂:见A.8。

5.10 糖氧化和发酵测定培养基:见A.9。

5.11 碳源利用试验培养基:见A.10。

5.12 水杨苷产酸试验培养基:见A.11。

5.13 2,3,5-三苯基氯化四氮唑(TTC)。

6 田间检验

水稻在整个生育期的叶片均可受害,在苗期、分蘖期受害最重,通过田间观察可直接对水稻受害情况进行判断,水稻细菌性条斑病菌和水稻白叶枯病菌田间症状及相关资料参见附录B和附录C。对田间检验有病害发生的植株,按以下操作进行抽样及实验室检验。

7 抽样

水稻种子抽样可参照ISTA《国际种子检验规程》或者GB 15569—1995 6.1方法进行。

8 样品处理

8.1 水稻种子

大量种子样品通常需先用蒸馏水冲洗以除去残片和表面的污染杂菌,以避免杂菌太多产生干扰。清洗后称取10 g或400粒种子,放入0.001%吐温-磷酸缓冲液中低温(5 ℃~15 ℃)浸泡4 h~6 h,用均质器打碎,制备样品提取液。如果是检测少量的种子样品,取20粒种子加入10 mL灭菌的磷酸缓冲液,用灭菌槌和研钵或是搅拌器将种子完全压碎制成提取液。

将样品提取液于22 ℃~25 ℃环境中放置4 h~6 h。旋涡混匀悬浮液5 min,制备10×、100×和1 000×三个稀释度的悬浮液,从原液及每个梯度稀释液中取0.3 mL,分别放入到3个SPA的平皿中(每个平皿加入0.1 mL)。用L-型玻璃棒将液体均匀涂布在SPA琼脂的表面。

若提取液杂菌较多,可考虑增加稀释梯度和接种平板的数量以提高检出率。

8.2 植物组织材料

8.2.1 无症状的组织

可将10 g左右样品直接放入90 mL 0.001 %吐温-磷酸盐缓冲液中,均质1 min制备成样品提取液。按8.1方法进行稀释与涂布。

8.2.2 未显症的可疑组织

用灭菌的剪刀剪成小块,将其置入SPA分离平板中,滴入2滴~3滴(约0.2 mL)的生理盐水,放置 5 min～10 min，让细菌从这些组织中渗出，用灭菌的接种环蘸取渗出液，在 SPA 培养基上进行分离培养。

8.2.3 受感染组织

从叶片损伤部位的前端切下 2 mm×7 mm 片段。将其放入 70%的乙醇消毒中 15 s～30 s，然后在试管中用灭菌蒸馏水清洗叶片 2 次～3 次，最后将其置于 SPA 分离平板上。如植物组织材料上出现菌脓或菌痂，直接用接种工具取菌脓或菌痂于 SPA 分离平板上涂布。

9 分离

接种后每天观察 SPA 平板的菌株生长状况。水稻白叶枯病菌(Xoo)生长速度较慢，一般要在 72 h～96 h 才形成可见菌落。菌落呈圆形、光滑、表面凸起、粘稠，由黄白色逐渐变成淡黄色，在发射光下不透明。菌落在第 3 天或第 4 天时只有小圆点般大小，在第 5 天至第 7 天时直径有 1 mm～2 mm。水稻细菌性条斑病菌(Xcola)菌株则在 48 h～72 h 后出现，生长速度比 Xoo 快，菌落圆形、光滑、凸起、粘质，先为白色成熟后变浅黄色。菌落在第 3 天直径达到 1 mm。

培养 24 h 后开始观察菌落生长情况，标记并排除 48 h 之内平板中出现的亮黄色菌落。选择浅黄色且黏液样的单个菌落接种于 SPA 培养基中，每个平皿挑取 5 个以上典型或疑似菌落进一步培养纯化，以进行进一步生化鉴定试验。对疑似菌落也可以采用 PCR 方法进行初筛，或者采用水稻白叶枯病菌和水稻细菌性条斑病菌的 ELISA 试剂盒进行初步筛选(具体检测方法参照试剂盒说明手册)，阳性结果再继续通过生化鉴定做进一步证实。

10 PCR 筛选试验

从分离培养的细菌菌株中提取 DNA 作为模板，进行 PCR 检测和电泳分析。用水稻白叶枯标准菌株或水稻细菌性条斑标准菌株基因组 DNA 作为阳性对照，用不含有水稻白叶枯菌株或水稻细菌性条斑菌株的植物组织材料或其他植物病原菌基因组 DNA 为阴性对照，用双蒸水作空白对照，进行 PCR 扩增，将扩增产物进行琼脂糖电泳分析。

将分离得到的可疑菌落接种 SPA 斜面，培养 48 h～72 h 后用无菌水洗下斜面上生长的菌苔，制成菌悬液。使用制备好的菌悬液按照附录 D 进行分子生物学鉴定。若测试菌株的 PCR 产物与阳性对照相对分子质量一致，继续进行生化鉴定试验。

11 生化鉴定

11.1 初步鉴定

挑取分离培养得到的符合特征的可疑菌落分别进行氧化酶试验，过氧化氢酶试验、革兰氏染色和鞭毛染色观察，黄单胞菌属菌为氧化酶阴性或延迟反应(15 s～16 s)，过氧化氢酶阳性，革兰氏染色阴性，单生极鞭杆菌。符合以上试验结果的菌落则初步鉴定为疑似黄单胞菌属(*Xanthomonas*)。

11.2 硝酸盐还原试验

于 28 ℃培养后的菌悬液中加入硝酸盐还原试剂，观察颜色反应，黄单胞菌不利用硝酸盐，为不变色的阴性反应。

11.3 明胶液化

挑取纯化后菌落穿刺接种营养明胶琼脂后，28 ℃±1 ℃培养 7 d～14 d。每天观察结果，不加摇动，静置冰箱中待其凝固后，再观察其是否被液化，如确被液化，即为试验阳性。

11.4 石蕊牛乳反应

将纯化后菌接种于石蕊牛乳培养基中，置 28 ℃±1 ℃孵育 3 d、7 d 和 14 d，定时观察结果。水稻细菌性条斑病细菌能够胨化牛乳中的酪蛋白，使培养基上层液体变澄清，而水稻白叶枯病菌没有胨化作用。

11.5 葡萄糖氧化和发酵测定

挑取纯化后菌落刺接种到底部，厌氧培养的需加 1 cm 厚的灭菌凡士林油(石蜡油与凡士林等量混合)或 3 mL 3%的琼脂封管。每种细菌接种 4 管，2 管封管，2 管不封，另设置 2 管不加菌进行对照。28 ℃±1 ℃培养 5 d，观察结果。

葡萄糖氧化产酸只在开管的上部产酸，指示剂的颜色由橄榄绿色转黄；发酵产酸则在开管和闭管中都可产生酸，如果同时还产生气体，则培养基内可以看到气泡。

好氧性细菌，只在开管的上部生长；兼性厌氧性细菌，则在开管的上下部都能生长；厌氧性细菌，则只能在开管的下部和闭管中生长。

黄单胞菌为严格好氧性，属于氧化型(O)。

11.6 阿拉伯糖发酵

步骤同葡萄糖发酵步骤。阳性菌产酸，培养基变黄色，阴性细菌不利用阿拉伯糖，培养基不变色。

11.7 利用天冬酰胺为唯一碳源和氮源试验

挑取纯化培养后菌落接种天冬氨酸为唯一碳源和氮源的培养基，28 ℃±1 ℃培养 3 d、7 d 和 14 d 后，观察生长情况，有菌落生长者为阳性。

11.8 利用丙氨酸为唯一碳源试验

挑取纯化培养后菌落接种丙氨酸为唯一碳源和氮源的培养基，28 ℃±1 ℃培养 3 d、7 d 和 14 d 后，观察生长情况，有菌落生长者为阳性。

11.9 水杨苷产酸试验

挑取纯化后菌落接种至含有 1%水杨苷的培养基上，28 ℃±1 ℃培养 5 d，观察培养基颜色变化情况。产酸培养基变为黄色，产碱则变为蓝色。

11.10 青霉素敏感试验

挑取纯化后菌落接种至含有 20 μg/mL 青霉素的 SPA 蛋白胨培养基上，28 ℃培养 3 d～5 d，观察菌落生长情况，有菌落生长者为阳性。

11.11 TTC 生长试验

挑取纯化后菌落接种至含有 0.1%TTC 的 SPA 培养基上，28 ℃±1 ℃培养 3 d～5 d，观察菌落生长情况，有菌落生长者为阳性。

11.12 0.001% $Cu(NO_3)_2$ 生长试验

挑取纯化后菌落接种至含有 0.001% $Cu(NO_3)_2$ 的 SPA 培养基上，28 ℃±1 ℃培养 3 d～5 d，观察菌落生长情况，有菌落生长者为阳性。

11.13 黄单胞菌主要生化特征及 Xoo 和 Xcola 主要生化差别

见表 1，表中部分结果相同的生化试验用以区分黄单胞菌属和假单胞菌属(参见附录 E)。

表 1 黄单胞菌主要生化特征及 Xoo 和 Xcola 主要生化差别

生化反应	白叶枯病细菌	细菌性条斑病细菌
氧化酶反应	—(延迟反应)	—(延迟反应)
在 0.1%TTC 上生长	—	—
利用天冬酰氨为唯一碳源和氮源	—	—
自水杨苷产酸	—	—
黄单胞色素	+	+
生长速度	慢	快
硝酸盐还原	—	—
水解淀粉	不水解	水解
液化明胶	不能液化	液化
牛乳培养	不能胨化	可以胨化
葡萄糖氧化和发酵	0	0
阿拉伯糖发酵	不能利用，不产酸	可以利用而产酸
青霉素	敏感	不敏感
丙氨酸为唯一碳源	不生长	生长
0.001% $Cu(NO_3)_2$ 生长	生长	不生长
注："+"为阳性反应，"—"为阴性反应。		

12 致病性测定

如有需要，可进一步进行致病性测试。

用灭菌棉签蘸取在 SPA 培养基上新鲜的菌落，转接于灭菌水中制备成 10^7 CFu/mL～10^8 CFu/mL 的菌悬液，接种 0.5 mL 于金刚 30 等易感水稻品种的水稻叶片，接种 3 株～5 株，同时接种阳性菌液和灭菌水做为阳性和阴性对照，2 周～4 周后观察叶片，水稻细菌性条斑病菌和水稻白叶枯病菌典型病征参见 B.6 和 C.6。

13 结果报告

SPA 未生长典型或疑似菌落，PCR 结果阴性或 ELISA 检测阴性，相关生化鉴定不符合水稻细菌性条斑病菌或水稻白叶枯病菌的生理及生化特征的，报告为未检出水稻细菌性条斑病菌或未检出水稻白叶枯病菌。

分离出的典型或疑似菌株 PCR 检测阳性或 ELISA 检测结果阳性，并通过生化鉴定符合水稻细菌性条斑病菌或水稻白叶枯病菌的生理及生化特征，报告为检出水稻细菌性条斑病菌或检出水稻白叶枯病菌。

必要时可进行致病性测定。

14 样品及分离物的保存

保存样品由鉴定人标识确认、样品管理员登记，进行防虫处理后，阴性样品于阴凉干燥、防虫防鼠处妥善保存 6 个月。对检出水稻细菌性条斑病菌或水稻白叶枯病菌的样本和分离菌株应在生物安全措施下至少保存 1 年，有特殊需求保存期可适当延长。保存期满，经灭活后妥善处理。

分离菌株接种于 SPA 斜面上培养，4 ℃下可保存几周。菌株在 10%～20%甘油中或冻干，在 −80 ℃条件下可长期保存。

15 处理及生物安全措施

对检出水稻细菌性条斑病菌或水稻白叶枯病菌的样品及其分离菌株、检测过程中的废弃物，需经有效的除害处理方式处理，以防止对环境的扩散。

附 录 A
（规范性附录）
培养基及试验方法

A.1 SPA 培养基及配制方法

A.1.1 成分

蛋白胨	5.0 g
蔗糖	20.0 g
K_2HPO_4	0.5 g
$MgSO_4 \cdot 7H_2O$	0.25 g
琼脂	17.0 g
蒸馏水	1 000.0 mL

A.1.2 配制方法

pH 7.2～7.4，121 ℃高压灭菌 20 min。

A.2 革兰氏染色法

A.2.1 结晶紫染色液

结晶紫	1.0 g
95%乙醇	20.0 mL
1%草酸铵水溶液	80.0 mL

将结晶紫溶解于乙醇中，然后与草酸铵溶液混合。

A.2.2 革兰氏碘液

碘	1.0 g
碘化钾	2.0 g
蒸馏水	300.0 mL

将碘与碘化钾先进行混合，加入蒸馏水少许，充分振摇，待完全溶解后，再加蒸馏水至 300 mL。

A.2.3 沙黄复染液

沙黄	0.25 g
95%乙醇	10.0 mL
蒸馏水	90.0 mL

将沙黄溶解于乙醇中，然后用蒸馏水稀释。

A.2.4 染色法

A.2.4.1 将涂片在火焰上固定，滴加结晶紫染色液，染 1 min，水洗。

A.2.4.2 滴加革兰氏染液，作用 1 min，水洗。

A.2.4.3 滴加95%乙醇脱色,约30 s;或将乙醇滴满整个涂片,立即倾去,再用乙醇滴满整个涂片,脱色10 s。

A.3 鞭毛染色法

A.3.1 染色液的配制

A.3.1.1 甲液:称单宁酸5 g、氯化高铁($FeCl_3$)1.5 g,溶于100 mL蒸馏水中,待溶解后加入1%的氢氧化钠溶液1 mL和15%的甲醛溶液2 mL。

A.3.1.2 乙液:称2 g硝酸银溶于100.0 mL蒸馏水中。在90.0 mL乙液中滴加浓氢氧化铵溶液,到出现沉淀后,再滴加使其变为澄清,然后用其余10 mL乙液小心滴加至澄清液中,至出现轻微雾状为止(此为关键性操作,应特别小心)。滴加氢氧化铵和用剩余乙液回滴时,要边滴边充分摇荡,染液当天配,当天使用,2 d~3 d基本无效。

A.3.2 染色法

在风干的载玻片上滴加甲液,4 min~6 min后,用蒸馏水轻轻冲净。再加乙液,缓缓加热至冒汽,维持约半分钟(加热时注意勿使出现干燥面)。在菌体多的部位可呈深褐色到黑色,停止加热,用水冲净,干后镜检,菌体及鞭毛为深褐色到黑色。

A.4 明胶液化

A.4.1 培养基

蛋白胨	5.0 g
牛肉膏	3.0 g
明胶	120.0 g
蒸馏水	1 000.0 mL
pH6.8~7.0	

A.4.2 制法

加热溶解、校正pH7.4~7.6,分装小管,121 ℃高压灭菌10 min,取出后迅速冷却,使其凝固。复查最终pH应为6.8~7.0。

A.4.3 试验方法

用琼脂培养物穿刺接种,放在28 ℃±1 ℃培养,每天取出,放冰箱内30 min后再观察结果,记录液化时间。

A.5 氧化酶试验

A.5.1 试剂

A.5.1.1 1%盐酸二甲基对苯二胺溶液:少量新鲜配制,于冰箱内避光保存。

A.5.1.2 1%α-萘酚-乙醇溶液。

A.5.2 试验方法

取白色洁净滤纸沾取菌落。加盐酸二甲基对苯二胺溶液一滴，阳性者呈现粉红色，并逐渐加深；再加 α-萘酚溶液一滴，阳性者于 30 s 内呈现鲜蓝色。阴性于 2 min 内不变色。

以毛细吸管吸取试剂，直接滴加于菌落上，其显色反应与以上相同。

A.6 硝酸盐培养基

A.6.1 成分

KNO_3	0.2 g
蛋白胨	5.0 g
蒸馏水	1 000.0 mL
pH7.4	

A.6.2 制法

溶解，校正 pH，分装试管，每管约 5 mL，121 ℃高压灭菌 15 min。

A.6.3 硝酸盐还原试剂

A.6.3.1 甲液：将对氨基苯磺酸 0.8 g 溶解于 2.5 mol/L 乙酸溶液 100 mL 中。

A.6.3.2 乙液：将甲萘胺 0.5 g 溶解于 2.5 mol/L 乙酸溶液 100 mL 中。

A.6.4 试验方法

接种后在 28 ℃±1 ℃培养 3 d～5 d，加入甲液和乙液各一滴，观察结果。硝酸盐还原为亚硝酸盐时于立刻或数分钟内显红色。

A.7 过氧化氢酶试验

A.7.1 试剂

3%过氧化氢溶液：临用时配制。

A.7.2 试验方法

挑取固体培养基上菌落一接种环，置于洁净试管内，滴加 3%过氧化氢溶液 2 mL，观察结果。

A.7.3 结果

于 30 s 内发生气泡者为阳性，不发生气泡者为阴性。

A.8 石蕊牛乳培养基、配制方法及反应结果

A.8.1 培养基

脱脂牛乳	1 000.0 mL
石蕊液(4%)	15.0 mL～20.0 mL

A.8.2 配制方法

间歇灭菌3次，每次通气20 min～30 min。

石蕊液的制备是将石蕊浸泡在蒸馏水中过夜或更长的时间，溶解后过滤。

A.8.3 反应结果

产酸：发酵乳糖产酸，使指示剂变为粉红色。

产气：发酵乳糖而同时产气，可冲开上面的凡士林。

凝固：因产酸太多而使牛乳中的酪蛋白凝固。

胨化：将凝固的酪蛋白继续水解为胨，培养基上层液体变清，底部可留有未被完全胨化的酪蛋白。

产碱：乳糖未发酵，因分解含氮物质，生成胺及氨，培养基变碱，指示剂变为蓝色。

A.9 糖氧化和发酵培养基及配制方法

A.9.1 Hayward(1964)培养基

蛋白胨	1.0 g
$NH_4H_2PO_4$	1.0 g
$MgSO_4 \cdot 7H_2O$	0.2 g
KCl	0.2 g
溴百里酚蓝(1.6%酒精溶液)	1.5 mL
H_2O	1 000.0 mL
pH7.1	

A.9.2 配制方法

每支管分装9 mL灭菌，然后用无菌技术加入过滤灭菌或115 ℃，10 min高压灭菌的10%糖溶液。

A.10 碳源利用培养基及配制方法

A.10.1 SMB培养基

$Na_2HPO_4 \cdot 2H_2O$	4.75 g
KH_2PO_4	0.5 g
NH_4Cl	1.0 g
K_2HPO_4	4.53 g
$MgSO_4 \cdot 7H_2O$	0.5 g
5%柠檬酸铁铵	1.0 mL
0.5%$CaCl_2$	1.0 mL
琼脂	17.0 g
蒸馏水	900.0 mL
pH7.0	

A.10.2 配制方法

121 ℃灭菌20 min，在基本培养基中加入过滤除菌或115 ℃，20 min灭菌的氨基酸，使其终浓度为0.2%。

A.11 水杨苷产酸试验培养基及配制方法

A.11.1 Ayers 培养基及配制方法

A.11.1.1 培养基

$NH_4H_2PO_4$	1.0 g
$MgSO_4 \cdot 7H_2O$	0.2 g
KCl	0.5 g
NaCl	5.0 g
蒸馏水	1 000.0 mL
溴百里酚蓝(1.6%酒精溶液)	1.5 mL

pH7.0,121 ℃灭菌 20 min。

A.11.1.2 配制方法

必要时可补充 0.2 g 酵母膏以促进细菌生长。

A.11.2 Dye 培养基 C 及配制方法

A.11.2.1 培养基

$NH_4H_2PO_4$	0.5 g
$MgSO_4 \cdot 7H_2O$	0.2 g
K_2HPO_4	0.5 g
NaCl	5.0 g
酵母膏	1.0 g
琼脂	17.0 g
溴百里酚蓝(1.6%酒精溶液)	1.5 mL
H_2O	1 000.0 mL

A.11.2.2 配制方法

pH7.0,121 ℃灭菌 20 min。待测定的水杨苷单独灭菌或过滤除菌,在培养基中的最终添加浓度为 1%。产酸培养基变为黄色,产碱则变为蓝色。

附 录 B
（资料性附录）
水稻细菌性条斑病菌基本信息

B.1 中文名

水稻细菌性条斑病菌（水稻黄黄单胞菌水稻生致病变种；黄单胞菌条斑致病变种）。

B.2 学名

Xanthomonas oryzae pv. *oryzicola* (Fang et al.) Swings et al.

异名：*Xanthomonas campestris* pv. *oryzicola* (Fang et al) Dye; *Xanthomonas translucens* f. sp. *oryzicola* (Fang et al.) Bradbury

B.3 病害英文名

bacterial leaf streak of rice。

B.4 分布

亚洲：孟加拉、柬埔寨、中国、印度、印尼、老挝、马来西亚、缅甸、尼泊尔、巴基斯坦、菲律宾、泰国、越南；非洲：马达加斯加、尼日利亚、塞内加尔；大洋州：澳大利亚。

B.5 寄主范围

水稻 *Oryza sativa*、虮子草 *Leptochloa filiformis*、雀稗 *Paspalum scrobiculatum*、沼生菰 *Zizania palustris*、结缕草 *Zoysia japonica*、假稻属 *Leersia*、稻属 *Oryza*。

B.6 症状

病斑在叶尖、叶缘发生。也可在中肋两侧发生，叶鞘发生较少。病斑初呈暗绿色水渍状半透明的小点，沿叶脉扩大成为宽四分之一至三分之一，长 1 mm～4 mm 的水渍状条斑。以后还可继续扩大，颜色由黄褐转橙褐色，但两段仍呈暗绿色，对光观察叶片，条斑呈半透明状。病斑上常泌出许多露珠状的蜜黄色菌脓。严重时，许多条斑融合、连接在一起，成为不规则的黄褐色至枯白色大斑块，外形与白叶枯有点相似。病情严重时叶片卷曲，远望呈现一片黄白色。

B.7 分类地位及生理生化特性

水稻细菌性条斑病是由黄单胞菌条斑致病变种（*Xanthomonas oryzae* pv. *oryzicola*）病原菌引起，该菌属原核生物界（Procaryotae）、变形菌门（Proteobacteria）、丙型变形菌纲（Gammaproteobacteria）、黄单胞菌目（Xanthomonadales）、黄单胞菌科（Xanthomonadaceae）、黄单胞菌属（*Xanthomonas*）。

病原菌菌体单生，短杆状，大小(1.0 μm～2.0 μm)×(0.3 μm～0.5 μm)，少数成对但不成链状，不形成芽孢荚膜，极生鞭毛一根。革兰氏染色阴性，在NA培养基上菌落呈蜜黄色，圆形，边缘整齐，光滑发亮，黏稠，好气。最适生长适温28 ℃～30 ℃，生理生化反应与白叶枯菌相似，不同之处该菌能使明胶液化，使牛乳胨化，使阿拉伯糖产酸，对青霉素、葡萄糖反应不敏感，它可产生3-羧基丁酮，以L-丙氨酸为唯一碳源，在0.2%无维生素酪蛋白水解物上生长，以及对0.001% $Cu(NO_3)_2$ 有抗性，这些特点可与白叶枯病菌相区别。该菌与水稻白叶枯病菌的致病性和表现性状虽有很大不同，但其遗传性及生理生化性状又有很大相似性。

B.8　传播途径和发病条件

病田收获的种子、病残株带病菌，为下季初侵染的主要来源。病粒播种后，病菌侵害幼苗的芽鞘和叶梢，插秧时又将病秧带入本田，主要通过气孔侵染。在夜间潮湿条件下，病斑表面溢出菌浓。干燥后成小的黄色株状物，可借风、雨、露水、泌水叶片接触和昆虫等蔓延传播，也可通过灌溉水和雨水传到其他田块。远距离传播通过种子调运。

附 录 C
（资料性附录）
水稻白叶枯病菌基本信息

C.1 中文名

水稻白叶枯病菌（稻生黄单胞菌：水稻黄单胞菌白叶枯致病变种）。

C.2 学名

Xanthomonas oryzae pv. *oryzae* (lshiyama) Swings et al.

异名：*Pseudomonas oryzae lshiyama*；*Xanthomonas campestris* pv. *oryzae* (lshiyama) Dye；*Xanthomonas itoana* (Tochinai) Dowson；*Xanthomonas kresek Schure*；*Xanthomonas translucens f. sp. oryzae* (lshiyama) Pordesimo。

C.3 英文名

bacterial blight of rice；bacterial leaf blight of rice

C.4 分布

亚洲：孟加拉、柬埔寨、中国、印度、印尼、伊朗、日本、朝鲜、韩国、老挝、马来西亚、缅甸、尼泊尔、巴基斯坦、菲律宾、斯里兰卡、中国台湾、泰国、越南；非洲：布基纳法索、喀麦隆、加蓬、马里、尼日尔、塞内加尔、多哥、西非；美洲：玻利维亚、中美洲、哥伦比亚、哥斯达黎加、厄瓜多尔、萨尔瓦多、洪都拉斯、墨西哥、巴拿马、美国、委内瑞拉；大洋州：澳大利亚。

C.5 寄主范围

水稻（*Oryza sativa*）、蓉草（*Leersia oryzoides*）、虮子草（*Leptochloa panicea*）、雀稗（*Paspalum scrobiculatum*）、沼生菰（*Zizania palustris*）、结缕草（*Zoysia japonica*）、稻属（*Oryza*）、假稻属（*Leersia*）、千金子属（*Leptochloa*）、菰属（*Zizania*）。

C.6 症状

水稻各个器官均可染病，叶片最易染病。其症状因病菌侵入部位、品种抗病性、环境条件有较大差异，常见分3种类型。

叶枯型：主要为害叶片，严重时也为害叶鞘，发病先从叶尖或叶缘开始，先出现暗绿色水浸状线状斑，很快沿线状斑形成黄白色病斑，然后沿叶缘两侧或中肋扩展，变成黄褐色，最后呈枯白色，病斑边缘界限明显。在抗病品种上病斑边缘呈不规则波纹状。感病品种上病叶灰绿色，失水快，内卷呈青枯状，多表现在叶片上部。

急性凋萎型：苗期至分蘖期，病菌从根系或茎基部伤口侵入维管束时易发病。主茎或2个以上分蘖同时发病，心叶失水青枯，凋萎死亡，其余叶片也先后青枯卷曲，然后全株枯死，也有仅心叶枯死。病株茎内腔有大量菌脓，有的叶鞘基部发病呈黄褐或褐色，折断用手挤压溢出大量黄色菌脓。有的水稻自分蘖至孕穗阶段，剑叶或其下 1 叶～3 叶中脉淡黄色，病斑沿中脉上下延伸，上可达叶尖、下达叶鞘，有时叶片折叠，病株未抽穗而死。

褐斑或褐变型：抗病品种上较多见，病菌通过剪叶或伤口侵入，在气温低或不利发病条件，病斑外围出现褐色坏死反应带，病情扩展停滞。黄化型症状不多见，早期心叶不枯死，上有不规则褪绿斑，后发展为枯黄斑，病叶基部偶有水浸状断续小条斑。

天气潮湿或晨露未干时上述各类病叶上均可见乳白色小点，干后结成黄色小胶粒，很易脱落。水稻白叶枯病造成的枯心苗，在分蘖期开始出现，病株心叶或心叶以下 1 层～2 层叶出现失水、卷筒、青枯等症状，最后死亡。白叶枯病形成枯心苗后，其他叶片也逐渐青枯卷缩，最后全株枯死，剥开新青卷的心叶或折断的茎部或切断病叶，用力挤压，可见有黄白色菌脓溢出，即病原菌菌脓，别于大螟、二化螟及三化螟为害造成的枯心苗。

C.7　分类地位及生理生化特性

水稻白叶枯病是由水稻黄单胞菌白叶枯致病变种（*Xanthomonas oryzae* pv. *oryzae*）病原菌引起。该病原菌属原核生物界（Procaryotae）、变形菌门（Proteobacteria）、丙型变形菌纲（Gammaproteobacteria）、黄单胞菌目（Xanthomonadales）、黄单胞菌科（Xanthomonadaceae）、黄单胞菌属（*Xanthomonas*）。

病原菌菌体为短杆状，两端钝圆，大小为（1.0 μm～2.0 μm）×（0.8 μm～1.0 μm）；单鞭毛极生，长 6 μm～8 μm；不形成芽孢和荚膜，但在菌体表面有一层胶质分泌物。在琼脂培养基上生长缓慢，菌落呈蜜黄色或淡黄色，圆形，边缘整齐，质地均匀，表面隆起，光滑发亮，无荧光，有黏性。革兰氏染色阴性。好气性、代谢呼吸型。不水解淀粉和明胶；能使石蕊牛乳变红，但不凝固；不还原硝酸盐；产生氮和硫化氢，不产生吲哚；能利用蔗糖、葡萄糖、木糖和乳糖发酵产酸，但不产气。一般不利用无机氮和硝态氮，只能利用部分氨态氮。在含 3% 葡萄糖或 20 mg/kg 青霉素的培养基上不能生长。生长温度范围为 5 ℃～40 ℃，最适温度 26 ℃～30 ℃。致死温度在无胶膜保护下为 53 ℃ 10 min；在有胶膜保护下为 57 ℃ 10 min。病菌最适宜 pH6.5～7.0。

C.8　传播途径和发病条件

带菌种子、带病稻草和残留田间的病株稻桩是主要初侵染源。李氏禾等田边杂草也能传病。细菌在种子内越冬，播后由叶片水孔、伤口侵入，形成中心病株，病株上分泌带菌的黄色小球，借风雨、露水、灌水、昆虫、人为等因素传播。病菌借灌溉水、风雨传播距离较远，低洼积水、雨涝以及灌漫灌可引起连片发病。晨露未干病田操作造成带菌扩散。高温高湿、多露、台风、暴雨是病害流行条件，稻区长期积水、氮肥过多、生长过旺、土壤酸性都有利于病害发生。

附 录 D
（规范性附录）
水稻白叶枯病菌、水稻细菌性条斑病菌的 PCR 检测方法

D.1 试剂及配方

D.1.1 DNA 抽提液配方

100 mmol/L Tris-HCl，pH8.0　　100 mmol/L EDTA
250 mmol/L NaCl　　100 μg/mL 蛋白酶 K

D.1.2 CTAB 沉淀液配方

1%CTAB（质量浓度）（十六烷基三乙基溴化铵）
50 mmol/L Tris-HCl，pH8.0
10 mmol/L EDTA，pH8.0

D.1.3 TE 缓冲液配方

10 mmol/L Tris-HCl，pH8.0
1 mmol/L EDTA，pH8.0

D.1.4 TAE 电泳缓冲液（pH8.5）配方（50×）

Tris	242 g	冰乙酸	57.1 mL
$Na_2EDTA \cdot 2H_2O$	37.5 g	蒸馏水	1 000 mL

D.1.5 10×电泳上样缓冲液（pH8.5）配方

20%（质量浓度）Ficoll 400　　0.1 mol/L Na_2EDTA（pH8.0）
1.9%（质量浓度）SDS　　0.25%（质量浓度）溴酚蓝

D.2 细菌 DNA 的提取

将制备好的菌悬液移至一干净灭菌的离心管中，12 000 r/min 离心 15 min，弃上清液。在沉淀中加入 TE 缓冲液 5 mL，10%SDS 溶液 300 μL，20 mg/mL 蛋白酶 K 30 μL，混匀，37 ℃水浴孵育 1 h。加入等体积的三氯甲烷-异戊醇（24∶1），混匀。10 000 r/min 离心 5 min，将上清液移至一个新离心管中。加入等体积酚-三氯甲烷-异戊醇（25∶24∶1），混匀，10 000 r/min 离心 5 min，将上清液移至一新离心管。加入 0.6 倍体积的异丙醇，轻轻混匀，10 000 r/min 离心 5 min，弃上清液，管中加入 70%乙醇洗涤沉淀，晾干，加入 50 μL TE 缓冲液溶解 DNA 沉淀，－20 ℃长期保存。

注：此步骤可省略。可直接用培养的菌株稀释成≥10^5 CFU/mL 的菌悬液做模板进行定性 PCR 检测。

D.3 定性 PCR 检测

D.3.1 PCR 反应体系

D.3.1.1 检测水稻白叶枯病菌、水稻细菌性条斑病菌采用的 PCR 引物序列见表 D.1。

表 D.1 检测水稻白叶枯病菌和水稻细菌性条斑病菌的 PCR 引物

引物名称	引物序列	PCR 产物大小	
F1	正向引物:5'-GAATATCAGCATCGGCAACAG-3′	152 bp	含铁细胞接受因子基因
R1	反向引物:5'-TACCGGAGCTGCGCGTT-3′		

D.3.1.2 检测水稻白叶枯病菌、水稻细菌性条斑病菌采用的 PCR 反应体系见表 D.2。

表 D.2 检测水稻白叶枯病菌和水稻细菌性条斑病菌的 PCR 反应体系

组　　成	加样体积
10×PCR 缓冲液(Mg^{2+} free)	2.5 μL
氯化镁(25 mmol/μL)	2 μL
dNTP(10 mmol/μL)	0.5 μL
Taq 酶(1 U/μL)	0.7 μL
正向引物(10 pmol/μL)	1.5 μL
反向引物(10 pmol/μL)	1.5 μL
模板 DNA(1 ng/μL～10 ng/μL)	5 μL
双蒸水	11.3 μL
总体积	25 μL

D.3.2 PCR 反应循环参数

94 ℃预变性 3 min;94 ℃,30 s;59 ℃,30 s;72 ℃,20 s,进行 30 个循环;72 ℃延伸 5 min,并置于 4 ℃保存。

D.3.3 PCR 扩增产物的检测

用 TAE 电泳缓冲液制备 2%的琼脂糖凝胶,按比例混匀电泳上样缓冲液和 PCR 产物,将混有上样缓冲液的 PCR 扩增产物加至样品孔中,用 DNA Maker 做相对分子质量的标记,进行电泳分析,电泳结束后,在凝胶成像分析仪下观察是否扩增出预期的特异性 DNA 电泳带,拍摄并记录实验结果。

附 录 E
（资料性附录）
黄单胞菌属（*Xanthomonas*）和假单胞菌属（*Pesudomonas*）主要生化差别

表 E.1 *Xanthomonas* 属和 *Pesudomonas* 属之间的主要表型差异

主要特征	*Xanthomonas*	*Pesudomonas*
氧化酶反应	－（延迟反应）	＋
在 0.1%TTC 上生长	－	＋
利用天冬酰氨为唯一碳源和氮源	－	＋
自水杨苷产酸	－	＋
黄单胞色素	＋	－

ICS 65.020.01
B 16

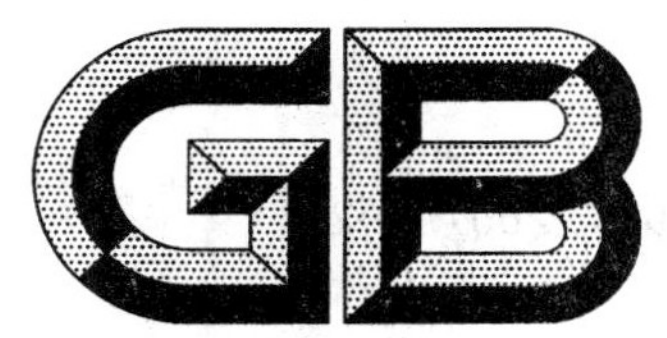

中华人民共和国国家标准

GB/T 28079—2011

水稻稻粒黑粉病菌检疫鉴定方法

Detection and identification of *Tilletia horrida* Tak.

2011-12-30 发布　　2012-06-01 实施

中华人民共和国国家质量监督检验检疫总局
中国国家标准化管理委员会　发布

前　言

本标准按照 GB/T 1.1—2009 给出的规则起草。

本标准由全国植物检疫标准化技术委员会(SAC/TC 271)提出并归口。

本标准起草单位:中国检验检疫科学研究院、中华人民共和国天津出入境检验检疫局。

本标准主要起草人:吴品珊、罗家凤、杜洪忠、严进。

水稻稻粒黑粉病菌检疫鉴定方法

1 范围

本标准规定了水稻稻粒黑粉病菌形态学鉴定的方法。

本标准适用于水稻 *Oryza sativa*、大米、稻壳中水稻稻粒黑粉病菌的检疫和鉴定。

2 水稻稻粒黑粉病菌基本信息

中文名：水稻稻粒黑粉病菌

学名：*Tilletia horrida* Tak.。

异名：*Tilletia barclayana* (Bref.) Sacc. & P. Syd.；

Neovossia horrida (Takah.) Padwick & A. Khan；

Neovossia barclayana Bref.。

病害英文名：black smut of rice，rice kemel smut。

属真菌界 Fungi，担子菌门 Basidiomycota，黑粉菌纲 Ustilaginomycetes，外担菌亚纲 Exobasidiomycetidae，腥黑粉菌目 Tilletiales，腥黑粉菌科 Tilletiaceae，腥黑粉菌属 *Tilletia*。

病菌的形态特征与我国进境植物检疫性有害生物小麦印度腥黑穗病菌 *Tilletia indica* 以及黑麦草腥黑穗病菌 *Tilletia walkeri* 近似。

水稻稻粒黑粉病菌的其他信息参见附录 A。

3 方法原理

根据稻粒黑粉病菌孢子的形态特征和对寄生造成的症状特征为判断稻粒黑粉病菌的依据。

4 仪器

4.1 生物显微镜。

4.2 体视显微镜。

4.3 往复式振荡器。

4.4 低速离心机。

5 试剂

5.1 吐温-20(Tween-20)。

5.2 席尔氏浮载剂(参见附录 B)。

6 检测

6.1 肉眼观察

将水稻稻粒、大米或夹杂在其他货物中的水稻稻粒置于灭菌的白色瓷盘中，根据下列特征检查菌瘿和病粒:病粒外表污绿色或污黄色,有时似健粒,饱满或略秕,松软,隐约可见内部的黑色物,破裂后即可散出;有时病粒开裂,散出黑粉;有的病粒呈暗绿色或焦黄色;也有的病粒局部隐暗,米粒部分破坏,胚完好。对疑似病粒,挑取黑粉制片。

6.2 洗涤检验

称取 50 g 样品,倒入 250 mL 灭菌的三角瓶内,加灭菌水 100 mL、吐温-20 1 滴～2 滴,铝箔纸封口,将三角瓶在振荡器上振荡洗涤 5 min。

将洗涤悬浮液注入 10 mL～20 mL 灭菌的刻度离心管内,1 000 r/min 离心 3 min,倒掉上清液,再加剩余洗涤悬浮液,重复离心,直至所有洗涤悬浮液离心完毕,留沉淀物。

在沉淀物中加入席尔氏浮载剂,视沉淀物的量,定容至 1 mL～3 mL,吸取 5 μL～20 μL 沉淀物悬浮液制片。

7 鉴定

在油镜(100×)下随机观察测量 30 个成熟的黑粉菌冬孢子,记录冬孢子大小、表面突起形状、突起高度。同样条件下观察不孕细胞形态特征,测量相关特征数值。

8 稻粒黑粉病菌形态特征

8.1 冬孢子

冬孢子球形或近球形,浅褐色至深褐色,直径 17 μm～36 μm,平均 24 μm～28 μm。冬孢子侧面观表面有疣突,顶弯曲、尖锐,成熟的孢子顶端平截或钝,被透明的胶质鞘包围,高 1.5 μm～4.0 μm;正面观疣突均匀分布,排列紧密,呈多角型。

8.2 不孕细胞

不孕细胞球形,近球形,透明,孢壁光滑,大小(22 μm～36 μm)×(14 μm～24 μm),壁厚 1.5 μm～5.0 μm。

8.3 水稻稻粒黑粉病菌与近似种的比较

见附录 C 和参见附录 D。

9 结果判定

如样本的形态特征与第 8 章描述吻合,可判定为水稻稻粒黑粉病菌 *Tilletia horrida* Tak.。否则,不视为水稻稻粒黑粉病菌。

10 样品保存

检疫鉴定后保存样品,以备复验、谈判和仲裁。由鉴定人标识确认、样品管理员登记,置于干燥、防虫、防鼠处保存,保存期为一年,有特殊需求保存期可适当延长。保存期满,需经灭菌后方可处理。

附 录 A
（资料性附录）
水稻稻粒黑粉病菌其他信息

A.1 寄主范围

主要寄主水稻（*Oryza sativa*），次要寄主有臂形草属（*Brachiaria* Griseb.）、马唐属（*Digitaria* Haller）、黍属（*Panicum* L.）和狼尾草（*Pennisetum glaucum*）。

A.2 分布

欧洲：希腊，意大利，俄罗斯。

亚洲：孟加拉，柬埔寨，中国（安徽、甘肃、广东、广西、贵州、河北 河南、湖北、湖南、江苏、江西、吉林、辽宁、四川、台湾、云南、浙江），印度，印度尼西亚，日本，朝鲜，韩国，马来西亚，缅甸，尼泊尔，巴基斯坦，菲律宾，塔吉克斯坦，泰国，乌兹别克斯坦，越南。

非洲：塞拉利昂。

中美洲加勒比海：洪都拉斯，古巴，尼加拉瓜，巴拿马，特立尼达和多巴哥。

北美洲：墨西哥，美国。

南美洲：阿根廷，巴西，圭亚那，苏里南，委内瑞拉。

大洋洲：澳大利亚，斐济，所罗门群岛。

附　录　B
（资料性附录）
席尔氏浮载剂的配制方法

B.1　麦克凡氏缓冲液

B.1.1　配制 0.1 mol/L 的柠檬酸溶液

称取 19.21 g 无水柠檬酸溶于 1 000 mL 蒸馏水中。

B.1.2　配制 0.2 mol/L 的磷酸氢二钠溶液

称取 28.40 g 无水磷酸氢二钠溶于 1 000 mL 蒸馏水中。

B.1.3　配制麦克凡氏缓冲液

取 0.1 mol/L 的柠檬酸溶液 5.5 mL 和 0.2 mol/L 的磷酸氢二钠溶液 194.5 mL 混合，即为pH8.0 的麦克凡氏缓冲液。

B.2　席尔氏浮载剂的配制

称取 6 g 无水乙酸钾溶于 300 mL 麦克凡氏缓冲液中，加甘油 120 mL 和乙醇 180 mL 混匀，即为席尔氏浮载剂。

附　录　C
（规范性附录）
水稻稻粒黑粉病菌与近似种的冬孢子形态图

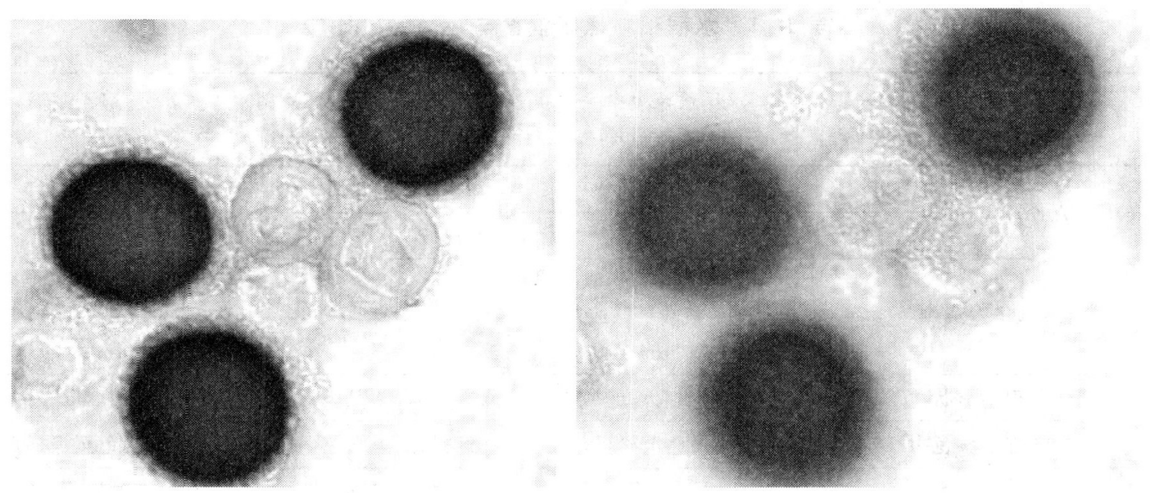

图 C.1　水稻稻粒黑粉病菌 *Tilletia horrida* 的冬孢子光学显微镜形态图（引自 Lori M. C. 等）

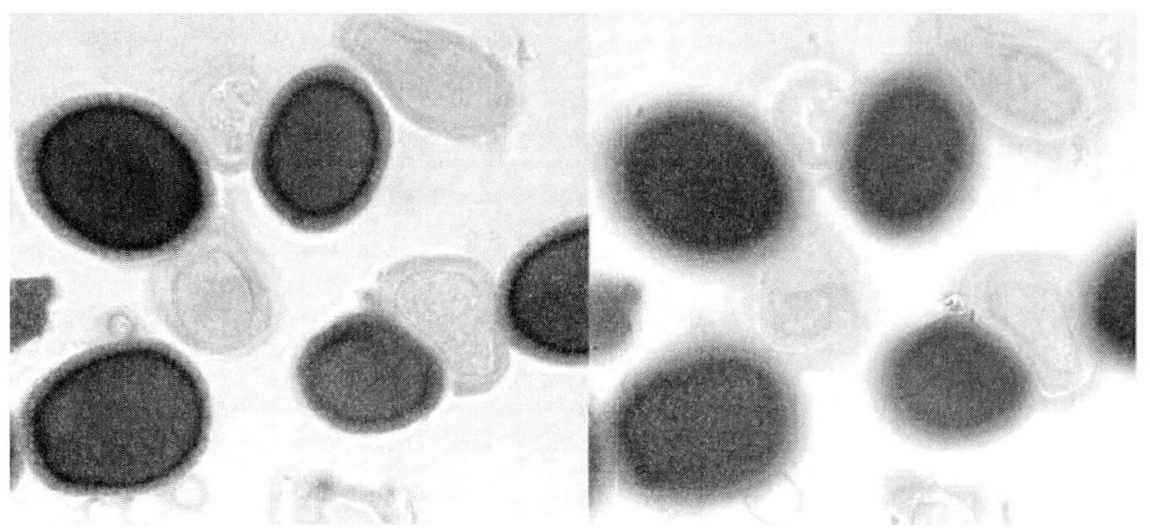

图 C.2　小麦印度腥黑穗病菌 *Tilletia indica* 的冬孢子光学显微镜形态图（引自 Lori M. C. 等）

附　录　D
（资料性附录）
水稻稻粒黑粉病菌与近似种的比较

表 D.1　水稻稻粒黑粉病菌与近似种的比较

特征		水稻稻粒黑粉病菌 *Tilletia horrida*	小麦印度腥黑穗病菌 *Tilletia indica*	黑麦草腥黑穗病菌 *Tilletia walkeri*
冬孢子直径/μm	范围	17～36	22～47	23～45
	平均	24～28	35～41	30～31
冬孢子脊或刺		顶弯曲、尖锐，成熟孢子顶端平截或钝，高 1.5 μm～4 μm	顶部偶尔弯曲，尖或钝，高 1.5 μm～5.0 μm	顶部偶尔弯曲，锥状、平截或钝，高 3 μm～6 μm
冬孢子形状		球形或近球形	球形或近球形	球形
冬孢子颜色		浅褐色至深褐色	红褐色、黑褐色至黑色	红褐色至黑褐色
寄主		水稻	小麦	黑麦草

ICS 65.020.01
B 16

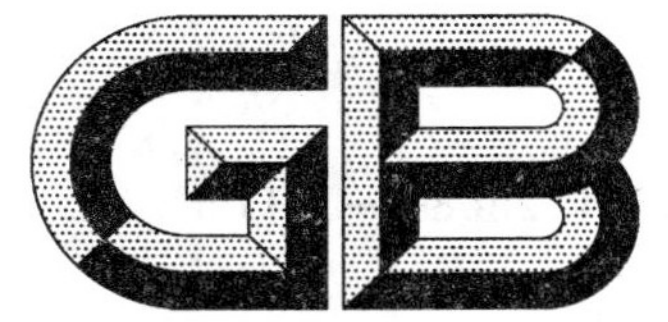

中华人民共和国国家标准

GB/T 28080—2011

小麦印度腥黑穗病菌检疫鉴定方法

Detection and identification of *Tilletia indica* Mitra

2011-12-30 发布　　2012-06-01 实施

中华人民共和国国家质量监督检验检疫总局
中国国家标准化管理委员会　发布

前　言

本标准按照 GB/T 1.1—2009 给出的规则起草。

本标准由全国植物检疫标准化技术委员会(SAC/TC 271)提出并归口。

本标准起草单位:中华人民共和国深圳出入境检验检疫局、深圳市检验检疫科学研究院。

本标准主要起草人:章桂明、程颖慧、王颖、陆清、凌杏元、龙海、陈枝楠、向才玉、杨伟东、缪建锟。

小麦印度腥黑穗病菌检疫鉴定方法

1 范围

本标准规定了小麦印度腥黑穗病菌的检疫鉴定方法，包括形态学方法和分子生物学检测方法，规定了小麦印度腥黑穗病菌检疫鉴定流程，明确了取样和样品保存方法。

本标准适用于小麦及其加工产品传带的小麦印度腥黑穗病菌的检测。

本标准也适用于除小麦以外的该病菌其他寄主传带小麦印度腥黑穗病菌的检测。

2 规范性引用文件

下列文件对于本文件的应用是必不可少的。凡是注日期的引用文件，仅注日期的版本适用于本文件。凡是不注日期的引用文件，其最新版本(包括所有的修改单)适用于本文件。

GB/T 6682 分析实验室用水规格和试验方法

GB/T 18085 植物检疫 小麦矮化腥黑穗病菌检疫鉴定方法

GB/T 19495.2 转基因产品检测 实验室技术要求

3 小麦印度腥黑穗病菌基本信息

中文名：小麦印度腥黑穗病菌。

学名：*Tilletia indica* Mitra。

异名：*Neovossia indica* (Mitra) Mundkur。

病害英文名：karnal bunt of wheat(简称 KB)，partial bunt of wheat。

属真菌界 Fungi、担子菌门 Basidiomycota、黑粉菌纲 Ustomycetes、黑粉菌目 Ustilaginales、腥黑粉菌科 Tilletiaceae、腥黑粉菌属 *Tilletia*。

小麦印度腥黑穗病菌主要通过发病种子和附着于健康种子表面的冬孢子进行远距离传播，也可随土壤及其他农用工具进行传播。

小麦印度腥黑穗病菌的其他信息参见附录 A。

4 方法原理

根据小麦印度腥黑穗病菌的生物学和形态学特征以及分子生物学特征，应用相关仪器，包括显微镜和 PCR 仪等对小麦印度腥黑穗病菌进行鉴定。

5 检疫鉴定流程

检疫鉴定流程见图 1。

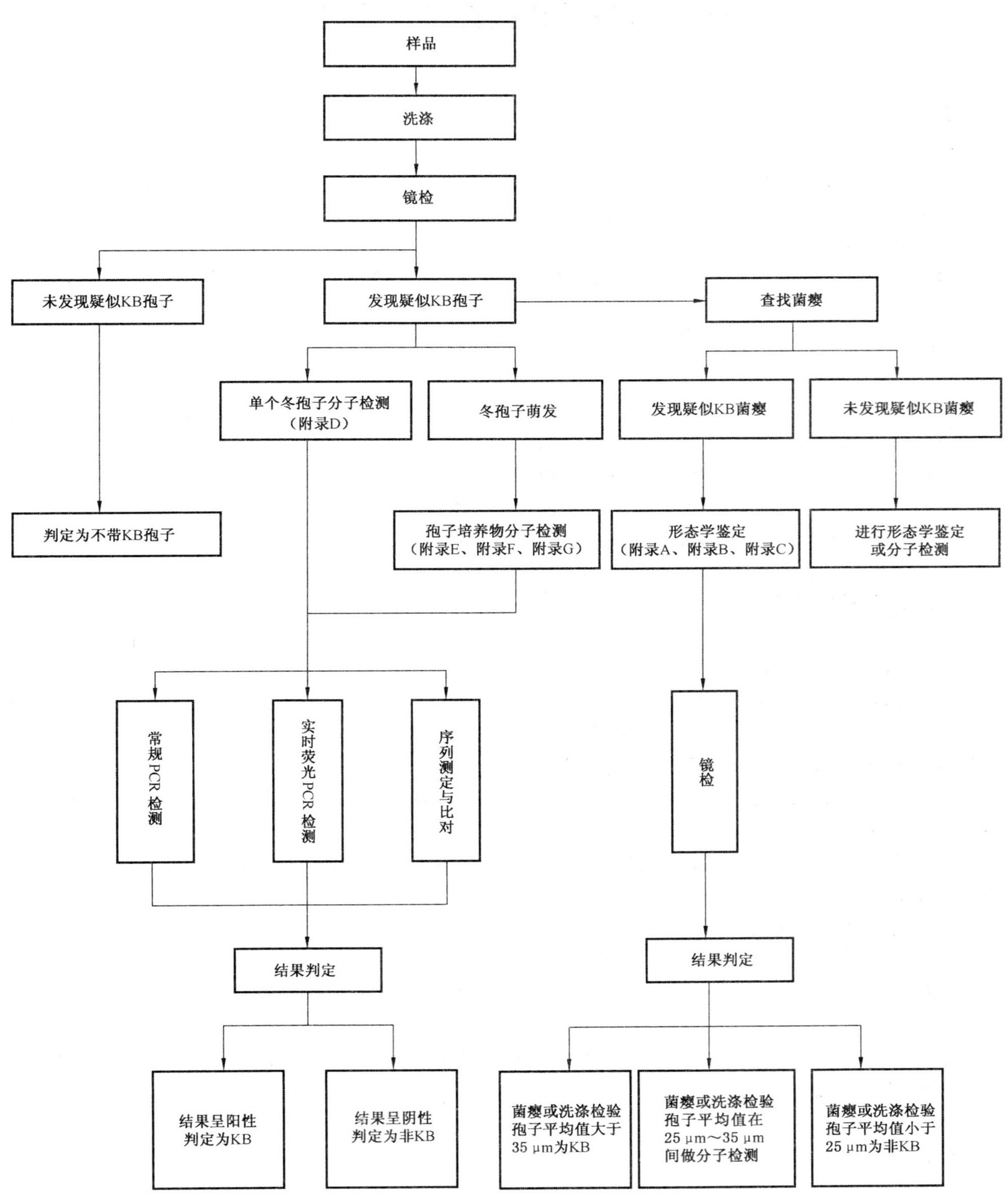

图 1 小麦印度腥黑穗病菌检疫鉴定流程图

6 取样方法

6.1 未经加工小麦取样方法

按照 GB/T 18085 取样方法进行取样。

6.2 加工小麦取样方法

实施堆垛抽样时，在堆垛四周按正弦曲线从上、中、下层随机确定抽样点。

实施船舱内货物抽样时，以 50 m^2 为一个抽样区，每区设中心及四角（距边缘 1 m 处）五个抽样点，每增加一个抽样区，增加三个抽样点。集装箱或车厢装载的麦麸、面粉抽样参照船舱抽样方法进行。

6.3 袋装面粉抽样比例

10 袋以下，逐袋抽样。

10～100 袋，随机取 10 件。

100 袋以上，按一批货物总袋数的平方根数抽取见式(1)。

$$n = \sqrt{N} \qquad \cdots\cdots(1)$$

式中：

N ——一批货物的总袋数；

n ——应抽取件数（n 值取整数，小数部分向上修约）。

7 主要仪器设备和试剂

7.1 主要仪器设备

7.1.1 摇床。

7.1.2 显微镜。

7.1.3 纯水器。

7.1.4 测序仪。

7.1.5 电泳仪。

7.1.6 低温冰箱。

7.1.7 显微操作仪。

7.1.8 超净工作台。

7.1.9 高压灭菌锅。

7.1.10 光照培养箱。

7.1.11 旋涡振荡器。

7.1.12 普通离心机。

7.1.13 冷冻干燥机。

7.1.14 凝胶成像仪。

7.1.15 核酸蛋白分析仪。

7.1.16 PCR 仪（常规 PCR 仪、实时荧光 PCR 仪）。

7.1.17 破壁针（具有平截切面的针，能将孢子压碎）。

7.1.18 培养皿（9 cm）。

7.1.19 筛网(53 μm、20 μm)。
7.1.20 孔径 100 μm 的毛细管。
7.1.21 锥形瓶(250 mL、500 mL)。
7.1.22 盖玻片(18 mm×18 mm)。
7.1.23 PCR 反应管(0.2 mL,0.5 mL)。
7.1.24 载玻片(25 mm×76 mm,厚(0.8 mm～1.0 mm)。
7.1.25 Tip 头(0.1 μL～10 μL,5 μL～200 μL,100 μL～1 000 μL)。
7.1.26 可调微量移液器(2 μL,10 μL,20 μL,100 μL,200 μL,1 000 μL)。

7.2 主要试剂

7.2.1 三氯甲烷。
7.2.2 异戊醇。
7.2.3 异丙醇。
7.2.4 醋酸钠。
7.2.5 甲酰胺。
7.2.6 70%乙醇。
7.2.7 无水乙醇。
7.2.8 Tris 饱和酚。
7.2.9 *Taq* 酶。
7.2.10 Gelatin。
7.2.11 溴化乙锭。
7.2.12 DNA Marker。
7.2.13 PDA 培养基。
7.2.14 水琼脂培养基。
7.2.15 SDS 提取液。
7.2.16 PCR 缓冲液。
7.2.17 电泳缓冲液。
7.2.18 上样缓冲液。
7.2.19 Bigdye 试剂盒。
7.2.20 *Taq*Man Universal PCR Master Mix。
7.2.21 席尔氏浮载剂,见 GB/T 18085。
7.2.22 dNTPs (dATP、dGTP、dCTP、dTTP)。

注:除另有规定外,所有试剂均为分析纯或生化试剂。

8 检测与鉴定

8.1 样品前处理

8.1.1 实验室器皿和筛网的前处理

将所有实验器皿和筛网浸泡于 1.6%的次氯酸钠中 15 min,然后用无菌水冲洗 5 次。

8.1.2 面粉中孢子的获取

将面粉样品充分混匀,称取 50 g 置于 250 mL 锥形瓶中,加入 100 mL 无菌水,搅拌均匀后倒入直径为 9 cm 的玻璃培养皿中，使面粉溶液在培养皿中均匀成一薄层，再将培养皿置于解剖镜下镜检，用解剖针挑取深色冬孢子用于形态学鉴定或分子生物学检测。

8.2 形态学鉴定

对查找到菌瘿，或通过洗涤检验获得冬孢子的，先进行形态学鉴定。对菌瘿采用解剖针挑取菌瘿的冬孢子，置于席尔氏液中制片，对洗涤检验采用滴管吸取冬孢子悬浮液制片，待冬孢子胶质鞘充分展开后，进行封片，观察冬孢子的大小、形状、颜色、外孢壁结构，在 100× 油镜下测量冬孢子的大小，每个样品测量 100 个冬孢子。

形态学鉴定的具体操作过程见附录 B，KB 与近似种的形态学图参照附录 C。

8.3 单个冬孢子直接分子检测

对未查找到菌瘿，但通过洗涤检验发现疑似小麦印度腥黑穗病菌冬孢子的，要进行单个孢子分子方法检测。每个 PCR 反应检测 1 个冬孢子，共检测 5 个冬孢子。每次 PCR 检测应设立相应的阳性对照、阴性对照和空白对照。

单个冬孢子直接分子检测具体操作过程见附录 D。

8.4 孢子培养物的分子检测

对未查找到菌瘿，但通过洗涤检验发现疑似小麦印度腥黑穗病菌，而这些疑似小麦印度腥黑穗病菌通过形态学和单个孢子检测无法获得准确结果时，则要对孢子进行培养(培养方法见 E.1)，用培养物进行分子检测。每次 PCR 检测须设立相应的阳性对照、阴性对照和空白对照。

孢子培养物分子检测具体操作过程见附录 E、附录 F。

8.5 序列测定与比对

将 PCR 产物纯化后，进行测序，或由生物公司完成。把测序所得到的核苷酸序列与已知的小麦印度腥黑穗病菌相应序列进行比对。

序列比对具体操作过程见附录 G。

9 结果判断与表述

9.1 形态学鉴定结果判断和表述

对查找到的菌瘿中的冬孢子或通过洗涤检验获取的冬孢子，所观察的症状和形态学特征与小麦印度腥黑穗病菌冬孢子的一致，且对其 100 个孢子大小测量平均值大于 35 μm，则判定该样品含有小麦印度腥黑穗病菌；对其 100 个孢子大小测量平均值小于 25 μm，则判定该样品不含有小麦印度腥黑穗病菌；对其 100 个孢子大小测量平均值介于 25 μm～35 μm，则判定该样品含有疑似小麦印度腥黑穗病菌，应进行进一步分子检测。

9.2 单个孢子直接分子检测结果判断和表述

9.2.1 常规 PCR 检测结果判断和表述

对单个孢子进行 PCR 检测，在阳性对照、阴性对照和空白对照结果均正常的情况下，如通过电泳获取 260 bp 条带，且测序比对与小麦印度腥黑穗病菌一致的判定为该样品含有小麦印度腥黑穗病菌；如没有 PCR 扩增条带的则应挑取孢子进行萌发，进行分子检测。

9.2.2 实时荧光 PCR 检测结果判断和表述

对单个孢子进行 MGB 探针实时荧光 PCR 检测，在阳性对照、阴性对照和空白对照结果均正常的情况下，则：

——检测 Ct 值小于或等于 36，判定小麦印度腥黑穗病菌检测结果呈阳性；

——检测 Ct 值大于 36，应重做实时荧光 PCR，如再次扩增后，Ct 值小于或等于 36，判定同上，如 Ct 值大于 36，则需要挑取冬孢子进行萌发，用孢子培养物进行分子检测。

9.3 孢子培养物分子检测结果判断和表述

9.3.1 常规 PCR 检测结果判断和表述

对孢子培养物进行常规 PCR 检测，在阳性对照、阴性对照和空白对照结果均正常的情况下，如样品扩增产生 414 bp(引物 Tin3/Tin4)或 260 bp(引物 P12)的特异性条带，则初步判定小麦印度腥黑穗病菌检测结果呈阳性，但需进一步进行实时荧光 PCR 检测或序列测定与比对进行结果验证，按照实时荧光 PCR 检测或序列测定与比对结果进行最后结果判定；如样品无特异性扩增条带，则判定小麦印度腥黑穗病菌检测结果呈阴性。

9.3.2 实时荧光 PCR 检测结果判断和表述

9.3.2.1 普通探针实时荧光 PCR 检测结果判断和表述

普通探针的实时荧光 PCR 检测，在阳性对照、阴性对照和空白对照结果均正常的情况下，则：

——检测 Ct 值小于 34，判定小麦印度腥黑穗病菌检测结果呈阳性；

——检测 Ct 值大于或等于 34，判定小麦印度腥黑穗病菌检测结果呈阴性。

9.3.2.2 MGB 探针实时荧光 PCR 检测结果判断和表述

MGB 探针实时荧光 PCR 检测，在阳性对照、阴性对照和空白对照结果均正常的情况下，则：

——检测 Ct 值小于或等于 36，判定小麦印度腥黑穗病菌检测结果呈阳性；

——检测 Ct 值大于或等于 40，判定小麦印度腥黑穗病菌检测结果呈阴性；

——检测 Ct 值在 36～40 之间，应重做实时荧光 PCR，再次扩增后，如 Ct 值小于或等于 36 或者 Ct 值大于或等于 40，判定同上。

9.4 序列测定与比对

把测序所得到的核苷酸序列与已知的小麦印度腥黑穗病菌相应序列进行比对，如果与已知的小麦印度腥黑穗病菌序列完全一致，则判定小麦印度腥黑穗病菌检测结果呈阳性，不一致则判定小麦印度腥黑穗病菌检测结果呈阴性。

10 样品和原始数据保存

10.1 样品保存

存查样品应视样品的状态采用相应的保存方式，妥善保存 6 个月。如发现小麦印度腥黑穗病菌，该样品应保存 1 年，以备复验，如涉及到贸易纠纷则应保存到纠纷解决完毕。保存期满后，需经灭菌处理。

10.2 原始数据保存

样品检测结束后，其原始记录单和检验报告或证书应归档，妥善保管，以备复验、谈判和仲裁。

附 录 A
(资料性附录)
小麦印度腥黑穗病菌其他信息

A.1 分布

小麦印度腥黑穗病大多分布于亚洲、北美洲、南美洲和非洲等少数几个国家。

亚洲:印度、阿富汗、巴基斯坦、伊拉克、尼泊尔。

北美洲:墨西哥、美国。

南美洲:巴西。

非洲:南非。

A.2 形态特征

病菌冬孢子堆(spore mass)粉状,褐黑色,由冬孢子及不孕细胞组成,新鲜时有恶臭。不孕细胞球形至长椭圆形,常呈泪珠状,淡黄色至淡黄褐色,具有光滑而厚的裂片状的胞壁,并常有一个菌丝附属丝。冬孢子无鞘,有时具有一个菌丝附属丝,球形或近球形,红褐色(几乎不透光),直径 25 μm～43 μm(平均 35 μm),孢壁疣刺状,疣突截形,1.5 μm～5 μm。

A.3 寄主范围及症状

小麦印度腥黑穗病菌自然寄主为小麦(*Triticum aestivum*)、硬粒小麦(*Triticum durum*)及小黑麦(*Triticum aestivum* × *Secale cereale*)。在人工接种条件下,尚可感染下列寄主植物:耐酸草(*Bromus ciliatus*)、旱雀麦(*B. tectorum*)、加那利黑麦草(*Lolium canariense*)、意大利黑麦草(*L. multiflorum*)、黑麦草(*L. perenne*)、波斯黑麦草(*L. persicum*)、一粒小麦(*Triticum monococcum*)、野生一粒小麦(*Triticum boeticum*)、提莫非氏小麦(*Triticum timopheevi*)、*Triticum opheeri*、黑麦(*Secale cereale*);山羊草属(*Aegilops*):二角山羊草(*A. bicornis*)、尾状山羊草(*A. caudata*)、顶芒山羊草(*A. comosa*)、*A. mutica*、*A. searsii*、沙伦山羊草(*A. sharonensis*)、粗山羊草(*A. tauschii*)、*A. triaristana*、*A. triunciale*等。

小麦印度腥黑穗病菌主要为害小麦穗部。其症状特点是对寄主穗部的局部侵染,当感病小麦进入糊熟期时,开始出现症状,在有的品种上,病穗一般较健穗短,感病麦株通常表现为部分麦穗发病,感病麦穗也常表现为部分小穗受到感染,病穗通常局部黑粉化。成熟时在受害籽粒的腹沟处果皮下形成黑粉菌腔。感病轻微的,腹沟症状不明显,仅在子粒表面形成暗褐色疱斑,种子发芽率不受影响;感病严重时则病粒全部或大部分形成黑粉腔,外表由菌体化果皮包被,病菌损伤胚及毗邻的胚乳,种子不发芽或虽发芽只形成畸形弱苗;病粒中的黑粉由于病原菌产生三甲胺而散发出腐鱼腥臭味。病菌孢子堆形成于子房中,轻微膨胀或不膨胀,几乎完全为颖片所覆盖。

A.4 传播途径

病粒及附着于健康种子表面的冬孢子是病原菌进行远距离传播的主要途径,由于该病局部侵染的特性，在收获期间很难有效的清除混杂于健康种子中的病粒，因而病粒可随同贸易性小麦或资源性引种或科研性引种而进行远距离传播。

在小麦收获期间，散落到土壤中的菌瘿或从破碎菌瘿中落入土壤中的小麦印度腥黑穗病菌冬孢子，随同土壤进行传播。带有孢子的病土也可通过黏附在人、牲畜和农用收获机械等表面进行传播。

附 录 B
（规范性附录）
形 态 学 鉴 定

B.1 菌瘿查找

在体视显微镜下，检查小麦种子中有无菌瘿。感病较重的种子，菌瘿颜色多呈暗紫褐色，不同于健康种子，感病种子因腥黑粉菌孢子而散发出三甲胺气味。感病轻微的种子，可采用将小麦种子浸泡在水中检查菌瘿，即：将待检种子浸泡在水中，沿种子腹面对内稃进行观察。

B.2 洗涤检验

B.2.1 取 50 g 样品放入 250 mL 锥形瓶中，加入 100 mL 无菌双蒸水（含 0.01%Tween-20），放于摇床 200 r/min 振荡 3 min 以便释放孢子。

B.2.2 将洗涤液倒在上层的 53 μm 的筛网上，20 μm 筛网在下层，进行抽滤，用 500 mL 的锥形瓶接收滤液。

B.2.3 用 100 mL 无菌双蒸水冲洗 250 mL 锥形瓶中样品 2 次，然后将洗涤液倒在 53 μm 的筛网上，再用 200 mL～300 mL 无菌双蒸水冲洗 53 μm 筛网，确保孢子从样品上分离。

B.2.4 移去 53 μm 筛网，将 20 μm 筛网倾斜成 45°，用无菌双蒸水冲洗将筛网上的孢子冲洗下来，然后将孢子洗涤液倒入离心管中，1 000 g 离心 3 min。

B.2.5 用移液管将上清液缓缓吸出，最后加入席尔氏液，定容至 100 μL～500 μL，混匀，镜检。

B.3 形态学鉴定

用解剖针挑起孢子，置于席尔氏液中制片，在显微镜下观察孢子的大小、形状、颜色和孢壁结构，在 100×油镜下测量 100 个冬孢子的大小。

B.4 结果判定

形态学鉴定结果判定见 9.1。

附 录 C
（资料性附录）
小麦印度腥黑穗病菌与近似种的孢子显微形态图和扫描形态图

C.1　小麦印度腥黑穗病菌孢子显微形态图(章桂明等,2005)参见图C.1。

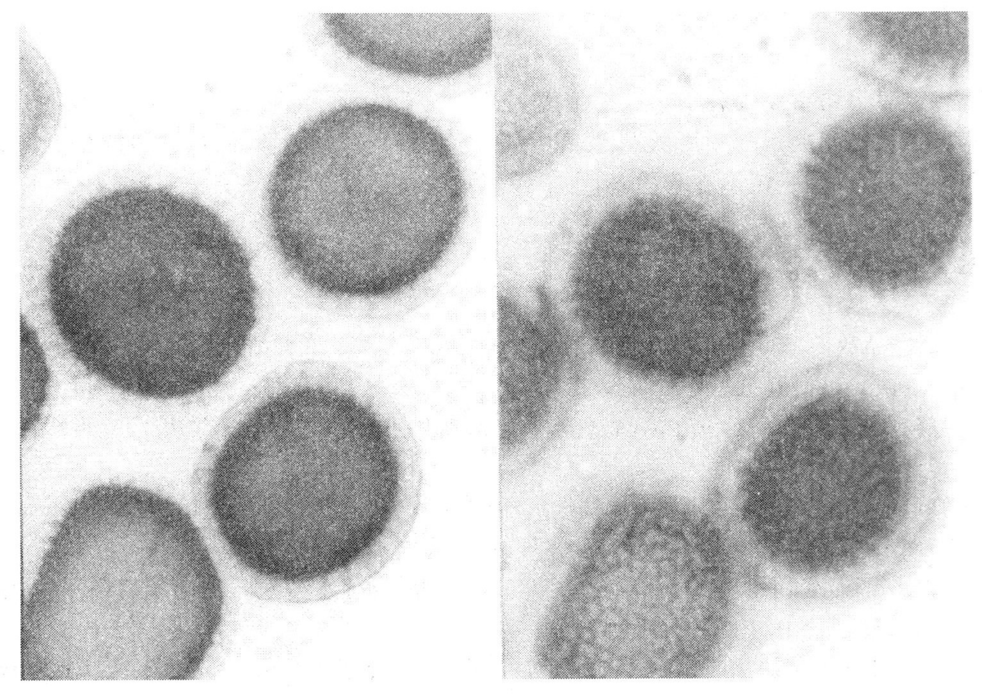

图 C.1　小麦印度腥黑穗病菌孢子显微形态图

C.2　小麦印度腥黑穗病菌孢子电镜扫描形态图(章桂明等,2005)参见图C.2。

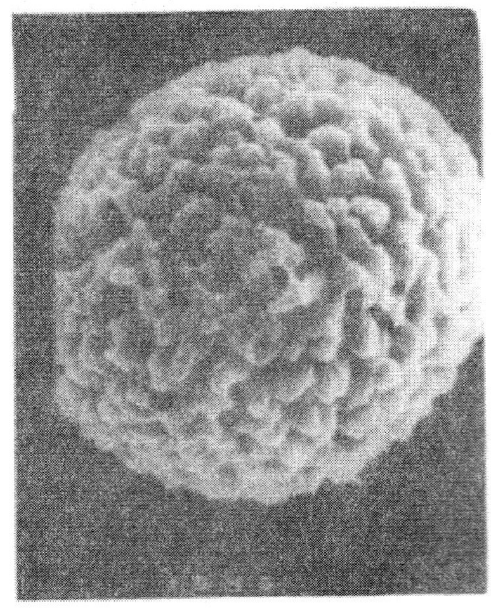

图 C.2　小麦印度腥黑穗病菌孢子电镜扫描形态图

C.3 黑麦草腥黑穗病菌孢子显微形态图(EPPO,2004)参见图C.3。

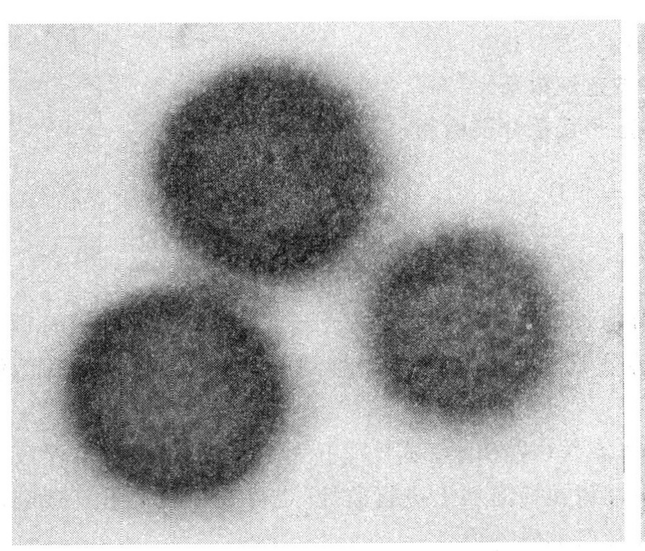

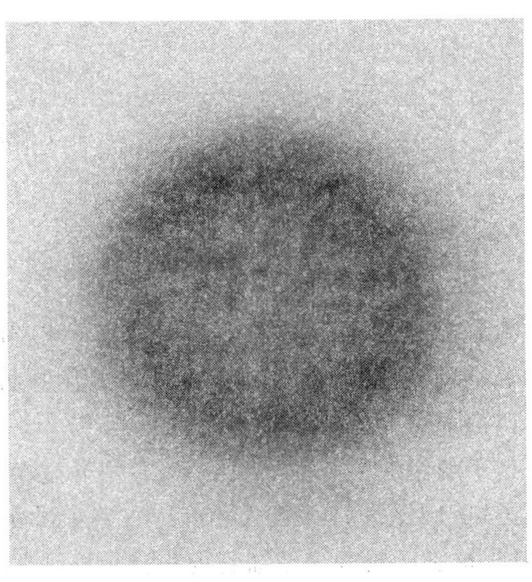

图 C.3 黑麦草腥黑穗病菌孢子显微形态图

C.4 黑麦草腥黑穗病菌孢子电镜扫描形态图(Jim Plaskowitz,2006)参见图C.4。

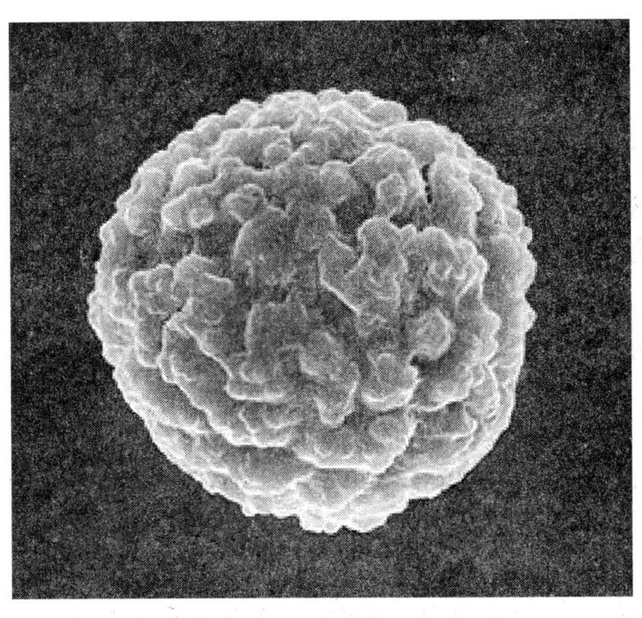

图 C.4 黑麦草腥黑穗病菌孢子电镜扫描形态图

附　录　D
（规范性附录）
单个冬孢子直接分子检测

D.1　单个孢子核酸制备

菌瘿中冬孢子获取方法：用针刺破菌瘿，挑取不带植物组织的少许孢子，将这些孢子轻轻展布于载玻片上，在低倍镜下观察孢子是否分散开，再将单个孢子挑起，直接转移到PCR管的管盖中，在低倍镜下确认孢子是否已被成功放置。

孢子悬浮液中冬孢子获取方法：用显微操作系统（或在倒置显微镜下人工操作）从孢子悬浮液中吸取孢子，所用毛细管孔径为100 μm，整个操作过程在检测器上进行监控，也可在显微镜下直接进行观察，确认孢子已被吸入毛细管内并被转移到PCR管的管盖内。

用破壁针对放置在PCR管盖中的孢子实施破壁：在10×低倍镜下用破壁针头轻轻挤压孢子，促使孢子壁破裂，使孢子中的核酸释放出来，在显微镜下检测孢子壁是否已经被压破。快速将PCR反应混合液加到PCR管盖中，振荡混匀，然后离心，置于冰上，振荡后离心。

D.2　分子生物学检测

D.2.1　常规PCR检测

D.2.1.1　常规PCR引物序列

常规PCR引物序列为：

正向引物P12-1：5’-GTAATAGCCCTGTGCAGAAG-3’

反向引物P12-2：5’-CGGCGAAGAAAGTCGGATTT-3’

D.2.1.2　常规PCR扩增体系及条件

反应体系总体积为25 μL，各成分为：2.5 μL 10×PCR缓冲液［Tris-HCl（pH8.0）10 mmol/L，Mg^{2+} 1.5 mmol/L，KCl 50 mmol/L］，2 μL dNTPs（2.5 mmol/L），0.25 μL各引物（10 μmol/L），0.3 μL *Taq*酶（5 U/μL），2.5 μL Gelatin［0.01%（wt/vol）］，无菌双蒸水17.2 μL。将反应体系混匀，离心后置于PCR仪中进行反应，每个PCR反应检测1个冬孢子，共检测5个冬孢子。用无菌双蒸水作空白对照，阳性对照采用含有小麦印度腥黑穗病菌的DNA作为模板，阴性对照以其他腥黑穗病菌DNA作为模板。

反应条件为96 ℃预变性3 min，然后进入循环反应：96 ℃变性15 s，57.5 ℃退火30 s，72 ℃延伸30 s，共70次循环，72 ℃延伸10 min。

D.2.1.3　琼脂糖凝胶电泳

每个样品取5 μL的PCR产物与1 μL的6×上样缓冲液混合均匀，并加到含有溴化乙锭（0.5 μg/mL）的1.2%琼脂糖凝胶的点样孔中，在120 V下进行电泳。电泳结束后在凝胶成像系统中观察、拍照，并保存照片。

D.2.2 实时荧光 PCR 检测

D.2.2.1 实时荧光 PCR 引物及探针序列

实时荧光 PCR 引物及探针序列为：

正向引物 SZFP254-1：5'-AGCCATCACTGGAGTTGTCATG-3'

反向引物 SZFP254-2：5'-CCCAGCAAGGTCACCTTTGA-3'

探针序列 SZFPb255：5'-FAM-CCGACCGTATCGGTCT-MGB-3'

D.2.2.2 实时荧光 PCR 反应体系及条件

反应体系总体积为 5 μL，各成分为：实时荧光反应混合液 2.5 μL *Taq*Man Universal PCR Master Mix，0.45 μL 各引物(10 μmol/L)，0.1 μL 探针(10 μmol/L)，无菌双蒸水 1.5 μL。将反应体系混匀，离心后置于实时荧光 PCR 仪中进行反应，每个实时荧光 PCR 反应检测 1 个冬孢子，共检测 5 个冬孢子。用无菌双蒸水作空白对照，阳性对照采用含有小麦印度腥黑穗病菌的 DNA 作为模板，阴性对照以其他腥黑穗病菌 DNA 作为模板。

反应条件为 50 ℃ 预热 2 min，95 ℃ 变性 10 min，然后进入循环反应：95 ℃ 变性 15 s，60 ℃ 延伸 1 min，共 40 次循环。

对实时荧光 PCR 仪的程序进行设置，使仪器能进行 FAM 荧光的检测。

D.3 结果判定

结果判定见 9.2。

附 录 E
（规范性附录）
孢子培养物常规 PCR 检测

E.1 孢子萌发

挑取冬孢子，置于 2%水琼脂培养基上，18 ℃～20 ℃、每日连续光照 12 h 条件下培养 10 d，解剖镜下检查萌发情况。对萌发的孢子用接种针挑取置于 PDA 培养基上，20 ℃～22 ℃培养 20 d。

E.2 孢子培养物的核酸制备

E.2.1 称取 0.1 g 培养物，放在无菌的多层滤纸上，吸去水分，置于无菌的研钵中，用液氮冷冻，用研磨棒将它们研成粉末。

E.2.2 立即转移到 2 mL 的离心管中，加入 65 ℃预热的 SDS 提取液 700 μL，置于水浴锅中 65 ℃水浴 30 min，期间不断混匀。

E.2.3 加入 5 μL 10 mg/mL RNA 酶，充分混匀，在 37 ℃放置 30 min。

E.2.4 加入等体积的 Tris 饱和酚，充分摇匀，在 12 000 r/min 下离心 15 min。

E.2.5 取上清液，加入 1∶1 三氯甲烷/异戊醇(24∶1)，在 12 000 r/min 下离心 15 min。

E.2.6 再取上清液，加入 1∶1 三氯甲烷/异戊醇(24∶1)，在 12 000 r/min 下离心 15 min。

E.2.7 加入等体积预冷的异丙醇，轻轻摇晃，置于－20 ℃冰箱静置 30 min，在 12 000 r/min 下离心 15 min。

E.2.8 弃上清液，加入 70%乙醇 500 μL，12 000 r/min 下离心 3 min，去上清液，重复 2 次。

E.2.9 得到 DNA 沉淀，用冷冻干燥仪进行干燥，加入 30 μL～50 μL TE 或无菌去离子水，充分溶解后，测量 DNA 的纯度和浓度后置于－20 ℃冰箱中保存。

注：该核酸制备也可采用 DNA 提取试剂盒法。

E.3 DNA 纯度与浓度的测定

用核酸蛋白分析仪测定 DNA 的纯度与浓度，分别取得 260 nm 和 280 nm 处的吸收值，计算核酸的纯度和浓度，计算见式(E.1)和式(E.2)：

$$\text{DNA 纯度} = OD_{260}/OD_{280} \quad \cdots\cdots(E.1)$$

$$\text{DNA 浓度}(\mu g/mL) = 50 \times OD_{260} \quad \cdots\cdots(E.2)$$

PCR 级 DNA 溶液的 OD_{260}/OD_{280} 比值为 1.7～1.9。

E.4 常规 PCR

E.4.1 引物序列

引物序列为：

正向引物 Tin 3:5'-CAATGTTGGCGTGGCGGCGC-3'

反向引物 Tin 4:5'-CAACTCCAGTGATGGCTCCG-3'

也可以使用 D.2.1 中的 P12 引物。

E.4.2 扩增体系及条件

引物 Tin 3/Tin 4 的反应体系总体积为 25 μL,各成分为:2.5 μL 10×PCR 缓冲液[Tris-HCl (pH8.0)10 mmol/L,Mg^{2+} 1.5 mmol/L,KCl 50 mmol/L],1 μL dNTPs(10 mmol/L),0.1 μL 各引物(25 μmol/L),0.1 μL Ampli*Taq* (5 U/μL),1 μL DNA(10 ng/μL),无菌双蒸水 20.2 μL。将反应体系混匀,离心后置于 PCR 仪中进行反应,每个反应重复 2 次。用无菌双蒸水作空白对照,阳性对照采用含有小麦印度腥黑穗病菌的 DNA 作为模板,阴性对照以其他腥黑穗病菌 DNA 作为模板。

反应条件为 94 ℃预变性 1 min,然后进入循环反应:94 ℃变性 15 s,65 ℃退火 15 s,72 ℃延伸 15 s,共 25 次循环,72 ℃延伸 6 min。

引物 P12 的扩增体系和反应条件见 D.2.1.2。

E.5 琼脂糖凝胶电泳

琼脂糖凝胶电泳见 D.2.1.3。

E.6 结果判定

结果判定见 9.3.1。

附 录 F
（规范性附录）
孢子培养物实时荧光 PCR 检测

F.1 孢子萌发

孢子萌发见 E.1。

F.2 孢子培养物的核酸制备

孢子培养物的核酸制备见 E.2。

F.3 DNA 纯度与浓度的测定

DNA 纯度与浓度的测定见 E.3。

F.4 普通探针实时荧光 PCR 检测

F.4.1 引物及探针序列

引物及探针序列为：
引物序列同 E.4.1。
探针序列为：5'-FAM-ATTCCCGGCTTCGGCGTCACT-TAMRA-3'

F.4.2 反应体系及条件

反应体系总体积为 25 μL，各成分为：实时荧光反应混合液 12.5 μL *Taq*Man Universal PCR Master Mix，1 μL 各引物（10 μmol/L），1 μL 探针（10 μmol/L），1 μL DNA（10 ng/μL），无菌双蒸水 8.5 μL。将反应体系混匀，离心后置于实时荧光 PCR 仪中进行反应，每个反应重复 2 次。用无菌双蒸水作空白对照，阳性对照采用含有小麦印度腥黑穗病菌的 DNA 作为模板，阴性对照以其他腥黑穗病菌 DNA 作为模板。

反应条件为 50 ℃ 预热 2 min，95 ℃ 变性 10 min，然后进入循环反应：95 ℃ 变性 15 s，60 ℃ 延伸 1 min，共 34 次循环。

对实时荧光 PCR 仪的程序进行设置，使仪器能进行 FAM 荧光的检测。

F.5 MGB 探针实时荧光 PCR 检测

F.5.1 引物及探针序列

引物及探针序列同 D.2.2.1。

F.5.2 反应体系及条件

反应体系总体积为 5 μL，各成分分别为：实时荧光反应混合液 2.5 μL *Taq*Man Universal PCR

Master Mix，0.45 μL 各引物(10 μmol/L)，0.1 μL 探针(10 μmol/L)，1 μL DNA(10 ng /μL)，无菌双蒸水 0.5 μL。将反应体系混匀，离心后置于实时荧光 PCR 仪中进行反应，每个反应重复 2 次。用无菌双蒸水作空白对照，阳性对照采用含有小麦印度腥黑穗病菌的 DNA 作为模板，阴性对照以其他腥黑穗病菌 DNA 作为模板。

反应条件为 50 ℃预热 2 min，95 ℃变性 10 min，然后进入循环反应：95 ℃变性 15 s，60 ℃延伸 1 min，共 40 次循环。

对实时荧光 PCR 仪的程序进行设置，使仪器能进行 FAM 荧光的检测。

F.6 实时荧光 PCR 检测结果判定和表述

实时荧光 PCR 检测结果判定和表述见 9.3.2。

附　录　G
（规范性附录）
序列测定与比对

G.1　PCR扩增

用rDNA ITS片段PCR扩增方法如下：

ITS4引物序列：5'-TCCTCCGCTTATTGATATGC-3'

ITS5引物序列：5'-GGAAGTAAAAGTCGTAACAAGG-3'

反应体系总体积为25 μL，各成分为：2.5 μL 10×PCR缓冲液[Tris-HCl（pH8.0）10 mmol/L，Mg^{2+} 1.5 mmol/L，KCl 50 mmol/L]，2 μL dNTPs（2.5 mmol/L），1.25 μL各引物（10 μmol/L），0.3 μL *Taq*酶（5 U/ μL），1 μL DNA（10 ng/μL），无菌双蒸水16.7 μL。

反应条件为95 ℃预变性10 min，然后进入循环反应：95 ℃变性30 s，58 ℃退火30 s，72 ℃延伸1 min，共35次循环，72 ℃延伸7 min。

电泳检测见D.2.1.3。对符合条件的PCR产物进行纯化，直接测序，具体操作步骤见相关试剂盒说明书。也可将PCR产物送到生物公司进行测序。

也可以用附录D、附录E中的常规PCR引物进行PCR扩增。

G.2　序列比对

把测序所得的核苷酸序列与已知的小麦印度腥黑穗病菌的相对应的序列进行比对。

G.3　结果判定

结果判定见9.4。

ICS 65.020.01
B 16

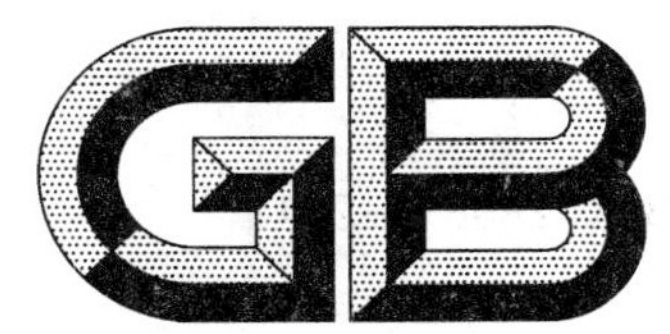

中华人民共和国国家标准

GB/T 28081—2011

烟草环斑病毒检疫鉴定方法

Detection and identification of tobacco ringspot virus

2011-12-30 发布　　2012-06-01 实施

中华人民共和国国家质量监督检验检疫总局
中国国家标准化管理委员会　发布

前　言

本标准按照 GB/T 1.1—2009 给出的规则起草。

本标准由全国植物检疫标准化技术委员会(SAC/TC 271)提出并归口。

本标准起草单位:中华人民共和国厦门出入境检验检疫局、中华人民共和国上海出入境检验检疫局、中华人民共和国深圳出入境检验检疫局、中华人民共和国江苏出入境检验检疫局。

本标准主要起草人:陈青、林石明、杨翠云、张毅、陈红运、廖富荣、郑云、李斌。

烟草环斑病毒检疫鉴定方法

1 范围

本标准规定了烟草环斑病毒检疫鉴定的基本原则和方法。

本标准适用于可能携带烟草环斑病毒的种子、苗木、鳞球茎、组培苗等繁殖材料及其产品的检疫鉴定。

2 规范性引用文件

下列文件对于本文件的应用是必不可少的。凡是注日期的引用文件，仅注日期的版本适用于本文件。凡是不注日期的引用文件，其最新版本(包括所有的修改单)适用于本文件。

SN/T 1146 植物检疫 烟草环斑病毒检疫鉴定方法。

3 烟草环斑病毒基本信息

中文名：烟草环斑病毒。

学名：tobacco ringspot virus。

缩写：TRSV。

属豇豆花叶病毒科 Comoviridae，线虫传多面体病毒属 *Nepovirus* 病毒。

TRSV 的传播途径多样，可以通过种子、嫁接、机械接种和介体传播。

烟草环斑病毒其他信息参见附录 A。

4 方法原理

利用基于抗原抗体反应的双抗夹心酶联免疫吸附测定(DAS-ELISA)、体外反转录和体外 DNA 合成技术的反转录聚合酶链式反应(RT-PCR)进行检测鉴定。

5 仪器设备、用具及试剂

5.1 仪器设备

洗板机、酶联检测仪、高速冷冻离心机、电子天平(感量 0.001 g)、超净工作台、旋涡混合仪、PCR 仪、实时荧光 PCR 仪、电泳仪、电泳槽、紫外透射仪、榨汁机、水浴锅。

5.2 用具

微量移液器(0.5 μL，2 μL，10 μL，20 μL，100 μL，200 μL，1 000 μL)、化学 PCR 反应管和(或)96 孔光化学 PCR 反应板、酶联板、研钵。

5.3 试剂

双抗体夹心酶联免疫吸附测定试剂(见 B.1)。

反转录聚合酶链式反应(RT-PCR)检测试剂(见C.1)。

实时荧光RT-PCR检测试剂(见D.1)。

IC-RT-PCR检测试剂(见E.1)。

6 种苗的检测鉴定

6.1 种子检测鉴定

挑取500粒种子(重点挑取畸形、不成熟的种子)播于灭菌土中,待长出3片~4片叶后将表现症状的植株编号,未表现症状的植株分组(10株为1组)并编号。采集的叶片分成两份,分别用于酶联测定和分子生物学检测。

也可以挑取畸形、不成熟的种子直接进行酶联测定和分子生物学检测。

6.2 苗木、组培苗检测鉴定

有症状的苗木单独检测。没有症状的分组检测,分组方法和检测方法同6.1。

6.3 鳞球茎检测鉴定

取鳞球茎的小芽或鳞片进行酶联测定和分子生物学检测。

6.4 植物产品的检测鉴定

植物产品有症状的部分单独检测。没有症状或无法的观察症状的植物产品,应按比例取样,检测方法为酶联测定和分子生物学检测。

7 检测

7.1 双抗体夹心酶联免疫吸附测定

把制备的样品上清液加入已包被TRSV抗体的96孔酶联板中,进行DAS-ELISA检测,每个样品平行加到两个孔中。健康的植物组织作阴性对照,感染TRSV的植物组织作阳性对照,样品提取缓冲液作空白对照,其中阴性对照种类和材料(如:种子或叶片)应尽量与检测样品相一致。

具体操作见附录B。

7.2 RT-PCR检测

分别提取样品和对照的总RNA,反转录合成cDNA后,进行PCR扩增。健康的植物组织作阴性对照,感染TRSV的植物组织作阳性对照,超纯水作空白对照。

具体操作见附录C。

7.3 实时荧光PCR检测

分别提取样品和对照的总RNA,反转录合成cDNA后,进行实时荧光PCR检测。健康的植物组织作阴性对照,感染TRSV的植物组织作阳性对照,超纯水作空白对照。

具体操作见附录D。

7.4 IC-RT-PCR检测

把制备的样品上清液加入已包被TRSV抗体的离心管中,然后进行IC-RT-PCR扩增。健康的植物组织作阴性对照，感染 TRSV 的植物组织作阳性对照，超纯水作空白对照。

具体操作见附录 E。

8 结果判定

7.1、7.2、7.3、7.4 中如果两种方法的检测结果为阳性，即可判断该批种苗携带烟草环斑病毒。一般是酶联测定为阳性后，分子生物学检测为阳性即可判断为携带有烟草环斑病毒。必要时可进行生物接种试验，具体操作按照 SN/T 1146 规定的方法执行。

9 样品保存、结果记录与资料保存

9.1 样品保存

经检验确定携带烟草环斑病毒的样品应在合适的条件下保存，种子保存在 4 ℃，病株在－20 ℃或者－80 ℃冰箱中保存，做好标记和登记工作。

9.2 结果记录与资料保存

完整的实验记录包括：样品的来源、种类、检测时间、地点、方法和结果等，并要有经手人和检测人员的签字。酶联测定应有酶联板反应原始数据，RT-PCR 检测应有扩增结果图片，生物学接种应有症状照片。

附 录 A
（资料性附录）
烟草环斑病毒简介

A.1 寄主范围

TRSV 自然寄主范围非常广泛，可侵染 54 科 300 多种植物，主要的经济作物有：大豆（*Glycine max*）、马铃薯（*Solanum tuberosum*）、甘薯（*Ipomoea batatas*）、烟草（*Nicotiana tabacum*）、西瓜（*Citrullus lanatus*）、黄瓜（*Cucumis sativus*）、甜瓜（*cucumis melo*）、胡萝卜（*Daucus carota*）、唐菖蒲（*Gladious cummunis*）、李属（*Prunus* L.）、葡萄（*Vitis vinifera*）等。

A.2 病害症状

因寄主不同可产生不同的症状，一般在生长季节初始，幼嫩植株上的症状较严重，而在生长季节后期不太明显。TRSV 造成叶片系统褪绿斑、坏死环斑，茎顶枯，根腐烂，危害严重时导致植株矮化，结果少和果实变小畸形。有的症状在后期可恢复，表现为无症带毒。

大豆：顶芽卷曲（芽枯萎），其他芽逐渐变褐色且易碎。在茎干和多数叶片的叶柄上产生褐色条纹，豆荚不发达且结实。在结荚后感染则可能产生黑色污点。

烟草：在叶片上产生环形及线状斑，植株矮化。

葫芦：植株矮化、叶片斑驳、果实畸形。

葡萄：新长出的枝条柔弱、稀疏，节间变短。叶小且扭曲，植株矮小、产果少且变形。

A.3 分布地区

TRSV 在日本、韩国、印度、中国台湾地区、美国、土耳其、加拿大、墨西哥、阿根廷、巴西、澳大利亚、新西兰等 50 多个国家和地区均有分布。

A.4 传播途径

TRSV 在大豆上的种传率有时可达到 100%。主要的传播介体为美洲剑线虫 *Xiphinema americanum*。此外在实验室条件下确定能传播 TRSV 的昆虫介体有许多，如烟蓟马 *Thrips tabaci* 和烟草跳甲 *Epitrix hirtipennis* 等。

A.5 血清学特性

TRSV 免疫原性强。

A.6 粒体形态

病毒粒体为等轴二十面体球状颗粒，直径约 28 nm。

A.7 基因组

病毒基因组含两条 ssRNA。RNA-1 长 7 514 nt，RNA-2 长 3 929 nt，外壳蛋白基因 1 548 nt。

附　录　B
（规范性附录）
双抗体夹心酶联免疫吸附测定

B.1　试剂

B.1.1　包被抗体

特异性的烟草环病毒抗体。

B.1.2　酶标抗体

碱性磷酸酯酶标记的烟草环斑病毒抗体。

B.1.3　底物

对硝基苯磷酸二钠（*p*NPP）

B.1.4　样品抽提缓冲液（pH7.4）

PBST	1 L
Na_2SO_3	1.3 g
PVP（MW24 000～40 000）	20 g
NaN_3	0.2 g

用 NaOH 或 HCl 调节 pH 值到 7.4。4 ℃储存。

B.1.5　包被缓冲液（pH9.6）

Na_2CO_3	1.59 g
$NaHCO_3$	2.93 g
NaN_3	0.2 g

加入 900 mL 蒸馏水溶解，用 HCl 调节 pH 值到 9.6，蒸馏定容至 1 L。4 ℃储存。

B.1.6　PBST 缓冲液（洗涤缓冲液 pH7.4）

NaCl	8.0 g
Na_2HPO_4	1.15 g
KH_2PO_4	0.2 g
KCl	0.2 g
Tween-20	0.5 mL

加入 900 mL 蒸馏水溶解，用 NaOH 或 HCl 调节 pH 值到 7.4，蒸馏水定容至 1 L。每升 PBS 中加入 0.5 mL 的 Tween-20。

B.1.7　酶标抗体稀释缓冲液（pH7.4）

PBST	1 L
BSA（牛血清白蛋白）或脱脂奶粉	2.0 g

PVP(MW24 000～40 000)	20.0 g
NaN_3	0.2 g

用 NaOH 或 HCl 调节 pH 值到 7.4,4 ℃储存。

B.1.8 底物(*p*NPP)缓冲液(pH9.8)

$MgCl_2$	0.1 g
NaN_3	0.2 g
二乙醇胺	97 mL

溶于 800 mL 蒸馏水中,用 HCl 调 pH 值至 9.8,蒸馏水定容至 1 L。4 ℃储存。

B.2 程序

B.2.1 包被抗体

用包被缓冲液将抗体按说明稀释,加入酶联板的孔中,100 μL/孔,加盖,室温避光孵育 4 h 或 4 ℃冰箱孵育过夜,清空酶联板孔中溶液,PBST 洗涤 4 次～6 次。

B.2.2 样品制备

待测样品按 1∶10(重量∶体积)加入抽提缓冲液,用研钵研磨成浆,2 000 r/min,离心 10 min,上清液即为制备好的检测样品。样品提取缓冲液作空白对照,阴性对照、阳性对照作相应的处理或按照说明书进行。

B.2.3 加样

加入制备好的检测样品、空白对照、阴性对照、阳性对照,100 μL/孔,加盖,室温避光孵育 2 h 或 4 ℃冰箱孵育过夜,清空酶联板孔中溶液,PBST 洗涤 4 次～6 次。

B.2.4 加酶标抗体

用酶标抗体稀释缓冲液按说明将酶标抗体稀释至工作浓度,并加入到酶联板中,100 μL/孔,加盖,室温避光孵育 2 h,清空酶联板孔中溶液,PBST 洗涤 4 次～6 次。

B.2.5 加底物

将底物 *p*NPP 加入到底物缓冲液中使终浓度为 1 mg/mL(现配现用),按 100 μL/孔,加入到酶联板中,室温避光孵育。

B.2.6 读数

用酶联检测仪在 30 min、1 h 和 2 h 于 405 nm 处读 OD 值。

B.3 结果判断

B.3.1 对照孔的 OD_{450} 值(缓冲液孔、阴性对照及阳性对照孔),应该在质量控制范围内,即:

缓冲液孔和阴性对照孔的 OD_{405} 值<0.15,当阴性对照孔的 OD_{405} 值<0.05 时,按 0.05 计算。

阳性对照有明显的颜色反应;阳性对照 OD_{405} 值/阴性对照 OD_{405} 值>2;孔的重复性基本一致。

B.3.2 在满足了 B.3.1 质量要求后,结果原则上可判断如下:

样品 OD_{405} 值/阴性对照 OD_{405} 值明显＞2，判为阳性。

样品 OD_{405} 值/阴性对照 OD_{405} 值在阈值附近，判为可疑样品，需重新做一次，或用其他方法加以验证。

样品 OD_{405} 值/阴性对照 OD_{405} 值明显＜2，判为阴性。

若满足不了 B.3.1 质量要求，则不能进行结果判断。

附 录 C
（规范性附录）
RT-PCR 检测

C.1 试剂

C.1.1 TRlzol reagent、三氯甲烷、异丙醇、70%乙醇。

C.1.2 反转录试剂：M-MLV 反转录酶（200 U/μL）、5×RT 反应缓冲液（250 mmol/L Tris-HCl pH8.3 25 ℃、375 mmol/L KCl、15 mmol/L $MgCl_2$、50 mmol/L DTT）、dNTP 混合液（各 10 mmol/L）、RNase Inhibitor（40 U/μL）。

C.1.3 PCR 试剂：10×PCR 缓冲液（含 15 mmol/L 的 Mg^{2+}）、*Taq* DNA 聚合酶（5 U/μL）、dNTP 混合液（各 10 mmol/L）。

C.2 实验步骤

C.2.1 引物设计

根据已报道的 TRSV CP 基因的保守序列设计 1 对特异性引物：

引物序列为：TRSVF-1：5'-GATGCAAAGAAAGGAAAGC-3'

TRSVR-1：5'-AGATATGGACAACATGGAG-3'

扩增片段大小为 576 bp。

C.2.2 RNA 提取

C.2.2.1 取 0.1 g 样品，液氮研细，加入 1 mL TRIzol reagent，混匀，倒入 1.5 mL 离心管中，室温静置 3 min。

C.2.2.2 加入 0.2 mL 三氯甲烷，剧烈振荡 15 s，室温静置 3 min，4 ℃ 11 000 r/min 离心 10 min，小心吸取上层无色水相到新离心管中。

C.2.2.3 加入等体积异丙醇，混匀，−20 ℃静置 10 min，4 ℃ 12 000 r/min 离心 15 min，弃上清液。

C.2.2.4 加入 1 mL 70%冷乙醇，悬浮沉淀，4 ℃ 8 000 r/min 离心 10 min，干燥沉淀。

C.2.2.5 加入 30 μL DEPC 处理的 ddH_2O，溶解沉淀（必要时，55 ℃～60 ℃水浴 10 min，加速溶解），于−80 ℃保存备用。

注：也可按照商品 RNA 提取试剂盒进行操作。

C.2.3 反转录

利用提取的 RNA 在 PCR 管中进行反转录。先加入 2 μL 的总 RNA、1 μL 的 TRSVR-1 引物（10 μmol/L），于 95 ℃的水浴中 7 min，然后迅速冰浴 5 min。继续加入 5×RT 缓冲液 2.5 μL、dNTP 混合液（10 mmol/L）0.5 μL、M-MLV 反转录酶（200 U/μL）0.5 μL、RNase Inhibitor 0.5 μL、DEPC 处理的 ddH_2O 5.5 μL。反应参数：37 ℃ 60 min，95 ℃ 10 min。合成的 cDNA 于−20 ℃冰箱保存备用。

C.2.4 PCR 扩增

PCR 反应体系见表 C.1。反应条件：94 ℃ 4 min；94 ℃ 45 s、48 ℃ 45 s、72 ℃ 45 s，30 个循环；72 ℃延伸 10 min。

表 C.1 PCR 反应体系

名　称	加样量 μL
10×PCR 缓冲液(含 15 mmol/L 的 Mg^{2+})	2.5
dNTP 混合液(各 10 mmol/L)	1.0
TRSVF-1(20 pmol/μL)	0.5
TRSVR-1(20 pmol/μL)	0.5
Taq 酶(5 U/μL)	0.3
cDNA	3
—	补 ddH_2O 至 25 μL

C.2.5 琼脂糖凝胶电泳检测

C.2.5.1 制备凝胶

配制 1.5%(质量浓度)的琼脂糖凝胶。溴化乙锭可直接加入琼脂糖凝胶中(浓度为 0.5 μg/mL),也可在电泳完成后用溴化乙锭染色。

C.2.5.2 电泳

用 1 μL 6×加样缓冲液与 5 μL 样品混合,然后将其和适合的 DNA 相对分子质量标准物分别加入到琼脂糖凝胶孔中。接通电源,以 3 V/cm～5 V/cm 电场强度进行电泳,约 0.5 h 后观察结果。

C.2.5.3 结果观察

电泳结束后,将琼脂糖凝胶放入装有 0.5 μg/μL 的溴化乙锭(EB)溶液的容器中染色,然后在清水中清洗后,置于紫外透射仪上观察,拍照并保留结果。

C.3 结果判断

阳性对照在 576 bp 左右处有扩增片段,阴性对照和空白对照无特异性扩增,样品出现与阳性对照一致的扩增条带,可判定为阳性。

阳性对照、阴性对照和空白对照正确,样品未出现与阳性对照一致的扩增条带,判定结果为阴性。

附　录　D
（规范性附录）
实时荧光 RT-PCR 检测

D.1　试剂

试剂见 C.1。

D.2　实验步骤

D.2.1　引物设计

引物序列：
TRSV-5P：5’-TCCATGTTGTCCATATCTTA-3’
TRSV-3P：5’-AGAAGAAACACTCTTGACACT-3’
探针序列：
5’-FAM-CCGCTTATAGTGCCAGACCA-TAMARA-3’

D.2.2　RNA 提取及反转录

操作方法见 C.2.2。

D.2.3　实时荧光 PCR 反应体系

实时荧光 PCR 反应体系见表 D.1，每个样品设 2 个平行处理。并设阳性对照、阴性对照和空白对照，以含有烟草环斑病毒的 cDNA 为阳性对照；以健康植物材料或线虫传多面体病毒属其他病毒的 cDNA 作为阴性对照；以 ddH_2O 代替 DNA 模板作为空白对照。每个对照各做 2 个平行管。

表 D.1　实时荧光 PCR 反应体系

名称	贮备液浓度	终浓度	加样量 μL
PCR 缓冲液	10×	1×	5
TRSV-5P	20 μmol/L	0.24 μmol/L	0.6
TRSV-3P	20 μmol/L	0.24 μmol/L	0.6
Taq 酶	5 U/μL	2 U/test	0.4
探针	20 μmol/L	0.4 μmol/L	1
cDNA	—	—	4
ddH_2O	—	—	补 ddH_2O 至 50 μL

D.2.4　实时荧光 PCR 反应参数

反应条件：94 ℃ 5 min；94 ℃ 15 s，55 ℃ 40 s，72 ℃ 40 s，共 40 个循环。点击运行，进行 PCR 反应，

保存文件，打开分析软件，仪器自动分析试验结果，给出 ΔRn（荧光信号增加值）与循环数之间关系的图像。

D.3 结果判定

检测样品的 Ct 值大于或等于 40 时，则判定烟草环斑病毒阴性。

检测样品的 Ct 值小于或等于 35 时，则判定烟草环斑病毒阳性。

检测样品的 Ct 值小于 40 而大于 35 时，应重新进行测试，如果重新测试的 Ct 值大于或等于 40 时，则判定烟草环斑病毒阴性；如果重新测试的 Ct 值小于 40，则判定烟草环斑病毒阳性。

附录 E
（规范性附录）
IC-RT-PCR 检测

E.1 试剂

E.1.1 TRSV 抗体。
E.1.2 样品抽提缓冲液（见 B.1.4）。
E.1.3 包被缓冲液（见 B.1.5）。
E.1.4 PBST 缓冲液（见 B.1.6）。
E.1.5 反转录及 PCR 试剂（见 C.1.2、C.1.3）。
E.1.6 AMV 反转录酶。

E.2 实验步骤

E.2.1 引物

引物序列见 C.2.1。

E.2.2 抗体吸附

将 TRSV 抗体用包被缓冲液作适量稀释，吸取 200 μL 包被离心管，37 ℃，孵育 2 h；用 PBST 洗 3 次，取样品 50 mg，加入样品抽提缓冲液进行研磨，吸取 100 μL 包被 PCR 管，4 ℃过夜（或 37 ℃孵育 2 h）；PBST 洗 3 次，DEPC-H_2O 洗 1 次，短暂离心后吸去管底余液。

E.2.3 反转录

直接在吸附了病毒的 PCR 管中进行反转录。反转录体系总体积 20 μL，其中 1 μL 反向引物（20 μmol/L），4 μL 5×AMV 酶缓冲液，2 μL dNTP（10 mmol/L），11 μL DEPC-H_2O。离心混匀后 95 ℃变性 5 min，迅速置冰上 2 min～3 min，然后加入 1 μL AMV 反转录酶（5 U/μL），1 μL RNA 酶抑制剂（40 U/μL），42 ℃反应 1 h。

E.2.4 PCR 扩增和琼脂糖凝胶检测

操作方法见 C.2.4、C.2.5。

E.3 结果判断

阳性对照在 576 bp 左右处有扩增片段，阴性对照和空白对照无特异性扩增，样品出现与阳性对照一致的扩增条带，可判定为阳性。

阳性对照、阴性对照和空白对照正确，样品未出现与阳性对照一致的扩增条带，判定结果为阴性。

ICS 65.020.01
B 16

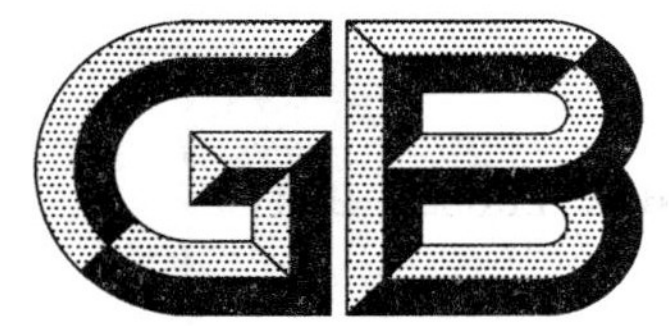

中华人民共和国国家标准

GB/T 28082—2011

榆枯萎病菌检疫鉴定方法

Detection and identification of *Ophiostoma novo-ulmi* Brasier and *Ophiostoma ulmi*（Buisman） Nannf.

2011-12-30 发布　　2012-06-01 实施

中华人民共和国国家质量监督检验检疫总局
中国国家标准化管理委员会　发布

前　　言

本标准按照 GB/T 1.1—2009 给出的规则起草。

本标准由全国植物检疫标准化技术委员会(SAC/TC 271)提出并归口。

本标准起草单位:中国检验检疫科学研究院。

本标准主要起草人:吴品珊、严进、杜洪忠。

榆枯萎病菌检疫鉴定方法

1 范围

本标准规定了榆枯萎病菌的分离培养、形态学鉴定的方法。

本标准适用于来自榆枯萎病菌有发生国家和地区的榆属(*Ulmus* L.)苗木、原木、木制品和木包装中榆枯萎病菌的检疫鉴定。

2 榆枯萎病菌基本信息

中文名：榆枯萎病菌。

学名：*Ophiostoma novo-ulmi* Brasier;

Ophiostoma ulmi(Buisman)Nannf.。

异名：*Ceratocystis ulmi*(Buism.)Moreau。

病害英文名：dutch elm disease,elm wilt disease。

属真菌界 Fungi,子囊菌门 Ascomycota,子囊菌纲 Ascomycetes,粪科菌亚纲 Sordariomycetidae,长喙壳目 Ophiostomatales,长喙壳科 Ophiostomataceae,长喙壳属 *Ophiostoma*。

榆枯萎病菌其他信息参见附录 A。

3 方法原理

依据无性孢子和有性世代的形态特征和生物学特性,以及其对寄主造成的症状特征进行检测鉴定。

4 仪器

4.1 生物显微镜。

4.2 体视显微镜。

4.3 光照生物培养箱。

4.4 高压灭菌器。

4.5 超净工作台。

4.6 电子天平。

4.7 摇床。

5 试剂和培养基

5.1 试剂

琼脂粉,麦芽膏,Oxoid 麦芽提取物,榆树枝条,葡萄糖,天门冬酰胺(L-asparagine),磷酸二氢钾(KH_2PO_4),硫酸镁($MgSO_4 \cdot 7H_2O$),硫酸锌($ZnSO_4$),三氯化铁($FeCl_3$),维生素 B_1,维生素 B_6,放线菌酮,链霉素,青霉素。

注：放线菌酮为剧毒品,注意防护。

5.2 培养基

5.2.1 选择性培养基

0.2 g 放线菌酮溶于 100 mL 水，取 50 mL 加于 1 000 mL 麦芽膏(MA)培养基内，灭菌后冷至45 ℃，加入 10 mL 含 1%链霉素和 1%青霉素的混合液。

5.2.2 麦芽膏培养基 MA

25 g 麦芽膏，17 g 琼脂粉，1 000 mL 蒸馏水，灭菌。

5.2.3 榆边材培养基 ESA

取 50 g 健康的榆树边材或枝条，去皮粉碎成直径 0.5 cm 的小块，15 g 琼脂粉，500 mL 蒸馏水，灭菌。

5.2.4 Tchernoff 改良培养液

20 g 葡萄糖、2 g 天门冬酰胺、1.5 g 磷酸二氢钾、1 g 硫酸镁、20 mg 硫酸锌、10 mg 三氯化铁、1 mg 维生素 B_1 和 1 mg 维生素 B_6，1 000 mL 蒸馏水，灭菌。

5.2.5 Oxoid 麦芽提取物培养基 MEA

33 g Oxoid 麦芽提取物，10 g 琼脂粉，1 000 mL 蒸馏水，灭菌。

6 标准菌株

Ophiostoma novo-ulmi A 交配型(A mating type)，雌性；B 交配型(B mating type)，雄性。

Ophiostoma ulmi A 交配型(A mating type)，雌性；B 交配型(B mating type)，雄性。

中国检验检疫科学院保存病菌的标准菌株。

7 检测

检查苗木、原木或木材的表面，纵向和横向切开树干或枝条检查。

榆枯萎病菌的 2 个种引起的外观症状是相同的。在树干或枝条的横切面上，可见靠近外面的年轮附近有深褐色斑点或条纹，有时斑点密集，可连成断续的深褐色圆环。去掉树皮，木质部上有深褐色纵向条纹，有时条纹不明显，可轻削一层木质，条纹便显现出来。切开枝杈处，常可找到小蠹的蛀食槽。

取有如下症状的样品做病菌分离：干枯呈深褐色的枝条，有小蠹蛀食槽痕迹的树皮，横断面上有深褐色斑点或断续的褐色圆环枝干，纵切面有褐色条纹枝干，货物上附着有小蠹虫。

8 鉴定

8.1 分离培养

对变色的木质部，去掉树皮，切取直径为 5 mm 大小，于选择性培养基(见 5.2.1)上，20 ℃黑暗培养；对有虫蛀槽的树皮，清除蛀槽内的虫粪和残屑，70%酒精消毒 10 s～30 s，无菌水冲洗，灭菌滤纸吸干水分，切取边长为 5 mm～10 mm 的大小，于选择性培养基上，20 ℃黑暗培养；小蠹虫解肢为 5 mm 大小，70%酒精消毒 10 s～30 s，无菌水冲洗，灭菌滤纸吸干水分，于选择性培养基上，20 ℃黑暗培养。一旦有真菌菌落出现，立即分别转皿。

转皿到 ESA 培养基，20 ℃培养，以期获得粘束梗霉 *Pesotum ulmi*；转接于 Tchernoff 改良培养液中，室温下 110 r/min 振荡培养，以期获得酵母状分生孢子 *Blastomyces*；转皿到 MEA 培养基，20 ℃黑暗培养，以做种的鉴定。

8.2 子囊孢子培育

子囊孢子需在 A、B 型 2 种交配型同时存在的 ESA 培养基上形成。如确认在 ESA 培养基上长出褐色粘束梗霉，同时取 *Ophiostoma novo-ulmi*（任意亚种）和 *Ophiostoma ulmi* 标准菌株的 A、B 交配型，分别与分离出的病菌，等距离三角形接种在 ESA 培养基上，各重复 3 皿，20 ℃黑暗培养 7 d，然后室温（20 ℃～25 ℃）漫射光下继续培养 14 d。

8.3 种的鉴定

菌落形态、菌落生长速度和最佳生长温度，是区分榆枯萎病菌两个种的主要指标。

取在 MEA 培养基上培养的新鲜菌块（2 mm 大小），转接在 MEA 培养基中央，共转 6 皿，3 皿置于 20 ℃黑暗培养，3 皿置于 33 ℃黑暗培养。

20 ℃黑暗培养 2 d 后，取出培养皿测量菌落直径 D_0，继续在 20 ℃黑暗培养 5 d，再次测量菌落直径 D_1，按 $(D_1-D_0)/5$ 计算病菌 5 d 的平均辐射状生长速度（mm/d）。最后将培养皿置于室温，漫射光继续培养 10 d，以观察菌落特征。

33 ℃黑暗培养 2 d 后，取出培养皿测量菌落直径 E_0，继续在 33 ℃黑暗培养 8 d，再次测量菌落直径 E_1，按 $(E_1-E_0)/8$ 计算待测菌 8 d 的平均辐射状生长速度（mm/d）。最后将培养皿置于室温，漫射光继续培养 10 d，以观察菌落特征。

必要时做亚种鉴定（参见附录 B）。

9 结果判定

9.1 *Ophiostoma novo-ulmi*

9.1.1 菌落特征

在 MEA 培养基上，经 20 ℃黑暗 7 d 和室温漫射光 10 d 培养后，菌落灰白至乳白色，花瓣状、轮纹明显。气生菌丝量中等，常结集成绳索状使菌落有条纹呈现。欧亚亚种 O. *novo-ulmi* subsp. *novo-ulmi* 的菌落条纹较少，边缘有不规则的叶状浅裂。

O. novo-ulmi 在 20 ℃黑暗条件下生长较快。生长速度为（2.8 mm/d～）3.1 mm/d～4.8 mm/d（～5.7 mm/d），33 ℃的生长速度为（0 mm/d～）0.1 mm/d～0.5 mm/d。

9.1.2 病菌形态

菌丝：分隔，直径 1 μm～6 μm，气生菌丝常结集成绳索状，菌丝体分生孢子丰富。

粘束梗霉 *Pesotum ulmi*：易在 ESA 培养基上形成。束丝无性态（synnematal anamorph）单个或多个，褐色到黑色，纤细，1 mm～2 mm 长；褐色假根状菌丝附着在培养基上，褐色有隔菌丝平行构成束状，顶部张开分枝成透明的菌丝，其上产生分生孢子。分生孢子全壁芽殖、单胞、透明、卵形到椭圆形、大小为（2 μm～6 μm）×（1 μm～3 μm），聚集成乳白色粘性孢子滴（参见附录 C）。

发簇孢 *Sporothrix*：可在大多数培养基上形成。分生孢子梗多侧生，10 μm～30 μm（～50 μm），分生孢子（4.5 μm～14 μm）×（2 μm～3 μm），全壁芽生，有 0.5 μm～1 μm 的细齿，单胞、透明，椭圆形至长形，尖端通常较细、微弯，连有一个小囊领。菌丝体分生孢子常聚成粘性滴状，酵母状芽殖。

酵母状分生孢子 *Blastomyces*：在液体培养基中产生，单胞，酵母状芽殖，孢子大小变化很大。

子囊壳在 ESA 培养基上表生到部分埋生，有褐色假根状菌丝附着在基质上。子囊壳基部球形、黑色，宽 75 μm～140 μm，刚毛稀少至中度，褐色至黑色、有隔 130 μm×3 μm；子囊壳颈部黑色，长 230 μm～640 μm(～1 070 μm)，颈基部直径 19 μm～36 μm，顶部 9 μm～14 μm；颈长度与基部球宽度之比通常为 1.5～6.2；孔口缘丝茂盛，透明、有隔、少分枝，(20 μm～60 μm)×(1 μm～2 μm)；子囊薄壁、球形至卵形、易消解；子囊孢子透明、单胞、桔瓣形，(4.5 μm～6 μm)×(1 μm～1.5 μm)，聚生成奶白色粘性孢子滴。自然条件下产生的交配型 B 占优势，雌性交配型 A 强烈排斥 *O. ulmi* 的雄性交配型 B。

9.2 *Ophiostoma ulmi*

9.2.1 菌落特征

在 MEA 培养基上经 20 ℃黑暗 7 d 和室温漫射光 10 d 培养后，菌落呈光滑蜡质、苔状，轮纹不明显。乳白至黄褐色，偶有紫褐色斑块，气生菌丝难辨。

在 20 ℃时，生长速度为(1.5 mm/d～)2.0 mm/d～3.1 mm/d(～3.5 mm/d)，在 33 ℃条件下的生长速度较 *O. novo-ulmi* 快，为 1.1 mm/d～2.8 mm/d。

9.2.2 病菌形态

O. ulmi 的 3 种分生孢子的形态与 *O. novo-ulmi* 基本一致(9.1.2)，唯发簇孢 *Sporothrix* 的菌丝体分生孢子和其出芽形成的分生孢子常合生成酵母状团块。

子囊壳在 ESA 培养基上表生到部分埋生，有褐色假根状菌丝附着在基质上。子囊壳基部球形、黑色，宽 100 μm～150 μm，刚毛稀少至中度，褐色至黑色、有隔 130 μm×3 μm；子囊壳颈部黑色，长 280 μm～420 μm(～510 μm)，颈基部直径为 18 μm～42 μm，顶部 11 μm～16 μm；颈长度与基部球宽度之比通常为 2.4～3.5；孔口周丝茂盛，透明、有隔、少分枝，(20 μm～60 μm)×(1 μm～2 μm)；子囊薄壁、球形至卵形、易消解；子囊孢子透明、单胞、桔瓣形，(4.5 μm～6 μm)×(1 μm～1.5 μm)，聚生成奶白色粘性孢子滴。自然条件下产生的交配型 A 和 B 大致相等，雌性交配型 A 可接受 *O. novo-ulmi* 的雄性交配型 B。

9.3 *Ophiostoma novo-ulmi* 和 *Ophiostoma ulmi* 的特征比较

特征比较见表 1。

表 1 特征比较

特征		*Ophiostoma novo-ulmi*	*Ophiostoma ulmi*
生长速度 mm/d	20 ℃	(2.8～)3.1～4.8(～5.7)	(1.5～)2.0～3.1(～3.5)
	33 ℃	(0～)0.1～0.5	1.1～2.8
菌落形态		花瓣状、轮纹明显，有条纹	光滑蜡质、苔状，轮纹不明显
交配型		B 型占优势	A 型和 B 型大致相等
子囊壳	颈长 μm	230～640(～1 070)	280～420(～510)
	颈长与基部球直径比	1.5～6.2	2.4～3.5

9.4 结论

如分离菌的形态特征与鉴定指标吻合，可鉴定为榆枯萎病菌。否则，不视为榆枯萎病菌。

10 样品保存

检疫鉴定后保存样品，以备复验、谈判和仲裁。由鉴定人标识确认、样品管理员登记，置于干燥、防虫、防鼠处保存，保存期为1年，有特殊需求保存期可适当延长。保存期满，需经灭菌后方可处理。

11 菌种保藏

将病菌接在MEA培养基斜面上，待菌丝布满斜面后，封好盖子，－20℃保存。

附 录 A
（资料性附录）
榆枯萎病菌的分类、寄主与分布

A.1 分类

榆枯萎病是榆树上的毁灭性病害，常年危害欧美的林木业，在20世纪30年代和70年代曾引起两次大规模流行。榆枯萎病的致病菌已经分化为2个种，*Ophiostoma ulmi* 引致欧美的第一次大流行，*Ophiostoma novo-ulmi* 是第二次大流行的致病菌，在《中华人民共和国进境植物检疫性有害生物名录》中称为新榆枯萎病菌。*Ophiostoma novo-ulmi* 侵袭性较强，其内分为两个亚种——欧亚亚种 *Ophiostoma novo-ulmi* subsp. *novo-ulmi* 和美洲亚种 *Ophiostoma novo-ulmi* subsp. *americana*。本标准将 *Ophiostoma ulmi* 和 *Ophiostoma novo-ulmi* 统称为榆枯萎病菌。

A.2 寄主范围

寄主主要为榆属（*Ulmus* L.）树木。以美洲榆（*U. americana*），荷兰榆（*U. hollandica*），山榆（*U. glabra*），英国榆（*U. procera*）等较为感病，人工接种可为害榉属（*Zelkova* S.）。该病菌是欧美榆属上的重要有害真菌，可侵染各龄榆树，引致榆树干枯、死亡，称为榆枯萎病，或荷兰榆病。

A.3 分布

亚洲：亚美尼亚、阿塞拜疆、格鲁吉亚、伊朗、土耳其、乌兹别克斯坦、哈萨克斯坦（仅 *Ophiostoma novo-ulmi*）。

欧洲：阿尔巴尼亚、爱尔兰、丹麦、挪威、瑞典、波兰、捷克、斯洛伐克、匈牙利、法国、德国、奥地利、荷兰、瑞士、英国、比利时、西班牙、葡萄牙、意大利、罗马尼亚、希腊、摩尔多瓦、乌克兰、俄罗斯、圣马力诺、塞尔维亚、波黑（仅 *Ophiostoma novo-ulmi*）、克罗地亚（仅 *Ophiostoma novo-ulmi*）、斯洛文尼亚（仅 *Ophiostoma novo-ulmi*）、保加利亚（仅 *Ophiostoma novo-ulmi*）、马其顿（仅 *Ophiostoma novo-ulmi*）、白俄罗斯（仅 *Ophiostoma ulmi*）、芬兰（仅 *Ophiostoma ulmi*）。

美洲：美国、加拿大。

大洋洲：新西兰（仅 *Ophiostoma novo-ulmi*）。

附 录 B
（资料性附录）
欧亚亚种 *Ophiostoma novo-ulmi* subsp. *novo-ulmi* 和美洲亚种 *Ophiostoma novo-ulmi* subsp. *americana* 的鉴定方法

B.1 鉴定

B.1.1 交配型的测定

亚种的鉴定首先要确定供试菌的交配型。取标准菌株 *Ophiostoma novo-ulmi* 任意亚种的交配型 A 和 B 以及待测菌，等距离三角形分别接种在 ESA 培养基上，重复 3 皿，20 ℃黑暗培养 1 周后，在室温（20 ℃～25 ℃）漫射光下继续培养两周。

B.1.2 A 交配型的培养

经测定交配型为 A 的供试菌，在 MEA 培养基上 20 ℃黑暗培养；取标准菌株美洲亚种的 B 交配型为受体，接种于 ESA 培养基，20 ℃黑暗培养 14 d，再漫射光下继续培养 7 d，使菌落长满全皿；切取 MEA 培养基上的待测菌 2 cm^2 为供体，菌面朝下贴放在受体菌落的一侧，另以标准菌株美洲亚种和欧亚亚种的 A 交配型为供体对照，同法分别置于受体的另外部位，重复 3 皿，室温漫射光下培养。10 d 后记录各供体上每 1 cm^2 的子囊壳数目。

B.1.3 B 交配型的培养

经测定交配型为 B 的供试菌，在 MEA 培养基上 20 ℃黑暗培养；取标准菌株欧亚亚种的 A 交配型为受体，接种于 ESA 培养基，20 ℃黑暗培养 14 d，再漫射光下继续培养 7 d，使菌落长满全皿；切取 MEA 培养基上的待测菌 2 cm^2 为供体，菌面朝下贴放在受体菌落的一侧，另以标准菌株美洲亚种和欧亚亚种的 B 交配型为供体对照，同法分别置于受体的另外部位，重复 3 皿，室温漫射光下培养。10 d 后记录各供体上每 1 cm^2 的子囊壳数目。

B.2 结果判定

B.2.1 交配型判定

若待测菌与交配型 B 的交界处产生子囊壳，则待测菌为 A 交配型；若待测菌与交配型 A 的交界处产生子囊壳，则待测菌为 B 交配型。

B.2.2 A 交配型亚种判定

若待测菌与受体（美洲亚种 B 交配型）所生子囊壳数目与供体对照美洲亚种 A 交配型所生子囊壳数目大致相等，是供体对照欧亚亚种 A 交配型所生子囊壳数目的 10 倍～30 倍，则待测菌为美洲亚种。

若待测菌与受体（美洲亚种 B 交配型）所生子囊壳数目与供体对照欧亚亚种 A 交配型所生子囊壳数目大致相等，是供体对照美洲亚种 A 交配型所生子囊壳数目的 1/10～1/30，则待测菌为欧亚亚种。

B.2.3 B 交配型亚种判定

若待测菌与受体（欧亚亚种 A 交配型）所生子囊壳数目与供体对照欧亚亚种 B 交配型所生子囊

壳数目大致相等，是供体对照美洲亚种 B 交配型所生子囊壳数目的 10 倍～30 倍，则待测菌为欧亚亚种。

若待测菌与受体(欧亚亚种 A 交配型)所生子囊壳数目与供体对照美洲亚种 B 交配型所生子囊壳数目大致相等，是供体对照欧亚亚种 B 交配型所生子囊壳数目的 1/10～1/30，则待测菌为美洲亚种。

附 录 C
（资料性附录）
榆枯萎病菌形态示意图

图 C.1 子囊壳（左）和粘束梗霉 *Pesotum ulmi*（右）（仿 F. W. Holmes）

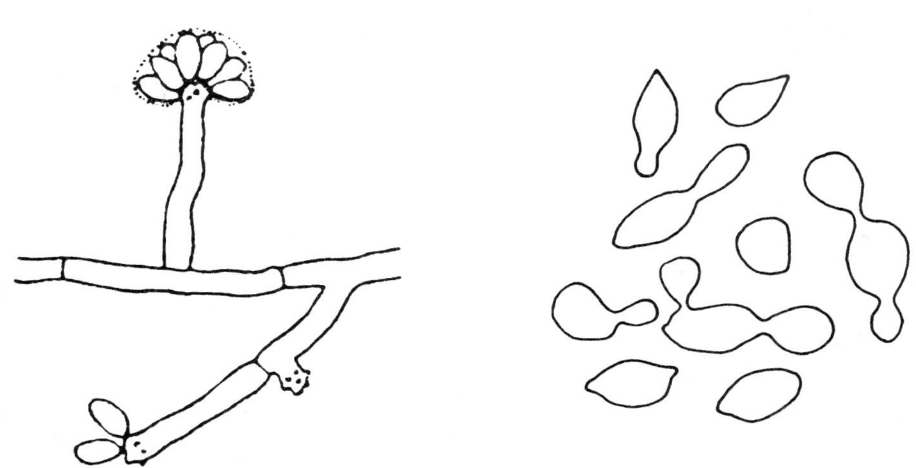

图 C.2 发簇孢 *Sporothrix*（左）酵母状孢子 *Blastomyces*（右）（仿 F. W. Holmes）

ICS 65.020.01
B 16

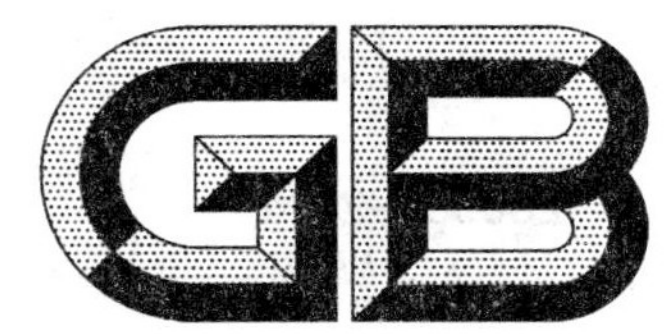

中华人民共和国国家标准

GB/T 28083—2011

栎枯萎病菌检疫鉴定方法

Detection and identification of *Ceratocystis fagacearum* (Bretz) Hunt

2011-12-30 发布　　2012-06-01 实施

中华人民共和国国家质量监督检验检疫总局
中国国家标准化管理委员会　发布

前　　言

本标准按照 GB/T 1.1—2009 给出的规则起草。

本标准由全国植物检疫标准化技术委员会(SAC/TC 271)提出并归口。

本标准起草单位:中国检验检疫科学研究院。

本标准主要起草人:严进、吴品珊、陈克、黄英、陈岩、段胜男、常雪艳。

栎枯萎病菌检疫鉴定方法

1 范围

本标准规定了栎枯萎病菌的检疫鉴定方法，包括对栎属（*Quercus* L.）和栎枯萎病菌其他寄主的原木、木制品、木质包装和苗木的检疫。

本标准适用于对来自栎枯萎病发生国家和地区的所有栎属植物和栎枯萎病菌其他寄主的检疫鉴定。

2 规范性引用文件

下列文件对于本文件的应用是必不可少的。凡是注日期的引用文件，仅注日期的版本适用于本文件。凡是不注日期的引用文件，其最新版（包括所有的修改单）适用于本文件。

SN/T 2122 进出境植物及植物产品检疫抽样

3 栎枯萎病菌基本信息

壳斗长喙壳[*Ceratocystis fagacearum* (Bretz) Hunt]属真菌界（Fungi），子囊菌门（Ascomycota），核菌纲（Pyrenomycetes），球壳目（Sphaeriales），长喙壳科（Ophiostomataceae），长喙壳属（*Ceratocystis* Ell. & Halst.）。

栎枯萎病菌其他信息参见附录 A。

4 方法原理

栎枯萎病菌的寄主范围、传播途径、植株症状（参见图 B.4）和病原形态（参见图 B.1、图 B.2、图 B.3）是栎枯萎病菌检疫鉴定方法的依据。

5 试剂与标准菌株

5.1 试剂

葡萄糖（$C_6H_6O_6 \cdot H_2O$）、甲（苯）丙氨酸、磷酸二氢钾（KH_2PO_4）、硫酸镁（$MgSO_4 \cdot 7H_2O$）、硫酸铁[$Fe_2(SO_4)_3 \cdot xH_2O$ 含量（以 Fe 计）21.0～23.0%]、硫酸锰（$MnSO_4$）、硫酸锌（$ZnSO_4 \cdot 7H_2O$）、维生素 H（Vitamin H）、琼脂粉。

以上试剂除特殊注明外，均为化学纯。

5.2 标准菌株[1)]

Ceratocystis fagacearum (Bretz) Hunt A1 和 A2 标准菌株。

---

1) 来自美国的 *Ceratocystis fagacearum* (Bretz) Hunt A1 和 A2 标准菌株保存于中国检验检疫科学研究院动植物检疫研究所。

6 主要仪器设备

6.1 仪器设备

立体显微镜、生物显微镜(具油镜和测微尺)、电子分析天平(感量0.001 g)、普通天平(感量0.1 g)、超净工作台、生物培养箱、高压灭菌器。

6.2 试验用具

斧子、锯子、手持放大镜、培养皿、三角瓶(500 mL)、试管(直径12 mm)、烧杯(1 000 mL)、手术刀、手术剪、镊子、载玻片、盖玻片、量筒、吸管、酒精灯。

7 检疫与鉴定

7.1 现场检疫

7.1.1 样品抽取

按照SN/T 2122规定的方法。

7.1.2 现场检疫

将抽取的原木或木制品或苗木用斧子或锯子分别横向和纵向切开,仔细观察横断面和纵断面有无黑褐色条纹。如带皮,则要检查树皮和木质部之间是否有垫状菌丝层和边材上是否有传病媒介(参见附录C)。

将有症状样品带回实验室作进一步检验。

7.2 室内检测与鉴定

7.2.1 分离培养

采用麦芽浸出液酵母培养基或NFP培养基(见附录D),用于病原菌的分离、培养形状测定和菌种保存。

在可疑发病的褐色条纹处取一块组织,切成4 mm×4 mm的小片,用0.5%NaOCl表面消毒5 min,无菌水冲洗3遍,放在直径9 cm的平板培养基上,每皿放4片~6片,于24 ℃培养箱内培养,黑暗和光照各12 h交替。7 d后用显微镜检查。

若发现昆虫,首先需进行形态鉴定(参见附录C),如为露尾甲,则应检查是否携带栎枯萎病菌,方法是将其肢解,组织片用上述方法分离培养。

7.2.2 形态观察

观察并记录培养基上生长菌落的形态特征。

从菌落中挑取少量培养物,以水作浮载剂,制成玻片,在显微镜下观察。如为*Ceratocystis fagacearum*的无性阶段,即可观察到分生孢子梗和分生孢子。详细记载分生孢子和菌丝的形态,记录并测量分生孢子梗、分生孢子大小。

用直径4 mm的打孔器取菌落边缘的菌块2块,分别放在2个NFP培养基平板的一侧;用同法分别取标准菌株*Ceratocystis fagacearum* A1和A2交配型的菌块各1块,分别放在上述平板培养基的另一侧,于24 ℃下培养7 d~10 d。用立体显微镜观察同一平板培养基上的两菌落交界处是否产生子囊壳。挑取两菌落交界处产生的子囊壳制成玻片，于显微镜下观察。

如与A1交配型菌落交界处产生子囊壳，则待测菌株为A2交配型，如与A2交配型菌落交界处产生子囊壳，则待测菌株为A1交配型。

记载子囊壳、子囊和子囊孢子的形态特征并测量和记录子囊壳、子囊和子囊孢子大小。

8 鉴定标准

8.1 营养体形态

菌落呈绒毛状，厚1 mm～3 mm，初为白色，后为淡灰色至黄绿色，常有褐色斑块。

菌丝分枝有横隔，淡色至褐色，宽2.5 μm～6.0 μm，菌落中还能形成菌核，菌核茶褐色至黑色，质地疏松，形状不定，直径可达2.5 cm。此外，还可形成一种橄榄色厚垣孢子。

8.2 无性繁殖器官形态

分生孢子内生，无色，单胞，圆筒形，两端平截，大小为(2 μm～4.5 μm)×(4 μm～22 μm)，在培养基上可形成分生孢子链。分生孢子梗分枝或不分枝，宽2.5 μm～5 μm，长20 μm～60 μm，淡色至黑色，有分隔，顶端逐渐变尖(参见图B.1)。

8.3 有性繁殖器官形态

子囊壳单生或丛生，黑色，瓶形，基部球形，直径240 μm～380 μm，几乎整个埋于基质内。子囊壳具有长喙，喙长250 μm～450 μm，顶端生有无色须状物(参见图B.2)。子囊球形至近球形，最大直径7 μm～10 μm，内含8个子囊孢子。子囊孢子单胞，无色，椭圆形，微弯，大小为(2 μm～3 μm)×(5 μm～10 μm)(参见图B.3)。子囊壁易消解，成熟后，子囊孢子从孔口流出，聚集在白色粘液中呈小滴状，在水中不易分散。

9 结果判定

如形态鉴定结果与8.1、8.2、8.3相符合，即可确定分离物为*Ceratocystis fagacearum* (Bretz) Hunt。

10 样品保存

10.1 菌种保存

分离获得的*Ceratocystis fagacearum*菌种，应转入试管斜面，置于15 ℃黑暗条件下保存至少12个月，以备复验、谈判和仲裁。

10.2 传病介体保存

捕获的传病昆虫除用于分离病原菌外，其余的应使其存活至检验鉴定完成，然后制成标本。尽量保持其身体各部位的完整性。

附 录 A
（资料性附录）
栎枯萎病菌 *Ceratocystis fagacearum*（Bretz）Hunt 分布和寄主

A.1 分布

欧洲：保加利亚、波兰、罗马尼亚。

北美洲：美国（阿肯色、印地安纳、伊利诺斯、依阿华、堪萨斯、肯塔基、马里兰、密执安、明尼苏达、密苏里、内布拉斯加、北卡罗莱纳、南卡罗莱纳、南达科他、俄亥俄、俄克拉荷马、宾夕法尼亚、田纳西、得克萨斯、弗吉尼亚、西弗吉尼亚、威斯康星）。

A.2 寄主

栎属 *Quercus* L.、栗属 *Castanea* Mill.、锥属 *Castanopsis* Spach 和石栎属 *Lithocarpus* Bl. 的全部种。

附　录　B
（资料性附录）
病原菌形态示意图和症状

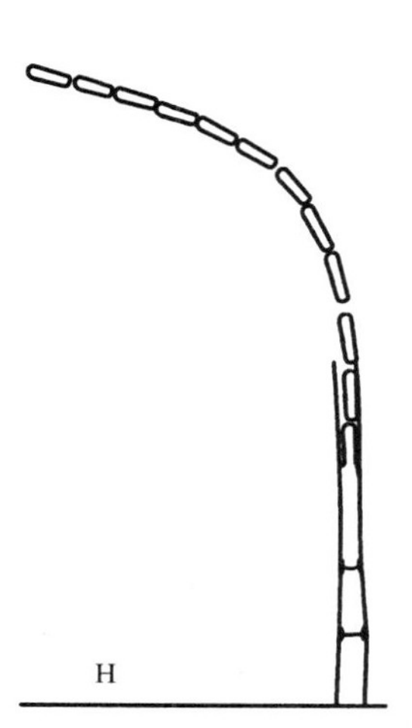

图 B.1　分生孢子和分生孢子梗

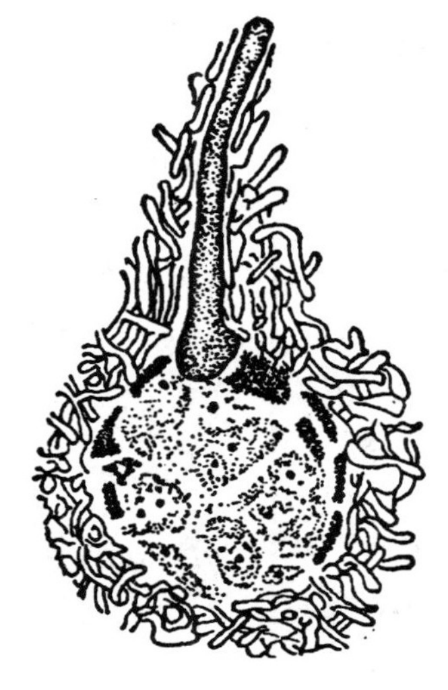

图 B.2　子囊壳

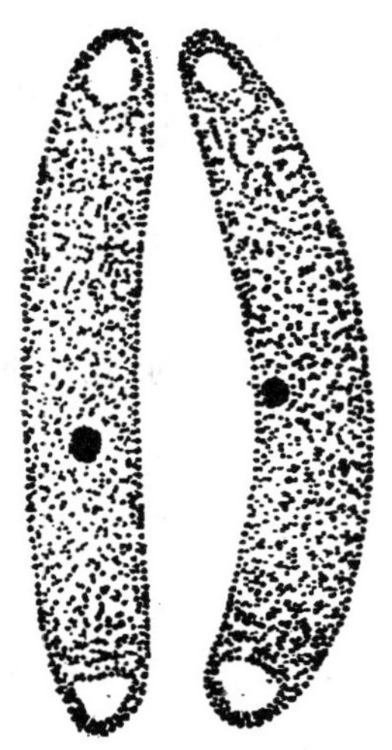

图 B.3　子囊孢子

图 B.4　栎树边材上黑褐色条斑

附 录 C
（资料性附录）
栎枯萎病菌 *Ceratocystis fagacearum*（Bretz）Hunt 传病媒介

C.1 传病媒介

果实露尾甲属 *Carpophilus* Stephens
C. lugubris
露尾甲属 *Glischrochilus* Reiffer
G. sanguinolentus
G. quadrisignatus
G. fasciatus
G. siepmanni
鬃额小蠹属 *Pseudopityophthorus* Swaine
P. minutissimus
P. pruinosis
毛束小蠹 *Scolytus intricatus* Ratzeburg

C.2 露尾甲科形态描述

体长 1 mm～7 mm；体宽扁，黑色或褐色；头显露，上颚宽，强烈弯曲；触角短，11 节，柄节及端部 3 节膨大，中间各节较细；前胸背板宽大与长；鞘翅宽大，表面有纤毛和刻点行，臀板外露或末端 2 节～3 节背板外露；前、中足基节横形，基前转片明显；胫节短部膨大，前足胫节外侧具锯齿突起，跗节 5-5-5，第 3 节双叶状，第 4 节很小，第 5 节较长；腹部可见 5 节。

幼虫圆形，头小；下颚关节区退化；下唇须 1 节；触角 3 节；复眼 3 对～4 对，第 9 腹节末端具尖的尾突。

C.3 小蠹科形态描述

微小至小形，体长 1 mm～9 mm，宽短，圆筒形。头部的一部分向下方延长成较短的头管，象鼻部分短而不甚明显。触角短，锤状，呈膝状弯曲，末端 3 节膨大。前胸背板大，长度约占体长的三分之一以上，前端收狭。外咽片消失，仅存 1 条外咽缝；无上唇；下颚须 3 节，节间僵直不能活动；足胫节有齿，跗节 5 节，其中第 4 节甚小，成为假 4 节，末节长。鞘翅长，盖过腹末，表面有粗大的刻点条纹。腹板可见 5 节～6 节，腹部末节通常平切状。有发达的几丁质前胃。体多为黑色或褐色，被毛。

幼虫无足式，似象甲幼虫。

附 录 D
（规范性附录）
培养基配方

D.1 麦芽浸出液酵母培养基

麦芽浸出液	5 g
酵母	1 g
琼脂粉	20 g
蒸馏水	1 000 mL

先调酸度至 pH 6.0，然后在 1.51×10^{7} Pa 或 121 ℃下灭菌 15 min。

D.2 NFP[2)] 培养基

葡萄糖	3 g
甲(苯)丙氨酸	0.5 g
磷酸二氢钾(KH_2PO_4)	1 g
硫酸镁($MgSO_4$)	0.5 g
硫酸铁[$Fe_2(SO_4)_3$]	0.2 g
硫酸锰($MnSO_4$)	0.2 g
硫酸锌($ZnSO_4$)	0.2 g
维生素 H(Vitamin H)	5 μg
琼脂粉	20 g
蒸馏水	1 000 mL

在 1.51×10^{7} Pa 或 121 ℃下灭菌 15 min。

2) NFP：南京林业大学(原南京林产工业学院)森林病理教研组配方(摘自《植物检疫》(浙江农业大学汇编)——上海科学技术出版社 1979)。

ICS 65.020.01
B 16

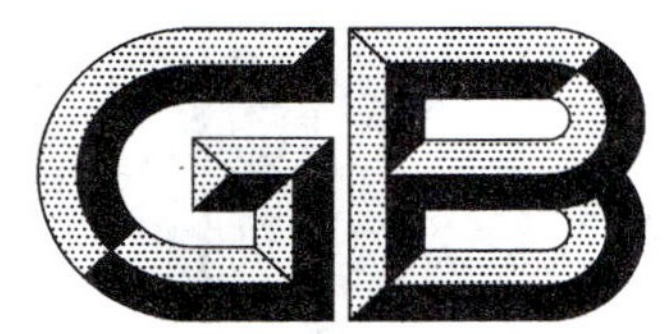

中华人民共和国国家标准

GB/T 28084—2011

棉花黄萎病菌检疫检测与鉴定

Detection and identification of *Verticillium dahliae* Kleb.

2011-12-30 发布　　　　2012-06-01 实施

中华人民共和国国家质量监督检验检疫总局
中国国家标准化管理委员会　发布

前　言

本标准按照 GB/T 1.1—2009 给出的规则起草。

本标准由全国植物检疫标准化技术委员会(SAC/TC 271)提出并归口。

本标准起草单位:全国农业技术推广服务中心、河南省植保植检站、四川省植物检疫站。

本标准主要起草人:吴立峰、韩世平、宁红、白小东、刘辉志、李素芳、熊红利、张磊。

棉花黄萎病菌检疫检测与鉴定

1 范围

本标准规定了棉花黄萎病田间症状识别、抽样，棉花黄萎病菌（*Verticillium dahliae* Kleb.）的分离培养、检测鉴定等方法。

本标准适用于棉花植物组织和棉籽中棉花黄萎病菌的检疫检测和鉴定。

2 规范性引用文件

下列文件对于本文件的应用是必不可少的。凡是注日期的引用文件，仅注日期的版本适用于本文件。凡是不注日期的引用文件，其最新版本（包括所有的修改单）适用于本文件。

GB 15569 农业植物调运检疫规程

3 术语和定义

下列术语和定义适用于本文件。

3.1

微菌核 microsclerotium

棉花黄萎病菌生长过程中，由一条或数条分隔菌丝体膨大、胞壁增厚，并向各个方向芽殖形成的肉眼可见的黑色菌丝颗粒。

3.2

选择性培养基 selective medium

进行植物病原菌分离培养时，为促进目标菌落的形成，抑制其他非目标菌的生长，在培养基中添加不同的碳源、氮源或抑制性物质而形成的具有一定选择能力的培养基。

4 原理

棉花黄萎病菌主要存在于棉花植株、棉籽、土壤、病残组织、粪肥等处，侵染棉花植株后所表现的典型症状是田间诊断的重要依据；利用选择性培养基，从不同的带菌材料中分离出目标病原菌，进行形态特征鉴定。

5 仪器、用具及试剂

5.1 仪器、用具

天平、高压灭菌锅、培养箱、生物显微镜、移液器、镊子、解剖刀、接种棒、9 cm～12 cm 培养皿、烧杯、载玻片、盖玻片、吸管、超净工作台等。

5.2 试剂

除非另有说明，本标准仅使用分析纯试剂。

5.2.1 磷酸氢二钾(K_2HPO_4)。
5.2.2 氯化钾(KCl)。
5.2.3 硫酸镁($MgSO_4$)。
5.2.4 L-天门冬酰胺($C_4H_8N_2O_3H_2O$)。
5.2.5 乙二胺四乙酸铁钠{$[CH_2N(CH_2COO)_2]_2FeNa$}。
5.2.6 L-山梨糖($C_6H_{12}O_6$)。
5.2.7 琼脂。
5.2.8 75%五氯硝基苯($C_6Cl_5NO_2$)。
5.2.9 牛胆盐。
5.2.10 四硼酸钠($Na_2B_4O_7 \cdot 10H_2O$)。
5.2.11 硫酸链霉素($C_{21}H_{41}N_7O_{16}S$)。
5.2.12 葡萄糖($C_6H_{12}O_6 \cdot H_2O$)。
5.2.13 0.1%升汞。
5.2.14 70%乙醇。
5.2.15 马铃薯。
5.2.16 灭菌水。

6 症状识别

在棉花黄萎病显症明显的花铃期和吐絮期进行2次～3次调查。每次调查时,首先目视全田,若观察不到可疑病株,则进行踏查,方法是每隔两行顺垄检查有无可疑病株。对检查到的可疑病株,参照附录A进行识别判断,确认是否是棉花黄萎病,并采集、保存病株标本,记录调查结果。现场不能确认的,整株取样带回实验室鉴定,填写附录B《有害生物调查抽样记录表》。

7 病原鉴定

7.1 抽样

7.1.1 棉籽抽样

需要进行室内棉花黄萎病菌检测的棉籽,按照GB 15569的有关要求进行抽样,填写附录B《有害生物调查抽样记录表》,送实验室检验鉴定。

7.1.2 受害植株抽样

在棉花生长期间,特别是棉花黄萎病发病高峰期,加强田间观察,发现有棉花黄萎病疑似症状的植株,整株取样送实验室检测。填写附录B《有害生物调查抽样记录表》。

7.2 分离和培养

7.2.1 制样

7.2.1.1 棉籽

将送检的每个棉籽样品分为2份,一份保存备查,一份用于检验,每份样品不少于50 g。

7.2.1.2 植物组织

选取有疑似症状的植株材料:叶片材料取病健交界处组织,每个约0.5 cm^2;茎秆、叶柄材料直接切取维管束变色部分组织，每个长约0.5 cm。

7.2.2 消毒与培养

7.2.2.1 棉籽

将棉籽放入70%乙醇中浸泡2 s～3 s，除去气泡，置于0.1%升汞液中消毒2 min，用灭菌水冲洗2次～3次。然后用灭菌镊子将其移放到Christen选择性培养基平板上，每个平板放置5粒，每个样品设3个重复，置于24 ℃～25 ℃的培养箱内3 d～4 d，然后放入冰箱冷处理(0 ℃～5 ℃，24 h)，再放回原培养箱内黑暗培养10 d。

Christen选择性培养基配方及制作方法参见附录C。

7.2.2.2 植物组织

将取得的植物组织置于0.1%升汞液中表面消毒1 min，用灭菌水冲洗2次～3次，然后置于Christen选择性培养基平板上，每个平板放置3个～5个，每个样品设3个重复。置于24 ℃～25 ℃培养箱内黑暗培养10 d。

7.2.3 分离纯化

检查培养10 d后的平板，若出现乳白色菌落，将其转接至PDA培养基上，并在24 ℃～25 ℃黑暗培养10 d。

PDA培养基配方及制作方法参见附录C。

7.2.4 形态鉴定

观察微菌核的形成情况，并挑取PDA平板上的培养物进行显微镜检查，参照附录D描述的病原菌形态特征进行鉴定。

7.3 结果判定

转接至PDA平板上的培养物培养10 d后，在显微镜下观察其形态特征，符合附录D描述的形态特征的，确定为棉花黄萎病菌 *Verticillium dahliae* Kleb.。鉴定结果填入《有害生物样本鉴定报告》(参见附录E)。

8 标本及资料保存

检测鉴定完成后，样品和分离物需作为标本保存的，制成标本并妥善保存1年。其余用于检测的样品应集中销毁，用具应进行灭活处理。检测鉴定过程及有关数据、表格要进行详细记录并归档保存。

附　录　A
（资料性附录）
棉花黄萎病菌的分类地位及危害症状

A.1　分类地位

棉花黄萎病菌（*Verticillium dahliae* Kleb.）属半知菌亚门（Deuteromycotina）、丝孢纲（Hyphomycetes）、丛梗孢目（Moniliales）、丛梗孢科（Moniliaceae）、轮枝菌属（*Verticillium*）。

A.2　危害症状

A.2.1　幼苗期症状

一般在3片～5片真叶期显示症状，病株比正常植株略矮，叶片上出现斑驳，剖开维管束有淡褐色病变。

A.2.2　成株期症状

棉花黄萎病大多在现蕾后开始发病，开花结铃期达到发病高峰。病株一般从下部开始发病，逐渐向上发展，病叶边缘和叶脉之间叶肉部分出现淡黄色斑驳，形状不规则，逐渐扩大成明显的黄色斑驳，随后斑驳变褐，发病严重时，除主脉及主脉附近仍为绿色外，其余部分均变为黄褐色，病叶呈掌状斑驳，俗称"西瓜皮"；有时病斑变褐、焦枯、脱落，只残留叶脉，呈"鸡爪状"。夏季低温多雨或大水漫灌后，植株可出现急性萎蔫症状，叶片先从上部开始突然萎蔫下垂，水烫状，叶色暗淡，严重时叶片脱落形成光杆。用解剖刀横切或纵切病株茎杆和叶柄，可见维管束变褐。

附　录　B
（资料性附录）
有害生物调查抽样记录表

表 B.1　有害生物调查抽样记录表

编号：

<table>
<tr><td colspan="2">生产/经营者</td><td colspan="2"></td><td colspan="2">地址及邮编</td><td></td></tr>
<tr><td colspan="2">联系/负责人</td><td colspan="2"></td><td colspan="2">联系电话</td><td></td></tr>
<tr><td colspan="2">调查日期</td><td colspan="2"></td><td colspan="2">抽样地点</td><td></td></tr>
<tr><td>样品编号</td><td colspan="2">植物名称（中文名和学名）</td><td>品种名称</td><td>植物生育期</td><td>调查代表株数或面积</td><td>植物来源</td></tr>
<tr><td></td><td colspan="2"></td><td></td><td></td><td></td><td></td></tr>
<tr><td></td><td colspan="2"></td><td></td><td></td><td></td><td></td></tr>
<tr><td></td><td colspan="2"></td><td></td><td></td><td></td><td></td></tr>
<tr><td></td><td colspan="2"></td><td></td><td></td><td></td><td></td></tr>
<tr><td></td><td colspan="2"></td><td></td><td></td><td></td><td></td></tr>
<tr><td colspan="7">症状描述：</td></tr>
<tr><td colspan="7">发生与防控情况及原因：</td></tr>
<tr><td colspan="7">抽样方法、部位和抽样比例：</td></tr>
<tr><td colspan="7">备注：</td></tr>
<tr><td colspan="4">抽样单位（盖章）：
填表人（签名）：
年　月　日</td><td colspan="3">生产/经营者：
现场负责人：
年　月　日</td></tr>
<tr><td colspan="7">注：本单一式两份，分别由抽样单位和受检单位保存。</td></tr>
</table>

附 录 C
（资料性附录）
培养基配方及制作方法

C.1 Christen选择性培养基配方及制作方法

C.1.1 配方

磷酸氢二钾1 g，氯化钾0.5 g，硫酸镁0.5 g，乙二胺四乙酸铁钠0.01 g，L-天门冬酰胺2 g，L-山梨糖2 g，琼脂20 g，蒸馏水1 000 mL，75%五氯硝基苯1 g，牛胆盐0.5 g，四硼酸钠1 g，硫酸链霉素0.3 g。

C.1.2 制作方法

琼脂20 g加入蒸馏水1 000 mL，加热溶化后，加入磷酸氢二钾1 g，氯化钾0.5 g，硫酸镁0.5 g，乙二胺四乙酸铁钠0.01 g，L-天门冬酰胺2 g，L-山梨糖2 g，充分混和溶解。用磷酸将pH值调至5.4，分装，120 ℃～125 ℃高压灭菌30 min，温度降至50 ℃（不烫手）时，在灭菌条件下加入75%五氯硝基苯1 g、牛胆盐0.5 g，四硼酸钠1 g，硫酸链霉素0.3 g，混和均匀。

C.2 PDA培养基配方及制作方法

C.2.1 配方

马铃薯200 g，葡萄糖15 g～20 g，琼脂17 g～20 g，水1 000 mL。

C.2.2 制作方法

将洗净去皮的马铃薯切碎，加水1 000 mL煮沸1 h，用纱布滤去马铃薯，加水补足1 000 mL；加入葡萄糖和琼脂，加热使琼脂完全熔化后，分装，120 ℃～125 ℃高压灭菌30 min。

附　录　D
（资料性附录）
棉花黄萎病菌在PDA培养基上的形态特征

D.1　棉花黄萎病菌形态特征

菌落呈绒毛状，初生菌丝体无色，生长时间较长的菌丝变成灰白色，有隔膜。培养10 d以上的菌落可在培养基上长出大量黑褐色微菌核，长形至不规则球形，直径15 μm～50 μm。分生孢子梗由2轮～4轮层辐射状的枝梗及上部的顶枝构成，每轮层有枝梗1枝～7枝，分枝大小为(13.7 μm～21.4 μm)×(1.5 μm～2.7 μm)，基部略膨大，始终透明。小枝顶端的产孢瓶体连续产生分生孢子，分生孢子无色，单孢，椭圆形、近圆筒形，大小为(1.9 μm～3.57 μm)×(2.5 μm～7.38 μm)。

D.2　棉花黄萎病菌与黑白轮枝菌形态特征比较

棉花黄萎病菌与黑白轮枝菌 *Verticillium albo-atrum* Reinke & Berthiner 为同属土传病原真菌，两种病原菌形态特征主要区别见表D.1。

表D.1　棉花黄萎病菌与黑白轮枝菌形态特征比较

病原菌	菌落形态	分生孢子梗	休眠结构	pH3.6条件下生长状况	30 ℃条件下生长状况
棉花黄萎病菌	绒毛状，圆形，白色	较短，基部透明	微菌核，黑褐色	生长良好	生长良好
黑白轮枝菌	绒毛状，圆形，白色至黑褐色	较粗壮，基部暗色、膨大	黑褐色厚壁休眠菌丝结	生长不良	不能生长

附 录 E
（资料性附录）
有害生物样本鉴定报告

表 E.1 有害生物样本鉴定报告

<table>
<tr><td>植物名称</td><td colspan="3"></td><td>品种名称</td><td></td></tr>
<tr><td>植物生育期</td><td></td><td>样品数量</td><td></td><td>取样部位</td><td></td></tr>
<tr><td>样品来源</td><td></td><td>送检日期</td><td></td><td>送检人</td><td></td></tr>
<tr><td>送检单位</td><td colspan="3"></td><td>联系电话</td><td></td></tr>
<tr><td colspan="6">检测鉴定方法：</td></tr>
<tr><td colspan="6">检测鉴定结果：</td></tr>
<tr><td colspan="6">备注：</td></tr>
<tr><td colspan="6">鉴定人(签名)：
审核人(签名)：
鉴定单位盖章：
年 月 日</td></tr>
<tr><td colspan="6">注：本单一式三份，分别由抽样单位、受检单位和鉴定单位保存。</td></tr>
</table>

ICS 65.020.01
B 16

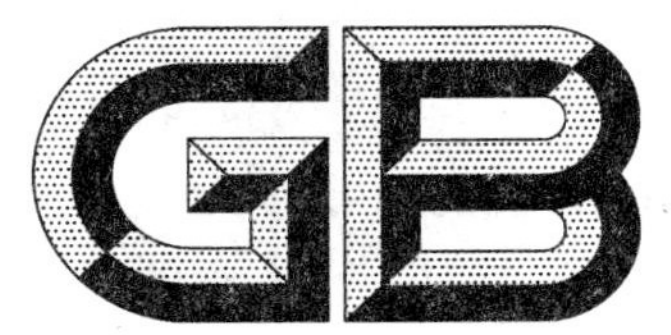

中华人民共和国国家标准

GB/T 28085—2011

苍耳(属)(非中国种)检疫鉴定方法

Detection and identification of *Xanthium* spp. (non-native species)

2011-12-30 发布　　2012-06-01 实施

中华人民共和国国家质量监督检验检疫总局
中国国家标准化管理委员会　发布

前　言

本标准按照 GB/T 1.1—2009 给出的规则起草。

本标准由全国植物检疫标准化技术委员会(SAC/TC 271)提出并归口。

本标准起草单位:中华人民共和国上海出入境检验检疫局、中华人民共和国天津出入境检验检疫局。

本标准主要起草人:印丽萍、薛华杰、易建平、刘勇、宋绍祎。

苍耳(属)(非中国种)检疫鉴定方法

1 范围

本标准规定了苍耳(属)(非中国种)的检测与鉴定方法的最低要求。

本标准适用于相关国际贸易和有害生物监测和确认中苍耳(属)(非中国种)的检测与鉴定。

2 术语和定义

下列术语和定义适用于本文件。

2.1

非中国种 no-native species

中国没有分布的种。

2.2

总苞 involucre

包被花或花簇基部的一轮苞片。苍耳属果实成熟时,总苞木质化,呈囊状。

2.3

瘦果 achene

单果类干果中的一种闭果,由单一心皮的子房发育而成,果实内仅一枚种子,种子只有一点(处)与子房壁相接,成熟时种皮与果皮易分开。

2.4

喙 beak

总苞先端尖锐延长部分。

2.5

刺果 bur

能将自身粘附到动物或人类皮毛或衣服上的具刺、倒钩的种子或干果。

3 苍耳(属)(非中国种)基本信息

目前世界各大数据库确认的苍耳属种仅为7种(包括3个变种和仅中国有记录的2个种),具体学名及异名情况参见附录A。

苍耳属 *Xanthium* L.,为双子叶植物纲(Dicotyledonea)菊目(Asterales)菊科(Asteraceae,Compositae)植物。

根据世界各大数据库确定和《中国植物志》记载的苍耳(属)(非中国种)有3种,分别为 *Xanthium strumarium* var. *canadense*(P. Mill.) Torr & Gray, *Xanthium strumarium* var. *glabratum*(DC.) Cronq. 和 *Xanthium strumarium* L. var. *strumarium*。

苍耳属是菊科的一类重要危险性杂草,在进口大豆、小麦等植物产品和原羊毛中多次被截获到。成熟时,含有种子的木质化总苞,常常和货物混杂在一起,随货物调运、传播;由于总苞具刺和喙,因此也常常粘附在动物身上,随动物及动物产品传播;此外,总苞也能随水流漂浮传播。

4 方法原理

苍耳属总苞(刺果)和瘦果的形态学特征,是本检疫鉴定方法的依据。

5 仪器设备和用具

5.1 仪器设备

5.1.1 体视显微镜(10×～40×)、扩大镜。

5.1.2 电动筛和孔筛:电动筛规格旋转速率 100 r/min～150 r/min,孔筛一般采用圆筛(孔径 3.5 mm 和 2.0 mm)。室内筛样检验时,均采用双层筛子筛样,即上层筛孔径 3.5 mm 和下层筛孔径 2.0 mm。

5.1.3 电子秤(精度:0.001 g)。

5.2 仪器用具

5.2.1 白瓷盘:可采用多种规格的白瓷盘。

5.2.2 解剖刀、解剖针、镊子、培养皿、指形管、广口瓶、双面胶。

5.2.3 标本瓶、标签、原始记录纸、吸水纸、樟脑精、干燥剂、冰箱、微波炉。

6 检疫鉴定

6.1 样品制备

称取送检样品,将送检的复合样品倒入磁盘内,并充分混匀、摊平,制取平均样品;对制取的平均样品,采取四分法,取该样品的二分之一至四分之三(较少样品)作为试验样品,其余的作为保存样品,精确称取检验样品的质量(精确到 0.01 kg)。

6.2 样品检测

把样品倒入电动筛或孔筛中。用电动筛筛样时,电动筛的每分旋转速率为 120 r/min,每次旋转 3 min。用孔筛筛样时,可视样品的多少,分次筛样,每筛旋动 10 次～20 次,筛样时间 3 min。把筛上和筛下物分别倒入白瓷盘或培养皿中。苍耳属种子较大,一般在上层筛的筛上物中。

在上层筛的筛上物中挑取杂草种子放入培养皿中,在解剖镜或扩大镜下镜检。

6.3 鉴定特征

6.3.1 苍耳属植株特征

一年生草本,粗壮。根纺锤状或分枝。茎直立。叶互生,全缘或多少分裂。有柄。头状花序单性,雌雄同株。雄头状花序着生于茎枝的上端,球形,具多数不结果实的两性花;总苞宽半球形,总苞片 1 层～2 层,分离;花托柱形,托叶披针形,包围冠状花。雌头状花序单生或密集于茎枝的下部,卵圆形,各有 2 结果实的小花;总苞片两层,外层小,椭圆形披针状,分离;内层总苞片结合成囊状,卵形,在果实成熟时变硬。瘦果 2,藏于总苞内,无冠毛。

6.3.2 苍耳属总苞(刺果)的主要特征

总苞在果实成熟时变硬木质化,无冠毛,先端具 1 个～2 个坚硬的喙;总苞表面具坚硬的刺或密生柔毛;总苞内分为 2 室,每室 1 枚瘦果。苍耳属总苞(刺果)形态见附录 B(图 B.1～图 B.4)。

6.3.3 苍耳属瘦果与种子的主要特征

瘦果内含一粒种子，两端尖，无胚乳，胚直生，子叶肥厚。苍耳属瘦果和种子形态见附录B（图B.1～图B.3）。

6.3.4 苍耳属各种的区别

苍耳属各种在植株高度、总苞大小、表面刺的特征和喙的大小即形状等方面有较为明显的区别，见附录C。

6.4 结果评定

以成熟种子特征为依据，符合上述6.3.2、6.3.3、6.3.4形态特征且在中国没有分布的种可鉴定为苍耳（属）（非中国种）。

7 样品保存

保存样品应加贴标签，置放于恒温、恒湿、防霉、防蛀处保存，保存期限6个月。保存期满后，样品应作灭活处理。

附　录　A
（资料性附录）
目前世界各大数据库确认的苍耳属种

表 A.1　苍耳属种

学名	英文名(中文名)	异名	是否为中国种
Xanthium inaequilaterum DC.[a]	偏基苍耳	*Xanthium indicum* var. *inaequilaterum*(DC.)Miq. *X. orientale* Blume *X. strumarium* DC. var. *inaequilaterale* *X. strumarium* Lour.	是
Xanthium mongolicum Kitag[a]	蒙古苍耳	无	是
Xanthium spinosum L.[a]	spiny cocklebur 刺苍耳	*Acanthoxanthium spinosum*(L.)Fourr. *Xanthium spinosum* L. var. *inerme* Bel	是
Xanthium strumarium L.[a]	siberian cocklebur 苍耳	*Xanthium sibiricum* Patrin ex Widd. *X. strumarium* L. var. *indicum* Debeaux *X. indicum* Klatt *X. japonicum* Auct. *X. japonicum* Widder	是
Xanthium strumarium var. *canadense*(P. Mill.) Torr. & Gray	canada cocklebur canada cockleburr cocklebur common cocklebur rough cocklebur rough cockleburr	*Xanthium acerosum* Greene *Xanthium californicum* Greene *Xanthium californicum* var. *rotundifolium* Widder *Xanthium campestre* Greene *Xanthium canadense* P. Mill. *Xanthium cavanillesii* Schouw *Xanthium cenchroides* Millsp. & Sherff *Xanthium commune* Britt. *Xanthium echinatum* Murr. *Xanthium glanduliferum* Greene *Xanthium italicum* Moretti *Xanthium macounii* Britt. *Xanthium oligacanthum* Piper *Xanthium oviforme* Wallr. *Xanthium pensylvanicum* Wallr. *Xanthium saccharatum* Wallr. *Xanthium speciosum* Kearney *Xanthium strumarium* L. ssp. *Italicum*(Moretti)D. Löve *Xanthium strumarium* L. var. *oviforme*(Wallr.)M. Peck *Xanthium strumarium* L. var. *pensylvanicum* (Wallr.) M. E. Peck *Xanthium varians* Greene	否

表 A.1（续）

学名	英文名（中文名）	异名	是否为中国种
Xanthium strumarium var. *glabratum* (DC.) Cronq.	beach cockleburr burrweed burweed clotbur clotburr cocklebur cockleburr common cocklebur european cocklebur european cocklebur italian cocklebur italian cockleburr large cocklebur larger cockleburr rough cocklebur rough cockleburr sheepbur sheep's burr	*Xanthium americanum* Walt. *Xanthium calvum* Millsp. & Sherff *Xanthium chasei* Fernald *Xanthium chinense* P. Mill. *Xanthium curvescens* Millsp. & Sherff *Xanthium cylindraceum* *Xanthium echinellum* Greene *Xanthium globosum* Shull *Xanthium inflexum* Mackenzie & Bush *Xanthium strumarium* var. *wootonii* (Cockerell) M. E. Peck *Xanthium strumarium* L. var. *wootonii* (Cockerell) W. C. Martin & C. R. Hutchins *Xanthium macrocarpum* var. *glabratum* DC. *Xanthium occidentale* Bertol. *Xanthium orientale* L. *Xanthium wootonii* Cockerell	否
Xanthium strumarium L. var. *strumarium*	cocklebur common cocklebur rough cocklebur rough cockleburr	无	否
[a] 为目前在中国分布的苍耳属种（根据《中国植物志》记载）。			

附 录 B
（规范性附录）
苍耳属总苞(刺果)、瘦果和种子图

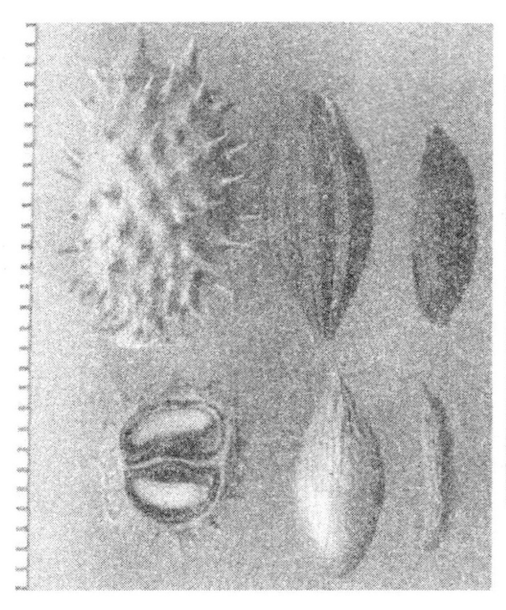

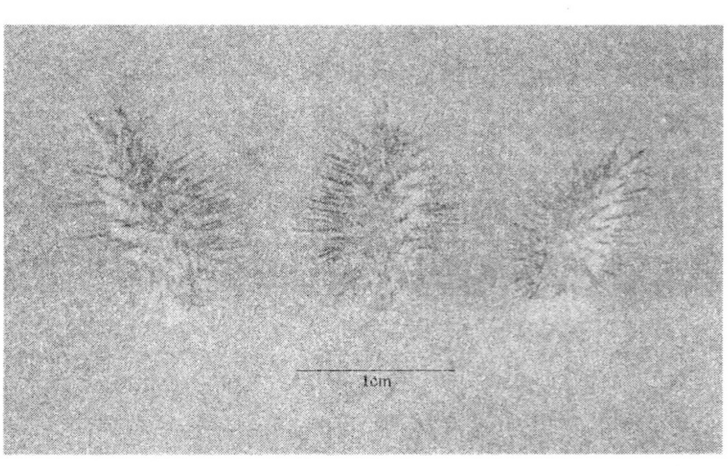

（左图：上左图为总苞外形，上中图和上右图为瘦果；
下左图为总苞和刺果横剖面，下中图和下右图为种子外形）

（右图：总苞外形）
（引自 www.plants.usda.gov）

图 B.1 苍耳 *Xanthium strumarium* L.

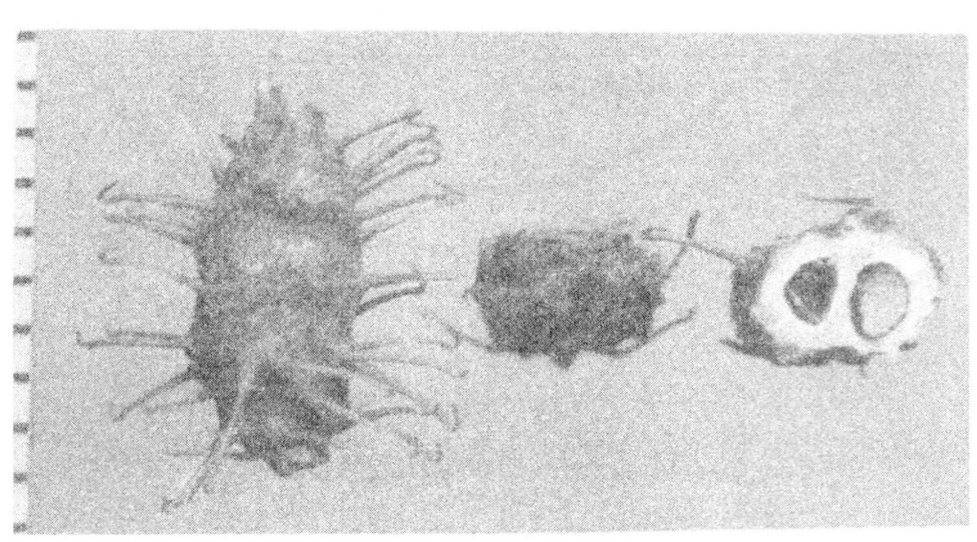

（左图为总苞外形，中图为顶面观，右图为总苞和瘦果横剖面）

图 B.2 刺苍耳 *Xanthium spinosum* L.

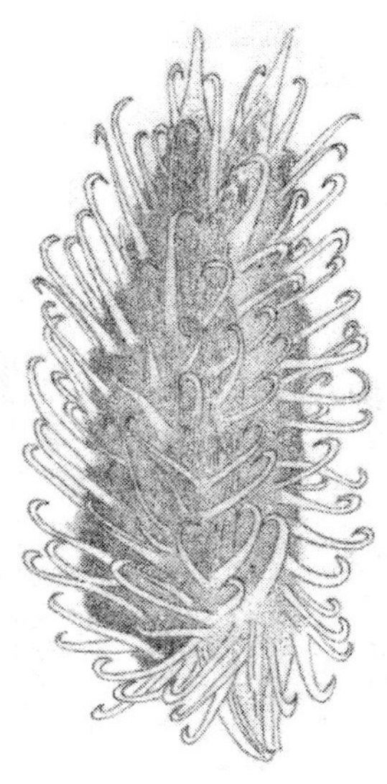

图 B.3 蒙古苍耳 *Xanthium mongolicum* Kitag 刺果

（引自关广清等《杂草种子图鉴》）

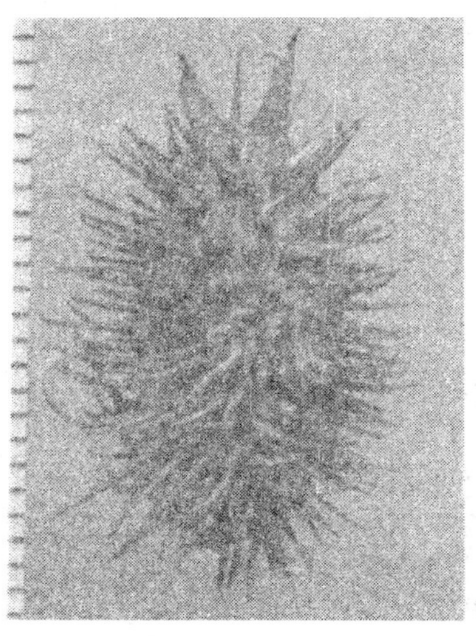

图 B.4 *Xanthium strumarium* var. *canadense*(P. Mill.)Torr. & Gray 刺果

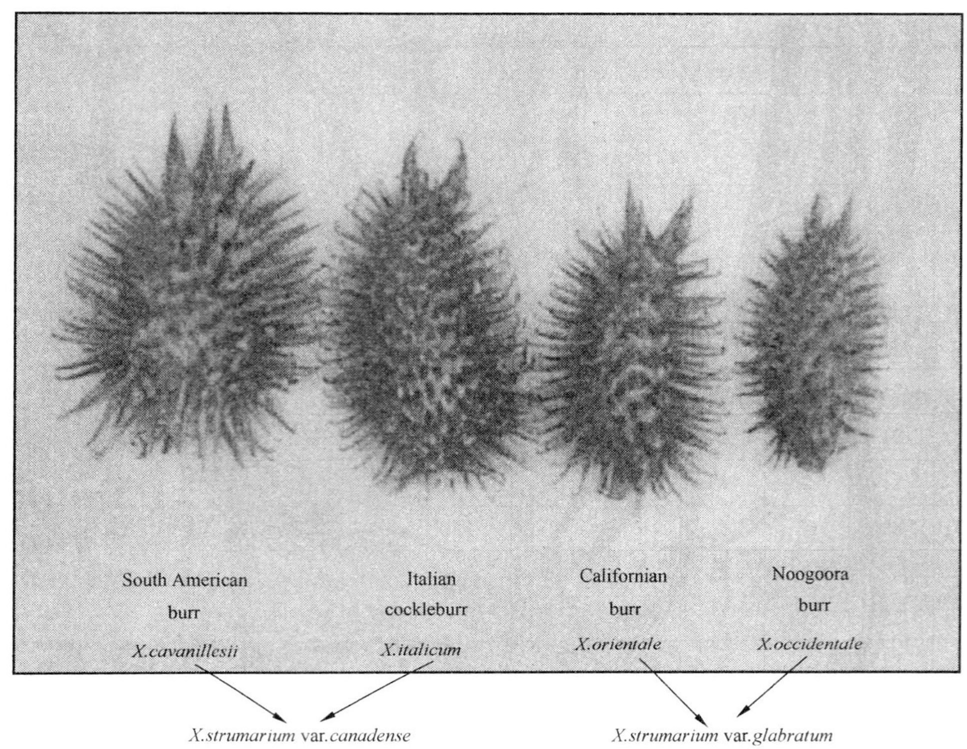

图 B.5 两种苍耳(*X. strumarium* var. *canadense* 和 *X. strumarium* var. *glabratum*)的刺果

(框中资料引自 www. cotton. pi. csiro. au)

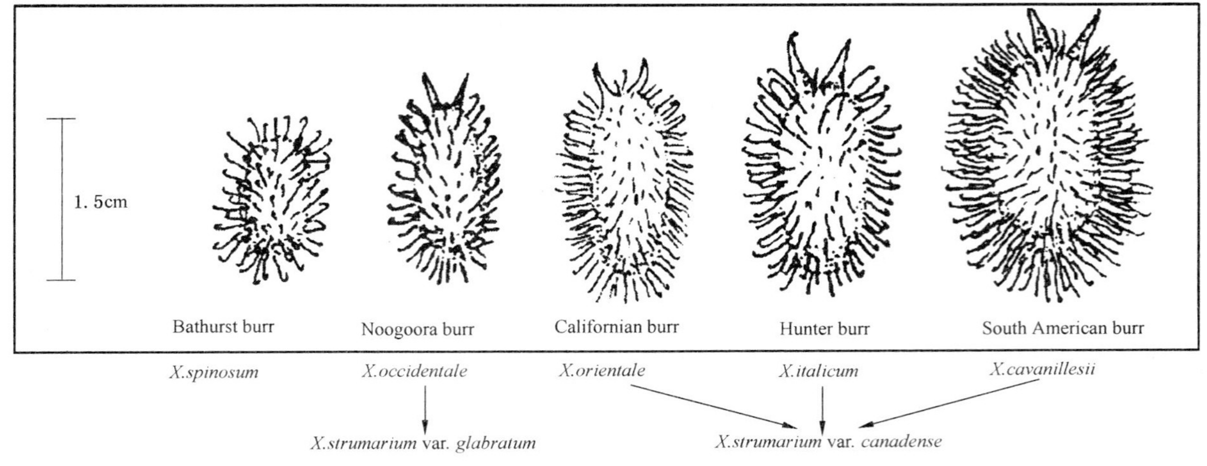

图 B.6 两种苍耳(*X. strumarium* var. *glabratum* 和 *X. strumarium* var. *canadense*)刺果线条图

(框中资料引自 Agnote F78)

附 录 C
（规范性附录）
苍耳属各种形态比较

表 C.1 苍耳属各种形态比较

种名		株高 cm	总苞					
			总苞大小		刺		喙	
			长 mm	宽 mm	形态	长 mm	形态	长 mm
偏基苍耳 *Xanthium inaequilaterum* DC.		一年生草本，高 25～50	8.0～11.0	3.5～5.0	密生等长刺，基部被短柔毛	5.0～6.0	两喙直立，锥状，顶端内弯成镰刀状，常不等长，基部被棕褐色短柔毛	1.5～2.5
蒙古苍耳 *Xanthium mongolicum* Kitag		大于 100	18.0～20.0	12.0	刺疏生坚硬，基部增粗，刺体下部有柔毛，刺尖具倒钩	2.0～5.5（通常为 5.0）	两喙斜向上，粗壮	1.5～2.5
刺苍耳 *Xanthium spinosum* L.		60～100，叶基部有黄色刺簇生	10.0～12.0	5.0～6.0	疏生细钩状刺	3.0	无喙或两喙极细弱，不显著或仅一短喙	1.0
苍耳 *Xanthium strumarium* L.		一年生草本，20～90	10.0～18.0	6.0～7.0	疏生钩刺，末端倒钩状	2.0	劲直或稍向内弯，喙粗壮，并列或者稍分开	1.5～2.5
Xanthium strumarium var. *canadense* (P. Mill.) Torr. & Gray	加拿大苍耳 *Xanthium canadense* P. Mill.	40～230，通常淡绿色或黄绿色	20.0～35.0	8.0～10.0	刺密生，刺几无钩，近无毛	3.0～4.0	分开而向内弯，两喙顶端距离 6 mm～7 mm	5.0
	Xanthium cavanillesii Schouw	120	25.0～30.0	10.0	密生钩刺	7.0	两喙直斜分，顶端无弯钩，两喙顶端距离 6 mm～8 mm	6.0～8.0
	意大利苍耳 *Xanthium italicum* Moretti	40～200	25.0	6.0	疏生苞刺和密生柔毛	5.0～7.0	叉开状，顶端有弯钩，两喙顶端距离 2 mm～3 mm	6.0

表 C.1（续）

种名		株高 cm	总苞					
			总苞大小		刺		喙	
			长 mm	宽 mm	形态	长 mm	形态	长 mm
Xanthium strumarium var. *canadense* (P. Mill.) Torr. & Gray	宾州苍耳 *Xanthium pensylvanicum* Wallr.	20～90	20.0～25.0	10.0～15.0	疏生倒钩刺，刺端倒钩基部直，钩刺上密生黑褐色粗壮毛	4.0～6.0	两喙斜向外分开，顶部有弯钩	6.0
	甜苍耳 *Xanthium saccharatum* Wallr.	60～200	18.0	6.0	密生密刺，密生柔毛	5.0～7.0	两喙粗壮而稍内弯，呈叉开状，其顶端有小钩	6.0
Xanthium strumarium var. *glabratum* (DC.) Cronq.	欧洲苍耳 *Xanthium occidentale* Bertol.	高达300，通常100，茎有紫色	12.0～22.0	5.0～8.0	刺密生，几无钩	4.0	两喙直立，几乎平行，顶部无弯钩，两喙顶端距离2.0 mm～3 mm	4.0
	Xanthium orientale L.	60～100	18.0～24.0	6.5	密生钩刺	2.0～4.0	两喙分开，顶端有弯钩	4.0～6.0
	平滑苍耳 *Xanthium strumarium* var. *glabratum* (DC.) Cronq.	50～300	20.0	15.0	直立，粗壮钩状刺，刺无毛或近无毛	1.0～2.0	内弯，基部具收缩	4.0

ICS 65.020.01
B 16

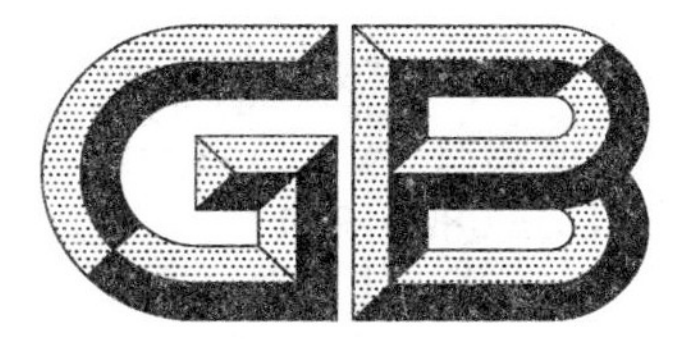

中华人民共和国国家标准

GB/T 28086—2011

长针线虫属（传毒种类）检疫鉴定方法

Detection and identification of *Longidorus* spp. as virus vectors

2011-12-30 发布　　2012-06-01 实施

中华人民共和国国家质量监督检验检疫总局
中国国家标准化管理委员会　发布

前　言

本标准按照 GB/T 1.1—2009 给出的规则起草。

本标准由全国植物检疫标准化技术委员会(SAC/TC 271)提出并归口。

本标准起草单位:中华人民共和国珠海出入境检验检疫局、中华人民共和国宁波出入境检验检疫局、中华人民共和国云南出入境检验检疫局和珠海市质量计量监督检测所。

本标准主要起草人:陈其文、张卫东、廖力、蒋立琴、顾建锋、杜宇、徐森锋、迟远丽、乐海洋、张慧娟、彭仁。

长针线虫属(传毒种类)检疫鉴定方法

1 范围

本标准规定了长针线虫属传毒种类的检疫鉴定方法。

本标准适用于植物根系、土壤及栽培介质中长针线虫属传毒种类的检疫鉴定。

2 规范性引用文件

下列文件对于本文件的应用是必不可少的。凡是注日期的引用文件,仅注日期的版本适用于本文件。凡是不注日期的引用文件,其最新版本(包括所有的修改单)适用于本文件。

GB/T 24830 拟毛刺线虫属(传毒种类)检疫鉴定方法

SN/T 1157 进出境植物苗木检疫规程

SN/T 1158 进出境植物盆景检疫规程

3 长针线虫属(传毒种类)基本信息

中文名:长针线虫属传毒种类。

学名:*Longidorus* spp.。

英文名:virus vectors species of Needle nematodes。

剑线虫属传毒种类隶属于线虫门 Nematoda (Rudolphi,1808)Lankester,1877、无侧尾腺纲 Adenophorea Linstow,1905、矛线目 Dorylaimida Pearse,1942、长针线虫科 Longidoridae(Thorne,1935)Filipjev,1934、长针线虫属 *Longidorus*(Micoletzky,1922)Filipjev,1934。

长针线虫属传毒种类是植物根系的迁移性外寄生线虫,主要依靠土壤、介质土和带根苗木、球茎等寄主植物材料的调运传播。

长针线虫属传毒种类的其他信息参见附录 A。

4 方法原理

将现场检疫中发现的介质土、土壤以及植株,经漏斗法或浅盘法分离获得线虫,制成临时或永久玻片,显微镜下对雌、雄虫主要鉴定特征仔细观察并测量数据,依据本标准描述的长针线虫属传毒种类形态鉴定特征与其基本生物学信息,按系统分类学方法,鉴定其生物学种类。

5 仪器和用具

仪器和用具按 GB/T 24830 执行。

6 试剂

试剂按 GB/T 24830 执行,分样筛选用 300 目。

7 现场检疫

对苗木、球茎等寄主材料进行检查，注意观察苗木的生长状况、根部为害状，以及是否带介质、土壤等。重点选取植株矮化、萎缩，根畸形、粗短、侧根消失等症状的苗木及根际介质或土壤，如无可疑症状则按要求随机取样。取样后立即置密封塑料袋，标记后及时送实验室检测。

具体抽样比例按 SN/T 1157 和 SN/T 1158 执行。

8 实验室检验

8.1 线虫分离

线虫分离按 GB/T 24830 执行。

8.2 体视显微镜镜检

分离获得的水样在 10 倍以上体视显微镜检查，观察线虫的形态结构。

8.3 标本制作

标本制作按 GB/T 24830 执行。

8.4 生物显微镜观察、摄影和测量

应针对雌、雄虫主要鉴定特征仔细观察并显微摄影，重点包括整体形态、齿尖针、前唇区形态、侧器囊形态、雌虫阴道骨化结构及雄虫交合刺等，并在每张图片上加相应标尺。需观察、测量获得多岐检索表中各鉴定特征数字代码(参见附录 B)，并计算 a、b、c 和 V 等值。

9 形态鉴定特征

9.1 长针线虫属鉴定特征

9.1.1 雌虫

虫体细长，热杀死后虫体直到弯成“C”形，有 1 排～2 排侧体孔。头部圆，连续或缢缩；侧器口小孔状、不明显，侧器囊袋状。齿尖针长、针状，不高度硬化，齿尖针基部平滑、不分叉，齿托长约为齿尖针长的三分之二、中等硬化，基部略厚但不呈凸缘状；齿针导环为单环，距头端的距离通常小于 2 倍头宽，偶尔位置较后(距头端距离达齿尖针长的 40%)；有 1 个背食道腺和 2 个腹亚侧腺，背食道腺细胞核位于背食道腺开口后一段距离、小于腹亚侧腺细胞核；阴门横裂、位于虫体中部，双卵巢对伸、转折。尾短，呈弓圆锥形，端细圆或宽圆，有几对尾孔。

9.1.2 雄虫

长针线虫属部分种类雄虫未发现，雄虫双生殖腺、对伸，后精巢转折，交合刺粗大、向腹面弯，交合刺顶端部有短的附导片，斜纹交配肌显著、延伸至泄殖腔前几倍体宽处，泄殖腔区有 1 对交配乳突(有的种有 2 对～3 对)，在其前有 1 列腹中交配乳突，最多有 20 个，有些种的部分腹中交配乳突交错排列成双排。

长针线虫属与近似属的区别见表 1。

表 1 长针线虫科各属的主要鉴别特征

鉴定特征	线虫种类					
	长针线虫属 *Longidorus*	类长针线虫属 *Longidoroides*	拟长针线虫属 *Paralongidorus*	剑针线虫属 *Xiphidorus*	拟剑针线虫属 *Paraxiphidorus*	剑线虫属 *Xiphinema*
诱导环	单环，位于齿尖针前部	单环，位于齿尖针前部	单环，位于齿尖针前部	单环，位于齿尖针后部	单环，位于齿尖针后部	双环，位于齿尖针后部
齿尖针基部	平滑	平滑	平滑或叉状	叉状	叉状	叉状
齿托基部	不呈凸缘状	不呈凸缘状	不呈凸缘状	凸缘状	凸缘状	凸缘状
侧器口	孔状	横裂缝状	横裂缝状	小裂缝状或孔状	宽横裂缝状	宽横裂缝状
侧器囊	袋状	袋状	漏斗状至倒马镫状	袋状	倒马镫状	漏斗状至倒马镫状
背食道腺核大小及其位置	小，位于背食道腺开口后一段距离	小，位于背食道腺开口后一段距离	小，位于背食道腺开口后一段距离	小，位于背食道腺开口后一段距离	小，位于背食道腺开口后一段距离	大，紧接背食道腺开口

9.2 长针线虫属传毒种类形态鉴定特征(参见附录B和附录C)

9.2.1 阿普尔长针线虫(*Longidorus apulus* Lamberti,1977)

雌虫虫体细长(5.1 mm～9.1 mm),热杀死后呈“C”字形;唇区扁平,有轻微缢缩,唇区宽度14 μm～17 μm,虫体前端至诱导环的长度27 μm～34 μm;侧器囊大多对称二裂;齿尖针弱,长度为91 μm～112 μm,齿托较长60 μm～88 μm;尾部呈圆锥形。雄虫稀少。

9.2.2 *Longidorus arthensis* Brown,1994

雌虫虫体细长(5.1 mm～7.6 mm),热杀死后虫体弯曲呈“C”形;唇区钝圆,有轻微缢缩,唇区的宽度大约为16 μm;侧器囊大而明显,存在二裂,延伸到口腔到导环距离的三分之二处;尾部钝圆锥形,尾长约为肛门处体宽。雄虫有发现,交合刺典型矛形。

9.2.3 渐狭长针线虫(*Longidorus attenuates* Hooper,1961)

雌虫虫体细长(5.2 mm～7.5 mm),热杀死后,虫体后半部形成稍大的弯曲,成“C”形。头部扁平,稍阔,有明显缢缩,缢缩处体宽为导环处体宽四分之三。侧器囊大,基部对称二裂,延伸到口腔到导环距离的二分之一,侧器囊几乎围绕着头部,侧器孔很小;齿尖针细长,是齿托的2倍长,并与齿托有简单的交叉;尾部背面凸起,呈锥形,尾长是肛门处体宽的1.5倍～1.75倍。雄虫稀有,交合刺长45 μm。侧附导片末端二裂。

9.2.4 短环长针线虫(*Longidorus breviannulatus* Norton,1975)

雌虫虫体细长(4.0 mm～5.9 mm),热杀死后常弯曲成“C”形,有时不规则;体细,平均体宽50 μm(除尾端部分);阴门处有轻微突起,阴门孔倾斜;唇区扁平,有缢缩;侧器囊二裂,延伸到几乎接近导环,侧气孔模糊,位于唇区后部;尾部圆锥形,但在有些成虫尾端有短而宽的突起。雄虫未发现。

9.2.5 草皮长针线虫(*Longidorus caespiticola* **Hooper**,1961)

雌虫虫体细长(5.2 mm~8.2 mm),热杀死后虫体成“C”形;唇区圆球状,表面光滑,有缢缩,缢缩处体宽少于导环处体宽的二分之一;侧器囊大,不二裂,呈长瓶状或袋状,延伸到口腔到导环距离的三分之二处;齿尖针细长,与齿托有简单的交叉,齿托略微超过齿尖针长度的二分之一;尾部背面凸起,呈圆至钝圆锥形,尾长接近与肛门处的体宽。发现雄虫,交合刺长 90 μm,有附导片,雄虫与雌虫的比例通常为 1∶2。

9.2.6 折环长针线虫(*Longidorus diadecturus* **Eveleigh**,1982)

雌虫虫体细长(3.3 mm~4.0 mm),热杀死后虫体直到弯成“C”形。虫体前端至诱导环的长度 50 μm~64 μm;齿尖针和齿托的长度分别为 109 μm~121 μm 和 55 μm~66 μm,尾部钝圆形。雄虫未发现。

9.2.7 移去长针线虫[*Longidorus elongatus*(**de Man**,1876)**Thorne**,1936]

雌虫虫体细长(4.5 mm~6.4 mm),热杀死后虫体直到弯成“C”形。唇区扁平,微缢缩,缢缩处体宽占导环处体宽的二分之一到三分之二,口孔有 16 个乳突;侧器囊大,袋状,延伸到口腔到导环位置的距离的二分之一处,侧器口孔状,难辨认,位于唇区基部;齿尖针细长,与齿托有细微交叉,齿托为齿尖针的二分之一长度;尾部背面凸起,腹面平或稍凹陷,呈圆锥形,尾长是肛门处体宽的 1 倍~1.3 倍。雄虫在大多数种群中通常稀有或没有。

9.2.8 卫矛长针线虫(*Longidorus euonymus* **Mali**,1974)

雌虫虫体狭长(6.0 mm~7.6 mm),热杀死后虫体向腹部弯区;唇区圆滑,前端扁平,唇宽约 14 μm,深度缢缩,口孔周围有 16 个乳突;侧器囊大,延伸到口腔到导环位置的二分之一距离,侧器囊基部不明显,有轻微的二裂。齿尖针长而细,齿托约为齿尖针的三分之二。尾长是肛门处体宽的 1.3 倍,尾部呈钝圆形。雄虫未发现。

9.2.9 横带长针线虫(*Longidorus fasciatus* **Roca**,1981)

雌虫虫体细长(6.6 mm~8.5 mm),热杀死后稍呈“C”形。唇区 5 μm~6 μm 高,宽度 12 μm~14 μm,口孔处呈圆形,不缢缩;侧器囊不对称二裂,两裂片间有一定深度;齿尖针细长,长度为 102 μm~119 μm,有齿托;尾部钝圆形。雄虫未发现。

9.2.10 瘦头长针线虫(*Longidorus leptocephalus* **Hooper**,1961)

雌虫虫体细长(3.5 mm~6.3 mm),热杀死后弯曲成“C”形;唇区圆形,有轻微缢缩,缢缩处体宽占导环处体宽的二分之一到三分之二,口孔处有 16 个乳突;侧器囊大,基部对称二裂,延伸至口腔到导环距离的二分之一,侧器孔不明显,位于唇乳突的外环;尾部背面凸起,圆锥形,腹侧有轻微的凹陷,约为肛门处体宽的 1 倍~1.4 倍。雄虫很少发现。

9.2.11 大体长针线虫(*Longidorus macrosoma* **Hooper**,1961)

雌虫虫体粗壮(6.8 mm~12 mm),热杀后虫体向腹部弯曲;唇区扁平至轻微凹陷,有缢缩,缢缩处体宽约占导环处体宽的二分之一;侧器大,呈长瓶状,基部有二裂,但从背腹面看则呈袋状;齿尖针细长,齿托超过齿尖针长度的二分之一,尾部短,半圆形到钝圆形,为肛门处体宽的二分之一到三分之二。雄虫普遍,交合刺大,长 105 μm,钝弓形。

9.2.12 马丁长针线虫(*Longidorus martini* Merny,1966)

雌虫虫体细长(3.2 mm～4.3 mm),热杀死后虫体向腹部弯区;虫体前端明显变细,唇区有明显缢缩;虫体前端至诱导环的长度大于 50 μm;侧器囊呈袋状,没有明显的基部裂片;尾部较长 27 μm～29 μm,呈圆至钝圆锥形。雄虫有发现。

9.2.13 *Longidorus profundorum* Hooper,1966

雌虫虫体细长(6.0 mm～12.0 mm),唇区平截状,不缢缩,唇宽约为食道基部体宽的四分之一,口孔处有 16 个乳突,侧器囊大而明显,二裂,延伸至口腔到导环距离的三分之二处;齿尖针长而细,齿托超过齿尖针长度的二分之一;尾长约为肛门处体宽的四分之三,尾圆锥形。雄虫有发现,交合刺矛形,有附导片。

9.3 长针线虫属主要传毒种类测计值

长针线虫属传播种类的测计值见表 2。

表 2 长针线虫属传毒种类测计值

传毒线虫种类		测计值							
		L mm	*a*	*b*	*c*	*ODS* μm	*ODP* μm	*OGR* μm	*V* %
阿普尔长针线虫 *L. apulus*	♀	5.1～9.1	110～169	10.7～18.3	128～216	91～112	60～80	24～34	49～54
	♂	6.2～6.3	129～131	13.8～15.3	142～143	102～103	64～66	31	—
L. arthensis	♀	5.1～7.6	74.5～118	11.9～15.7	123～184	98～111	65～75	30～38	48～53
	♂	4.6～7.0	88.0～99.7	10.5～14.8	117～174	102～116	64～76	—	—
渐狭长针线虫 *L. attenuatus*	♀	5.2～7.5	109～210	12.7～22.5	82～147	73～93	36～45	27～32	44～55
	♂	5.5～6.3	119～171	12.9～17.1	99～114	80～84	38～40	30～32	—
短环长针线虫 *L. breviannulatus*	♀	4.0～5.9	86～119	12.3～23.8	111～154	76～88	28～45	21～26	43.1～50.2
	♂	—	—	—	—	—	—	—	—
草皮长针线虫 *L. caespiticola*	♀	5.2～8.2	63～84	10.4～17.0	83～162	100～120	56～90	30～41	44～58
	♂	5.4～7.5	64～86	10.0～16.2	76～173	99～115	52～80	32～45	—
折环长针线虫 *L. diadecturus*	♀	3.3～4.0	—	—	122～177	101～121	55～66	50～64	—
	♂	—	—	—	—	—	—	—	—
移去长针线虫 *L. elongatus*	♀	4.5～6.4	76～123	9.7～17.5	73～141	81～102	34～71	28～37	45～53
	♂	5.0～6.4	93～127	11.5～15.3	89～155	72～98	43～58	30～33	—
卫矛长针线虫 *L. euonymus*	♀	6.1～7.8	124～186	13.3～22.8	125～198	81～90	45～76	26～33	47～56
	♂	—	—	—	—	—	—	—	—
横带长针线虫 *L. fasciatus*	♀	6.6～8.5	121～143	11.8～25.5	187～283	102～119	45～70	33～39	42～52
	♂	—	—	—	—	—	—	—	—
瘦头长针线虫 *L. leptocephalus*	♀	3.5～6.3	74～137	8.0～20.0	75～154	58～78	30～62	25～32	45～59
	♂	—	—	—	—	—	—	—	—

表 2（续）

传毒线虫种类		测计值							
		L mm	*a*	*b*	*c*	*ODS* μm	*ODP* μm	*OGR* μm	*V* %
大体长针线虫 *L. macrosoma*	♀	6.8～12.0	66～142	11.0～21.0	148～290	119～150	53～95	37～48	41～59
	♂	6.7～11.1	76～120	11.0～19.9	148～268	113～147	53～97	40～47	—
马丁长针线虫 *L. martini*	♀	3.2～4.3	81～160	9.1～17	110～184	83～96	51～61	51～66	52～56
	♂	2.8～3.9	93～133	10.2～13.5	68～162	80～94	46～70	60～68	—
L. profundorum	♀	6.0～8.8	81～119	11.1～19.1	124～222	88～105	—	34～41	45～58
	♂	5.7～7.6	83～138	10.2～19.4	120～189	92～103	—	32～40	—

注：*L*——体长；*a*——体长/最大体宽；*b*——体长/体前端至食道与肠连接处的距离；*c*——体长/尾长；*ODS*——Odontostyle 齿尖针长度；*ODP*——Odontosphore 齿托长度；*V*——体前端至阴门处距离×100/体长；*OGR*——Oral aperture to guide ring 口孔到诱导环长度。

10 结果判定

将观察、测量获得的各鉴定特征数字代码与多歧检索表按字母顺序进行核对，如果所有数字均与某种相符，则初步鉴定为该种。

若初步鉴定为长针线虫属传毒种类，且符合第 9 章对应形态鉴定特征以及表 2 测计值，可判为检出长针线虫属传毒种类，其寄主和地理分布等信息可供参考。

11 样品保存

若鉴定为长针线虫属传毒种类，则将剩余的线虫杀死、固定制成永久玻片保存；也可以用 4%甲醛固定后长期保存。标签上应注明样品编号、种名、寄主、产地、制作人和制作时间等。

对已鉴定出带有长针线虫的植物材料，经登记后，要保存在 5 ℃～10 ℃及干燥、防鼠防虫处，并标明样品编号、截获日期、截获人、寄主名称、运输工具名称、输出国名等，样品需至少保存 6 个月，以备复验、谈判和仲裁。

附 录 A
（资料性附录）
长针线虫属（传毒种类）相关资料

A.1 长针线虫属传毒种类以及传播的病毒种类见表 A.1。

表 A.1 长针线虫属传毒种类以及所传播的病毒种类

介体线虫	所传病毒种类
阿普尔长针线虫 *L. apulus*	1. 洋蓟意大利潜隐病毒阿普利亚株系 artichoke italian latent virus Apulia strain(AILV-Apulia) 2. 菊苣褪绿环斑病毒 chicory chlorotic ringspot virus (CCRV)
L. arthensis	樱桃丛簇病毒 cherry rosette virus (CRV)
浙狭长针线虫 *L. attenuatus*	1. 番茄黑斑环病毒英格兰株系 tomato black ring virus English strain (TBRV-E) 2. 番茄黑斑环病毒德国株系 tomato black ring virus Germany strain (TBRV-G) 3. 番茄环斑病毒 tomato ringspot virus (ToRSV)
短环长针线虫 *L. breviannulatus*	1. 桃丛簇花叶病毒 peach rosette mosaic virus (PRMV)[a] 2. 雀麦花叶病毒 brome mosaic virus (BMV)[a]
草皮长针线虫 *L. caespiticola*	1. 悬钩子环斑病毒英格兰株系 *Raspberry ringspot virus English strain* (RpRSV-E)[a] 2. 南芥菜花叶病毒 *Arabis mosaic virus* (ArMV)[a] 3. 樱桃卷叶病毒 *Cherry leaf roll virus* (CLRV)
折环长针线虫 *L. diadecturus*	桃丛簇花叶病毒 PRMV
移去长针线虫 *L. elongatus*	1. 樱桃卷叶病毒 CLRV 2. 麝香石竹环斑病毒 *Carnation ringspot virus* (CRSV)[a] 3. 桃丛簇花叶病毒 PRMV[a] 4. 悬钩子环斑病毒苏格兰株系 RpRSV-S 5. 番茄黑环病毒苏格兰株系 *Tomato black ring virus Scottish strain* (TBRV-S) 6. 番茄黑环病毒西班牙株系 TBRV-Spain 7. 番茄环斑病毒 ToRSV 8. 悬钩子环斑病毒英格兰株系 RpRSV-E
卫矛长针线虫 *L. euonymus*	1. 卫矛花叶病毒 *Euonymus mosaic virus* (EuoMV)[a]
横带长针线虫 *L. fasciatus*	洋蓟意大利潜隐病毒希腊株系 AILV-Greece
瘦头长针线虫 *L. leptocephalus*	悬钩子环斑病毒英格兰株系 RpRSV-E[a] 樱桃卷叶病毒 CLRV[a]
L. profundorum	悬钩子环斑病毒英格兰株系 RpRSV-E[a]

表 A.1（续）

介体线虫	所传病毒种类
大体长针线虫 *L. macrosoma*	1. 悬钩子环斑病毒英格兰株系 RpRSV-E 2. 悬钩子环斑病毒苏格兰株系 *Raspberry ringspot virus* Scottish strain (RpRSV-S) 3. 樱桃卷叶病毒 *Cherry leaf roll virus* (CLRV)[a] 4. 雀麦花叶病毒 BMV[a] 5. 麝香石竹环斑病毒 CRSV[a] 6. 李属坏死环斑病毒 *Prunus necrotic ringspot virus* (PNRSV)[a]
马丁长针线虫 *L. martini*	桑环斑病毒 *Mulberry ringspot virus* (MRSV)
[a] 被认为线虫作为病毒传播介体的证据并不充分。	

A.2 长针线虫属传毒种类主要寄主及地理分布见表 A.2。

表 A.2 长针线虫属传毒种类主要寄主及地理分布

线虫名称	主要寄主	地理分布
阿普尔长针线虫 *L. apulus*	洋蓟(*Cirsium* spp.)、菊苣(*Cichorium* spp.)、葡萄(*Vitis* spp.)	意大利、希腊
L. arthensis	樱桃(*Prunus pseudocerasus*)、葡萄(*Vitis* spp.)、三毛榉(*Fagus* spp.)	德国、瑞士、澳大利亚
浙狭长针线虫 *L. attenuatus*	紫花苜蓿(*Medicago satira*)、蚕豆(*Vicia faba*)、甘蓝(*Brassica caulorapa*)、黄瓜(*Cucumis sativus*)、唐菖蒲(*Gladiolus gandavensis*)、葡萄(*Vitis* spp.)、韭菜(*Allium porrum*)、莴苣(*Lactuca sativa*)、洋葱(*Allium cepa*)、水仙(*Narcissus tazetta*)、桃(*Prunus persica*)、马铃薯(*Solanum tuberosum*)、南瓜(*Cucurbita pepo*)、悬钩子(*Rubus* spp.)、草莓(*Fragaria ananassa*)、糖用甜菜(*Beta vulgris*)、番茄(*Lycopersicon esculentum*)、郁金香(*Tulipa gesneriana*)、大麦(*Hordeum vulgare*)、胡萝卜(*Daucus carota*)芦笋(*Tetragonolobus purpureus*)、芸苔(*Brassica campestris*)、毒麦(*Lolium temulentum*)、薄荷(*Mentha haplocalyx*)、小麦(*Triticum sativum*)、苜蓿属(*Medicago* spp.)、天竺葵属(*Pelargonius* spp.)、夹竹桃属(*Nerium* spp.)、洋蓟(*Cirsium* spp.)	德国、斯洛伐克、匈牙利、西班牙、英国、保加利亚、法国、意大利、波兰、俄罗斯、澳大利亚、新西兰、加拿大、美国
短环长针线虫 *L. breviannulatus*	桃(*Prunus persica*)、李(*Prunus salicina*)	加拿大、美国、印度
草皮长针线虫 *L. caespiticola*	大麦(*Hordeum vulgare*)、苹果(*Malus domestica*)、昆诺阿黎(*Chenopodium quinoa*)克氏烟(*Nicotiana clevelandii*)草莓(*Fragaria ananassa*).蔷薇(*Rosa* spp.)碧东茄(*Petunia* spp.)、葡萄(*Vitis* spp.)	法国、比利时、荷兰、德国

表 A.2（续）

线虫名称	主要寄主	地理分布
折环长针线虫 *L. diadecturus*	桃（*Prunus persica*）、李（*Prunus salicina*）	美国、加拿大
移去长针线虫 *L. elongatus*	寄主范围广，包括银莲花（*Anemone cathayensis*）、甜菜（*Beta vulgris*）、草莓（*Fragaria chiloensis*）、樱桃（*Prunus pseudocerasus*）、醋栗（*Ribes uvacrispa*）、葡萄（*Vitis* spp.）、苹果（*Malus domestica*）、水仙（*Narcissus* spp.）、夹竹桃（*Nerium* spp.）、薄荷（*Mentha haplocalyx*）、马铃薯（*Solanum tuberosum*）、悬钩子（*Rubus palmatus*）、红醋栗（*Ribes rubrum*）、胡萝卜（*Daucus carota*）、苜蓿属（*Medicago* spp.）	印度、巴基斯坦、俄罗斯、瑞典、波兰、荷兰、英国、斯洛伐克、德国、奥地利、西班牙、保加利亚、瑞典、南非、澳大利亚、新西兰、加拿大、美国
卫矛长针线虫 *L. euonymus*	马铃薯（*Solanum tuberosum*）、葡萄（*Vitis* spp.）、蔷薇（*Rosa* spp.）	比利时、保加利亚、斯洛伐克、澳大利亚
横带长针线虫 *L. fasciates*	洋蓟（*Cirsium* spp.）	希腊、英国
瘦头长针线虫 *L. leptocephalus*	胡萝卜（*Daucus carota*）、马铃薯（*Solanum tuberosum*）、苹果（*Malus domestica*）、甜菜（*Beta vulgris*）、郁金香（*Tulipa gesneriana*）、芜青（*Brassica rapa*）、鼠李（*Rhamnus* spp.）、金盏花（*Calendula officinalis*）、大麦（*Hordeum vulgare*）、碧东茄（*Petunia hybrida*）、昆诺阿黎（*Chenopodium quinoa*）、蔷薇（*Rosa* spp.）、葡萄（*Vitis* spp.）、禾本科（Gramineae）	英国、保加利亚、斯洛伐克、西班牙、比利时、德国、瑞典、丹麦、爱尔兰、挪威、荷兰、埃及
大体长针线虫 *L. macrosoma*	寄主范围广泛，包括银莲花（*Anemone cathayensis*）、甜菜（*Beta vulgris*）、水仙（*Narcissus* spp.）、黑莓（*Rubus fruticosa*）、樱桃（*Prunus pseudocerasus*）、醋栗（*Ribes uvacrispa*）、苹果（*Malus domestica*）、葡萄（*Vitis* spp.）、夹竹桃（*Nerium* spp.）、马铃薯（*Solanum tuberosum*）、悬钩子（*Rubus palmatus*）、草莓（*Fragaria ananassa*）、苜蓿属（*Medicago* spp.）	法国、英国、比利时、德国、荷兰、爱尔兰、意大利、西班牙、斯洛伐克、俄罗斯、澳大利亚
马丁长针线虫 *L. martini*	桑树（*Morus* spp.）、葡萄（*Vitis* spp.）、马铃薯（*Solanum tuberosum*）、圆茄（*Solanum melongena* var. *esculentum*）、烟草（*Nicotiana* spp.）、碧东茄（*Petunia* spp.）	日本
L. profundorum	悬钩子（*Rubus palmatus*）、马铃薯（*Solanum tuberosum*）、葡萄（*Vitis* spp.）、苹果（*Malus domestica*）、蔷薇（*Rosa* spp.）	英国、瑞士、比利时

附 录 B
（资料性附录）
长针线虫属多歧检索表

表 B.1 长针线虫属多歧检索表

序号	种 类	A	B	C	D	E	F	G	H	I
1	*L. juveniloides*	1	1	1	2	2	12	12	4	2
2	*L. reneyii*	1	1	2	2	2	1	1	5	1
3	*L. brevis*	1	1	2	2	2	1	1	56	1
4	*L. paramonile*	1	1	2	3	2	2	3	2	1
5	*L. monile*	1	1	2	4	2	2	2	2	2
6	*L. unedoi*	12	1	2	4	3	3	3(4)	45	2
7	*L. leptocephalus*	12	1	23	3	2	23	13	4	12
8	*L. laevicapetatus*	12	12	2	1	2	1	1	23	1
9	*L. juvenilis*	12	12	2	2	2	2	23	56	1
10	*L. makatinus*	12	12	2	2	2	2	23	2	2
11	*L. carpetanensis*	12	23	34	4	3	2	2	56	2
12	*L. moniloides*	12	23	2(3)	3	2	2	1	12	2
13	*L. mirus*	123	1	2	2	2	2	12	23	1
14	*L. pisi*	123	1	34	4	12	12	23	56	12
15	*L. sylphus*	2	1	2	1	?	2	2	2	1
16	*L. bernardi*	2	1	2	23	12	2	2	5	1
17	*L. pini*	2	1	2	3	2	23	23	6	1
18	*L. aetnaeus*	2	1	2	3	3	12	123	56	12
19	*L. rotundicaudatus*	2	1(2)	3	2	2	2	2	12	2
20	*L. ampullatus*	2	2	2	2	2	1	2	6	2
21	*L. pawneensis*	2	2	2	2	2	23	2	4	1
22	*L. globulicauda*	2	2	23	4	1	3	2	5	1
23	*L. kakamus*	2	23	2(3)	4	1	34	5	45	2
24	*L. congoensis*	23	1	2	1	2	12	1	1	1
25	*L. auratus*	23	1	23	2	2	2	23	23	1
26	*L. paramirus*	23	1	4	1	2	2	2	4	1
27	*L. latocephalus*	23	1	3(4)	4	1	2	34	56	12
28	*L. protae*	23	12	2	3	2	34	34	2	1
29	*L. distinctus*	23	12	23	2	3	23	23	56	2
30	*L. euonymus*[P]	23	12	23	4	2(3)	34	234	23	1

表 B.1（续）

序号	种　类	A	B	C	D	E	F	G	H	I
31	*L. rubi*	23	2	23	2	2	2	2	56	1
32	*L. attenuatus*[a]	23	23	23	4	2	34	234	45	12
33	*L. breviannulatus*	23	3	2	2	2	23	2	2	1
34	*L. grandis*	23	45	23	3	2	34	234	12	1
35	*L. belloi*	234	1	23	3	3	34	123	12	2
36	*L. igoris*	234	1	23	1	3	23	23	1	1
37	*L. africanus*	234	12	23	2	2	12	123	45	1
38	*L. concavus*	3	1	2	2	2	2	1	12	1
39	*L. longicaudatus*	3	1	2	23	—	1	1	6	1
40	*L. conicaudoides*	3	1	23	2	2	2	12	45	1
41	*L. belondiroides*	3	1	3	1	4	2	1	1	2
42	*L. jiangsuensis*	3	1	3	1	2	2	2	1	1
43	*L. ishrati*	3	1	3	2	4	2	2	45	1
44	*L. indicus*	3	1	3	2	2	2	1	4	1
45	*L. camelliae*	3	1	3	3	1	12	1	2	2
46	*L. martini*[j]	3	12	5	4	1	2	23	12	1
47	*L. fragilis*	3	2	2	1	?	3	2	56	1
48	*L. curvatus*	3	2	3	1	2	2	12	6	1
49	*L. conicaudatus*	3	2	3	1	2	3	2	2	1
50	*L. sturhani*	3	2(3)	2(3)	3	2	23	23	24	1
51	*L. alvegus*	3	23	23	2	3	34	45	56	1
52	*L. arthemisiae*	3	23	23	3	1	3	23	2	2
53	*L. athesinus*[g]	3	23	3	1	3	23	12	12	2
54	*L. vineacola*	3	3	23	2	3	4	3	1	2
55	*L. lusitanicus*	3	34	23	3(4)	3	234	2	1	2
56	*L. glycines*	3	4	2	3	2	34	234	12	2
57	*L. juglandicola*	3	4	3	3	2	34	23	12	2
58	*L. conicephalatus*	3(4)	1	23	1	3	2	12	2	2
59	*L. nirulai*	34	1	2	3	2	2	2	6	2
60	*L. orientalis*	34	1	23	1	2	23	2	1	1
61	*L. chikmagalurensis*	34	1	34	1	2	1	1	2	1
62	*L. psidii*	34	12	3	1	2	12	1	1	1
63	*L. fagi*	34	12	3	2	2	23	2	56	2
64	*L. profundorum*[n]	34	12	34	3	2	34	2	1	2
65	*L. jagerae*	34	12	5	4	1	2	2	1(2)	12

表 B.1（续）

序号	种　类	A	B	C	D	E	F	G	H	I
66	*L. socailis*	34	2	(2)3	3	1	2	12	6	1
67	*L. crataegi*	34	23	3	1	3	34	12	1	2
68	*L. elongatus*[b,c,f,k,o]	34	23	3	3	2	23	12	2	12
69	*L. henanus*	34	23	34	2	3	3	23	12	1
70	*L. dunensis*	34	23	23	2	2	34	3	2	1
71	*L. raski*	34	3	3	1	2	34	12	1	2
72	*L. goodeyi*	34	3	3	2	3	34	12	1	1
73	*L. caespiticola*	34	3	34	1	4	34	12	1	2
74	*L. taniwha*	34	3	45	1	2	2	12	1	2
75	*L. balticus*	34	4	2	3	3	34	23	1	2
76	*L. paravineacola*	34	45	23	3	2	345	234	1	1
77	*L. emundsi*	34	5	2	1	2	23	23	1	2
78	*L. paralongicaudatus*	345	23	12	2	2	12	12	56	12
79	*L. biformis*	345	45	234	4	2	345	234	456	2
80	*L. moesicus*	35	12	23	1	3	34	23	12	2
81	*L. apulus*[c,f,h,l,m]	35	23	23	3	23	34	3	2	2
82	*L. tardicauda*	4	1	—	3	1	23	2	1	2
83	*L. intermedius*	4	12	23	1,3	2	2	12	2	1
84	*L. iranicus*	4	12	3	1	2	3	2	1	1
85	*L. olegi*	4	2	3	1	2	4	2	1	2
86	*L. fasciatus*[d,i]	4	2	3	1	3	34	23	1	1
87	*L. trapezoides*	4	2	3	2	3	34	23	1	1
88	*L. jonesi*	4	2	5	1	1	2	1	1	1
89	*L. mobae*	4	2	5	4	2	23	35	23	2
90	*L. pauli*	4	23	23	3	23	4	3	1	2
91	*L. arthensis*	4	23	3	1	2	3	12	12	2
92	*L. diadecturus*[e]	4	23	5	2	5	2	12	1	1
93	*L. fursti*	4	23	5	4	5	2	23	12	1
94	*L. crassus*	4	3	3	1	—	24	2	1	1
95	*L. proximus*	4	3	3	3	1	34	23	1	12
96	*L. cohni*	4	3	3	2	2	4	45	2,4	2
97	*L. alaskaensis*	4	3	3	2	3	(2)3	1	12	12
98	*L. reisi*	4	3	3	4	2(3)	35	45	6	1
99	*L. waikouaitii*	4	3	5	1	4	3	12	1	1
100	*L. magnus*	4	34	4	1	3	5	12	1	1

表 B.1（续）

序号	种　类	A	B	C	D	E	F	G	H	I
101	*L. heynsi*	4	4	5	2	2	4	2	1	2
102	*L. kuiperi*	4	5	23	3	1	34	34	1	2
103	*L. Paralaskaensis*	(4)5	3	3	2	23	3	1	2	1
104	*L. hangzhouensis*	45	1	(3)4	1	4	2	1	1	1
105	*L. pseudo～elongatus*	45	2	23	4	4	3	12	1	1
106	*L. himalayensis*	45	2	5	2	2	2	2	1	1
107	*L. closelongatus*	45	23	2	4	2	(2)34	24	2,4	1
108	*L. apuloides*	45	23	3	2	3	45	34	12	2
109	*L. silvae*	45	23	34	1	3	34	2(3)	1	1
110	*L. iuglandis*	45	23	34	1,2	2	34	12	1	2
111	*L. lignosus*	45	3	3	3	1	23	1	1	2
112	*L. macromucronatus*[e]	45	3	5	3	1	2	2	1	1
113	*L. vinearum*	45	35	34	2	3	45	12	1	2
114	*L. seihhorsti*	45	4	3	2	2	23	23	4	2
115	*L. marosoma*	46	4	34	3	4	45	13	1	2
116	*L. cylindri～caudatus*	5	2	3	2	2	23	12	1	1
117	*L. paraelongatus*	5	23	3	23	1	34	2	2	2
118	*L. macrotero～mucronatus*	5	3	4	1	—	4	12	1	1
119	*L. israelensis*	5	3	3	3	1	4	23	1	1
120	*L. poessneckensis*	5	4	3	1	1	4	2	1	1
121	*L. major*	5	45	34	2	3	45	2	1	1
122	*L. arenosus*	56	3	2	4	2	45	5	4	2
123	*L. uroshis*	56	234	34	1	23	34	2	1	2
124	*L. fangi*	56	3	5	2(3)	5	23	2	12	1
125	*L. nevesi*	56	34	3(4)	1	3	35	12	1	2
126	*L. picenus*	56	3(4)	34	1	3	34	2	1	2
127	*L. cretensis*	56	34	4	3	1	12	34	1	12
128	*L. saginus*	56	45	23	3	3	23	23	1	2
129	*L. pius*	56	45	34	1	1	23	1	1	1
130	*L. helveticus*	56	45	34	1	4	34	1	1	2
131	*L. naganensis*	6	3	5	2	2	2(3)	1	1	1
132	*L. litchii*	57	2	5	2	2	23	1(2)	1	2
133	*L. americanum*	57	5	34	3	2	23	23	12	12
134	*L. eridanicus*	67	12	34	1	4	23	2	1	1
135	*L. piceicola*	67	23	34	2	12	23	12	12	2

表 B.1（续）

序号	种　　类	A	B	C	D	E	F	G	H	I
136	*L. carpathicus*	67	3	4	1	2	3	12	1	1
137	*L. dalmassoi*	67	4	3	2	2	34	23	2(4)	2
138	*L. orongo～rongensis*	67	4	5	1	4	34	2	1	2
139	*L. laricis*	7	3	5	4	2	23	2	1	2
140	*L. tarjani*	7	5	3	2	2	3	2	12	2

注：特征取值及其与其相应的代码结果

A:齿尖针长度(μm)　1:<60　2:61～80　3:81～100　4:101～120　5:121～140　6:141～160　7:>160

B:唇区的直径(μm)　1:<12　2:12～15　3:16～19　4:20～23　5:>23

C:虫体前端至诱导环的长度(μm)　1:17～20　2:21～30　3:31～40　4:41～50　5:≥51

D:前唇区的形态　1:虫体前端明显变细，唇区圆滑，没有缢缩。
2:虫体前端明显变细，唇区圆滑，有凹陷缢缩。
3:虫体前端明显变细，唇区平截状，没有缢缩或轻微凹陷缢缩。
4:虫体前端明显变细或成亚圆筒形，唇区有明显收缩缢缩或膨大。

E:侧器囊形态　1:或多或少呈袋状，没有明显的基部裂片；2:或多或少呈袋状，有对称二分裂(裂片长度近乎相等)；3:或多或少呈袋状，有不对称二分裂(其中有一裂片比另一裂片短或几乎看不到)4:呈长形，漏斗状，没有裂片 5:呈短形，漏斗状至马镫状

F:虫体体长(mm)　1:<3　2:3.1～5.0　3:5.1～7.0　4:7.1～9.0　5:≥9.1

G:"a"比值　1:<80　2:81～120　3:121～160　4:>160

H:尾形　1:半圆至钝圆锥形，c′<1　2:圆至钝圆锥形，c′=1.0～1.5
3:圆至钝圆锥形，c′=1.6～2.0　4:圆锥形，c′=1.0～1.5
5:圆锥形，c′=1.6～2.0　6:圆锥形，c′>2.0

I:雄虫出现与否　1:发现雄虫；　2:未发现雄虫；　12:在一些群体中发现雄虫，但在其他群体中未见雄虫。

a:*L. distinctus*,*L. attenuatus* 和 *L. alvegus* 这三个种非常相似。唇区圆滑，有深陷缢缩，因此显出膨大；尾部圆锥形，相当长(c′=1.5～2.9)；诱导环位于 26 μm～33 μm，齿尖针长 71 μm～93 μm。

1. 侧器囊基部对称二裂；c′=1.5～1.8 …… *L. attenuatus*
   侧器囊基部不对称二裂；c′=1.7～2.9 …… 2
2. 体长 3.1 mm～5.5 mm；a=88～127；c′=1.7～2.4；唇区宽度 12 μm～13 μm …… *L. distinctus*
   体长 6.3 mm～7.8 mm；a=172～211；c′=2.0～2.9；唇区宽度=13 μm～16 μm …… *L. alvegus*

b:头部平，齿尖针区域有四个腹颈孔，尾部腹面挺直或有微小凹进去 …… *L. elongatus*.
头部圆，齿尖针区域无腹颈孔，尾部腹面凹进去 …… *L. conicaudatus*

c:*L. elongatus*,*L. henanus*,*L. dunensis*,*L. cohni* 和 *L. apulus* 这五种虫区别如下：

1. 唇区平截；连续或浅陷缢缩 …… 2
   唇区圆形；有深陷缢缩 …… 3
2. 唇区宽度=12 μm～13 μm；"a"值一般小于 120 …… *L. elongatus*
   唇区宽度=14 μm～17 μm；"a"值一般大于 120 …… *L. apulus*
3. a=160～225；二龄幼虫尾部长度 60 μm～64 μm；侧器囊基部浅二裂；食道线核位置异常 …… *L. cohni*
   a=80～160；二龄幼虫尾部长度 55 μm；食道线核正常 …… 4
4. 唇区出现膨大；GR=29 μm～33 μm；侧体孔总数为 320～370 个，其中约 20 个在颈区；背颈孔 1 个或没有 …… *L. dunensis*
   唇区无膨大；GR=39 μm～46 μm；侧体孔总数为 100～130 个，其中约 10～14 个在颈；背颈孔 1～3 个 …… *L. henanus*

d:侧器囊基部几乎不二裂 …… *L. trapezoides*

表 B.1（续）

序号	种　类	A	B	C	D	E	F	G	H	I

侧器囊基部深二裂 …………………………………… *L. fasciatus*

e:*L. fangi*，*L. diadecturus* 和 *L. macromucronatus* 诱导环远远后置(大于或等于四个唇区宽)的相似种。

1. 齿托长 78 μm～95 μm，齿尖针长 207 μm～232 μm …………………… *L. fangi*

 齿托长 55 μm～77 μm，齿尖针长 168 μm～200 μm …………………… 2

2. 齿托长 55 μm～66 μm，尾长 25 μm～29 μm，"c"＝122～177 …………………… *L. diadecturus*

 齿托长 67 μm～77 μm，尾长 21 μm～22 μm，"c"＝190～230 …………………… *L. macromucronatus*

f：*L. arthemisiae*，*L. elongates* 和 *L. apulus* 相似

1. 侧器囊基部不呈对称二裂，雄虫的交合刺较短 39 μm～49 μm …………………… *L. arthemisiae*

 侧器囊基部呈对称二裂，雄虫的交合刺较长＞55 μm …………………… 2

2. 唇区宽度＝12 μm～13 μm；"a" 值一般小于 120 …………………… *L. elongatus*

 唇区宽度＝14 μm～17 μm；"a"值一般大于 120 …………………… *L. apulus*

g:*L. psidii*，*L. intermedius*，*L. athesinus*，*L. conicephalatus* 和 *L. igoris* 代码相近，可按下列比对加以区分：

1. 侧器囊基部呈对称二裂 …………………… 2

 侧器囊基部呈不对称二裂 …………………… 3

2. 虫体较短(3.0 mm～3.2 mm)，c′≤1.0 …………………… *L. psidii*

 虫体较长(3.6 mm～4.5 mm)，c′＝1.1～1.4 …………………… *L. intermedius*

3. 唇区宽度 14 μm～21 μm，交合刺长度 71 μm～88 μm …………………… *L. athesinus*

 唇区宽度≤12 μm，交合刺长度 38 μm 或未发现雄虫 …………………… 4

4. 虫体较短(3.2 mm～3.9 mm)，"α"＝66.0～88.5，有发现雄虫 …………………… *L. conicephalatus*

 虫体较长(4.2 mm～6.5 mm)，"α"＝103.0～131.7，有发现雄虫 …………………… *L. igoris*

h:唇区宽度 20 μm～23 μm，虫体前端至诱导环长度 23 μm～29 μm，子宫囊 178 μm～354 μm，未见雄虫…………………… *L. balticus*

 唇区宽度 14～17 μm，虫体前端至诱导环的长度 27～34 μm，子宫囊 90～130 μm …………………… *L. apulus*

i:*L. igoris* 和 *L. fasciatus*

 体长 4.2 mm～6.5 mm，唇区宽度 9.3 μm～11.8 μm，齿尖针长 75.5 μm～105.8 μm …………………… *L. igoris*

 体长 6.6 mm～8.5 mm　唇区宽度 12 μm～14 μm，齿尖针长 102 μm～119 μm …………………… *L. fasciatus*

j:诱导环明较长 62 μm～81 μm，尾部较短 17.5 μm～23 μm，c′＝0.8～1.0 …………………… *L. jagerae*

 诱导环明较短 51 μm～58 μm，尾部较长 27 μm～29 μm，c′＝1.1～1.3 …………………… *L. martini*

k:*L. elongatus*，*L. lusitanicus*，*L. kuiperi*，*L. glycines*，*L. paravineacola* 和 *L. juglandicola* 等一组的代码非常接近，区别如下：

1. 唇区宽度为 11 μm～16 μm …………………… *L. elongatus*

 唇区宽度为 17 μm～27 μm …………………… 2

2. 侧器囊基部呈不对称二裂 …………………… *L. lusitanicus*

 侧器囊基部呈对称二裂或不裂 …………………… 3

3. 侧器囊基部不分裂，唇区宽度为 27 μm～33 μm …………………… *L. kuiperi*

 侧器囊基部呈对称二裂，唇区宽度为 20 μm～27 μm …………………… 4

4. 诱导环位置 22.3 μm～26.4 μm，齿托长 50.8 μm～60.9 μm，…………………… *L. glycines*

 诱导环位置 28 μm～37 μm，齿托长 63 μm～83 μm …………………… 5

5. 唇区较宽 21 μm～27 μm，齿尖针长度为 95.0 μm～113.7 μm，未见雄虫 …………………… *L. paravineacola*

 唇区较宽 31 μm～37 μm，齿尖针长度为 81.0 μm～95.0 μm，有雄虫 …………………… *L. juglandicola*

l:齿托较短 56 μm～64 μm，尾部末端较圆，c′＝0.8～1.0，幼虫的尾部呈亚指状 …………………… *L. pauli*

 齿托较长 60 μm～88 μm，尾部呈圆锥体形，c′＝0.9～1.2，幼虫的尾部无亚指状 …………………… *L. apulus*

m:体长 4.4 mm～6.4 mm，齿尖针 78 μm～96 μm，尾部呈钝圆锥形 …………………… *L. sturhani*

 体长 5.3 mm～9.7 mm，齿尖针 91 μm～112 μm，尾部呈圆锥形 …………………… *L. apulus*

表 B.1（续）

<table>
<tr><th>序号</th><th>种　　类</th><th>A</th><th>B</th><th>C</th><th>D</th><th>E</th><th>F</th><th>G</th><th>H</th><th>I</th></tr>
<tr><td colspan="11">n:虫体较小,a=120.3～143.5,虫体前端至诱导环的长度 27.2 μm～35.8 μm,齿尖针长 101.7 μm～118.3 μm ………………………… L. pauli
虫体较大,a=81～119,虫体前端至诱导环的长度 34 μm～41 μm,齿尖针较短 88 μm～105 μm ………………………… L. profundorum
o:虫体前端至诱导环的长度 24 μm～31 μm,侧器囊基部有明显的二裂 ………………………… L. sturhani
虫体前端至诱导环的长度 30 μm～40 μm,侧器囊基部有不清晰的二裂 ………………………… L. elongatus
p:体长 4.4 mm～6.4 mm,a=100～130,唇区浅缢缩 ………………………… L. sturhani
体长 6.0 mm～7.6 mm,a=24～171,唇区深度缢缩或膨大 ………………………… L. euonymus</td></tr>
</table>

附 录 C
（资料性附录）
长针线虫传毒种类的形态特征图

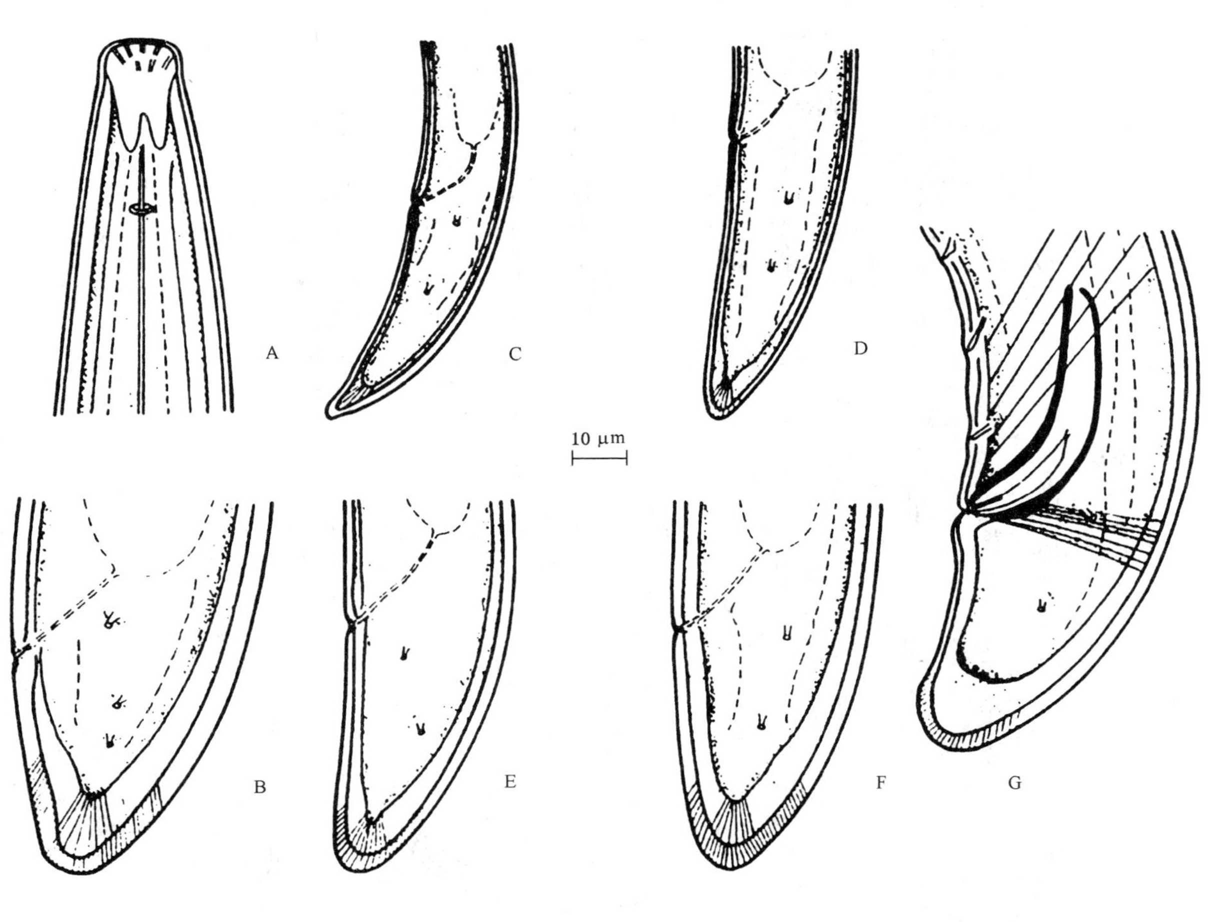

A——雌虫体前部；
B——雌虫体后部；
C～F——1 龄～4 龄幼虫尾部；
G——雌虫尾部。

图 C.1 阿普尔长针线虫（*L. apulus*）形态特征图

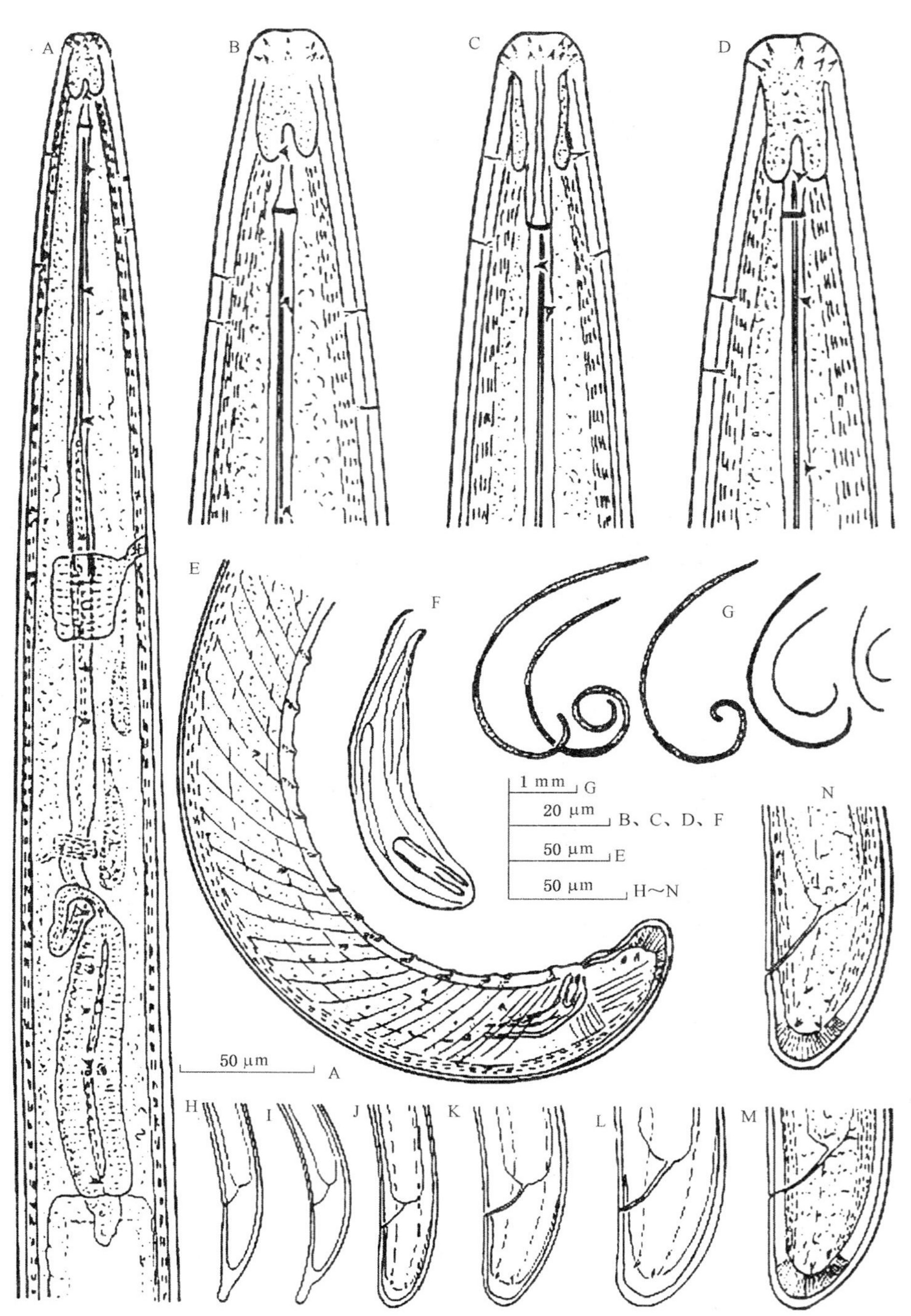

A——雌虫的食道区；
B——雌虫头部(右侧面)；
C——雌虫头部(背面)；
D——雄虫头部(右侧面)；
E——体后部(侧面)；
F——雄虫交合刺和引带；
G——右到左：1龄～4龄、雄虫，两条雌虫整体；
H、I——1龄幼虫尾部；
J～L——2龄～4龄幼虫尾部；
M、N——雌虫尾部。

图 C.2 *L. arthensis* 特征图

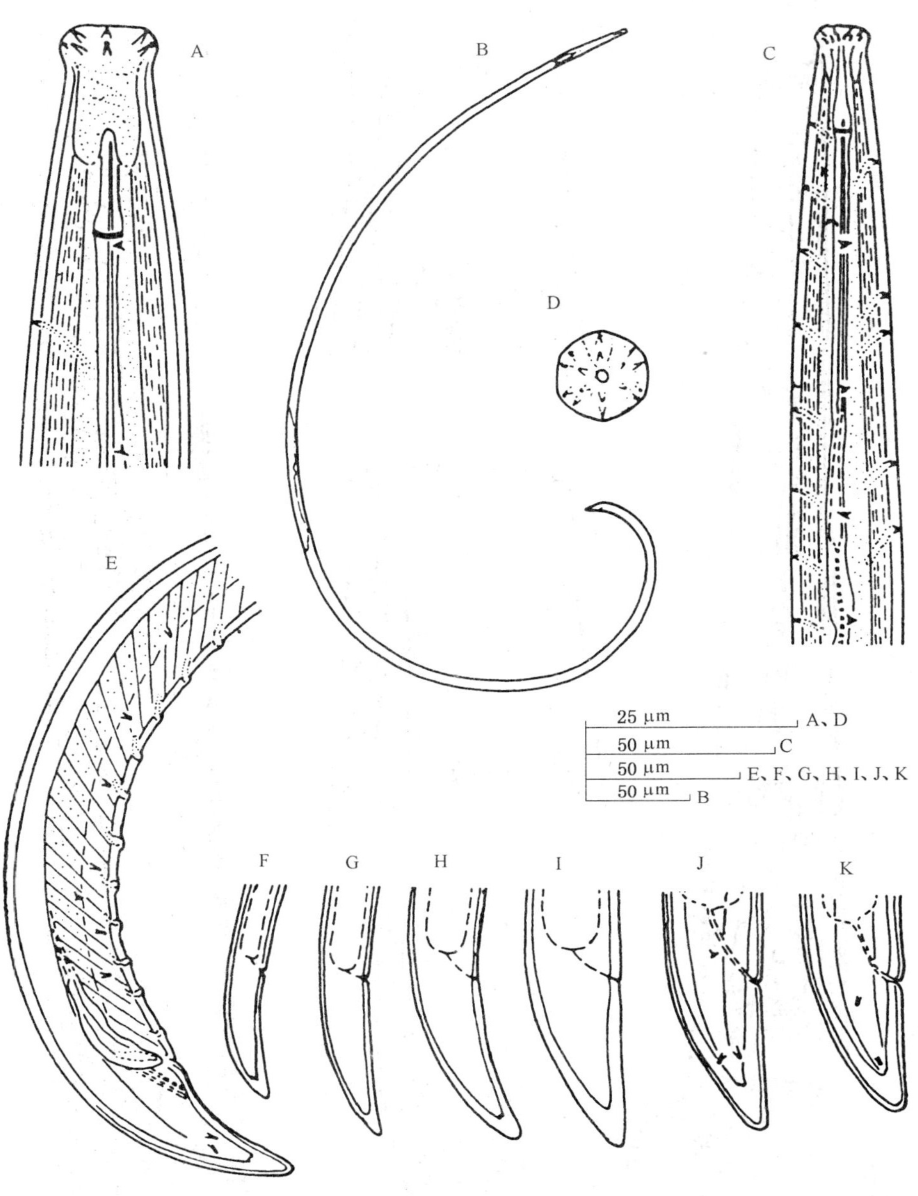

A——头部(侧面);

B——雌虫;

C——前食道区(腹面);

D——唇区;

E——雄虫尾部(侧面);

F～I——1 龄～4 龄幼虫尾部(侧面);

J、K——雌虫尾部(侧面)。

图 C.3 浙狭长针线虫(*L. attenuatus*)特征图

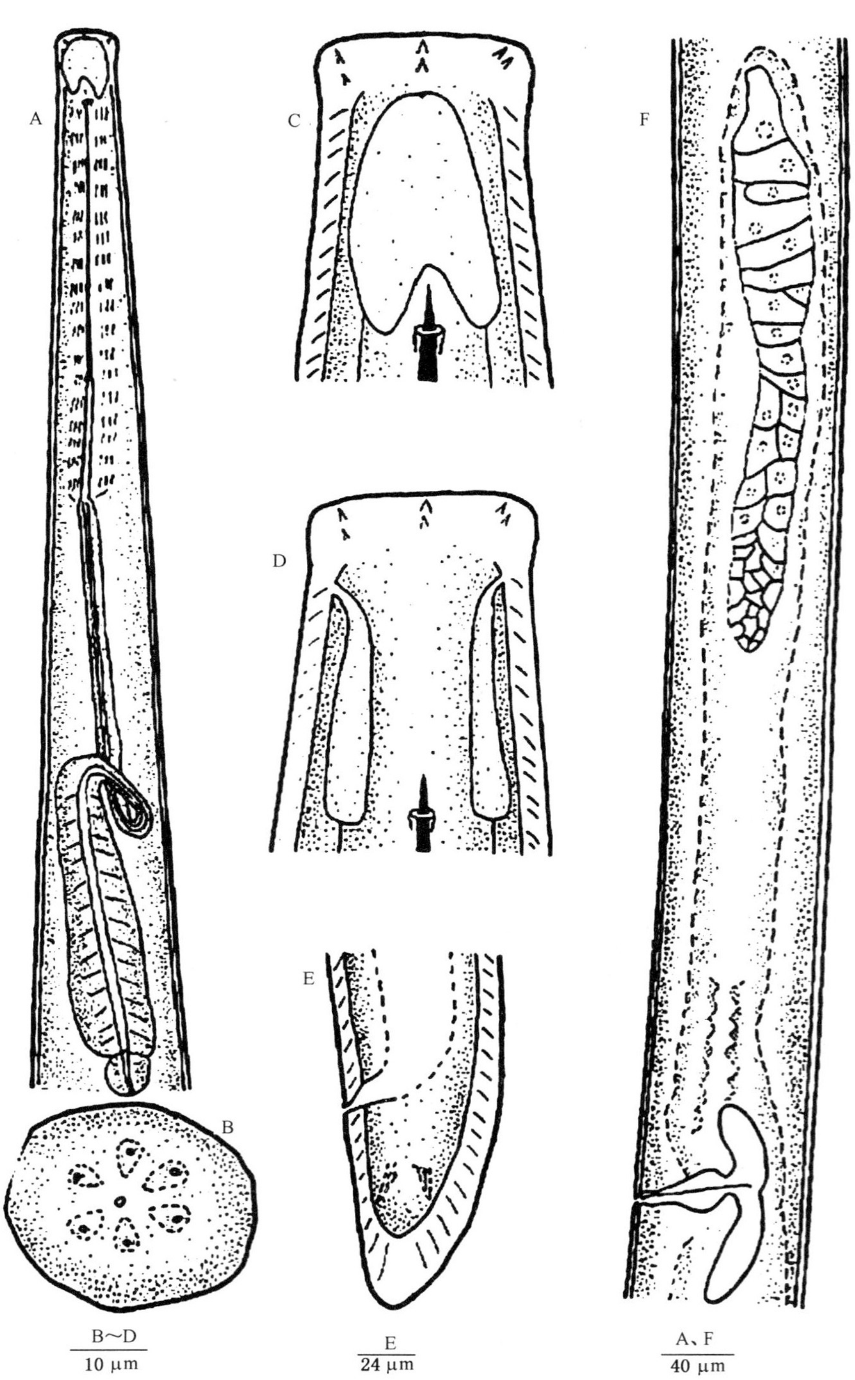

A——雌虫体前部(侧面);
B——雌虫顶面观;
C——侧器囊(侧面);
D——侧器囊(背面);
E——雌虫尾部(侧面);
F——雌虫前生殖腺(侧面)。

图 C.4 短环长针线虫(*L. breviannulatus*)特征图

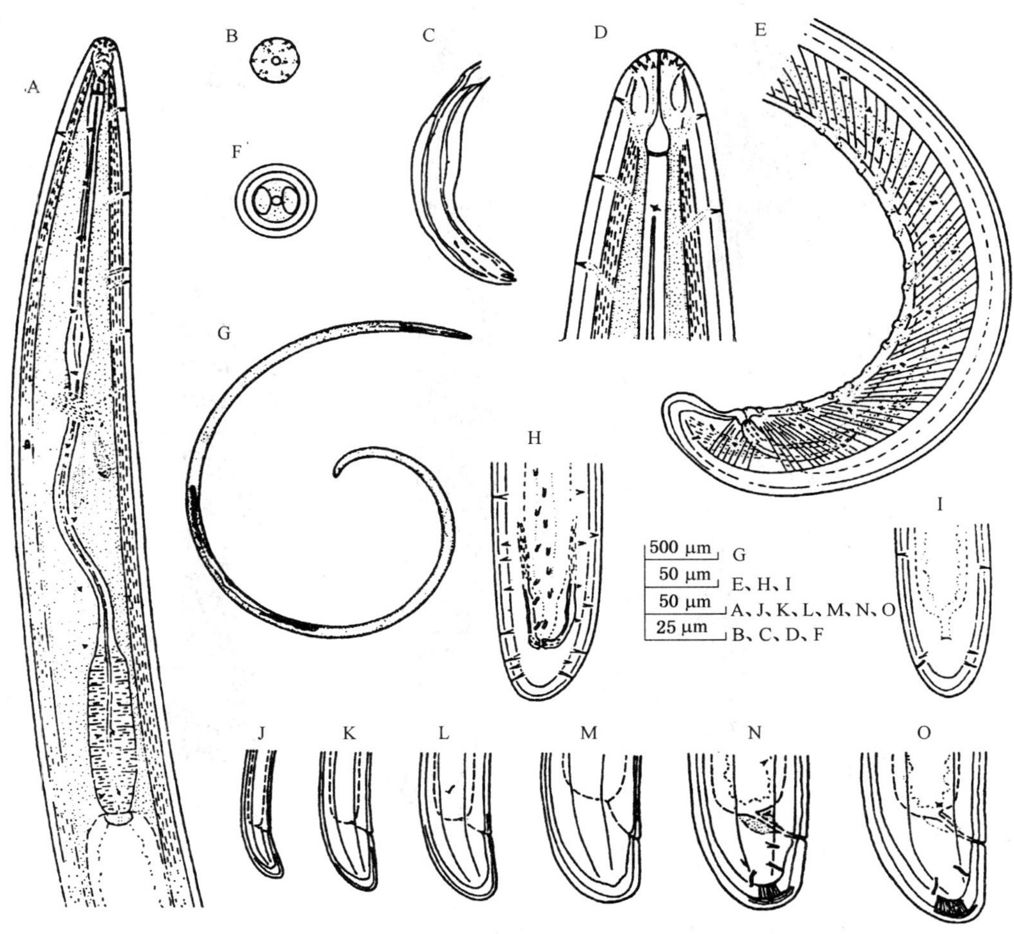

A——食道区(侧面)；
B——唇区；
C——交合刺和引带；
D——头部(腹面)；
E——雄虫尾部(侧面)；
F——侧器；
G——雌虫；
H——雄虫尾部(腹面)；
I——雌虫尾部(腹面)；
J～M——左到右：1 龄～4 龄幼虫尾部(侧面)；
N、O——雌虫尾部(侧面)。

图 C.5 草皮长针线虫(*L. caespiticola*)特征图

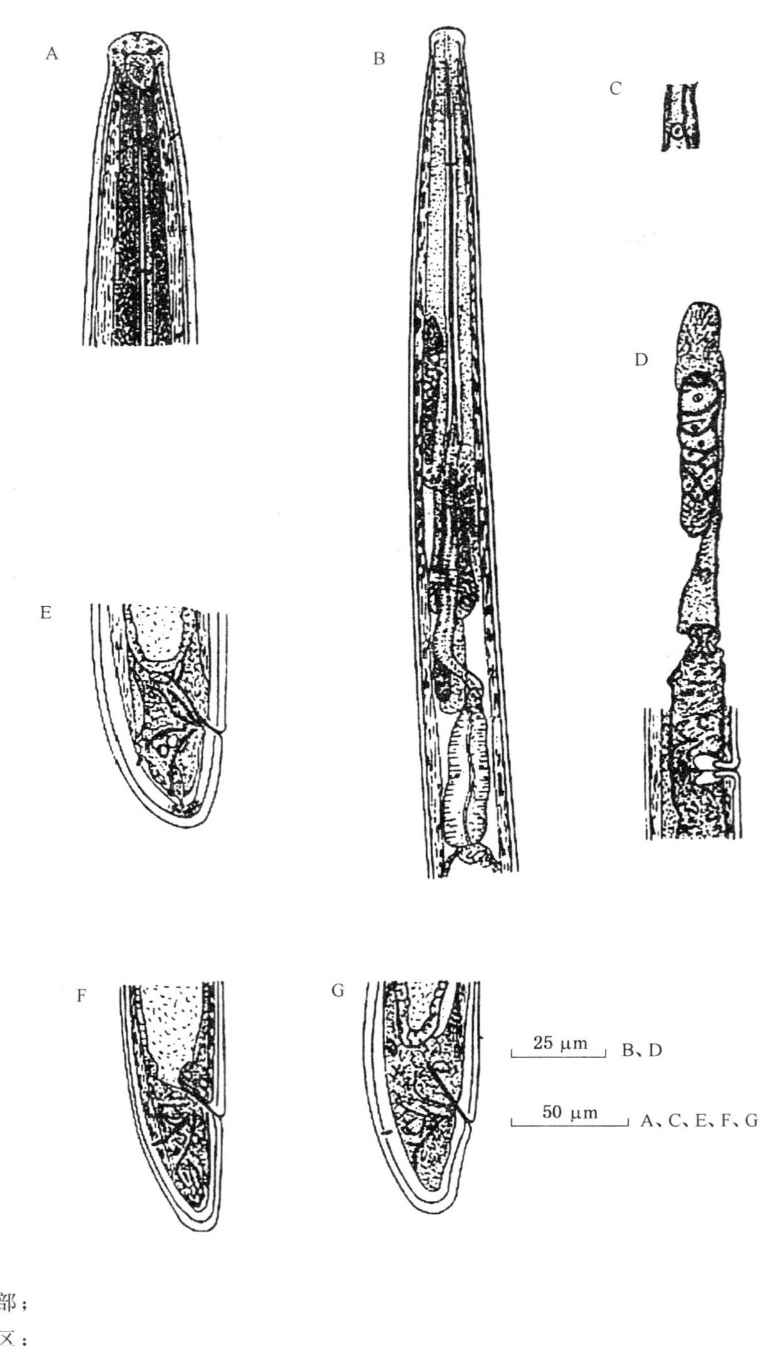

A——雌虫体前部；
B——雌虫食道区；
C——食道棘突；
D——生殖系统；
E——雌虫尾部；
F——3 龄幼虫尾部；
G——4 龄幼虫尾部。

图 C.6　折环长针线虫(*L. diadecturus*)特征图

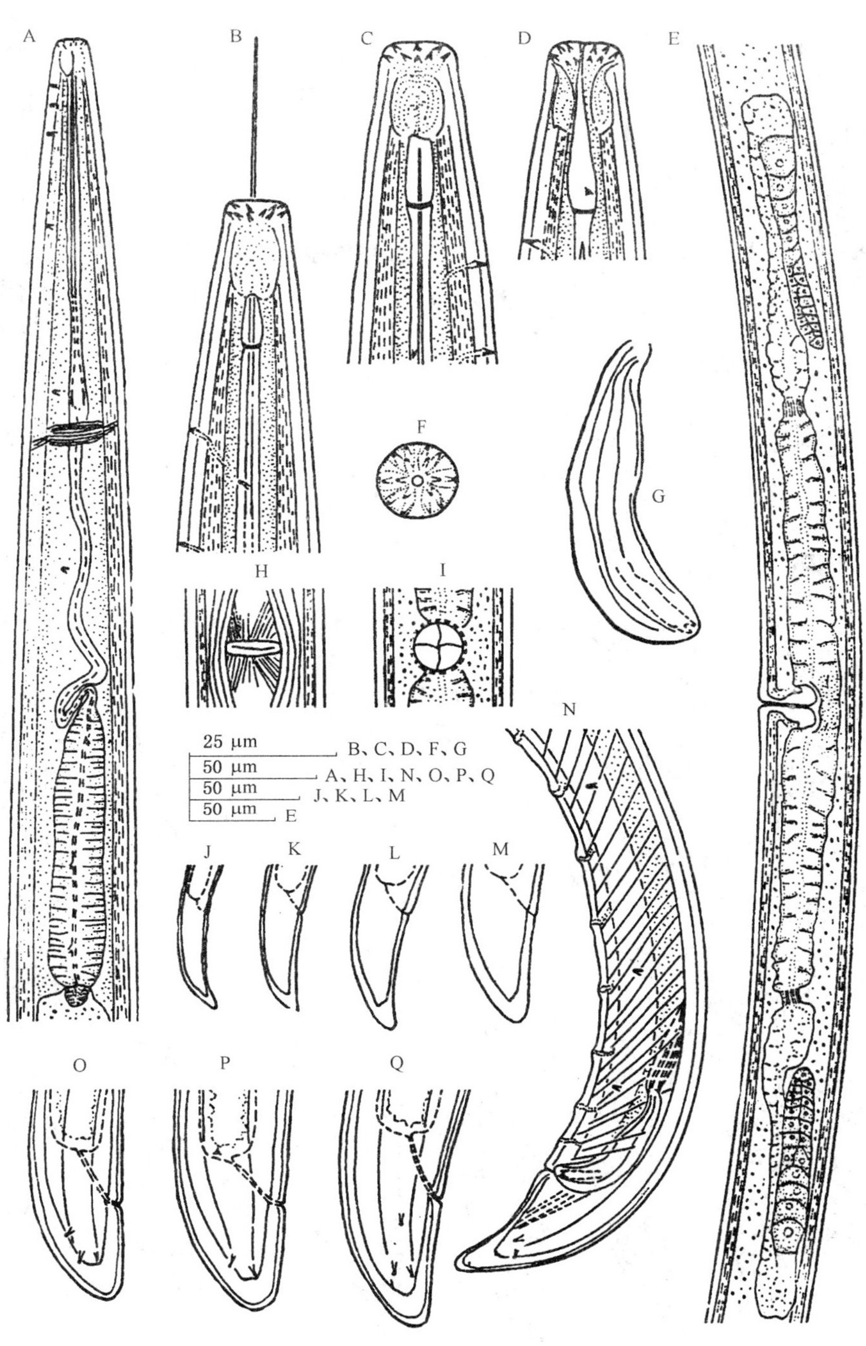

A——食道区(背侧面)；
B～D——头部(B,C 侧面,D 腹面)；
E——雌虫生殖腺；
F——头部顶面观；
G——交合刺；
H——阴门(腹面)；
I——阴道(腹面)；
J～M——1 龄～4 龄幼虫尾部；
N——雄虫尾部(侧面)；
O～Q——雌虫尾部。

图 C.7 移去长针线虫(*L. elongatus*)特征图

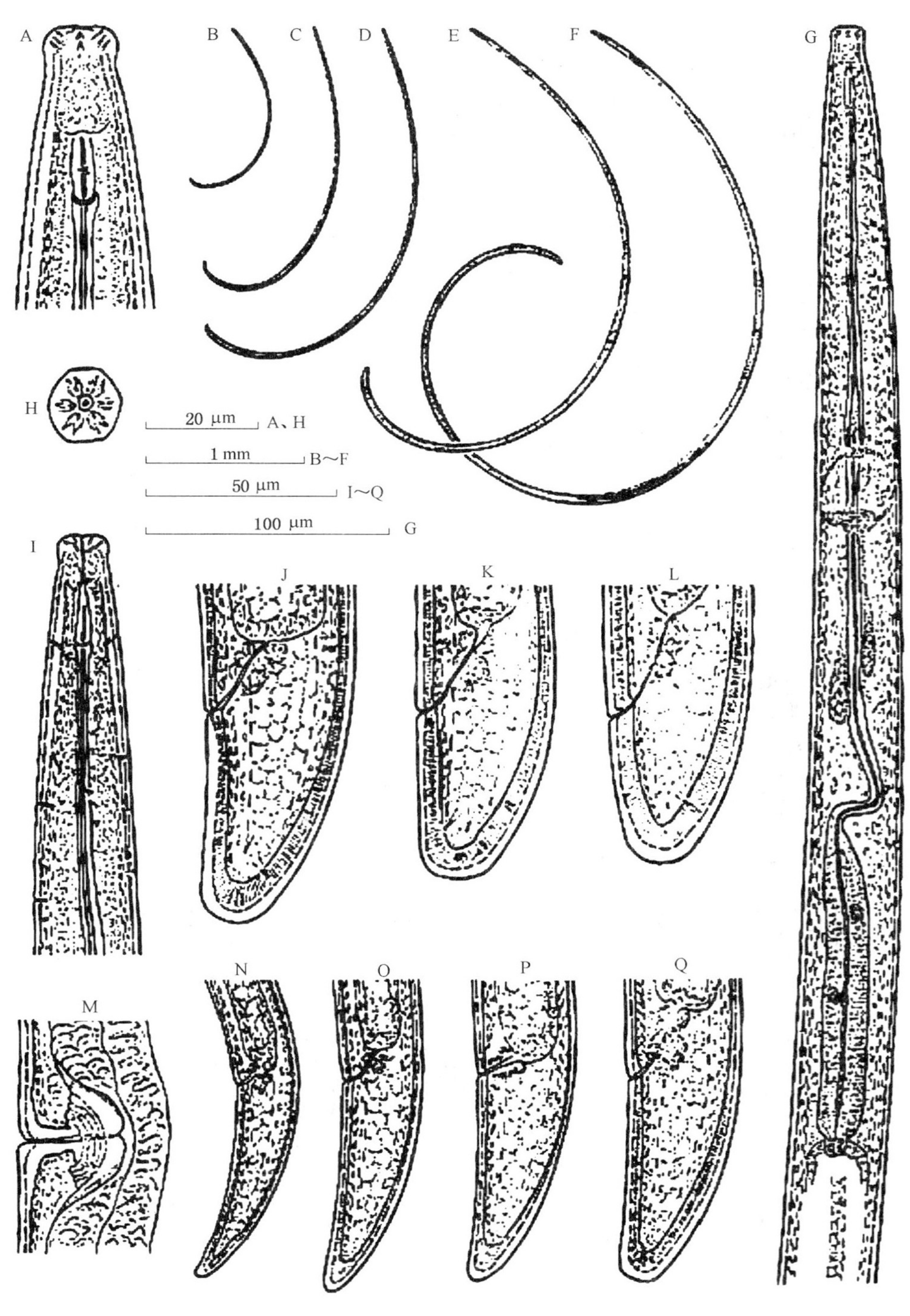

A——雌虫体前部(侧面)；
B～E——1 龄～4 龄幼虫整体；
F——雌虫整体；
G——雄虫食道区(侧面)；
H——头部顶面观；
I——雌虫体前部(背面)；
J～L——雄虫尾部(侧面)；
M——阴门区(侧面)；
N～Q——1 龄～4 龄幼虫尾部(侧面)。

图 C.8　卫矛长针线虫(*L. euonymus*)特征图

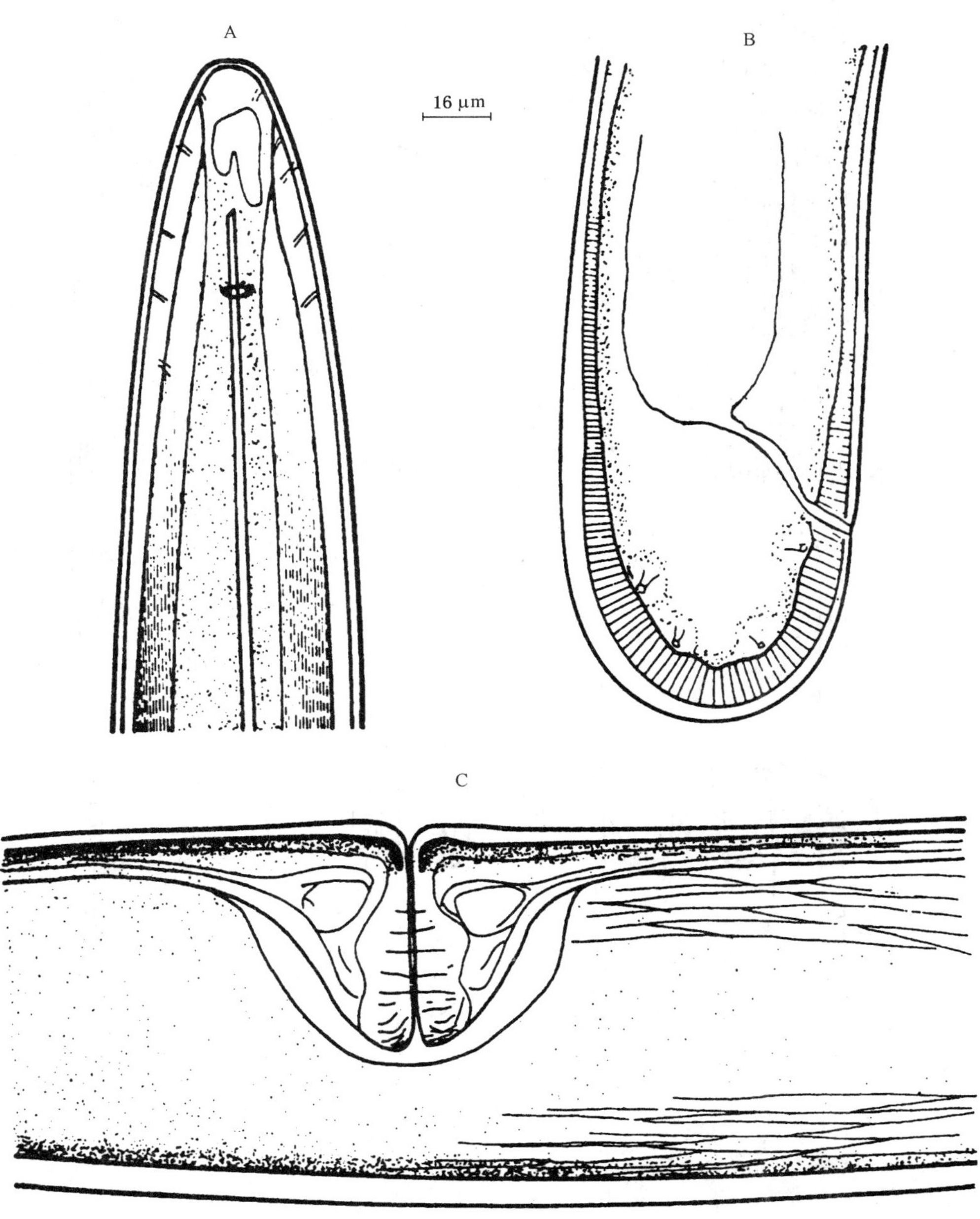

A——雌虫体前部；

B——雌虫体后部；

C——阴门区。

图 C.9　横带长针线虫(*L. fasciatus*)特征图

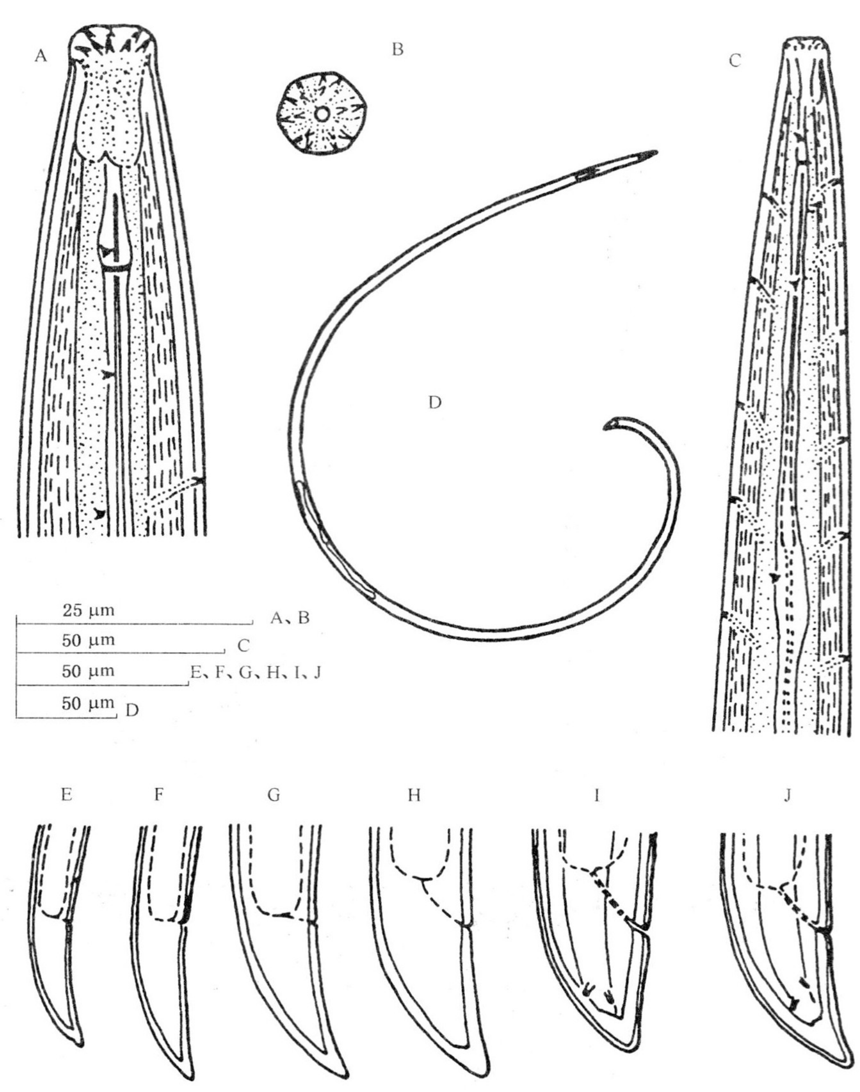

A——头部(侧面);
B——唇区;
C——前食道区(腹面);
D——雌虫整体;
E～H——1龄～4龄幼虫尾部;
I、J——雌虫尾部(侧面)。

图C.10 瘦头长针线虫(*L. leptocephalus*)特征图

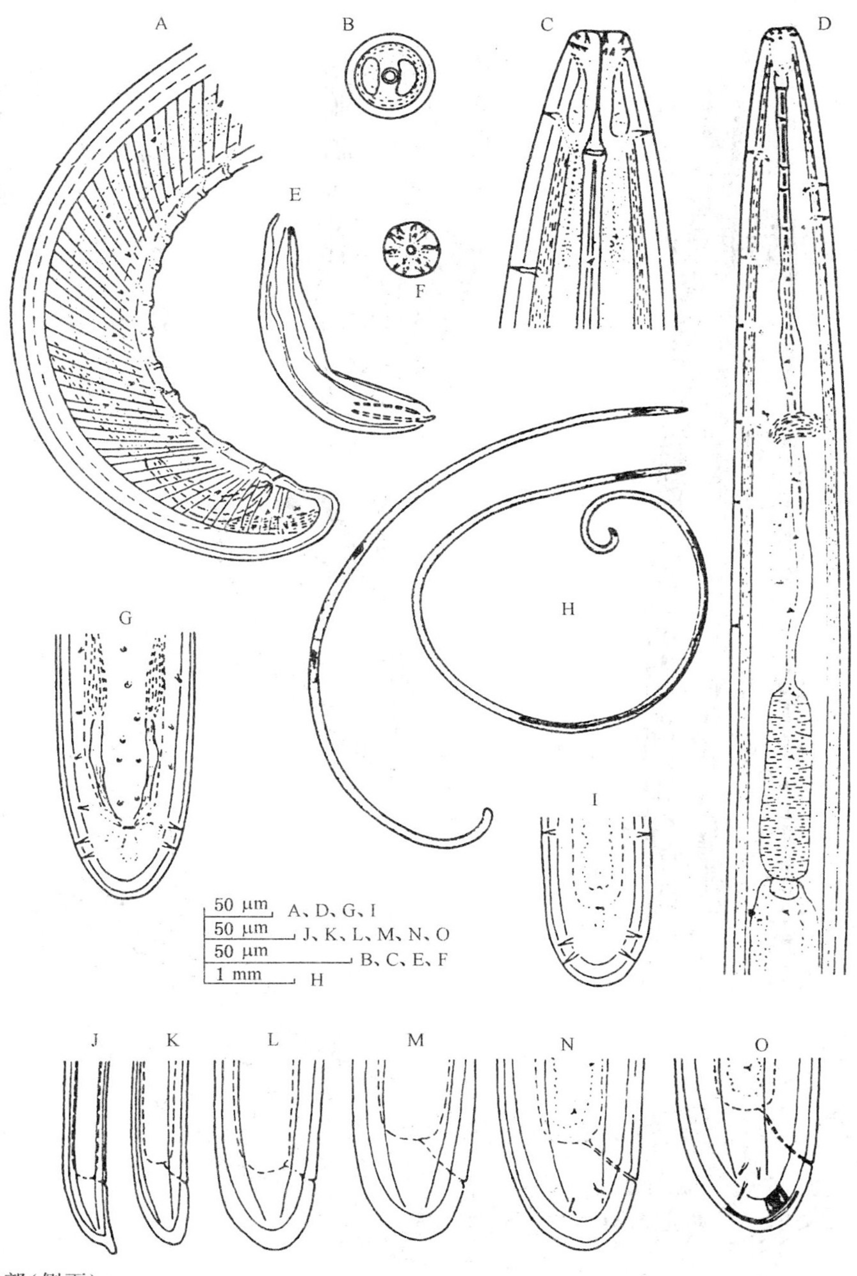

A——雄虫尾部(侧面)；
B——口孔横截面；
C——头部；
D——食道；
E——交合刺和引带；
F——唇区；
G——雄虫尾部(腹面)；
H——整体；
I——雌虫尾部(腹面)；
J～M——左到右分别:1龄～4龄幼虫尾部；
N、O——雌虫尾部(侧面)。

图 C.11 大体长针线虫(*L. macrosoma*)特征图

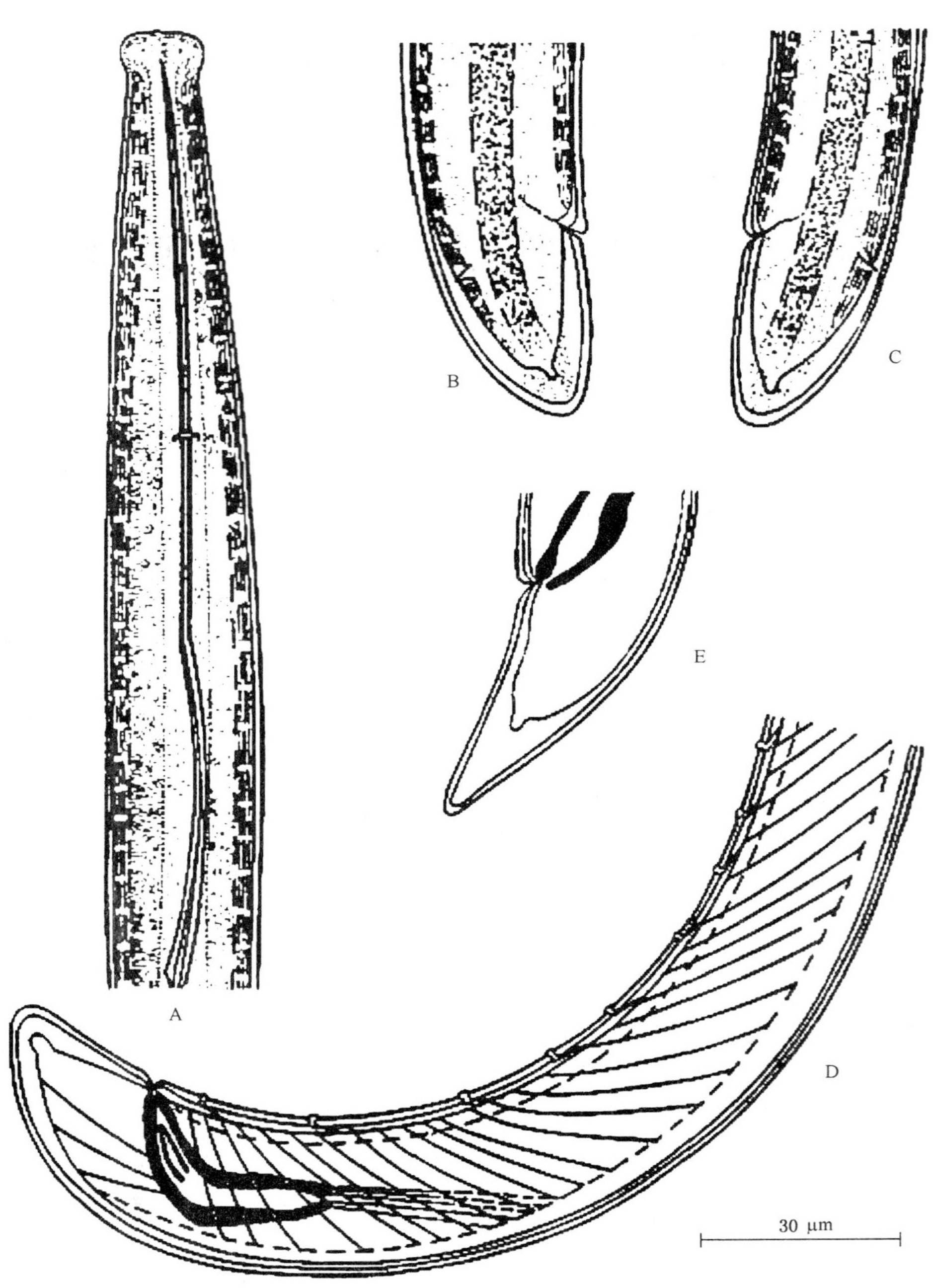

A——雌虫体前部(侧面)；
B～C——雌虫尾部；
D——雄虫体后部；
E——雄虫尾部。

图 C.12 马丁长针线虫(*L. martini*)特征图

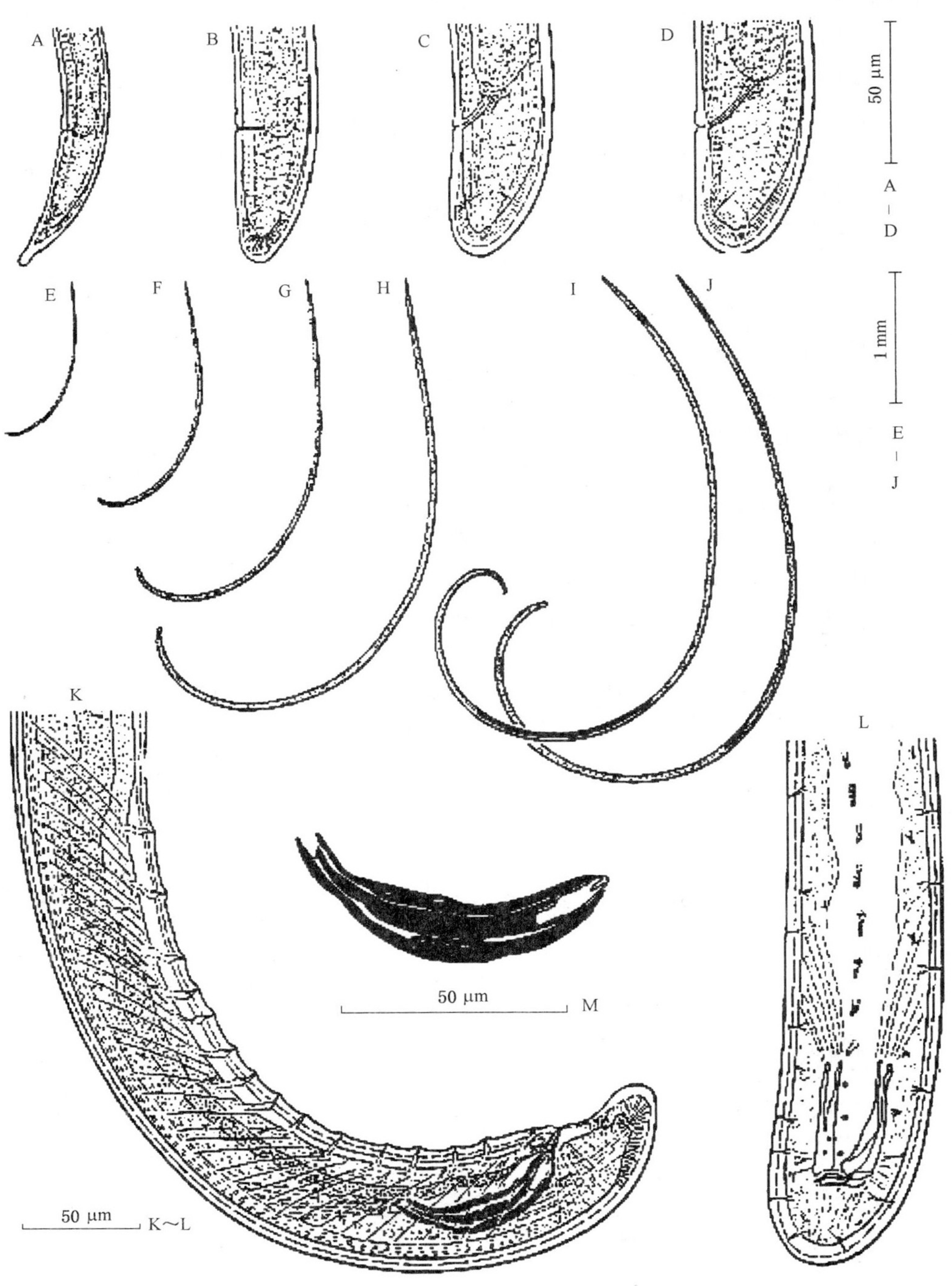

A～D——1 龄～4 龄幼虫尾部；
E～H——1 龄～4 龄幼虫整体；
I——雄虫整体；
J——雌虫整体；
K——雄虫尾部(侧面)；
L——雄虫尾部(腹面)；
M——交合刺和引带。

图 C.13 *L. profundorumum* 特征图

ICS 65.020.01
B 16

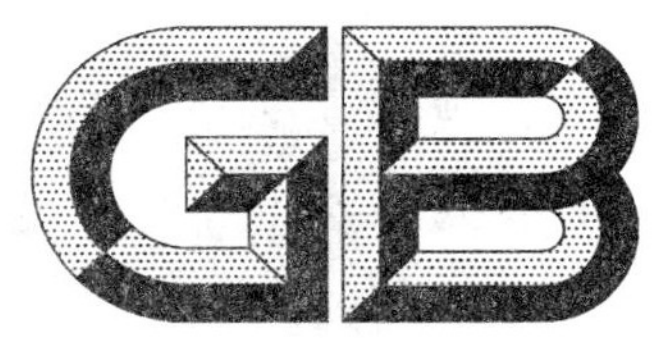

中华人民共和国国家标准

GB/T 28087—2011

刺茄检疫鉴定方法

Detection and identification of *Solanum torvum* Swartz

2011-12-30 发布　　　　2012-06-01 实施

中华人民共和国国家质量监督检验检疫总局
中国国家标准化管理委员会　发布

前　言

本标准按照GB/T 1.1—2009给出的规则起草。

本标准由全国植物检疫标准化技术委员会(SAC/TC 271)提出并归口。

本标准起草单位:中华人民共和国福建出入境检验检疫局、中华人民共和国深圳出入境检验检疫局、中华人民共和国厦门出入境检验检疫局。

本标准主要起草人:虞赟、郭琼霞、康林、黄可辉、林石明、沈建国、王念武、吴媛、翁瑞泉、陈艳。

刺茄检疫鉴定方法

1 范围

本标准规定了刺茄(*Solanum torvum* Swartz)的实验室检测及其形态特征鉴定方法。

本标准适用于刺茄的植株和种子的检疫鉴定。

2 术语和定义

下列术语和定义适用于本文件。

2.1

星状毛 stellate hairs

单列细胞附属物,是一种多细胞毛,细胞呈放射状排列在单一柄上,其生长位置可能在植物的任何部位。

2.2

腺毛 glandular hair

一般由多细胞构成的一种表皮毛,具头部和柄部。可生长在植物的表皮组织上。

2.3

浆果 berry

外果皮薄,中果皮、内果皮均肉质化,多浆汁,内含一粒或多粒种子。

2.4

种脐 hilum

种子成熟时,从种柄脱落下来后在种子上留下的一个痕迹。

2.5

伞房花序 corymb

花梗长短不等,下部花的花梗较长,越向上花梗越短。花序上的花排列在一近似水平面上。

2.6

聚伞花序 cyme

花序顶端或中间的花先开,外面或下面的花逐渐开放,或逐级向上开放。

2.7

总状花序 raceme

花具柄,由基部向上渐次成熟,长而不分枝的花序。

3 刺茄基本信息

中文名:刺茄

中文别名:水茄、山颠茄、金衫扣、野茄子、西好、青茄、乌凉、木哈蒿、天茄子、刺番茄。

学名:*Solanum torvum* Swartz,1788

属茄科 Solanaceae,茄属 *Solanum* L.。

4 方法原理

将现场采集和实验室检测中发现的疑似刺茄的植株、籽实，通过肉眼、放大镜或体视显微镜观察，根据本标准描述的鉴定特征，按系统分类学方法进行判定。

5 仪器和器具

5.1 仪器

体视显微镜（带目镜测微尺或镜台测微尺）、电子天平、电动筛或套筛。

5.2 器具

放大镜、解剖刀、解剖针、镊子、指形管、培养皿、白瓷盘、棉花、样品袋、标本夹、标签、记录纸、标本瓶、标本盒、防虫剂、樟脑精、干燥剂。

6 实验室检测鉴定

6.1 样品制备

将现场检疫抽取的送检样品充分混匀，制成平均样品。采用四分法，取平均样品的二分之一至四分之三（较少样品时）作为检验样品，其余的作为保存样品贴标签保存，称取并记录检验样品的质量。送检样品不足 1.0 kg 的全检。

6.2 过筛检测

根据检验样品个体的大小确定套筛的规格，按照孔径从大到小依次套上套筛并加上筛底，将检验样品倒入最上层的套筛内，盖上筛盖，以回旋法过筛，或用电动筛振荡，使样品充分分离。把过筛的筛上物和筛下物分别倒入白瓷盘内，用镊子挑捡杂草籽，放置于培养皿内，于体视显微镜下观察。检验样品个体大于刺茄种子的主要检查筛下物；检验样品个体小于刺茄种子的主要检查筛上物。混杂于粮食、种子等植物及植物产品中的刺茄种子，一般在套筛的孔径为 1.5 mm 以上的筛上物中获得。

6.3 鉴定方法

6.3.1 目测鉴定

用肉眼或借助放大镜将检出的杂草籽进行分类，挑出疑似刺茄的杂草籽。

6.3.2 镜检鉴定

6.3.2.1 直接观察

将疑似种子置于体视显微镜下，观察种子表面的形态特征，并依据茄属植株形态特征、刺茄及其近似种的种子分种检索表（参见附录 A）及刺茄植株形态特征对疑似种子进行种类鉴定。

6.3.2.2 解剖观察

从外观上难于鉴别时，可采用解剖法，将疑似杂草种籽置于体视显微镜下，用解剖刀和解剖针，对其进行解剖，观察种子切面、种胚的形状、颜色及大小等特征并鉴定。

7 鉴定特征

7.1 茄属

7.1.1 基本生物学特性

草本、亚灌木、灌木、小乔木、藤本。该属约有 1 500 种～2 000 种，分布于热带和温带地区。

7.1.2 植株形态特征

7.1.2.1 茎

茎常被星状毛，有的具刺。

7.1.2.2 叶

叶互生，稀对生，全缘或作各种分裂，稀为复叶。

7.1.2.3 花

花两性；聚伞花序或总状花序；花萼 4 裂～5 裂，很少在结果时增大，但不包被果实，宿存；花冠辐状，多白色，有时为青紫色、黄色或稀红紫色，浅裂、半裂、深裂或几不裂；花冠筒短；雄蕊 4 枚～5 枚，着生在花冠管喉部，并与裂片互生；花丝短；花药内向，长椭圆形、椭圆形或卵状椭圆形，顶端延长或不延长成尖头，通常呈一圆筒，孔裂，孔向外或向上，稀向内；子房由两个心皮合成，上位，通常 2 室，或由假隔膜分成多室，中轴胎座；胚珠多数；花柱单一，被毛或无毛，直或微弯，柱头钝圆，极少数 2 浅裂。

7.1.2.4 果实

浆果，近球状、椭圆状、扁圆状至倒梨状，黑色、黄色、橙色至红色。

7.1.2.5 种子

种子近卵形至肾形，通常两侧压扁。

7.2 刺茄

7.2.1 基本生物学特性

一年生常绿灌木，高 1.0 m～3.0 m，全株被尘土色星状毛。

7.2.2 植株形态特征(参见图 B.1)

7.2.2.1 茎

小枝具淡黄色皮刺，基部宽扁，基部疏被星状毛。

7.2.2.2 叶

叶片互生或对生，长 6.0 cm～19.0 cm，宽 4.0 cm～13.0 cm，卵形至椭圆形，浅裂、中裂或呈波状，裂片 5 裂～7 裂，先端尖，基部心形或宽楔形，偏斜；两面密被具柄的星状毛；叶柄长 2.0 cm～4.0 cm，具皮刺 1 枚～2 枚或无。

7.2.2.3 花

伞房花序，腋外生，2 歧～3 歧，密被星状厚绒毛；总花梗长 1.0 cm～1.5 cm，具 1 细刺或无，花梗长 5.0 mm～10.0 mm；花白色；花萼杯状，长约 4.0 mm，外面被星状毛和腺毛，5 裂，裂片卵状长圆形，长约 2.0 mm；花冠亮白色，辐状，直径约 1.5 cm，筒部隐存于花萼内，长 12.0 mm～18.0 mm，冠檐 5 裂，裂片卵状披针形，长约 0.8 cm～1.0 cm，外面被星状毛；雄蕊 5；花丝长约 1.0 mm，花药长约 7.0 mm；子房卵形，光滑；柱头截形，不孕花的花柱短于花药，孕性花的花柱长于花药。

7.2.2.4 果实

浆果，圆球形，成熟时表面黄色，光滑无毛，基部被稀疏星状毛的宿萼。浆果直径 1.0 cm～1.5 cm，宿萼外面被稀疏的星状毛，果柄长约 1.5 cm，上部膨大，内含种子 210 粒～220 粒。

7.2.2.5 种子

种子盘状，卵形、宽卵形、宽椭圆形、近圆形，偶呈扁平的 C 形，长 2.0 mm～3.0 mm，宽 1.5 mm～2.0 mm，厚 0.3 mm～0.6 mm。种子黄褐色，表面具波浪形网纹。横切面长椭圆形。种脐线形，长 0.5 mm～0.8 mm，位于种子腹面基部，平或略内凹，闭合或部分开裂呈一小圆孔。胚环状弯曲，横切面可见胚 2 处。胚乳丰富(参见图 B.2、图 B.3、图 B.4、图 B.5)。

8 结果评定

以完整植株或成熟种子的形态特征为检疫鉴定的依据，符合 7.2.2 描述的可鉴定为刺茄 *Solanum torvum* Swartz。

9 标本和样品保存与处理

9.1 保存方法

9.1.1 标本保存

将鉴定检出的刺茄植株压制成干标本，将鉴定检出的刺茄种子装入指形管或标本瓶内，加以标识，注明编号、中文名称、学名、科别、产地、货物名称、进出境日期，经手人签字后妥善保存。

9.1.2 样品保存

保存样品按编号、中文名称、产地、货物名称、进出境日期分别存放，并由经手人标识确认和样品管理员登记后，妥善保存。

9.2 保存时间

含有刺茄的样品，妥善保存至少 6 个月。

9.3 处理

保存期满后，含有刺茄的样品应作灭活处理。

附　录　A
（资料性附录）
刺茄及其近似种的种子分种检索表

1. 种子红棕色 ………………………………………………………… 毛果茄（*Solanum viarum* Dunal）
1. 种子非红棕色 ………………………………………………………………………………… 2
2. 种子黑色或黑褐色，表面明显凹凸不平 ……………………… 刺萼龙葵（*Solanum rostratum* Dunal.）
2. 种子非黑色或黑褐色，表面几乎不凸出或凸出 ……………………………………………… 3
3. 种子基部锐尖，并向腹面一侧偏斜 ………………………………………………………… 4
3. 种子基部钝尖，不向腹面一侧偏斜 ………………………………………………………… 5
4. 种子宽倒卵形，长 1.7 mm～2.0 mm，宽 1.2 mm～1.5 mm ………… （龙葵 *Solanum nigrum* L.）
4. 种子倒卵形，长 2.3 mm～2.6 mm，宽 1.4 mm～1.6 mm　… 小花茄（*Solanum nodiflorum* Jacq.）
5. 种子表面具波浪形网纹 ……………………………………………… 刺茄（*Solanum torvum* Swartz）
5. 种子表面无波浪形网纹 ……………………………………………………………………… 6
6. 种子近圆形或肾形，长 2.1 mm～2.8 mm，宽 1.7 mm～2.4 mm，种脐卵形或窄椭圆形，多呈空腔状 ………………………………………………………… 欧白英（*Solanum dulcamara* L.）
6. 种子宽椭圆形或倒卵形，长 2.0 mm～2.5 mm，宽 1.2 mm～1.4 mm，种脐条状，闭合 ………………………………………………………… 三花茄（*Solanum triflorum* Nutt.）

附 录 B
（资料性附录）
刺茄形态特征图

a） 花枝

b） 浆果

图 B.1 植株形态特征（引自《中国植物志》）

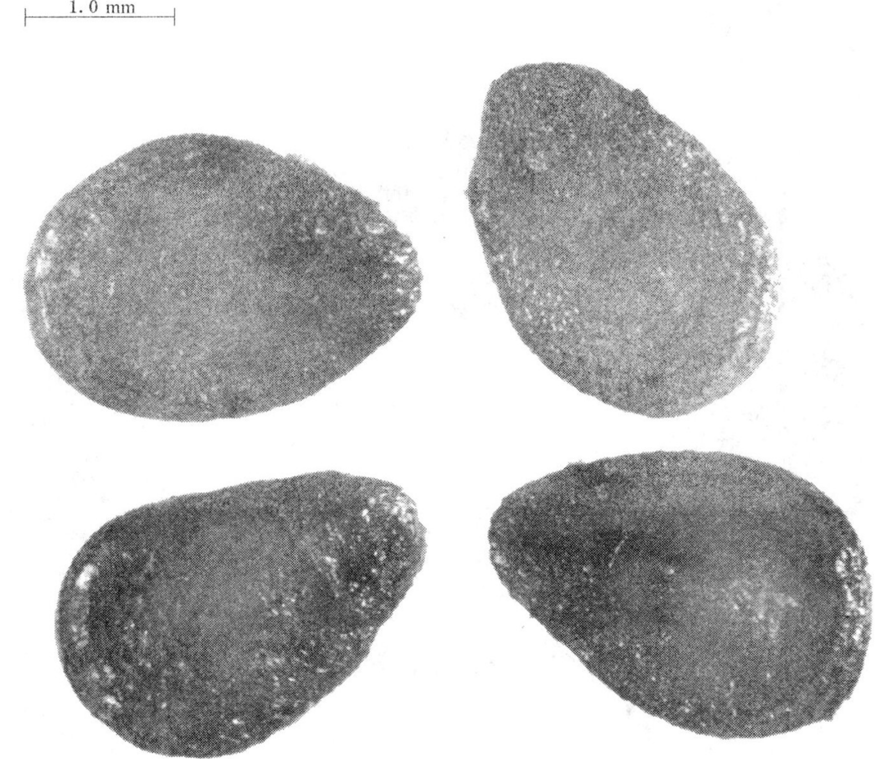

图 B.2　种子形态特征

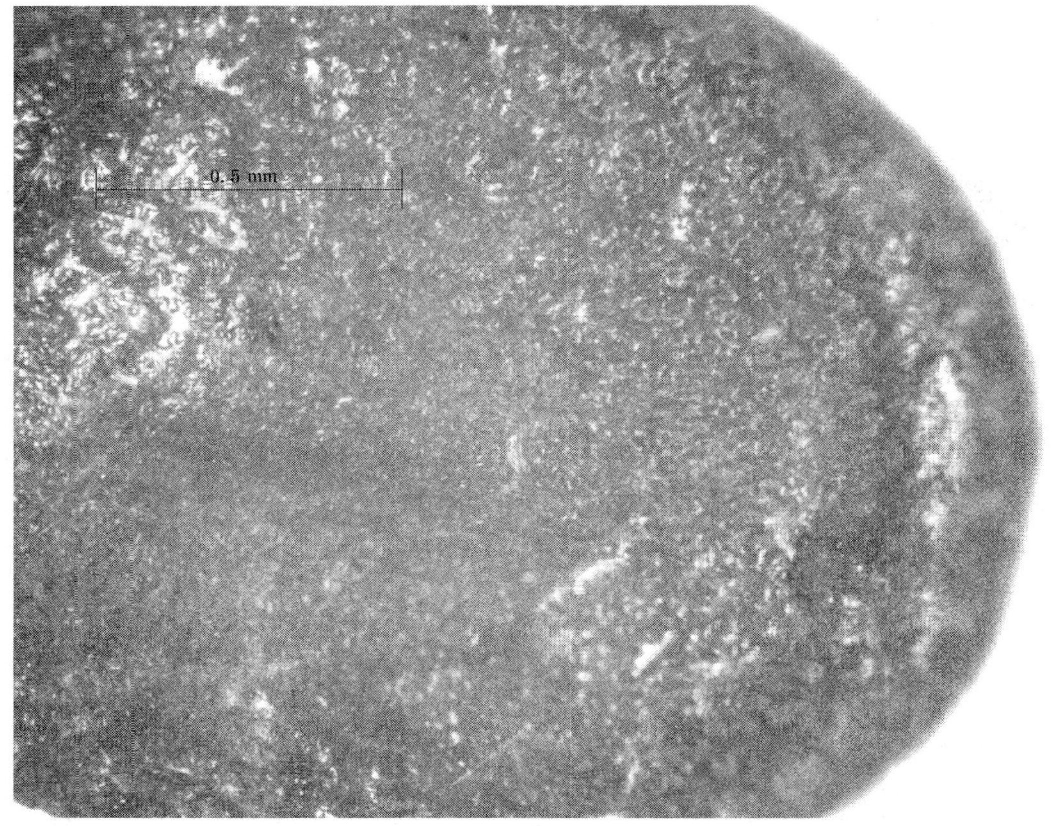

图 B.3　示种子表面波浪形网纹

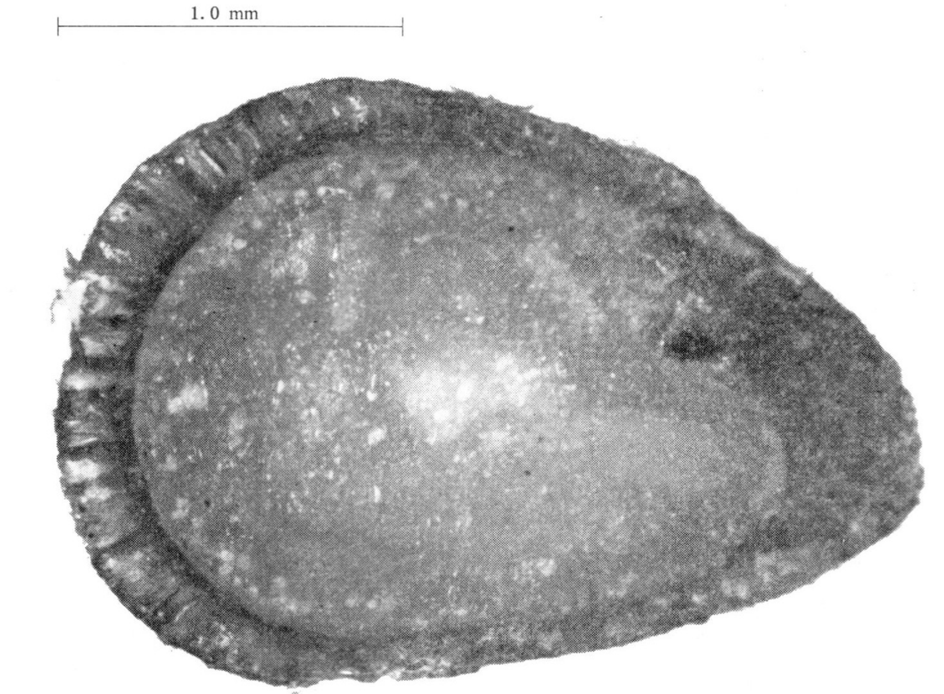

图 B.4 示种子纵剖面

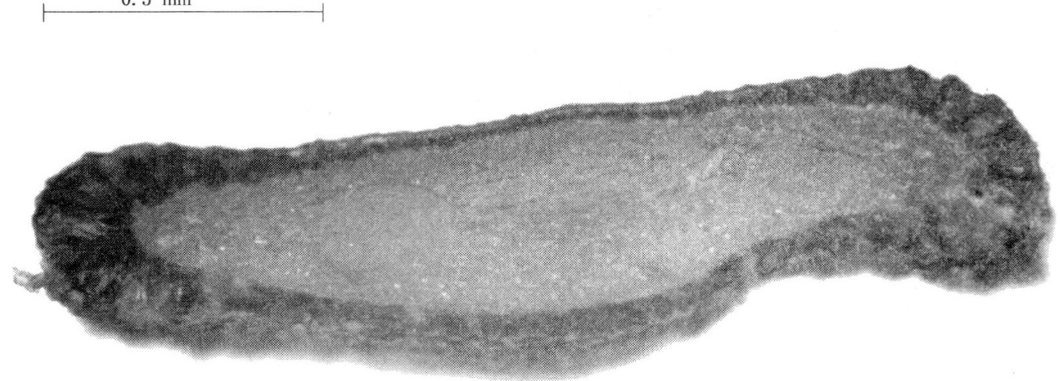

图 B.5 示种子横切面

ICS 65.020.01
B 16

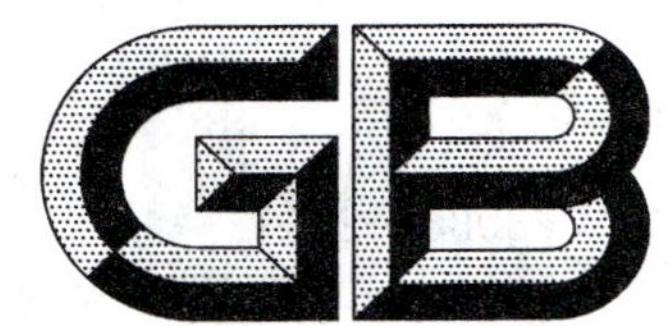

中华人民共和国国家标准

GB/T 28088—2011

刺萼龙葵检疫鉴定方法

Detection and identification of *Solanum rostratum* Dunal

2011-12-30 发布　　2012-06-01 实施

中华人民共和国国家质量监督检验检疫总局
中国国家标准化管理委员会　发布

前　言

本标准按照 GB/T 1.1—2009 给出的规则起草。

本标准由全国植物检疫标准化技术委员会(SAC/TC 271)提出并归口。

本标准起草单位:中华人民共和国宁波出入境检验检疫局检验检疫技术中心、中华人民共和国广东出入境检验检疫局、中华人民共和国新疆出入境检验检疫局、中华人民共和国福建出入境检验检疫局、中华人民共和国珠海出入境检验检疫局。

本标准主要起草人:徐瑛、张慧丽、吴海荣、张伟、黄可辉、傅冬良、陈先锋、崔俊霞、廖力、李亚萍。

刺萼龙葵检疫鉴定方法

1 范围

本标准规定了刺萼龙葵(*Solanum rostratum* Dunal)的实验室检测与其形态特征鉴定方法。

本标准适用于刺萼龙葵的检疫鉴定。

2 术语和定义

下列术语和定义适用于本文件。

2.1

星状毛 stellate hairs

单列细胞附属物,是一种多细胞毛,细胞呈放射状排列在单一柄上,其生长位置可能在植物的任何部位。

2.2

单歧聚伞花序 monochasium

顶芽成花后,其下仅1个侧芽发育形成枝,顶端也成花,再依次形成花序。

2.3

蝎尾状聚伞花序 scorpioid cyme

单歧聚伞花序的一种,侧芽左右交替地形成侧枝和顶生花朵,成二列,形如蝎尾状。

3 刺萼龙葵基本信息

中文名:刺萼龙葵。

中文别名:黄花刺茄、尖嘴茄、壶刺龙葵和刺茄等。

学名:*Solanum rostratum* Dunal,1813。

异名:*Solanum hexandrum* Hort.、*Androcera rostrata*(Dunal)Rydb.、*Androcera lobata* Nutt.。

英文名:buffalobur nightshade,buffalo-bur。

属双子叶植物纲 Magnoliopsida,茄目 Solanales,茄科 Solanaceae,茄属 *Solanum* L.,*Androceras* 组。

风力、水流、人类和动物的活动导致近距离传播。动物皮毛、谷物、种子、草料、土壤等携带造成远距离传播。

刺萼龙葵其他信息参见附录A。

4 方法原理

将现场和实验室检测中发现的疑似刺萼龙葵的植株、果实或种子通过肉眼、放大镜和体视显微镜观察,根据形态特征与基本生物学信息,按照系统分类学方法,鉴定其生物学种类。

5 仪器和用具

5.1 仪器设备

体视显微镜(具目镜测微尺或镜台测微尺)、电子天平(感量 0.001 kg,0.001 g)、电动筛或套筛。

5.2 实验用具

放大镜、解剖刀、解剖针、镊子、指形管、培养皿、白瓷盘、标签、标本瓶等。

6 实验室的检疫鉴定

6.1 植物样品的检验

用肉眼、放大镜或体视显微镜观察植株的形态特征。

6.2 原粮和种子的检验

6.2.1 样品制备

将现场检疫抽取的送检样品充分混匀,制成平均样品。采用四分法,视样品多少取平均样品的二分之一至四分之三(较少样品时)作为试验样品,称取其质量并记录,每份试验样品不少于 1 kg,剩余的平均样品加贴标签作为保留样品保存。送检样品不足 1 kg 的全部检测。

6.2.2 过筛检验

根据样品个体的直径确定套筛的规格,从大到小依次套上不同孔径的规格筛并加上底筛,将适量样品倒入规格筛的上层内,盖上筛盖,用回旋法过筛(或用电动筛振荡),使样品充分分离,把过筛的筛上物和筛下物分别倒入白瓷盘内,用镊子挑取杂草籽实,放于培养皿内。检验样品种子大于刺萼龙葵种子的主要检查筛下物;检验样品种子小于刺萼龙葵种子的主要检查筛上物。混杂于植物原粮和种子中的刺萼龙葵的种子,一般在孔径为 1.5 mm 以上的筛上物中获得。当样品量少时,也可将全部样品放入白瓷盘中进行人工挑检。

6.3 鉴定方法

6.3.1 目测鉴定

用肉眼或借助放大镜,将挑取的植株或籽实进行分类。

6.3.2 镜检鉴定

6.3.2.1 直接观察

将挑取的可疑植株或种子用肉眼或置于体视显微镜下,观察外部形态特征,依据刺萼龙葵的形态特征对其进行种类鉴定。

6.3.2.2 解剖观察

外观上难以鉴定时,可采用解剖法,将疑似杂草置于体视显微镜下,用解剖刀和解剖针,对其进行解剖和镜检并鉴定。

7 鉴定特征

7.1 茄属 *Androceras* 组主要形态特征

7.1.1 基本生物学特性

一年生或多年生草本，分枝铺散，多刺，通常具星状毛或腺毛。*Androceras* 组包括 12 个种，分种检索表参见附录 B，主要地理分布参见附录 C。

7.1.2 植株

7.1.2.1 叶

叶具柄，一至三回羽状半裂，近基部常为羽状全裂，沿主脉具刺。

7.1.2.2 花

花序侧生，单歧聚伞花序不分枝；花近两侧对称，花冠五角形到星形，宽大平展或下弯，具短筒；雄蕊异型，小型雄蕊四枚，黄色，一枚大型雄蕊，顶端具紫色或微红斑；花柱细长，末端弯曲。

7.1.2.3 果

浆果球形，二室，成熟后为干浆果，花萼极度增大，完全包裹浆果，多刺，果实外观如刺球状；成熟时从五个萼纹间的刺状结构处开裂。

7.1.2.4 种子

种子多数，两侧凸起到扁平卵形，深褐色至黑色，表面常具皱褶、网脊和凹坑等（参见附录 C 及图 D.1）。

7.2 刺萼龙葵的形态特征

7.2.1 基本生物学特性

一年生草本植物，高 30 cm～80 cm，基部稍木质化，植株多分枝。除花瓣外整株密被长短不一的黄色皮刺，茎杆上分布具柄星状毛或无柄星状毛。植株形态参见图 E.1。

7.2.2 植株

7.2.2.1 叶

叶互生，卵形或椭圆形，一至二回羽状半裂，近基部通常羽状全裂，末回裂片顶端圆或钝圆；叶长 7 cm～16 cm，叶两面被星状毛，脉具刺；叶柄密被刺，长为叶片的三分之一至三分至二。

7.2.2.2 花

蝎尾状聚伞花序腋外生，花期花轴伸长呈总状。萼筒钟状，密被刺及星状毛，萼片线状披针形；花冠黄色，五边形，直径 2.0 cm～3.5 cm，瓣间膜丰富，花瓣外密被星状毛；雄蕊异型，大型雄蕊花药长 10 mm～14 mm，向内弯曲成弓形，后期常带红色或紫色斑；小型雄蕊花药长 6 mm～8 mm，黄色。子房无毛，紧裹在增大的萼筒内；花柱长 1.0 cm～1.4 cm，细弱，通常紫色，柱头不增大。

7.2.2.3 果

浆果球形，初为绿色，成熟后变为黄褐色或黑色，直径 5 mm～12 mm，外被紧而多刺的宿存果萼包被，果实成熟后在顶端萼片愈合处开裂，散出种子(参见图 E.2)。

7.2.2.4 种子

深褐色至黑色，不规则阔卵形或卵状肾形，厚扁平状；长 1.8 mm～2.6 mm，宽 2.0 mm～3.2 mm，厚 1.0 mm～1.2 mm。表面凹凸不平并布满蜂窝状凹坑，周缘凹凸不平；背面弓形，背侧缘和顶端稍厚，有明显的脊棱；腹面近平截或中拱，近腹面的基部变薄；下部具凹缺，胚根突出；种脐位于缺刻处，正对胚根尖端，洞穴状，近圆形，深凹入；胚环状卷曲，有丰富的胚乳(参见图 E.3 和图 E.4)。

8 结果评定

以植株和种子的形态特征为鉴定依据，符合 7.2 给出的细节，可鉴定为刺萼龙葵 *Solanum rostratum* Dunal。

9 标本和样品的保存与处理

9.1 标本保存

鉴定为刺萼龙葵的植株压制成标本，鉴定为刺萼龙葵种子装入指形管或标本瓶内，加以标识，注明编号、名称、拉丁名、产地、商品名称、进出境日期等，经手人签字后妥善保存。

9.2 样品保存

保存样品注明编号、产地、进出境日期等信息后妥善保存。

9.3 保存时间

含有刺萼龙葵的样品，妥善保存至少 6 个月。

9.4 样品处理

保存期满后，样品应作灭活处理。

附 录 A
（资料性附录）
刺萼龙葵的危害

刺萼龙葵具有适应性强、种子产量大、繁殖力强、蔓延速度快等特点，可严重破坏入侵地的生态系统。其植株和果实多刺，可扎进牲畜的皮毛，降低牲畜皮毛的价值；如混入饲料中会损伤牲畜的口腔和肠胃消化道；叶、浆果和根中含有生物碱，牲畜误食可引起严重的肠炎和出血，导致中毒甚至死亡。另外它还是茄科有害生物的替代寄主，能帮助其他有害生物建立和维持种群。

附 录 B
（资料性附录）
刺萼龙葵及其近似种分种检索表

1 茎杆被星状毛或多角毛；花冠大多为黄色，稀淡蓝色或白色
  2 花冠为淡蓝色或白色 …………………………………………… *Solanum tribulosum* Schauer
  2 花冠为黄色
   3 多年生植物，基部木质化；茎生海胆状星状毛，其中部分星状毛的分枝 15 条或以上……………………………………………………………………………………… *Solanum johnstonii* Whalen
   3 一年生植物，直根；茎杆上的星状毛分枝通常不多于 12 根
    4 大型雄蕊通常光滑无毛
     5 种脐深凹；大型雄蕊短于 6 mm，与小型雄蕊几乎没区别；花冠直径小于 2 cm；茎刺基部宽扁，常内弯 …………………………………………………… *Solanum fructo-tecto* Cav.
     5 种脐不深凹；大型雄蕊长于 9 mm，明显长于小型雄蕊；花冠直径大于 2 cm；茎刺稀扁平或内弯 ………………………………………………… *Solanum rostratum* Dunal
    4 大型雄蕊近腹侧表面具芒 ……………………………………… *Solanum angustifolium* Mill.
1 茎杆通常具腺毛，有时缺乏；花冠通常为紫色，蓝色或白色，稀黄色
 6 花冠紫色或蓝色
  7 大型雄蕊长 6 mm 或以上；花冠直径大于 14 mm；柱头不扩大或仅稍扩大
   8 植株多年生，基部木质化或稍木质化，种子两侧凸，长大于 2.8 mm ……………………………………………………………………………………… *Solanum tenuipes* Bartlett
   8 植株一年生，直根系；种子呈双凸透镜状，长度不足 3 mm
    9 大型雄蕊长 6 mm～8 mm；花冠直径约 1.7 cm；花蕾倒卵形，多少呈辐射状对称；大型叶片通常为三回羽状半裂，末回裂片急尖 ……………………… *Solanum davisense* Whalen
    9 大型雄蕊长于 10 mm；花冠直径大于 2 cm；花芽明显弯曲，两侧对称；大型叶片通常仅二回羽状半裂，末回裂片钝圆到急尖 …………………… *Solanum citrullifolium* A. Braun
  7 大型雄蕊长不大于 5 mm；花冠直径不大于 1.5 cm；柱头头状，直径为花柱的 2 倍 ……………………………………………………………………………………… *Solanum heterodoxum* Dunal
 6 花冠白色或黄色
  10 花冠五角星形，瓣间膜多皱褶状，花冠不小于 2.5 cm，黄色；大型雄蕊在近腹侧表面具芒；种子具网脊 ……………………………………………………… *Solanum angustifolium* Mill.
  10 花冠明显星形，不大于 2.5 cm，白色，稀黄色；大型雄蕊光滑；种子边缘具放射状脊
   11 雄蕊具三型，大型雄蕊居中，两侧为中型雄蕊；成熟的种子较大，长 3 mm 或以上，种脐深凹 ………………………………………………… *Solanum lumholtzianum* Bartlett
   11 雄蕊二型，1 个较大，其余 4 个小的基本相同；成熟的种子较小，长度不大于 3 mm，种脐不深凹
    12 叶面具腺毛，或无毛 ………………………………………… *Solanum grayi* Rose
    12 叶面具星状毛 ………………………………………… *Solanum leucandrum* Whalen

注：引自 Whalen，1979。

附 录 C
（资料性附录）
刺萼龙葵及其近似种分布及种子形态比较

表 C.1 刺萼龙葵及其近似种分布及种子形态比较表

学 名	主要地理分布	形 态 特 征
Solanum angustifolium	墨西哥、尼加拉瓜、洪都拉斯	浆果内含种子 50 枚～90 枚，深褐色，卵形，扁平，长 2.3 mm～2.8 mm。表面具网脊，种皮表面分布稍粗的网纹，蜂窝状
Solanum fructo-tecto	墨西哥	浆果内含种子 50 枚～90 枚，深褐色，卵形，扁平，长 2.5 mm～3.1 mm。表面具波浪状或网状脊，种皮表面分布稍粗的网纹，蜂窝状。种脐深凹具深凹穴
Solanum johnstonii	墨西哥	浆果内含种子 30 枚～60 枚，巧克力棕色，种子双凸透镜状，长 2.7 mm～3.3 mm，厚 0.5 mm～0.8 mm，表面光滑但具网纹
Solanum rostratum	墨西哥、美国、俄罗斯、澳大利亚、加拿大、朝鲜半岛、南非、孟加拉、奥地利、保加利亚、捷克、德国、丹麦、新西兰	浆果内含种子 40 枚～80 枚，深褐色到黑色，卵状肾形，扁平，长 2.0 mm～2.6 mm，背侧缘具脊棱，侧面平坦或呈波浪状。种皮表面具网纹，蜂窝状
Solanum tribulosum	墨西哥	种子深褐色，双凸透镜状，长 2.5 mm～3.5 mm，表面光滑，种皮表面具网纹
Solanum citrullifolium	墨西哥、美国	浆果内含种子 30 枚～60 枚，深褐色，卵形，扁平，长 2.3 mm～2.9 mm。具波浪形或具低辐射状脊，种皮表面具细网纹或皱褶
Solanum davisense	墨西哥、美国	种子深褐色，双凸透镜状，长 2.6 mm～3.0 mm，表面近光滑，不具网状皱褶，种皮表面具细网纹
Solanum heterodoxum	墨西哥、美国	浆果内含 40 枚～70 枚种子，深褐色，双凸透镜状，长 2.5 mm～2.9 mm，具脊突，种皮表面具细网纹或皱褶
Solanum leucandrum	墨西哥、美国	无种子描述
Solanum tenuipes	墨西哥、美国	浆果内含种子 8 枚～40 枚，深褐色，肾形，长 2.7 mm～3.6 mm，具细网纹
Solanum grayi	墨西哥、智利、美国、阿根廷、巴西	种子深褐色，两侧凸起，长 2.6 mm～3.2 mm。沿边缘具放射状的脊
Solanum lumholtzianum	墨西哥、美国	种子深褐色，两侧凸起，长 3.0 mm～3.5 mm，具放射状脊，脐部深凹具深凹穴

附　录　D
(资料性附录)
刺萼龙葵及其近似种种子形态示意图

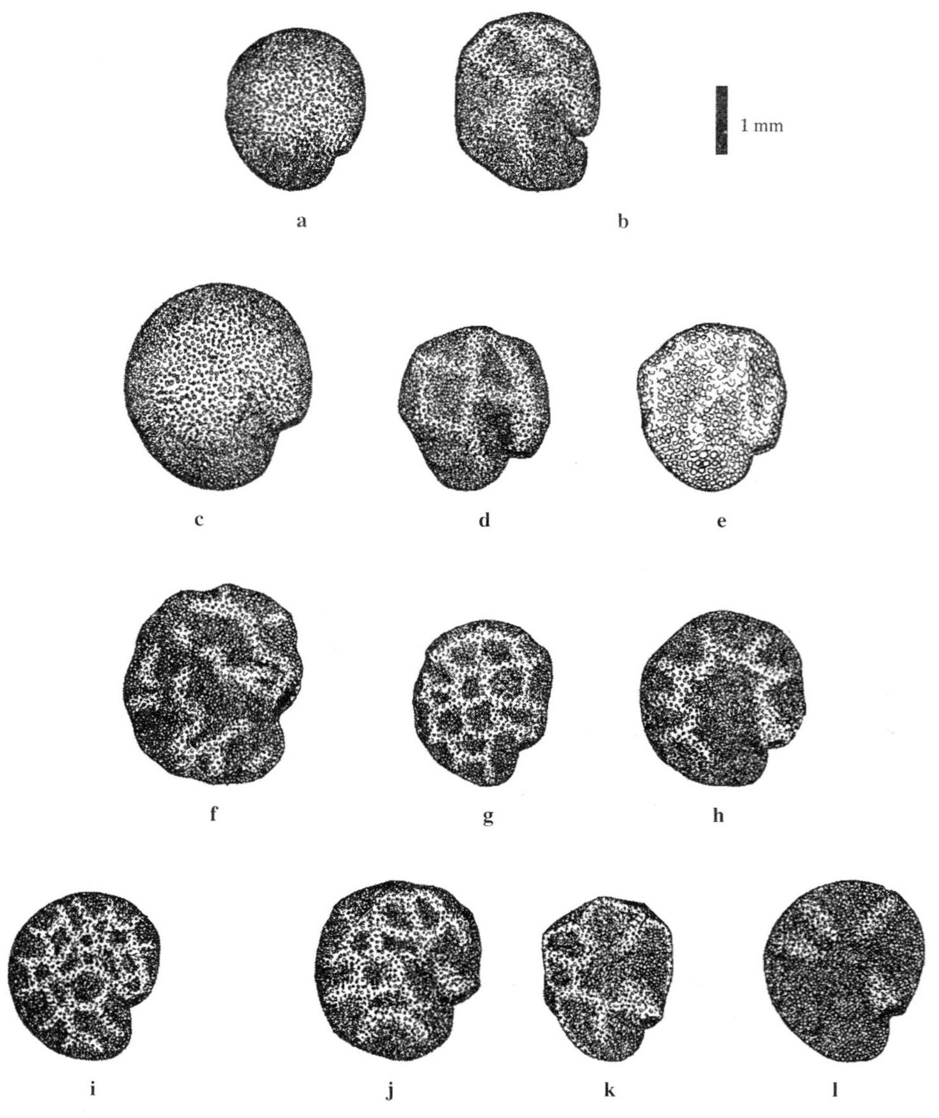

图 D.1　刺萼龙葵及其近似种种子形态示意图(引自 Whalen,1979)

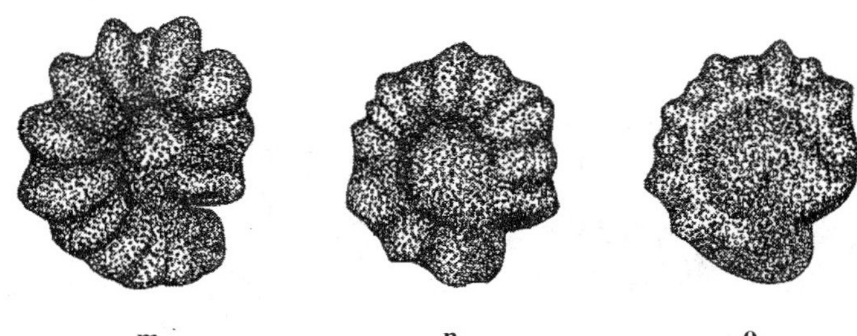

a——*Solanum tribulosum*；

b——*Solanum fructo-tecto*；

c——*Solanum johnstonii*；

d——*Solanum angustifolium*；

e——*Solanum rostratum*；

f——*Solanum tenuipes* var. *tenuipes*；

g——*Solanum citrullifolium* var. *citrullifolium*；

h——*Solanum citrullifolium* var. *setigerum*；

i——*Solanum heterodoxum* var. *heterodoxum*；

j——*Solanum heterodoxum* var. *novomexicanum*；

k——*Solanum heterodoxum* var. *setigeroides*；

l——*Solanum davisense*；

m——*Solanum lumholtzianum*；

n——*Solanum grayi* var. *grayi*；

o——*Solanum grayi* var. *grandiflorum*。

图 D.1（续）

附 录 E
（资料性附录）
刺萼龙葵形态特征图

图 E.1 植株

图 E.2 果实

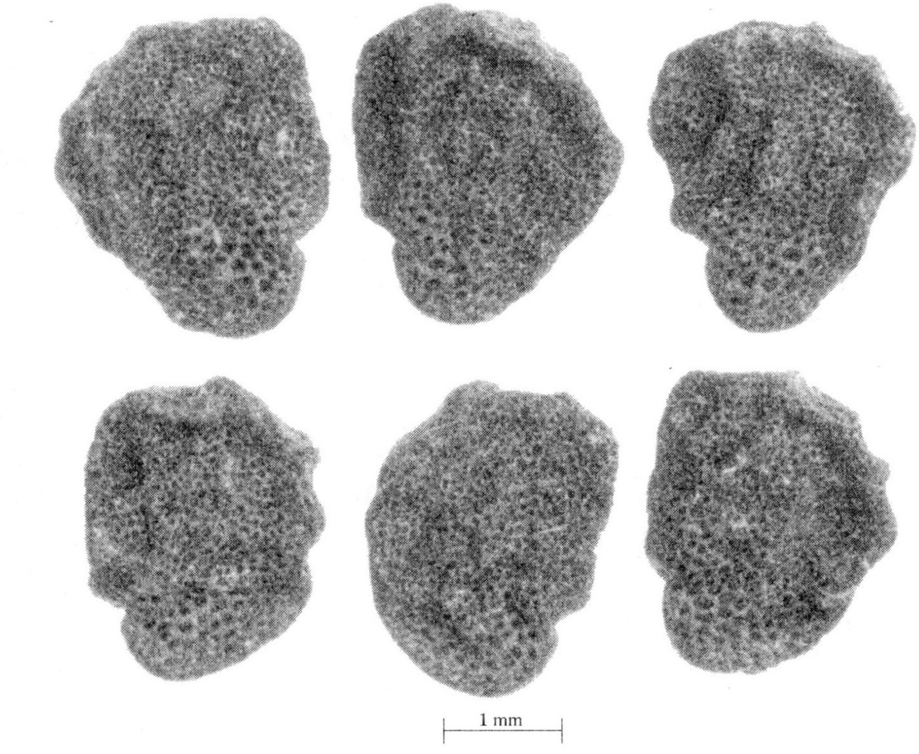

图 E.3　种子

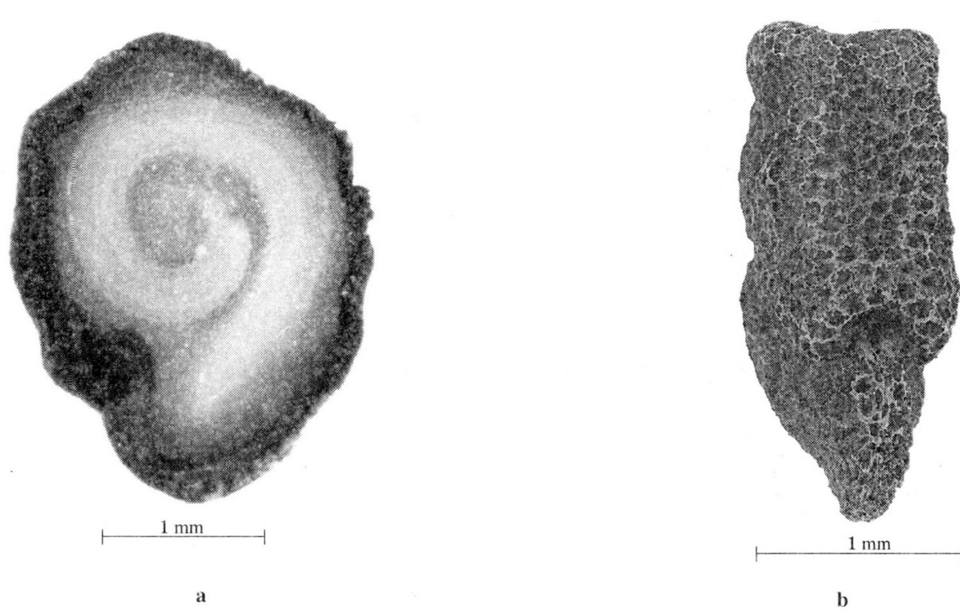

a——种子剖面图示环状卷曲的胚；
b——种子腹面电镜观察图示种脐。

图 E.4　种子特征图

ICS 65.020.01
B 16

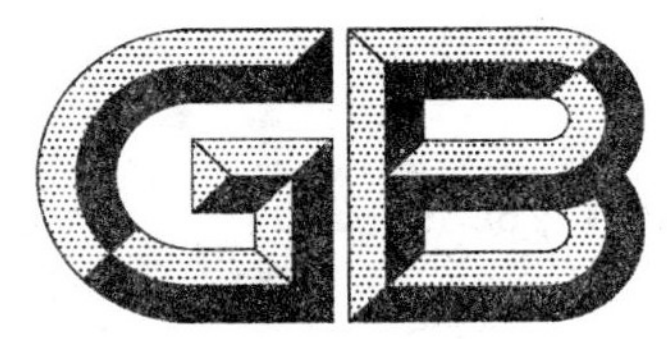

中华人民共和国国家标准

GB/T 28089—2011

葱类黑粉病菌检疫鉴定方法

Detection and identification of *Urocystis cepulae* Frost

2011-12-30 发布　　2012-06-01 实施

中华人民共和国国家质量监督检验检疫总局
中国国家标准化管理委员会　发布

前　言

本标准按照 GB/T 1.1—2009 给出的规则起草。

本标准由全国植物检疫标准化技术委员会(SAC/TC 271)提出并归口。

本标准起草单位:中华人民共和国山东出入境检验检疫局、中华人民共和国北京出入境检验检疫局、中华人民共和国湖北出入境检验检疫局。

本标准主要起草人:邵秀玲、赵汗青、王英超、种焱、吴兴海、张治宇、江丽辉、高文娜、张京萱、宋涛、罗志萍。

葱类黑粉病菌检疫鉴定方法

1 范围

本标准规定了葱类黑粉病菌检疫鉴定方法。

本标准适用于洋葱等葱属中葱类黑粉病菌的检疫和鉴定。

2 规范性引用文件

下列文件对于本文件的应用是必不可少的。凡是注日期的引用文件,仅注日期的版本适用于本文件。凡是不注日期的引用文件,其最新版本(包括所有的修改单)适用于本文件。

GB/T 18085 植物检疫 小麦矮化腥黑穗病菌检疫鉴定方法

SN/T 1157 进出境植物苗木检疫规程

SN/T 1809 进出口植物种子检疫规程

3 术语和定义

下列术语和定义适用于本文件。

3.1

孢子球 spore balls

由一至多数冬孢子集结而成,易分开成单独的冬孢子或坚固而不易分离,外层有浅色的较小的不孕细胞包围。

4 葱类黑粉病菌基本信息

中文名:葱类黑粉病菌。

学名:*Urocystis cepulae* Frost 1877

异名:*Tuburcinia cepulae*(Frost)Liro 1922,*Tuburcinia magica*(Pass.)Liro 1922,*Urocystis colchici* var. *cepulae* Cooke 1877,*Urocystis magica* Pass. 1875。

病害英文名:onion smut。

属真菌界 Fungi,担子菌亚门 Basidiomycotina,黑粉菌纲 Ustilaginomycetes,条黑粉菌目 Urocystales,条黑粉菌科 Urocystaceae,条黑粉菌属 *Urocystis*。

葱类黑粉病菌的其他信息参见附录 A。

5 方法原理

经现场查验,实验室分离培养,根据病原菌的形态特征、生物学特性,结合寄主范围进行结果判定。

6 仪器和用具

6.1 生物显微镜(具油镜镜头,具测量功能)、具透射光源的体视显微镜(放大倍数不低于 50×)。

6.2 超净工作台。

6.3 电子天平。

6.4 光照恒温培养箱。

6.5 酒精灯。

6.6 高压灭菌器。

6.7 培养皿。

6.8 医用手术剪、镊子。

6.9 烧杯(500 mL)。

6.10 试管(直径 12 mm)。

6.11 载玻片、盖玻片。

6.12 量筒(500 mL)。

6.13 微量可调加样器(5 μL～20 μL)。

6.14 刻度离心管:10 mL 或 20 mL。

6.15 加样器枪头(2 μL～20 μL)。

6.16 三角瓶(250 mL)。

6.17 席尔氏浮载剂(见 GB/T 18085)。

6.18 干热灭菌器。

6.19 往复式振荡器。

6.20 涡旋振荡器。

7 主要试剂

7.1 蒸馏水。

7.2 吐温-20。

7.3 1%的次氯酸钠溶液。

7.4 洋葱琼脂培养基。

8 现场检测

8.1 抽样方法

棋盘式、五点式或随机抽样。

8.2 抽样数量

8.2.1 种子

对来自葱类黑粉病菌发生国家和地区(参见附录 A)的洋葱等种子按 SN/T 1809 进行抽样。

8.2.2 洋葱、大蒜等鳞茎

对洋葱、大蒜等鳞茎按 SN/T 1157 进行抽样。

8.3 症状检查

对洋葱、大蒜等鳞茎,注意检查鳞茎上是否有典型的黑粉症状,挑选个头小(孢子在鳞茎上产生可能引起鳞茎变小)、干腐的鳞茎,洋葱鳞茎常形成铅色到黑色的条斑;洋葱叶片上形成铅色到黑色的轻微变厚的条斑或水泡，当增厚区域较大时可引起子叶向下弯曲。随着叶片基部病斑的扩大，病斑破裂漏出大量的黑色粉末。受侵染的植株通常变得矮小。

收集上述可疑植物材料等一并带回实验室检验。

9 实验室检测

9.1 鳞茎和寄主残体上病菌的鉴定

选取具有黑粉症状的可疑病斑，用针刺破囊肿，用席尔氏浮载剂制成玻片，在显微镜下观察孢子球的形态特征。

9.2 种子上病菌的鉴定

9.2.1 制备平均样品

在实验室内将送检样品充分混匀，制成平均样品。

9.2.2 称样

从平均样品中称取 50 g 作为实验样品。

9.2.3 洗涤离心

实验样品倒入经干热灭菌(165 ℃，1.5 h)后的 250 mL 三角瓶内，加蒸馏水 100 mL，再加表面活性剂吐温-20(1 滴～2 滴)，用铝铂纸或 parafilm 膜将三角瓶封口。将三角瓶放在复式振荡器上振荡 5 min，立即取下三角瓶，将悬浮液注入干热灭菌的 10 mL～20 mL 刻度离心管内离心(1 000 r/min) 3 min。取出离心管，倾去上清液，再加剩余悬浮液，重复离心，直至所有悬浮液离心完毕，留沉淀物。

9.2.4 制片与镜检

离心管中，加入适量席尔氏浮载剂使之悬浮。用可调微量加样器吸取 5 μL～20 μL 冬孢子悬浮液至载玻片上，加盖玻片。制片用冬孢子悬浮液的体积以加盖玻片后悬浮液不外溢为宜。每份试验样品的冬孢子悬浮液至少镜检 5 张玻片，每片按视野依次全部检查。观察冬孢子特点，注意观察冬孢子壁的厚薄，颜色等特征。

9.2.5 孢子球的萌发试验

在离心管中加入适量 1%的次氯酸钠溶液，将 9.2.3 所获得的沉淀物涂于载玻片上，在体视显微镜下挑取一定数量的冬孢子球放入，用涡旋振荡器混合，消毒 5 min 后，以 3 000 r/min 离心 1 min，立即用微量加样器吸去上清液，加无菌水离心清洗 2 次，将冬孢子球沉淀物转至洋葱琼脂培养基(参见附录 B)上培养，条件为 13 ℃～22 ℃、12 h 间隙光照、75%的空气湿度，重复 3 个培养皿。

10 鉴定特征

10.1 寄主植物症状

洋葱、大蒜等鳞茎表面有铅色泡状囊肿，囊肿刺破后有典型的黑粉症状，鳞茎个头小、干腐，发病较轻的洋葱鳞茎常形成铅色到黑色的瘤肿条斑。洋葱叶片上形成铅色到黑色的有轻微变厚的条斑或水泡，当增厚区域较大时可引起子叶向下弯曲。随着叶片基部病斑的扩大，病斑破裂漏出大量的黑色粉末。重病植株通常变得矮小，易死亡。

10.2 孢子球特征

冬孢子生在寄主体内，成熟时破裂组织后露出粉状孢子团，黑褐色的粉末状是孢子球。孢子球由一个冬孢子组成，甚少2个，孢子球球形或椭圆形，直径14 μm～25 μm，黑褐色，每个单孢的冬孢子周围由一层直径4 μm～8 μm的细长的不育细胞包围(参见附录C)。冬孢子球形或广椭圆形，直径10 μm～16 μm，赤褐色，壁光滑。不育细胞无色至淡黄色，半透明的球形，12个～15个，形状和大小一致。

10.3 孢子球萌发生理特性

孢子球在洋葱琼脂培养基上培养2 d～3 d后进行观察(参见附录C)，冬孢子伸出短而半圆形、无色的先菌丝，先菌丝长到40 μm～50 μm就停止生长，萌发过程中不产生担孢子，但先菌丝能发生分支，分支菌丝长到15 μm左右就停止生长，分支菌丝不发生融合而产生分隔的菌丝，菌丝上直接形成孢子球，将萌发后的菌丝转接到洋葱琼脂斜面上保存。

10.4 葱类黑粉病菌与其他近似种的主要区别

葱类黑粉病菌与其他近似种 *Urocystis colchici* 的主要区别参见附录D。

11 结果判定

如寄主植物上具有10.1的症状特征，且黑色分离物具有10.2孢子球特征，鉴定为葱类黑粉病菌。

从种子分离孢子球的特征与10.2、10.3的鉴定特征相吻合，鉴定为葱类黑粉病菌。

12 菌种的保存

将鉴定为葱类黑粉病菌的冬孢子真空保存，经登记和经手人签字后置于4 ℃左右冰箱中保存，至少需保存6个月，以备复检、谈判和仲裁。保存期满后，需经灭菌处理。

附　录　A
（资料性附录）
葱类黑粉病菌相关资料

A.1　分布

非洲：埃及、摩洛哥、加蓬。

亚洲：伊拉克、日本、朝鲜、菲律宾、泰国、印度、伊朗、尼泊尔、中国。

欧洲：奥地利、比利时、英国、保加利亚、捷克、丹麦、法国、德国、希腊、意大利、马耳他、荷兰、挪威、波兰、罗马尼亚、瑞典、瑞士、匈牙利、芬兰。

大洋洲：澳大利亚、新西兰。

美洲：加拿大、墨西哥、美国、古巴、波多黎各、智利、秘鲁。

A.2　寄主范围

葱属，包括洋葱（*Allium cepa*）、大蒜（*Allium porrum*）、韭葱（*Allium sativum*）、鸦蒜（*Allium vineale*）等，野生寄主金鱼草属（*Antirrhinum*）。

A.3　传播方式

该病菌以菌丝和冬孢子的形式在土壤中生存。冬孢子在土壤中存活时间长（20 年以上），可通过黏附在根部表面的土壤、鳞茎的茎基部或鳞茎表面携带的土壤或其他携带土壤的方式作长距离传播，也能够通过侵染的鳞球茎和植物残体，带菌的运输工具和农具传播。短距离主要靠表面的灌溉水，风吹土壤，以及人类、野生动物和鸟类的方式传播。冬孢子能够在洋葱种子中发现，但目前还不能确定该病害是否能够通过种子传播。

附 录 B
（资料性附录）
洋葱琼脂培养基的制备

B.1 洋葱汁液配方

500 g 健康洋葱，加水 500 mL 煮沸 30 min 后补足水，取滤液。

B.2 洋葱汁液配制方法

称取琼脂粉 15 g～20 g，加入 100 mL 经消毒的洋葱汁液，加水补足 1 000 mL。装入三角瓶中，121 ℃高压灭菌 30 min，待冷却至 40 ℃左右，倒入培养皿，凝固后，用三角推蘸取悬浮液均匀涂布在培养基表面。

附 录 C
（资料性附录）
葱类黑粉病菌冬孢子球萌发形态及其发病症状特征图

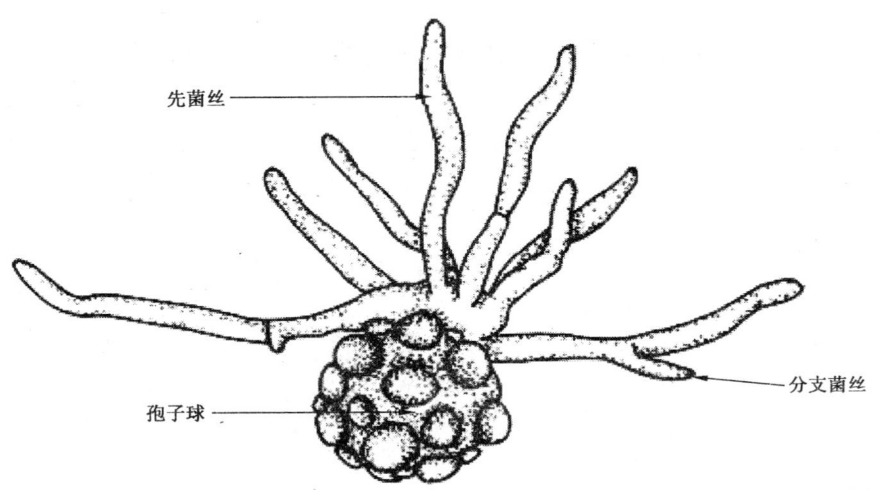

图 C.1 葱类黑粉病菌冬孢子球及其萌发形态特征(引自 Lenore Gray)

附 录 D
（资料性附录）
葱类黑粉病菌与近似种的主要区别

表 D.1 葱类黑粉病菌与近似种的主要区别

病害	*Urocystis cepulae*	*Urocystis colchici*
寄主	*Allium* spp.	*Allium* spp. 、*Colchicum* spp. 、Bulbocodium vernum、Camassia quamash、Camassia scilloides、Muscari sp. 、Narcissus sp. 、*Ornithogalum umbellatum*、*Polygonatum commutatum*、*Polygonatum odoratum*.
孢子球	由一个冬孢子和12个～15个不育细胞组成，孢子球直径14 μm～25 μm。冬孢子直径10 μm～16 μm；不育细胞形状和大小一致	由2个～4个冬孢子和6个或9个不育细胞组成，孢子球直径17 μm～40 μm。冬孢子直径12 μm～24 μm；不育细胞形状和大小不一致

ICS 65.020.01
B 16

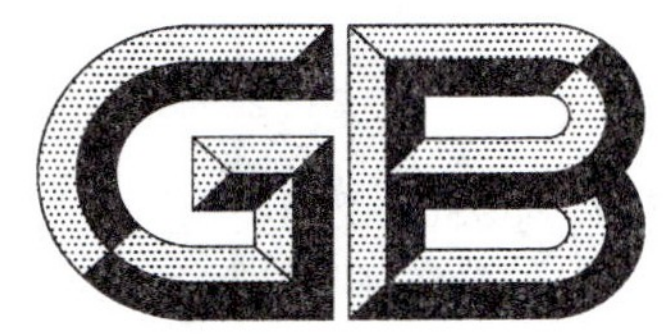

中华人民共和国国家标准

GB/T 28090—2011

假苍耳检疫鉴定方法

Detection and identification of *Iva xanthifolia* Nutt.

2011-12-30 发布 2012-06-01 实施

中华人民共和国国家质量监督检验检疫总局
中国国家标准化管理委员会 发布

前　　言

本标准按照GB/T 1.1—2009给出的规则起草。

本标准由全国植物检疫标准化技术委员会(SAC/T 271)提出并归口。

本标准起草单位:中华人民共和国江苏出入境检验检疫局、中华人民共和国福建出入境检验检疫局、中华人民共和国厦门出入境检验检疫局。

本标准主要起草人:张绍红、张强、郭琼霞、朱君、吴媛、韩晓敏、陈旭东、潘海浪、梁小松。

假苍耳检疫鉴定方法

1 范围

本标准规定了假苍耳 *Iva xanthifolia* Nutt.的实验室检测与其形态特征鉴定方法。

本标准适用于假苍耳的检疫鉴定。

2 术语和定义

下列术语和定义适用于本文件。

2.1

瘦果 achene

由一个、两个或三个心皮组成的单室果实，不开裂，内含种子一粒，果皮与种皮分离，种子仅在一点与子房壁相连。

2.2

头状花序 capitate

由密集成簇的无柄或近无柄花形成的花序；如菊科植物中具总苞的花序。

2.3

总苞 involucre

包围花或花簇基部的一轮苞片。

3 假苍耳基本信息

中文名：假苍耳。

学名：*Iva xanthifolia* Nutt.1818.。

英文名：flase ragweed，false sunflower，giant sumpweed，giant marshelder，horseweed。

异名：*Cyclachaena xanthifolia* (Nutt.) Fresen.。

属双子叶植物纲 Magnoliopsida，菊目 Asterales，菊科 Asteraceae，假苍耳属 *Iva* L.。

假苍耳属一年生草本植物，结实量大，瘦果小。多以瘦果的形式混杂于植物原粮、种子等植物及植物产品中，并随其调运和引种而传播。

假苍耳的其他信息参见附录 A。

4 方法原理

将现场和实验室检测中发现的疑似假苍耳的植株或果实通过肉眼、放大镜与体视显微镜观察，根据形态特征与基本生物学信息，按系统分类学方法，鉴定其生物学种类。

5 仪器和用具

5.1 仪器设备

体视显微镜(目镜测微尺或镜台测微尺)、电子天平(感量 0.001 kg，0.001 g)、电动筛或套筛。

5.2 实验用具

扩大镜、解剖刀、解剖针、镊子、指形管、培养皿、白瓷盘、标签、标本瓶等。

6 实验室检测鉴定

6.1 植物样品的鉴定

用肉眼、放大镜或体视显微镜观察植株的形态特征。

6.2 原粮和种子的检测

6.2.1 样品制备

将现场检疫抽取的送检样品充分混匀，制成平均样品。采用四分法，视样品多少取平均样品的二分之一至四分之三(较少样品量时)作为试验样品，称取质量并记录，每份试验样品不少于1.0 kg，剩余的平均样品加贴标签作为保留样品保存。送检样品不足1.0 kg的全部检验。

6.2.2 过筛检验

根据样品种子的大小确定不同规格套筛，根据孔筛的孔径从大到小依次套上规格筛和底筛，将适量检验样品倒入规格筛的上层内，盖上筛盖，用回旋法过筛，每筛旋转15次～20次，或用电动振筛机(旋转速率100 r/min～150 r/min)，把过筛的筛上物和筛下物分别倒入白瓷盘内，用镊子挑捡杂草籽，并放置于培养皿内，以备镜检鉴定。混杂于植物原粮和种子中的假苍耳种子，一般在孔径为1.5 mm和2.0 mm的筛上物中获得。

6.3 鉴定方法

6.3.1 目测鉴定

用肉眼或借助放大镜对杂草籽进行分类，挑选疑似假苍耳杂草籽实。

6.3.2 镜检鉴定

6.3.2.1 直接观察

将挑取的可疑总苞和瘦果放于体视显微镜下，观察其外部形态特征，依据假苍耳的形态特征对籽实进行种类鉴定。

6.3.2.2 解剖观察

外观上难以鉴定时，可采用解剖法，将疑似杂草置于体视显微镜下，用解剖刀和解剖针，对其进行解剖和镜检，观察种子剖面形态、颜色及大小等特征并鉴定。

7 假苍耳的形态特征

7.1 植株

7.1.1 茎

直立，多分枝，下部光滑无毛，灰绿色，具明显纵条纹，向上渐有毛，节很明显。

7.1.2 叶

单叶对生，茎秆上部的叶片互生，有长柄，长 3.5 cm～7.0 cm，新生叶柄有稀疏毛，后来脱落，在老叶柄上仅基部具毛；叶广卵形、卵形、长圆形或近圆形，长 5 cm～20 cm，宽 2.5 cm～15.0 cm，叶基阔楔形、截形、心形不等，先端渐尖或长尾状尖，叶缘有重锯齿；表面被糙毛、暗绿色，背面密被柔毛，沿脉尤多，具 3 出脉。参见图 B.1a)。

7.1.3 花序

头状花序多数小，下垂，近无梗于茎或分枝顶端形成穗状花序及圆锥状花序，花序轴被粘毛。参见图 B.1b)。

7.1.4 总苞

陀螺状，覆瓦状排列，外被长粘毛或近无毛，长 1.5 mm～3.0 mm，总苞 2 层，外层 5 片，叶质，广卵形，长 2.5 mm，宽 2.0 mm，先端突尖，脉明显，边缘锯齿状，有毛，内层 5 片，膜质，小，每片包 1 雌花，随子房长大，最后包于瘦果；雌花花冠退化成短筒，长 0.2 mm，雄花多数，背面隆起，雄花位于花序托的上部(即花盘中央)，数目较多，每个雄花基部皆有一条形鳞片，雄花的花冠筒长约 2.0 mm，具 5 齿裂，花药长 0.8 mm～1.0 mm，纵裂，花丝长约 0.6 mm，花粉粒圆球形，具刺状突起，雄花中存在退化雌蕊，退化花柱较长(1.2 mm 左右)，退化柱头盘状。

7.1.5 果实

果为瘦果，无冠毛，倒卵形，长 2.0 mm～3.0 mm，宽 1.5 mm～2.0 mm，黑褐色，上半部双凸面，较厚，下半部向一面弯曲，渐尖，较薄，顶端宽圆，无衣领状环，先端平截，短花柱宿存，果体两侧中间各有 1 条脊棱，有时具灰色或褐色斑，有细密的纵棱，表面光滑无毛或被糠纰状物，果脐小，位于果实基端，果内含 1 粒种子。参见图 B.2。

7.1.6 种子

横切面近菱形，胚直生，无胚乳。

7.2 假苍耳与小花假苍耳的区别

假苍耳与小花假苍耳 *Iva axillaris* Pursh 的主要形态特征比较参见附录 C。

8 结果判定

以植株和种子的形态特征为鉴定依据，符合第 7 章描述的形态特征，鉴定为假苍耳 *Iva xanthifolia* Nutt.。

9 标本和样品的保存与处理

9.1 标本保存

将鉴定为假苍耳的植株压制成标本；鉴定为假苍耳的种子装入标本瓶，并加以标识，注明编号、中文名称、学名、科别、产地、货物名称、进出境日期，经手人签字后妥善保存。

9.2 样品保存与处理

含有假苍耳的样品，妥善保存至少6个月，保存期满后，样品应作灭活处理。

附　录　A
（资料性附录）
假苍耳其他信息

A.1　分布

假苍耳原产加拿大西部各省，现分布于北美、欧洲等国家。据专家研究，中国的东北地区为其适生区。为更好地保护我国的农业生产安全，需加强针对假苍耳的检疫工作。

A.2　危害

假苍耳为我国进境植物检疫性有害生物，也是一种极具危险性的恶性杂草，因此许多国家将其列为有害杂草并加以控制。如美国列为有害杂草、澳大利亚列为入侵杂草、俄罗斯列为境内限制传播的检疫杂草、瑞士列为境内高危险性外来入侵植物等。

附 录 B
（资料性附录）
假苍耳形态特征图

a） 植株一部分　　　　b） 雄头状花序

图 B.1 形态特征图（引自于《辽宁植物志》冯金环绘）

a——顶面观；
b——横切面；
c——背面观；
d——腹面观；
e——侧面观。

图 B.2 瘦果形态特征图

附 录 C
（资料性附录）
假苍耳与小花假苍耳的主要形态特征比较

表 C.1 假苍耳与小花假苍耳的主要形态特征比较

种类	假苍耳	小花假苍耳
学名	*Iva xanthifolia* Nutt.	*Iva axillaris* Pursh.
总苞	总苞陀螺状，2 层，外苞片 5，长 1.5 mm～3.0 mm，广卵形，先端突尖，内苞片 5，膜质，小，每片包 1 雌花。雌花花冠退化，雄花管状	总苞合生杯状，5 裂～8 裂，外苞片 3～5，合生，2.0 mm～4.0 mm，叶状，内苞片 2～3，线形，1.5 mm～2.0 mm。雌、雄花花冠均管状
瘦果	无冠毛，倒卵形，上半部双凸面，较厚，下半部向一面弯曲，长 2.0 mm～3.0 mm，宽 1.5 mm～2.0 mm，黑褐色，表面光滑无毛或被糠纰状物	无冠毛，倒卵形或楔形，有较平的腹面和隆起的背面，稍弯，长 2.0 mm～3.0 mm，宽 2.0 mm，表面具有细小光亮突起，灰色至黑褐色
花序	头状花序位于茎或分枝顶端，排列形成穗状及圆锥状花序	头状花序腋生
叶	叶具长柄，广卵形、卵形、长圆形或近圆形，长 5 cm～20 cm，宽 2.5 cm～15.0 cm，缘有缺刻状尖齿	叶大多数无叶柄，狭长或椭圆形，长 1 cm～5 cm，宽 3.0 mm～15.0 mm，全缘

ICS 65.020.01
B 16

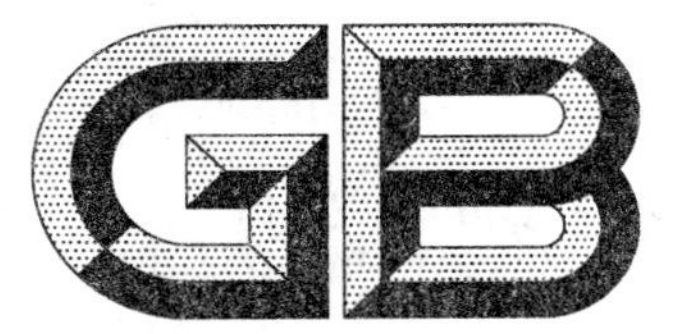

中华人民共和国国家标准

GB/T 28091—2011

剑线虫属(传毒种类)检疫鉴定方法

Detection and identification of *Xiphinema* spp. as virus vectors

2011-12-30 发布　　2012-06-01 实施

中华人民共和国国家质量监督检验检疫总局
中国国家标准化管理委员会　发布

前　言

本标准按照GB/T 1.1—2009给出的规则起草。

本标准由全国植物检疫标准化技术委员会(SAC/TC 271)提出并归口。

本标准起草单位:中华人民共和国珠海出入境检验检疫局、浙江大学和珠海市质量计量监督检测所。

本标准主要起草人:张卫东、郑经武、廖力、蒋立琴、张燕、郭恺、陈其文、乐海洋、徐森锋、迟远丽、吴长坤、彭仁。

剑线虫属(传毒种类)检疫鉴定方法

1 范围

本标准规定了剑线虫属传毒种类的检疫鉴定方法。

本标准适用于植物根系、土壤及栽培介质中剑线虫属传毒种类的检疫鉴定。

2 规范性引用文件

下列文件对于本文件的应用是必不可少的。凡是注日期的引用文件,仅注日期的版本适用于本文件。凡是不注日期的引用文件,其最新版本(包括所有的修改单)适用于本文件。

GB/T 24830 拟毛刺线虫属(传毒种类)检疫鉴定方法

SN/T 1157 进出境植物苗木检疫规程

SN/T 1158 进出境植物盆景检疫规程

3 剑线虫属(传毒种类)基本信息

中文名:剑线虫属(传毒种类)。

学名:*Xiphinema* app.。

英文名:virus vectors species of Dagger nematode。

剑线虫属传毒种类隶属于线虫门 Nematoda (Rudolphi,1808) Lankester,1877、无侧尾腺纲 Adenophorea Linstow,1905、矛线目 Dorylaimida Pearse,1942、长针线虫科 Longidoridae(Thorne,1935) Filipjev,1934 剑线虫属 *Xiphinema* Cobb,1913。

剑线虫传毒种类是植物根系的迁移性外寄生线虫,主要依靠土壤、介质土和带根苗木、球茎等寄主植物材料的调运传播。

剑线虫属(传毒种类)的其他信息参见附录 A。

4 方法原理

将现场检疫中发现的介质土、土壤以及植株,送实验室经漏斗法或浅盘法分离获得线虫,制成临时或永久玻片,显微镜下对雌、雄虫主要鉴定特征仔细观察并测量数据,依据本标准描述的剑线虫属传毒种类形态鉴定特征与其基本生物学信息,按系统分类学方法,鉴定其生物学种类。

5 仪器和用具

仪器和用具按 GB/T 24830 执行。

6 试剂

试剂按 GB/T 24830 执行,分样筛选用 300 目。

7 现场检测

对苗木、球茎等寄主材料进行检查,注意观察苗木的生长状况、根部为害状,以及是否带介质、土壤等。重点选取植株矮化、萎缩,根部肿大、粗短、畸形,侧根丛生等症状的苗木及根际介质或土壤,如无可疑症状则按要求随机取样。取样后立即置密封塑料袋,标记后及时送实验室检测。

具体抽样比例按 SN/T 1157 和 SN/T 1158 执行。

8 实验室检测

8.1 线虫分离

线虫分离按 GB/T 24830 执行。

8.2 体视显微镜镜检

分离获得的水样在 10 倍以上体视显微镜检查,观察线虫的形态结构。

8.3 标本制作

标本制作按 GB/T 24830 执行。

8.4 生物显微镜观察、摄影和测量

应针对雌、雄虫主要鉴定特征仔细观察并显微摄影,重点包括整体形态、头区轮廓、齿尖针、尾部形态、雌虫生殖系统及雄虫交合刺等,并在每张图片上加相应标尺,测量并计算 a、b、c 和 V 等值。

9 形态鉴定特征

9.1 剑线虫属形态鉴定特征

9.1.1 雌虫

虫体细长,热杀死后虫体直或腹弯或呈"C"形、开螺旋形。头部圆、连续或缢缩;侧器口宽裂缝状,侧器囊倒马镫形或漏斗形;齿尖针细长、针状、高度硬化,齿尖针基部呈叉状,齿托基部呈显著的凸缘状;齿针导环为双环、后环高度硬化,导环位于齿尖针后部靠近齿尖针与齿托相连接处;背食道腺核位于背食道腺开口附近、大于腹亚侧腺核。雌虫生殖腺有 4 种类型:前后生殖腺均发育完全的双生殖腺型、前生殖腺退化但结构尚完整的双生殖腺型、前生殖腺退化且结构不完全的假单生殖腺型和无前生殖腺的单生殖腺型等,有些种类的子宫内有骨化结构。尾部形态多样:短、半球形、有或无 1 个指状尾突,圆锥形,前部圆锥形后部渐变细成丝状等。

9.1.2 雄虫

雄虫(有些种至今未发现)体长、形态、头部、口针、食道和尾形的特征均似雌虫,双生殖腺、对伸,交合刺矛线型、粗壮、有侧附导片,斜纹交配肌发达、由泄殖腔向前延伸,泄殖腔区有 1 对交配乳突,其前一段距离有 1 列腹中交配乳突(最多 7 个)。

9.2 剑线虫属传毒种类的形态鉴定特征

剑线虫属传毒种类形态鉴定特征参见附录 B 和附录 C。

9.2.1 美洲剑线虫(*X. americanum* Cobb,1913)

雌虫虫体细长(1.4 mm～1.7 mm),形成一个开阔的螺旋形;唇区半球形、轻微膨胀;齿尖针中空,长约为 72 μm,基部分叉;齿托有凸缘,长约为 45 μm～47 μm;双生殖腺,在输卵管处回折,子宫伸长,窄、内无特殊分化结构;尾呈圆锥形,背面有一大弯,末端半球形,末端角质层无盲管。雄虫极少,虫体与雌虫相似,但后三分之一部分比雌虫弯曲更大;精巢成对,伸展而对称;交合刺很直,骨化,长为 29 μm。

9.2.2 贝克剑线虫(*X. bakeri* Williams,1961)

雌虫虫体细长(3.7 mm～4.7 mm),热杀死后弯曲成钩状;唇区与体壁不连续,轻微缢缩;口针细长,齿针和齿托部之和超过 200 μm;阴门位置较前,双卵巢,两侧生殖系统结构完整,长度相同或几乎相同,无子宫分化;尾短圆锥形,末端有一指状突。雄虫极少发现。

9.2.3 拜西尔剑线虫(*X. basiri* Siddiqi,1959)

雌虫虫体细长(2.9 mm～3.5 mm),弯曲成钩状或螺旋形;唇区轻微缢缩,齿尖针和齿托长度分别为 120 μm～132 μm 和 54 μm～70 μm;生殖腺成对,两侧生殖系统结构完整,长度相同或几乎相同,子宫存在假“Z”字形结构;尾短圆锥形,末端有一明显指状突。雄虫稀少。

9.2.4 *X. brevicollum* Lordello,1961

雌虫虫体细长(1.8 mm～2.2 mm),弯曲呈螺旋形或钩状;唇区与体壁不连续,缢缩;齿尖针和齿托之和在 86 μm～150 μm 之间;双生殖腺,两侧生殖系统结构完整,长度相同或几乎相同,子宫无分化器官;尾短圆锥形或半圆形,背面呈一个突圆形的大弯,腹面呈指状,尾尖钝圆。

9.2.5 加州剑线虫(*X. californicum* Lamberti,1979)

雌虫虫体细长(1.8 mm～2.2 mm),弯曲呈螺旋形或钩状;唇区与体壁不连续,缢缩;齿尖针长 83 μm～98 μm;双生殖腺,对伸,子宫无分化,“Z”字型器官缺失;尾短圆锥形至半圆形,背面呈一个突圆形的大弯,腹面呈指状,尾尖圆锥形,末端角质层无盲管。

9.2.6 考克斯剑线虫(*X. coxi* Tarjan,1964)

雌虫虫体细长(3.1 mm～4.0 mm),热杀死后呈“C”字形;唇区轻微缢缩,齿尖针和齿托长度分别为 113 μm～127 μm 和 68 μm～82 μm;双生殖腺,两侧生殖系统结构完整,长度相同或几乎相同,子宫存在假“Z”字形结构;尾短圆锥形,末端有一指状突。雄虫稀少。

9.2.7 裂尾剑线虫(*X. diversicaudatum* Micoletzky,1927)

雌虫虫体细长(4.0 mm ～5.5 mm),热杀死后体弯曲;唇区扁,光滑,缢缩;齿尖针平均长度为 143 μm;双卵巢,折叠,两侧生殖系统结构完整,长度相同或几乎相同,每个子宫有一个明显的假“Z”字形器官;尾部尾短圆锥形,末端有一指状突。雄虫虫体与雌虫类似,齿尖针长 134 μm,基部有分叉,齿托长 75 μm,导环距齿针尖前端 125 μm;交合刺强大,中央弯曲,长度为 75 μm,侧引带 15 μm。

9.2.8 标准剑线虫(*X. index* Thorn,1950)

雌虫虫体为长圆柱形(2.8 mm ～3.6 mm),形成一个开阔的螺旋形;唇区为半圆形,有轻微缢缩;齿尖针中空,平均长度为 126 μm,基部分叉与齿托形成牢固的连接,齿托长约为 70 μm,有 3 个大的凸缘;生殖腺成对,在输卵管处回折,子宫腔高度肌肉化,长与体宽接近,无子宫分化,“Z”器官缺失;尾短圆锥形至半圆形,末端有圆形或半圆形指状突,背面呈一个突圆形的大弯,腹面呈指状。雄虫数量极少,对繁殖不起决定性作用；虫体形态，唇区，食道，尾形等都与雌虫相似；交合刺粗状，但不骨化，长约为63 μm。

9.2.9 意大利剑线虫(*X. italiae* Meyl, 1953)

雌虫虫体细长(2.3 mm～2.8 mm)，热杀死后弯曲成“C”字形；唇区与体壁不连续，明显缢缩；齿尖针长度87 μm～96 μm，齿托长度为54 μm～64 μm；双卵巢，两侧生殖系统结构完整，长度相同或几乎相同，无子宫分化；尾长圆锥形。雄虫极少发现。

9.2.10 里弗斯剑线虫(*X. rivesi* Dalmasso, 1969)

雌虫虫体细长(1.7 mm～2.1 mm)，弯曲呈螺旋形或钩状；唇区与体壁连续，无缢缩；齿尖针长度90 μm～101 μm；双卵巢，两侧生殖系统结构完整，长度相同或几乎相同，子宫无分化，“Z”字形器官缺失；尾短圆锥形至半圆形，背面呈一个突圆形的大弯，腹面呈指状，尾尖端圆，末端角质层无盲管。

9.2.11 塔简剑线虫(*X. tarjanense* Lamberti, 1979)

雌虫虫体细长(1.2 mm～1.4 mm)，弯曲呈螺旋形或钩状；唇区与体壁不连续，缢缩；齿尖针长度78 μm～88 μm；生殖腺成对，两侧生殖系统结构完整，长度相同或几乎相同，子宫无分化，无“Z”字形器官，尾短圆锥形至半圆形，背面呈一个突圆形的大弯，腹面呈指状，尾尖圆锥形，末端角质层无盲管。

9.3 剑线虫属主要传毒种类测计值

剑线虫属传毒种类的测计值见表1。

表1 剑线虫属传毒种类测计值

传毒线虫种类		测计值						
		L mm	a	b	c	ODS μm	ODP μm	V %
美洲剑线虫 *X. americanum*	♀	1.4～1.7	46～57	5.3～8.2	39～52	74～83	42～47	49～53
	♂	1.6	46	8.9	40	74	49	—
贝克剑线虫 *X. bakeri*	♀	3.7～4.8	68.9～98.8	7.1～11.4	55.6～83.1	—	—	28.3～31.8
	♂	4.15	68	8.7	63.9	—	—	—
拜西尔剑线虫 *X. basiri*	♀	2.9～3.5	56～75	4.2～8.0	58～77	120～132	54～70	49～53
	♂	3.1～3.3	57～73	5.6～6.3	59～66	124～126	64～66	—
X. brevicollum	♀	1.8～2.2	40.7～50.1	5.6～7.7	60.3～94	84.7～108.2	48.8～60	51～54
	♂	—	—	—	—	—	—	—
加州剑线虫 *X. californicum*	♀	1.8～2.2	52～68	5.5～8	58～76	83～98	44～53	49～55
	♂	1.8	68	5.9	61	89	48	—
考克斯剑线虫 *X. coxi*	♀	3.1～4.0	66～82	7.5～9.2	59～82	113～127	68～82	40～46
	♂	3.5～4.0	74.4～96.0	8.9～10.6	59.3～72	113～123	66～70	—
裂尾剑线虫 *X. diversicaudatum*	♀	4.0～5.5	57～92	6.6～11.4	61～134	130～157	70～97	39～46
	♂	4.1～6.2	57～96	7.4～11.3	55～100	131～153	72～90	—

表 1（续）

传毒线虫种类		测计值						
		L mm	a	b	c	ODS μm	ODP μm	V %
标准剑线虫 *X. index*	♀	2.8～3.6	54～61	6.2～8.0	72～98	123～134	74～81	40～42
	♂	3.6	63	7.3	88	—	—	—
意大利剑线虫 *X. italiae*	♀	2.3～2.8	75～84	6.4～7.3	30～40	87～96	54～64	41～50
	♂	2.4～3.4	79～101	6.4～9.2	47～50	93～102	—	—
里弗斯剑线虫 *X. rivesi*	♀	1.7～2.1	37～49	5.7～6.9	51～59	90～101	48～57	51～54
	♂	—	—	—	—	—	—	—
塔筒剑线虫 *X. tarjanense*	♀	1.2～1.4	34～42	5.4～6.1	38～42	78～88	43～47	53～56
	♂	—	—	—	—	—	—	—

注：L——体长；a——体长/最大体宽；b——体长/体前端至食道与肠连接处的距离；c——体长/尾长；ODS——Odontostyle 齿尖针长度；ODP——Odontosphore 齿托长度；V——体前端至阴门处距离×100/体长。

10 结果判定

将观察、测量获得的各鉴定特征数字代码与多歧检索表按字母顺序进行核对，如果所有数字均与某种相符，则初步鉴定为该种。

若初步鉴定为剑线虫属传毒种类，且符合第 9 章对应形态鉴定特征以及表 1 测计值，可判为检出剑线虫属传毒种类，其寄主和地理分布等信息可供参考。

11 样品保存

若鉴定为剑线虫属传毒种类，则将剩余的线虫杀死、固定制成永久玻片保存；也可以用 4% 甲醛固定后长期保存。标签上应注明样品编号、种名、寄主、产地、制作人和制作时间等。

对已鉴定出带有剑线虫的植物材料，经登记后，要保存在 5 ℃～10 ℃ 及干燥、防鼠防虫处，并标明样品编号、截获日期、截获人、寄主名称、运输工具名称、输出国名等，样品需至少保存 6 个月，以备复验、谈判和仲裁。

附 录 A
（资料性附录）
剑线虫属（传毒种类）相关资料

A.1 剑线虫属传毒种类以及传播的病毒种类见表 A.1。

表 A.1 剑线虫属传毒种类以及传播的病毒种类

介体线虫	病 毒
美洲剑线虫 *X. americanum*	1. 樱桃锉叶病毒 Cherry rasp leaf virus (CRLV) 2. 烟草环斑病毒 Tobacco ringspot virus (TRSV) 3. 番茄环斑病毒 Tomato ringspot virus (ToRSV) 4. 桃丛簇花叶病毒 Peach rosette mosaic virus(PRMV)
贝克剑线虫 *X. bakeri*	南芥菜花叶病毒 Arabis mosaic virus (ArMV)
拜西尔剑线虫 *X. basirl*	豇豆花叶病毒 Cowpea mosaic virus (CPMV)
X. brevicollum	番茄环斑病毒 ToRSV
加州剑线虫 *X. californicum*	1. 樱桃锉叶病毒 CRLV 2. 番茄环斑病毒 ToRSV 3. 烟草环斑病毒 TRSV
考克斯剑线虫 *X. coxi*	1. 南芥菜花叶病毒 ArMV 2. 草莓潜隐型环斑病毒 Strawberry latent ringspot virus (SLRSV) 3. 烟草环斑病毒 TRSV 4. 雀麦花叶病毒 Brome mosaic virus (BMV)
裂尾剑线虫 *X. diversicaudatum*	1. 南芥菜花叶病毒 ArMV 2. 悬钩子环斑病毒 Raspberry ringspot virus (RpRSV) 3. 雀麦花叶病毒 BMV 4. 香石竹环斑病毒 Carnation ringspot virus (CRSV) 5. 草莓潜隐型环斑病毒 SLRSV
标准剑线虫 *X. index*	1. 南芥菜花叶病毒 ArMV 2. 葡萄铬色花叶病毒 Grapevine chrome mosaic virus (GCMV) 3. 葡萄扇叶病毒 Grapevine fanleaf virus(GFLV)
意大利剑线虫 *X. italiae*	葡萄扇叶病毒 GFLV
里弗斯剑线虫 *X. rivesi*	1. 樱桃锉叶病毒 CRLV 2. 烟草环斑病毒 TRSV 3. 番茄环斑病毒 ToRSV
塔简剑线虫 *X. tarjanense*	1. 烟草环斑病毒 TRSV 2. 番茄环斑病毒 ToRSV

A.2 剑线虫属传毒种类主要寄主及地理分布见表 A.2。

表 A.2 剑线虫属传毒种类主要寄主及地理分布

线虫名称	主要寄主	地理分布
美洲剑线虫 *X. americanum*	葡萄(*Vitis* spp.)、番茄(*Lycopersicon esculentum*)、桃(*Prunus persica*)、玫瑰(*Rosa* spp.)、结缕草属(*Zoysia* spp.)、草莓(*Fragaria vesca*)、大豆(*Glycine max*)和杂草	巴基斯坦、印度、斯里兰卡、中国、波兰、澳大利亚、新西兰、智利、墨西哥、加拿大、美国
贝克剑线虫 *X. bakeri*	大花卷耳(*Cerastium vulgatum*)、普通繁缕(*Stellaria media*)、藜(*Chenopodium album*)、草莓(*Fragaria ananassa*)、野茅(*Dactylis glomerata*)、悬钩子(*Rubus idaeus*)、马铃薯(*Solanum tuberosum*)、草莓(*Fragaria vesca*)、黑麦(*Lycopersicon esculentum*)、豌豆(*Pisum sativum*)、苋色藜(*Chenopodium amaranticolor*)、越橘(*Vaccinium corymbosum*)	日本、朝鲜、加拿大、美国
拜西尔剑线虫 *X. basirl*	向日葵(*Helianthus annnus*)、茄子(*Solanum melongena*)、秋葵(*Hibiscus moscheutos*)、番茄(*Lycopersicon esculentum*)、人心果(*Achrsa sapota*)、雾水葛属(*Pouteria* spp.)、番荔枝属(*Annona* spp.)、枣(*Zizipus* spp.)、番木瓜(*Folium caricae*)、郁金(*Curcuma aromatica*)、玫瑰(*Rosa* spp.)、晚香玉(*Polianthes tuberosa*)、棉花(*Gossypium arboreum*)、高粱(*Sorghum bicolor*)、柑橘(*Citrus* spp.)	印度、巴基斯坦、塞内加尔、尼日利亚、苏丹、毛里求斯、波多黎各、美国、墨西哥、古巴
X. brevicollum	咖啡(*Coffea arabica*)、悬钩子(*Rubus* spp.)、中国樱桃(*Prunus pseudocerasus*)、番茄(*Lycopersicon esculentum*)、樱桃(*Prunus pseudocerasus*)、草莓(*Fragaria ananassa*)、葡萄(*Vitis* spp.)	匈牙利、以色列、意大利、波兰、保加利亚、俄罗斯、斯洛伐克、乌兹别克斯坦、罗马尼亚、西班牙、巴西、委内瑞拉、秘鲁、洪都拉斯、美国、肯尼亚、马拉维、毛里求斯、南非
加州剑线虫 *X. californicum*	葡萄(*Vitis* spp.)、柑橘(*Citrus* spp.)、苜蓿属(*Medicago* spp.)、玫瑰(*Rosa* spp.)、橄榄树(*Olea europaea*)	美国、墨西哥、秘鲁、智利、巴西
考克斯剑线虫 *X. coxi*	苜蓿属(*Medicago* spp.)	德国、比利时、英国、西班牙、新西兰、加拿大、美国
裂尾剑线虫 *X. diversicaudatum*	苹果(*Malus domestica*)、葡萄(*Vitis* spp.)、啤酒花(*Humulus lupulus*)、悬钩子(*Rubus* spp.)、玫瑰(*Rosa* spp.)、芸苔属(*Brassica* spp.)、天门冬属(*Radix* spp)、胡萝卜(*Daucus carota*)、三叶草(*Trifolium repense*)、草莓(*Fragaria ananassa*)、蔷薇(*Rosa* spp.)	英国、意大利、比利时、德国、瑞士、法国、塞尔维亚、保加利亚、瑞典、挪威、西班牙、奥地利、以色列、土耳其、约旦、澳大利亚、新西兰、加拿大、美国、南非

表 A.2（续）

线虫名称	主要寄主	地理分布
标准剑线虫 *X. index*	葡萄(*Vitis* spp.)、无花果(*Ficus carica*)、玫瑰(*Rosa* spp.)、柑橘(*Citrus* spp.)、杨属(*Populus* spp.)、酸橙(*Citrus aurantium*)、荨麻属(*Urtica* spp.)、草莓(*Fragaria ananassa*)、欧洲水青冈(*Fagus sylvatica*)、胡桃(*Juglandaceae* spp.)、仙人掌属(*Opuntia* spp.)、松属(*Pinus* spp.)、毛叶杏(*prunus armeniaca var. holosericea*)、欧洲甜樱桃(*Prunus avium*)、洋李(*Prunus domestica*)、桃(*Prunus persica*)、西洋梨(*Pyrus communis*)、爬山虎(*Parthenoissus tricuspidata*)、阿月浑子(*Pistacia vera*)、芦苇(*Rhizoma Phragmitis*)	伊朗、伊拉克、中国、法国、德国、瑞士、俄罗斯、葡萄牙、意大利、匈牙利、西班牙、土耳其、澳大利亚、南非、摩纳哥、埃及、阿根廷、智利、美国
意大利剑线虫 *X. italiae*	葡萄(*Vitis* spp.)、巴旦杏(*Amygdalus communis*)、杏(*Prunus armeniaca*)、柑橘(*Citrus* spp.)、针叶树(*Petrified wood*)、桑树(*Morus* spp.)、橄榄树(*Olea europaea*)、桃(*Prunus persica*)、李(*Prunus salicina*)	意大利、法国、西班牙、塞尔维亚、葡萄牙、保加利亚、斯洛文尼亚、俄罗斯、塞浦路斯、以色列、土耳其、埃及、尼日利亚、利比亚、南非
里弗斯剑线虫 *X. rivesi*	苹果(*Malus domestica*)、葡萄(*Vitis* spp.)、桃(*Prunus persica*)、悬钩子(*Rubus* spp.)、胡桃(*Juglandaceae* spp.)、白杨(*Populus* spp.)、桧属(*Juniperus* spp.)、胡桃(*Juglandaceae* spp.)、朴属(*Celtis* spp.)、栎属(*Quercus* spp.)	法国、葡萄牙、西班牙、德国、美国、加拿大
塔筒剑线虫 *X. tarjanense*	苜蓿属(*Medicago* spp.)	美国

附 录 B
（资料性附录）
剑线虫属传毒种类的形态特征图

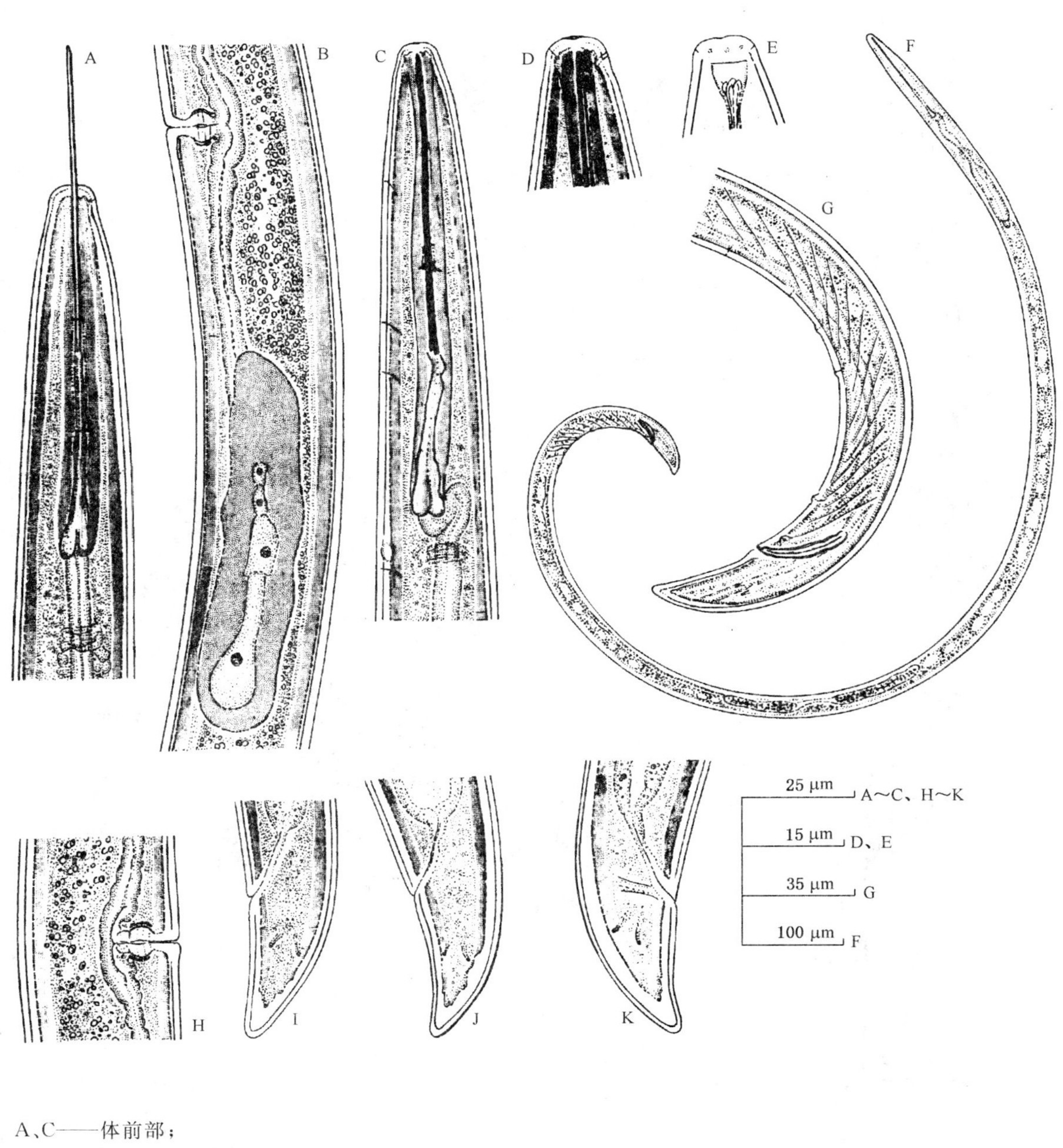

A、C——体前部；
B——雌虫后生殖管；
D、E——头端；
F——雄虫整体；
G、I、J、K——尾端。

图 B.1 美洲剑线虫（*X. americanum*）形态特征图

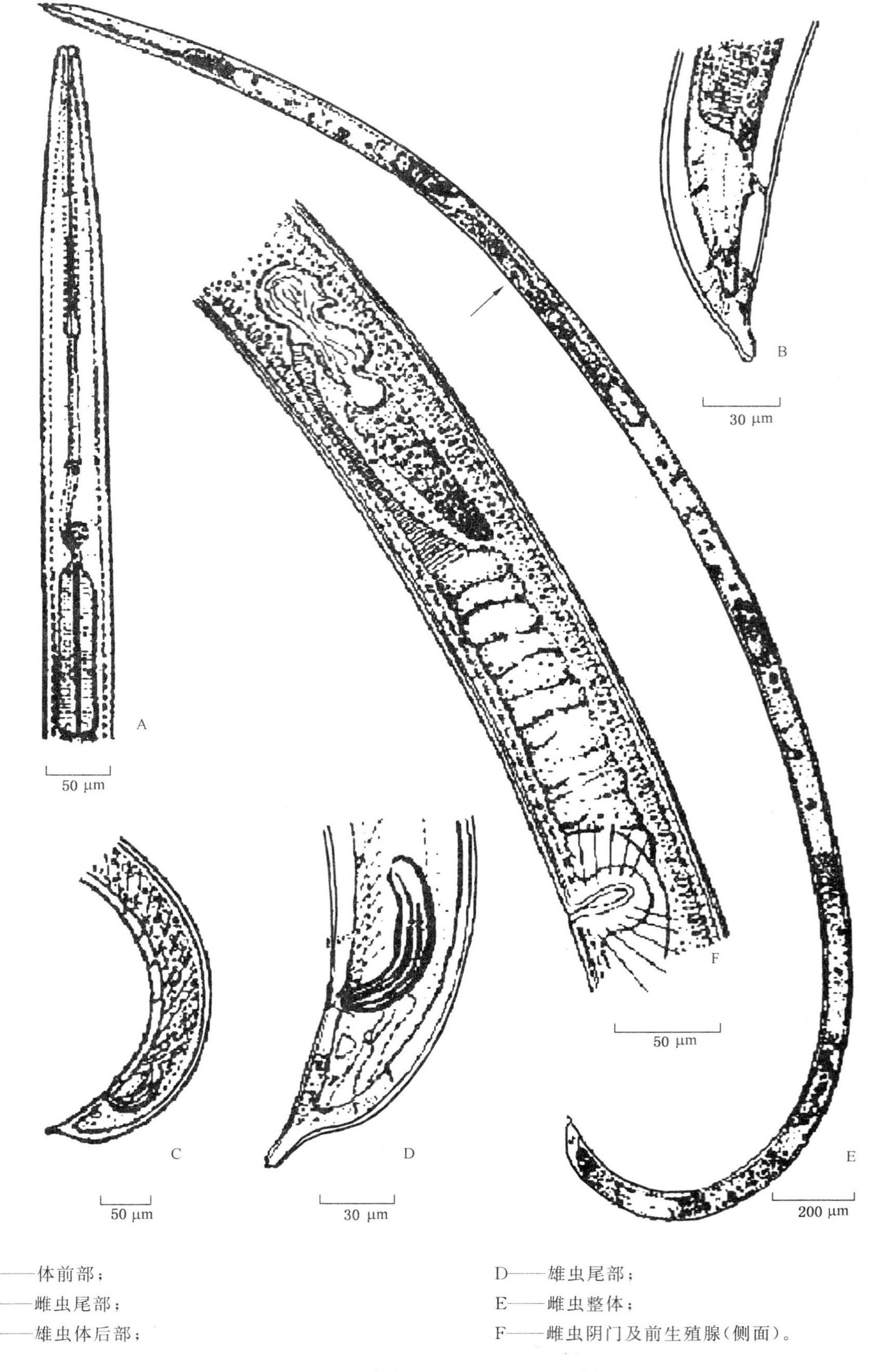

A——体前部；
B——雌虫尾部；
C——雄虫体后部；
D——雄虫尾部；
E——雌虫整体；
F——雌虫阴门及前生殖腺(侧面)。

图 B.2　贝克剑线虫(*X. bakeri*)特征图

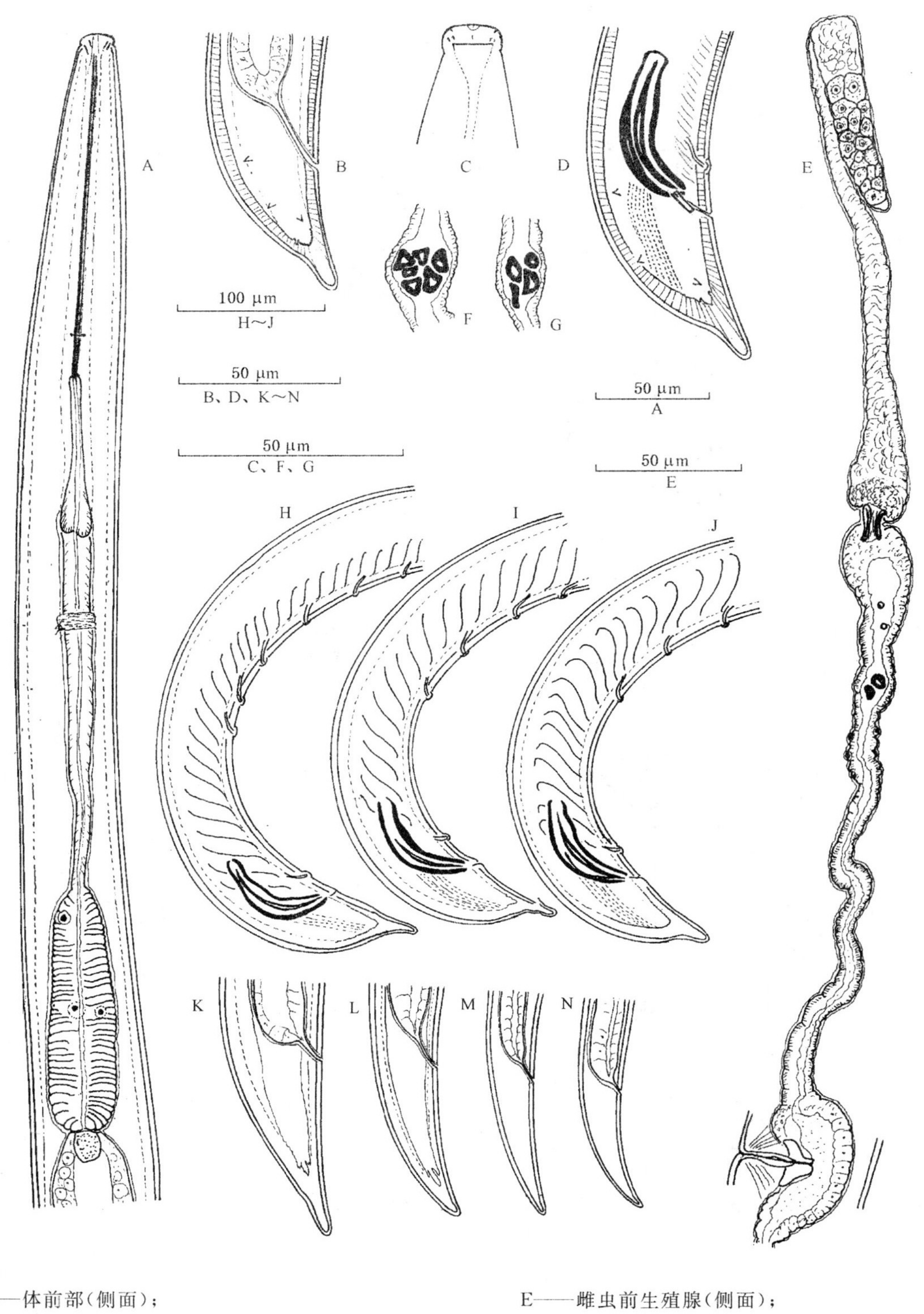

A——体前部(侧面)；
B——雌虫尾部；
C——头部前端；
D——雄虫尾部；
E——雌虫前生殖腺(侧面)；
F、G——"Z"结构分化；
H～J——雄虫体后部；
K～L——4 龄～1 龄幼虫尾部(侧面)。

图 B.3 拜西尔剑线虫(*X. basiri*)特征图

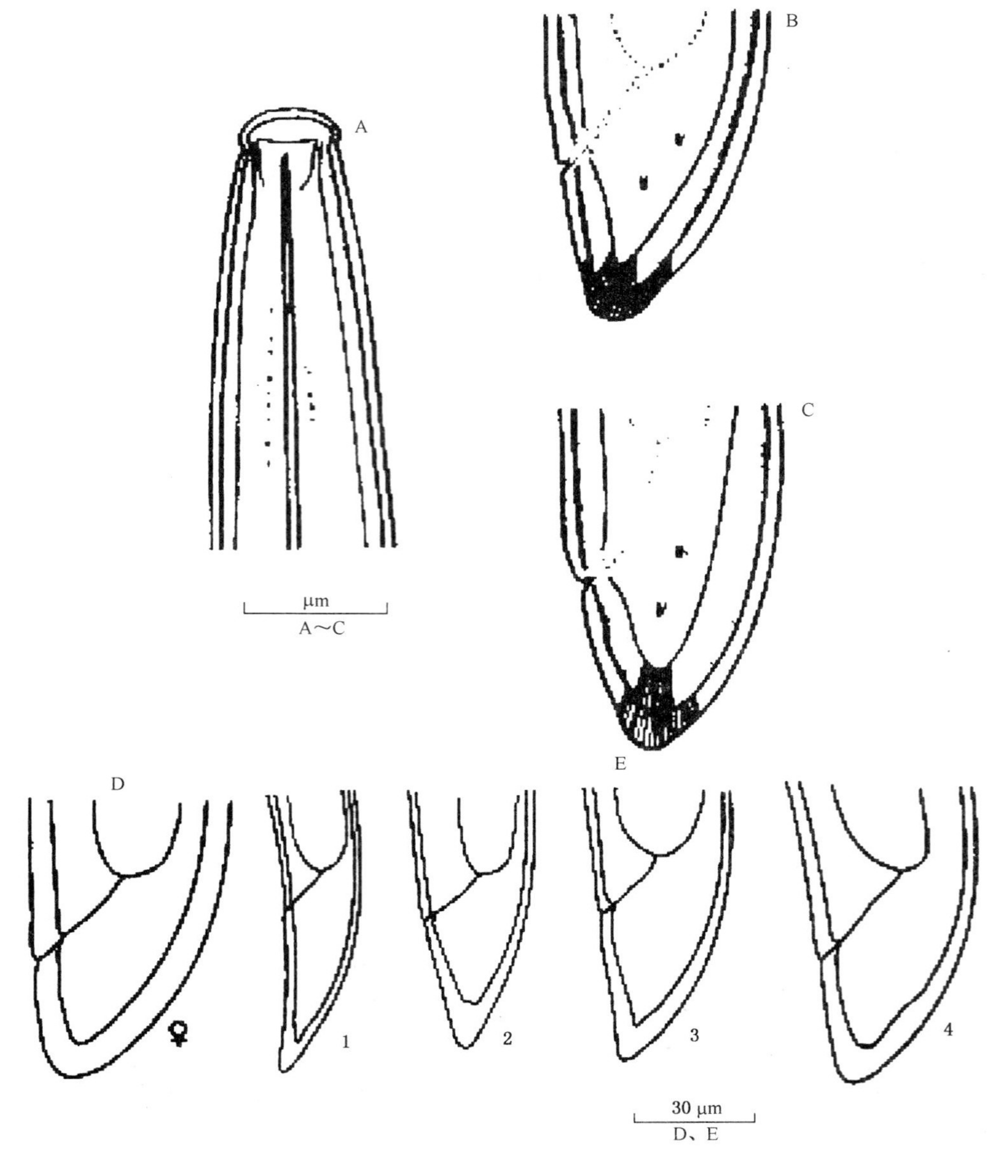

A——头部；
B～D——雌虫尾部(侧面)；
E——1龄～4龄幼虫尾部。

图 B.4 *X. brevicollum* 特征图

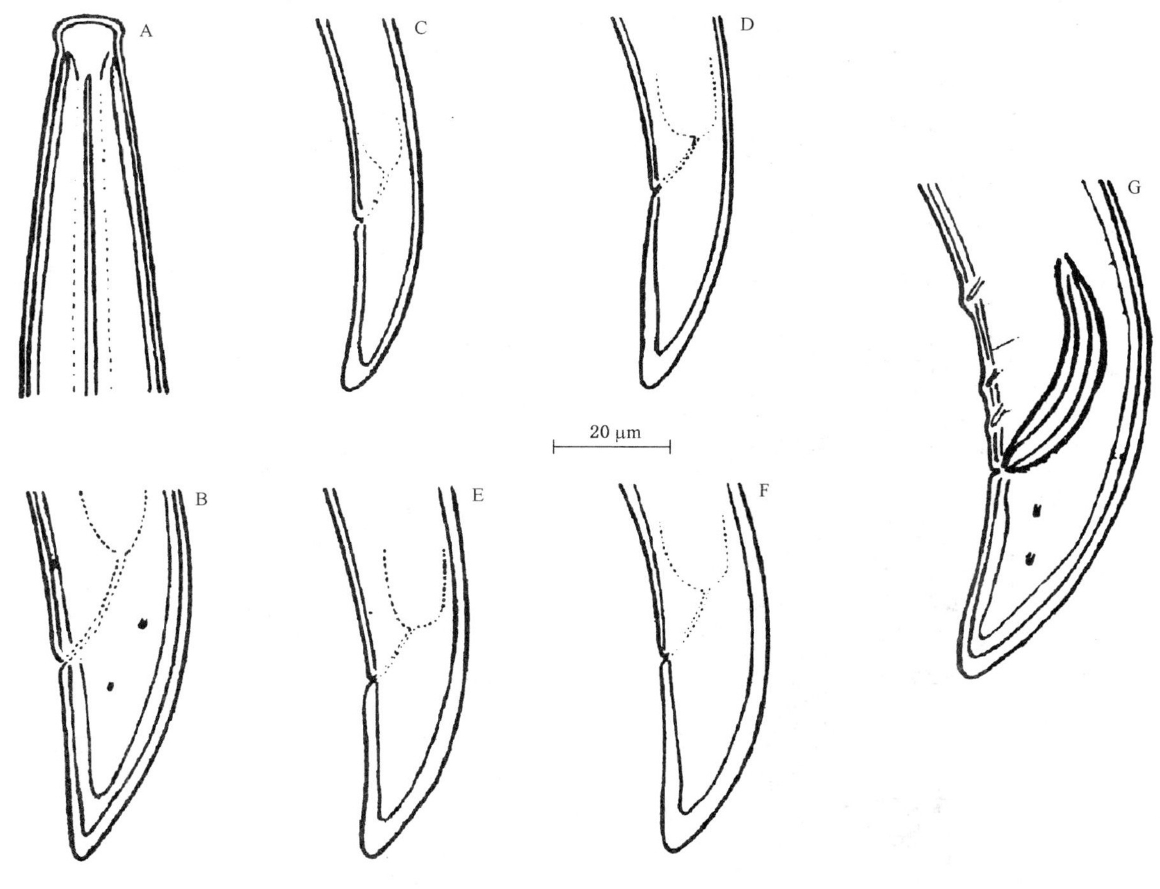

A——雌虫体前部；

B——雌虫尾部；

C～F——1 龄～4 龄幼虫尾部；

G——雄虫尾部。

图 B.5 加州剑线虫(*X. californicum*)特征图

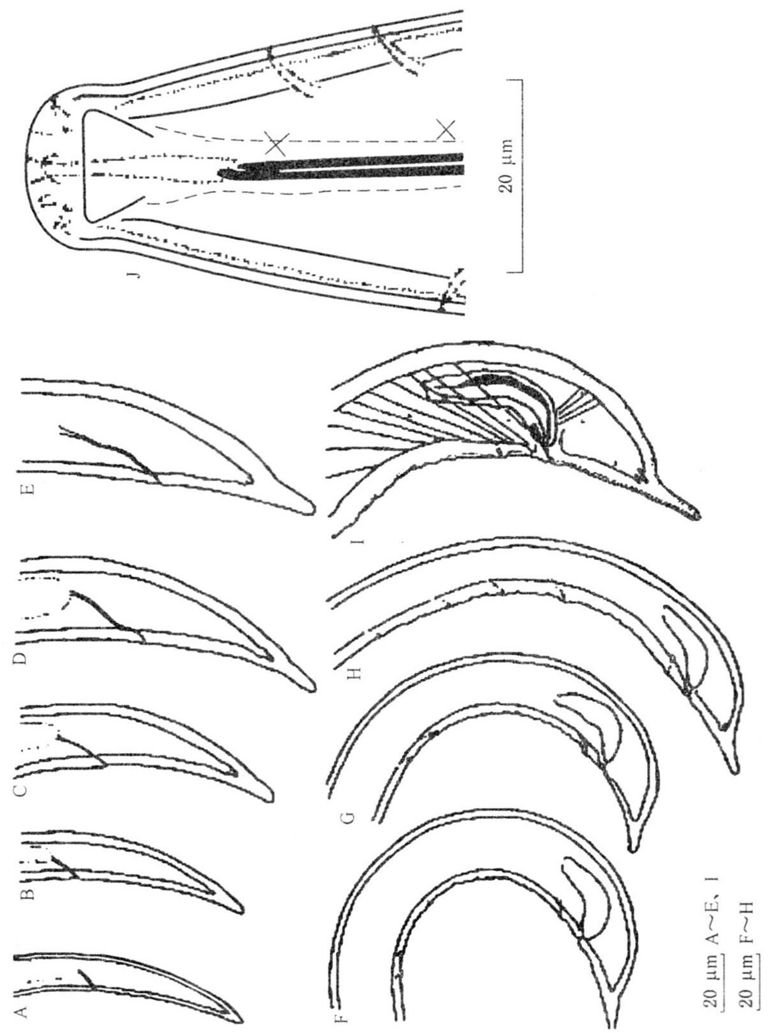

A～D——1 龄～4 龄幼虫尾部；

E——雌虫尾部；

F～H——雄虫体后部；

I——雄虫尾部；

J——头部。

图 B.6 考克斯剑线虫(*X. coxi*)特征图

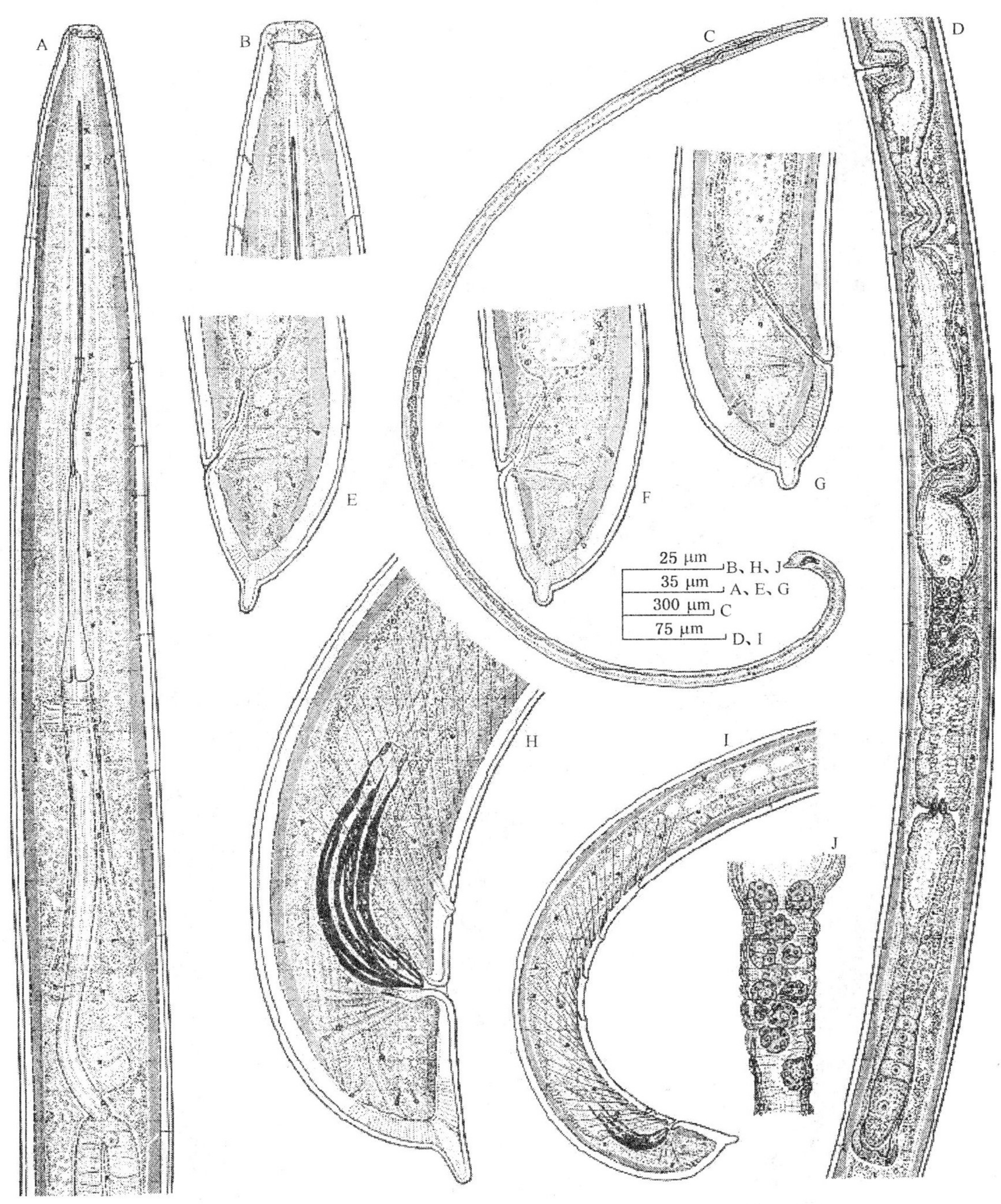

A、B——体前端(侧面)；

C——雄虫全长；

D——雌虫阴门及后生殖腺；

E～G——雌虫尾部唇区；

H——雄虫尾部(侧面)；

I——雄虫体后部；

J——带有球状体的"Z"字形结构。

图 B.7　裂尾剑线虫(*X. diversicaudatum*)特征图

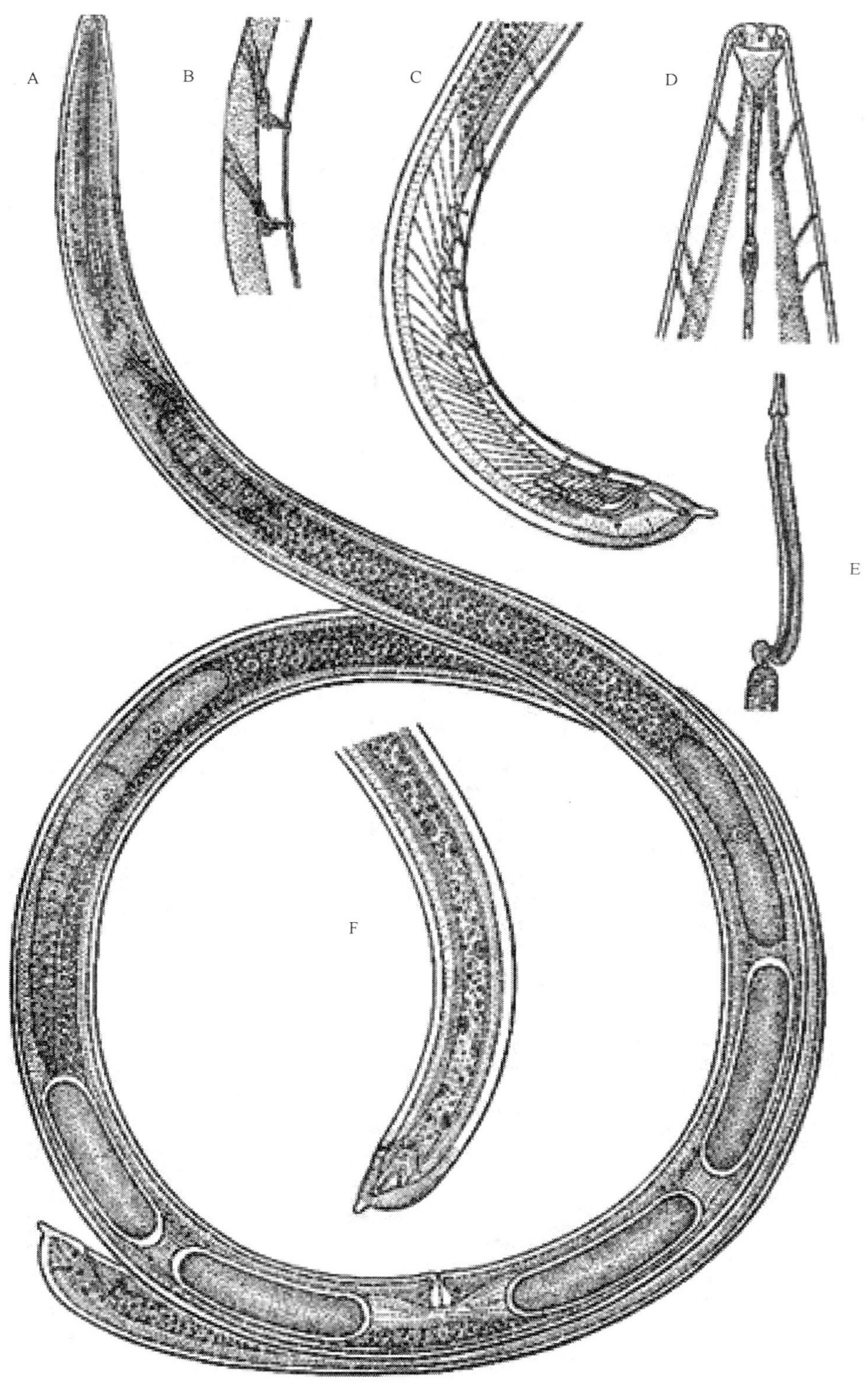

A——雌虫全长；
B——附器；
C——雄虫体后部；
D——头部侧器；
E——幼虫食道腺前端的替代齿针；
F——雌虫体后部。

图 B.8　标准剑线虫（*X. index*）特征图

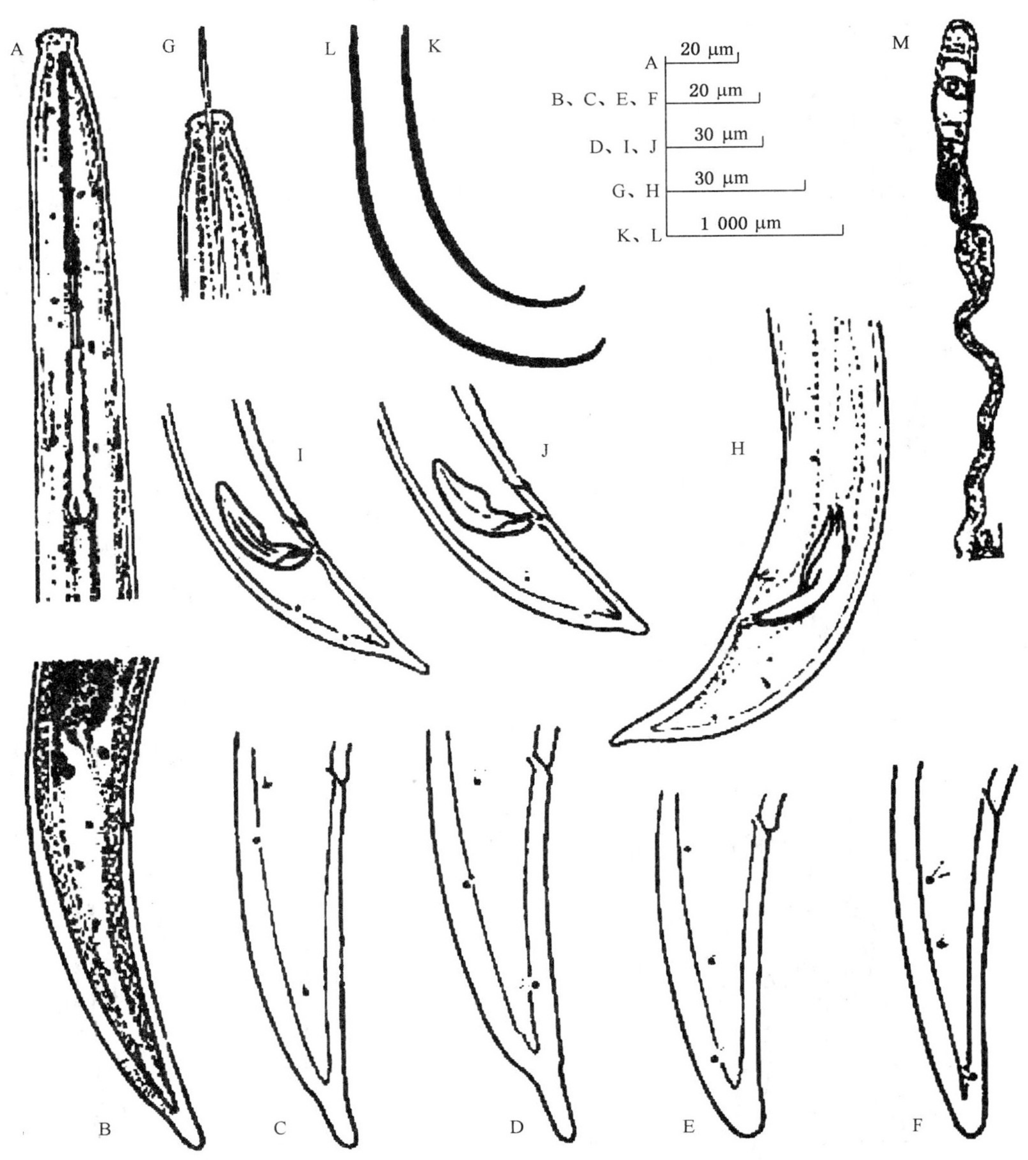

A——体前部；
B——体后部；
C～F——不同群体雌虫尾部；
G——头端；
H——法国群体雄虫体后端；
I、J——南美群体雄虫尾部；
K、L——雌虫整体；
M——雌虫生殖系统。

图 B.9　意大利剑线虫(*X. italiae*)特征图

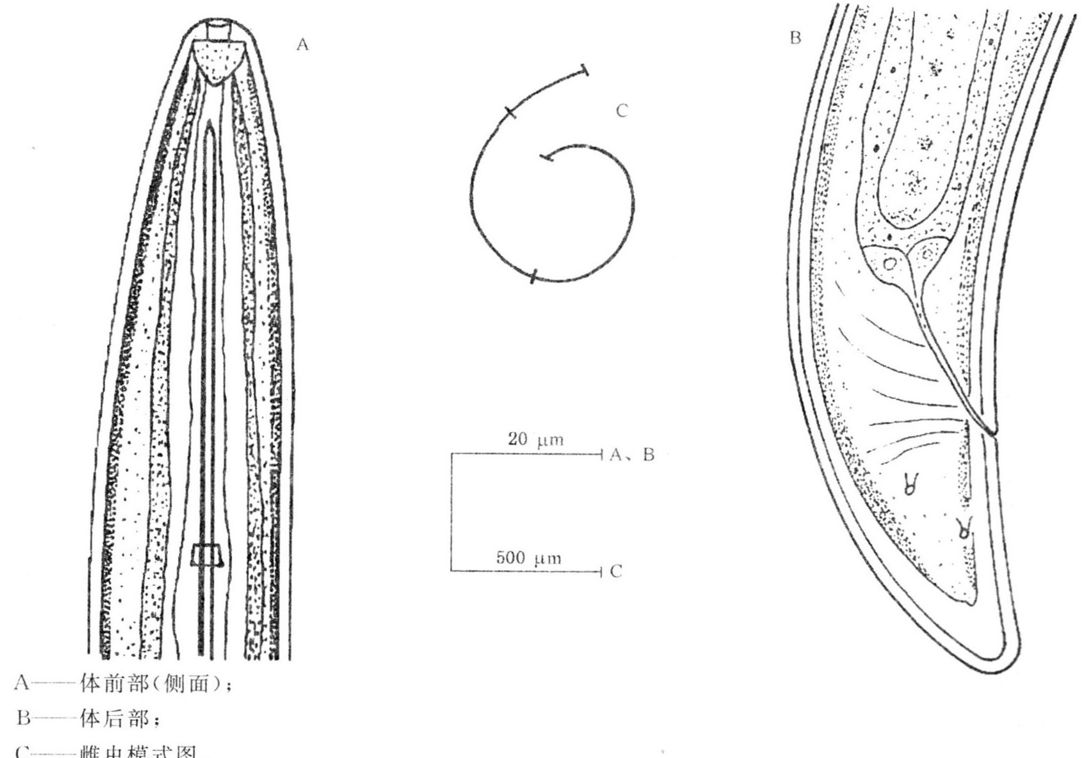

A——体前部(侧面);

B——体后部;

C——雌虫模式图。

图 B.10 里弗斯剑线虫(*X. rivesi*)雌虫特征图

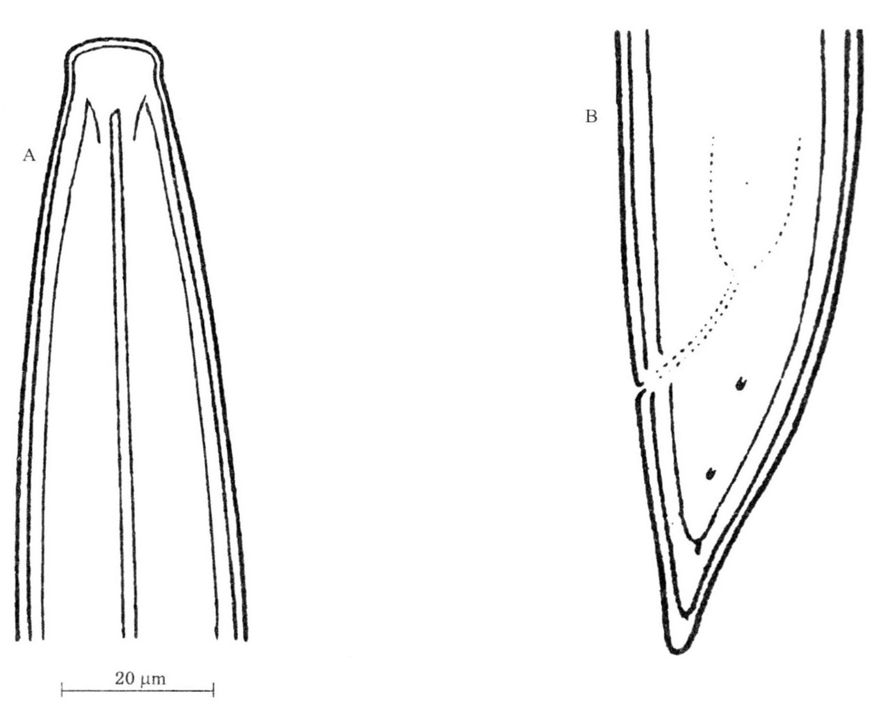

A——雌虫头部(侧面);

B——雌虫尾部(侧面)。

图 B.11 塔简剑线虫(*X. tarjanense*)特征图

附 录 C
（资料性附录）
剑线虫属多歧检索表

表 C.1 剑线虫属多歧检索表

组别	序号	种类	A	B	C	D	E	F	G	H	I	J	K	L
GROUP 1	1	*X. orthothenum*	1	4	1	1	1	2	23	1	1	2	2	1
	2	*X. chambersi*	1	4	2	3	1	2	2	2	3	2	2	1
	3	*X. monohysterum*	1	4	2	3	12	23	2	2	2	—	—	1
	4	*X. radicicola*	1	4	4	4	1	23	23	2	3	—	2	1
	5	*X. brasiliense*	1	4	5a	(4)5	123	2	23	2	3	5	—	1
	6	*X. fagesi*	1	4	7b	6	12	2(3)	3	2	2	7b	2	1
	7	*X. ensiculiferum*	1	4	7b	6	12	2	3	2	2	7	2	1
GROUP 2	8	*X. longicaudatum*	2	4	12	12	23	3	3	2	3	2	2	1
	9	*X. clavicaudatum*	2	4	2	3	234	34	34	12	3	—	—	1
	10	*X. filicaudatum*	2	4	2	1	45	45	4	1	2	2	2	12
	11	*X. krugi*	2	4	46	456	123	2	2(3)	2	3	34	2	1
	12	*X. dimidiatum*	2	3	5a	45	34	2	2	2	3	4	2	1
	13	*X. llanosum*	2	4	6b	5	45	23	12	2	3	6b	2	2
	14	*X. costaricense*	2	4	7b	6	3	2	3	2	2	7b	2	1
	15	*X. surinamense*	2	14	7b	6	34	234	234	2	2	7b	23	2
GROUP 3	16	*X. simillimum*	3	4	2	3	2	2	2	2	3	—	—	1
	17	*X. orbum*	3	4	23	34	1	3	1	2	34	23	2	1
	18	*X. arcum*	3	4	7b	56	2	23	2	2	2	—	—	1
	19	*X. hygrophilum*	3	4	7b	6	34	(1)2	34	1	2	7b	—	1
GROUP 4	20	*X. oryzae*	4	1	2	12	3	3	2	2	3	2	2	1
	21	*X. hallei*	4	1	2	2	5	34	23	2	3	—	—	2
	22	*X. fatikae fatikae*	4	1	2(3)	3(4)	56	23	2	2	3	2	2	1
	23	*X. fatikae eburnense*	4	1	2(3)	3(4)	56	23	2	2	3	2	2	1
	24	*X. paritaliae*	4	1	23	34	34	3	2	2	3	2	1	1
	25	*X. limpopoense*	4	1	23	34	5	23	12	2	23	2	—	2
	26	*X. algeriense*	4	1	3	4	5	45	2	3	3	3	—	2
	27	*X. ifacolum*	4	1	3	4	56	34	2	2	34	3	—	1
	28	*X. machoni*	4	1	4	5	4	3	2	2	3	—	—	2
	29	*X. ebriense*	4	1	45a	5	4	2	2	2	3	—	—	2
	30	*X. manubriatum*	4	1	45b	45	6	2	23	1	3	—	—	1
	31	*X. phoenicis*	4	1	5a	45	56	45	3(4)	2	3	4	—	2
	32	*X. rotundatum*	4	1	6b7b	56	56	(2)34	23	2	3	7	8	1
	33	*X. tropicale*	4	1	5a7b	46	3	23	2	2	2	—	—	1

表 C.1（续）

组别	序号	种类	A	B	C	D	E	F	G	H	I	J	K	L
GROUP 5	34	*X. dracomontanum*	4	2	12	123	56	34	2	2	3	1	—	2
	35	*X. paritaliae*	4	12	23	34	34	34	23	2	3	2	1	12
	36	*X. marsupilami*	4	2	2	1	45	4	4	2	1	—	—	2
	37	*X. meridianum*	4	2	3	45	456	34	2	2	3	3	—	1
	38	*X. tenue*	4	2	3a	5	6	34	1	2	23	3a	—	1
	39	*X. dissimile*	4	2	3(4)	5	45	5	23	2	3	3a	—	1
	40	*X. coxi coxi*	4	2	34	4	45	34	23	2	3	34	2	1
	41	*X. abrantinum*	4	2	3	45	456	34	23	3	3	3	2	2
	42	*X. capense*	4	2	34	45	56	4	2(3)	2	2	—	—	1
	43	*X. pseudocoxi*	4	2	(3)4	45	45	345	2	2	3	234	2	1
	44	*X. coxi europaeum*	4	2	34	5	45	45	23	2	3	3	2	1
	45	*X. limbeense*	4	2	4	4	4	23	2	2	3	2	—	1
	46	*X. malawiense*	4	2	4	45	(4)5	23	2	2	3	34	—	1
	47	*X. parvistilus*	4	2	4	45	46	(2)3	1	2	3	3	—	1
	48	*X. umobae*	4	2	4	45	6	45	23	2	34	3	—	2
	49	*X. basiri*	4	2	4	(4)5	56	3	2	2	34	3	—	1
	50	*X. bolandium*	4	2	4	5	5	23	2	23	23	—	—	2
	51	*X. natalense*	4	2	4	5	56	3	23	12	3	4	—	2
	52	*X. diversicaudatum*	4	2	4(5a)	5	345	45	3	2	3	5	1	2
	53	*X. imambaksi*	4	2	45	5	4	3	23	2	3	—	—	1
	54	*X. transkeiense*	4	2	5a	45	6	34	1	2	23	5a	—	1
	55	*X. stockeri*	4	2	5a	(4)5	5	34	2	2	23	5	—	2
	56	*X. erriae*	4	2	5a	56	45	3	2	2	2	4	—	1
	57	*X. ripogranum*	4	2	5a	56	456	3(4)	2	2	2	5	23	2
	58	*X. artemisiae*	4	2	5	56	45	45	3	2	3	5	—	2
	59	*X. lusitanicum*	4	2	5a	56	6	4(5)	4	2	3	4	2	1
	60	*X. hardingi*	4	2	5a	6	5	4	23	2	23	6a	—	1
	61	*X. jomercium*	4	2	5a	(5)6	5	34	2	2	34	5	—	2
	62	*X. pini*	4	2	5b	6	56	3(4)	2	2	34	5	—	2
	63	*X. pinoides*	4	2	5b6	(5)6	4(5)	4	2	2	2	4a	—	2
	64	*X. majus*	4	2	5a6a	6	56	45	34	2	3	56a	2	1
	65	*X. karachiense*	4	2	6	5	56	3	2	2	34	6	2	2
	66	*X. imitator*	4	2	6b	6	456	23	12	2	3	—	—	1
	67	*X. melitense*	4	2	6	6	6	45	34	2	34	6	3	1

表 C.1（续）

组别	序号	种类	A	B	C	D	E	F	G	H	I	J	K	L
GROUP 5	68	*X. dentatum*	4	2	6b7b	6	45	34	4	2	3	7b	2	1
	69	*X. globosum*	4	2	7b	6	34	34	3	2	3	7b	1	2
	70	*X. turcicum*	4	2	7b	6	56	45	34	2	3	7b	2	1
	71	*X. heynsi*	4	2	7b	6	5	3	2	1	2	7b	2	2
	72	*X. zulu*	4	2+3	2	3	56	34	23	1	4	2	—	5
	73	*X. theresiae*	4	2+3	2	23	56	4	3	2	3	2	—	2
	74	*X. malagasi*	4	2+3	2	3	45	3	2	2	3	—	—	1
	75	*X. rarum*	4	2+3	23	34	56	3	12	2	34	23	—	2
	76	*X. ornatizulu*	4	2+3	23	34	56	(3)4	(2)3	2	34	—	—	2
	77	*X. ornativulvatum*	4	2+3	3	34	5	3	2	2	3	3	—	2
	78	*X. pongolense*	4	2+3	3	4	56	(3)4	2	2	(3)4	3	—	2
	79	*X. diversum*	4	2+3	4	4	456	3	2	2	2	4	2	1
	80	*X. belmontense*	4	2+3	4	5	3	4	3	2	3	4	3	2
	81	*X. thorneanum*	4	2+3	5a	56	45	34	2	2	3	5	—	2
	82	*X. loteni*	4	2+3	5a	56	56	3	23	2	3	5	2	2
	83	*X. hispanum*	4	2+3	5	56	56	45	3	2	3	—	—	1
	84	*X. smoliki*	4	2+3	5b7b	5(6)	4(5)	45	2	2	2	—	—	1
	85	*X. ingens*	4	2+3	5a7a	6	56	5	(3)4	2	3	5a	3	2
	86	*X. macroacanthum*	4	2+3	5a	6	5	45	34	2	3	5b	3	2
	87	*X. clavatum*	4	2+3	7b	56	56	3	23	2	3	5a7b	—	(1)2
	88	*X. miekeae*	4	2+3	7b	56	56	3	3	2	3	6a7a	2	1
	89	*X. coronatum*	4	2+3	7b	6	56	45	34	2	3	7b	2	1
GROUP 6	90	*X. spinuterus*	4	3	1	1	4	3	3	2	12	—	—	2
	91	*X. mluci*	4	3	2	123	45	345	23	2	34	2	—	1
	92	*X. xenovariabile*	4	3	23	34	56	23	1	2	3(4)	2	—	2
	93	*X. diannae*	4	3	3	4	45	3	12	2	23	3	—	2
	94	*X. coomansi*	4	3	3	45	456	3	2	2	3	3	—	2
	95	*X. capriviense*	4	3	34	45	34	34	23	3	3	3	3	1
	96	*X. lacrimaspinae*	4	3	4	4	4	3	2	2	3	34	2	1
	97	*X. barbercheckae*	4	3	4	5	56	3	2	2	23	3	—	1
	98	*X. mammatum*	4	3	5a	4	4	3	2	2	3	5	2	2
	99	*X. aequum*	4	3	5a	5	5	45	3	2	3	5	2	2
	100	*X. riparium*	4	3	5	6	45	3	3	2	3	—	—	2
	101	*X. aceri*	4	3	6a	56	5	4	23	3	3	6	—	1
	102	*X. sphaerocephalum*	4	3	5	6	5(6)	34	3	2	3	—	—	2
	103	*X. macrogastrum*	4	3	5	6	5	45	4	2	3	—	—	1
	104	*X. cohni*	4	3	6	56	56	45	3	2	3	—	—	1
	105	*X. nuragicum*	4	3	7	6	56	345	3	2	3	—	—	1
	106	*X. adenohystherum*	4	3	7	6	(5)6	45	3	2	3	—	—	1

表 C.1（续）

组别	序号	种类	A	B	C	D	E	F	G	H	I	J	K	L
GROUP 7	107	*X. flagellicaudatum*	4	4	1	1	4	23	23	12	1	1	1	1
	108	*X. judex*	4	4	1	1	45	3	2	2	3	—	—	2
	109	*X. stenocephalum*	4	4	1	12	34	23	3	1	1	2	2	1
	110	*X. spaulli*	4	4	2	12	45	345	2	2	12	2	2	1
	111	*X. vanderlindei*	4	4	2	12	456	3(4)	1(2)	3	12	—	—	1
	112	*X. cavenessi*	4	4	1	12	56	2(3)	(1)2	1	12	—	—	2
	113	*X. dimorphicaudatum*	4	4	2	12(3)	56	45	(1)2	2	3	2	—	2
	114	*X. douceti*	4	4	2	(1)2	5	23	2	2	3	2	2	1
	115	*X. bergeri*	4	4	2	23	123	23	12	2	3	2	2	1
	116	*X. insigne*	5	2	3	2	2	23	12	1	—	—	—	—
	117	*X. savanicola*	4	4	2	23	34	23	1	2	3	2	—	1
	118	*X. swarti*	4	4	2	23	5	4	2	2	3	2	—	1
	119	*X. nigeriense*	4	4	12	23	6	2	2	2	1	2	—	1
	120	*X. malutiense*	4	4	2	23	6	3	1	2	23	—	—	1
	121	*X. parasetariae*	4	4	2	3	4	23	2	2	2	2	2	1
	122	*X. bourkei*	4	4	2	3	5	4	2	2	3	2	—	2
	123	*X. italiae*	4	4	2	3(4)	45	23	12	3	3	2	2	1
	124	*X. conurum*	4	4	2(3)	3(4)	56	4	2	3	3	—	—	1
	125	*X. elongatum*	4	4	23	34	2345	23	12	3	3	2	2	1
	126	*X. mampara bisexualis*	4	4	23	34	56	34	23	2	4	2	—	2
	127	*X. mampara major*	4	4	23	34	56	34	23	2	4	2	—	1
	128	*X. mampara minor*	4	4	23	345	56	23	2	2	4	2	—	1
	129	*X. variabile*	4	4	23	34	(5)6	23	1	3	34	2	—	2
	130	*X. exile*	4	4	3	34	6	23	1	3	3	3	2	2
	131	*X. vitis*	4	4	3	4	45	3	2	2	3	2	—	1
	132	*X. elitum*	4	4	3	4	5	2	2	2	3	—	—	1
	133	*X. bajaji*	4	4	3	4	56	3	1	3	23	3	—	1
	134	*X. longidoides*	4	4	3	4	6	34	23	12	3	—	—	1
	135	*X. louisi*	4	4	3	45	56	(2)3	2	2	4	3	—	2
	136	*X. simplex*	4	4	3	45	56	23	2	2	3	3	3	1
	137	*X. pachydermum*	4	4	3	45	6	2	1	3	34	—	—	2
	138	*X. magaliesmontanum*	4	4	3	5	34	2	2	2	3	3	—	1
	139	*X. paulistanum*	4	4	3	5	4	2	2	1	—	—	—	2
	140	*X. setariae*	4	4	34	4	34	23	2	2	3	34	—	1

表 C.1(续)

<table>
<tr><th>组别</th><th>序号</th><th>种类</th><th>A</th><th>B</th><th>C</th><th>D</th><th>E</th><th>F</th><th>G</th><th>H</th><th>I</th><th>J</th><th>K</th><th>L</th></tr>
<tr><td rowspan="9">GROUP 7</td><td>141</td><td>*X. michelluci*</td><td>4</td><td>4</td><td>34</td><td>45</td><td>5</td><td>34</td><td>3</td><td>2</td><td>3</td><td>3</td><td>2</td><td>1</td></tr>
<tr><td>142</td><td>*X. parasimplex*</td><td>4</td><td>4</td><td>34</td><td>4</td><td>56</td><td>2</td><td>1</td><td>2</td><td>3</td><td>34</td><td>—</td><td>1</td></tr>
<tr><td>143</td><td>*X. israeliae*</td><td>4</td><td>4</td><td>34</td><td>5</td><td>56</td><td>34</td><td>23</td><td>2</td><td>3</td><td>34</td><td>2</td><td>2</td></tr>
<tr><td>144</td><td>*X. barense*</td><td>4</td><td>4</td><td>34</td><td>5</td><td>6</td><td>34</td><td>23</td><td>3</td><td>3</td><td>5</td><td>5</td><td>2</td></tr>
<tr><td>145</td><td>*X. neobasiri*</td><td>4</td><td>4</td><td>4</td><td>4</td><td>6</td><td>34</td><td>2</td><td>3</td><td>3</td><td>23</td><td>2</td><td>1</td></tr>
<tr><td>146</td><td>*X. bakeri*</td><td>4</td><td>4</td><td>4</td><td>45</td><td>12</td><td>4</td><td>3</td><td>2</td><td>3</td><td>—</td><td>—</td><td>1</td></tr>
<tr><td>147</td><td>*X. brevistylus*</td><td>4</td><td>4</td><td>4</td><td>5</td><td>4</td><td>2</td><td>1</td><td>2</td><td>3</td><td>3</td><td>—</td><td>1</td></tr>
<tr><td>148</td><td>*X. sahelense*</td><td>4</td><td>4</td><td>4</td><td>45</td><td>5</td><td>45</td><td>23</td><td>3</td><td>2</td><td>34</td><td>—</td><td>2</td></tr>
<tr><td>149</td><td>*X. seredouense*</td><td>4</td><td>4</td><td>4</td><td>45</td><td>(5)6</td><td>34</td><td>3</td><td>1</td><td>34</td><td>—</td><td>—</td><td>1</td></tr>
<tr><td rowspan="18">GROUP 8</td><td>150</td><td>*X. mammillatum*</td><td>4</td><td>4</td><td>5a</td><td>6</td><td>34</td><td>(2)3</td><td>23</td><td>2</td><td>3</td><td>—</td><td>—</td><td>1</td></tr>
<tr><td>151</td><td>*X. papuanum*</td><td>4</td><td>4</td><td>5a</td><td>6</td><td>4</td><td>3</td><td>2</td><td>2</td><td>—</td><td>5</td><td>3</td><td>1</td></tr>
<tr><td>152</td><td>*X. basilgoodeyi*</td><td>4</td><td>4</td><td>5a</td><td>56</td><td>45</td><td>3</td><td>23</td><td>2</td><td>3</td><td>5</td><td>2</td><td>1</td></tr>
<tr><td>153</td><td>*X. tarjani*</td><td>4</td><td>4</td><td>5a</td><td>5</td><td>56</td><td>2</td><td>2</td><td>1</td><td>23</td><td>4</td><td>—</td><td>1</td></tr>
<tr><td>154</td><td>*X. index*</td><td>4</td><td>4</td><td>5a(6)</td><td>56</td><td>34</td><td>3</td><td>23</td><td>2</td><td>3</td><td>4</td><td>—</td><td>1</td></tr>
<tr><td>155</td><td>*X. vuittenezi*</td><td>4</td><td>4</td><td>5(7b)</td><td>56</td><td>56</td><td>34</td><td>23</td><td>2</td><td>3</td><td>45</td><td>2</td><td>1</td></tr>
<tr><td>156</td><td>*X. neovuittenezi*</td><td>4</td><td>4</td><td>56b</td><td>6</td><td>5</td><td>3</td><td>23</td><td>2</td><td>23</td><td>5</td><td>3</td><td>2</td></tr>
<tr><td>157</td><td>*X. pyrenaicum*</td><td>4</td><td>4</td><td>6a</td><td>6</td><td>56</td><td>345</td><td>3</td><td>2</td><td>3</td><td>6a</td><td>2</td><td>1</td></tr>
<tr><td>158</td><td>*X. fluminense*</td><td>4</td><td>4</td><td>6</td><td>6</td><td>5</td><td>3</td><td>1</td><td>23</td><td>4</td><td>6</td><td>—</td><td>2</td></tr>
<tr><td>159</td><td>*X. lafoense*</td><td>4</td><td>4</td><td>6b</td><td>5</td><td>6</td><td>34</td><td>1</td><td>3</td><td>2</td><td>3</td><td>23</td><td>2</td></tr>
<tr><td>160</td><td>*X. bacaniboia*</td><td>4</td><td>4</td><td>6b</td><td>6</td><td>6</td><td>23</td><td>4</td><td>2</td><td>34</td><td>6b</td><td>3</td><td>1</td></tr>
<tr><td>161</td><td>*X. guirani*</td><td>4</td><td>4</td><td>7a</td><td>6</td><td>56</td><td>23</td><td>2</td><td>2</td><td>3</td><td>7a</td><td>—</td><td>1</td></tr>
<tr><td>162</td><td>*X. guillaumeti*</td><td>4</td><td>4</td><td>7b</td><td>6</td><td>6</td><td>34</td><td>4</td><td>2</td><td>2</td><td>7b</td><td>2</td><td>2</td></tr>
<tr><td>163</td><td>*X. yapoense*</td><td>4</td><td>4</td><td>7b</td><td>6</td><td>34</td><td>23</td><td>23</td><td>2</td><td>3</td><td>6b</td><td>—</td><td>1</td></tr>
<tr><td>164</td><td>*X. macrostylum*</td><td>4</td><td>4</td><td>7b</td><td>6</td><td>345</td><td>2</td><td>4</td><td>1</td><td>23</td><td>—</td><td>—</td><td>1</td></tr>
<tr><td>165</td><td>*X. colombiense*</td><td>4</td><td>4</td><td>7b</td><td>6</td><td>56</td><td>34</td><td>23</td><td>1</td><td>3</td><td>—</td><td>—</td><td>1</td></tr>
<tr><td>166</td><td>*X. riocaquetae*</td><td>4</td><td>4</td><td>7b</td><td>6</td><td>6</td><td>3</td><td>4</td><td>2</td><td>1</td><td>—</td><td>—</td><td>1</td></tr>
<tr><td>167</td><td>*X. porosum*</td><td>4</td><td>4</td><td>7b</td><td>6</td><td>6</td><td>5</td><td>4</td><td>2</td><td>3</td><td>7</td><td>—</td><td>1</td></tr>
<tr><td rowspan="7">GROUP 9</td><td>168</td><td>*X. americanum*</td><td>4</td><td>4</td><td>3(6b)</td><td>456</td><td>56</td><td>12</td><td>12</td><td>123</td><td>34</td><td>34</td><td>34</td><td>1(2)</td></tr>
<tr><td colspan="2">*X. americanum sensu stricto*</td><td colspan="7">*X. citricolum*</td><td colspan="5">*X. georgianum*</td></tr>
<tr><td colspan="2">*X. bacaniboia*</td><td colspan="7">*X. diffusum*</td><td colspan="5">*X. himalayense*</td></tr>
<tr><td colspan="2">*X. bricolense*</td><td colspan="7">*X. duriense*</td><td colspan="5">*X. inaequale*</td></tr>
<tr><td colspan="2">*X. brevicollum*</td><td colspan="7">*X. floridae*</td><td colspan="5">*X. incertum*</td></tr>
<tr><td colspan="2">*X. brevisicum*</td><td colspan="7">*X. fortuitum*</td><td colspan="5">*X. incognitum*</td></tr>
<tr><td colspan="2">*X. californicum*</td><td colspan="7">*X. franci*</td><td colspan="5">*X. intermedium*</td></tr>
</table>

表 C.1（续）

<table>
<tr><th>组别</th><th>序号</th><th>种类</th><th>A</th><th>B</th><th>C</th><th>D</th><th>E</th><th>F</th><th>G</th><th>H</th><th>I</th><th>J</th><th>K</th><th>L</th></tr>
<tr><td rowspan="11">GROUP 9</td><td colspan="2">X. kosaigudense</td><td colspan="7">X. occiduum</td><td colspan="5">X. rivesi</td></tr>
<tr><td colspan="2">X. laevistriatum</td><td colspan="7">X. opisthohysterum</td><td colspan="5">X. santos</td></tr>
<tr><td colspan="2">X. lambertii</td><td colspan="7">X. oxycaudatum</td><td colspan="5">X. sharmai sp. inq.</td></tr>
<tr><td colspan="2">X. luci</td><td colspan="7">X. pachtaicum</td><td colspan="5">X. sheri</td></tr>
<tr><td colspan="2">X. longistillum</td><td colspan="7">X. pachydermum</td><td colspan="5">X. silvaticum</td></tr>
<tr><td colspan="2">X. madeirense</td><td colspan="7">X. pacificum</td><td colspan="5">X. simile</td></tr>
<tr><td colspan="2">X. mesostilum</td><td colspan="7">X. pakistanense</td><td colspan="5">X. tarjanense</td></tr>
<tr><td colspan="2">X. microstilum</td><td colspan="7">X. paramonovi</td><td colspan="5">X. taylori</td></tr>
<tr><td colspan="2">X. minor</td><td colspan="7">X. parvum</td><td colspan="5">X. tenuicutis</td></tr>
<tr><td colspan="2">X. neoamericanum sp. inq.</td><td colspan="7">X. peruvianum</td><td colspan="5">X. thornei</td></tr>
<tr><td colspan="2">X. neoelongatum</td><td colspan="7">X. pseudoguirani</td><td colspan="5">X. utahense</td></tr>
</table>

注：特征取值及其与其相应的代码结果

A：雌虫生殖系统类型

1：前生殖腺完全退化

2：前生殖腺部分退化，无前卵巢，输卵管极度退化难以辨别，子宫与连接输卵管的括约肌退化但可见

3：前生殖腺结构完整但退化（子宫、输卵管、卵巢可见）

4：双卵巢，两侧生殖系统结构完整，长度相同或几乎相同

B：子宫分化 1：存在“Z”字型结构 2：存在假“Z”字型结构 3：存在刺状结构（spine） 2+3 4：无子宫分化

C：尾形 1：尾细长末端尖锐（c'>7.5）

2：尾长圆锥形（2.5<c'≤7.5）

3：尾短圆锥形（c'≤2.5）

4：尾短圆锥形末端指状（c'≤2.5）

5：尾短圆锥形，末端圆形或半圆形指状突

6：尾半圆形，主要在背面区域弯曲，腹面曲线接近直线

7：尾半圆形，背腹面弯曲程度接近

8：尾圆锥形，有极长指状突

选项 5、6、7 根据下述条件可分为 a、b 两个选项： a 末端角质层有盲管 b 末端角质层无盲管

D：c'值 1：>7.5 2：5.1～7.5 3：2.6～5.0 4：1.6～2.5 5：1.1～1.5 6：<1.0

E：V 值 1：< 30 2：30～34 3：35～39 4：40～44 5：45～49 6：>50

F：虫体体长（mm） 1：<1.5 2：1.5～2.4 3：2.5～3.4 4：3.5～4.4 5：>4.5

G：口针长（齿针+齿针延伸部）（μm） 1：<150 2：150～199 3：200～249 4：<250

H：头区轮廓 1：唇区无缢缩，与身体连续 2：唇区轻微缢缩 3：唇区明显缢缩

I：体态 1：虫体直线形或近直线形

2：虫体略微弯曲

3：虫体弯曲成钩状，“C”形或“J”形

4：虫体螺旋形

J：4 龄幼虫尾形 选项同代码 C

K：1 龄幼虫尾形 选项同代码 C

L：雄虫 1：未发现或极少（雄虫生殖系统内无精子） 2：常见（雄虫生殖系统内有精子）

表 C.2 美洲剑线虫组多歧检索表

序号	*Xiphinema*	A	B	C	D	E	F	G	H	I	J
1	*X. bacaniboia*	1	3	4	1	2/3	1	2	3	2/1	2
2	*X. himalayense*	1	3	3	1	1/2	1	2	3	2	2
3	*X. inaequale*	1	2/1	2/1	2/1	1/2	1	2/1	3/2	2	1
4	*X. laevistriatum*	1	2/3	1	2/3	1	1	1	1/2	3/2	1
5	*X. luci*	1	2	2	2/1	1	1	2/1	2/1	2/1	2
6	*X. minor*	1	1/2	1	3/2	1	1	1	1/2	2	1
7	*X. neoamericanum sp. inq.*	1	2/1	1	1	1	1	1	—	—	—
8	*X. rivesi*	1	2	1/2	2/3	1/2	1	1	2/3	3/2	2
9	*X. silvaticum*	1	2/3	3	1	2/3	1	2	—	3/2	2
10	*X. americanum sensu stricto*	2	2/1	1/2	3	1	1/2	1	2/1	3/2	1
11	*X. brevicollum*	2	3/2	3/2	1	2/3/1	1	2	3	2/1	2
12	*X. brevisicum*	2	3/2	1	4	3/2	3	1/2	1/2	3	1
13	*X. bricolense*	2	2/3	2/1	2/3	2/3	1/2	1/2	2/1	3	1
14	*X. californicum*	2	2/3	2	3/2	1/2	1/2	2/1	3/2	2	1
15	*X. citricolum*	2	2	2/1	3/2	2/1	1	1	2/1	3	1
16	*X. diffusum*	2	2	2/1	1	1	1	2	2/1	1/2	2
17	*X. duriense*	2	2	1	4/3	3	2/3	1/2	2/1	2/3	1
18	*X. floridae*	2	2	2	2	1	1	1/2	2/3	2/3	1
19	*X. fortuitum*	2	3	3/2	3/4	2/1	3/2	2	3/2	3	1
20	*X. franci*	2	1/2	2	2/3	2/1	1	1	3/2	2	1
21	*X. georgianum*	2	2/3	3	2	2/1	1	2/1	3	2/3	1
22	*X. incertum*	2	2/3	2	2/3	3/2	1/2	2/1	2/3	1/2	2
23	*X. incognitum*	2	2/3	2/1	1/2	1	1	2/1	2/3	2	2
24	*X. intermedium*	2	2/1	1	2/3	1/2	1	1	2/1	2/3	1
25	*X. kosaigudense*	2	1	1	—	1	1	1	2/3	—	1
26	*X. lambertii*	2	1	1	3/4	2/1	1	1	1	—	1
27	*X. longistillum*	2	3	3	2/3	3/2	2/3	2	3	3	1
28	*X. madeirense*	2	3	3/2	3/4	2/3	2/3	1/2	3/2	3	1
29	*X. mesostilum*	2	3	2/3	2/3	3/2	3	2	3/2	1/2	1
30	*X. microstilum*	2	3	1	3	3/2	3/2	2	2/1	3	1
31	*X. neoelongatum*	2	1/2	1	3/2	2/3	1	1	2/1	—	1
32	*X. occiduum*	2	3	1	2	1	1/2	2/1	2/1	2/3	2
33	*X. opisthohysterum*	2	2	1	3/4	3	1/2	1/2	1	3	1
34	*X. oxycaudatum*	2	2/1	1/2	3/2	1/2	1	1/2	2/3	3	1

表 C.2(续)

序号	*Xiphinema*	A	B	C	D	E	F	G	H	I	J
35	*X. pachtaicum*	2	2	1/2	3/2	3/2	2/1	2/1	2/3	2/1	1
36	*X. pachydermum*	2	3/2	1/2	2/3	3	2/1	2	2/1	2/3	1
37	*X. pacificum*	2	2/3	1/2	3/2	2/1	2/1	1/2	2/3	3	2
38	*X. pakistanense*	2	1/2	1	2/1	1/2	1	1/2	1/2	2/1	1
39	*X. paramonovi*	2	3/2	3/2	1/2	1/2	1	1/2	2/3	3	2
40	*X. parvum*	2	2/1	2	2/1	2/1	1	2/1	2/3	1	1
41	*X. peruvianum*	2	2	2/1	2	1/2	1	1/2	2/3	2	1
42	*X. pseudoguirani*	2	2/3	3	1	2/3	1	2	3	1	2
43	*X. santos*	2	2	1/2	3	1/2	1/2	1/2	2	3/2	2
44	*X. sharmai sp. inq.*	2	3	2/3	—	3/2	—	2	—	3	2
45	*X. sheri*	2	2	2/3	1	2/3	1	2/1	3	1	2
46	*X. simile*	2	2/3	1	3	2/1	2/3	2/1	1	2	2
47	*X. tarjanense*	2	1	1/2	3/2	2/3	1	1	2/1	3/2	1
48	*X. taylori*	2	3/2	2	1	1	1/2	2	3/2	2/1	2
49	*X. tenuicutis*	2	2	1	2/3	1	1	2/1	1/2	2	1
50	*X. thornei*	2	2/3	1	2	1	1/2	2/1	2/1	2	2
51	*X. utahense*	2	3/2	2	2/3	2/1	2/1	2/1	3/2	3/2	2

注：特征取值及其与其相应的代码结果

A：1. 唇区与体壁连续，无缢缩　　2. 唇区与体壁不连续，缢缩

B：1. 体长<1.5 mm　　2. 1.6 mm≤体长≤2.0 mm　　3. 体长>2.0 mm

C：1. 齿尖针长度<86 μm　　2. 86 μm≤齿尖针长度≤100 μm　　3. 101 μm≤齿尖针长度≤150 μm　　4. 齿尖针长度<150 μm

D：1. c'值<1.1　　2. 1.2≤c'值≤1.5　　3. 1.6≤c'值≤2　　4. c'值>2

E：1. 48≤V 值≤52　　2. 53≤V 值≤56　　3. V 值>56

F：1. a 值<60　　2. 61≤a 值≤80　　3. a 值>80

G：1. c 值<60　　2. c 值>60

H：1. 口孔到基部导环距离<61 μm　　2. 61 μm≤口孔到基部导环距离≤75 μm　　3. 口孔到基部导环距离>75 μm

I：1. 尾长<27 μm　　2. 27 μm≤尾长≤32 μm　　3. 尾长>32 μm

J：1. 尾末端尖　　2. 尾末端圆

ICS 65.020.01
B 16

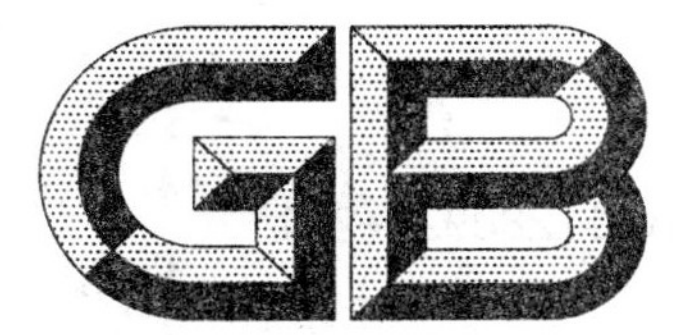

中华人民共和国国家标准

GB/T 28092—2011

落叶松枯梢病菌检疫鉴定方法

Detection and identification of *Botryosphaeria laricina* (K. Sawada) Y. Z. Shong

2011-12-30 发布 2012-06-01 实施

中华人民共和国国家质量监督检验检疫总局
中国国家标准化管理委员会 发布

前　言

本标准按照 GB/T 1.1—2009 给出的规则起草。

本标准由全国植物检疫标准化技术委员会(SAC/TC 271)提出并归口。

本标准起草单位:中华人民共和国江苏出入境检验检疫局、中华人民共和国辽宁出入境检验检疫局。

本标准主要起草人:吴翠萍、李彬、粟寒、高渊、陆军、吴晶、刘伟、高振兴、安榆林。

落叶松枯梢病菌检疫鉴定方法

1 范围

本标准规定了落叶松枯梢病菌 *Botryosphaeria laricina*（K. Sawada）Y. Z. Shong 1987 的检测和鉴定方法。

本标准适用于对落叶松苗木、接穗以及带小枝梢的原木等样品携带落叶松枯梢病菌的检测和鉴定。

2 落叶松枯梢病菌基本信息

中文名：落叶松枯梢病菌。

学名：*Botryosphaeria laricina*（K. Sawada）Y. Z. Shong 1987。

异名：*Physalospora laricina* K. Sawada，*Guignardia laricina*（K. Sawada）W. Yamamoto & K. Ito。

病害英文名：shoot blight of larch，twig dieback of larch。

采用 Ainsworth（1973）真菌分类系统，病原菌为子囊菌亚门 Ascomycotina，腔菌纲 Loculoascomycetes，格孢腔菌目 Pleosporales，葡萄座腔菌科 Botryosphaeriaceae，葡萄座腔菌属 *Botryosphaeria*。

无性阶段为半知菌亚门 Deuteromycotina，腔孢纲 Coelomycetes，球壳孢目 Sphaeropsidales，球壳孢科 Sphaeropsidaceae，大茎点霉属 *Macrophoma*。

落叶松枯梢病菌的其他信息参见附录 A。

3 方法原理

根据病原菌危害的症状特点（参见附录 B）采集样品进行检测，观察病原菌产生的子实体的显微形态特征，并结合病原菌的地理分布和寄主范围等有关信息进行结果判断。

4 仪器和用具

4.1 仪器

体视显微镜、普通光学显微镜（具显微拍摄和测量功能）、光照培养箱、高压灭菌器、干热灭菌器、冰箱等。

4.2 用具

手持放大镜、试剂瓶、纱布、脱脂棉、镊子、剪刀、培养皿、修枝剪、吸管、酒精灯、打孔器（直径5 mm）、瓷盘、解剖刀、酒精灯、解剖针、载玻片、盖玻片、微量移液器、标本盒、海绵、胶带、标签等。

5 试剂

石蜡，70％、95％酒精，二氧化硅干燥剂。

6 检测

6.1 样品采集

根据下列症状等进行样品采集：苗木、接穗上的新梢枯死，并且枯死的梢端呈弯曲状；在病组织上有固着的白色滴状物树脂块；干枯的枝干部为紫褐色或灰褐色；在枯死的枝干、松针上有突出的枯梢病原菌子实体。原木上如果带有的小枝梢，则应仔细观察小枝梢上有无子实体，若无，则可排除怀疑带有枯梢病原菌。

6.2 样品制备

6.2.1 子实体的制片

用解剖针挑取样品上的子实体少许，置于载玻片上加盖玻片压碎或由发病部位直接切片制成水玻片，在解剖镜或显微镜下观察子实体的形态并确认是否成熟。如果成熟，则观察典型形态特征并测量大小；如果不成熟则需进一步培养。

6.2.2 不成熟子实体的培养

对子实体不成熟的部位，先用无菌水浸泡 2 d～3 d，然后浸泡在 35 ℃和 10 ℃的无菌水中进行交替变温处理，每次 5 min，重复 1 次，再浸在无菌水中 30 min，最后取出置室温条件下保湿培养中 7 d～12 d，诱导产生成熟子实体并制片镜检。

7 鉴定

7.1 有性阶段子实体形态特征

子囊座为壳状、瓶状或梨形，黑褐色，单生、2 个～ 5 个群生或丛生在病枝表皮下，成熟后仅孔口外露，大小为(170 μm～500 μm)×(130 μm～300 μm)。子囊棍棒状，双壁，无色，顶端圆，下有短柄，平行排列于子囊腔基部，大小为(115 μm～149 μm)×(20 μm～45 μm)。假侧丝很多，线形，无色，半永久存在，直径 3 μm。子囊孢子 8 个，双行排列，椭圆形至纺锤形，单胞，无色，大小为(22.5 μm～40 μm)×(6.3 μm～15.5 μm)。参见附录 C。

7.2 无性阶段子实体形态特征

分生孢子器群生于顶梢残留的叶背和顶梢小枝周围的表皮下，并使表皮突起，近球形或扁球形，黑色，大小为(120 μm～249 μm)×(148 μm～213 μm)。分生孢子梗短，不分枝，圆柱形，(5 μm～7 μm)×(2.5 μm～3.2 μm)。分生孢子椭圆形至纺锤形，单胞，无色，大小为(24 μm～30 μm)×(6 μm～9 μm)。常见 1～2 个油球。参见附录 C。

性孢子器球形至扁球形，单个或几个丛生于病枝表皮下，大小为(115 μm～214 μm)×(109 μm～190 μm)。性孢子梗细长，无色，2 个～3 个分隔，大小为(12 μm～16 μm)×(3 μm～5 μm)。性孢子短杆状或椭圆状，无色，大小为(3 μm～6 μm)×(1 μm～2 μm)参见附录 C。

8 结果判定

如有性阶段、无性阶段的形态特征符合第 7 章鉴定特征的描述，即可判定为落叶松枯梢病菌。

9 标本和样品保存

发现落叶松枯梢病菌的样品,需制作成标本在室温条件下进行干燥保存,或将样品置于−20 ℃冷冻保存,保存至少6个月,以备复检、谈判和仲裁。保存期满后进行灭活处理。

附　录　A
（资料性附录）
落叶松枯梢病菌其他信息

A.1　地理分布

国外：日本、朝鲜、韩国、俄罗斯（远东）。

国内：黑龙江、吉林、辽宁、内蒙古、山东、陕西、甘肃、青海、宁夏。

A.2　寄主

落叶松属（*Larix* spp.）：华北落叶松（*L. principisrupprechtii*）、长白落叶松（*L. olgensis var. changpaiensis*）、朝鲜落叶松（*L. olgensis* var. *koreana*）、海林落叶松（*L. olgensis* var. *heilingensis*）、日本落叶松（*L. leptolepis*）、黄花落叶松（*L. olgensis*）、欧洲落叶松（*L. decidua*）、美国西部落叶松（*L. occidentalis*）、美加落叶松（*L. laricina*）等。

A.3　发病规律

该病从幼苗、幼树到成林的当年新梢都能发病，但幼树发病重。7月上旬开始发病显症状，7月中、下旬发病最明显。一般都先从主梢发病，然后由树冠上部向下蔓延，加重病情。病后新梢渐渐褪色，顶部弯曲下垂呈勾状，而顶梢与弯曲部分变紫褐色或灰褐色，从弯曲部分逐渐向下脱叶、干枯，茎收缩变细，仅在顶部残留一簇叶子，枯萎呈紫灰色。次年春天，由侧芽生小枝代替原来主梢，连年发病、为害严重的，树冠出现扫帚状丛枝，高度生长停止，形成小老树或全株枯死（为害症状参见附录B）。在枝梢受害部位，多数有松脂溢出，凝成块状。8月末至翌年6月，在枯梢上特别是弯曲部分的枝皮及凹陷处，生长着梭形小黑点，初埋生，至翌年6月突破寄主，形成病原菌子囊座。发病10余天后，在顶梢残留叶上或弯曲部位可见圆形的散生小黑点，形成病原菌的分子孢子器。有时在病枝上可见圆形黑色突起，即性孢子器。

附　录　B
（资料性附录）
落叶松枯梢病症状

图 B.1　8 年生日本落叶松枯梢病症状（图片来源 T. Kobayashi，Japan）

附　录　C
（资料性附录）
落叶松枯梢病原形态特征

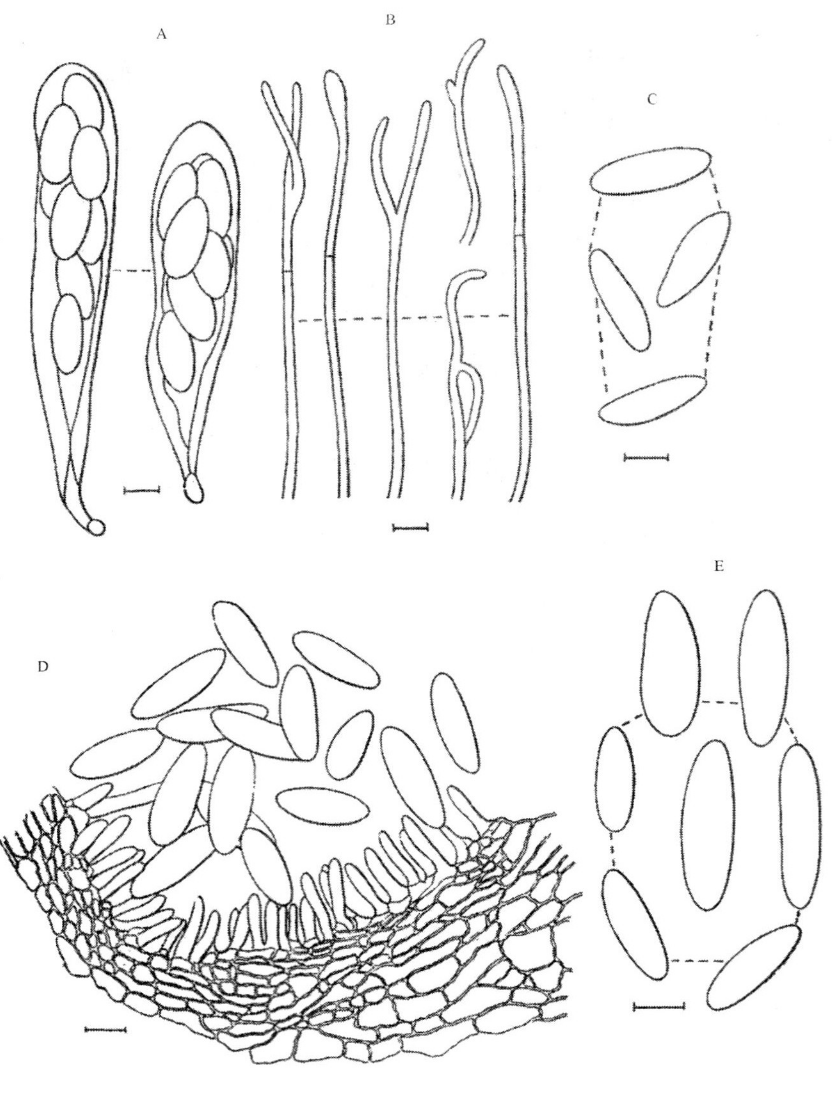

A——子囊；
B——侧丝；
C——子囊孢子；
D——分生孢子器；
E——分生孢子。

注 1：图片仿 Kazuo Ito

注 2：图片比例尺为 10 μm

图 C.1　落叶松枯梢病的病原特征

ICS 65.020.01
B 16

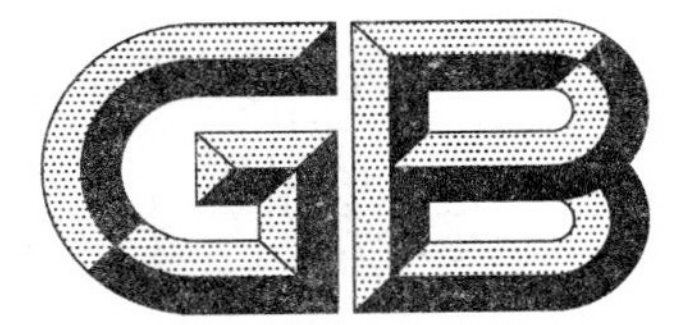

中华人民共和国国家标准

GB/T 28093—2011

马铃薯银屑病菌检疫鉴定方法

Detection and identification of *Helminthosporium solani* Dur. & Mont.

2011-12-30 发布　　2012-06-01 实施

中华人民共和国国家质量监督检验检疫总局
中国国家标准化管理委员会　发布

前　言

本标准按照GB/T 1.1—2009给出的规则起草。

本标准由全国植物检疫标准化技术委员会(SAC/TC 271)提出并归口。

本标准起草单位:中华人民共和国辽宁出入境检验检疫局、中国检验检疫科学研究院。

本标准主要起草人:刘伟、严进、王秀芬、董薇、姜丽、王有福、丘驰、陈嵘、赵文军、朱水芳、张秋娥。

马铃薯银屑病菌检疫鉴定方法

1 范围

本标准规定了马铃薯银屑病菌的检疫和鉴定方法。

本标准适用于马铃薯块茎上马铃薯银屑病菌的检疫和鉴定。

2 马铃薯银屑病菌基本信息

学名：*Helminthosporium solani* Dur. & Mont.

中文名：马铃薯银屑病菌（茄长蠕孢菌）。

英文名：potato silver scurf。

根据《Dictionary of Fungi》第9版，马铃薯银屑病菌（*Helminthosporium solani* Dur. & Mont.）的分类地位为：真菌界（Fungi），有丝分裂孢子真菌（Mitosporic fungi）的长蠕孢属，茄长蠕孢菌。

3 方法原理

马铃薯银屑病菌在马铃薯块茎上具有银色光泽的病斑及经过保湿培养后形成独有的"圣诞树"状孢子梗和分生孢子是马铃薯银屑病菌鉴定的依据。

4 主要仪器设备、用具和试剂

4.1 仪器设备：体视显微镜、生物显微镜、超净工作台、生物培养箱、光照培养箱、电子天平、高压灭菌锅等。

4.2 用具：培养皿、烧杯、白瓷盘、尖头镊子、载玻片、盖玻片、量筒、酒精灯等。

4.3 试剂：PDA 培养基（可选用市售 PDA 培养基）、次氯酸钠、无水乙醇等。

5 现场检疫

5.1 抽样

5.1.1 抽样方法

以批号为抽样单位，无批号的以品种为抽样单位随机抽取。每份样品的抽样点不少于5个（对于散装的马铃薯，应在表层以下0.3 m取样更为适宜）。单位包装只能有一个抽样点。

5.1.2 抽样数量

500粒以下取1份；501粒～2 000粒取2份；2 001粒～5 000粒取3份；5 001粒～10 000粒取4份；10 001粒以上，每增加10 000粒增取1份，不足10 000粒的余量，计取1份。

每份样品20粒块茎。

5.2 现场查验

按进出境马铃薯种薯总件数的5%～20%随机抽检，最低抽检数量不少于10件，且不少于1 000粒。

现场检查马铃薯块茎是否有马铃薯银屑病菌侵染后的典型症状(见7.1)。将现场查验发现的有马铃薯银屑病菌的典型症状块茎用塑料袋装好，连同现场抽取的样品分别加贴标识后送实验室进行进一步的分离和病原鉴定，并做好现场查验记录。

6 实验室检验

6.1 马铃薯块茎症状检验

将现场抽取的马铃薯块茎样品混匀，从中随机抽取100个块茎进行检查。检查是否有马铃薯银屑病菌侵染的症状，如果发现可疑症状连同现场查验的可疑块茎按6.2和6.3进行分离培养。

6.2 马铃薯块茎保湿培养

取25个～50个典型症状的块茎样品，先用自来水冲洗，再用灭菌水冲洗后放入装有湿纸巾的塑料袋中，封口后，在塑料袋上打几个0.16 cm直径的小孔，在黑暗中保持在22 ℃±2 ℃，培养2周～3周。周期性地湿润纸巾，避免马铃薯块茎干燥。

6.3 PDA培养

在马铃薯块茎表面的病斑处，切取7 mm直径的小块，用1.0%次氯酸钠消毒30 s，用灭菌的蒸馏水冲洗两次，灭菌滤纸吸干水分，放置在PDA培养基(见附录A)上，在22 ℃±2 ℃条件下培养2周～3周。

7 鉴定特征

7.1 马铃薯块茎症状特征

7.1.1 块茎上病斑症状

马铃薯银屑病菌主要侵染马铃薯块茎，在马铃薯周皮上形成圆形的病斑，病斑褐色至灰色。病斑深度多局限在周皮，不扩展到块茎内部，病斑最终表现为银色(参见图B.1、图B.2)。在储藏期，被侵染的薯块表皮最终表现为皱缩的特征，由于受伤表皮过度水分蒸发，使病斑最终表现为褐色，部分周皮可能脱落。

7.1.2 块茎上病原菌特征

病斑上子实体(分生孢子梗和分生孢子)多发生在病斑的边缘，新侵染的病斑更为明显，可见黑色的霉层(分生孢子)。在病斑上并不总产生分生孢子，这主要取决于湿度条件。

7.2 保湿培养后病原菌特征

马铃薯银屑病菌产生透明的菌丝，菌丝分隔并分枝；分生孢子无分枝，具分隔。分生孢子轮生在分生孢子梗末梢，状似“圣诞树”(参见图B.3)。分生孢子梗直立，两壁平行生长。分生孢子宽(7 μm～8 μm、长18 μm～64 μm。分生孢子最多8个分隔、暗褐色、基部圆、尾端细(参见图B.4)。

7.3 PDA 培养病原菌特征

分离物在 PDA 培养基上形成暗褐色至黑色菌落，浅棕色的分生孢子群分布在培养基表面。菌丝在 PDA 上的生长速度为 1.15 mm/d～1.78 mm/d。20 ℃下光照培养比黑暗培养的生长速度快。分生孢子梗随培养时间的增加，颜色从浅灰色变为褐色，无分枝，1 根～6 根丛状生长，基部球形，7 个～19 个隔膜，(150 μm～550 μm)×(7.0 μm～10.0 μm)。分生孢子近无色至褐色，单个或成簇地自分生孢子梗基端往上呈轮状排列，直或稍弯，顶端渐尖，略呈锥形，3 个～8 个隔膜，(20 μm～80 μm)×(7.5 μm～10 μm)，与自然薯块上产生的分生孢子大小基本相同。

8 结果判断

马铃薯块茎症状符合 7.1，且经保湿培养和 PDA 培养后，符合 7.2、7.3 的鉴定特征可以判断为马铃薯银屑病菌。

9 样品、菌种保藏

分离并鉴定为马铃薯银屑病菌的菌株要转移到斜面培养基上，于 4 ℃冰箱中保存至少 6 个月。带有马铃薯银屑病菌的块茎也于 4 ℃冰箱中保存，其时间视薯块的情况，尽量保存。以备复检、谈判和仲裁，保存期满后进行灭活处理。

附　录　A
（规范性附录）
PDA 培养基的制作方法

PDA 培养基的制作（或选用市售 PDA）：马铃薯 200 g，葡萄糖 20 g，琼脂 20 g。马铃薯切块煮沸 10 min，纱布过滤，加入葡萄糖，琼脂，加水定容至 1 000 mL，121 ℃，高压灭菌 20 min，分装备用。

附　录　B
（资料性附录）
马铃薯银屑病菌症状及形态特征

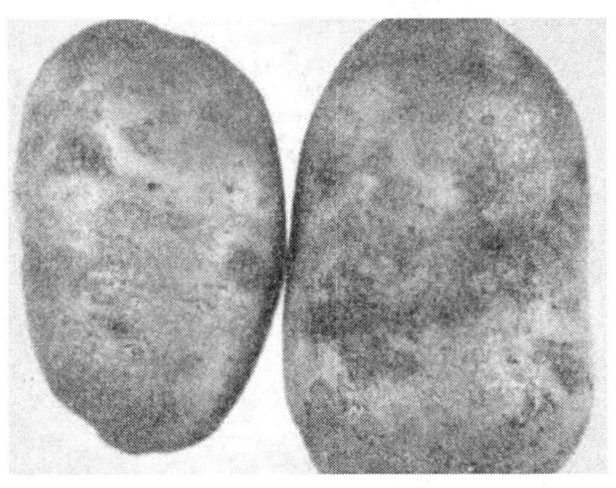

图 B.1　马铃薯银屑病菌在马铃薯块茎上的症状

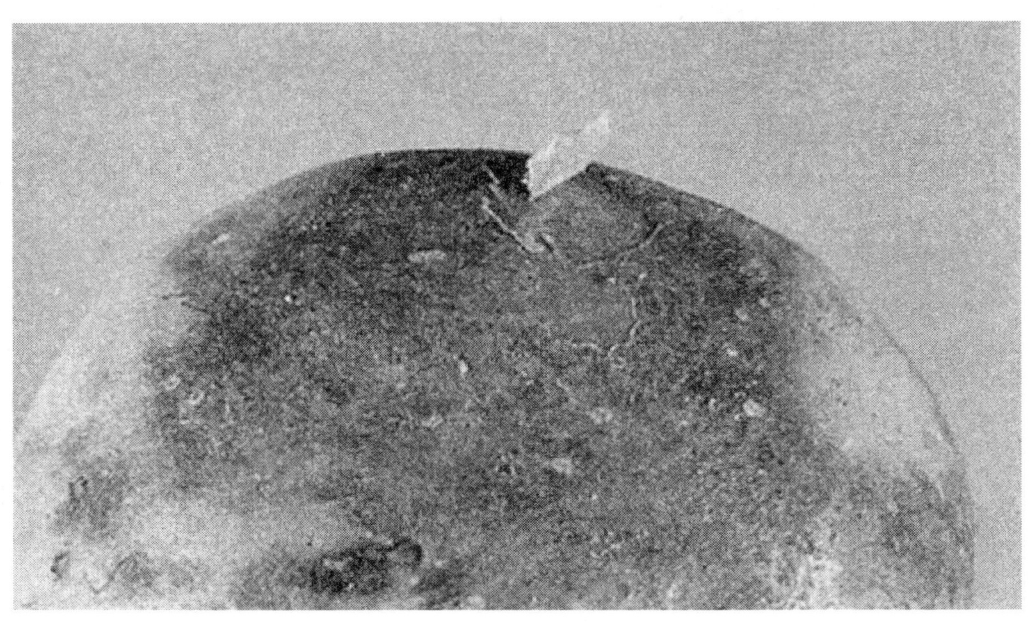

图 B.2　马铃薯银屑病菌在块茎上发展以后形成的圆形、从褐色到暗灰色的病斑，最后发展为银灰色

图 B.3 马铃薯银屑病菌保湿培养的微型“圣诞树”一样的分生孢子梗及分生孢子

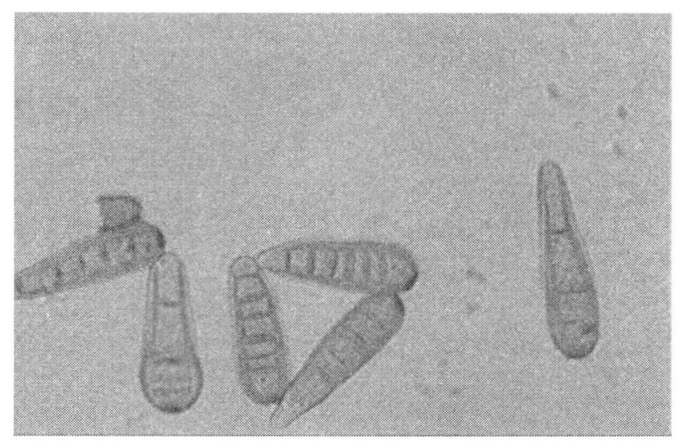

图 B.4 马铃薯银屑病的分生孢子

ICS 65.020.01
B 16

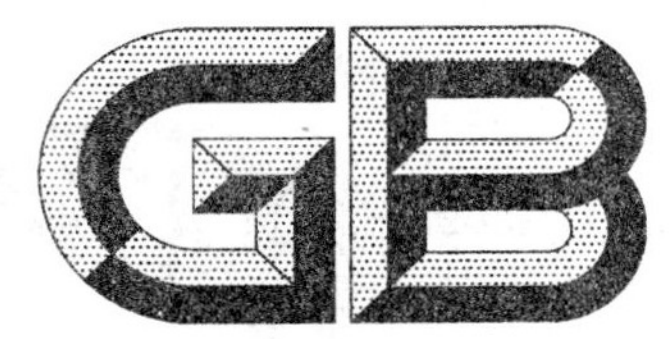

中华人民共和国国家标准

GB/T 28094—2011

芒果细菌性黑斑病菌检疫鉴定方法

Detection and identification of *Xanthomonas campestris* pv. *mangiferaeindicae*（Patel et al.）Robbs et al.

2011-12-30 发布　　2012-06-01 实施

中华人民共和国国家质量监督检验检疫总局
中国国家标准化管理委员会　发布

前　　言

本标准按照 GB/T 1.1—2009 给出的规则起草。

本标准由全国植物检疫标准化技术委员会(SAC/TC 271)提出并归口。

本标准起草单位:中华人民共和国天津出入境检验检疫局、中华人民共和国广东出入境检验检疫局。

本标准主要起草人:刘鹏、罗加凤、崔汝强、魏亚东、王金成、刘勇、赵立荣、黄国明。

芒果细菌性黑斑病菌检疫鉴定方法

1 范围

本标准规定了芒果细菌性黑斑病菌的检疫鉴定方法。

本标准适用于芒果果实、苗木等植物材料中芒果细菌性黑斑病菌的检疫和鉴定。

2 规范性引用文件

下列文件对于本文件的应用是必不可少的。凡是注日期的引用文件，仅注日期的版本适用于本文件。凡是不注日期的引用文件，其最新版本(包括所有的修改单)适用于本文件。

SN/T 1193 基因检验实验室技术要求

SN/T 2122 进出境植物及植物产品检疫抽样

3 芒果细菌性黑斑病菌基本信息

中文名：芒果细菌性黑斑病菌。

学名：*Xanthomonas campestris* pv. *mangiferaeindicae*(Patel，Moniz & Kulkarni 1948)Robbs，Ribeiro & Kimura 1974。

病害英文名：mango bacterial black spot。

属细菌界 Bacteria，变形细菌门 Proteobacteria，γ-变形细菌纲 Gammaproteobacteria，黄单胞菌目 Xanthomonodales，黄单胞菌科 Xanthomonodaceae，黄单胞菌属 *Xanthomonas*。

病菌潜伏在病叶、病枝条、病果等组织内越冬，是主要的初侵染源。病菌借风雨、流水和接触传播，远距离传播主要是带菌苗木、接穗和果实等。

芒果细菌性黑斑病菌的其他信息参见附录 A。

4 方法原理

依据症状特征，以及该病菌的生物学特性、生理生化特性、分子生物学特性和致病性特征等进行检测鉴定。

5 仪器用具

生物显微镜、超净工作台、高压灭菌器、恒温培养箱、离心机(12 000 r/min)、分光光度计、PCR 仪、电泳仪、凝胶成像仪、电子天平(感量 0.000 1 g)、恒温水浴锅、恒温光照培养箱、低温冰箱、微量可调加样器(10 μL、100 μL、200 μL、1 000 μL)等。

6 试剂和培养基

6.1 试剂

$MgCl_2$，dNTPs(dATP、dTTP、dCTP、dGTP)，*Taq* 酶，氧化酶试纸条，细菌微量生化鉴定管，引物

XgyrconpcrF1，Xgyrconrpcr1，Xgyrconfsp1 等购自生物公司。

除另有规定外，所有试剂均为分析纯，所有试验用水均为灭菌双蒸水。

6.2 培养基

NA 培养基，半选择性培养基 NCTM3 和 KC 见附录 B。

7 检疫鉴定方法及步骤

7.1 现场检疫

芒果种植园的病害调查或进出境芒果样品的现场检疫中，若芒果植株或果实病害症状表现与附录 A 中描述类似，取样带回实验室做进一步分离鉴定，取样方法和步骤参照 SN/T 2122。

7.2 病原菌分离

选择较新鲜的发病组织，切取病健交界部位，用无菌水清洗三次。在培养皿中滴入几滴无菌水，将病组织放入无菌水中，并用灭菌玻棒研碎，10 min 后用接种环蘸取，在半选择性培养基 NCTM3 或 KC 平板上划线分离，做不少于 3 个平板。置于 28 ℃下，NCTM3 培养基培养 5 d～6 d，KC 培养基培养 4 d～5 d 后观察。*Xcm* 在这两种培养基上菌落特征相似，直径 3 mm～4 mm，圆形，轻微凸起，边缘整齐，白色或乳白色（少见黄色），黏液状。

挑取可疑单菌落点接在氧化酶试纸条上，选择 60 s 内不变色的单菌落（排除假单胞菌）在 NA 培养基上进行分离纯化。

7.3 分子生物学鉴定（PCR 方法）

分子生物学检测中安全措施方面要求按照 SN/T 1193。

纯化后的菌株经 28 ℃培养 24 h 后，制备模板 DNA，扩增 *gyrB* 基因，用无菌双蒸水代替模板做空白对照，扩增目的片段大小约为 700 bp。PCR 产物回收后测序，测序结果与 GenBank 数据库中的已知模式菌株序列进行比对，该检测方法见附录 B。

7.4 生化指标测定

采用生化鉴定管对可疑菌株和芒果细菌性黑斑病菌标准菌株进行下列指标的检测，包括硝酸盐还原，七叶灵水解，尿酶产生，H_2S 产生，淀粉水解，明胶液化，阿拉伯糖、纤维二糖、半乳糖和果糖发酵，吲哚产生，精氨酸双水解。

Xcm 生化指标检测结果应为硝酸盐还原阴性，七叶灵水解阳性，H_2S 产生阳性，淀粉水解阳性，明胶液化阳性，能从阿拉伯糖、纤维二糖、半乳糖和果糖产酸，吲哚产生阴性，尿酶阴性，精氨酸双水解阴性。

7.5 致病性测定

针刺接种苗木在温室或田间进行，离体叶片法接种在室内平皿保湿进行。取在 NA 培养基上培养 24 h 的菌株用无菌水配成约为 10^8 CFU/mL 的菌悬液接种。用无菌水作阴性对照，芒果细菌性黑斑病菌标准菌株作阳性对照。接种后的苗木保持湿度 90%；离体叶片置培养皿中，叶柄用浸有 50×10^{-6} 6-苄氨基嘌呤（6-BA）培养液的脱脂棉保湿。温度白天 30 ℃，晚上 26 ℃，光照 12 h。接种 9 d 后观察是否出现水渍状病斑。

8 结果判定

分离纯化得到的细菌菌株同时符合以下三个方面的检测结果，则可以判定检出 *Xcm*。

a) 在半选择性培养基上的菌落特征与描述相符；

b) 生理生化测定结果与描述相符；

c) PCR 扩增产物测序结果与已知 *Xcm* 的 *gyrB* 基因同源性在 98%以上；或致病性测定表现典型症状。

9 样品保存

检出 *Xcm* 的样品至少保存 6 个月，以备复检、谈判和仲裁；保存期满后，需经灭菌后方可处理。

10 菌种保存

分离并最终鉴定为 *Xcm* 的菌株应转接到 NA 培养基试管斜面上，经登记和经手人签字后置于 4 ℃低温冰箱中保存，30 d～60 d 转接一次，以防止病菌死亡，以备复核、谈判和仲裁。必要时将菌株用真空冷冻干燥机冻干后长期保存。

附　录　A
（资料性附录）
芒果细菌性黑斑病菌其他信息

A.1　分布

巴西、南非、苏丹、埃及、巴拉圭、多米尼加、马拉维、墨西哥、刚果、莫桑比克、法属圭亚那、索马里、摩洛哥、印度、巴基斯坦、澳大利亚、马来西亚、日本、中国（台湾、广东、海南）。

A.2　寄主范围

芒果（*Mangifera indica*）、腰果（*Anacardium occidentale*）、巴西胡椒（*Schinus terebenthifolius*）、加椰芒果（*Spondias cytherea*）、槟榔青（*Spondias mombin*）等漆树科植物。人工接种也可以侵染野芒果（*Spondias mangifera*）和紫葳科（*Bignonia chamberlaynii*）植物等。

A.3　危害

芒果细菌性黑斑病主要危害芒果叶片、枝条、花芽、花和果实。感病叶片开始时呈水渍状斑，后扩展为褐色至黑色的多角形病斑，表面隆起，周围常有黄晕，大小约1 mm～3 mm，病斑边缘常受叶脉限制，有时多个病斑融合成较大的病斑，老病斑最后转为灰白色。枝条和花穗发病呈黑褐色溃疡斑，有些病斑开裂，伴有胶黏汁液渗出；果实上病斑呈水渍状小点，直径1 mm～1.5 mm，常有胶粘汁液流出，后扩大成黑褐色，表面隆起，溃疡开裂。嫩茎感染后明显褪绿，并纵向开裂，渗出胶液变成黑斑。各部位病组织作显微镜检查，有大量细菌溢出。

A.4　生物学特性

病原菌在NCTM3和KC培养基上菌落特征相似，培养6 d后菌落直径3 mm～4 mm，圆形，轻微凸起，边缘整齐，白色或乳白色（少见黄色），黏液状。

在营养琼脂（NA）培养基上菌落圆形，白色至乳白色，也有黄色。

在KB培养平板上，菌落为薄圆型，轻微凸起，边缘整齐。菌落颜色最初为灰白色，逐渐变为白色到乳白色。老龄菌落逐渐变为浅黄褐色。不产生荧光。

病原菌菌体杆状，（0.3 μm～0.6 μm）×（0.9 μm～1.6 μm），极生单鞭毛，革兰氏染色阴性，运动，好氧，葡萄糖氧化非发酵型，氧化酶阴性，接触酶阳性，淀粉水解阳性，明胶液化阳性，牛奶解朊阳性，硝酸盐还原阴性，H_2S产生阳性，吲哚产生阴性，尿酶阴性，脂肪酶阳性，纤维素酶阳性，酪蛋白酶阳性，果聚糖阳性，精氨酸双水解阴性，七叶灵水解阳性；能从阿拉伯糖、甘露糖、果糖、纤维二糖、半乳糖和海藻糖产酸。可利用D-葡萄糖，纤维二糖，麦芽糖，D-甘露醇，D-甘露糖，赤藓糖醇，棉籽糖，L-鼠李糖，D-核糖，蔗糖，海藻糖，D-木糖，卫矛醇，D-半乳糖，肌醇，菊粉，甘油，醋酸盐，柠檬酸盐，延胡索酸盐，苹果酸盐，水杨苷，淀粉；不利用D-葡萄糖醇，D-葡糖酸盐，松三糖，草酸盐，苯丙氨酸，核糖醇，酒石酸盐。对部分重金属和抗生素敏感，在番茄上产生过敏性反应，最适生长温度28 ℃，37 ℃能生长，41 ℃不生长。

芒果细菌性黑斑病菌与相近种的主要区别见表A.1。

表 A.1 芒果细菌性黑斑病菌与相近种的主要区别

试验		芒果细菌性黑斑病菌 *X. campestris* pv. *mangiferaeindicae*	地毯黄单胞菌 *X. axonodis*	草莓黄单胞菌 *X. fragariae*	白纹黄单胞菌 *X. albilineans*	白杨黄单胞菌 *X. populi*
菌落粘液状(15%葡萄糖 NA)		+	−	+	−	+
明胶液化		+	−	+	V	−
七叶苷水解		+	+	−	+	
牛乳蛋白降解		+	−	−	−	+
从蛋白胨产 H_2S		+	+	−	−	−
产酸	阿拉伯糖	+	−	−	−	−
	甘露糖	+	−	+	+	+
	果糖	+	−	+	−	+
	纤维二糖	+	−	−	−	−
	海藻糖	+	+	−	−	+
	半乳糖	+	−	−	V	+
注：+——≥90%菌株为阳性；−——≥90%菌株为阴性；V——菌株间不稳定的反应。						

附 录 B
（规范性附录）
培养基配制和 PCR 检测方法

B.1 培养基

B.1.1 NCTM3 培养基

酵母粉 7 g，蛋白胨 7 g，葡萄糖 7 g，琼脂 15 g，蒸馏水 1 000 mL，pH7.2。121 ℃湿热灭菌 20 min 后，温度降至 50 ℃左右，依次加入新霉素 1 mg/L，头孢氨苄 100 mg/L，甲氧苄氨嘧啶 5 mg/L，匹美西林 100 mg/L，丙环唑 20 mg/L。

B.1.2 KC 培养基

酵母粉 7 g，蛋白胨 7 g，葡萄糖 7 g，琼脂 15 g，蒸馏水 1 000 mL，pH7.2。121 ℃湿热灭菌 20 min 后，温度降至 50 ℃左右，依次加入头孢氨苄 40 mg/L，春雷霉素 20 mg/L，丙环唑 20 mg/L。

B.1.3 NA 培养基

蛋白胨 5 g，牛肉浸膏 3 g，琼脂 15 g，蒸馏水 1 000 mL。121 ℃湿热灭菌 20 min。

B.2 分子生物学鉴定方法（PCR 方法）

B.2.1 DNA 制备

纯化后的菌株经 28 ℃培养 24 h 后，用接种环取一环菌于含 1 mL 无菌双蒸水的离心管中，用分光光度计调节 A650＝0.1，然后将该菌悬液 100 ℃水浴煮沸 8 min，－20 ℃放置 10 min 后待用。

B.2.2 *gyrB* 基因扩增

PCR 扩增 *gyrB* 基因，引物为 XgyrconpcrF1（5'-AAGAGCGAGCTGTATCTGAAGGACGA-3'），Xgyrconrpcr1（5'-CGCGTCCTCGATGCGCACCTGCA -3'）。反应体系为（50 μL）：10×PCR 缓冲液（含 $MgCl_2$）5 μL，dNTPs（各 2.5 mmol/L），1 μL；引物（10 pmol/μL）各 1 μL；*Taq* DNA 聚合酶 0.4 μL；DNA 2 μL。用无菌双蒸水代替模板做空白对照。反应条件为 94 ℃预变性 5 min；94 ℃ 40 s，50 ℃ 50 s，72 ℃ 1 min，共 32 个循环；72 ℃延伸 7 min。

B.2.3 琼脂糖凝胶电泳检测

PCR 产物经 1%琼脂糖凝胶电泳分析，扩增产物片段大小约为 700 bp。每个样品取 5 μL 的 PCR 产物加 1 μL 的 6×上样缓冲液，在 120 V 下电泳（约 50 min）。电泳结束后，放入装有 0.5 μg/μL 的溴化乙锭（EB）溶液的容器中染色，然后在清水中清洗后，在凝胶成像系统中观察，拍照并保存。

B.2.4 测序

将 PCR 产物回收后，进行克隆、测序，或者直接测序（测序可由生物公司完成）。测序引物为 Xgyrconfsp1（5'-GAGCTGTATCTGAAGGACGA-3'）。测序结果与 GenBank 数据库中的已知序列进行比对。

ICS 65.020.01
B 16

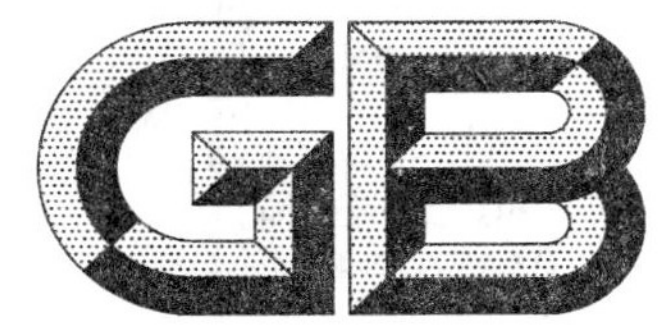

中华人民共和国国家标准

GB/T 28095—2011

木层孔褐根腐病菌检疫鉴定方法

Detection and identification of *Phellinus noxius* (Corner) G. Cunn.

2011-12-30 发布　　2012-06-01 实施

中华人民共和国国家质量监督检验检疫总局
中国国家标准化管理委员会　发布

前　言

本标准按照 GB/T 1.1—2009 给出的规则起草。

本标准由全国植物检疫标准化技术委员会(SAC/TC 271)提出并归口。

本标准起草单位:中华人民共和国宁波出入境检验检疫局检验检疫技术中心、中华人民共和国江苏出入境检验检疫局。

本标准主要起草人:张建成、陈先锋、丁国云、张慧丽、戴忠军、张培、王良华。

木层孔褐根腐病菌检疫鉴定方法

1 范围

本标准规定了木层孔褐根腐病菌 *Phellinus noxius* 的检疫鉴定方法。

本标准适用于木材和苗木上的木层孔褐根腐病菌的检测和鉴定。

2 规范性引用文件

下列文件对于本文件的应用是必不可少的。凡是注日期的引用文件，仅注日期的版本适用于本文件。凡是不注日期的引用文件，其最新版本（包括所有的修改单）适用于本文件。

GB/T 12728 食用菌术语

SN/T 1126 进出境木材检疫规程

SN/T 1157 进出境植物苗木检疫规程

3 术语和定义

GB/T 12728 界定的以及下列术语和定义适用于本文件。

3.1

平伏反卷 effused-reflexed

担子果在基物上的着生形态，其一部分贴附于基物上，边缘翘起反卷形成檐状、条状、半圆形或扇形菌盖，有时呈覆瓦状叠生。整个担子果贴附于基物上，不形成菌盖的形态称为平伏（effused）。

3.2

生殖菌丝 generative hyphae

担子果中基本的菌丝类型。在刺革菌科（Hymenochaetaceae）种类中，生殖菌丝只形成简单分隔，不形成锁状联合，通常无色、浅黄色或浅黄褐色，薄壁或厚壁，分枝或很少分枝。

3.3

刚毛状菌丝 setal hyphae

在菌肉或菌髓中形态像菌丝，但明显比菌丝宽，且具有厚壁，顶端尖锐的结构。

4 木层孔褐根腐病菌基本信息

中文名：木层孔褐根腐病菌。

学名：*Phellinus noxius*（Corner）G. Cunn. 1965。

异名：*Fomes noxius* Corner 1932；*Phellinidium noxium*（Corner）Bondartseva & S. Herrera 1992。

病害英文名：brown root rot disease。

属真菌界 Fungi，担子菌门 Basidiomycota，担子菌纲 Basidiomycetes，刺革菌目 Hymenochaetales，刺革菌科 Hymenochaetaceae，木层孔菌属 *Phellinus*。

木层孔褐根腐病菌的其他信息参见附录 A。

5 方法原理

根据木层孔褐根腐病菌在寄主植物上的症状，抽取可疑样品进行病原菌分离培养，根据病原菌的形态特征、生物学特征和PCR特异性反应对病菌进行鉴定。

6 仪器和用具

6.1 仪器设备

体视显微镜、显微镜(具100×油镜和测微尺)、超净工作台、生物培养箱、冰箱、高压灭菌器、干热灭菌器。

6.2 实验用具

载玻片、盖玻片、滴管、培养皿、镊子、解剖刀、酒精灯、医用手术剪。

7 试剂和材料

7.1 试剂

7.1.1 蒸馏水(H_2O)。

7.1.2 5%氢氧化钾(KOH)溶液(质量浓度)。

7.1.3 棉蓝试剂:棉蓝(苯胺蓝)0.5 g、乳酸60 mL。

7.1.4 Melzer试剂:碘(I_2)0.5 g、碘化钾(KI)1.5 g、水20 g、水合氯醛22.5 g。

7.2 培养基

7.2.1 大麦提取物琼脂(MEA)培养基

大麦提取物(Malt Extract)20 g，琼脂(Agar)20 g，加蒸馏水至1 000 mL。121 ℃高压湿热灭菌30 min，倒平板备用。

7.2.2 选择性培养基

MEA培养基灭菌后，待冷却至40 ℃～50 ℃，加入100 mg氨苄青霉素，10 mg氯硝胺，10 mg苯菌灵，500 mg没食子酸，混匀倒平板。

7.2.3 马铃薯葡萄糖琼脂(PDA)培养基

自行配制或使用市售PDA培养基。

8 现场检测

取样和抽样按照SN/T 1157或SN/T 1126方法进行。

取样时应进行针对性检查，检查有无可疑症状，重点观察茎干基部1 m范围内区域及根系是否包裹褐色菌丝层；剥去树皮，观察树木组织是否白色腐朽，有无褐色网纹状菌丝束；腐烂树木表面是否有真菌子实体。直接挑出带有可疑症状的货物，将可疑部分切(锯)下，送实验室作进一步检验鉴定。

9 实验室检测

9.1 分离和培养

将带病材料用自来水冲洗干净，洁净吸水纸吸干。去除树皮，用消毒的解剖刀片将内部病组织切成约 3 mm×3 mm×6 mm 小块，置于选择性培养基平板上，每个培养皿放置 5 块，梅花状排列，30 ℃黑暗培养 5 d～10 d。选择性培养基上的褐色菌落转移到 MEA 培养基或 PDA 培养基 30 ℃黑暗培养。长满平板后，检查培养性状，在光学显微镜下观察菌丝形态特征。

9.2 子实体观察

如发现病菌子实体，采用宏观形态观察和显微切片方法检测。

宏观形态观察使用体式显微镜，观察子实体的形态、色泽、菌盖、菌孔等特征。

显微切片检测方法，使用干标本制作成徒手切片，以蒸馏水、Melzer 试剂和 5%氢氧化钾溶液分别做为浮载剂，在显微镜下观察菌丝及子实层中的担孢子、担子、菌髓等微观特征。显微测量和摄像均在棉蓝试剂包埋的切片中进行。孢子测量 30 个，其他结构如菌丝直径、担子大小等均测量 10 个，取极小值与极大值，宽度测量于其结构的最宽部位，长度测量于其顶端至基部分隔处。

9.3 PCR 检测方法

培养物菌丝或病组织中病菌 DNA 提取和 PCR 检测方法见附录 B。

引物 PN-1F/PN-2R 扩增病菌 DNA，得到 414 bp 或 422 bp 扩增产物，则为 PCR 检测阳性，反之，为阴性。所有真菌 DNA 均可与通用引物 ITS-1 和 ITS-2 结合扩增产生 300 bp 左右的 DNA 片段。

10 鉴定特征

10.1 寄主上症状

树木根和茎基部表面多形成一层厚厚的黑褐色到黑色菌丝壳，坚硬，油浸状表面，根部菌丝壳常与泥沙结合不明显。潮湿时，茎部菌丝壳的延伸边缘乳白色，约 2 cm 宽，带有澄清褐色的渗出液滴。(参见图 C.1)树皮易剥落，病害引起软而脆的蜂窝状白色腐烂，受感染树皮内侧组织具不规则暗褐色菌丝束形成的网纹(参见图 C.2)。

10.2 无性阶段特征

10.2.1 培养性状

在含有没食子酸 MEA 培养基上，能产生扩散性的暗褐色色素。菌落不规则，菌落前缘菌丝气生至平伏，初始白色至草黄色，渐渐转为黄褐色至褐色，有褐色网纹(参见图 D.1)。

10.2.2 显微特征

菌丝透明到褐色，不产生锁状联合，一般能够产生节孢子和毛状菌丝。节孢子(参见图 D.2)由菌丝断裂形成，与菌丝同色，球形到卵形。毛状菌丝(参见图 D.3)鹿角状，菌丝分叉生长，表面有刺状突起。

10.3 子实体形态

10.3.1 整体特征

子实体单生，无柄，大小不一，平伏或平伏反卷形成窄的菌盖(参见图 C.3 和图 C.4)，长可达10 cm，宽可达 6 cm,基部厚可达 2.5 cm;平伏时长可达 40 cm,宽可达 15 cm。新鲜时硬革质或软木栓质,无嗅无味,干后硬木质。菌盖表面暗褐色至黑色,具不规则的环带,光滑。孔口表面灰褐色至暗褐色,不育的边缘明显,孔口圆形,每毫米 7 个～8 个,孔口边缘薄而全缘。

10.3.2 微观结构

子实体切片分为 3 部分,最上层表皮为一明显的黑色薄皮壳,中间菌肉层,下层菌管层。菌肉黄褐色,具同心环带,菌肉和菌管之间有一条黑色细线相间。菌管褐色。微观结构参见图 D.4。具体结构如下:

a) 菌丝结构:担子果内只存在生殖菌丝;菌肉中菌丝为菌肉菌丝,菌管为子实层体,其中的菌丝为菌髓菌丝,菌髓菌丝与菌肉菌丝相似;所有隔膜无锁状联合;在 5% KOH 试剂中菌丝组织颜色变黑,对 Melzer 试剂无变色反应,在棉蓝试剂中略变蓝色。担子果菌髓里的刚毛状菌丝顶端钝而菌肉里的刚毛状菌丝顶端锐,是子实体的最重要的鉴定特征。
b) 菌肉:生殖菌丝无色,薄壁,偶尔分枝,常具隔膜,平直,规则排列,直径为 4 μm～7 μm;刚毛状菌丝褐色至暗褐色,厚壁,内腔宽,通常末端尖,起源于黄色厚壁菌丝,长达数百微米,直径 5 μm～10 μm。
c) 菌管:生殖菌丝很少分枝,常具隔膜,略平行排列,相互紧密黏结,直径为 3 μm～6 μm。刚毛状菌丝明显,厚壁并具一狭窄的内腔,顶端圆钝,长达数百微米,最宽处直径为 7 μm～14.5 μm。子实层通常在后期消解;囊状体棍棒状,具长而尖锐的顶部,薄壁,大小为(16 μm～21 μm)×(4 μm～5 μm);担子近棍棒状,大小为(12 μm～16 μm)×(3.5 μm～4 μm);次生菌丝丰富,无色,薄壁,常分枝,直径为 3 μm～5 μm。
d) 孢子:担孢子椭圆形或倒卵形,无色,薄壁,大小为(4 μm～6 μm)×(3 μm～5 μm)。

10.4 木层孔褐根腐病菌与其近似种的主要区别

木层孔褐根腐病菌与其近似种橡胶木层孔菌的主要区别参见附录 E。

11 结果判定

11.1 检出子实体,符合 10.3 的鉴定特征,可直接判为木层孔褐根腐病菌。

11.2 未检出子实体,为害症状、无性阶段培养特征符合 10.1～10.2 鉴定特征,判为木层孔褐根腐病菌。

11.3 未检出子实体,为害症状不明显,分离得到符合 10.2 鉴定特征的真菌,PCR 特异性反应阳性,可判为木层孔褐根腐病菌。

12 标本和样品保存

鉴定为木层孔褐根腐病菌的病木保存至少 12 个月。

选择适当的病原菌材料制成永久玻片,分离获得的木层孔褐根腐病菌分离物转移到 MEA 斜面培养基或 PDA 斜面培养基或灭菌蒸馏水室温黑暗保存,每 6 个月转接到新的培养基上保存,并严格防止扩散。妥善保存实验原始记录等材料,以备复验、谈判和仲裁。

样品和菌株保存期满后,经高温高压灭菌处理。

附 录 A
（资料性附录）
木层孔褐根腐病菌其他信息

A.1 分布

亚洲：巴基斯坦，菲律宾，马来西亚（西马来西亚、沙巴、沙捞越），缅甸，斯里兰卡，印度（喀拉拉邦、马德拉斯、迈索尔、东北地区、北方邦、安达曼群岛、尼科巴群岛），印度尼西亚（爪哇、苏门答腊），越南，中国（台湾）。

非洲：安哥拉，贝宁，布基纳法索，多哥，刚果，加纳，加蓬，喀麦隆，科特迪瓦，肯尼亚，尼日利亚，塞拉利昂，坦桑尼亚，乌干达，中非。

美洲：巴西，波多黎各，法属圭亚那，哥斯达黎加，古巴。

大洋洲：澳大利亚（昆士兰），巴布亚新几内亚，北马里亚纳群岛（美属），斐济，美属萨摩亚，所罗门群岛，瓦努阿图，西萨摩亚，新西兰。

A.2 寄主

木层孔褐根腐病菌寄主范围很广，寄主包括56科近200种植物（见表A.1）。

表 A.1 木层孔褐根腐病菌的寄主

学 名	中文名	学 名	中文名
Acacia aulacocarpa	纹荚相思	*Artemisia capillaris*	茵陈蒿
Acacia confusa	台湾相思	*Artemisia princeps*	魁蒿，艾草
Acacia mangium	马占相思	*Artocarpus heterophyllus*	木菠萝
Actinodaphne pedicellata	小梗木姜子	*Averrhoa carambola*	杨桃
Agathis robusta	昆士兰贝壳杉	*Barleria cristata*	假杜鹃
Albizia lebbeck	大叶合欢	*Bauhinia purpurea*	红花羊蹄甲
Albizia sp.	合欢属	*Bauhinia* sp.	羊蹄甲属
Aleurites fordii	油桐	*Bauhinia variegata*	宫粉羊蹄甲
Aleurites moluccana	石栗	*Bauhinia hybrid*	艳紫荆
Alstonia scholaris	糖胶树	*Bischofia javanica*	茄冬
Annona×*squamosa-cherimola*	凤梨释迦	*Blepharocarya involucrigera*	漆树科一种
Annona montana	山刺番荔枝	*Boehmeria nivea*	苎麻
Annona squamosa	番荔枝	*Bombax ceiba*	木棉
Annona squamosa×*A. cherimola*	凤梨释迦	*Bougainvillea* sp.	九重葛属
Araucaria cunninghamii	南洋杉	*Breynia nivosa*	彩叶山漆茎
Araucaria heterophylla	异叶南洋杉	*Broussonetia kazinoki*	小构树
Areca triandra	三药槟榔	*Broussonetia papyrifera*	构树

表 A.1（续）

学　　名	中文名	学　　名	中文名
Cajanus cajan	木豆	*Crotalaria micans*	黄猪屎豆
Calocedrus formosana	台湾肖楠	*Cycas taiwaniana*	台湾苏铁
Calophyllum inophyllum	琼崖海棠	*Dalbergia sissoo*	印度黄檀
Camellia japonica	山茶	*Delonix regia*	凤凰木
Camellia japonica var. *japonica*	凤凰山茶	*Dimocarpus longan*	龙眼
Camellia sinensis	茶	*Diospyros ferrea* var. *buxifolia*	象牙树
Cassia fistula	腊肠树	*Diospyros kaki*	柿树
Cassia grandis	红花铁刀木	*Diospyros oldhamii*	红柿
Cassia sp.	铁刀木属	*Duranta repens*	假连翘
Casuarina equisetifolia	木麻黄	*Elaeis guineensis*	油棕
Cedrela mexicana	墨西哥洋椿	*Elaeocarpus serratus*	锡兰橄榄
Ceiba pentandra	爪哇木棉	*Eriobotrya japonica*	枇杷
Cerbera manghas	海芒果	*Erythrina variegate*	刺桐
Chamaecyparis formosensis	红桧	*Eucalyptus camaldulensis*	赤桉
Chlorophora excelsa	绿柄桑	*Eucalyptus citriodora*	柠檬桉
Chorisia speciosa	美人树	*Eucalyptus drepanophylla*	纤脉桉
Chrysalidocarpus lutescens	散尾葵	*Eucalyptus grandis*	巨桉
Cinnamomum camphora	樟树	*Ficus elastica* var. *elastica*	印度橡胶树
Cinnamomum kanehirai	牛樟	*Ficus hanceana*	桑科一种
Cinnamomum zeylanicum	锡兰肉桂	*Ficus microcarpa*	榕
Citrus aurantifolia	莱檬	*Ficus pumila* var. *awkeotsang*	爱玉子
Citrus limon	柠檬	*Ficus religiosa*	菩提树
Citrus reticulata	柑橘	*Ficus stenopylla*	竹叶榕
Cocos nucifera	可可椰子	*Firmiana simplex*	梧桐
Codiaeum variegatum	变叶木	*Flemingia macrophylla*	大叶千金拔
Coffea arabica	小粒咖啡	*Flindersia brayleyana*	昆士兰巨盘木
Coffea canephora	中粒咖啡	*Fraxinus formosana*	白鸡油
Coffea sp.	咖啡属	*Gardenia jasminoides*	黄栀子
Cola nitida	可拉	*Grevillea robusta*	银桦
Cordia dichotoma	破布木	*Hedera australiana*	五加科一种
Crataegus sp.	山楂	*Hevea brasiliensis*	巴西橡胶树
Crescentia cujete	葫芦树	*Hevea* sp.	橡胶树
Crotalaria anagyroides	三尖叶猪屎豆	*Hibiscus rosa-sinensis*	朱槿
Cryptocarya concinnai	海南厚壳桂	*Hibiscus schizopetalus*	裂瓣朱槿
Cupressus lusitanica	墨西哥柏木	*Hibiscus tiliaceus*	黄槿

表 A.1（续）

学　名	中文名	学　名	中文名
Hydrangea chinensis	中国绣球	*Ochroma lagopus*	轻木
Ipomoea pescaprae	马鞍藤	*Osmanthus fragrans*	桂花
Keteleeria davidiana var. *formosana*	台湾油杉	*Pachira macrocarpa*	马拉巴栗
Kigelia pinnata	腊肠树	*Palaquium formosanum*	大叶山榄
Kissodendron australianum	五加科一种	*Peltophorum inerme*	盾柱木
Koelreuteria henryi	台湾栾树	*Persea americana*	鳄梨
Lactuca indica	山莴苣	*Persea gratissima*	鳄梨
Lagerstroemia speciosa	大花紫薇	*Pinus elliottii*	湿地松
Lagerstroemia turbinata	棱萼紫薇	*Pinus elliottii* var. *elliottii*	湿地松
Lantana camara	马缨丹	*Pinus thunbergii*	黑松
Leucaena×glabrata-leucocephala	银合欢	*Piper nigrum*	胡椒
Leucaena leucocephala	银合欢	*Pistacia chinensis*	黄连木
Liquidambar formosana	枫香	*Podocarpus macrophyllus*	罗汉松
Litchi chinensis	荔枝	*Podocarpus macrophyllus* var. *macrophyllus*	罗汉松
Litsea glutinosa	潺高树		
Litsea hypophaea	小梗木姜子	*Pongamia pinnata*	水黄皮
Macaranga tanarius	血桐	*Populus* sp.	杨树属
Machilus zuihoensis	香楠	*Prunus campanulata*	山樱花
Maesa tenera	台湾山桂花	*Prunus mume*	梅
Mallotus paniculatus	白楸	*Prunus persica*	桃
Mangifera indica	芒果	*Pterocarpus indicus*	印度紫檀
Manihot utilissima	木薯	*Pyrus pyrifolia*	沙梨
Melaleuca leucadendron	白千层	*Rhododendron obtusum*	杜鹃
Melia azedarach	楝	*Rosa* sp.	蔷薇属
Melicope merrilli	山刈菜	*Roystonea regia*	大王椰子
Melodinus angustifolius	台湾山橙	*Salix babylonica*	垂柳
Michelia compressa	乌心石	*Saurauia oldhamii*	水冬瓜
Michelia compressa var. *formosana*	台湾乌心石	*Schefflera octophylla*	鹅掌柴
Michelia figo	含笑花	*Schinus terebinthifolinus*	巴西乳香
Muntingia calabura	西印度樱桃	*Stenocarpus sinuatus*	火轮树
Murraya paniculata	千里香	*Sterculia foetida*	掌叶苹婆
Murraya paniculata var. *paniculata*	月橘	*Sterculia nobilis*	苹婆
Neolitsea parvigemma	小芽新木姜子	*Swietenia macrophylla*	大叶桃花心木
Nephelium lappaceum	红毛丹	*Swietenia mahagoni*	桃花心木
Nerium oleander	洋夹竹桃	*Syzygium samarangense*	莲雾

表 A.1（续）

学　　名	中文名	学　　名	中文名
Tabebuia chrysantha	黄钟木	*Theobroma cacao*	可可
Taiwania cryptomerioides	台湾杉	*Thevetia peruviana*	黄花夹竹桃
Tectona grandis	柚木	*Ulmus parvifolia*	榔榆
Tephrosia sp.	灰毛豆属	*Urena lobata*	中华地桃花
Tephrosia vogelii	非洲山毛豆	*Vitis vinifera*	葡萄
Terminalia boivinii	小叶榄仁	*Zelkova serrata* var. *serrata*	榉
Terminalia catappa	榄仁		

附 录 B
（规范性附录）
PCR 检测方法

B.1 仪器和用具

B.1.1 仪器设备

普通天平（感量为 0.01 g）、高速冷冻离心机、冰箱、PCR 仪、电泳仪、凝胶成像系统。

B.1.2 实验用具

可调微量加样器（2 μL、10 μL、100 μL、1 000 μL）、离心管（1.5 mL）。

B.2 试剂

B.2.1 无菌双蒸水（ddH_2O）、液氮（N_2）、2-巯基乙醇、聚乙烯吡咯烷酮（PVP）、无水乙醇、氯化镁（$MgCl_2$）、*Taq* DNA 聚合酶、10×PCR 缓冲液、琼脂糖、DNA 相对分子质量标记（100 bp～1 000 bp）、10×上样缓冲液。

B.2.2 2%CTAB 提取缓冲液：2%十六烷基三甲基溴化铵（CTAB）（质量浓度）、0.01 mol/L 三羟甲基氨基甲烷盐酸盐（Tris-HCl）（pH8.0）、0.02 mol/L 乙二胺四乙酸（EDTA）、1.4 mol/L 氯化钠（NaCl）。

B.2.3 三氯甲烷/异戊醇：体积比 24∶1。

B.2.4 TE 缓冲液（pH8.0）：10 mmol/L Tris-HCl（pH8.0）、1 mmol/L EDTA（pH8.0）。

B.2.5 dNTP 混合物：包括 dATP、dTTP、dCTP、dGTP，每种浓度各 2.5 mmol/L。

B.2.6 引物：根据表 B.1 和表 B.2 中序列合成引物，加无菌双蒸水配制成 10 μmol/L。

表 B.1 特异性引物

引　物	序列 5'-3'
PN-1F	AGT TTG CGC TCA TCC ATC TC
PN-2R	AGC CGA CTT ACG CCA GCA G

表 B.2 真菌通用引物

引　物	序列 5'-3'
ITS-1	TCC GTA GGT GAA CCT GCG G
ITS-2	GCT GCG TTC TTC ATC GAT GC

B.2.7 EB 储存液：溴化乙锭（EB）加无菌双蒸水配制成 10 mg/mL。

B.2.8 5×TBE 电泳缓冲液：Tris-HCl 54 g、硼酸（H_3BO_3）27.5 g、0.5 mol/L EDTA（pH8.0）20 mL，加蒸馏水至 1 000 mL，使用时 10 倍稀释。

B.3 病菌 DNA 提取

不同组织 DNA 提取方法如下，也可使用市售 DNA 提取试剂盒提取。

B.3.1 菌丝体 DNA 提取

制备用菌丝体约 0.2 g 于研钵中用液氮冷却，研成细粉，迅速将其放入 1.5 mL 离心管中加入少量的 PVP，500 μL 的 2%CTAB 提取缓冲液，20 μL 2-巯基乙醇，轻轻混匀，置 65 ℃水浴锅中温浴 1 h。取出加入等体积的三氯甲烷/异戊醇混匀，抽提，4 ℃下离心 10 min(12 000 r/min)，吸取上清液，移入另一支 1.5 mL 离心管中。重复用三氯甲烷/异戊醇抽提，使蛋白质层沉淀完全。吸取上清液，置于一新的离心管中。加入 2 倍体积－20 ℃预冷的无水乙醇，混匀后，离心 10 min(12 000 r/min)。将所得 DNA 沉淀用 70%乙醇洗 2 次。自然干燥，溶于 100 μL～150 μLTE 中，贮存于－20 ℃冰箱中备用。

B.3.2 病组织 DNA 提取

将病组织切成小块，以液氮冷冻后研磨成粉，取 0.2 g 粉末，DNA 提取方法与 B.3.1 菌丝体 DNA 提取方法相同。

B.4 PCR 扩增

扩增引物两对，其中 PN-1F 和 PN-2R 为木层孔褐根腐病菌 DNA 的特异性引物(见表 B.1)，ITS-1 和 ITS-2 为真菌 ITS 区通用引物(见表 B.2)。

PCR 扩增反应体系见表 B.3。PCR 扩增反应程序为：94 ℃ 3 min；94 ℃ 30 s，60 ℃ 30 s，72 ℃ 45 s，35 个循环；72 ℃ 10 min。使用通用引物 ITS-1 和 ITS-2 扩增，退火温度改为 52 ℃，其他条件不变。扩增后产物置于－20 ℃保存备用。

表 B.3 木层孔褐根腐病菌特异性 PCR 反应体系

试剂名称	储备液浓度	25 μL 反应体系 加样体积 μL
10×PCR 缓冲液	—	2.5
$MgCl_2$	25 mmol/L	1.5
dNTP 混合物	2.5 mmol/L	2
*Taq*DNA 聚合酶	5 U/μL	0.2
引物	10 μmol/L	各 0.5
DNA 模板	50 ng/μL～100 ng/μL	1～2
ddH_2O	—	补至 25 μL

B.5 琼脂糖凝胶电泳

琼脂糖加入 0.5×TBE 电泳缓冲液，加热溶解，加入 EB 储存液至终浓度为 1 μL/mL，制成 1.5%浓度琼脂糖凝胶。将 5 μL～10 μL 的 DNA Marker 和 PCR 扩增产物分别与适量的上样缓冲液混合，点样。5 V/cm 恒压，电泳 20 min～30 min。紫外凝胶成像系统下观察电泳结果，拍照并记录结果。

附　录　C
（资料性附录）
木层孔褐根腐病菌为害状

图 C.1　树皮内侧不规则暗褐色菌丝束形成网纹

图 C.2　*Phellinus noxius* 为害症状

图 C.3　*Phellinus noxius* 平伏担子果

图 C.4　*Phellinus noxius* 平伏反卷担子果

附　录　D
（资料性附录）
木层孔褐根腐病菌形态特征图

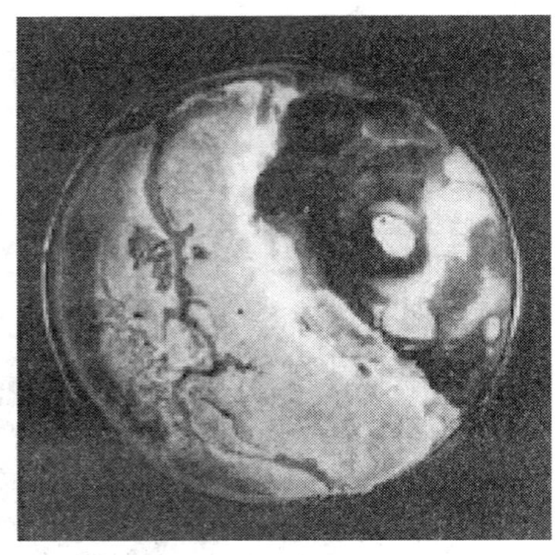

图 D.1　*Phellinus noxius* 培养性状

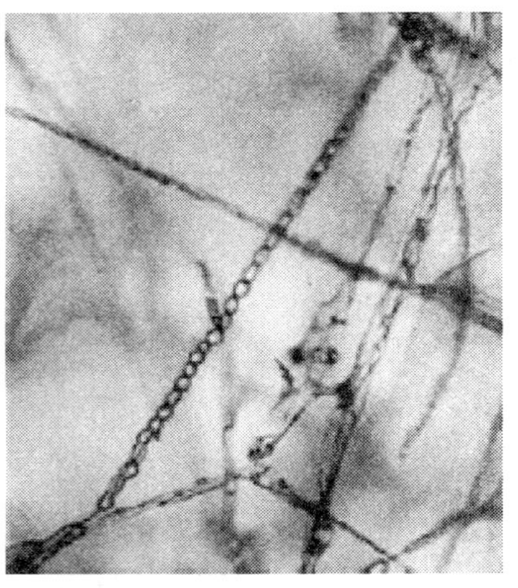

图 D.2　*Phellinus noxius* 节孢子

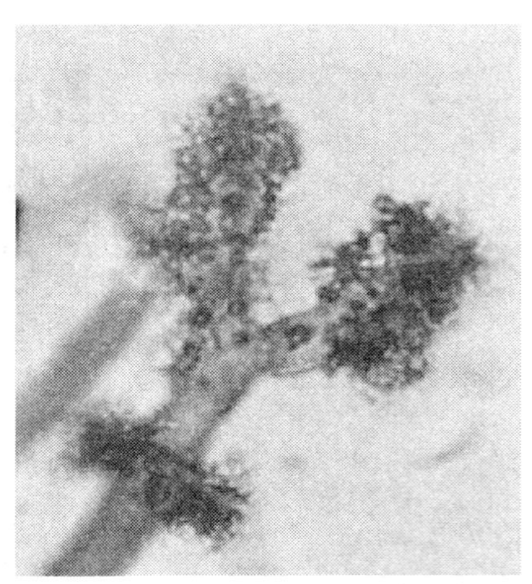

图 D.3　*Phellinus noxius* 毛状菌丝

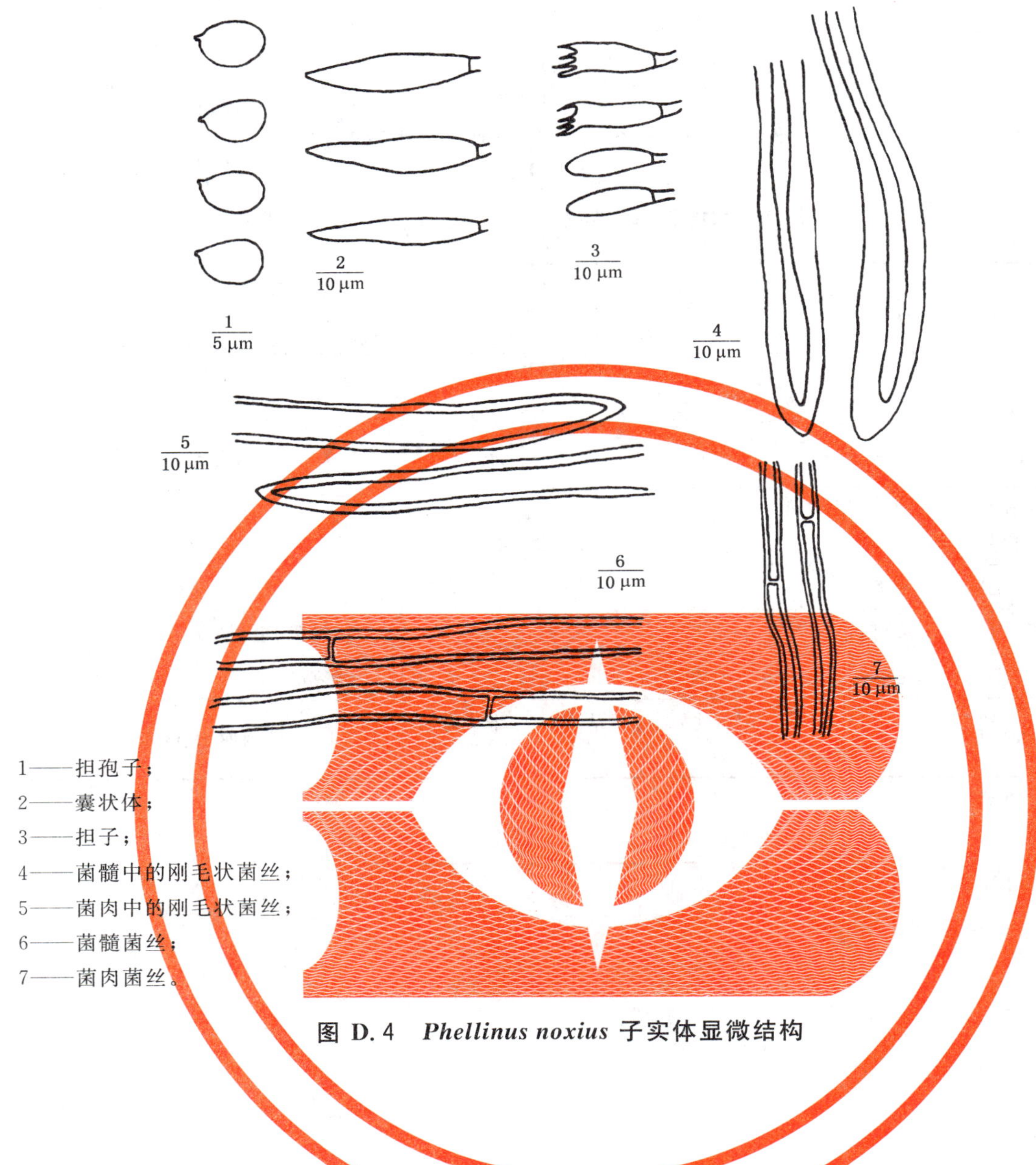

1——担孢子；

2——囊状体；

3——担子；

4——菌髓中的刚毛状菌丝；

5——菌肉中的刚毛状菌丝；

6——菌髓菌丝；

7——菌肉菌丝。

图 D.4 *Phellinus noxius* 子实体显微结构

附 录 E
（资料性附录）
木层孔褐根腐病菌与其近似种的主要区别

表 E.1 木层孔褐根腐病菌与其近似种的主要区别

主要区别	种类	
	木层孔褐根腐病菌	橡胶木层孔菌
学名	*Phellinidium noxium*	*Phellinus lamaënsis*
菌髓中刚毛状菌丝直径	7 μm～14.5 μm	4 μm～7 μm
刚毛状菌丝占菌髓比重	少数	多数
菌髓中刚毛状菌丝相对于生殖菌丝细胞壁厚	明显厚	稍厚
菌髓中刚毛状菌丝形态	埋生在菌髓中，顶端圆钝	伸出子实层，顶端尖锐
菌管内腔有无子实层刚毛	无	有，红色、短而尖锐
围绕根茎形成菌丝壳	形成	不形成
致病性及生境	寄生，阔叶树活立木基部及腐朽根部	腐生，阔叶树腐木、倒木

ICS 65.020.01
B 16

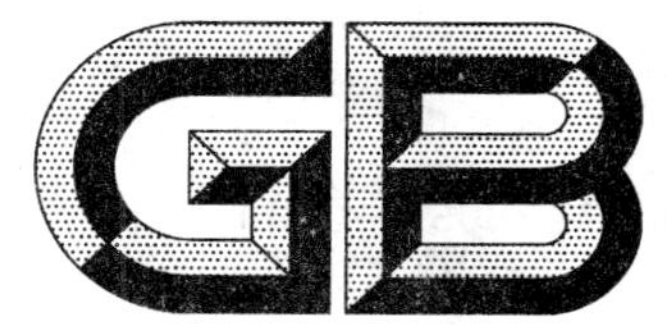

中华人民共和国国家标准

GB/T 28096—2011

木薯细菌性萎蔫病菌检疫鉴定方法

Detection and identification of *Xanthomonas axonopodis* pv. *manihotis* (Bondar) Vauterin et al.

2011-12-30 发布　　2012-06-01 实施

中华人民共和国国家质量监督检验检疫总局
中国国家标准化管理委员会 发布

前　　言

本标准按照 GB/T 1.1—2009 给出的规则起草。

本标准由全国植物检疫标准化技术委员会(SAC/TC 271)提出并归口。

本标准起草单位:中华人民共和国海南出入境检验检疫局、中华人民共和国山东出入境检验检疫局、中华人民共和国江苏出入境检验检疫局。

本标准主要起草人:李伟东、封立平、刘福秀、韩玉春、周先超、粟寒、吴翠萍、王英超。

木薯细菌性萎蔫病菌检疫鉴定方法

1 范围

本标准规定了植物检疫中木薯细菌性萎蔫病菌的检疫鉴定方法。

本标准适用于木薯种子、苗木、种茎和其他繁殖材料中木薯细菌性萎蔫病菌的检疫鉴定。

2 规范性引用文件

下列文件对于本文件的应用是必不可少的。凡是注日期的引用文件，仅注日期的版本适用于本文件。凡是不注日期的引用文件，其最新版本(包括所有的修改单)适用于本文件。

GB/T 4789.28 食品卫生微生物学检验染色法、培养基和试剂

3 木薯细菌性萎蔫病菌基本信息

中文名：木薯细菌性萎蔫病菌(地毯草黄单胞杆菌木薯致病变种)。

学名：*Xanthomonas axonopodis* pv. *manihotis* (Bondar) Vauterin, Hoste, Kersters & Swings 1995。

异名：*Bacillus manihotis* Arthaud-Berthet and Bondar 1912，*Phytomonas manihotis* (Berthet and Bondar) Viegas，*Xanthomonas manihotis* (Berthet and Bondar) Starr 1946，*Xanthomonas*. *campestris* pv. *manihotis* (Arthaud and Bondar) Dye 1978。

病害英文名：bacterial blight of cassava，cassava bacterial blight。

属原核生物界 Procaryotes、变形细菌门 Proteobacteria、γ-变形细菌纲 Gammaproteobacteria、黄色单胞菌目 Xanthomonadales、黄色单胞菌科 Xanthomonadaceae、黄色单胞菌属 *Xanthomonas*、地毯草黄单胞杆菌 *Xanthomonas axonopodis*。

病菌的远距离传播主要靠带菌种子、苗木和种茎。绝大多数木薯病种子不表现任何症状，病菌以休眠状态存在于种子的胚部和种皮。

木薯细菌性萎蔫病菌的其他信息参见附录 A。

4 方法原理

该病害症状、病菌生物学特性、生理生化特性、致病性测试和基因组 DNA 的特异性 PCR 检测是该病菌检测鉴定的依据。

5 仪器和用具

5.1 仪器

电子天平、实体显微镜、超净工作台、温控培养箱、高压灭菌锅、微生物自动鉴定系统、PCR 仪、电泳仪、紫外检测仪或凝胶成像系统、离心机、恒温水浴锅(30 ℃～95 ℃)、超低温冰箱、普通冰箱、纯水机、涡旋振荡器、可调微量加样器。

5.2 用具

解剖刀、裁纸刀、量筒、烧杯、培养皿、三角瓶、离心管、放大镜、手术剪、镊子、接种环等。

6 化学试剂

6.1 试剂

次氯酸钠(NaClO)、磷酸二氢钠(NaH_2PO_4)、70%乙醇、吐温-60、吐温-80、淀粉、蔗糖、葡萄糖、果糖、海藻糖,PCR检测所需试剂(参见附录B)。

6.2 培养基

CTA和LPG培养基及配制(见附录C)。

7 检测鉴定

7.1 症状检查

首先观察植株是否萎蔫,接着仔细检查植株的嫩芽、茎、叶等各个部位,嫩芽、叶是否出现凋萎;叶片是否出现水渍状,暗绿色多角形的小斑,褐色或深褐色由黄晕围绕的不规则形的病斑,凋萎,干枯脱落;嫩茎和叶柄是否有水渍状,黑褐色下陷的病斑;横切茎干,检查其维管束组织是否变褐坏死、病部受挤压后是否有菌脓溢出。

7.2 快速初筛

对出现典型症状的植株直接进行病菌分离;对症状不典型或不明显的木薯种子、苗木和种茎应用PCR法进行快速初筛。

从植物组织(种子或叶片或种茎)中抽提总核酸,用木薯细菌性萎蔫病菌标准菌株作阳性对照,用地毯草黄单胞杆菌其他致病变种的标准菌株和健康植株抽提总核酸作阴性对照,用超纯水作为空白对照,进行PCR(方法步骤见附录C)检测分析。若PCR检测结果为阳性,继续进行7.3;若PCR检测结果为阴性,则可判定为未检出。

7.3 病菌分离

7.3.1 种子带菌的分离

称取木薯种子样品20 g,置于1%次氯酸钠溶液浸泡消毒2 min~4 min,无菌水洗涤三次,然后将种子磨碎,装入一灭菌的三角瓶中,加入100 mL灭菌的0.1 mol/L磷酸二氢钠缓冲液,混匀,25 ℃下静置过夜,次日用该溶液在事先制备好的CTA平板培养基上划线,30 ℃恒温培养48 h后,检查并筛选培养基上的菌落。

7.3.2 病组织(病叶或茎段)中病菌的分离

将病组织切成3 mm见方的小块,先用70%乙醇浸泡30 s,捞出后用1%次氯酸钠溶液浸泡2 min,再用无菌水洗涤三次,最后把病组织置于消毒的小培养皿(直径6 cm)中,加几滴无菌水,捣碎,静置10 min~15 min,制成悬浮液,用接种环蘸取汁液在CTA平板上划线,30 ℃下培养2 d后,检查并筛选培养基上的菌落。

7.3.3 形态特征

病菌为革兰氏阴性，菌体短杆状，大小(0.3 μm～0.4 μm)×(1.1 μm～1.2 μm)，多数单个排列，少数3个～4个连接成短链。不产生芽孢，无荚膜。鞭毛单根极生。在CTA培养基上生长的菌落呈灰白色到奶油色，隆起，光滑，有光泽，边缘整齐，培养2 d菌落直径可达1 mm。开始时菌落透明，渐渐混浊不透明，最后变成表面有一层粘质的固体物。在LPG平板上恒温(27 ℃～28 ℃)培养5 d，菌落突起，表面光滑，乳白色，有光泽，菌落边缘完整，直径3 mm～5 mm，粘稠。

如果发现可疑的菌落，采用平板划线法，即用灭菌的接种环蘸取CTA平板上菌落后，在LPG平板上多次划线纯化，在30 ℃下恒温培养2 d～4 d，纯化三次后进行鉴定。

7.4 革兰氏染色

按GB/T 4789.28中2.2的方法进行革兰氏染色反应。若染色结果为革兰氏阴性菌，则进行下一步检测。

7.5 生理生化指标测定

结合实验条件对分离菌株进行生理生化指标测定。

应用微量发酵管对分离菌株进行生理生化指标的测定。若分离菌株能水解吐温-60、吐温-80、淀粉、蔗糖、葡萄糖、果糖和海藻糖，液化明胶，强烈水解卵磷脂，使石蕊牛乳产碱、胨化，则生理生化指标测定结果为阳性。

应用微生物自动鉴定系统对分离菌株进行生理生化指标的测定。按照微生物鉴定系统规定的操作方法进行，鉴定结果为木薯细菌性萎蔫病菌，则判定该分离菌株的微生物鉴定系统的鉴定结果为阳性。

7.6 PCR检测

取经分离纯化的细菌菌落，配备1×10^{8}CFU/mL的细菌悬浮液，进行PCR检测，无需抽提总核酸。检测方法步骤见附录C。

7.7 致病性测定

将在LPG培养基上培养48 h后的菌株，配成1×10^{8}CFU/mL的细菌悬浮液，采用针刺接种法，用消毒的接种针蘸上细菌悬浮液，针刺木薯植株的第三片、第四片叶和嫩茎等，每一菌株接种5株，阴性对照用无菌水代替接种液。接种后的植株置放于人工气候箱，在28 ℃～32 ℃温度下，先在100%相对湿度保湿24 h～48 h，然后在80%左右的相对湿度下，每天在7 000 lx～10 000 lx下光照培养16 h，黑暗下培养8 h。接种7 d后开始观察症状，每天观察一次，连续观察30 d。植株上的叶片出现黑绿色到蓝色水渍状不规则斑(直径1 cm～4 cm)，病斑迅速扩展并且不规则形斑沿着叶脉和叶片边缘结合在一起，对着光线可看到半透明的斑，叶片感病部分周围变成亮褐色；整株植物表现出萎蔫、在茎横切面出现褐变且挤压有菌脓溢出的视为发病，表明从种子或植株或种茎上分离到的菌株具有致病性，而且需要从接种病斑上再次分离出来；不表现症状的接种植株视为不发病。

8 结果判定

若植株呈现典型症状，或初筛PCR检测结果为阳性，要对可疑样品进行病菌的分离；根据分离菌株在培养基上的形态特征，确定可疑菌落，至少采用一种方法(生理生化指标测定和分子检测方法)对可疑菌落进行鉴定，最后进行寄主的致病性测定以确诊。如果一种或一种以上鉴定方法为阳性，且致病性测定表现为典型症状，则判定为检出木薯细菌性萎蔫病菌；如果任一种鉴定方法都为阴性，则判定为未检出木薯细菌性萎蔫病菌。

9 样品和菌种保存

9.1 样品保存

样品(种子或植株或种茎)拍照后均应制成干标本,经登记和签字后置于阴凉干燥、防虫防鼠处妥善保存3个月。对鉴定为木薯细菌性萎蔫病菌的样品至少应保存6个月,以备复检、谈判和仲裁,样品保存期满后,需经灭菌处理。

9.2 菌种保存

从样品中分离并鉴定为木薯细菌性萎蔫病菌的菌株应转接到试管斜面,经登记和签字后置于4℃冰箱中保存,定期转接;或病菌悬浮液加60%甘油置于超低温冰箱(−70℃)长期保存,或用真空干燥机制成病菌冻干粉置于超低温冰箱(−70℃)长期保存。

附　录　A
（资料性附录）
木薯细菌性萎蔫病菌其他信息

A.1　地理分布

美洲：墨西哥、古巴、巴拿马、特立尼达和多巴哥、巴西、阿根廷、哥伦比亚、委内瑞拉、法属圭亚那、尼加拉瓜。

非洲：尼日利亚、刚果金、加纳、贝宁、喀麦隆、中非共和国、马达加斯加、毛里求斯、科特迪瓦、马拉维、马里、卢旺达、南非、苏丹、坦桑尼亚、多哥、乌干达。

亚洲：印度、印度尼西亚、马来西亚、泰国、日本、菲律宾及中国的局部木薯种植地区。

A.2　寄主植物

木薯 *Manihot esculenta*，木薯其他野生种 *M. apii*、*M. glaziovii*、*M. palmata*。人工接种寄主为大戟科的 *Euphorbia repanda*、*E. pulcherrima*、*Pedilanthus tithymaloides*(Dedal et al，1980)。在委内瑞拉高湿多雨地区则发现转主寄主除大戟科的(Euphorbiaceae)几个种以外，还有苋科中的苋属 *Amaranthus* spp.、禾本科黍属中的 *Panicum fasciculatum* 和石茅高粱 *Sorghum halepense* 及锦葵科的黄花稔属 *Sida* spp.。

A.3　症状

带病种子往往能正常发芽，但不久就会在叶片和嫩茎上表现症状。木薯细菌性萎蔫病的主要症状有角斑、枯萎、青枯、梢枯、流脓及根茎部分的维管束坏死。种植带病种茎生长的植株表现为系统的维管束病害症状，即刚生长的嫩芽就出现凋萎。田间感染的植株，初现角斑，随后引发枯萎，落叶，凋萎或顶枯。叶片发病初出现水渍状，暗绿色多角形的小斑，病斑随后变成褐色或深褐色由黄晕围绕，这种黄晕主要由细菌分泌的毒素甲硫基丙酸所致。病斑愈合成不规则形的大斑，最后叶片凋萎，干枯脱落。潮湿时，叶片和嫩茎上的病部常溢出橙黄色的菌脓。嫩茎和叶柄上的病斑水渍状，黑褐色，下陷，叶片常呈凋萎状，当病斑扩展，绕茎一周时，引起其上部枝叶的凋萎枯死。横切病茎，可见其维管束组织变褐坏死。

附 录 B
(资料性附录)
木薯细菌性萎蔫病菌 PCR 检测方法

B.1 试剂制备(或使用商品化的试剂盒)

B.1.1 总核酸抽提缓冲液

100 mmol/L 三烃甲基氨基甲烷盐酸盐(Tris-HCl)pH 8.0、10 mmol/L 乙二胺四乙酸(EDTA)、2% 十二烷基硫酸钠(SDS)、100 μg/mL 蛋白酶 K、1%聚乙烯吡咯烷酮。

B.1.2 TE 缓冲液(pH 8.0)

1 mmol/ L Tris-HCl,pH 8.0

0.1 mmol/L EDTA。

B.1.3 50×TAE 电泳缓冲液(pH 8.0)

Tris	242 g
冰醋酸	57.1 mL
0.5 mol/L EDTA(pH 8.0)	100 mL

B.1.4 6×上样缓冲液

0.25%溴酚蓝、40%蔗糖。

B.1.5 其他试剂

3 mol/L 氯化钠、三氯甲烷:异戊醇(24:1)、异丙醇、相对分子质量标准、溴化乙锭。

B.1.6 PCR 反应试剂

10×PCR 缓冲液、$MgCl_2$、dNTP、*Taq* DNA 聚合酶、琼脂糖。

B.2 总核酸提取

将种子 1 g(约 15 粒)或叶片 1 g 或种茎 1 g 放入灭菌研钵中,加入液氮用研杵研成粉状,取粉末移入 1.5 mL 离心管中,加入 1 000 μL 抽提取缓冲液,在 65 ℃水浴孵育 30 min;室温 14 000 *g* 离心15 min;取上清液加入等体积的三氯甲烷和异戊醇(24:1)混合溶液,混匀,放置 15 min,14 000 *g* 离心 15 min;取上清液加入等体积的三氯甲烷和异戊醇(24:1)溶液混匀,放置 15 min,140 00 *g* 离心 15 min;取上清液加入 0.6 倍的异丙醇混匀,14 000 *g* 离心 30 min;弃上清液,用 70%乙醇洗涤两次,无水乙醇洗涤两次,并倒置离心管 1 min;加入 100 μLTE 缓冲液悬浮总核酸,置于−20 ℃下保存备用。

B.3 PCR 检测

在 PCR 薄壁管中分别加入以下试剂(25 μL 体系):1 μL 的悬浮液或样品总核酸,每对引物(见表 B.1)20 μmol/L 各 1.0 μL,0.15 mmol/L 的 dNTP 混合物 2.0 μL,10×PCR 缓冲液 2.5 μL,2.5 μL 1.5 mmol/L $MgCl_2$ 溶液,*Taq* DNA 聚合酶(2.5 U/μL)0.2 μL,超纯水 14.8 μL。

表 B.1 PCR 检测的引物序列及扩增产物

引物	引物序列	扩增产物
1	5'-TTC GGC AAC GGC AGT GAC CAC C-3'	898 bp
2	5'-TCA ATC GGA GAT TAC CTG AGC G-3'	

反应条件:95 ℃预变性 5 min(提纯核酸则为 2 min),然后进行 30 个循环(95 ℃变性 30 s、61 ℃退火 30 s、72 ℃延伸 90 s),最后一个循环结束后 72 ℃继续延伸 5 min。

PCR 产物经 1.5%琼脂糖凝胶电泳分析。每个样品取 5 μL 的 PCR 产物与 1 μL 的 6×上样缓冲液混匀,并加到置于 1×TAE 缓冲液的 1.5%琼脂糖凝胶孔中,然后在 120 V 下电泳。电泳结束后,放入装有 0.5 μg/μL 的溴化乙锭溶液的容器中染色,然后在清水中清洗后,在凝胶成像系统中观察,拍照,并保存照片。

附　录　C
（规范性附录）
培养基制作方法

C.1　CTA 培养基

3.0 g 磷酸氢二钾（K_2HPO_4），1.0 g 磷酸二氢钠（NaH_2PO_4），0.3 g 硫酸镁（$MgSO_4 \cdot 7H_2O$），1.0 g 氯化铵（NH_4Cl），9.0 g D(＋)-海藻糖，1.0 g D(＋)-葡萄糖，1.0 g 酵母粉，14.0 g 琼脂，加蒸馏水定容至 1 L，pH 7.2。103.43 kPa（121 ℃）高压灭菌 15 min。灭菌后冷却至 50 ℃下加入 0.025 g 头孢菌素，0.001 2 g 林可霉素，0.002 5 g 磷霉素，0.25 g 放线菌酮。

C.2　LPG 培养基

5.0 g 葡萄糖，5.0 g 酵母膏，5.0 g 蛋白胨，15.0 g 琼脂，加蒸馏水定容至 1 L，pH 7.1。103.43 kPa（121 ℃）高压灭菌 15 min。

ICS 65.020.01
B 16

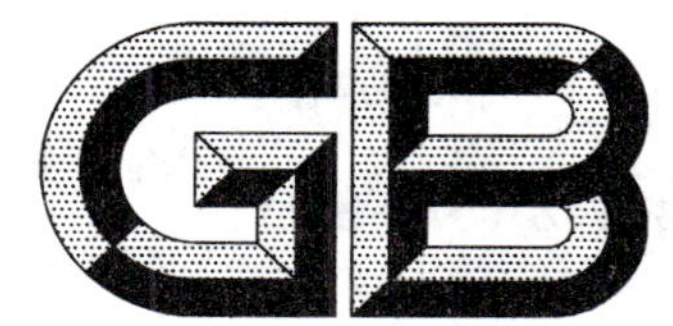

中华人民共和国国家标准

GB/T 28097—2011

苹果黑星病菌检疫鉴定方法

Detection and identification of *Venturia inaequalis* (Cooke) Wint.

2011-12-30 发布　　2012-06-01 实施

中华人民共和国国家质量监督检验检疫总局
中国国家标准化管理委员会　发布

前　言

本标准按照GB/T 1.1—2009给出的规则起草。

本标准由全国植物检疫标准化技术委员会(SAC/TC 271)提出并归口。

本标准起草单位:中华人民共和国安徽出入境检验检疫局、安徽农业大学、中华人民共和国云南出入境检验检疫局。

本标准主要起草人:姚剑、檀根甲、温劲松、余晓峰、张萍、李刚、郑海松、李云飞、方元炜、张道环、李生贵、段禄华。

苹果黑星病菌检疫鉴定方法

1 范围

本标准规定了苹果黑星病菌的检疫鉴定方法。

本标准适用于苹果属果树、果实、种苗及其他材料的检疫和鉴定。

2 规范性引用文件

下列文件对于本文件的应用是必不可少的。凡是注日期的引用文件，仅注日期的版本适用于本文件。凡是不注日期的引用文件，其最新版本(包括所有的修改单)适用于本文件。

SN/T 2122 进出境植物及植物产品检疫抽样

3 苹果黑星病菌基本信息

中文名：苹果黑星病菌。

学名：

有性型：*Venturia inaequalis* (Cooke) Wint。

无性型：*Spilocaea pomi* Fr.。

病害英文名：apple scab，black spot。

异名：

有性型：*Sphaeria cinerascens* Fr.

Sphaerella cinerascens Fuck.

Sphaerella inaequalis Cooke.

Endostigme inaequalis (Cooke) Syd.

Spilosticta inaequalis (Cooke) Petr.

Endostigme cinerascens (Fleisch) Jorst.

无性型：*Fusicladium dendriticum* (Wallr.)Fuck.

Claporium dendriticum Wallr.

根据《真菌词典》第九版(2001)，有性型属真菌界 Fungi，子囊菌门 Ascomycota，子囊菌纲 Ascomycetes，座囊菌亚纲 Dothideomycetidae，格孢腔菌目 Pleosporales，黑星菌科 Venturiaceae，黑星菌属 *Venturia*。

无性型属环黑星孢属 *Spilocaea*，仁果环黑星孢 *Spilocaea pomi* Fr.(=*Fusicladium dendriticum* (Wallr.) Fuck.)。

苹果黑星病菌的其他信息参见附录 A。

4 方法原理

经现场查验、取样后，实验室用显微镜等仪器设备进行检测，根据其危害症状、形态学特征进行结果判定。

5 仪器及用具

5.1 仪器

显微镜、超净工作台、高压灭菌锅、生物培养箱。

5.2 用具

解剖刀、镊子。

6 试剂和培养基

6.1 试剂

4%次氯酸钠,70%酒精。

6.2 培养基

PDA 培养基,pH 值调节至 5.5～6.5。

7 现场检验

7.1 抽样方法

按 SN/T 2122 进行抽样。

7.2 症状检查

逐一对抽检样品进行症状检查,并将疑似感病样品带回实验室作进一步检验。

7.2.1 叶片检查

叶片上病斑多先从叶片正面发生。病原菌从侵入点放射状扩展,形成病斑。叶片正面病斑初为淡黄绿色,色泽逐渐变深,后变为黑色,圆形、近圆形,直径 3 mm～6 mm 或更大,病斑周围有明显的边缘,老叶上尤甚。幼叶病斑多表面粗糙羽毛状,成叶病斑边缘明显而不整齐,有时表生白色棉絮状物。病斑多由叶片正面向上突起,其背面形成环状凹入,呈泡斑状,有时病斑脱落穿孔。叶背面侵染形成的病斑略成圆形,表生黑褐色霉状物,叶片正面对应部位褪绿,枯死。侵染较晚的,仅在叶片背面产生黑色多角形病斑。叶片上病斑可互相汇合,占据大部叶面,叶片扭曲、卷曲,进而干枯并早期落叶。

在叶柄和主叶脉上的病斑黑色,较小,小点状、梭形或长条形,往往导致叶片变黄脱落。

7.2.2 花器检查

发病花瓣褪色,萼片上生灰色病斑,但常被萼片绒毛覆盖,不易察觉。花梗上病斑还可环切花梗,造成落花。

7.2.3 果实检查

果实从幼果至成熟期均可被侵染,果面病斑初为黑色星状斑点,很小、微凸,上生有绒状菌丝体。随着果实膨大,病斑逐渐扩大并凹陷,表层木栓化,边缘开裂,有不规则细小裂纹,整体疮痂状。病果开裂、畸形。在秋季被侵染的果实,病面密生黑色或褐色小点,不表现典型症状,但在贮藏期病斑逐渐扩大。

7.2.4 苗木、接穗等繁殖材料检查

1年生枝条被侵染，常发生在离枝端大于10 cm的部位，病斑较小，枝条长大后，病斑消失，但在一些感病的品种上，病斑并不消失，使病枝呈泡肿状。另外，芽鳞内也有越季存活的菌丝体或分生孢子。

8 实验室检测

8.1 切片检测

选取疑似感病植物组织病健交界处切片，移于载玻片中央的水滴中，镜检，观察子实体特征。

8.2 分离培养检测

选取疑似感病植物组织，剪取病健交界处组织若干小块，约2 mm×2 mm，在70%酒精中浸湿一下后立即移入4%次氯酸钠中消毒处理1 min，用无菌水洗3次，放于PDA平板培养基上，每皿5块，置于16 ℃～20 ℃，光照强度为600 lx、光周期为12 h条件下培养。观察病菌形态特征。

9 鉴定特征

9.1 病菌形态特征

苹果黑星病菌有性型 *Venturia inaequalis* (Cooke) Wint. 子囊座在落叶上形成，埋生或近表生叶肉组织中，黑褐色，球形、近球形，直径约90 μm～100 μm，孔口处稍有乳状突起，具刚毛，刚毛长25 μm～75 μm。子囊座内产生多数子囊，处于不同发育阶段。子囊长棍棒形，无色，大小(55 μm～75 μm)×(6 μm～12 μm)，有短柄，壁薄。子囊内含8个子囊孢子，成熟子囊孢子卵圆形，暗褐色，双胞，顶细胞较小，基部细胞较大，大小(11 μm～15 μm)×(4 μm～8 μm)。无性型 *Fusicladium dendriticum* (Wallr.) Fuck. 分生孢子梗丛生，淡褐色至橄榄色，短棒状，直立或弯曲，不分枝，单胞，0个～2个隔膜，全壁芽生产孢，环痕式延伸，大小(50 μm～60 μm)×(4 μm～6 μm)。分生孢子顶生，倒梨形或倒棍棒状，顶端略尖，初无色，淡褐色至橄榄色，初单胞，后生1个隔膜，隔膜处稍缢缩，孢基平截，表面光滑或具小疣突，大小(12.0 μm～26.0 μm)×(5.5 μm～11.5 μm)。分离培养的分生孢子比切片观察的略大(参见附录B)。

9.2 病菌培养性状

菌株在PDA培养基上培养4 d后，开始形成灰白色菌落。4周后，菌落呈不规则形或圆形，直径约20 mm，平铺状，橄榄色、灰色或黑色，有时被茸毛。菌丝初无色，后变为橄榄色。

9.3 与梨黑星病菌 ***Venturia pirina*** (Cooke) Adh. 的区别

梨黑星病菌有性型孢子囊棍棒形，子囊孢子顶细胞较大，基部细胞较小；无性型分生孢子梗罕见有隔膜，梗壁上有齿状或疣状突起，分生孢子单孢，两端略尖(参见附录C)。

10 结果判定

如有7.2.1～7.2.4描述中任一症状，且切片或分离培养观察的病菌形态特征与描述的病原有性型或无性型特征相符，可判定为苹果黑星病菌。

11 样品、菌种保藏

分离菌转接在PDA培养基斜面上，待斜面表面长满菌丝后，置于4 ℃保存，定期转接。有条件可进行冷冻干燥保存。

检出病菌的样品妥善保存6个月。保存期满灭活处理。

附 录 A
（资料性附录）
苹果黑星病菌其他信息

A.1 地理分布

美洲：墨西哥、美国、加拿大、阿根廷、巴西、智利；欧洲：芬兰、英国、法国、奥地利、德国、前苏联、捷克、斯洛伐克、波兰、保加利亚、匈牙利、罗马尼亚、前南斯拉夫、比利时、意大利、丹麦、荷兰、挪威、瑞典、瑞士、土耳其；亚洲：印度、日本、朝鲜、阿富汗、叙利亚、塞浦路斯以及中国（吉林、黑龙江、新疆、四川、云南等）；非洲：南非、肯尼亚、利比亚；大洋洲：澳大利亚、新西兰等。

A.2 寄主范围

主要为苹果属果树（*Malus*）。

附 录 B
（资料性附录）
苹果黑星病菌形态特征

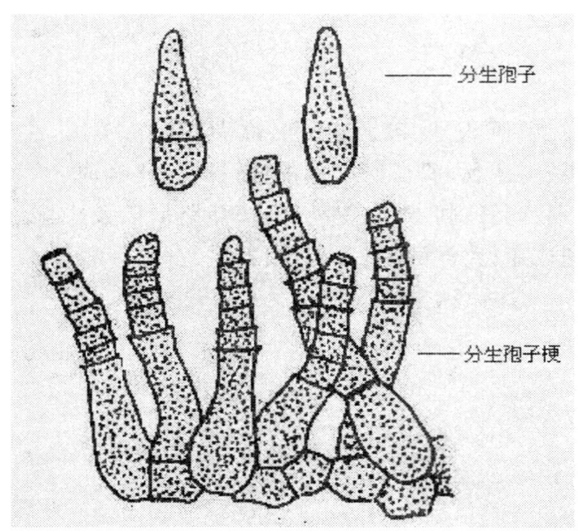

图 B.1 无性型分生孢子梗及分生孢子

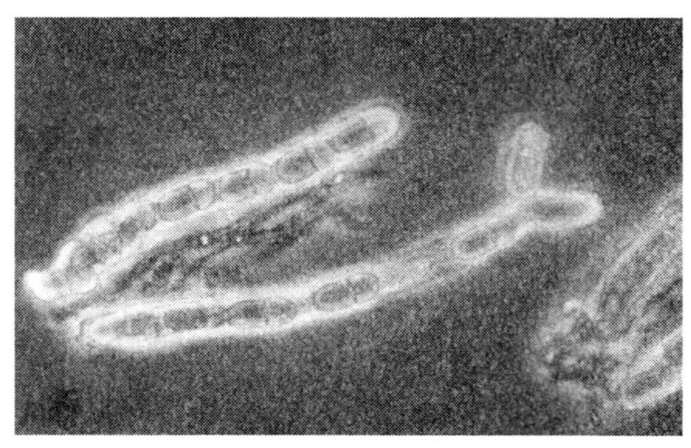

图 B.2 有性型子囊和子囊孢子

附　录　C
（资料性附录）
梨黑星病菌形态特征

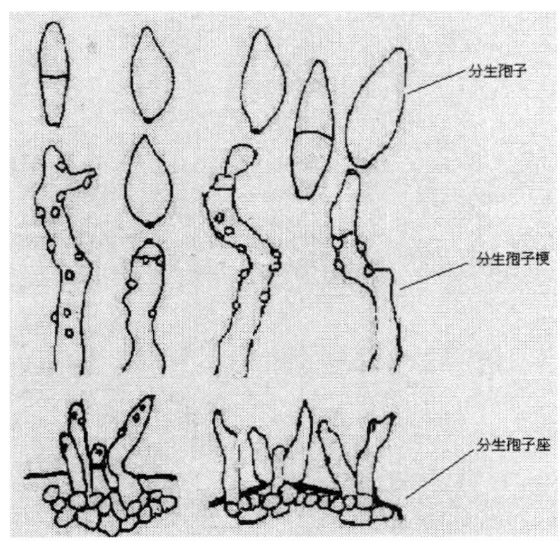

图 C.1　梨黑星病菌形态特征图

ICS 65.020.01
B 16

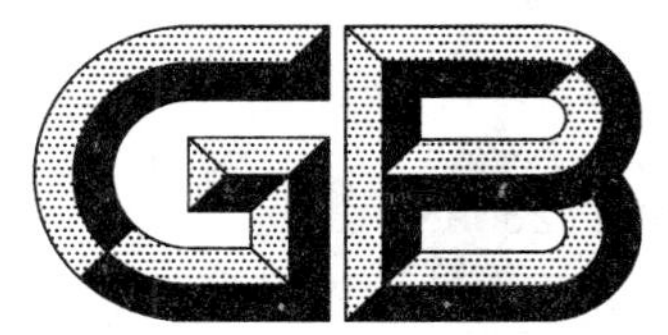

中华人民共和国国家标准

GB/T 28098—2011

青杨脊虎天牛检疫鉴定方法

Detection and identification of *Xylotrechus rusticus*（Linnaeus）

2011-12-30 发布　　2012-06-01 实施

中华人民共和国国家质量监督检验检疫总局
中国国家标准化管理委员会　发布

前　言

本标准按照 GB/T 1.1—2009 给出的规则起草。

本标准由全国植物检疫标准化技术委员会(SAC/TC 271)提出并归口。

本标准起草单位:中华人民共和国宁夏出入境检验检疫局、中华人民共和国江苏出入境检验检疫局。

本标准主要起草人:朱玉香、丁维琪、安榆林、聂祯。

青杨脊虎天牛检疫鉴定方法

1 范围

本标准规定了青杨脊虎天牛 *Xylotrechus rusticus* (Linnaeus)的检疫鉴定，以成虫和老熟幼虫的形态学特征为依据，明确了现场检疫、镜检鉴定，标本和样品保存的方法。

本标准适用于木材、木质包装和木制品携带的青杨脊虎天牛的检疫鉴定。

2 术语和定义

下列术语和定义适用于本文件。

2.1

侧刺突 lateral spine

天牛科多个属成虫前胸背板侧缘有一明显的瘤突，瘤突端部有一尖刺，称为侧刺突。

2.2

口器框 mouthflame

天牛幼虫头壳前端高度骨化，由额前缘、颊前缘、口后片和外咽片前缘围成近椭圆形的腔圈称为口器框。

2.3

主腹片 medio-praesternum

天牛幼虫前胸腹板中央半圆形或三角形的区域，称为主腹片。

2.4

缘室 marginal chamber

天牛幼虫有些种类在腹气门的围气门片上具横格状构造，称为缘室。

2.5

步泡突 ambulatory ampullae

天牛幼虫第一至六节或七节背腹面均有移动器，称为步泡突。

3 青杨脊虎天牛基本信息

中文名：青杨脊虎天牛。

中文别名：青杨虎天牛。

学名：*Xylotrechus rusticus* (Linnaeus,1758)。

属鞘翅目 Coleoptera，天牛科 Cerambycidae，天牛亚科 Cerambycinae，脊虎天牛属 *Xylotrechus* Chevrolat。

可随木材、木质包装、木制品等远距离传播。

青杨脊虎天牛其他信息参见附录 A。

4 方法原理

根据青杨脊虎天牛成虫或老熟幼虫的形态学特征，采集青杨脊虎天牛成虫或老熟幼虫标本，用体式显微镜观察虫体外部形态特征，根据形态特征进行判定。

5 仪器和试剂

5.1 仪器

体视显微镜、光照培养箱。

5.2 用具

养虫瓶、放大镜、刀、锯、斧、凿子、毛笔、镊子、白瓷盘、培养皿、解剖针、昆虫针、指形管、标本盒、标签。

5.3 试剂

75%乙醇溶液、幼虫保存液(75%乙醇：丙三醇＝100：0.5～1)。

6 现场检疫

6.1 检查被害状

现场检疫时，对木材，木质包装、木制品等寄主的表面进行检查，注意是否存在该虫的为害状，如木屑、虫孔等。该虫羽化孔为圆形，直径为 5 mm～7 mm。如有树皮，应撬开察看有无虫体、虫道、并注意检查寄主周围有无害虫。发现虫孔的，可用刀、锯等进行剖材检查有无幼虫或蛹。

6.2 采集虫样

若发现成虫，可将成虫放入指形管，贴上标签，送实验室鉴定。若发现幼虫或蛹，可连同寄主一起送实验室鉴定。

7 实验室鉴定

低龄幼虫或蛹需饲养后再做鉴定，成虫和老熟幼虫可直接鉴定，在体视显微镜下观察样虫的形态特征，观察是否符合以下鉴定特征。

8 鉴定特征

8.1 天牛亚科 Cerambycinae 鉴定特征

头部大多向前倾斜，前口式，后头不显著收狭成细颈，触角着生于复眼内缘，距上颚基部较远，下颚须端节末端钝圆或平截。前胸背板两侧无边缘，具侧刺突或缺，前、中足胫节无斜沟。

8.2 脊虎天牛属 *Xylotrechus* Chevrolat 鉴定特征

8.2.1 成虫

复眼内缘深凹，小眼面细，触角基瘤彼此分开较远；额具一或数条纵直或分枝的脊线，额两侧至少部分具脊线；触角一般短于体长的二分之一，有时伸达鞘翅中部或中部稍后。前胸背板两侧缘或多或少弧形，无侧刺突；中区粗糙或具颗粒状刻点。小盾片小。鞘翅端部较窄，端缘斜切。前足基节窝向后开放，中足基节窝对后侧片开放，后胸前侧片较宽，长约为宽的二至三倍。腿节中等长，雄虫后足腿节膨大(参见附录B)。

8.2.2 老熟幼虫

单眼1对；触角3节；下颚须载须节附属突起缺，如具有则长度短于下颚须第3节。前胸背板基半部中线(沟或脊)明显；不具胸足或胸足呈刺状小突起。步泡突具细网状纹(40倍镜下观察)或细刺；最多具1横沟(参见附录C)。

8.3 青杨脊虎天牛 *Xylotrechus rusticus* (Linnaeus)鉴定特征

8.3.1 成虫(参见图D.1)

8.3.1.1 虫体

体长11.0 mm～22.0 mm，宽3.1 mm～6.2 mm；体褐色到黑褐色，头部与前胸色较暗。

8.3.1.2 头部

头顶中间有两条隆起线，至眼前缘合并，延伸至唇基附近，呈倒“V”形，隆线上具刻点。后头中央至头顶有一条纵隆线，至“V”字形凹陷处渐不明显；头部除隆线外密被淡黄色绒毛，额至后头有2条平行的淡黄绒毛纵纹。触角向后伸，长达鞘翅基部，第1节～5节端部环状，无绒毛；第1节、第4节等长，短于第3节，末节长显胜于宽。

8.3.1.3 胸部

前胸球状隆起，宽度略大于长度，两侧中央微凸，被短绒毛，具4条淡黄色纵纹，有时纵纹间断成斑点。小盾片钝圆，密被淡黄色绒毛。鞘翅基部宽，端部窄，端缘略斜切，内外缘末端钝圆，翅面具不规则淡黄色波状横斑。后足腿节较粗，胫节距2个，第1跗节长于其余节之和。

8.3.1.4 腹部

腹部腹面密被淡黄色绒毛。

8.3.1.5 雌虫

雌虫特征相似，但触角略短，达前胸背板后缘。

8.3.2 老熟幼虫(参见图D.2)

8.3.2.1 虫体

老熟幼虫长30.0 mm～40.0 mm，乳黄色，体生短毛；腹部除最末节短小外，自第1节向后逐渐变窄而伸长。

8.3.2.2 头部

头部呈横向四边形，口器框红褐色；额前缘平直，口上毛4支；口后片缝红褐色；触角孔椭圆形，外缘淡褐色，不隆起；触角3节，触角第2节长为基部宽的1.5倍，触角第2节附属突起长度为第3节长的二分之一；单眼一对，位于触角的腹外方，半球形，微凸出，透明，黑色素沉着不明显；上唇乳黄色，半透明，长胜于宽，外缘具淡色密毛；上颚凿形；下颚须载须节背外侧具附属突起，下唇须第2节宽仅达第1节的一半。

8.3.2.3 胸部

前胸背板侧沟和中沟明显，背板中部具褐色疏毛，前胸背板后方具黄色骨化"山"形隆起，密布褐色的点状颗粒；前胸主腹片轮廓不清，两侧光滑，中央具短细毛，中部及后缘具由小突起组成的粗面；气门位于中胸后缘节间，椭圆形，不具缘室；胸部无足。

8.3.2.4 腹部

腹部1～7各节步泡突横沟明显；气门围气门片厚；肛门3个裂片。

8.3.3 蛹

8.3.3.1 虫体

长18.0 mm～23.0 mm，奶油色，刺突和体毛褐色；羽化前复眼、上颚端部、跗肢及翅芽先变为黑色。身体纺锤形；头部下倾于前胸之下。

8.3.3.2 头部

头顶圆形，触角基瘤之间凹；额中线区宽阔下陷。唇基和上唇中区凹；触角粗短，伸达后胸后缘。

8.3.3.3 胸部

前胸背板长略大于宽，球形，侧缘弧形；胸面凸，前缘和两侧缘多刺毛。前翅翅芽覆盖后翅芽，伸达第3腹节基部；后足腿节达到第6腹节基部，中、后足腿节与胫节近于对应平行。

8.3.3.4 腹部

腹部锥形，各节背板的刺突由前向后逐渐变长；腹部第1节～6节可见气门，椭圆形，垂直于体轴。

8.3.3.5 雌蛹

雌蛹特征相似，但触角略短，伸达前胸背板基部；后足腿节达到第5腹节中部。

8.3.4 卵

乳白色，长卵形，长约2.0 mm，宽约0.8 mm。

8.4 结果判定

以成虫或老熟幼虫形态特征为主要依据，符合8.3.1或8.3.2的可判定为青杨脊虎天牛 *Xylotrechus rusticus* (Linnaeus)。

9 标本和样品保存

9.1 标本保存

将鉴定出的青杨脊虎天牛标本根据虫态制作针插标本或浸泡标本长期保存，并加以标识，注明编号、中文名称、学名、产地、寄主名称、日期，鉴定人。

9.2 样品保存

样品按编号、产地、货物名称、进出口日期分别存放，加以标识后妥善保存。

附 录 A
（资料性附录）
青杨脊虎天牛的寄主与分布

A.1 寄主植物

杨属 *Populus* spp.、柳属 *Salix* spp.、桦木属 *Betula* spp.、栎属 *Quercus* spp.、水青冈属（山毛榉属）*Fagus* spp.、椴树属 *Tilia* spp.、榆属 *Ulmus* spp. 等多种植物。

A.2 国外地理分布

日本、朝鲜、蒙古、伊朗、土耳其、俄罗斯和欧洲。

附 录 B
（资料性附录）
脊虎天牛属 *Xylotrechus* Chevrolat 中国常见种成虫检索表

1 前胸背板底色为红色或部分红色 ………………………………………………… 2
前胸背板底色为黑色或黑褐色 ………………………………………………… 5

2 前胸背板除前缘黑色外，全为红色………………………………………………… 3
前胸背板部分红色、红褐或黄色………………………………………………… 4

3 前胸背板表面粗糙和有很多短横脊，鞘翅末端有黄灰色斑纹，额部具4条纵脊………………………………………………… 巨胸脊虎天牛 ***Xylotrechus magnicollis***
前胸背板表面有颗粒状刻点，鞘翅末端完全黑色；额部纵脊不甚明显………………………………………………… 葡萄脊虎天牛 ***X. pyrrhoderus***

4 前胸背板前方有一对红色大型圆斑，两侧近前缘各有一个红色小斑；触角锯齿形，小盾片具黑色绒毛；鞘翅黑色，端部黑褐，中部之前有一条黄色的细斜线，中部之后有一个狭三角形黄斑纹；后足腿节黄褐色（雌虫） ………………………………………………… 红头脊虎天牛 ***X. latefasciatus ochroceps***
前胸背板中部有一宽阔红色横带，前、后部各有黄黑横条，基部中央有一个黄斑；触角略呈丝状，小盾片具黄色绒毛；鞘翅前半部有3条斜宽黑带，有棕黄带相间；后足腿节部分黑色 ………………………………………………… 桑脊虎天牛 ***X. chinensis***

5 额两侧平行，具部分侧脊或不明显，额脊亦不清楚；鞘翅灰褐，基部及两侧红褐色，翅面具淡色绒毛；前胸黑色有白色绒毛 ………………………………………………… 松脊虎天牛 ***X. altaicus***
额两侧不平行，中部较窄，具侧脊 ………………………………………………… 6

6 鞘翅具淡色绒毛有黑斑纹 ………………………………………………… 7
鞘翅大部分黑色、黑褐或棕褐，具淡色斑纹 ………………………………………………… 8

7 前胸背板中区两侧各有一个黑斑点，与中央黑纵条相连接，侧斑点向下弯曲与基部黑横斑接触，形成两个完整黄色绒毛圆斑；鞘翅第二条黑横带中部稍向下弯曲，同第三条黑色横带相距较远………………………………………………… 四带脊虎天牛 ***X. polyzonus***
前胸背板中区两侧各有一个黑斑点，不与中央黑纵条相连接，亦不与基部黑横斑接触；鞘翅第二条黑色横带中部向下深弯曲，同第三条黑色横带相距较近 ………………… 核桃脊虎天牛 ***X. contortus***

8 鞘翅栗棕或淡棕，具细狭白线条………………………………………………… 9
鞘翅黑色或黑褐，具黄色或淡黄色条纹 ………………………………………………… 10

9 前胸背板有淡黄色斑点10个，鞘翅具数条曲折的白线条 ………………… 咖啡脊虎天牛 ***X. grayii***
前胸背板仅基部有两条乳白色细短纵条，鞘翅白线条不很曲折，呈斜线………………………………………………… 冷杉脊虎天牛 ***X. cuneipennis***

10 鞘翅斑纹之间具有散生淡色绒毛；前胸背板有4条黄色纵纹，有时纵条纹间断成斑点；鞘翅有不规则淡黄色波状横斑………………………………………………… 青杨脊虎天牛 ***X. rusticus***
鞘翅斑纹之间缺少散生淡色绒毛 ………………………………………………… 11

11 鞘翅基部黑色 ………………………………………………… 12
鞘翅基部至少部分淡色 ………………………………………………… 15

12 头、触角黑色………………………………………………… 13
头、触角基部4节红褐；触角锯齿形，每翅中部之前，有一条黄色细斜线，中部之后有一狭三角形黄斑（雄虫） ………………………………………………… 红头脊虎天牛 ***X. latefasciatus ochroceps***

13 额脊不明显；前胸背板前缘两侧及后缘后角有桔黄色绒毛；每翅中部之前，有一条细狭弯斜的横带，

中部之后有一条较宽黄色横带……………………黑胸脊虎天牛 ***X. robusticollis***

额脊显著；前胸背板仅前缘有黄色绒毛……………………14

14 前胸背板网纹刻点粗深，每翅中部之前有一条黄色的斜线；翅面具粗糙皱纹，体较大……………………黑头脊虎天牛 ***X. latefasciatus latefasciatus***

前胸背板网纹刻点不粗深，每翅中部之前有一个黄斑；翅面不具粗糙皱纹，体较小……………………秦岭脊虎天牛 ***X. boreosinicus***

15 前胸背板黑色无斑，仅前缘具淡黄色绒毛；鞘翅黑褐或棕褐，基部黄条半方格形，中部稍后有一条黄色横带……………………桦脊虎天牛 ***X. clarinus***

前胸背板具淡色绒毛形成黑色斑纹……………………16

16 雌虫额有3条细纵脊，雄虫额除具中间一条纵脊外，两侧尚各有一个近长方形较粗糙的脊斑；前胸背板中央有一个大圆斑，两侧各有一个小斑点；鞘翅第二斑纹为一斜斑，由肩部向内斜……………………灭字脊虎天牛 ***X. quadripes***

额有“Y”或“V”字形脊纹……………………17

17 前胸背板三个黑斑均成圆形，略成倒三角形排列……………………18

前胸背板中部为黑色纵斑，纵斑前端较窄，有时略模糊，两侧各有一个黑斑……………………19

18 额中央有“Y”字形脊纹；鞘翅第二横带常接触中缝，缝角末端不显突……………………北字脊虎天牛 ***X. atronotatus***

额中央有“V”字形脊纹；鞘翅第二横带短而远离中缝，缝角末端显著突出……………………隆额脊虎天牛 ***X. atronotatus draconiceps***

19 额有“Y”字形脊纹，触角、足、黑色；鞘翅第二斑纹外端稍向下弯……………………叉脊虎天牛 ***X. buqueti***

额有“V”字形脊纹，触角、足黄褐色，腿节后半部略黑褐；鞘翅第二斑纹为短横斑，不向下弯曲……………………挂墩脊虎天牛 ***X. kuatunensis***

注：引自蒋书楠，经济昆虫志，1985。

附　录　C
（资料性附录）
脊虎天牛属 *Xylotrechus* Chevrolat 中国常见种幼虫检索表

1　额前缘两侧背面弧形隆起，隆起的前方呈斜截状，截面中央具陷窝……………………………………………………………………………………………………… 巨胸脊虎天牛 ***Xylotrechus magnicollis***
　额前缘两侧背面不具弧形隆起 ……………………………………………………………………… 2
2　头部呈三角形 ……………………………………………………………………………………… 3
　头部呈横向四边形 ………………………………………………………………………………… 4
3　前胸背板后方具乳白色隆起，非骨化，触角孔圆形，外缘不隆起 ……… 灭字脊虎天牛 ***X. quadripes***
　前胸背板后方隆起黄色，骨化，触角孔方形，外缘隆起，黑褐色 ……… 北字脊虎天牛 ***X. atronotatus***
4　触角第2节长胜于宽 ……………………………………………………………………………… 5
　触角第2节宽胜于长 ……………………………………………………………………………… 6
5　触角第2节附属突起长度为第3节长度的二分之一，触角孔外缘淡褐色，边缘不明显………………………………………………………………………………………………… 青杨脊虎天牛 ***X. rusticus***
　触角第2节附属突起长度为第3节长度的三分之一，触角孔外缘明显，暗褐色……………………………………………………………………………………………… 核桃脊虎天牛 ***X. contortus***
6　触角第2节附属突起长度小于第3节长度的二分之一；口后片缝褐色，向后内方倾斜……………………………………………………………………………………………… 桑脊虎天牛 ***X. chinensis***
　触角第2节附属突起长度大于第3节长度的二分之一；口后片缝漆黑色，两侧平行 ……………………………………………………………………………………………… 葡萄脊虎天牛 ***X. pyrrhoderus***

注：引自钱庭玉，昆虫学报，1989。

附　录　D
（资料性附录）
青杨脊虎天牛形态特征图

a)　成虫♂

b)　成虫♀

图 D.1　成虫（引自《中国林业检疫性有害生物及检疫技术操作办法》）

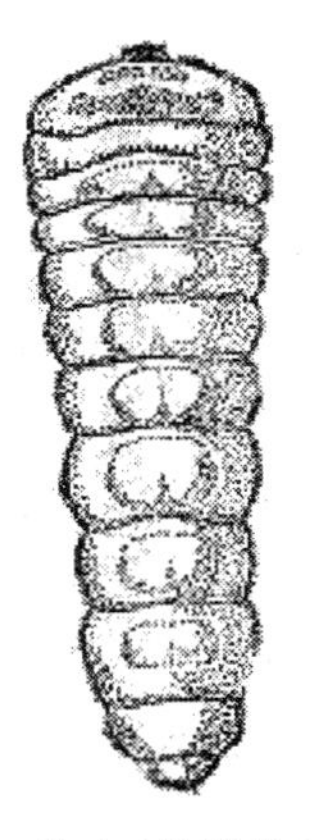

a)　幼虫（仿徐公天）

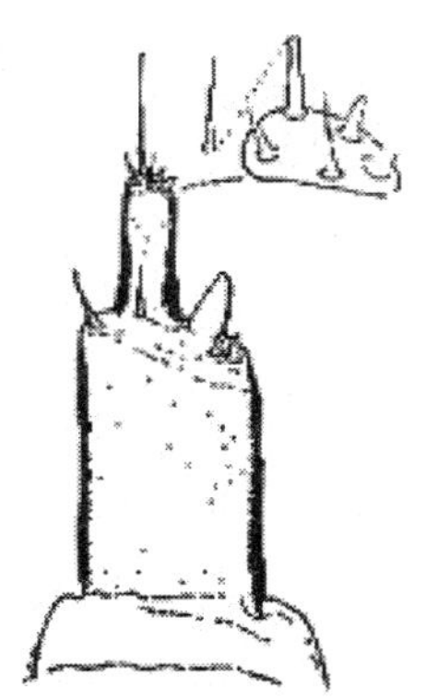

b)　幼虫触角（仿钱庭玉）

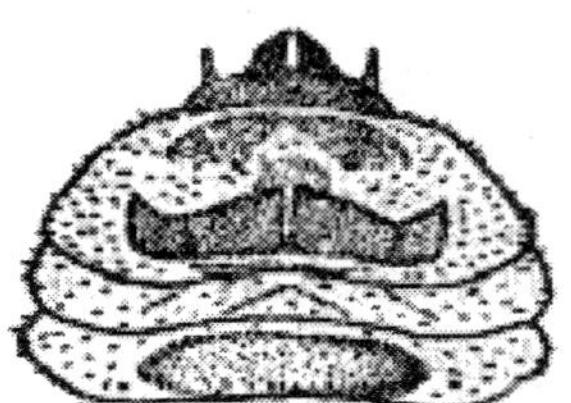

c)　幼虫胸部（仿徐公天）

图 D.2　幼虫

ICS 65.020.01
B 16

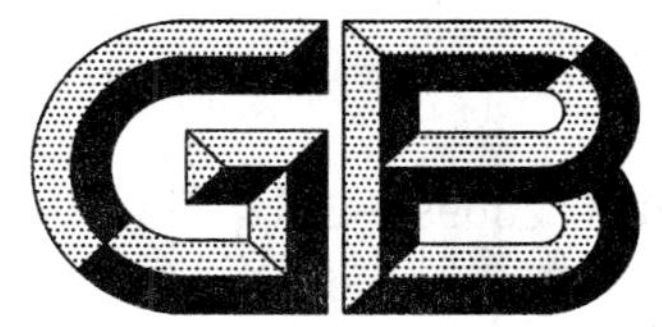

中华人民共和国国家标准

GB/T 28099—2011

水稻细菌性条斑病菌的检疫鉴定方法

Detection and identification of *Xanthomonas oryzae* pv. *oryzicola*(Fang et al.) Swings et al.

2011-12-30 发布　　2012-06-01 实施

中华人民共和国国家质量监督检验检疫总局
中国国家标准化管理委员会　发布

前　言

本标准按照GB/T 1.1—2009给出的规则起草。

本标准由全国植物检疫标准化技术委员会(SAC/TC 271)提出并归口。

本标准起草单位:中华人民共和国上海出入境检验检疫局、中华人民共和国厦门出入境检验检疫局、中华人民共和国江苏出入境检验检疫局、中华人民共和国重庆出入境检验检疫局、南京农业大学。

本标准主要起草人:易建平、林石明、周国梁、粟寒、印丽萍、孔德英、许志刚、胡白石。

水稻细菌性条斑病菌的检疫鉴定方法

1 范围

本标准规定了水稻细菌性条斑病菌的检测和鉴定方法。

本标准适用于水稻种子及植株上水稻细菌性条斑病菌的检测与鉴定。

2 规范性引用文件

下列文件对于本文件的应用是必不可少的。凡是注日期的引用文件，仅注日期的版本适用于本文件。凡是不注日期的引用文件，其最新版本(包括所有的修改单)适用于本文件。

SN/T 0800.1 进出口粮油、饲料检验 抽样和制样方法

SN/T 2122 进出境植物及植物产品检疫抽样

3 水稻细菌性条斑病菌基本信息

中文名：水稻细菌性条斑病菌(稻黄单胞菌稻生致病变种)。

学名：*Xanthomonas oryzae* pv. *oryzicola*(Fang et al.,1956)Swings et al.,1990,简称 Xoc。

异名：*Xanthomonas campestris* pv. *oryzicola* (Fang et al.,1956) Dye 1978；*Xanthomonas oryzicola*(Fang et al.,1956)Dowson 1943；*Xanthomonas translucens* f. sp. *oryzicola*(Fang et al.,1956)Bradbury 1971。

病害英文名：bacterial leaf streak of rice。

属细菌界 Bacteria，变形细菌门 Proteobacteria，γ-变形细菌纲 Gammaproteobacteria，黄单胞菌目 Xanthomonodales，黄单胞菌科 Xanthomonodaceae，黄单胞菌属 *Xanthomonas*(Dowscn，1939)。

病菌主要在病种子和病草上越冬，其次在水稻再生苗或李氏禾等杂草上越冬。病菌主要借雨水、流水等传播，带菌种子是远距离传播的主要途径之一。

水稻细菌性条斑病菌的其他信息参见附录 A。

4 方法原理

根据症状特征、菌落形态特征、生理生化特征、PCR 反应和致病性测试结果等进行检测鉴定。

5 主要试剂

除另有规定外，所有试剂均为分析纯或生化试剂。

三羟甲基胺基甲烷盐酸盐(Tris-HCl)、乙二胺四乙酸(EDTA)、十二烷基硫酸钠(SDS)、十六烷基三甲基溴化胺(CTAB)、三氯甲烷、异戊醇、乙醇、蛋白酶、溴化乙锭、酵母粉、琼脂、蛋白胨、牛肉浸膏、营养肉汤、葡萄糖、蔗糖、谷氨酸钠。

培养基和试剂配方见附录 B。

6 仪器用具

超净工作台、高压灭菌锅、生物显微镜、培养箱、电子天平、冰箱、离心机、水浴锅、培养皿、三角瓶、剪刀、电泳仪、PCR 仪、凝胶成像系统、BIOLOG 微生物鉴定系统、微量可调加样器和离心管。

7 检测与鉴定

7.1 现场检疫

按照 SN/T 2122 和 SN/T 0800.1 规定的程序进行现场检疫并抽取样品。

7.2 实验室检测

7.2.1 有症叶片的分离

有症叶片用无菌水冲洗后取病斑前沿 2 mm～7 mm 部分用 70%酒精表面消毒 15 s，无菌水洗三次后用无菌剪刀剪碎，置于无菌载玻片上，加一滴无菌水，不加盖玻片，置于显微镜下观察喷菌现象，如观察到喷菌现象，从喷菌处用接种环取一环处理液在 NA(PSA 或 NBY)培养基平板上划线分离，重复3 个平板，27 ℃培养 3 d～5 d。

7.2.2 无症叶片的分离

取 10 张无症叶片，剪碎研磨后提取 DNA，进行 PCR 检测，DNA 提取程序和 PCR 检测程序见附录 C。阳性样品进行病菌分离。另取无症叶片 10 张，无菌水冲洗叶面，70%酒精表面消毒 15 s，无菌水洗三次后用无菌剪刀剪碎，加入适量无菌水，静置 15 min，用接种环取处理液在 NA(PSA 或 NBY)培养基平板上划线分离，重复 3 个平板，27 ℃培养 3 d～5 d。

7.2.3 从种子中分离

种子处理液在培养基上富集后进行 PCR 检测，100 g 种子磨碎后置于 200 mL 含有 0.01% Tween 20 的无菌水中 4 ℃过夜，取 100 μL 处理液在 PSA 培养基平板上涂布，重复 3 个平板，27 ℃培养 2 d，每个平板用 1 mL 无菌水洗下，取洗板液用于 PCR 检测，阳性样品进行病菌分离。取种子处理液 1 mL 在无菌水中系列稀释三次，分别取稀释和未稀释的处理液 100 μL 在 NA(PSA 或 NBY)培养基平板上划线分离，重复 3 个平板，27 ℃培养 3 d～5 d。

7.3 鉴定方法

7.3.1 形态特征鉴定

NA 培养基上菌落平滑，不透明，有光泽，圆形，凸起，边缘完整；初始为白色，后变为浅黄色；NBY 培养基上的菌落浅黄色，圆形，凸起，粘液状；PSA 培养基上菌落浅黄色，粘液状，有光泽。挑取可疑菌落在 NA 培养基平板上纯化三次后进行鉴定。

7.3.2 生理生化鉴定

病菌能使明胶液化，使石蕊牛乳胨化，使阿拉伯糖产酸；不还原硝酸盐，产生氨和硫化氢；不产生吲哚；可分解蔗糖、葡萄糖、果糖、木糖和乳糖等产生酸，但不产生气体；对青霉素、葡萄糖反应钝感。也可用 BIOLOG 微生物自动鉴定系统进行鉴定。

7.3.3 PCR 方法鉴定

制备分离物 10^8 CFU/mL 细菌悬浮液，1 mL 菌悬液提取 DNA 后进行 PCR 检测，检测程序见附录 C。

7.4 致病性测试

三种鉴定方法之一为阳性的分离物进行致病性测试。30 d～45 d 龄期大小的 IR24 或汕优 63 种植在 12 h 光照/黑暗的循环条件下，最适温度为 28 ℃～32 ℃/22 ℃（白天/夜晚）。用无菌生理盐水配制 10^8 CFU/mL 细菌悬浮液，无菌接种针蘸取菌液后针刺接种于叶片中部，每张叶片针刺两个点，共接种 30 张～40 张叶片。接种植株用塑料袋保湿 24 h，12 h 光照/黑暗的循环条件下 30 ℃培养，接种 48 h～72 h 后观察症状，最长至 14 d。初始症状为接种点出现红色条斑，通常 10 d 后显症，病斑边缘为线条形，沿叶脉扩展。如果产生典型症状，从接种病斑上再次分离病菌，培养基上形态特征相符或 PCR 检测为阳性即可认为接种分离物为水稻细菌性条斑病菌。

8 结果判定

从样品中分离得到的可疑分离物用形态特征，生理生化或 PCR 检测等三种方法之一进行鉴定；阳性分离物进行致病性测试，出现典型症状，判定为检测出 Xoc；其余情况判定为未检出 Xoc。

9 样品保存

阳性种子样品至少保存 6 个月，至少 1 000 粒，以备复核、谈判和仲裁；阳性的植物材料及时销毁处理；分离菌株应妥善保存，将菌株转接到 NA 试管斜面上，28 ℃培养 48 h。然后置于 4 ℃冰箱中保存，定期（30 d）转接；或在菌悬液中加入 15%～30%甘油于－80 ℃下保存；必要时可将菌株冻干，－80 ℃下长期保存。

附 录 A
（资料性附录）
水稻细菌性条斑病菌其他信息

A.1 检疫重要性

《中华人民共和国进境植物检疫性有害生物名录》(2007年)中的检疫性有害生物之一，目前国内受害病区已超过11个省。欧洲和地中海国家植物保护组织(EPPO)的A1类检疫性有害生物。目前分布于热带亚洲地区、西非和澳大利亚等地。

A.2 寄主植物

主要寄主是水稻 *Oryza sativa*；其他寄主包括：稻属 *Oryza* spp.，李氏禾属 *Leersia* spp.，丝千金子 *Leptochloa filiformis*，圆果雀稗 *Paspalum orbiculare*，茭白 *Zizania aquatica*，沼生菰 *Z. palustris* 和结缕草 *Zoysia japonica*。

A.3 形态特征

病菌为革兰氏染色阴性，短杆状，大小(0.4 μm～0.6 μm)×(1.1 μm～2.0 μm)；无芽孢和荚膜，菌体外具粘质的胞外多糖包围；单生，很少成对，不呈链状；极生鞭毛一根。最适生长温度25 ℃～28 ℃，生长温限8 ℃～38 ℃。

A.4 症状特征

整个水稻生育期的叶片均可受害。病菌进入气孔在叶片薄壁组织内繁殖，主要感染叶片薄壁组织细胞，局部侵染。病斑初呈暗绿色水渍状半透明的小点，渐形成叶脉间透明条斑，限在叶脉之间延伸，颜色由黄褐转橙褐色，这种透明条斑与白叶枯病的不透明症状差异明显。病斑上常泌出许多露珠状的蜜黄色菌脓(参见图A.1)。病情严重时，许多条斑融合、连接在一起，成为不规则的黄褐色至枯黄色斑块，此时病叶枯萎，变褐，最后死亡，后期的症状与白叶枯病有些相似(参见图A.2)。

图 A.1 叶片症状

图 A.2 田间症状

附　录　B
（规范性附录）
培养基和试剂配方

B.1　NA 培养基

蛋白胨 5 g，牛肉浸膏 3 g，琼脂 18 g，加蒸馏水至 1 000 mL，pH 6.8～7.0，121 ℃湿热灭菌 15 min。

B.2　NBY（Nutrient Broth Yeast Extract Agar Medium）培养基

Sol.1：营养肉汤 8 g；酵母粉 2 g；K_2HPO_4 2 g；KH_2PO_4 0.5 g；琼脂 18 g；蒸馏水 950 mL。

Sol.2：葡萄糖 5.0 g 溶解于蒸馏水 50.0 mL 中。

Sol.3：1 mol/L 的 $MgSO_4 \cdot 7H_2O$ 1 mL（2.46 g $MgSO_4 \cdot 7H_2O$ 溶解于 10 mL 蒸馏水）。三种溶液单独 121 ℃湿热灭菌 15 min，待温度降到 45 ℃～50 ℃时混匀后倒制平板。

B.3　PSA 培养基

蔗糖 10 g，蛋白胨 10 g，谷氨酸钠 1 g，琼脂 17 g，加蒸馏水至 1 000 mL，调节 pH 至 6.8～7.0，加热溶解后 121 ℃湿热灭菌 15 min。

B.4　TE-缓冲液

用 1 mol/L Tris-HCl，pH 8 和 0.5 mol/L EDTA 母液配制，1 mol/L Tris-HCl，10 mL；0.5 mol/L EDTA，2 mL；加水至 1 000 mL。

B.5　10% SDS（十二烷基硫酸钠）

10 g 溶于 100 mL 水。

B.6　CTAB（十六烷基三甲基溴化胺）

10 g CTAB 溶于 100 mL 0.7 mol/L NaCl 溶液中（0.7 mol/L NaCl：4.1 g NaCl 溶于 10 mL 水）。

B.7　5×TAE 缓冲液

54 g Tris；27.5 g 硼酸；0.5 mol/L EDTA，pH 8，20 mL；加水至 1 L。配制琼脂糖凝胶用 0.5×TAE 缓冲液。

附 录 C
（规范性附录）
PCR 检测方法

C.1 DNA 提取程序

叶片样品组织 3 g～5 g 在研钵中研磨后取 0.1 g 转入 1.5 mL 离心管，提取 DNA；从种子或叶片上分离的菌株，NB 培养基中 30 ℃振荡培养过夜，取 1.5 mL 转入离心管，12 000 r/min 离心 10 min，弃上清液，沉淀提取 DNA；组织浸出液 12 000 r/min 离心 10 min，弃上清液，沉淀提取 DNA。

DNA 提取步骤：加入 500 μL TE 缓冲液悬浮沉淀，加入 10% SDS 75 μL 和 10 mg/mL 的蛋白酶 10 μL，37 ℃轻轻振荡孵育 1 h；加入 5 mol/L NaCl 120 μL，上下颠倒几次充分混匀，加入 CTAB(10% CTAB 溶于 0.7 mol/L NaCl 溶液中)100 μL；充分混匀后 65 ℃孵育 20 min；加入等体积（约 700 μL）的三氯甲烷：异戊醇（24：1），振荡混匀 30 min；室温下 15 000 r/min 离心 30 min，取上层水相转入离心管；加入等体积的异丙醇，室温下 15 000 r/min 离心 30 min，弃上清液，沉淀转入 750 μL 70%乙醇中（乙醇洗前可以放入冰箱中过夜）；14 000 r/min 离心 8 min，沉淀在空气中干燥后溶于 50 μL TE 中（可70 ℃孵育加快溶解），4 ℃冰箱中保存备用。商用 kit 也可用于样品 DNA 的提取。

C.2 引物

上游引物 XoocF：5-atattgggctggtgggtga-3；下游引物 XoocR：5-ttggtacgcgatgccctttgcgacgg-3；扩增产物为 338 bp。

C.3 PCR 反应体系

PCR 反应体系(50 μL)：10×PCR 缓冲液，2.5 mmol/L 的 $MgCl_2$，0.2 mmol/L 的各种 dNTP 混合物，2 U 的 *Taq* DNA 聚合酶，25 pmol/L 的每对引物各 1.0 μL，2 μL 的细菌悬浮液或 DNA 模板。

C.4 PCR 反应条件

94 ℃ 5 min；94 ℃ 30 s，62 ℃ 30 s，72 ℃ 1 min，35 个循环；72 ℃ 10 min。

C.5 电泳分析

取 10 μL 扩增产物与 3 μL 的 6×上样缓冲液混合均匀，在 0.5×TAE 缓冲液配制的 1.5%琼脂糖凝胶中，4 V/cm～6 V/cm 电泳 30 min，溴化乙锭(EB)染色后在成像系统中观察，拍照并保存。

C.6 PCR 结果判定

阴阳性对照正常的情况下，如果扩增出 338 bp 的特异性条带表明样品中存在 Xoc。

ICS 65.020.01
B 16

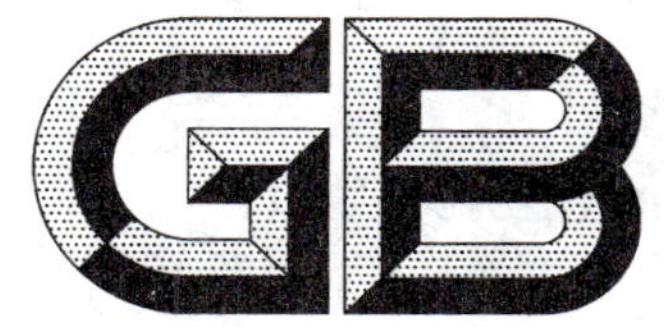

中华人民共和国国家标准

GB/T 28100—2011

香石竹细菌性萎蔫病菌检疫鉴定方法

Detection and identification of *Burkholderia caryophylli* (Burkholder) Yabuuchi et al.

2011-12-30 发布　　2012-06-01 实施

中华人民共和国国家质量监督检验检疫总局
中国国家标准化管理委员会　发布

前　言

本标准按照 GB/T 1.1—2009 给出的规则起草。

本标准由全国植物检疫标准化技术委员会(SAC/TC 271)提出并归口。

本标准起草单位:中华人民共和国山东出入境检验检疫局、中华人民共和国辽宁出入境检验检疫局、中国检验检疫科学研究院。

本标准主要起草人:邵秀玲、王有福、赵文军、甘琴华、厉艳、王英超、尼秀媚、粟智平、吴兴海、张治宇、余冬冬。

香石竹细菌性萎蔫病菌检疫鉴定方法

1 范围

本标准规定了香石竹细菌性萎蔫病菌的检疫鉴定方法。

本标准适用于石竹属、满天星等植物种苗及产品中香石竹细菌性萎蔫病菌的检疫鉴定。

2 规范性引用文件

下列文件对于本文件的应用是必不可少的。凡是注日期的引用文件，仅注日期的版本适用于本文件。凡是不注日期的引用文件，其最新版本(包括所有的修改单)适用于本文件。

GB/T 4789.28 食品卫生微生物学检验 染色法、培养基和试剂

SN/T 1157 进出境植物苗木检疫规程

3 香石竹细菌性萎蔫病菌基本信息

中文名：香石竹细菌性萎蔫病菌。

学名：*Burkholderia caryophylli* (Burkholder 1942) Yabuuchi et al. 1993

Pseudomonas caryophylli (Burkholder 1942) Starr & Burkholder 1942

中文俗名：麝香石竹伯克霍尔德氏菌、石竹伯克霍尔德氏菌、红掌细菌性叶疫病

病害英文名：bacterial wilt of carnation.

属原核生物界(Procaryotae)薄壁细菌门(Gracilicutes)暗细菌纲(Scotophobia)假单胞菌目(Pseudomonadales)假单胞菌科(Pseudomonadaceae)伯克霍尔德氏菌属(*Burkholderia*)。

通过感染病菌的切割部分进行短距离传播。

香石竹细菌性萎蔫病菌基他信息参见附录A。

4 方法原理

经现场查验，实验室用显微镜、定量PCR仪等仪器设备对样品进行检测，根据病原菌的菌落特征、菌体形态、生理生化特性及致病性测定和分子生物学检测结果进行判定。

5 仪器设备和用具

5.1 仪器设备

电子天平(感量0.000 1 g)、植物生长培养箱、恒温培养箱、恒温振荡培养箱、高压灭菌器、超净工作台、生物显微镜(具照相系统)、高速冷冻离心机(12 000 r/min)、小型离心机、纯水仪、恒温水浴锅、低温冰箱、PCR仪、电泳仪、电泳槽、凝胶成像分析仪、电动搅拌器、真空冷冻干燥机等。

5.2 用具

培养皿、试管、可调式微量进样器(2 μL、10 μL、20 μL、100 μL、200 μL、1 000 μL)及其枪头、研钵、

离心管(1.5 mL、1.0 mL)、PCR 管(0.2 μL)、量筒、烧杯等。

6 试剂

除另有规定外,所有试剂均为分析纯或生化试剂。

培养、鉴定香石竹细菌性萎蔫病菌所用培养基参见附录 B。

7 检测鉴定

7.1 现场检疫

7.1.1 样品数量

按 SN/T 1157 的规定执行。

7.1.2 症状观察

该菌侵染植株后,可在导管周围产生大量堵塞导管的赘生物,随之导致维管束变色,茎基部节间开裂溃疡,切开病茎可见有棕黄色软泥状菌液溢出;感染病菌的植物叶片和茎呈灰绿色,叶片逐渐变黄枯萎;严重者根茎部腐烂,直至植株枯萎死亡。症状显示后,植株一般会在 1 个～2 个月内死亡,通过检查成熟植株地上部分呈现出灰绿色症状很容易进行判断。

7.2 实验室检测鉴定

注:实验室检测鉴定流程图参见附录 C。

7.2.1 样品初筛

通过肉眼或显微镜观察,对危害症状不明显的潜在感染可直接通过分子生物学检测进行样品初筛,初筛阳性的样品需完成 7.2.2～7.2.6 的检测。

危害症状明显的样品需进行 7.2.2～7.2.7 的检测,30 ℃以上的培养条件可提高症状出现的速度。

7.2.2 病原菌的分离与培养

取可疑植物组织,75%酒精消毒,无菌水洗 3 次后,放在无菌的载玻片上用无菌的玻璃棒研碎,滴一滴无菌水于研碎的病组织上。静置 2 min～5 min 后,用稀释法或无菌的移植环蘸取以上组织液在培养基平板上划线,28 ℃培养 24 h～48 h 后,观察菌落生长情况。

7.2.3 菌落特征

病原菌在 523 培养基上呈圆形凸起,边缘整齐,透明,表面发亮,生长快,培养 48 h 菌落直径 2 mm 左右(参见附录 D);在 NA 培养基上生长缓慢;在 King's B 培养基上,菌落黄色不透明,不产生荧光色素。如果发现可疑菌落,需进行 2 次～3 次菌种纯化。

7.2.4 形态特征

按 GB/T 4789.28 中规定的方法进行革兰氏与鞭毛染色,显微镜观察菌体形态。

菌体杆状,少数呈丝状体,或稍弯曲的杆状,(0.35 μm～0.95 μm)×(1.05 μm～3.18 μm),菌体排列方式多样,有链状条纹、并列排列或成堆状排列等多种排列方式,具有 1 至数根极生鞭毛,活动性好。

7.2.5 生理生化

该菌好氧，无芽孢，可氧化分解单糖、双糖、多糖，并可利用唯一的碳源和氮源，为致病菌。按GB/T 4789.28规定的常规方法、生化管或BIOLOG微生物鉴定系统等辅助进行生理生化特性测定（见表1）。

表1 *B. caryophylli* 鉴定常用的生理生化特征表

生理生化特征	香石竹细菌性萎蔫病菌（*B. caryophylli*）
革兰氏染色	—
接触酶	+
氧化酶	—
反硝化	+
硝酸盐还原	+
精氨酸双水解酶	+
葡萄糖氧化发酵	+
明胶水解	—
淀粉水解	—
甲基红试验	—
V-P 试验	—
最适生长温度（℃）	28
注：+：90%以上菌株为阳性；—：90%以上菌株为阴性。	

7.2.6 致病性测定

将纯化培养48 h的菌株用无菌水配成10^6 CFU/mL～10^8 CFU/mL的菌悬液，用注射法接种于5叶龄～6叶龄幼嫩的香石竹根茎部，无菌水作阴性对照，标准菌株作阳性对照，30 ℃～33 ℃保湿培养48 h，10 d～14 d左右观察病菌侵染症状。如果产生典型的症状，表明所分离的菌株具有致病性，需要从接种植株上再次分离病菌，再分离的纯菌株应具有与原菌株一致的病原特征，否则判定所分离的菌株不具有致病性。

7.2.7 PCR法检测

PCR检测实验方法见附录E。

8 结果判定

8.1 无症状植物

对无症状的植物体直接进行分子生物学检测进行初筛，如果检测结果为阴性，实验最终判定为阴性，如果检测结果为阳性，需完成7.2.2～7.2.6的检测，进一步进行结果判定。

8.2 有症状植物

对有症状的植物体需进行病菌分离，如果所分离的菌株在培养基上的菌落特征、生理生化特性与标准相符，且菌株致病性测定为阳性，可以初步判定待检菌株为香石竹细菌性萎蔫病菌，需做分子生物学方法进行确认，如果 PCR 检测结果为阳性，可以最终判定为检出香石竹细菌性萎蔫病菌，否则结果判定为阴性。

9 菌株保存

从检测样品中分离到并鉴定为香石竹细菌性萎蔫病菌的菌株，应妥善保存。将菌株转接到试管斜面上，28 ℃恒温培养 48 h。然后置于 4 ℃冰箱中保存，定期（30 d～60 d）转接，防止病菌死亡；或在菌悬液中加入 15%～30%的甘油于－80 ℃下保存；必要时将菌株用真空冷冻干燥机制成冻干粉，－80 ℃下长期保存。

附 录 A
（资料性附录）
香石竹细菌性萎蔫病菌的相关资料

A.1 地理分布

中国（吉林、云南西双版纳、台湾）、印度、以色列、日本、奥地利、保加利亚、丹麦、法国、德国、匈牙利、爱尔兰、意大利、荷兰、奥地利、波兰、塞尔维亚、挪威、波兰、斯洛伐克、瑞士、英国、南斯拉夫、加拿大、美国（佛罗里达州、伊利诺斯州、印地安那州、爱荷华州、马萨诸塞州、明尼苏达州、密苏里州、蒙大拿州、宾夕法尼亚州、纽约、华盛顿）、阿根廷、巴西、哥伦比亚、乌拉圭

A.2 寄主范围

该病菌自然侵染的寄主有：麝香石竹 *Dianthus caryophyllus*、美国石竹 *Dianthus barbatus*、中华（波状）补血草 *Limonium sinuatum*、满天星 *Gypsophila paniculata* 等。

A.3 病原菌形态特征生物学特性

该菌通过伤口进入植物体，随后侵染根茎的维管束，温度高于 20 ℃可加速细菌生长及植物体症状显示，低温条件下感病植物不显示症状。植物体在轻微感染、低温保存的条件下，病菌可潜伏 2 年～3 年才呈现症状，土壤温度低于 17 ℃时，菌体细胞的快速繁殖造成对茎部导管的压力加大，通常在植物基部节间出现开裂，接着发展为溃疡。这种开裂与某几个栽培变种的生理开裂很相似，但病源开裂可见到有棕黄色菌液溢出，溃疡处会出现由腐生真菌引起的畸形生长，茎部形成空洞；在 20 ℃～25 ℃条件下，多为枯萎症状，少见溃疡，剥落的茎粘稠、棕黄色、宽窄不定，导管组织有纵向条纹，交叉处有不规则的水浸状褐色斑点；尽管低于 20 ℃的情况下茎开裂的状况很普通，但高于 30 ℃的条件下萎蔫症状很明显。

A.4 传播途径

病菌可通过带菌水侵染植物切口，主要的传播途径是通过感染病菌的切割部分，该部分携带病菌菌源主要来自尚无症状显示的带菌母体，在自然条件下病菌只能进行短距离传播且速度很慢。调查显示，当植物茎部开裂时，菌液会流出并可传播到另一植物体。

附 录 B
（资料性附录）
常用培养基配方

B.1 523 培养基

蔗糖 10.0 g
酵母膏 4.0 g
$MgSO_4 \cdot 7H_2O$ 0.3 g
蛋白胨 8.0 g
K_2HPO_4 2.0 g
琼脂 16.0 g
调整 pH 至 7.0～7.1，121 ℃湿热灭菌 15 min～20 min。

B.2 NA 营养琼脂

牛肉浸膏 1.0 g
蛋白胨 5.0 g
琼脂 17.0 g
酵母膏 2.0 g
NaCl 5.0 g
蒸馏水 1 000.0 mL
调整 pH 至 7.4，121 ℃湿热灭菌 15 min～20 min。

B.3 金氏 B 培养基

蛋白胨 20 g
$MgSO_4 \cdot 7H_2O$ 1.5 g
琼脂粉 15 g
K_2HPO_4 1.5 g
甘油 10 mL
蒸馏水 1 000 mL
调整 pH 至 7.2，121 ℃湿热灭菌 15 min～20 min。

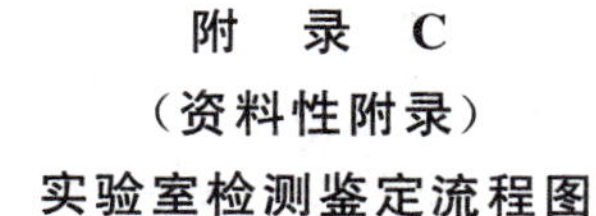

附　录　C
（资料性附录）
实验室检测鉴定流程图

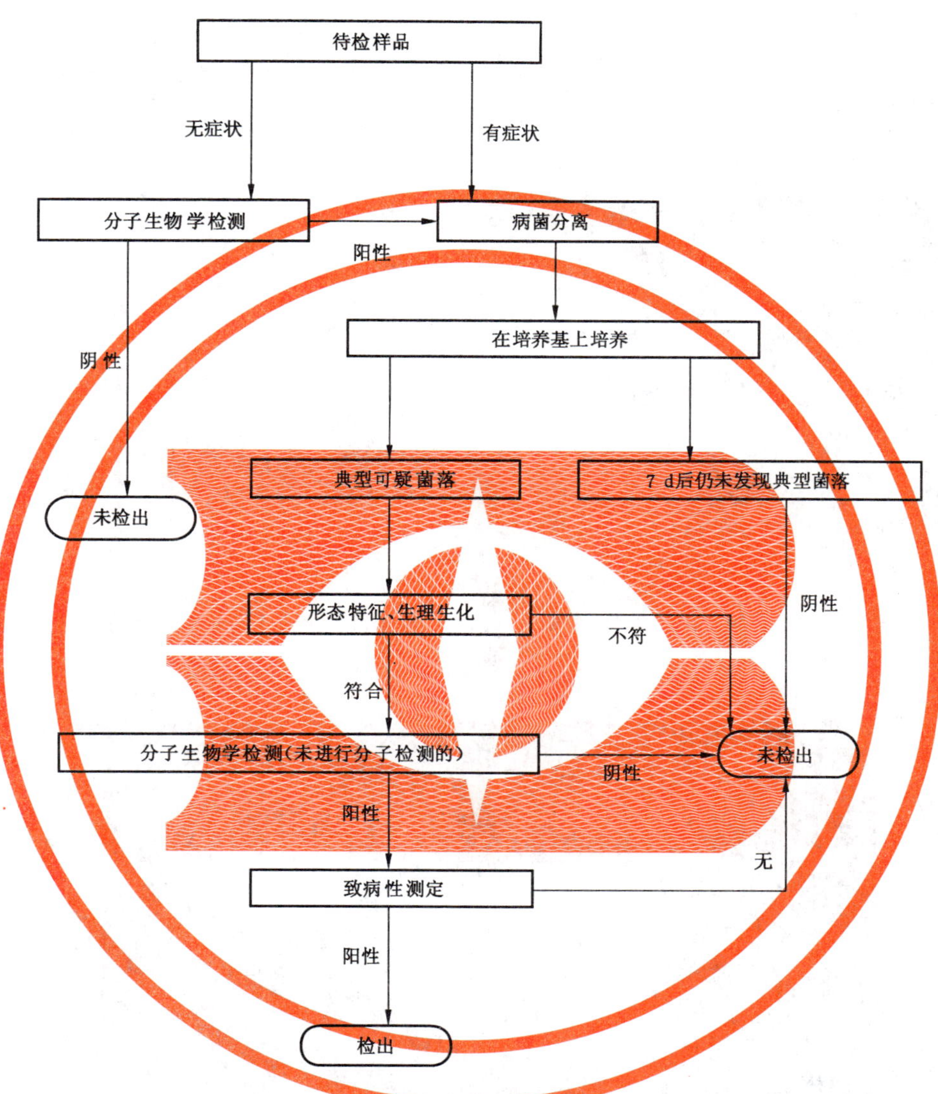

图 C.1　实验室检测鉴定流程图

附 录 D
（资料性附录）
菌落特征及接种症状

图 D.1 523 培养基上培养 3 d 后的菌落特征

图 D.2 NA 培养基上培养 5 d 后的菌落特征

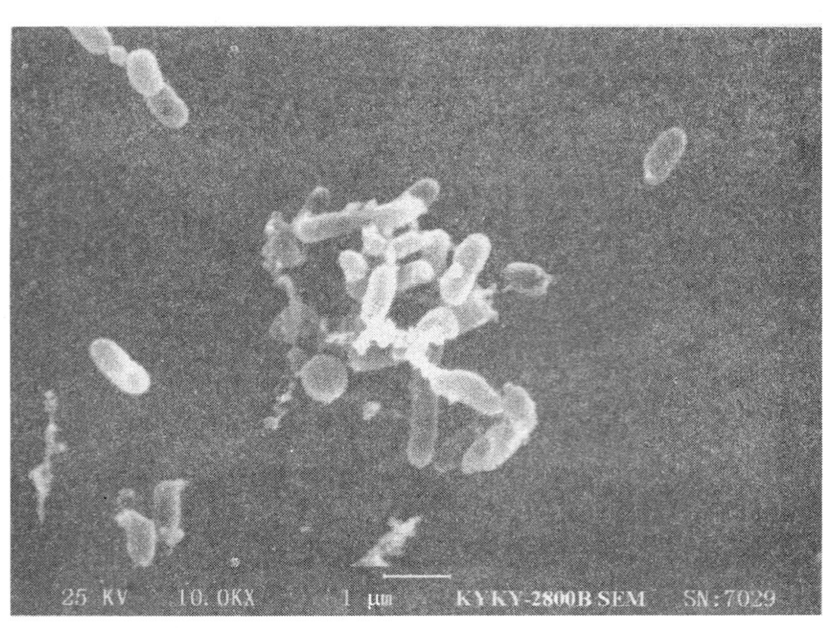

图 D.3 菌体扫描电镜图片

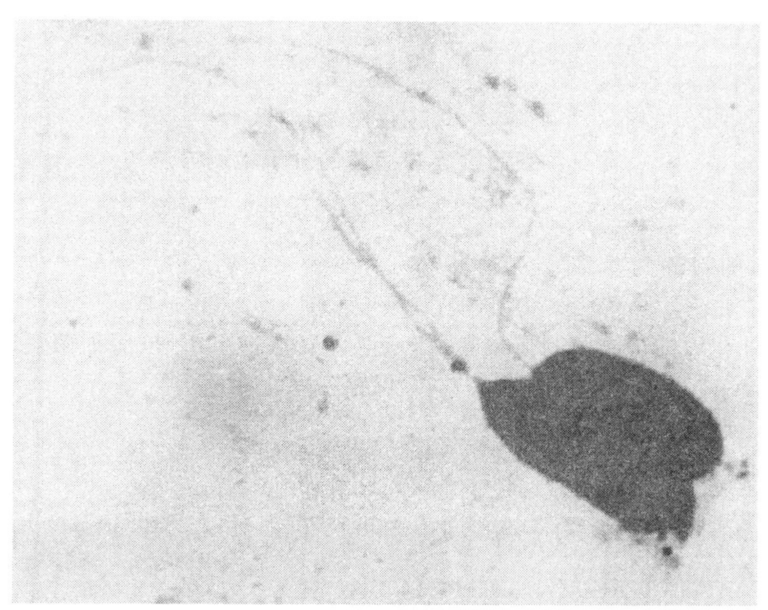

图 D.4　菌体透射电镜图片

图 D.5　接种病菌后香石竹表现症状(引自 Courtesy Dr J. Németh.)

附 录 E
（规范性附录）
香石竹细菌性萎蔫病菌的分子检测方法

E.1 细菌 DNA 模板的制备

无菌操作下，将纯化后的待测菌制成菌悬液，或取可疑植物组织，按照细菌基因组 DNA 提取试剂盒方法提取基因组 DNA，测定 DNA 浓度，−20 ℃保存备用。

E.2 引物与探针

FP：5-CGGCACAAATGCGAGAACT-3
RP：5-GACCCTATAACGAGAGCGTCTCTCT-3
探针：5-FAM-AACCTGTAGCGCAAGCGGCTCG-TAMRA-3

E.3 PCR 反应体系

E.3.1 普通 PCR

体系为 25 μL：2×PCR MasterMix 12.5 μL，引物（10 μmol/L）各 1 μL，模板（DNA 或菌悬液）1 μL，去离子水 9.5 μL。

E.3.2 定量 PCR

体系为 25 μL：2×PCR MasterMix 12.5 μL，引物（10 μmol/L）各 1 μL，探针（10 μmol/L）1 μL，模板 1 μL，去离子水 8.5 μL。

E.4 PCR 反应条件

94 ℃，5 min；40 个循环；94 ℃，15 s；62 ℃，1 min；72 ℃，1 min；最后 72 ℃延伸 2 min。

E.5 PCR 结果判定

2%琼脂糖凝胶电泳检测普通 PCR 产物，如能观察到 68 bp 左右的 PCR 产物条带，则可判定为可疑香石竹细菌性萎蔫病菌，需进一步确认，否则判定为阴性。

定量 PCR 反应 Ct 值小于 35，结果判定为阳性，否则判定为阴性。

ICS 03.080.01
A 12

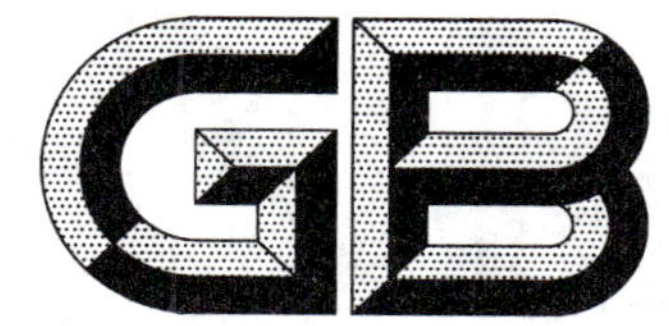

中华人民共和国国家标准

GB/T 28101—2011

城市公共休闲服务与管理　基础术语

Urban public leisure service and management—Basic terminology

2011-09-29 发布　　2011-10-01 实施

中华人民共和国国家质量监督检验检疫总局
中国国家标准化管理委员会　发布

前　　言

本标准按照GB/T 1.1—2009给出的规则起草。

本标准由全国休闲标准化技术委员会(SAC/TC 498)提出并归口。

本标准起草单位:北京第二外国语学院旅游发展研究院。

本标准主要起草人:张凌云、吕宁、魏小安、张灵光、刘汉奇、付磊、朱莉蓉。

引　言

为规范城市公共休闲服务与管理，形成共同的认识基础与解释口径，特制定本标准。

城市公共休闲服务与管理　基础术语

1　范围

本标准规定了城市公共休闲服务与管理领域中的基础术语和定义。

本标准适用于城市公共休闲服务与管理活动，以及国际间的相互交流与理解。

2　基础概念

2.1

休闲　leisure

个人在除工作、学习、家务劳动、睡眠等日常谋生和生理必需的时间以外，对可自由支配时间的多样化安排，进而产生身心愉悦的生活状态。

注：包括日常休闲、周末休闲和节假日休闲等。

2.2

城市休闲　city leisure

城市居民以特有的休闲观念、休闲行为在可利用的空间中产生的带有一定经济性的现代文明生活方式，是休闲城市产生的基础和日常生活内容。

注：城市居民指城市中的常住人口，包括户籍人口、市民和非户籍人口、外来常住人口。

2.3

休闲城市　leisure city

休闲功能突出，休闲产业完善，休闲环境和谐，休闲公共管理与服务机制较为发达的城市。

2.4

城市休闲功能　city leisure function

城市基本功能包括工作、居住、交通和休闲，城市应具有相应的休闲空间、设施和服务，能够满足本地居民和外来游客休闲需要，形成休闲供给能力。

2.5

城市休闲系统　city leisure system

从系统论的角度看待城市休闲的功能系统，是人与休闲环境相互作用形成的以休闲为主要功能、以人为中心的复合、开放系统。

2.6

城市休闲指数　city leisure index

通过指数方式对城市进行特定指标体系的定量测度，以此衡量一个城市的休闲功能完善程度。

注1：该术语通常是对城市一级城市休闲功能发展状况的综合性测算，是对城市休闲系统的定量描述，是对不能直接相加的城市休闲化程度方面的复杂现象在数量上综合变动情况的相对数据综合测评的反映。通过城市休闲指数方式反映一个城市休闲系统的发育情况和发展潜力，通过5个分体系的转化归类测量城市休闲化发展所必须具备的城市综合实力、居民休闲需要和城市休闲环境的发展水平。

注2：指数是用于测定多个项目在不同场合下综合变动的一种特殊相对数。

2.7

城市性格　city nature

由城市历史、地理、民俗、风貌、经济、建筑和人在城市发展中所形成的区别于其他城市的本质特征和鲜明个性。

2.8

城市公共休闲服务与管理标准化　standardization of urban public leisure service and management

为在城市范围内形成公共休闲服务与管理的最佳秩序，对现实问题和潜在问题制定共同使用和重复使用的相关条款的活动，最终建立科学、适用的标准综合体，指导城市公共休闲服务与管理体系的建设和完善，为城市居民和整个社会提供健康积极的生活方式。

2.9

社区休闲　community recreation

在社区建设中，完善休闲功能的主题社区，有比较丰富的休闲内容，有其乐融融的休闲生活，是和谐社区在新时代中建设、发展的模式创新。

2.10

乡村休闲　village leisure

区别于城市休闲(2.2)，以乡村空间环境和乡村特有的资源为依托，以乡土文化体验为主要内容的一种休闲形式。

2.11

休闲资源　leisure resources

休闲活动所依赖的物质和非物质的条件和因素。

注：非物质条件和因素包括但不限于气候、习俗、民间信仰等，但不包括经济制度和产业政策等。

2.12

休闲产业　leisure industry

满足休闲需求、促进休闲消费的产品与服务供给体系。

3　城市休闲规划

3.1

城市休闲创意　city leisure creation

减少休闲同质化，深入挖掘城市内涵，体现城市特色，突出城市创造力，构造城市休闲特有的性格、风貌、氛围等工作内容。

3.2

城市休闲规划　city leisure planning

与城市休闲在内涵上一致，按照需求、约束条件和项目定位由一系列专项规划组合而成的规划综合体，包括针对不同人群的专项规划、针对休闲产业类别的专项规划、针对市场开发与营销推广的专项规划等。

3.3

休闲城市规划　leisure city planning

预测城市的休闲发展并管理各项休闲资源以适应其发展的具体方法或过程，以指导已建环境的设计与开发。

注1：休闲城市规划是相对于城市规划而言的，它要求城市的休闲功能在全部城市功能中占据显著位置，因此在规划布局和规划内容方面要求与城市规划、土地规划等衔接、兼容。休闲城市更强调人的主体价值性的规划理念，强调分析利用自然、环境、社会、文化、经济等各种信息去构建城市休闲体系的整体系统，强调人与自然、人与人、人与社会之间的和谐共处，强调依托休闲空间和休闲功能的有机布局，强调引导休闲经济、休闲产业满足人的全面自由的发展。

注2：休闲城市规划总体上是以人的需要为核心的统一整体。

3.4

度假区规划　resort planning

按照度假区对环境、规模、设施条件等要求为游憩、健身、康体、娱乐等目的设计以适应其发展的具体方法或过程，以指导已建环境的设计与开发。

3.5

休闲社区规划　leisure real-estate planning

以城市社区为单元，运用系统分析技术决定最佳行动方案达到预定目标、解决社区对休闲的需求，构建适于人居且能引导社区变迁的理性决策方法。

3.6

度假社区规划　resort community planning

以度假社区为单位，运用系统分析技术决定最佳行动方案达到预定目标、解决社区对度假、休闲的需求，构建适于人居且能引导社区变迁的理性决策方法。

3.7

乡村休闲规划　village leisure planning

针对乡村特有资源和乡土文化，按照休闲需求、约束条件和项目定位等要求进行的专项规划。

4　城市公共休闲空间

4.1

公共休闲空间　public leisure space

为满足休闲主体公共休闲需求所营造的专用公共空间。

示例：既包括广场、绿地、居住区户外场地、城市公园等公共产品，又包括集聚商业和娱乐元素的中央休闲区。

4.2

休闲社区　leisure community

在城市社区规划建设中融入休闲理念、满足现代人休闲需求的相对独立的地域性社会单元。

注：社区是指聚居在一定的地域内的相互关联、相互交往的人群形成的具有共同生活特征的相对独立的地域性社会单元。

4.3

度假社区　resort community

以满足人们的度假生活需求为主要功能，人居设施舒适，活动空间宽松，文化氛围浓郁，景观环境优美，休闲项目丰富，管理和服务专业化程度高，崇尚人与自然和谐发展，具有一定规模的高品质社区。

4.4

公园系统　park system

4.4.1

中央公园　central park

以美国纽约曼哈顿区大型都市公园为原型，指常居于狭小单元中供城市居民休憩、娱乐、社交、活动的城市公园(4.4.2)。

4.4.2

城市公园　urban park

设在城市市区主要供市民游憩的人工绿地或园林。

4.4.3

城市湿地公园　urban wetland park

城市内具有湿地生态功能和特征的，以生态保护、科普教育、自然野趣和休闲游览为主要内容的公园。

4.4.4

郊野公园　suburb park

设在城市郊区、主要供市民郊游、远足和游憩的乡村园林。

4.4.5

社区公园　community park

为一定居住用地范围内的居民服务，具有一定休闲活动内容和设施的集中绿地。

注：不包括居住组团绿地。

4.5

城市中央休闲区　central recreational district

城市标志性区域之一，一般位于城市建成区，具有相对明确的区域边界、相应的管理机构和较大的规模，有足够的免费公共空间，能深度体现城市文化底蕴，休闲设施集中，休闲氛围浓郁，休闲业态丰富，享有较高知名度和鲜明的形象，对当地居民和外来游客有较强聚集效应。

中央休闲区的类型包括文化型休闲区、生态型休闲区、商业型休闲区、复合型休闲区，但一般不包括城市公园。

4.6

休闲商业街　business street

具有一定规模，商品零售、餐饮、娱乐服务网点分布密集的街区。

注：一般来说，游人集中的商业街大多为步行街。

4.7

城市广场　urban square，urban plaza

位于城市闹市区，供市民游憩休闲，并具有较大公共活动空间的场地。

4.8

外围休闲带　peripheral recreational area

城市中心区以外利用各种休闲资源，供市民游憩、短期度假所形成的休闲产业相对集中且呈带状空间分布的区域。

4.9

旅游度假区　tourist resort

符合中长期度假旅游需要、以接待度假者为主的综合性区域，有明确的地域界限，适于建设集中配套的设施，所在地区环境一流，度假资源丰富，客源基础较好，交通便捷。

4.10

滨水休闲区　waterfront recreational area

依托水域形成的休闲产业集中、休闲服务与产品供给丰富、休闲环境良好的特殊区域。

4.11

空中休闲区　air lounge

城市划定的特定空中区域，供人们开展空中体育休闲娱乐活动。

5　城市休闲场所与设施

5.1

室内休闲场所和设施　inroom leisure venues and facilities

主要位于室内的休闲场所和设施，包括但不限于下列内容：展览馆、文化馆、公共图书馆、博物馆、美术馆、群众艺术馆、科学技术馆、文化宫、体育场馆、书店、超级市场、电子游戏厅、健身房、游泳馆、主题乐园、酒吧、网吧、陶吧、艺吧、氧吧、茶馆、咖啡馆、滑雪场、溜冰场、棋牌室、射击场、画廊、影剧院、歌舞厅、沐浴馆所、瑜伽会馆等。

5.2

户外休闲场所和设施　outdoor receration sites and facilities

位于户外的休闲场所和设施，包括但不限于下列内容：花鸟市场、邮币市场、古玩市场、植物园、动物园、海洋公园、水族馆、游客信息咨询中心、游乐园、度假村、营地等。

5.3

俱乐部　club

人们聚集在一起进行娱乐活动的组织团体或场所，尤指具有某种相同兴趣的人进行社会交际、文化娱乐等活动的团体和场所。

注：在有的资料中，也称会所。

5.4

宗教活动场所　religious sites

信仰宗教的公民进行宗教活动的公共场所，包括佛教的寺院、庵堂，道教的宫观，伊斯兰教的清真寺，天主教教堂、会所，基督教教堂，以及其他固定场所。

6　城市公共休闲服务

6.1

城市休闲服务质量体系　urban leisure service quality system

6.1.1

休闲服务质量　leisure service quality

反映休闲服务满足规定和潜在需要能力的特性总和。

注1：在合同环境或法规环境下，“需要”是给定的，而在其他环境中“潜在需要”应予标识和确定。

注2：许多情况下，需要随时间而变化，因而应对服务质量要求进行定期评审。

注3：需要通常要转化成有规定指标的特性。需要可以包括如特性、实用性、可信性（可用性、可靠性、维修性）、安全性、环境要求、经济性和美学等诸多方面。

注4：在某些资料中，质量被称之为“适用性”、“适应意图”或“顾客满意”或“符合要求”。按上述定义，这些提法仅表示服务质量的某些方面。

6.1.2

休闲权益保障　casual protection

公民根据国际公约、宪法和法律享有的各种休闲权益。

6.2

休闲服务投诉　leisure service complaints

对休闲组织提供的服务或流程不满意，明示或暗示希望得到回应或解决。

6.3

休闲服务投诉反馈　leisure service feedback

对休闲产品和服务或顾客投诉处理流程的意见、建议。

6.4

休闲服务诚信评价体系　leisure service credit evaluation system

结合休闲经济和休闲企业的实际特点，设定休闲服务的诚信评估模型，按照一定程序，将体现和反映休闲服务诚信的相关信息收集起来，经过科学、合理、公正、权威的评价，分别确定并公示休闲企业服务诚信等级的一种制度。

6.5

休闲信息化　leisure informatization

6.5.1

休闲服务信息　leisure service information

通过互联网、电视、电台、报纸、杂志、公告栏等多种渠道发布各种类型的休闲产品与服务的供给信息。

6.5.2

休闲黄页信息　yellow pages leisure information

提供城市商业用休闲社会团地的电话名册、通讯目录。

6.5.3

移动性休闲信息服务　mobile leisure information service

6.5.3.1

车载信息终端　vehicle information terminal

又称 GPS 车载终端，是安装在汽车里的具备 GPS 接收功能的设备，根据车辆行驶位置动态性地呈现周边各类休闲场所和服务的信息。

6.5.3.2

移动娱乐服务　mobile entertainment service

应用在手机客户端的娱乐服务信息应用。

7　城市休闲教育

7.1

公共休闲教育计划　public leisure education program

政府从服务与管理的角度对休闲教育进行规划、组织和培育的制度性安排。

7.2

城市遗产　urban heritage

城市中建成的历史文化遗产，即能够体现一个城市历史、科学、艺术价值的具有传统和地方特色的历史街区、历史环境和历史建筑物等。

7.3

休闲示范单位　leisure demonstration units

对休闲服务与管理方式、休闲环境与氛围、休闲活动组织与倡导等做出榜样或典范，可供其他单位学习和参照的事业单位、企业、社团等组织。

7.4

休闲市民　casual public

对积极休闲方式倡导并形成表率的市民。

7.5

城市休闲名人　celebrity city leisure

城市中充分掌握休闲技能、深入了解休闲知识、在某一休闲领域具有较高社会影响力和知名度的人。

7.6

休闲职业教育　leisure vocation education

根据休闲产业各领域的具体需要，使受教育者获得从事休闲服务、经营和管理所需的职业知识、技能和职业道德的教育，以培养休闲专业技术人员，增强社会实践和处理公共关系等方面的能力为目的。

7.7

休闲职业资格认证　leisure vocational qualification

对休闲产业服务与管理的从业者所必备的学识、技能和能力的基本要求，包括休闲从业资格和执业资格。

8　城市公共休闲管理

8.1

休闲产业统计体系　leisure industry statistical system

对休闲主体产业、延伸产业和支撑产业范围进行界定，对其发展规模、速度、效益等指标进行数量统计所形成的调查和计算体系，用来指导休闲产业发展决策的基础科学依据。

8.2

休闲行政管理机构　leisure administrative agencies

为休闲产业健康发展提供政策指导、基础设施、智力支持等公共服务的政府部门管理机构。

8.3

休闲工作协调机构　leisure coordinating body of work

休闲产业门类庞杂、体系庞大，所涉及的领域和牵涉的机构、部门较多。休闲工作协调机构是为推进休闲产业更好发展，协调休闲管理部门、休闲企业和休闲消费者等利益主体之间关系的组织和机构。

8.4

休闲消费调查　leisure consumption survey

通过现场拦访、问卷随机调查、互联网网络调查等多种方式，对休闲消费的价格、活动、满意度、发展改进等进行调查的研究活动，主要为掌握休闲消费现状、改善休闲消费质量、促进休闲发展科学决策提供数据支撑。

8.5

弹性工作制　flexible working

工作者能够根据机构整体要求，自由安排工作时间、灵活安排工作方式而又能够取得预期工作目标的工休制度安排。

8.6

休闲消费支出　leisure expenditure

消费者为购买和享受休闲产品、休闲服务而付出的成本，一般以为休闲消费所支出的资金成本进行统计和计量。

8.7

紧急救援　emergency

消费者在旅游、休闲、运动中，尤其是在户外活动中发生意外情况，而为此由政府公共部门或专业性组织进行的救援活动。

8.8

户外休闲安全　outdoor safety

为防范在户外运动、探险等活动中产生危及活动者安全而设立的专业性领域，可包括户外休闲安全设施、户外休闲安全规范、户外休闲安全救援等。

中 文 索 引

英 文 索 引

A

B

C

E

F

I

L

U

V

W

Y

ICS 03.080.01
A 12

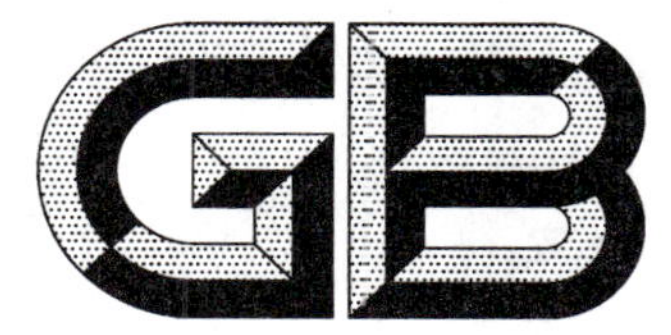

中华人民共和国国家标准

GB/T 28102—2011

城市公共休闲服务与管理导则

Guidelines for city public leisure service and management

2011-09-29 发布　　2011-10-01 实施

中华人民共和国国家质量监督检验检疫总局
中国国家标准化管理委员会　发布

前　言

本标准按照 GB/T 1.1—2009 给出的规则起草。

本标准由全国休闲标准化技术委员会(SAC/TC 498)提出并归口。

本标准起草单位:北京第二外国语学院旅游发展研究院、北京同和时代旅游规划设计院。

本标准主要起草人:魏小安、张灵光、张凌云、齐平书、诸木汗、付磊、刘汉奇、厉新建、吕宁、郝桢。

引　言

为提升城市发展水平，完善城市休闲功能，加强城市公共休闲服务与管理，引导提高城市生活品位和居民生活质量，规范城市休闲规划，充分挖掘休闲资源，有效开展休闲活动，合理建设休闲设施，稳步改善休闲环境，积极促进休闲创新，培育城市休闲产业，加快推动休闲发展，全面提升休闲服务，大力提高休闲质量，特制定本标准。

城市休闲、休闲城市与城市公共休闲是城市公共休闲服务与管理中涉及的三个重要概念，三者之间存在着密切的关系，厘清其关系有助于对本标准的理解。为此，附录A对城市休闲、休闲城市与城市公共休闲之间的关系进行了说明。

城市公共休闲服务与管理导则

1 范围

本标准针对城市公共休闲体系的功能完善和质量提升，提出城市公共休闲服务与管理的原则、内容、方法和要求。

本标准适用于城市建成区及近郊区。

2 规范性引用文件

下列文件对于本文件的应用是必不可少的。凡是注日期的引用文件，仅注日期的版本适用于本文件。凡是不注日期的引用文件，其最新版本（包括所有的修改单）适用于本文件。

GB 3095 环境空气质量标准

GB 3838 地表水环境质量标准

GB/T 28101 城市公共休闲服务与管理 基础术语

3 术语和定义

GB/T 28101 界定的术语和定义适用于本文件。

4 城市休闲创意

4.1 创意要求

4.1.1 能体现或展示城市最有特色、最具影响力的休闲资源，如历史文化、自然风貌、社会环境、生活方式、民风民俗等。

4.1.2 能支持城市营造出独特的休闲生活氛围，带来美的感受，提供文化、知识熏陶和技能学习的平台。

4.1.3 城市休闲产品和服务的创新具有鲜明的主线，有利于拓展休闲经营空间、形成休闲的核心吸引力和竞争力。

4.1.4 有经过提炼、突出审美特征的休闲文化符号，形成易于识别、具有特色的形象系统，体现于城市各主要休闲区域。

4.2 创意方式

4.2.1 发动社会力量，调动多方面的积极性，参与城市休闲创意。

4.2.2 适应市场定位，根据目标市场的相关休闲需求，兼顾外来休闲消费人群与本地居民休闲消费诉求，形成分层应对的休闲创意。

4.2.3 立足内生创意，依托文脉（人文资源）、地脉（自然资源）、人脉（社会资源），选择唯一性创意，构造独特的休闲吸引物，强化休闲创意的可持续性。

4.2.4 吸纳外来创意，积极吸收外来创意，结合自身特色再创新，避免简单模仿、复制。

4.2.5 创意更新，按照发展的需要和市场的变化，优化调整城市休闲创意。

4.3 城市性格

4.3.1 城市性格提炼

4.3.1.1 提炼最具特色的要素,形成具有吸引力和象征性的城市性格表征。
4.3.1.2 城市性格产生于城市生活,得到公众广泛认同。
4.3.1.3 城市性格有利于提升城市休闲形象,增强休闲吸引力。

4.3.2 城市休闲形象标志

4.3.2.1 围绕城市创意、城市性格塑造休闲形象标志物。
4.3.2.2 休闲形象标志物应具有较高的独特性、审美性、愉悦性、记忆性。
4.3.2.3 有展现城市性格的公共艺术精品。
4.3.2.4 构造休闲形象标志物的衍生系列。
4.3.2.5 建立创意化的视觉识别系统(VI)、形象识别系统(CI)。
4.3.2.6 VI 和 CI 应广泛推广和标准化应用。

5 城市休闲规划

5.1 规划编制

5.1.1 规划编制过程中应积极吸取社区和公众的意见,增强参与性。
5.1.2 规划编制应进行广泛公示,使城市休闲规划得到广泛的公众支持。
5.1.3 休闲规划应与城市规划、土地利用规划等衔接、兼容。
5.1.4 休闲规划应成为城市规划修编、土地利用规划调整的重要依据。

5.2 总体规划

5.2.1 总体定位

5.2.1.1 类型定位

5.2.1.1.1 结合城市规划和特色,确定城市休闲的相应性质,明确城市休闲的主要内容。
5.2.1.1.2 适当区分综合性城市、特色型城市和功能型城市不同类型的发展路径。

5.2.1.2 市场定位

5.2.1.2.1 基于资源和市场分析,明确目标市场和消费群体开发的时序。
5.2.1.2.2 根据主体市场和主体消费群体进行城市休闲功能定位。

5.2.1.3 产品定位

5.2.1.3.1 处理好各类休闲产品的关系,明确主体休闲产品的类型。
5.2.1.3.2 处理好各类休闲产品的分层关系,明确相应休闲产品的档次与特色。

5.2.2 合理布局

5.2.2.1 应注重空间布局的合理性,注意各功能区块之间的匹配衔接,充分发挥各功能区内各类设施的休闲功能。
5.2.2.2 按照市场需求,充分考虑各种资源要素,在有效整合的基础上进行休闲功能区和休闲元素的配置。

5.2.2.3 应考虑地形地貌等地质条件的约束和利用。

5.2.2.4 运用科学方法，预测评估自然灾害风险，并以此作为休闲规划的参考因素。

5.2.2.5 衡量土地成本，预留发展的土地空间。

5.2.3 功能规划

5.2.3.1 根据市场定位和细分，确定项目主要功能及配置。

5.2.3.2 确定各个功能区块的比例和相互衔接关系。

5.2.3.3 完善室内与户外活动区域的项目配置关系。

5.2.3.4 合理安排交通线路、行走线路等各种流线。

5.3 专项规划

5.3.1 按照需求、约束条件和项目定位，制定城市休闲的专项规划，如老年休闲规划、青少年休闲规划及其他特殊人群休闲规划等。

5.3.2 按照休闲产品分类，选取应着重发展的休闲产品类别，分别制定各自的专项规划。

5.3.3 根据资源条件和市场趋势，制定主体目标市场开发方案、营销推广专项规划等。

5.3.4 各专项规划之间应衔接有序。

5.3.5 形成公共空间、公共设施、经营性设施等休闲项目的最佳配置。

5.3.6 研究当地具有特色和创意的新型项目。

5.3.7 明确各项目之间的衔接配套。

6 城市公共休闲制度建设

6.1 休闲发展的一体化

6.1.1 把握外来需求与本地需求之间的关系

注重外来休闲需求，同时积极培育和满足本地市民需求，区分不同需求的特点，形成统一服务体系。

6.1.2 处理政府主导建设城市与市场内生发展休闲产业的关系

产业成长初期政府应发挥主导性作用，创造公共休闲空间，发展公共休闲项目，指导企业的休闲产品供给，保护消费者权益，促进消费成长。随着市场的培育和产业的发展，应按照休闲发展规律，充分调动市场力量，培育市场机制，处理好开发者、管理者等各种角色的平衡。

6.1.3 配置时间和空间的关系

形成“时时处处”的休闲理念，在城市生活和建设的各个方面，根据人性化的要求进行休闲项目的开发。尽量延长休闲设施和场所的服务时间，充分利用休闲空间，减少自然、气候等方面的制约，合理配置户外休闲和室内休闲的产品与服务。丰富空间休闲功能，提高空间利用效率。

6.1.4 协调市区和周边的关系

通过协调处理城区与周边郊区县之间的关系，形成城区市场资源与周边休闲资源之间的良性互动，推动城乡和谐发展。

6.1.5 完善城市休闲和城市功能的关系

完善城市内居住、工作、交通和休闲等功能之间的关系，使休闲成为城市主要功能之一，提升城市品质。

6.2 建立休闲管理制度

6.2.1 休闲经济纳入城市国民经济和社会发展计划，对休闲发展应有明确且重要的定位。
6.2.2 定期进行休闲消费调查，建立休闲产业统计体系。
6.2.3 制定并落实关于城市休闲的总体规划及各专项规划。
6.2.4 制定并发布市民休闲导引。
6.2.5 指导社区休闲设施的建设提升。
6.2.6 创建度假社区。
6.2.7 确立鲜明的城市形象系统。
6.2.8 政府有关部门统筹、协调、加强休闲产业管理，制定休闲管理的相关规章制度。
6.2.9 鼓励并扶持与休闲相关的非营利团体和志愿者组织。
6.2.10 将休闲产品与服务纳入政府采购体系，满足特定人群的需要。
6.2.11 政府定期召开休闲工作会议。

6.3 确立休闲发展目标

6.3.1 通过休闲城市的创建与发展，积极推动城乡和谐、社区和谐、内外和谐，引导社团组织发展，促进经济文化社会协调发展。
6.3.2 休闲经济占城市国民经济的比重较高。
6.3.3 休闲产业就业人口占全市就业人口比重较高。
6.3.4 休闲产业或者其中若干子产业规模或品牌在同级城市中居领先地位。
6.3.5 政府督促企业保障员工的闲暇时间，强化企业社会责任，落实带薪休假制度。
6.3.6 鼓励企业探索新的工作方式，如共享工作制、弹性工作制等。
6.3.7 外来人口休闲人均消费水平较高，居民生活中休闲支出增长。

6.4 利用自然文化遗产

6.4.1 享受文化遗产尤其是非物质文化遗产是休闲生活的重要内容。休闲是文化遗产保护、传承和利用的重要方式。发展休闲消费注重突出城市文化和民族特色，促进文物古迹及其所处环境的保护。
6.4.2 休闲是文化的基础，休闲的发展应努力创造未来的文化遗产。
6.4.3 制定遗产保护利用规划，作为城市休闲发展战略的重要内容。
6.4.4 高度重视博物馆等文化场馆建设，提高馆藏文物保护技术和展示水平。不断提高服务质量和水平。鼓励博物馆的多样化和多元化发展。
6.4.5 活跃民间收藏行为，培育收藏品市场。
6.4.6 采用多种方式展示城市非物质文化遗产，积极鼓励传承，实施动态性整体保护。
6.4.7 使各类非物质文化遗产融入日常生活，使其转化为城市休闲文化的亮点和休闲品牌的重要支撑。

6.5 加强休闲活动安全管理

6.5.1 社会治安良好，公众安全感强。
6.5.2 各类设施符合安全标准和规范。
6.5.3 重视户外休闲活动的安全性，应配置相应安全保障设施，配备安全保障人员。
6.5.4 应有针对主要休闲功能区的紧急救护机制。
6.5.5 应建立公共安全事故应急处理机制。

7　城市公共休闲环境建设

7.1　城市景观系统

7.1.1　总体景观

7.1.1.1　继承城市传统文化，保持城市的历史风貌，保护历史文化和自然遗产，保持地形地貌、河流水系的自然形态，达到城市人文景观和自然景观和谐融通。

7.1.1.2　城市天际轮廓线优美，城市布局合理，建筑和谐，容貌美观。

7.1.2　建筑景观

7.1.2.1　尽量保护具有独特价值的历史文化建筑，丰富城市休闲环境的景观元素和休闲环境的人文氛围。

7.1.2.2　应对非古建筑类旧建筑进行整体性装饰、美化，保持城市建筑的传统气息。

7.1.2.3　严格控制城市新建筑的密度，建筑格局和谐，防止光污染，减缓高楼风。

7.1.2.4　城市雕塑等建筑小品突出城市特色，与周围环境协调，整体美观，充分展示城市历史文化风貌。

7.1.2.5　制定空间景观方案，将重点街区、社区、道路、经济开发区、商业区、公园、广场等纳入标准规范体系，适当进行功能休闲化，突出美观化、特色化，有文化气息和适当主题。

7.1.2.6　户外广告管理规范，制度健全完善，与城市形象融为一体。

7.1.2.7　加强市容卫生工作，保持空间清洁。

7.1.3　景观绿化

7.1.3.1　加强城市建成区的绿化建设，增加绿化面积，改善生态质量。

7.1.3.2　城市公园和绿地以植物造景为主，植物配置以乔木为主，提高绿地的生态效益和景观效益，营造更多的绿色休憩空间。

7.1.3.3　积极推广建筑物、屋顶、墙面、立交桥等立体绿化，并取得良好的效果。

7.1.3.4　城市广场建设突出植物造景，植物配置形成乔灌草相结合。

7.1.3.5　鼓励居民室内外种养花草，美化城市景观。

7.1.3.6　主要节点和街道遍植花木，增加便于停留和使用的空间场所，空间组织追求美学意境。

7.1.4　水体景观

7.1.4.1　注重江、河、湖、海等水体沿岸建筑景观和绿化效果，按照生态学原则进行驳岸和水底处理，生态效益和景观效果明显，水岸设施建设突出休闲化，形成城市特有的风光带。

7.1.4.2　有效保护城市湿地资源，有条件的城市建设湿地公园。

7.1.4.3　有条件的城市建设大型水体景观。

7.1.4.4　城市中心区修建一定数量的小型水体景观。

7.1.4.5　加强水体景观的保护，有效治理水体污染。

7.1.5　景观氛围

7.1.5.1　营造休闲氛围，城市主体休闲空间的导引标识以及其他休闲基础服务设施的设计融入当地特色元素，优化休闲相关设施和环境的配套设计，突出城市的亲近性和人文关怀。

7.1.5.2　针对传统老城区和重点历史文化片区可能形成的“景点孤岛”和“文化孤岛”现象，设立文化缓冲区;在新的片区改造和开发中强化景观和环境配套,创造出好的环境和吸引人的场所感。

7.1.6 夜景营造

7.1.6.1 推广节能技术,实施城市亮化工程,道路照明适度,景观照明合理,利于休闲氛围营造。

7.1.6.2 专门规划与设计主体休闲区域的夜景,形成反映城市性格、体现地方特色的文化符号。

7.1.7 技术支撑

7.1.7.1 按照项目特点,适当采用先进技术,普遍采用成熟技术。

7.1.7.2 强化数字化建设,提高信息技术应用。

7.1.7.3 采用现代化绿化技术,实行立体绿化,提高绿化效果,降低绿化成本。

7.1.7.4 采用声、光、电等技术烘托休闲氛围,满足活动需要。

7.1.7.5 采取有效的办法和技术控制噪音污染。

7.1.7.6 重视中水利用,充分实现节能环保。

7.2 改善自然环境

7.2.1 城市与休闲区域协调发展。

7.2.2 有良好的市域生态环境,形成完整的城市绿地系统。

7.2.3 自然地貌、植被、水系、湿地等生态敏感区域得到有效保护,绿地分布合理,生物多样性趋于丰富。

7.2.4 大气环境、水系环境良好,并具有良好的气流循环,热岛效应较低。

7.2.5 评估预测休闲区域容量,提出休闲客流和休闲产品调整方案,解决由于游客数量激增、超负荷运转而导致的休闲环境和资源破坏问题。

7.2.6 增加休闲资源环境保护建设投入,建立全社会多层次、多渠道、多方位的投入保障机制。

7.2.7 建立休闲资源和环境保护的实时动态监控系统,配套完善休闲区域的污水处理、垃圾收集处理等环境保护基础设施与措施。

7.2.8 加强对生态涵养发展区、重要饮用水源地、自然保护区等生态功能区域的综合管理,强化休闲对资源和环境保护的促进作用,对于破坏资源和环境的休闲项目不批、不建。

7.3 提升人文环境

7.3.1 在城市发展的过程中形成相应的文化风貌,深入挖掘民间、民俗文化,体现城市人文特质。

7.3.2 依靠传统文化积淀、丰富建筑语言表现、展示鲜活生活内容,形成特色浓郁的人文环境。

7.3.3 将城市培育成友善的休闲目的地。态度友好,细节到位,增强城市亲和力。

7.4 完善交通环境

7.4.1 航空、铁路、公路、水运等交通配置合理、运行高效、系统完善。

7.4.2 完善各种不同交通工具的衔接,有醒目的信息引导、标识系统,提升公交系统的标准化、规范化水平,提高司乘人员的服务意识、服务水平。

7.4.3 停车设施布局合理,数量适当,方式多样。

7.4.4 有相应的残障人士设施安排。

7.4.5 实施“休闲交通便利化”,如开辟旅游车辆绿色通道、开通城市休闲观光巴士、开展景区购票一站化服务等。

7.4.6 机场、车站、码头等人员集散地配备质量较高、价格公道、结构合理、位置恰当的休闲场所。

7.5 加强环境保护

7.5.1 正确处理好自然景观、人文景观的保护、研究与利用的关系,协调好经济效益与社会效益、眼前利益与长远利益、局部利益与全局利益的关系,实现休闲产业的可持续发展。

7.5.2 执行有关城市规划、生态环境保护法律法规,持续改善生态环境和生活环境。无重大环境污染和生态破坏事件,无重大破坏绿化成果行为,无重大基础设施事故。

7.5.3 城市新建筑普遍采取节能措施、采用节能材料,节能建筑和绿色建筑所占比例高。

7.5.4 城市环境综合治理工作扎实开展,效果明显。生活垃圾无害化处理率高,污水处理率高。

7.5.5 城市空气质量符合 GB 3095 的要求,地表水环境质量符合 GB 3838 的要求。

7.5.6 居民对本市的生态环境有较高的满意度。

7.6 低碳发展

7.6.1 按照低碳发展的理念全面规划城市休闲体系建设。

7.6.2 积极推广低碳技术。

7.6.3 减少碳足迹,企业和消费者共同努力达到碳中和。

7.7 优化发展环境

7.7.1 应致力于提高本地居民的休闲生活质量,使各类休闲人群均有较高的满意度。

7.7.2 城市各类功能区均应培育休闲功能,各单体建筑之内及建筑之间宜配备休闲区域。

7.7.3 重点解决城乡结合部的休闲环境问题。

7.7.4 提升主体休闲功能区的交通环境、消费环境、安全环境等,处理好各类环境之间的集成、衔接问题,使主体休闲功能区达到高水平的管理和运营状态。

7.7.5 协调休闲管理机构与相关部门的配合,弥合行政管理体制下部门管理水平不齐、条块分割的不足,提高管理水平和国际化程度。

8 城市休闲空间建设

8.1 休闲公共空间

8.1.1 公共空间舒适、惬意,实施景观化设计或改造。

8.1.2 有效处理非公共空间与公共空间的关系,如拆墙透绿。

8.1.3 规划相应的公共空间,配置适用的休闲区域和景观,提供休闲产品和服务。

8.1.4 除特殊单位外,均应形成开放性空间,提高环境亲和力。

8.1.5 发展城市步行系统。街道两侧的建筑考虑沿街行人遮荫、避雨和停留的需要,形成使行人感到亲切友好的街道界面。

8.1.6 有城市特色景观路,并成为城市的休闲标志路。

8.2 社区休闲

8.2.1 城市社区进行休闲化建设,就地就近满足社区成员的休闲活动需求。

8.2.2 挖掘社区特色资源,创建主题休闲社区。

8.2.3 提高社区休闲水平,大力推进社区资源共享。社区内的机关、学校、企事业单位积极参与社区休闲,并提供相应条件。

8.2.4 有指导、示范、培训等多功能的社区休闲场所,并配备相应的休闲设施和器材。

8.2.5 用信息化手段提高社区各单位休闲场地的利用率,实现网上查询、预定,达到亲民、便民、利民,促进资源充分利用。

8.2.6 建立传播休闲知识、培训休闲技能的社区休闲指导中心，服务基层群众的休闲活动。形成社区休闲服务机构，配有休闲服务人员，积极宣传、发动、组织居民开展经常性的休闲健身活动。

8.2.7 将休闲工作列入社区工作计划，每年至少召开一次社区内各单位参加的休闲工作会议，解决休闲队伍建设、休闲场地开放、休闲经费筹措等实际问题。

8.2.8 建立社区休闲指导员和志愿者队伍。每年选送休闲骨干参加社会休闲指导员培训；固定休闲活动场所须配备社区休闲指导员。

8.2.9 鼓励建立群众性社区休闲组织。

8.2.10 社区之间开展各种形式、各种主题的休闲交流活动。

8.3 公园系统

8.3.1 城市公园体系完善与否是判断城市居民休闲权利普及性的重要指标，应建成有一定规模和水平、分布合理的城市公园系统。

8.3.2 中央公园是城市休闲的标志性场所，是城市形象的重要体现，应进行前瞻性、高起点的规划建设。

8.3.3 完善社区公园，达到数量足、布局广、规模小、区位近、绿化好、文化氛围浓。

8.4 中央休闲区

8.4.1 形成多要素、多功能、休闲性的集中区。

8.4.2 有相应的休闲项目、休闲氛围、休闲活动。

8.4.3 有体现得比较充分的娱乐性元素。

8.4.4 有各种各样的商业设施。

8.4.5 餐饮设施比较丰富。

8.4.6 有多种多样的文化性表现。

8.5 休闲商业街

8.5.1 类型丰富

8.5.1.1 步行商业街

禁止任何车辆通行，便于消费者自由地进行购物、餐饮、娱乐、社交等活动。

8.5.1.2 休闲购物中心

集聚经营不同种类商品的店铺，通常以大型百货店为骨干，并集中多样化的专业店、专卖店。

8.5.1.3 专业街区

集聚经营同类商品或服务的店铺，如饰物精品街、书店街、服装街、皮具街、文物古玩街、花鸟鱼虫街、字画街、美食街、酒吧街等。

8.5.2 发展要点

8.5.2.1 参照国内外现代化商业街的成功模式，对重点商业街区进行整体改造提升，突出街区特色，提高设计水平。

8.5.2.2 完善停车场等公共服务配套设施，加强娱乐、休憩、标识引导等设施的配置。

8.5.2.3 通过各种文化符号、情景设计等增添休闲氛围。

8.5.2.4 提高商业街区的经营档次和综合服务水平，满足消费者现代化、多元化的消费需求。

8.6 水域休闲区

8.6.1 水域空间尽量向公众开放，体现城市的亲水性。

8.6.2 充分利用水上、水下、滨水等空间，形成丰富多彩的休闲产品。

8.6.3 重点规划建设城市滨水休闲区，开展多功能的休闲活动。

8.7 外围休闲带

8.7.1 依托外围的良好环境，规划建设相应的休闲区。区内休闲设施丰富，重点开发度假、观光、会议、娱乐等产品。

8.7.2 根据自然生态系统特点，在区内建设相应的休闲营地。科学规划、建设、管理、运营，保证营地的环境友好。

8.7.3 深入挖掘当地的文化底蕴和生活资源，开发丰富多彩的乡村休闲内容，突出特色，实现差异化发展。

8.8 旅游度假区

8.8.1 对各类度假服务和产品进行深度开发，构建度假消费集中、度假产品集聚、度假品牌突出的整体区域。

8.8.2 通达机场、港口、车站的等级公路交通便利，可直接抵达度假区。

8.8.3 区内有明确的功能分区以及与之相应的专项规划。

8.8.4 区内基础设施完备。

8.8.5 住宿接待设施完善，具备度假休闲的良好条件，度假村(中心)、度假别墅等主要接待服务设施舒适度高，服务便利，地方特色鲜明。度假营地、特色项目服务规范，环境舒适、卫生。

8.8.6 娱乐项目丰富。

8.9 度假社区

8.9.1 第二居所的集中地，以日常休闲度假为主要诉求，以居住为主要方式，具有文化、养生等多元化功能，创造新的城市生活方式。

8.9.2 城市应有较多片区和较大面积的度假社区，提高生活质量。

8.9.3 度假社区应有优美的自然环境，较好的医疗条件。

8.9.4 度假社区内具有相应的文化、体育等公共设施，培育系列性和生活性的活动项目，形成和谐的邻里关系和独特的生活氛围。

8.10 网络及虚拟休闲

8.10.1 设立管理规范、服务到位的网吧设施。

8.10.2 开发基于手机及各种移动平台的网络产品，配备虚拟休闲设施设备与软件等。

8.11 空中休闲

8.11.1 利用天空资源，适度开展空中休闲活动，如热气球、飞艇、跳伞、滑翔翼、动力伞、风筝等项目，培育高端休闲产品。

8.11.2 加强管理，确保安全，有完善的监管制度和应急预案。

8.11.3 开展相应节事活动。

9 城市公共休闲服务

9.1 休闲服务基本要求

9.1.1 制定公共休闲服务规范，提高休闲公共服务质量和效率。

9.1.2 休闲企业服务注重细节，热情周到，以人为本，消费者满意度高。

9.1.3 各类休闲场所和休闲企业有相应的服务标准和规范，体系健全，内容科学，可操作性强，对实践指导效果好。

9.2 服务质量保障体系

9.2.1 有休闲服务质量监督和休闲权益保障机构，制度健全，设备有效，记录完善。

9.2.2 建立休闲服务行业组织，发挥相应作用。

9.2.3 对休闲服务相关投诉受理迅速，处理及时，满意度高。

9.2.4 建立休闲服务的诚信评价体系和休闲服务质量公示平台，更新及时。

9.2.5 休闲咨询服务网站布点广泛，能与城市其他服务热线实现联网。

9.3 休闲服务便利化

9.3.1 城市应制定休闲便利化行动计划，指导各部门各单位组织实施。

9.3.2 应提供便利的交通、信息咨询、票务预订、导游等服务。

9.3.3 宜提供多语种服务。

9.3.4 加强针对散客的服务。

9.3.5 开通城市观光巴士专线。

9.3.6 信息服务便利化，主要包括以下内容：

a) 建立多种媒体的休闲服务信息发布体系，如互联网、电视、电台、报纸、杂志、公告栏等。

b) 丰富休闲信息服务内容，可包括：

  1) 目的地信息查询服务；

  2) 公共信息查询服务；

  3) 休闲黄页信息服务；

  4) 新闻娱乐信息服务；

  5) 移动短信服务；

  6) 多语种、无障碍休闲信息服务；

  7) 交互式问讯服务。

c) 提供移动性休闲信息服务，包括支持车载信息终端、支持网络电视、整合地理信息系统(GIS)等，宜具备自助线路设计、智能搜索等个性化服务功能。

10 休闲产业发展

10.1 制定产业政策

10.1.1 政府财政预算中有休闲产业专项支出，安排对休闲产业的基础性投入和导向性投入，并根据休闲发展逐年有所增加。

10.1.2 鼓励各类资金进入休闲产业领域。

10.1.3 对新兴休闲业态有政策支持。

10.1.4 提供充足、完备的公共休闲设施。

10.1.5 加强对休闲消费的引导，扩大对消费市场的拉动。

10.1.6 鼓励积极健康的休闲消费，提倡绿色休闲消费。

10.1.7 制定优惠政策满足老年、儿童及其他特殊人群的休闲需求。

10.1.8 为休闲企业的经营创造非歧视性的政策环境。

10.1.9 鼓励相关传统产业与休闲产业的结合，开发具有交叉性、边缘性和综合性的带有休闲功能的新兴产业。

10.2 培育产业体系

10.2.1 大力发展休闲主体产业

10.2.1.1 旅游产业

10.2.1.1.1 旅游产业主要面向外来客人，以提供各类旅游产品和旅游接待服务为中心内容。

10.2.1.1.2 旅游产品主要包括：

——观光旅游：以吸引游客前来观光游览的客体为依托，一般可分为自然风光景区、历史人文景区和主题公园等；

——商务旅游：主要指为进行商务、会展和奖励旅游活动提供的集接待住宿、商务、会展、会间(会前或会后)旅游、返程送站等一体化的综合服务；

——特种旅游：为满足特殊兴趣旅游者开展的活动和项目，如登山、探险、专项活动等；

——度假旅游：提供满足度假者需要的资源条件、活动场所、相应设施和环境氛围的服务，主要有滨水度假旅游、山地度假旅游、温泉度假旅游等。

10.2.1.1.3 旅游接待主要包括：

——旅游住宿：提供旅游者旅游期间的住宿接待和其他相关服务；

——旅游汽车：提供旅游者的抵离接送和旅游期间的交通服务；

——旅行社：为旅游者提供旅游期间的食、住、行、游、购、娱等方面的计划和安排；

——会议展览设施：为商务人士提供的符合各类会议展览要求的设施和服务。

10.2.1.2 文化休闲业

10.2.1.2.1 文化休闲业以城市文化资源为依托，为外来客人和本地居民提供休闲产品和服务，由游戏产业、娱乐产业、品尝产业、观赏产业、阅读产业、养趣产业、收藏产业等组成。

10.2.1.2.2 游戏产业：主要包括以游乐园、游戏机、网络游戏、棋牌等游戏类产品和服务形成的业态。

10.2.1.2.3 娱乐产业：通过提供各种娱乐产品和服务形成的业态，以电视、广播、歌舞厅、唱片工业、网络音乐等为主要内容。

10.2.1.2.4 品尝产业：通过餐饮等产品和服务形成的业态，主要涉及特色餐饮、咖啡、酒、茶、雪茄和其他休闲食品。

10.2.1.2.5 观赏产业：通过提供观赏类产品和服务形成的业态，主要包括戏剧、电影、博物馆、科技馆等。

10.2.1.2.6 阅读产业：以提供阅读类产品和服务形成的业态，主要涉及平面报刊图书、电子报刊图书、图书馆和网吧等产品和服务。

10.2.1.2.7 养趣产业：通过提供相关动植物养殖来满足特有兴趣的业态，主要包括饲养各种宠物和花鸟鱼虫等。

10.2.1.2.8 收藏产业：提供古玩及具有相关纪念意义和特殊价值物品的收藏服务与市场。

10.2.1.3 体育休闲业

10.2.1.3.1 体育休闲活动是现代人生活的必需，休闲体育具有较为广泛的群众基础，适合于各年龄段的人群。体育休闲业作为休闲产业与体育产业的交叉部分，以休闲为主要目的、通过体育活动的途径和手段来满足人们在休闲活动中的健身、娱乐、交际等需求。

10.2.1.3.2 体育休闲活动包括高尔夫、网球、羽毛球、乒乓球、自行车、滑雪、漂流、极限运动、钓鱼、登山、骑马、冲浪、跳舞等。

10.2.1.3.3 体育休闲产品包括竞技体育表演、群众体育、健身服务、体育用品等。

10.2.1.3.4 体育休闲活动场所一般以户外为主、室内为辅；参加目的以健身养生、扩大社交为主，提高技术水平、获取经济利益为辅。

10.2.1.3.5 体育休闲服务包括为民族体育休闲活动所提供的各类中介服务、信息服务、安全服务、设施服务、器材服务等。

10.2.2 支持发展休闲延伸产业

10.2.2.1 休闲农业

10.2.2.1.1 休闲农业是在农村居民生产生活的基础上，通过创造休闲功能而开发出来的农业延伸和衍生产业，通常是村民与员工相兼容，乡村融景区为一体。

10.2.2.1.2 休闲农业的主要类型有农家乐、高科技农业观光园、农业新村、古村落及农业遗产、农业绝景和胜景、观赏林业和采摘林业、休闲渔业和体验渔业、农村主题房地产等。

10.2.2.1.3 休闲农业的基本要求：以良好自然为依托，以田园风貌为背景，以生活为主体内容，以乡村文化为特色，达到异质化深度体验。

10.2.2.2 休闲商业

10.2.2.2.1 休闲商业是通过商业所提供的产品和服务以及购物活动本身来满足人们休闲生活需要的产业领域，主要包括商业游憩区、步行街、特色消费店等内容。

10.2.2.2.2 休闲商业是城市中商业、游憩业和旅游业的互动区，以城市商业中心为基础，形成供消费者游憩、娱乐、观光、购物的综合业态。

10.2.2.2.3 实施品牌发展战略，主要包括以下方面：

——建立品牌促进、保护和推介的措施体系，形成有利于流通领域自主品牌成长发展的机制。重点培育和支持发展一批在国内外市场具有影响力的零售、餐饮、娱乐等企业品牌和产品品牌。

——振兴老字号，突出历史文化优势，运用现代技术改造传统生产经营模式，推动老字号传承与发展。加强优秀老字号企业集中宣传推介，支持老字号企业通过直营或加盟连锁方式向重点新城、郊区、外埠及海外市场延伸发展。

——有具备地方特色的休闲纪念品、休闲商品和休闲食品，形成品牌，并具有一定的开发规模。

10.2.2.3 休闲房地产业

10.2.2.3.1 休闲房地产业作为主要为城市市民第二居所和流动客人建设的新型房地产业态，具有结构新颖、功能突出、文化特色鲜明等特点。

10.2.2.3.2 休闲房地产可分为以下类型：

——酒店房产、核心地产：为流动客人安排的项目，一般居于城市核心区位，成为城市或区域的地标性建筑；

——休闲房产、景观地产：主要形成第二居所，要求有良好的自然环境及配套景观；

——文化房产、主题地产：以文化形成主题项目，要求有突出的特色，形成浓郁的文化氛围，可以作为公共与私人空间的复合体，成为品牌性建筑；

——生态房产、田园地产：居所附带田园，是现代城市生活与乡村生活的融合，要求有良好的生态环境，培育绿色消费；

——复合房产、和谐地产：主要指城市大型复合性项目，成为休闲中心，体现城市现代风貌，集中时尚生活方式。

10.2.2.4 邮轮游艇业

10.2.2.4.1 邮轮游艇业以邮轮、游艇等为载体，通过提供多样化的产品和服务来满足人们在休闲生活中的物质和精神文化需求。

10.2.2.4.2 发展合适类型，包括：

——远洋型邮轮：是高技术含量、高文化含量和高服务质量的代名词，是一种高端休闲产品；

——近岸型游轮：规模中等，功能较多，是中高端的中短程及特色化的休闲产品；

——河湖型休闲观光游船：以休闲观光为主体功能，是短程产品，单体规模较小，主要对应大众市场。

10.2.2.4.3 建立服务体系，包括：

——建立邮轮、游艇的装备、维护、服务体系；

——完善游艇专用码头和泊位；

——形成各种类型的俱乐部；

——培养多层次专业人才队伍；

——有条件的城市建设邮轮母港，构成城市发展新的增长极，培育城市休闲亮点。

10.2.3 鼓励发展休闲支撑产业

10.2.3.1 休闲信息业

休闲信息业以提供有关休闲信息，进行相关信息咨询和休闲活动策划来服务于休闲消费者，包括广播电视媒体、平面媒体、网络媒体、咨询、科研和教育等相关内容。

10.2.3.2 休闲中介业

休闲中介业以提供相关的委托代理产品和服务来满足消费者的休闲需求，具体包括旅行社、网站、民间社团等。

10.2.3.3 交通运输业

交通运输业包括两方面内容：

——城际交通：包括航空、铁路、公路和水运，提高城市的可进入性；

——特色交通工具：包括城市观光巴士、索道、电瓶车、马匹等，是休闲方式与交通方式的统一。

10.2.3.4 休闲工业

10.2.3.4.1 休闲工业依托现代化大工业生产方式或技术，为满足休闲需求而直接或间接提供产品及服务。

10.2.3.4.2 休闲工业可分为三种类型：

——直接对应休闲者自身需求；

——对应休闲市场而产生的新型中间需求；

——与休闲产品相关,如休闲服装、休闲用品、休闲装备等。

10.2.3.4.3 休闲工业的基本要求:产品品种丰富,使用舒适便利;时尚元素多,变化快,持续创新。

10.2.4 倡导新型产业和业态创新

10.2.4.1 休闲经济不断产生新的产业体系和业态,渗透到其他各个已有的产业中。一系列传统产业更新,也会直接转换成休闲产品。在发展过程中,围绕需求链,形成服务链,培育产业链,扩大产业面,壮大产业群。休闲产业群的形成是城市发展成熟的重要标志。

10.2.4.2 鼓励和支持民间休闲设施建设和业态发展,如私人博物馆,书画院,展览馆,音乐室,手工技艺等。

10.3 发挥产业功能

10.3.1 发挥综合功能

10.3.1.1 休闲产业应在城市经济、社会、文化、环境、就业等领域发挥积极作用,能成为城市品牌和城市形象的载体。

10.3.1.2 提升居民生活质量,促进市民和国民生活方式的转变,参与城市休闲指数和休闲城市发展综合评价。

10.3.2 促进城市产业形态变化

10.3.2.1 加快第三产业发展,促进产业结构调整优化。

10.3.2.2 开拓城市发展的新区域和新领域。从封闭式的景点向开放式的城市发展,从主题景点向主题城市拓展,促进都市休闲业的发展。

10.3.2.3 休闲业为城市产业重组和创新提供一系列良机,是新兴产业成长的起点、新兴市场体系的生长点、新的产品集群触发点、国际化发展的新台阶。

10.3.3 促进社会形态的全面变化

10.3.3.1 推进"以人为本"的城市发展

强化"以人为本"的理念,把休闲产业培育成"以人为本"的典范。把体验经济和服务创新的理念贯穿到休闲产业的整个发展过程之中,创造出良好的体验环境。

10.3.3.2 形成协调发展的格局

休闲产业与其他各产业协调发展,休闲产业内部协调发展,达到当地政府、开发商、社区、居民及客人等各利益相关者的利益均衡。

10.3.3.3 培植休闲文化的多样性

主要包括:

——在全球化带来的文化同质化背景下,寻求文化共存和文化的多样性;

——休闲强调个性化,追求个体式、家庭式、各类小团体式和各层面、各地方的自主发展;

——创造新的文化形态,使社会形态通过休闲生活和休闲产业的发展,形成全面提升。

10.3.3.4 构造新的生活方式

主要包括:

——采取多种方式,推进积极休闲方式,逐步摒弃消极休闲方式;

——通过积极休闲促进全民智力的再开发、再提升；

——通过积极休闲促进人口素质的提高。

10.3.4 促进社区、城乡、世界的融合

10.3.4.1 促进民族文化和地方文化的发展，形成差异化和独特性体验。

10.3.4.2 传播本土文化，弘扬文化精华。

10.3.4.3 通过休闲活动，促进世界各文明之间的交流融合。

10.4 优化产业结构

10.4.1 组织结构：促进休闲产业向集团化、规模化、连锁化、品牌化、专业化、网络化和特色化等多元化方向发展。支持大型休闲企业发展，维护充分竞争的市场环境。

10.4.2 类型结构：产品门类丰富，全面满足各种需求，数量适度。

10.4.3 档次结构：兼顾中高端休闲市场和大众消费市场，各得其所，各有其乐。

10.4.4 区域结构：布局均衡合理，亲民便民利民惠民，特色产业聚集区努力提升文化品牌。

10.5 提升产业素质

10.5.1 特色化

特色是衡量一个城市休闲产业素质的重要表征，应采取多种措施，鼓励支持特色企业，开发休闲主题园区，从而增强整个城市的休闲特色，提升城市吸引力。

10.5.2 精品化

不断提升产品质量和服务质量，打造休闲精品，提炼休闲活动中的文化内涵，创造未来休闲文化遗产。

10.5.3 绿色化

绿色化包括以下内容：

——开发绿色产品：城市管理当局应制订出相应的绿色休闲产品开发指引，引导休闲产品供应商开发绿色休闲产品；

——推广绿色消费：教育消费者增强环境保护意识，普及绿色休闲消费知识，养成绿色休闲消费的良好习惯；

——实行绿色经营：督促休闲运营商实行绿色化经营，克服片面追求经济效益的短视行为，培养企业的社会责任感。

10.5.4 国际化

包括以下内容：

——确立城市休闲业在区域市场、世界市场上的定位，塑造特色鲜明的国际化形象；

——输入国际知名品牌，培育高端休闲消费市场；

——大力开拓国际休闲市场，把城市的休闲产品推向世界；

——借鉴国际先进管理理念，引进国际化经营管理机制，在企业经营和服务上与国际接轨；

——广揽国际化人才，填补休闲领域内专业性人才空缺，缩短与国际先进水平的差距。

10.5.5 数字化

包括以下内容：

——培育数字化休闲产品，跟踪最新科技成果的转化和开发利用动态，开发新项目，提供新服务；
——加快与数字化休闲产品相关的基础设施和外围设备开发和建设，如网络带宽、网络游戏机、带有游戏功能的个人数字助理(PDA)和多功能手机，以及系统集成技术、多功能网吧等。

10.5.6 促进休闲产业发展的相关措施

10.5.6.1 切实维护低收入人群及其他特殊群体的基本休闲权益

10.5.6.1.1 采取政府采购、补贴等措施，保障和实现未成年人、老年人、残障人士、城市低收入居民和进城务工人员等社会群体的基本文化生活需求。完善公共文化设施向未成年人等免费开放的制度以及无障碍通道等方便残障人士的设施。国有艺术院团、影剧院每年安排一定场次面向低收入居民的低价演出或放映活动。

10.5.6.1.2 建立健全公共文化设施免费或优惠开放制度、服务公示制度。

10.5.6.1.3 公开服务时间、内容和程序，在窗口接待、场所引导、资料提供以及内容讲解等方面，提高服务质量。

10.5.6.1.4 推动休闲与科技的融合，丰富表现形式，拓展传播方式，促进数字和网络技术在公共休闲服务领域的应用，利用虚拟现实、网络视频技术等工具研发多媒体数字博物馆、数字图书馆、数字景区、网上剧场、在线互动类休闲项目活动和远程指导网络系统。

10.5.6.2 推动休闲经营单位进步

10.5.6.2.1 倡导休闲企业社会责任，主要内容包括：
——注重环境保护和文化提升；
——开展针对公众的相应回馈活动；
——努力创造良好的投资者回报；
——为企业员工创造良好的工作环境和发展条件；
——建立全面的供应商伙伴关系。

10.5.6.2.2 推动企业经营管理水平提高，主要途径有：
——通过行业组织开展活动；
——举办各类培训班；
——组织行业考察交流；
——培育人才市场。

10.5.6.3 发挥传统民族民间艺术在休闲生活中的作用

10.5.6.3.1 充分利用民族民间节庆日、农闲、集市，开展花会、庙会、灯会等文化活动。

10.5.6.3.2 民间艺术之乡、特色艺术之乡开展经常性的文化艺术活动。

10.5.6.3.3 扶持民间艺人和民办文艺团体的发展，鼓励市民自编自演内容健康的文艺节目。

10.5.6.3.4 积极组织开展广场文化活动。根据季节，制定广场文化活动计划。对广场上群众自发兴起的文艺、健身等活动，加以积极引导。完善监管制度，发展新型休闲。

10.6 休闲节事活动

10.6.1 节事活动的继承与发展

10.6.1.1 节事包括节日活动和主题事件，根据内容可分为节庆型、商务型、博览型、体育型等，根据规模和影响可分为特殊型节事、标志性节事和超大型节事等。城市应根据各方面条件，开展丰富多彩的休闲节事活动。

10.6.1.2　继承和保护优秀的传统节事活动，并有所发展和提升。

10.6.1.3　民俗文化性的节事活动应体现真实性、独特性，展现"活文化"，体验"真生活"。

10.6.1.4　积极组织和承办各种区域性、全国性和国际性休闲节事。

10.6.1.5　城市应深入挖掘休闲资源，找准休闲需求，创造新兴节事活动。

10.6.1.6　节事活动应增加休闲的功能、服务和内容，增强娱乐性、参与性和体验性。

10.6.2　节事活动的组织

10.6.2.1　政府应培育重要的节事活动，充分发挥协调功能，按照市场化、专业化的模式运作，以节养节、滚动发展。

10.6.2.2　政府应支持企业和民间组织开展特色节事活动，鼓励健康的自发性节事活动。

10.6.2.3　建立适应市场需求、专业性强的节事活动组织机构，并充分发挥其作用。

10.6.2.4　节事活动要获得居民的广泛支持，不扰乱居民的正常生活、工作秩序。

10.6.2.5　培育节事活动的志愿者队伍。

10.6.2.6　做好节事活动的可行性分析和全程策划，保持可持续发展。

10.6.2.7　节事活动应大中小结合，时序得当，常有常新，形成体系。

10.6.2.8　各种节事活动均应有完善的应急处理机制，反应迅速，运行到位。

10.6.3　提高节事活动效果

10.6.3.1　应至少形成一个标志性的休闲节事，吸引的外来游客数量多，比例高，市场影响力大，本地居民认同感强，参与度高。

10.6.3.2　各种节事活动力争形成较强的品牌，扩大市场影响力。

10.6.3.3　节事活动应控制在环境承载力、经济承载力、社会承载力范围之内，综合效益好。

10.6.3.4　建立节事活动绩效评估机制，不断改进质量，提高效益。

11　休闲教育

11.1　加强休闲教育

11.1.1　制定和实施市民公共休闲教育计划。通过动态、持续的公共教育过程，使市民获得充足的休闲信息和选择多样化休闲活动的机会，能够评估自我休闲需求、训练休闲技能、增进休闲认知、改变休闲态度、累积休闲能力，最后达到自我了解、自我肯定、自我实现的目标。

11.1.2　制定实施外来游客在本地的休闲行为指引，传播休闲知识，引导和提示游客尊重当地休闲习惯、保护休闲资源、遵守休闲秩序，与本地居民共建城市，共享休闲生活。

11.1.3　有专项财政资金，用于市民公共休闲教育计划以及外来游客休闲行为指引的实施、改进和效果评估。

11.1.4　通过加强休闲教育人员的职前和在职培训，提高休闲教育水平。

11.2　建立休闲教育体系

11.2.1　基础休闲教育

11.2.1.1　广泛开展休闲的学前教育，使儿童掌握休闲技能。

11.2.1.2　将休闲教育纳入基础教育序列，作为对学校教学评估的指标之一。

11.2.1.3　在中小学开设休闲课程。课时有保证，形式多样，课内、课外结合，寓教于乐，不增加学生家长负担，效果良好。

11.2.2 高等休闲教育

11.2.2.1 有休闲专业院系。学科配置合理,师资队伍完备。

11.2.2.2 开设休闲方面的公共课程,将休闲教育纳入学校正规教育体系,加强休闲教育课程的规划和建设。

11.2.2.3 有面向社会开放的公共休闲教育,形式多样,效果良好。

11.2.3 休闲职业教育

11.2.3.1 把休闲教育纳入职业教育序列,广泛培养休闲专业技术人员。

11.2.3.2 根据休闲产业各领域的具体需要,制定相应的职业资格认证体系,并予以推广。

11.2.3.3 采取多种方式,开展休闲从业人员的专业培训,提升工作技能,提高服务质量。

11.2.4 休闲普及教育

11.2.4.1 通过多种媒体和场所,在全社会广泛开展休闲知识和技能普及活动。

11.2.4.2 每年安排一定场次的公共休闲讲座,丰富群众休闲知识,提高休闲生活质量。

11.2.4.3 积极开展形式多样的社区休闲教育与休闲咨询活动,提高社区居民的休闲参与度。

11.2.5 休闲研究

11.2.5.1 设立休闲研究机构。具有自己的研究成果,开展学术交流活动,与实践结合紧密,与居民沟通密切。

11.2.5.2 有民间休闲研究机构。

11.3 发挥示范效应,引领健康休闲

11.3.1 树立休闲示范单位。

11.3.2 评选城市休闲示范市民。

11.3.3 命名城市休闲名人。

12 休闲城市营销

12.1 营销战略

12.1.1 有鲜明的休闲目的地形象和产品品牌,并形成市场号召力。

12.1.2 客源地建设与目的地营销相结合,充分发挥渠道商作用,强化市场营销与推广。

12.1.3 整合宣传、旅游、文化、体育、商务等部门,积极开展整体营销和公共营销。

12.1.4 合理使用价格手段,突出特色,以差异性、体验性为卖点,以鲜明的目的地形象吸引人,以人性化的服务打动人。

12.1.5 明确定位不同的客源地,并细分相应的客源群体,综合运用多种方法手段,对细分市场进行定向化、定制化营销,如一对一营销、知名人士促销等。

12.2 营销方案

12.2.1 应制定长期、中期、短期相结合的目的地营销规划与市场行动计划。

12.2.2 定位重点客源层,对城市、社区、家庭、企业、社会团体等有针对性强的营销方案。

12.3 营销渠道

12.3.1 加强与旅游分销商、旅行社、网站、会议组织、协会、俱乐部、志愿者组织和其他社团等机构的合作。

12.3.2 积极举办和参加各类休闲交易会、推介会、说明会等。

12.3.3 建立稳固有效的媒体合作关系，加强广告投放与媒体宣传。

12.3.4 进行媒介创新，有自主运营的媒体，媒体本身成为宣传内容。

12.3.5 实现跨界互动，打破单一媒体发展的格局，充分利用各种跨平台发展。

12.3.6 受众创造，让受众也成为品牌创造和传播的一部分。

12.3.7 有良好的口碑营销。

12.3.8 媒体共振，让媒体成为信息传播的共同发起者、参与者、推动者。

12.4 营销措施

12.4.1 安排城市整体营销的专项财政经费，并逐年增长。

12.4.2 到客源地进行深度营销，如设立市场代表处，开展现场营销、社区营销、中央休闲区集中展示等活动。

12.4.3 通过信函、传真、电话、短信、电子邮件、网上论坛（BBS）、MSN、QQ、ICQ、Skype、Facebook 等沟通方式，密切顾客关系，强化后续服务。

12.4.4 对来访游客进行二次营销，提高其消费水平。

12.4.5 采取体验式营销，邀请客户现场感受，形成直接体验和深度体验。

12.4.6 实施活动式营销，增强市场冲击力和游客记忆力。

12.4.7 采用全包价、半包价、小包价等方式，丰富休闲产品组合，增加顾客选择。

12.5 衍生营销

12.5.1 充分利用环境优势和文化软实力，形成对各类休闲客人的吸引力。

12.5.2 通过行业协会和专业组织，在休闲企业间建立互助、共赢的营销合作关系。

12.5.3 搭建共享型营销平台，加强横向、纵向协调，扩大市场机会。

12.6 数字化营销

12.6.1 积极接入中央预订系统（CRS）、全球分销系统（GDS）和互联网营销系统（IDS），提供出行、住宿、购物、娱乐、餐饮等休闲活动的全程预订服务。

12.6.2 建立特色化的休闲门户网站，包括休闲资源、休闲产品、休闲服务、休闲企业、即时预定、会员管理、互动交流、远程自助查询等功能。

12.6.3 鼓励休闲企业采用共同体或联盟方式，共筑数字化的管理和营销平台，包括采购中心、营销中心、结算中心、数据中心、分析中心及电子商务平台等，提高集约化程度。

附 录 A
（资料性附录）
城市休闲、休闲城市与城市公共休闲之间的关系

A.1 城市休闲与休闲城市的关系

城市休闲和休闲城市是一对相互反映、相互表现的概念。城市休闲是休闲需要具体在城市中的表现和行为方式，以及由此产生的休闲需求与休闲供给的统一体，对应的是城市休闲系统。休闲城市则是城市休闲更集中反映下城市所表现出的特有特征与形象，对应的是更庞杂的城市巨系统。

城市休闲是休闲城市发展的初级阶段，任何城市都应该有城市休闲的功能，城市休闲具有普世性和普遍性；休闲城市是城市发展到高级阶段的产物，根据不同的特色发展成类型不同的休闲城市，具有特殊性和差异性。

A.2 城市休闲与城市公共休闲的关系

休闲是城市的基本功能，是城市因人的休闲需要发展而发展的。城市休闲是城市居民以特有的休闲观念、休闲行为在可拓展的休闲空间下产生的带有一定经济性的现代文明生活方式，体现在城市居民的活动和行为方式之中。它是通过城市中的休闲供给体系实现的，包括以营利性质出现的商业机构，还包括政府公益性的投入。城市公共休闲主要指在城市中可供众多人免费参与的，具有一定公共社交性的休闲活动，它的实现主要通过政府公益性的投入。人们对城市公共休闲的满意程度是衡量城市居民休闲满意度的主要内容，是城市休闲的重要组成部分。

A.3 休闲城市与城市公共休闲的关系

休闲城市是休闲功能突出，休闲产业在国民经济中比重较高，休闲环境和谐，休闲公共管理与服务机制先进的城市。并非所有城市都能够或者有条件发展为休闲城市，通过完善休闲公共服务体系，解决人民群众迅速增长的休闲需要和公共休闲产品和服务供给不足之间的矛盾，把更多的财力集中到城市公共休闲设施与产品的建设上，在促进休闲教育、休闲环境、休闲文化等社会事业的健康发展，实现城市休闲公共服务的均等化，才是城市公共休闲推动城市向休闲城市发展的任务。

参 考 文 献

[1] GB 3096 声环境质量标准

[2] GB 5749 生活饮用水卫生标准

[3] GB 50449 城市容貌标准

[4] GB/T 17220 公共场所卫生监测技术规范

[5] GB/T 17775 旅游区(点)质量等级的划分与评定

[6] CJJ 27 城镇环境卫生设施设置标准

[7] 雅典宪章(The Athens Charter)(1933)

[8] 世界人权宣言(The Universal Declaration of Human Rights)(1948)

[9] 关于保护景观和遗址的风貌与特性的建议(Recommendation Concerning the Safeguarding of the Beauty and Character of Landscapes and Sites)(1962)

[10] 国际古迹保护与修复宪章/威尼斯宪章(International Charter for the Conservation and Restoration of Monuments and Sites/The Venice Charter)(1964)

[11] 经济、社会和文化权利国际公约(International Covenant on Economic Social and Cultural Rights)(1966)

[12] 社会进步和发展宣言(Declaration on Social Progress and Development)(1969)

[13] 人类环境宣言(Declaration of Human Environment)(1972)

[14] 马丘比丘宪章(The Machupicchu Charter)(1977)

[15] 关于保护可移动文化财产的建议(Recommendation for the Protection of Moveable Cultural Property)(1978)

[16] 世界自然宪章(World Charter for Nature)(1982)

[17] 发展权利宣言(Declaration on the Right to Development)(1986)

[18] 保护历史城镇与城区宪章/华盛顿宪章(Charter on the Conservation of Historic Towns and Urban Areas /The Washington Charter)(1987)

[19] 海牙旅游宣言(The Hague Declaration on Tourism)(1989)

[20] 旅游持续发展行动战略(An Action Strategy for Sustainable Tourism Development)(1990)

[21] 里约环境与发展宣言(Rio Declaration on Environment and Development)(1992)

[22] 生物多样性公约(Convention on Biological Diversity)(1992)

[23] 人居议程(The Habitat Agenda)(1996)

[24] 国际文化旅游宪章(International Charter of Cultural Tourism)(1999)

[25] 在促进和保护普遍公认的人权和基本自由方面的权利和义务宣言(Declaration on the Right and Responsibility to Promote and Protect Universally Recognized Human Rights and Fundamental Freedoms)(1999)

[26] 和平文化宣言和行动纲领(Declaration and Programme of Action on a Culture of Peace)(1999)

[27] 关于新千年中的城市和其他人类住区的宣言(Declaration of the Cities and Other Human Habitats in the New Millennium)(2001)

[28] 世界文化多样性宣言(The Universal Declaration on Cultural Diversity)(2001)

ICS 65.020.01
B 16

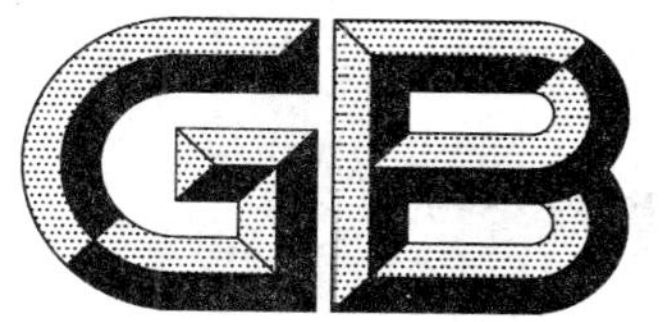

中华人民共和国国家标准

GB/T 28103—2011

小麦线条花叶病毒检疫鉴定方法

Detection and identification of wheat streak mosaic virus

2011-12-30 发布　　2012-06-01 实施

中华人民共和国国家质量监督检验检疫总局
中国国家标准化管理委员会　发布

前　言

本标准按照 GB/T 1.1—2009 给出的规则起草。

本标准由全国植物检疫标准化技术委员会(SAC/TC 271)提出并归口。

本标准起草单位:中华人民共和国天津出入境检验检疫局。

本标准主要起草人:郭京泽、廖芳、刘跃庭、张裕君、刘勇、崔铁军、王金成。

小麦线条花叶病毒检疫鉴定方法

1 范围

本标准规定了小麦线条花叶病毒(wheat streak mosaic virus)检疫鉴定方法。

本标准适用于禾本科植物种子和苗木中的小麦线条花叶病毒检疫鉴定。

2 规范性引用文件

下列文件对于本文件的应用是必不可少的。凡是注日期的引用文件,仅注日期的版本适用于本文件。凡是不注日期的引用文件,其最新版本(包括所有的修改单)适用于本文件。

SN/T 1840 植物病毒免疫电镜检测方法

SN/T 2122 进出境植物及植物产品检疫抽样

3 小麦线条花叶病毒基本信息

小麦线条花叶病毒 wheat streak mosaic virus,属于马铃薯Y病毒科 Potyviridae,小麦花叶病毒属 *Tritimovirus*。缩写:WSMV。

小麦线条花叶病毒传播途径有:汁液摩擦传播;种传;介体传播。

该病毒容易通过汁液摩擦方式近距离扩散。该病毒能通过带病小麦种子的调运远距离传播。该病毒的传毒介体为小麦卷叶螨 *Aceria tosichella*,成虫和若虫均可带毒传染,卵不传病毒。

小麦线条花叶病毒其他信息参见附录A。

4 方法原理

小麦线条花叶病毒的形态学特征、分子生物学特性和血清学特性是该病毒检疫鉴定方法的主要依据。采用双抗体夹心酶联免疫吸附测定方法、植物病毒免疫电镜检测方法、反转录聚合酶链式反应检测方法,确定样品中带有的小麦线条花叶病毒。

5 仪器设备、用具及试剂

5.1 仪器设备

酶标仪、洗板机、恒温水浴锅、普通冰箱(0 ℃～4 ℃)、－20 ℃低温冰箱、－80 ℃超低温冰箱、植物光照培养箱(温度可调范围为0 ℃～50 ℃)、超净工作台、电子天平(1/10 000 g)、微量榨汁机、透射电子显微镜、低速离心机(转速为3 000 r/min～5 000 r/min)、PCR仪、纯水仪、电泳仪、凝胶成像系统。

5.2 用具

可调微量移液器(2.5 μL、10 μL、100 μL、1 000 μL、5 000 μL)和相应的吸头、酶联板、封口膜、pH计或pH试纸条(广泛试纸和精密试纸)、1.5 mL离心管、PCR反应管、容量瓶(500 mL、1 000 mL)、解剖刀片、镊子、剪刀、吸水纸、白瓷盘、记号笔、标签、一次性手套。

5.3 试剂

双抗体夹心酶联免疫吸附测定的检测试剂(见附录 B)。

反转录聚合酶链式反应检测试剂(见附录 C)。

植物病毒免疫电镜检测试剂(见 SN/T 1840)。

6 现场检测

按照 SN/T 2122 的规定进行检疫并抽取种子和种苗样品。

7 实验室检测

对样品进行双抗体夹心酶联免疫吸附测定(DAS-ELISA),检验程序见附录 B。

对样品进行反转录聚合酶链式反应(RT-PCR)测定,检验程序见附录 C。

对样品进行植物病毒免疫电镜(IEM)测定,检验程序见 SN/T 1840。在电镜下观察到弯曲线状病毒粒子,测定其大小为 15 nm×700 nm,病毒粒子周围有抗体晕圈,则 IEM 测定结果为阳性。否则 IEM 测定结果为阴性。

8 结果判定

样品经过 DAS-ELISA、RT-PCR 测定或 IEM 测定,其两种或两种以上测定结果均为阳性,则判定该样品带有小麦线条花叶病毒。否则判定样品不带有小麦线条花叶病毒。

9 样品保存与结果记录

9.1 样品保存

在适宜环境中保存已鉴定带有小麦线条花叶病毒的样品。如叶片应在超低温冰箱中单独保存或冻干保存;生长的苗木应在植物光照培养箱中单独培育;种子应在干燥条件下保存。

9.2 结果记录与资料保存

记录各项数据,包括样品的种类、来源和样品状况,检测的时间、地点、方法和结果,测定人员的签字。DAS-ELISA 的测定结果应保存吸光值数据报告,RT-PCR 测定结果应保存电泳照片,IEM 测定结果应保存病毒粒体照片。

附 录 A
（资料性附录）
小麦线条花叶病毒其他信息

A.1 形态学特征

病毒粒子形态为弯曲线状，无包膜，长 690 nm～700 nm，直径 11 nm～15 nm。

A.2 地理分布

最初报道于美国，目前在美洲、北非、中东、中亚、东亚、东南亚以及欧洲、澳大利亚均有发生。在我国西北的甘肃、陕西等地区曾有发生。

A.3 寄主范围及症状

小麦线条花叶病毒侵染许多小麦品种以及燕麦、大麦、黑麦、一些玉米品种和黍，还侵染多种单子叶杂草，但不侵染双子叶植物。

小麦线条花叶病毒引起小麦严重花叶和矮化症状。在小麦苗期，植株叶色变淡，叶片变窄，叶上出现细小褪绿条点及黄色小点，与叶脉平行，并逐渐发展成苍白色断续条纹，部分组织坏死。苍白条纹不规则愈合，在苍白背景的叶片上有残余绿色条纹，叶片是一侧向内纵向卷曲。新叶片上也有褪色条纹，叶脉浊化稍暗。小麦拔节后，节间向下成弧状弯拐，节外复又向上，各节的向地一侧异常膨大造成全茎呈拐节状，此症状在基部 1 节～3 节最为明显。病情严重的植株，全株分蘖向四周匍匐，穗鞘扭卷，不易抽穗或穗而不实。整个病田表现植株松散，外型异常。小麦线条花叶病毒对小麦产量影响大，轻者减产 30%～50%，重者颗粒无收。

诊断寄主：小麦、大麦、燕麦的所有品种和部分玉米品种表现系统花叶症状并且矮化。该病毒的某些分离物侵染高粱（*Sorghum bicolor*）偶然出现坏死斑症状。

繁殖寄主：冬小麦任何品种都适于做该病毒的繁殖寄主。

测定寄主：没有合适的局部斑测定寄主。

A.4 分子生物学特性

小麦线条花叶病毒的核酸为单分子正义 ssRNA，长为 8.5 kb，相对分子量为 2.8×10^{6}，核酸占病毒粒子质量约为 5%。

小麦线条花叶病毒的基因组为单分体基因组，RNA 的 5’端为 VPg，3’端为 Poly(A)。基因组编码一个 344kDa 的多聚蛋白，然后切割成 10 个产物，分别为 40kDa 的 P1 蛋白、44kDa 的 HC-Pro 蛋白、32kDa 的 P3 蛋白、6kDa 的 6K1 蛋白、73kDa 的柱状内含体解旋酶、6kDa 的 6K2 蛋白、23kDa 的 VPg、26kDa 的 NIa 蛋白、64kDa 的 NIb 蛋白及 30kDa 的外壳蛋白。

附 录 B
（规范性附录）
双抗体夹心酶联免疫吸附测定（DAS-ELISA）方法检测

B.1 试剂

B.1.1 包被缓冲液（pH9.6）

碳酸钠（Na_2CO_3）1.59 g，碳酸氢钠（$NaHCO_3$）2.93 g，叠氮化钠（NaN_3）0.20 g，溶解于900 mL蒸馏水中，用盐酸调节pH至9.6，用蒸馏水定容至1 000 mL。

B.1.2 PBST缓冲液（pH7.4）

氯化钠（NaCl）8.0 g，磷酸二氢钠（KH_2PO_4）0.2 g，磷酸氢二钠（Na_2HPO_4）1.15 g，氯化钾（KCl）0.2 g，0.5 mL Tween-20，叠氮钠（NaN_3）0.2 g，溶解于900 mL蒸馏水中，用盐酸调节pH至7.4，蒸馏水定容至1 000 mL。

B.1.3 样品抽提缓冲液

亚硫酸钠（Na_2SO_3）20 g，2.0 g PVP（MW 24～4 000），加PBST缓冲液1 000 mL。

B.1.4 酶标抗体缓冲液

20 g PVP（MW 24～4 000），BSA 2.0 g，加PBST缓冲液1 000 mL。

B.1.5 底物缓冲液

二乙醇胺97 mL，蒸馏水600 mL，用盐酸调pH至9.8，然后用蒸馏水定容至1 000 mL。

B.1.6 底物ρNPP（对-硝基苯磷酸钠）

B.1.7 种子表面消毒液

将30%次氯酸钠（NaClO）100 mL溶于900 mL蒸馏水中，制成3%种子表面消毒液。

B.1.8 生物制剂

小麦线条花叶病毒检测试剂盒（WSMV特异性抗体和酶标记抗体）。

小麦线条花叶病毒阳性质控。

小麦线条花叶病毒阴性质控。

B.2 DAS-ELISA检测

B.2.1 样品制备

B.2.1.1 种子类

随机抽取或针对性挑选100粒种子，浸入种子表面消毒液中消毒10 min，用灭菌蒸馏水洗涤种子三次。将种子摆放于铺有湿润吸水纸的白瓷盘内。在植物光照培养箱中，使种子在适宜的发芽温度（20 ℃～28 ℃）下催芽长出叶片。

用微量榨汁机研磨叶片并加入抽提缓冲液，样品质量与抽提缓冲液体积之比为 1∶10。研磨的植物汁液盛于离心管中，低速离心 2 min，上清液为待检样品液。

B.2.1.2 种苗类

随机抽取至少 20 株种苗的叶片 0.2 g，或针对性采集表现症状的病叶。用微量榨汁机研磨叶片并加入抽提缓冲液，样品质量与抽提缓冲液体积之比为 1∶10。研磨的植物汁液盛于离心管中，低速离心 2 min，上清液为待检样品液。

B.2.2 检测步骤

B.2.2.1 在酶联板上设定待检样品孔和对照孔孔位。对照孔包括 2 个阳性质控孔、2 个阴性质控孔、2 个空白对照孔。每个待检样品设定两个孔位。

B.2.2.2 按要求的浓度和需要的体积用包被缓冲液稀释 WSMV 包被抗体，每孔加入 100 μL 抗体溶液。用封口膜包好酶联板，水浴锅中 37 ℃孵育 2 h 或 4 ℃冰箱过夜。

B.2.2.3 洗板机洗板 3 次，洗涤液为 PBST 缓冲液。

B.2.2.4 每个待检样品孔加入 100 μL 待检样品液。相应的对照孔中加入 100 μL 阳性质控，100 μL 阴性质控和 100 μL 样品抽提缓冲液。用封口膜包好酶联板，水浴锅中 37 ℃孵育 4 h 或 4 ℃冰箱过夜。

B.2.2.5 洗板机洗板 4 次～6 次，洗涤液为 PBST 缓冲液。

B.2.2.6 按要求的浓度和需要的体积用酶标抗体缓冲液稀释 WSMV 酶标抗体，每孔加入 100 μL 酶标抗体溶液，用封口膜包好酶联板，水浴锅中 37 ℃孵育 2 h～4 h。

B.2.2.7 同步骤 B.2.2.3 洗板。

B.2.2.8 按 1 mg/mL 的浓度将 ρNPP（对-硝基苯磷酸钠）溶于底物缓冲液中（现用现配）。每孔加入 100 μL 底物溶液。室温下避光环境中放置 30 min～60 min。

B.2.2.9 用酶联仪在 405 nm 波长下测定各孔的吸光值（OD_{405}）。

B.3 质量控制要求和结果判定

B.3.1 质量控制要求

满足以下条件时，检测结果有效：

——空白对照和阴性质控的 OD_{405} 值小于 0.15；

——阳性质控 OD_{405}/阴性质控 OD_{405} 在 3～10 之间；

——重复检测样品 OD 值平行允许率（P）小于 20%。

如阴性质控的 OD_{405} 值小于 0.05 时，按 0.05 计算。

平均允许率按式（B.1）计算：

$$P=\frac{OD_1-OD_2}{(OD_1+OD_2)/2}\times 100\% \qquad \cdots\cdots\cdots\cdots (B.1)$$

式中：

P ——平行允许率；

OD_1——重复样品 1；

OD_2——重复样品 2。

B.3.2 结果判定

在满足 B.3.1 的质量要求后，按如下原则作出判定：

——样品 OD_{405}/阴性质控 OD_{405} 值大于 2，DAS-ELISA 结果判定为阳性；

——样品 OD_{405}/阴性质控 OD_{405} 值等于 2，判定为可疑，需重做一次或者用其他方法进行验证；

——样品 OD_{405}/阴性质控 OD_{405} 值小于 2，DAS-ELISA 结果判定为阴性。

附 录 C
（规范性附录）
反转录聚合酶链式反应（RT-PCR）方法检测

C.1 试剂

C.1.1 饱和酚、三氯甲烷、异戊醇、$MgCl_2$、3 mol/L 醋酸钠（pH5.2）、无水乙醇、DEPC、溴化乙锭、琼脂糖、dNTPs、*Taq* 酶、M-MLV 反转录酶、RNase inhibitor、M-MLV 反转录缓冲液、Trizol-RNA 抽提缓冲液、10×PCR 缓冲液、TAE 电泳缓冲液、TE 缓冲液、溴酚蓝载样缓冲液。

C.1.2 RNA 抽提试剂盒、RT-PCR 试剂盒。

C.1.3 小麦线条花叶病毒阳性对照、阴性对照、DNA ladder marker。

C.2 实验步骤

C.2.1 RNA 提取

将 250 mg 植物材料置于离心管中，液氮冷冻，研碎。悬浮于 750 μL 抽提缓冲液中，继续研磨。再加入等体积的饱和酚：三氯甲烷：异戊醇（25：24：1），混匀。13 000 r/min 离心 5 min，取上清液。加入 1/10 体积的 3 mol/L 醋酸钠（pH5.2），2.5 倍体积的无水乙醇，－80 ℃ 30 min 以上（或－20 ℃过夜）。13 000 r/min 离心 15 min，留沉淀。加入 300 μL 的 75％乙醇洗涤。13 000 r/min 离心 2 min，弃上清液，重复离心一次，风干。将 RNA 溶于 50 μL 经 DEPC 处理的蒸馏水中，作为待检测核酸。分别从 WSMV 阳性对照、阴性对照中提取 RNA。

可使用 RNA 提取试剂盒并按照说明书进行操作。

C.2.2 引物合成

依据文献（Deb M & Anderson J M，2008）所设计的引物序列：

WSMV L2：5'-CGA CAA TCA GCA AGA GAC CA-3'

WSMV R2：5'-TGA GGA TCG CTG TGT TTC AG-3'

扩增产物大小约为 190 bp。

C.2.3 RT-PCR 检测

C.2.3.1 cDNA 的合成

反应体系为 20 μL，包括 20 μmol/L 引物 1 μL，RNase-free H_2O 8.5 μL，待检测核酸 2 μL，空白对照用 RNase-free H_2O。88 ℃水浴 10 min 后，置于冰上，加入 10 mmol/L 的 dNTP 1 μL，40 U/μL 的 RNase inhibitor 0.5 μL，5 倍 M-MLV 反转录缓冲液 4 μL，100 mmol/L DTT2 μL，5 U/μL M-MLV 反转录酶 1 μL，混匀，42 ℃水浴 1 h，合成 cDNA。同样处理阳性对照、阴性对照和水空白对照。

C.2.3.2 PCR 扩增

反应体系 50 μL，包括 10 mmol/L 的 dNTPs 1 μL，20 μmol/L 引物 WSMV L2/WSMV R2 各 1 μL，10 倍 PCR 缓冲液 5 μL，cDNA 2 μL，5 U/μL *Taq* 酶 1 μL，双蒸水 39 μL，进行如下热循环：95 ℃ 3 min，然后 95 ℃ 30 s，55 ℃ 1 min，72 ℃ 30 s，35 个循环，最后 72 ℃ 10 min，4 ℃保存 PCR 产物。同

样处理阳性对照、阴性对照和水空白对照。

C.2.4 琼脂糖电泳和凝胶成像

制备2%的琼脂糖凝胶。取上述PCR产物5 μL,加入1 μL载样缓冲液,混匀后移入胶孔。样品孔两侧分别加入DNA ladder marker,100 V电压下电泳。电泳后的凝胶在0.1%溴化乙锭溶液中染色30 min。在凝胶成像仪下进行分析并拍照,记录实验结果。

C.3 结果判断

阴性对照和空白对照均无扩增条带,待测样品与阳性对照在190 bp处均有单一条扩增条带,则判定结果为阳性。

阴性对照和空白对照均无扩增条带,阳性对照在190 bp处有单一条扩增条带,待测样品无扩增条带,则判定结果为阴性。

ICS 65.020.01
B 16

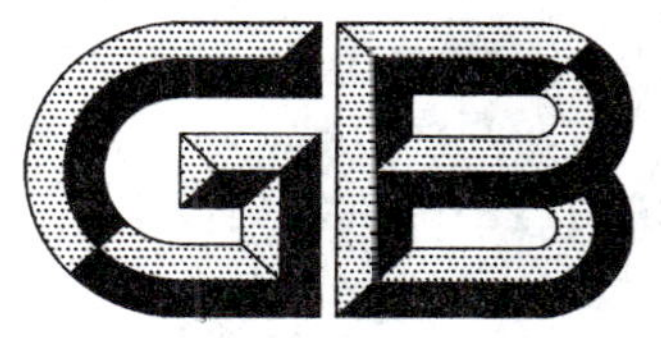

中华人民共和国国家标准

GB/T 28104—2011

小楹白蚁检疫鉴定方法

Detection and identification of *Incisitermes minor* (Hagen)

2011-12-30 发布　　　　2012-06-01 实施

中华人民共和国国家质量监督检验检疫总局
中国国家标准化管理委员会　发布

前 言

本标准按照 GB/T 1.1—2009 给出的规则起草。

本标准由全国植物检疫标准化技术委员会(SAC/TC 271)提出并归口。

本标准起草单位:中华人民共和国江苏出入境检验检疫局、中华人民共和国吉林出入境检验检疫局。

本标准主要起草人:张绍红、周培、陆军、杜国兴、魏春艳、张强、吴连鹏、庄永林、梁小松。

小楹白蚁检疫鉴定方法

1 范围

本标准规定了小楹白蚁 *Incisitermes minor*(Hagen)的现场检疫、实验室镜检鉴定、样品保存的方法。

本标准适用于小楹白蚁的检疫鉴定。

2 术语和定义

下列术语和定义适用于本文件。

2.1

后颏 postmentum

下唇的基部区域。在某些咀嚼式口器中,由亚颏和颏两部分组成。

2.2

后颏狭(后颏的最小宽度、后颏腰收缩处宽) minimum width of postmentum

头腹面平放,测量后颏两侧缘收缩处腰,最窄处的宽度。

2.3

前胸背板中长 length of pronotum at midline

前胸背板水平放置,背面测量,前缘和后缘中央凹缘之间(凹口具或不具)最小的直线距离。

2.4

分飞孔(婚飞孔) pore of nuptial flight

白蚁成熟群体产生有翅成虫,从巢穴内钻出地表层或木材表面为婚飞开掘的孔道(常称分飞孔)。

2.5

通气孔(透气孔、通风孔) ventilation pore

一般认为,通气孔是白蚁用来调节巢内体温、湿度的小孔。

2.6

前翅鳞长 length of forewing scale

前翅关节基部至翅肩缝之间的直线距离(即翅鳞的最大长度)。

3 基本信息

中文名:小楹白蚁。

学名:*Incisitermes minor*(Hagen)。

属等翅目 Isoptera,木白蚁科 Kalotermitidae,楹白蚁属 *Incisitermes*。

小楹白蚁是一种木栖性白蚁,易于通过木材、木质制品、木质包装被人为携带远距离传播。

小楹白蚁其他信息参见附录 A。

4 方法原理

经现场和实验室检测发现的疑似小楹白蚁通过肉眼、放大镜与体视显微镜观察,以兵蚁的形态特征作为检疫鉴定的主要依据，以有翅成虫的形态特征作参考，按系统分类学方法，鉴定其生物学种类。

5 仪器、器具和试剂

5.1 仪器

体视显微镜、目镜测微尺。

5.1.1 器具

树皮铲、手锯、油锯、解锥、螺丝刀、小斧头、解剖刀、解剖针、镊子、培养皿、毛笔、广口瓶、指形管。

5.1.2 试剂

75%乙醇。

6 现场检测

6.1 检查危害状

小楹白蚁是干木白蚁，在木材外端不形成蚁道。现场检查时应注意在木材表面是否有粉状或砂粒状的粪，这是干木白蚁非常典型的危害状。另外应注意木材外表是否有分飞孔和通气孔。

6.2 检查空洞和蚁道

用解锥敲打检疫物表面，查看是否有空洞。若是有异常声响，应撬开空洞，查看是否有白蚁的蚁道和相关的行踪。

7 鉴定特征

7.1 楹白蚁属的鉴定特征

7.1.1 兵蚁

7.1.1.1 头

扁平，长方形，两侧平行；额部斜坡很小，上颚粗壮。

7.1.1.2 触角

10 节～17 节，第 3 节最长，呈棒状，骨化很深。

7.1.1.3 前胸背板

与头等宽，或稍宽于头，其前缘有很深凹陷。

7.1.1.4 足

腿节粗壮，胫节距式 3∶3∶3。

7.1.2 有翅成虫

7.1.2.1 体色

常为浅褐色，有些种类为深褐色。

7.1.2.2 **复眼和单眼**

复眼圆且大，其直径为0.25 mm～0.50 mm；单眼距复眼很近，几乎相互接触。

7.1.2.3 **触角**

13节～20节。

7.1.2.4 **上颚**

左上颚有2枚缘齿，右上颚有2枚缘齿。

7.1.2.5 **前胸背板**

一般稍宽于头，或与头等宽。

7.1.2.6 **足**

胫节距式3∶3∶3，多数种类爪间有中垫。

7.1.2.7 **翅**

透明，翅面没有结瘤构造。

7.2 小楹白蚁的鉴定特征（参见附录B、附录C）

7.2.1 **兵蚁**

7.2.1.1 **体色和体披物**

头红棕色，头端部及上颚基部深褐色或黑褐色，额面色较深；触角第1节～3节红棕色，其余各节色淡；复眼浅色；胸足及腹部为浅黄色。体披细短而疏的毛，具光泽。

7.2.1.2 **头**

红棕色，端部深褐色或黑褐色，额面色较深；长方形，两侧近平行，背面稍平，近颚基处外侧有时有三角形突出，有时则平，变化颇大；额部稍下陷，并向前倾斜。

7.2.1.3 **眼**

复眼浅色。眼点透明，狭长，位于触角窝后方，有时不清楚。

7.2.1.4 **触角**

10节～14节，第1节～3节红棕色，其余各节色淡。第3节较长，呈棒状，其长约为第4节～6节之和。

7.2.1.5 **上唇和上颚**

上唇短舌形，较宽短，前端微凸，有长毛数根。上颚粗壮，外缘稍直，颚端向内弯曲；基部稍扩大，深褐色或黑褐色。左上颚内缘有3枚缘齿，第1缘齿与第2缘齿间距离较近，第3缘齿与第2缘齿间距离较远；右上颚有2枚缘齿，第1缘齿位于中点，第2缘齿紧随其后。

7.2.1.6 **后颏**

较短宽，前半部宽大，后半部狭窄。

7.2.1.7 前胸背板

一般宽于头，前缘中央深凹陷，前侧角近方形，后侧角宽圆，后缘近平直，有时中央略凹。

7.2.2 有翅成虫

7.2.2.1 体色

头棕黄色；复眼黑褐色，单眼色浅淡；上唇灰白色；触角第3节深褐色，其余各节色淡；胸棕黄色；足黄色；翅棕色。

7.2.2.2 头

棕黄色，近圆形，长宽几乎相等。

7.2.2.3 复眼和单眼

复眼黑褐色，近圆形，突出；单眼色浅淡，稍圆，不触及复眼。

7.2.2.4 触角

细长，15节～20节，第3节略长于第2节及第4节，末端5节～6节较粗壮，端节较小，卵圆形；第3节深褐色，其余各节色淡。

7.2.2.5 前胸背板

一般略宽于头，有时几乎相等，前缘中央有凹口，后缘稍平。

7.2.2.6 足

黄色，胫节距式3∶3∶3，跗节4节。

7.2.2.7 翅

棕色，透明。

8 结果判定

以兵蚁的形态特征为主要依据，有翅成虫的形态特征作参考，符合7.2描述的可鉴定为小楹白蚁 *Incisitermes minor*（Hagen）。

9 标本保存方法、期限

9.1 保存方法

采集到的标本应保存于内盛75%乙醇的广口瓶中，注明编号、中文名、学名、货物的来源、寄主、采集时间、地点及采集人。

9.2 保存期限

标本保存期限为长期保存。

附 录 A
（资料性附录）
小楹白蚁其他信息

A.1 主要寄主

已记录的受害树种有：柏、美国悬铃木、加州月桂、黑桦树、白蜡树、大枫树、三角杨树、红杉、恺木、桉、桑、接骨木、角豆树、栎、杨、柳、美洲李、巴旦杏、樱桃、桃、油梨、梨、柑桔、葡萄、胡桃、玫瑰、火把果、棘等。

A.2 其他被害物

已记录的其他受危害物有：电线杆柱、铁路枕木、建筑物和船舶的木结构、家俱、木制工艺品、木包装等。

附　录　B
（资料性附录）
小楹白蚁兵蚁量度

表 B.1　小楹白蚁兵蚁量度

单位为毫米

项目		产地					
		美国（原产地）		中国（传入地）			范围
		加利福尼亚州（平正明）	亚利桑那州（平正明）	宁海（韩美贞）	宁海（平正明）	南京（平正明）	
头长至上颚基		2.23～2.98	2.85,3.02	2.37～2.65 (2.53)	1.68～2.67	2.45,2.47	1.68～3.02
头最宽		1.72～2.05	1.94,2.07	1.67～1.81 (1.77)	1.39～1.94	1.87,1.94	1.39～2.07
头在颚基宽		1.39～1.76	—	1.58～1.67 (1.63)	1.20～1.61	1.50,1.54	1.20～1.76
头连后颏高		1.28～1.35	1.50,1.76	1.26～1.40 (1.34)	1.02～1.50	1.39,1.39	1.02～1.76
左上颚长		1.43～1.79	1.73,1.80	1.58～1.67 (1.64)	1.24～1.65	1.79,1.52	1.24～1.80
后颏	长	1.43～1.94	1.68,2.01	1.67～1.72 (1.71)	0.99～1.76	1.68	0.99～2.01
	宽	0.55～0.80	0.64,0.77	0.60～0.65 (0.64)	0.51～0.76	0.68	0.51～0.80
	狭	0.29～0.37	0.33,0.38	0.23～0.33 (0.28)	0.22～0.29	0.33	0.22～0.38
前胸背板	长	1.06～1.61	1.32,1.43	1.07～1.12 (1.10)	0.84～1.28	1.10,1.24	0.84～1.61
	中长	0.88～1.24	1.15,1.21	—	0.66～1.13	0.95,1.02	0.66～1.24
	宽	1.76～2.12	2.06,2.14	1.86～2.00 (1.92)	1.32～2.09	1.79,1.76	1.32～2.14
后胫长		1.10～1.65	1.46,1.53	1.30～1.40 (1.35)	0.88～1.39	1.28,1.21	0.88～1.65
头最宽/头长至上颚基		0.69～0.79	0.67,0.70	—	0.70～0.83	0.76,0.79	0.67～0.83
头高/头最宽		0.63～0.77	0.77,0.85	—	0.73～0.82	0.74,0.72	0.63～0.85

表 B.1（续）

单位为毫米

项目	产地					
	美国（原产地）		中国（传入地）			范围
	加利福尼亚州（平正明）	亚利桑那州（平正明）	宁海（韩美贞）	宁海（平正明）	南京（平正明）	
左上颚长/头长至上颚基	0.60～0.64	0.60，0.63	—	0.64～0.74	0.73，0.62	0.60～0.74
后胫长/头最宽	0.64～0.80	0.74，0.76	—	0.63～0.77	0.68，0.62	0.62～0.80
前胸背板宽/前胸背板中长	—	1.73，1.86	—	—	—	—

表 B.2 小楹白蚁有翅成虫体部量度

单位为毫米

项目		产地				
		美国（原产地）		中国（传入地）		
		加利福尼亚州（平正明）	亚利桑那州（平正明）	宁海（韩美贞）	宁海（平正明）	上海（平正明）
体长		7.62～7.80	5.75，7.10	5.39～8.88（8.00）	6.88～7.96	4.44～5.05
体长连翅		11.48	10.92，12.28	11.23～14.22（12.29）	11.78～12.24	9.49～9.95
前翅鳞长		—	1.25，1.26	1.25～1.35（1.32）	1.22～1.33	—
前翅	长	—	8.07，8.11	8.08～8.78（8.47）	7.80～8.42	7.57～7.96
	宽	—	2.34，2.30	2.49～2.75（2.65）	1.99～2.45	2.14
后翅	长	—	8.42	—	8.42～9.33	8.26～8.42
	宽	—	2.40，2.45	—	2.17～2.75	2.30～2.45
头长至上唇端		1.65～1.83	1.99，1.91	—	1.76～1.94	1.57～1.76
头长至额缘		1.28～1.41	1.48，1.45	1.35～1.50（1.45）	1.39～1.50	1.24～1.39
头宽	连复眼	1.37～1.44	1.56，1.50	1.50～1.65（1.58）	1.39～1.61	1.36～1.46
	无复眼	1.28～1.34	1.48，1.40	—	1.32～1.46	1.24～1.37
两复眼间距		—	1.22，1.20	—	1.15～1.25	—
两单眼间距		—	0.98，0.97	—	0.97～1.02	—
复眼	长径	0.32～0.33	0.35，0.35	0.30～0.35（0.34）	0.33～0.37	0.32～0.33
	短径	0.26～0.29	0.30，0.30	0.25～0.30（0.27）	0.26～0.33	0.29
复眼距触角窝		0.05	0.05，0.05	—	0.04～0.05	—
单、复眼间距		0.05～0.063	0.05，0.05	0.05	0.05～0.07	0.05～0.07

表 B.2（续）　　单位为毫米

<table>
<tr><th colspan="3" rowspan="3">项　目</th><th colspan="5">产　地</th></tr>
<tr><th colspan="2">美国（原产地）</th><th colspan="3">中国（传入地）</th></tr>
<tr><th>加利福尼亚州
（平正明）</th><th>亚利桑那州
（平正明）</th><th>宁海
（韩美贞）</th><th>宁海
（平正明）</th><th>上海
（平正明）</th></tr>
<tr><td rowspan="2">单眼</td><td>长</td><td rowspan="2">径</td><td>0.11～0.15</td><td>0.18,0.16</td><td>0.15～0.20(0.18)</td><td>0.12～0.17</td><td>—</td></tr>
<tr><td>短</td><td>0.09～0.11</td><td>0.11,0.10</td><td>—</td><td>0.09～0.11</td><td>—</td></tr>
<tr><td colspan="3">单眼距触角窝</td><td>0.17～0.25</td><td>0.23,0.23</td><td>—</td><td>0.17～0.26</td><td>—</td></tr>
<tr><td colspan="3">复眼距头下缘</td><td>0.26～0.29</td><td>0.28,0.26</td><td>—</td><td>0.26～0.29</td><td>—</td></tr>
<tr><td rowspan="3">前胸
背板</td><td colspan="2">长</td><td>0.92～0.99</td><td>1.05,1.02</td><td>0.85～0.99(0.94)</td><td>0.92～1.10</td><td>0.90～0.99</td></tr>
<tr><td colspan="2">中长</td><td>0.73～0.88</td><td>0.92,0.82</td><td>—</td><td>0.81～0.95</td><td>0.77～0.88</td></tr>
<tr><td colspan="2">宽</td><td>1.43～1.50</td><td>1.71,1.61</td><td>1.65～1.80(1.76)</td><td>1.57～1.79</td><td>1.43～1.48</td></tr>
<tr><td colspan="3">注：后胫长</td><td>1.28～1.41</td><td>1.48,1.45</td><td>1.35～1.50(1.45)</td><td>1.39～1.50</td><td>1.24～1.39</td></tr>
</table>

附　录　C
（资料性附录）
小楹白蚁兵蚁和有翅成虫特征图

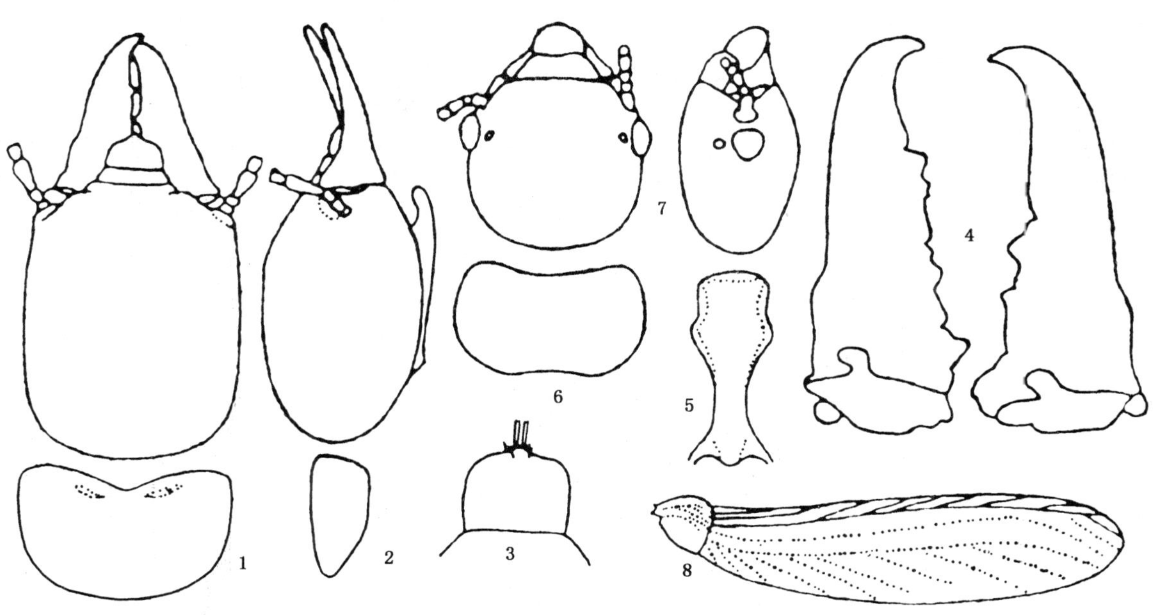

兵蚁：

1——头部及前胸背板背面观；

2——头部及前胸背板侧面观；

3——上唇；

4——上颚；

5——后颏。

有翅成虫：

6——头部及前胸背板背面观；

7——头部侧面观；

8——前翅。

图 C.1　兵蚁和有翅成虫特征图（仿韩美贞）

ICS 65.020.01
B 16

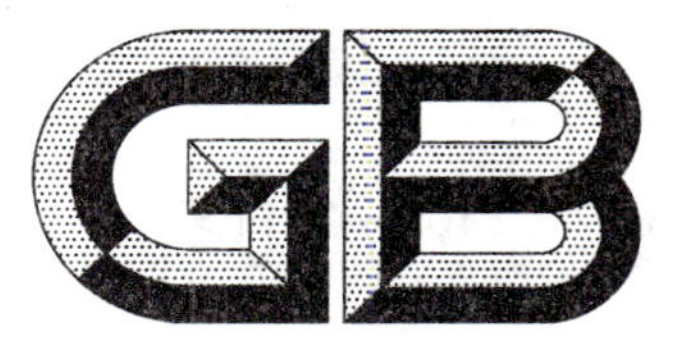

中华人民共和国国家标准

GB/T 28105—2011

榆蛎蚧检疫鉴定方法

Detection and identification of *Lepidosaphes ulmi*(L.)

2011-12-30 发布　　2012-06-01 实施

中华人民共和国国家质量监督检验检疫总局
中国国家标准化管理委员会　发布

前　言

本标准按照 GB/T 1.1—2009 给出的规则起草。

本标准由全国植物检疫标准化技术委员会(SAC/TC 271)提出并归口。

本标准起草单位:中华人民共和国天津出入境检验检疫局、中华人民共和国山西出入境检验检疫局。

本标准主要起草人:黄国明、牛春敬、李惠萍、廖芳、罗加凤、刘跃庭、崔铁军、王金成。

榆蛎蚧检疫鉴定方法

1 范围

本标准规定了榆蛎蚧[*Lepidosaphes ulmi* (L.)]的检疫鉴定方法，并给出了玻片标本制作方法、阐明了与近似种的区别。

本标准适用于榆蛎蚧的检疫鉴定。

2 术语和定义

下列术语和定义适用于本文件。

2.1

介壳 scale covers

盾蚧的保护构造，覆盖于虫体背面，由臀板上腺体分泌物、肛门胶质排泄物与若虫的蜕皮粘合而成。

2.2

盘腺 disk pores

孔腺 disk pores

盘腺又名孔腺，为蚧虫泌蜡腺的一种类型，包括三孔腺、五孔腺、多孔腺、筛状孔等多种形状的腺体。

2.3

管腺 tubular pores

柱状腺 tubular pores

管腺又称柱状腺，为蚧虫泌蜡腺的一种类型，管身呈圆柱形，两边近乎平行，管口有时有一圈或两圈硬化环。

2.4

背管腺 dorsal ducts

大管腺 macroducts

分布于虫体背面较大的管腺，称为背管腺或大管腺，常成群、成列、成带或杂乱分布于臀板背面。

2.5

腹管腺 ventral ducts

小管腺 microducts

分布于虫体腹面的管腺较小，称为腹管腺或小管腺。

2.6

臀板 pygidium

腹部末后数节愈合骨化而成的板状体，与盾蚧蜡被物的形成有关。

2.7

臀叶 pygidial lobe

臀板边缘骨化的扁平瓣状附属突起，成对出现，对称分布于臀板边缘两侧。位于臀板中央的称为第一对臀叶，也叫中臀叶；位于中臀叶两侧的一对称第二对臀叶，随后称第三对臀叶和第四对臀叶。

2.8

臀栉(臀棘) fringes

臀板边缘的未骨化的薄片状附属突起，呈各种形状，多数分枝成梳状，有时臀前节上也有。

2.9

距　spur

身体侧缘的粗而尖的骨化突起。

2.10

硬化棒(厚皮棒)　paraphyses

臀板腹面由边缘向前延伸的长囊形的体壁加厚部分。

2.11

背圆疤　dorsal boss

腹节背侧面小而圆形的骨化点，常为圆形，有时为两个部分连接的圆环。

3　榆蛎蚧基本信息

中文名：榆蛎蚧。

学名：*Lepidosaphes ulmi*（Linnaeus 1758）

异名：*Coccus ulmi* L. 1758；*Diaspis linearis* Costa 1835；*Aspidiotus galciformis* Baerensprung 1849；*Mytilaspis juglandis*，Sign. 1870；*Lepidosaphes juglandis*，Fernald 1903

分类地位：同翅目 Homoptera，盾蚧科 Diaspididae，蛎盾蚧亚科 Lepidosaphinae，蛎盾蚧属 *Lepidosaphes* Shimer。

榆蛎蚧其他信息参见附录 A。

4　方法原理

根据蚧虫的形态学特征，现场采集到的蚧虫需要制成玻片标本，用显微镜观察，根据其形态特征进行判定。

5　仪器和试剂

5.1　仪器

体视显微镜、显微镜、小镊子、昆虫针、小毛笔、解剖针(刀)、接种环、小烧杯、比色皿、1.5 mL 离心管、酒精灯、滤纸、吸水纸、标签、载玻片、盖玻片等。

5.2　试剂

氢氧化钾、蒸馏水、乙醇、酸性品红、冰醋酸、树脂、丁香油、甘油。

6　现场检测

按蚧虫空间分布规律，对苗木、枝干仔细检查，特别是注意二年生枝条，来自疫区的货物更应该仔细检查。一旦发现带有介壳的蚧虫，将蚧虫连同枝干装入样品袋中，做好现场记录，送实验室进行鉴定。

7　标本固定与制作

7.1　标本固定

挑取蚧虫置入 70%乙醇中杀死固定 2 h，以备制作玻片标本。如需长期保存，则在 70%乙醇中加入少量甘油(70%乙醇:甘油体积比为50∶1)作为保存液。

7.2 玻片标本制作方法

盾蚧玻片标本制作方法很多,附录B为一种常见盾蚧玻片标本制作方法。

8 鉴定特征

8.1 蛎盾蚧属的鉴定特征

8.1.1 雌介壳

雌介壳,长,前狭后阔,略呈逗点形,通常灰色到紫色。蜕皮部分重叠,位于介壳的前端。

8.1.2 雄介壳

雄介壳,如有,其形状和颜色同雌介壳,蜕皮位于前端。

8.1.3 雌成虫显微特征

8.1.3.1 体形

雌成虫,体长,纺锤形。腹节侧缘常呈瓣状突出。体壁除臀板骨化外,其余部分膜质,少数种类臀前节局部骨化。有些种类头在口器前方有很多小形圆锥状颗粒。有些种类在眼的位置有骨化的距或突起。多数种类腹部有3对侧瘤,上面生有骨化的距。有的种类腹节两侧有骨化的"背圆疤"。胸腹各节侧面常有不同大小的管腺、腺瘤及腺刺等分布。

8.1.3.2 触角

触角毛数目多变化,通常2根或更多。

8.1.3.3 气门

前气门附近有盘状腺孔,后气门无盘状腺孔。

8.1.3.4 臀板

臀板骨化,有2对发达的臀叶:中臀叶大,明显突出,对称,互相分离,基部决不轭连;第二臀叶分为两瓣。第三臀叶与第四臀叶消失或呈低的锯齿状突起。硬化棒有或没有,如有,很细,连于臀叶的基角。腺刺发达,常2个为一组,分布于每2臀叶之间(也分布到臀前腹节2节~3节的侧缘)。

8.1.3.5 管腺

背管腺一般短小,数目很多,常按节分布,排成明显的行列,并分为亚缘组和亚中组。

8.1.3.6 缘腺

缘腺大,斜口式,管口纵椭圆形,并有硬化环,通常每侧6个:第七腹节、第八腹节(中臀叶与第二臀叶间)1个,第六腹节、第七腹节间2个,第五节上2个,1个在臀板侧面,中臀叶间没有,也有多至每侧7个或8个的。

8.1.3.7 肛门与阴门

肛门开口近臀板的基部。围阴腺孔5组。

8.2 榆蛎蚧的鉴定特征

8.2.1 雌介壳

雌介壳，狭长，前方尖狭，后方逐渐加阔，末端圆形；背面隆起，有明显的横纹，弯曲或直；暗灰色或紫色；蜕皮位于前端，橙色或红褐色。介壳长 2.8 mm～3.5 mm，阔 1.0 mm～1.25 mm。

8.2.2 雄介壳

雄介壳，质地和颜色同雌介壳，两侧由前向后逐渐加阔，一般很少发现。介壳长 1.6 mm，阔0.5 mm。

8.2.3 雌成虫显微形态特征（参见附录 C）

8.2.3.1 体形

雌成虫，长 2.0 mm～2.5 mm，阔 1.0 mm～1.2 mm，长卵形，头胸部很狭，以腹部第二节为最阔，长约为宽的 2 倍。分节明显，各节侧缘突出成圆形的瓣。体壁除臀板外膜质。黄白色，臀板黄色。

8.2.3.2 触角

触角圆瘤形，各生有 2 根长毛，位置在口器和头前缘的中间，左右略相离开。

8.2.3.3 气门

气门开口肾脏形，前气门前面有 3 个～6 个盘状腺孔，后气门无腺孔。

8.2.3.4 臀板

臀板很阔。有 2 对发达的臀叶：中臀叶很阔，端圆而两侧缘平行，两侧角各有一明显的缺刻，中臀叶叶间距小，不超过每叶半宽；第二臀叶和中臀叶一样阔，但较短并裂成两瓣，外瓣较内瓣短小，都端圆而略向内倾斜。腺刺 8 对：中臀叶间 1 对，左右离开，其间臀板边缘呈三角形突出；中臀叶外侧 1 对，第二臀叶外侧 2 对；此外臀板边缘等距离分布有 2 组，每组各 2 对；愈近臀板末端的愈小。背面缘毛每侧 5 根：中臀叶 2 个基角，第二臀叶内瓣的外基角各 1 根，侧缘每 2 组腺刺间各 1 根；腹面缘毛每侧 4 根：两对臀叶基外角各 1 根，最外 2 组腺刺的基部各 1 根。

8.2.3.5 管腺

从中胸到腹部第四节的侧缘瓣上分布有管腺。背管腺很小，数极多，每侧约 100 个。第一腹节排成亚缘群；在第二腹节～第五腹节后缘排成亚缘及亚中列；在第六节上从边缘到肛门约有 30 个排成 1 纵列；第七节上没有，只第二臀叶前方有 1 个；少数分布在臀板的基角。

8.2.3.6 缘腺

缘腺很粗，管口骨化成马蹄形，共 6 对：中臀叶与第二臀叶间腺刺外 1 个，开口处臀板边缘突出成尖形的瓣；第二臀叶外一组腺刺间 2 个；再外的一组腺刺间 2 个；最外一组腺刺外 1 个，最外 1 个腺管开口处臀板呈钝刺状突出。

8.2.3.7 肛门与阴门

肛门小，圆形，位于臀板背面近基部约五分之一处。阴门位于臀板腹面的中央，围阴腺孔 5 组。

8.2.4 雄成虫

雄成虫,色黄白,体长形。体长 0.95 mm～1.0 mm,腹部阔 0.25 mm～0.27 mm。触角长 0.50 mm～0.55 mm。翅长 0.7 mm。后足长 0.35 mm。生殖刺长 0.30 mm。头小,眼黑色。触角连珠状,淡黄色。中胸盾片五角形,黄褐色。翅透明,淡紫色,长过于阔 2 倍。腹部狭,生殖刺尖而长,黄褐色。足淡黄色。

8.2.5 卵

卵,椭圆形,白色。卵长 0.27 mm～0.37 mm。

8.2.6 与近似种区别

本种与柳蛎蚧(*L. salicina*)近似,两者不同之处是榆蛎蚧第七腹节无背腺管,而柳蛎蚧第七腹节有 8 个～22 个背腺管排成一个纵列。

9 结果判定

以雌成虫形态特征为依据,其余特征描述可作参考,符合上述 8.2.3 特征者可判定为榆蛎蚧 *L. ulmi* (L.)。

10 标本保存

10.1 保存方法

采集到的标本应保存在乙醇-甘油保存液(70%乙醇:甘油体积比为 50:1)中,也可制成玻片标本进行保存,注明编号、中文名、学名、货物的来源、寄主、采集时间、地点及采集人等内容。

10.2 保存期限

标本保存期限为长期保存。

附　录　A
（资料性附录）
榆蛎蚧其他信息

A.1　榆蛎蚧在境外的分布

亚洲：日本、伊拉克、印度、亚美尼亚、伊朗、以色列、哈萨克斯坦、沙特阿拉伯、塔吉克斯坦、土库曼斯坦、土耳其、格鲁吉亚、乌兹别克斯坦。

欧洲：俄罗斯、保加利亚、匈牙利、罗马尼亚、奥地利、西班牙、法国、意大利、前南斯拉夫、希腊、英国、德国、瑞士、瑞典、挪威、马耳他、捷克、斯洛伐克、丹麦、芬兰、拉脱维亚、荷兰、波兰、葡萄牙。

非洲：埃及、南非、阿尔及利亚、摩洛哥。

北美洲：美国、加拿大、墨西哥。

南美洲：巴西、智利、阿根廷。

澳洲：澳大利亚、新西兰。

A.2　榆蛎蚧的主要寄主

榆蛎蚧的主要寄主见表A.1。

表A.1　榆蛎蚧的主要寄主

学名	中文名	学名	中文名
Abies firma	日本冷杉	*Camellia sinensis*	茶
Acer spp.	槭属	*Castanea mollissima*	栗
Aesculus glabra	光叶七叶树	*Catalpa speciosa*	黄金树
Aesculus hippocastanum	欧洲七叶树	*Celastrus scandons*	美洲南蛇藤
Alnus rugosa	齿叶桤木	*Cerasus pseudocerasus*	樱桃
Amelanchier sinica	唐棣	*Ceratonia* sp.	长角豆属
Amorpha sp.	紫穗槐属	*Cercis siliquastrum*	西亚紫荆
Amygdalus communis	扁桃	*Chamaedaphne calyculata*	地桂
Arctostaphylos uva-ursi	熊果	*Chimaphila* sp.	喜冬草属
Aruncus sylvester	假升麻	*Cinnamomum camphora*	樟树
Berberis vulgaris	欧洲小檗	*Citrus* sp.	柑橘属
Betula spp.	桦木属	*Clematis florida*	铁线莲
Buxus sempervirens	锦熟黄杨	*Cocos nucifera*	椰子
Buxus sinica	黄杨	*Cornus alba*	红瑞木
Caesalpinia decapetala	云实	*Cornus controversa*	灯台树
Cajanus cajan	木豆	*Cornus officinalis*	山茱萸

表 A.1（续）

学名	中文名	学名	中文名
Cornus sanguinea	欧洲红瑞木	*Liriodendron tulipifera*	北美鹅掌楸
Corylus avellana	欧洲榛	*Lonicera japonica*	忍冬
Corylus heterophylla	榛	*Lycium chinense*	枸杞
Cotinus coggygria	黄栌	*Maackia* sp.	马鞍树属
Cotoneaster integerrimus	全缘栒子	*Malus baccata*	山荆子
Crataegus pinnatifida	山楂	*Malus manshurica*	毛山荆子
Cupressus sp.	柏木属	*Malus pumila*	苹果
Cydonia oblonga	榅桲	*Melia azedarach*	楝
Diospyros kaki	柿树	*Myrica rubra*	杨梅
Elaeagnus angustifolius	沙枣	*Myrthus* sp.	香桃木属
Elaeagnus pungens	胡颓子	*Nerium oleander*	欧洲夹竹桃
Erica tetralix	轮生叶欧石楠	*Olea europaea*	油橄榄
Euphorbia pekinensis	大戟	*Oxycoccus quadripetalus*	红莓苔子
Fagus longipetiolata	山毛榉	*Pachysandra terminalis*	顶花板凳果
Fagus sylvatica	欧洲山毛榉	*Padus maackii*	斑叶稠李
Ficus carica	无花果	*Padus racemosa*	稠李
Fraxinus spp.	梣属	*Paeonia* sp.	芍药属
Genista tinctoria	染料木	*Panax quinquefolium*	西洋参
Geranium sp.	老鹳草属	*Pelargonium* sp.	天竺葵属
Ginkgo biloba	银杏	*Photinia arbutifolla*	柳叶石楠
Gladiolus sp.	唐菖蒲属	*Pistacia lentiscus*	匹思答吉
Gleditsia aquatica	水皂荚	*Platanus orientalis*	法国梧桐
Gleditsia triacanthos	三刺皂荚	*Populus* spp.	杨属
Helianthus sp.	向日葵属	*Potentilla chinensis*	委陵菜
Hippophae rhamnoides	沙棘	*Prunus armeniaca*	杏
Hovenia dulcis	北枳椇	*Prunus cerasifera*	樱桃李
Hypericum sp.	金丝桃属	*Prunus domestica*	欧洲李
Ilex aquifolium	枸骨叶冬青	*Prunus persica*	桃
Ilex crenata	钝齿冬青	*Prunus salicina*	李
Juglans regia	胡桃	*Prunus spinosa*	黑刺李
Laburnum anagyroides	毒豆	*Ptelea trifoliata*	榆橘
Ledum palustre	杜香	*Punica granatum*	石榴
Ligustrum japonicum	日本女贞	*Pyrus communis*	西洋梨
Ligustrum vulgare	欧洲女贞	*Pyrus* sp.	梨属

表 A.1（续）

学名	中文名	学名	中文名
Quercus robur	夏栎	*Spiraea salicifolia*	绣线菊
Rhamnus cathartica	药鼠李	*Symphoricarpos sinensis*	毛核木
Rhododendron sp.	杜鹃属	*Syringa persica*	花叶丁香
Ricinus communis	蓖麻	*Syringa vulgaris*	欧丁香
Robinia pseudoacacia	刺槐	*Tilia tuan*	椴树
Rosa rugosa	玫瑰	*Toona sinensis*	香椿
Rubus idaeus	覆盆子	*Ulex europaeus*	荆豆
Salix spp.	柳属	*Ulmus carpinifolia*	欧洲光叶榆
Sapium sebiferum	乌桕	*Ulmus pumila*	榆
Sassafras tsumu	檫木	*Vaccinium myrtillus*	黑果越桔
Sesbania cannabina	田菁	*Vaccinium uliginosum*	笃斯越桔
Sorbaria sorbifolia	珍珠梅	*Vaccinium vitis-idaea*	越桔
Sorbus americana	美洲花楸	*Viburnum dilatatum*	荚蒾
Sorbus pohuashanensis	花楸树	*Vitis vinifera*	葡萄
Spartium junceum	鹰爪豆	*Ziziphus jujuba*	枣

附　录　B
（资料性附录）
榆蛎蚧雌成虫玻片标本制作方法

B.1　将活虫在70％酒精内固定，至少2 h。

B.2　将虫体移入盛有10％氢氧化钾溶液的烧杯中，浸泡几小时或加热几分钟，直至使虫体透明。

B.3　清除虫体内含物，并轻压虫体。如有需要，在虫体前端或在侧面切一开口。

B.4　移入酸性酒精，经20 min（酸性酒精配制：冰醋酸20 mL，蒸馏水45 mL，95％酒精50 mL）。

B.5　移入酸性品红液内染色，一般染5 min～10 min。

B.6　移入70％酒精5 min～15 min。

B.7　移入95％酒精5 min～15 min。

B.8　移入无水酒精5 min～10 min。

B.9　移入丁香油10 min或更长时间。

B.10　移到载玻片上，加一滴树脂，用盖玻片封盖。

B.11　放在干燥箱内，在20 ℃下经2星期，使树脂干固。

附 录 C
（资料性附录）
榆蛎蚧形态特征示意图

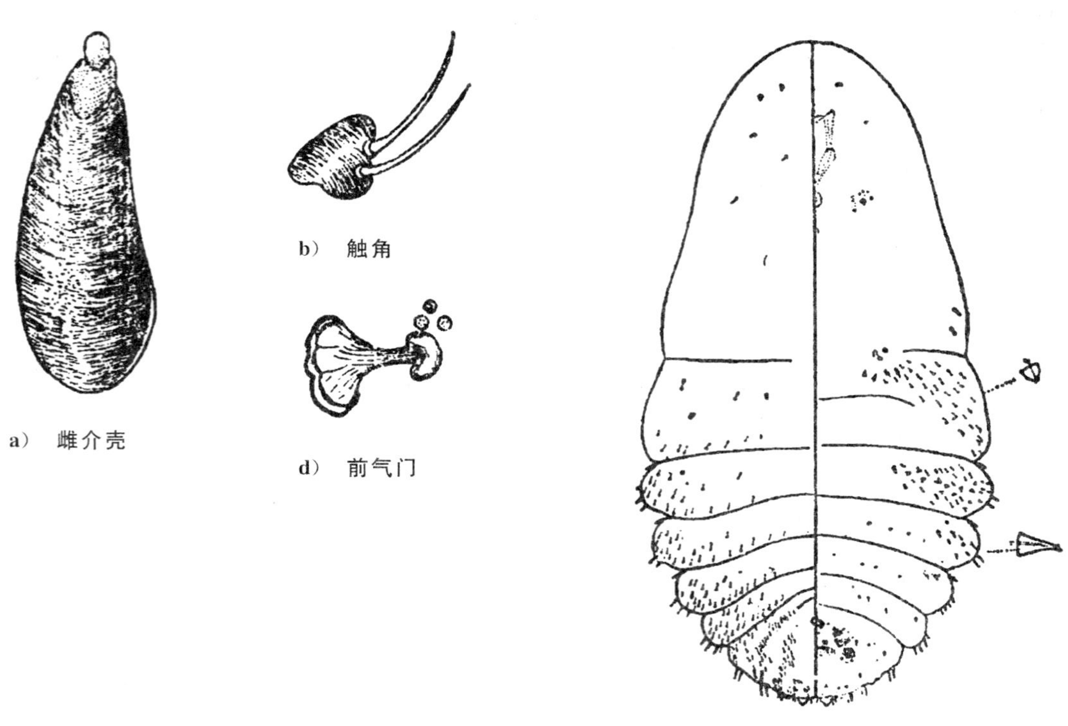

a） 雌介壳

b） 触角

c） 雌虫体

d） 前气门

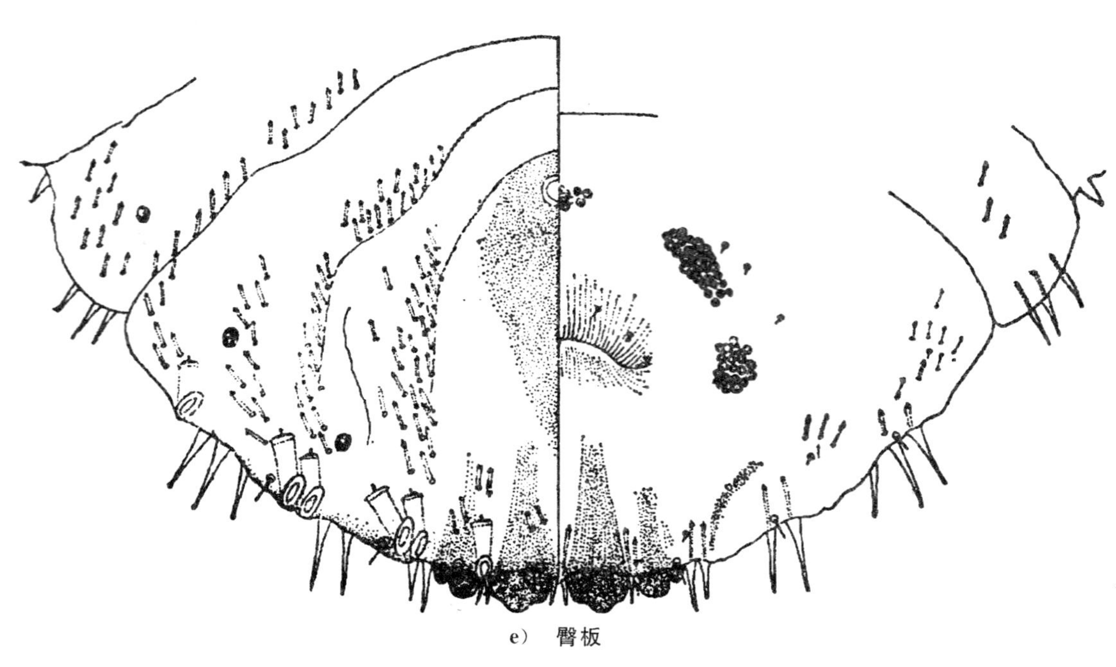

e） 臀板

图 C.1 榆蛎蚧形态特征示意图（仿周尧）

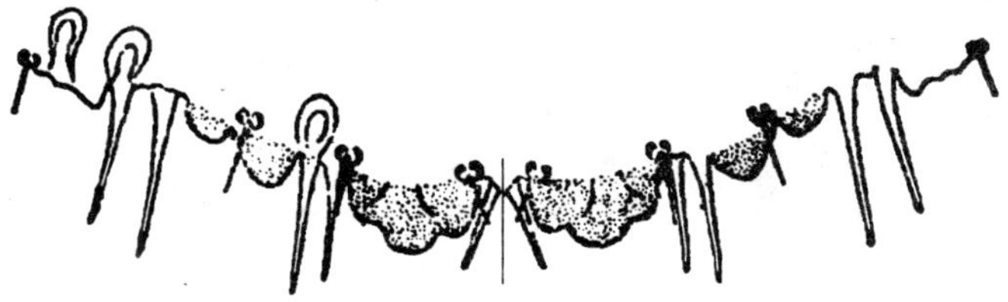

f） 臂板末端

图 C.1（续）

ICS 65.020.01
B 16

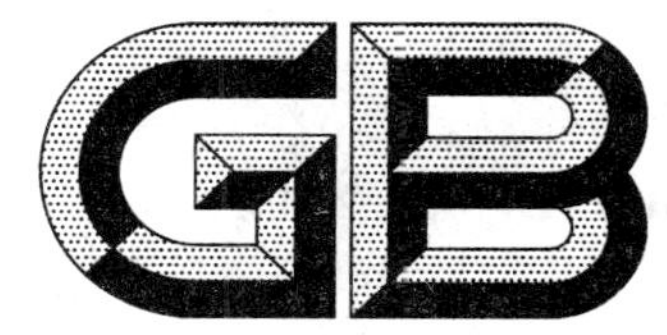

中华人民共和国国家标准

GB/T 28106—2011

郁金香黄色疱斑病菌检疫鉴定方法

Detection and identification of *Curtobacterium flaccumfaciens* pv. *oortii* Collins & Jones

2011-12-30 发布　　2012-06-01 实施

中华人民共和国国家质量监督检验检疫总局
中国国家标准化管理委员会　发布

前　言

本标准按照GB/T 1.1—2009给出的规则起草。

本标准由全国植物检疫标准化技术委员会(SAC/TC 271)提出并归口。

本标准起草单位:中华人民共和国天津出入境检验检疫局。

本标准主要起草人:郭京泽、魏亚东、张裕君、刘跃庭、刘鹏、罗加凤、廖芳、王金成。

郁金香黄色疱斑病菌检疫鉴定方法

1 范围

本标准规定了郁金香黄色疱斑病菌的检疫鉴定方法。

本标准适用于栽培及其他用途的郁金香球茎、郁金香植株上郁金香黄色疱斑病菌的检疫和鉴定。

2 规范性引用文件

下列文件对于本文件的应用是必不可少的。凡是注日期的引用文件，仅注日期的版本适用于本文件。凡是不注日期的引用文件，其最新版本(包括所有的修改单)适用于本文件。

GB/T 4789.28—2003 食品卫生微生物学检验 染色法、培养基和试剂

SN/T 2122 进出境植物及植物产品检疫抽样

3 郁金香黄色疱斑病菌基本信息

中文名：郁金香黄色疱斑病菌。

学名：*Curtobacterium flaccumfaciens* pv. *oortii*。

异名：*Corynebacterium flaccumfaciens* pv. *oortii*(Saaltink & Maas Geesteranus 1969) Dye & Kemp 1977，*Corynebacterium flaccumfaciens* subsp. *oortii*(Saaltink & Maas Geesteranus 1969) Carlson & Vidaver 1982，*Corynebacterium oortii* Saaltink & Maas Geesteranus 1969。

病害英文名：tulip bacterial canker，tulip yellow pustule。

属原核生物界 Procaryotes，厚壁菌门 Firmicutes，厚壁细菌纲 Firmibacteria，短小杆菌属 *Curtobacterium*。

该病菌随带病球茎调运远距离传播。带病球茎通过无性繁育将该病菌传播给子球。植株间通过带菌病叶扩散传播。

郁金香黄色疱斑病菌其他信息参见附录 A。

4 方法原理

从病部样品中分离病菌并纯化，然后通过革兰氏染色、生理生化测定进行该病原细菌的鉴定。郁金香黄色疱斑病菌的寄主范围、病害症状特征、生物学特性、生理生化特性(参见附录 A 和附录 B)是该病菌的检疫鉴定依据。

5 仪器、设备

生物显微镜、超净工作台、高压灭菌锅、恒温培养箱、八道移液器，BIOLOG 细菌自动鉴定系统。

6 试剂和培养基

无水乙醇、微量发酵管、革兰氏染色液。

523 培养基：蛋白胨 8 g，酵母粉 4 g，硫酸镁（$MgSO_4 \cdot 7H_2O$）0.3 g，蔗糖（$C_{12}H_{22}O_{11}$）10 g，磷酸氢二钾（K_2HPO_4）2 g，琼脂 18 g，水（H_2O）1 000 mL。调整 pH 值至 7.0～7.1，121 ℃湿热灭菌 20 min。

BUG 培养基。

7 对照菌株

已知标准菌株作阳性对照菌。选用本属不同种的菌株作为阴性对照菌。

8 检测鉴定

8.1 现场检测

按照 SN/T 2122 的规定进行检疫并抽取样品。

若发现郁金香病株矮化，叶片出现银灰色斑，上下表皮开裂，茎杆内部变黄，球茎最外层鳞片上出现白色斑，在球茎储藏后期病斑隆起变黄（参见 A.3），应取样带回实验室做病菌分离鉴定。

8.2 病原菌分离

取带病样品，用脱脂棉蘸取 75%乙醇擦拭表面，晾干或用灭菌水冲洗 3 次。切取病健交界部位组织置于灭菌的培养皿中加少量灭菌生理盐水，用玻棒碾碎，用接种环蘸取悬液在 523 培养基平板上进行划线分离。每个样品接种不少于 3 个平板。接种后的平板置于 30 ℃培养箱中培养 24 h～72 h，检查出现的菌落情况。

8.3 分离菌的纯化

观察 523 培养基平板上产生的菌落，有黄色、有光泽、圆形、边缘整齐、直径 1 mm～1.5 mm 的菌落为可疑菌落。

挑取单个可疑菌落，在 523 培养基平板上划线，接种后的平板置于 30 ℃培养箱中培养 24 h～72 h。一般连续转接 2 次～3 次可得到纯化的分离菌。

8.4 革兰氏染色

按 GB/T 4789.28—2003 中 2.2 规定的方法进行。

8.5 生理生化测定

从郁金香上分离纯化的细菌经过革兰氏染色测定后，若分离菌为革兰氏染色阳性菌，则结合实验条件任选下列一种方法对分离菌进行生理生化测定：

——应用 BIOLOG 细菌自动鉴定系统对分离菌进行生理生化测定。按照 BIOLOG 细菌自动鉴定系统规定的操作方法进行，鉴定结果为 *Curtobacterium flaccumfaciens*，则判定该分离菌的 BIOLOG 鉴定结果为阳性；

——应用微量发酵管对分离菌进行生理生化测定。测定结果与表 B.1 结果一致，则生理生化测定结果为阳性。否则生理生化测定结果为阴性。

9 结果评定

从郁金香上进行细菌分离纯化，若分离菌经过革兰氏染色为阴性菌，则判定检测结果为样品不带郁金香黄色疱斑病菌。

从郁金香上进行细菌分离纯化，分离菌经过革兰氏染色为阳性菌，BIOLOG 鉴定结果为阳性，或用微量发酵管进行生理生化测定其结果为阳性，则判定检验样品带有郁金香黄色疱斑病菌。否则判定检验样品不带郁金香黄色疱斑病菌。

10 菌株和样品的保存

分离并鉴定为郁金香黄色疱斑病菌的菌株应转接到 523 培养基试管斜面上，经登记和经手人签字后置于 4 ℃低温冰箱中保存，定期转接，以防止病菌死亡；必要时冻干后长期保存。

检出郁金香黄色疱斑病菌的样品至少保存 6 个月；保存期满后，需经灭菌处理。

附 录 A
（资料性附录）
郁金香黄色疱斑病菌其他信息

A.1 分布

丹麦、荷兰、罗马尼亚、英国、日本、韩国，在我国台湾和杭州有报道。

A.2 寄主范围

郁金香（*Tulip gesneriana*）。

A.3 危害症状

郁金香黄色疱斑病菌能系统性侵染郁金香，引起郁金香维管束病害，造成郁金香植株叶斑和郁金香球茎黄色疱斑。感染郁金香黄色疱斑病菌的郁金香病株严重时可出现矮化症状，叶片出现银灰色斑，上下表皮开裂，茎杆内部变黄，郁金香球茎最外层鳞片上出现白色斑，在球茎储藏后期病斑隆起变黄。在春季温度低时易于发病。

A.4 生物学特性

菌体杆状，大小(0.4 μm～0.6 μm)×(0.6 μm～3.0 μm)；周生鞭毛，革兰氏染色阳性，最适生长温度为 25 ℃～30 ℃。能水解酪蛋白，能利用乳酸、苹果酸、葡萄糖酸、醋酸盐，不能利用阿拉伯糖、山梨糖、蔗糖、丙酸、甲酸盐。

附　录　B
（规范性附录）
郁金香黄色疱斑病菌的生理生化特性

表 B.1　郁金香黄色疱斑病菌的生理生化特性

项目	*Curtobacterium flaccumfaciens* pv. *oortii*	*C. albidum*	*C. citreum*	*C. luteum*	*C. plantarum*	*C. pusillum*	*C. flaccumfaciens* pv. *batae*
酪蛋白水解	＋	＋	－	＋	－	＋	－
树胶醛糖产酸	－	－	＋W	＋W	d	＋W	－
山梨糖产酸	－	－	＋W	－	－	－	－
蔗糖产酸	－	－	－	－	－	＋W	－
乳酸同化	＋	＋	＋	－	ND	＋	＋
苹果酸同化	＋	－	＋	＋	d	－	＋
葡萄糖酸同化	＋	＋	＋	＋	＋	－	＋
醋酸盐利用	－	[illegible]	[illegible]	[illegible]	[illegible]	[illegible]	＋
注：＋：90％以上菌株为阳性；－：90％以上菌株为阴性；d：11％～89％菌株为阳性；W：弱反应；ND：未测定。							

ICS 65.020.01
B 16

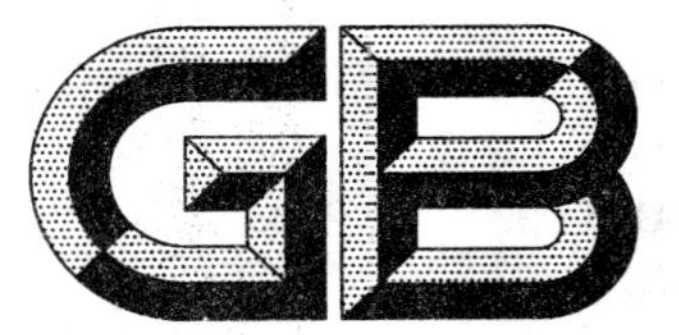

中华人民共和国国家标准

GB/T 28107—2011

枣大球蚧检疫鉴定方法

Detection and identification of *Eulecanium gigantea* (Shinji)

2011-12-30 发布 2012-06-01 实施

中华人民共和国国家质量监督检验检疫总局
中国国家标准化管理委员会
发布

前　言

本标准按照 GB/T 1.1—2009 给出的规则起草。

本标准由全国植物检疫标准化技术委员会(SAC/TC 271)提出并归口。

本标准起草单位:中华人民共和国山西出入境检验检疫局、山西大学、中华人民共和国天津出入境检验检疫局、中国检验检疫科学研究院、中华人民共和国吉林出入境检验检疫局。

本标准主要起草人:李惠萍、丁三寅、连庚寅、谢映平、黄国明、陈乃中、党海燕、魏春艳、吴海军、牛春敬、田丽红、赵悠悠。

枣大球蚧检疫鉴定方法

1 范围

本标准规定了枣大球蚧[*Eulecanium gigantea* (Shinji)]的检疫鉴定以雌成虫的形态学特征作为依据,明确了现场检查、标本制备、镜检鉴定、样品保存的方法。

本标准适用于枣大球蚧的检疫鉴定。

2 术语和定义

下列术语和定义适用于本文件。

2.1

尾裂(臀裂)　anal cleft

在蚧科中,蚧虫的肛门位置向内凹入,虫体后面出现一条狭缝,被称为尾裂或臀裂。

2.2

肛板　anal plate

在尾裂背底,肛门之上盖有两块三角形的硬化板,称为肛板。

2.3

肛环　anal ring

肛门凹入位于一筒状结构之内,后者叫肛筒(anal tube),在肛筒的外端有一硬化环。由两个月牙形的环组成,是肛门的开口,称为肛环。肛环上有一至几列环孔,并常有肛环毛6根~8根。

2.4

气门路　stigmatic groove

胸气门到体缘有成列的盘腺,形成气门路。

2.5

气门洼　stigmatic depression

气门路在体缘一端的体壁有不同程度的凹陷,称为气门洼。

2.6

气门刺　stigmatic spine

在气门路体缘一端即气门洼处的刺称为气门刺。

2.7

盘腺　discal pores

一类孔状的腺体结构,分泌蜡质物覆盖于虫体表面。蚧科中的特征盘腺有五格腺、多格腺和盘状孔。五格腺(quinquelocular pores)圆形,中心有一格,周围围绕五格。多格腺(multilocular pores)中心具一格,周围围绕多格(五格以上)。盘状孔(preopercular pores)圆形,不分格,仅为具有颗粒状表面的膜状结构。

2.8

管腺　tubular ducts

一类柱形或近柱形的腺体结构,分泌蜡丝形成虫体覆盖物或卵囊。蚧科中的特征管腺为瓶状腺。

瓶状腺(invaginated tubular duct),呈柱形管筒,管口内端膨大有硬化框,因大小差异又分为大瓶状腺和小瓶状腺。

3 枣大球蚧基本信息

枣大球蚧(*E. gigantea*)隶属于同翅目(Homoptera),蚧科(Coccidae),大球蚧属(*Eulecanium* Cockerell)。

枣大球蚧其他信息参见附录A。

4 方法原理

根据枣大球蚧的寄生危害特点,检查其寄主植物,获取不同发育期的虫体,将若虫饲养至成虫,制成显微玻片进行观察,依据成虫的显微形态特征对种类进行鉴定。

5 仪器、用具和试剂

5.1 仪器

生物显微镜、体视显微镜、水浴锅。

5.2 用具

放大镜、剪刀、小刀、镊子、昆虫解剖针、小毛笔、养虫瓶、铝盒、纸袋、吸水纸、1.5 mL离心管、6 cm表面皿、载玻片、凹面载玻片、盖玻片、解剖刀、酒精灯、滤纸、标签。

5.3 试剂

70%乙醇、95%乙醇、无水乙醇、10%氢氧化钠(或10%氢氧化钾)溶液、冰醋酸、酸乙醇溶液(冰醋酸:95%乙醇:蒸馏水体积比为2:9:9)、酸性品红(酸性品红95%乙醇饱和溶液)、二甲苯、石炭酸-二甲苯溶液(石炭酸:二甲苯体积比为1:2)、中性树胶、乙醇-甘油保存液(70%乙醇:甘油的体积比为50:1)。

6 现场检查

6.1 叶片检查

用放大镜检查寄主植物叶片正面、反面及叶脉两侧。如有黄色、淡黄色或黄褐色的固着虫体,体被白色蜡壳、蜡片或蜡块,则将带虫叶片取下,放入养虫瓶。

6.2 枝条检查

检查枝条、分叉、裂缝、芽腋及其附近,重点检查枝的向地一侧:

——如有灰褐色并被龟裂状蜡层的虫体,或被一层污白色毛玻璃状蜡壳虫体,则连寄主采下,放入养虫瓶或用吸水纸包被,再放入纸袋内,置于铝盒中;

——如有红褐色至紫褐色半球形或近球形的虫体,或体被灰白色薄蜡粉;或为亮褐色至亮黑褐色的虫体干尸,则均连同寄主采下,用吸水纸包被,再放入纸袋内,置于铝盒中。

6.3 将现场所取虫样标本送实验室鉴定。

7 实验室检疫鉴定

7.1 症状检查

检查送检样品(参见 6.1 和 6.2),将虫样轻移入 70%乙醇或乙醇-甘油保存液中固定保存。

7.2 标本制备

将现场所取和实验室挑取的虫样标本按固定、加热、解剖清洗、染色、脱色、脱水、封片的步骤制成玻片标本(参见附录 B)。

7.3 镜检鉴定

将玻片标本置于生物显微镜下观察形态特征,先确定是否属于蚧科(参见 C.1),然后确定是否属于大球蚧属(参见 C.2),最后核对种的特征,并与近似种相区分(参见 C.3)。

8 枣大球蚧鉴定特征

8.1 雌成虫

8.1.1 田间形态特征(参见图 D.1)

8.1.1.1 产卵前的雌成虫

虫体长 18.8 mm,宽 18.0 mm,高 14.0 mm,属于大球蚧属中个体最大者;产卵前的年轻雌成虫体鼓起近半球形,头半部高突,后半部略狭而斜;体黑红褐色至紫褐色,或有些发绿红褐色,体背有暗红色或红褐色花斑组成的 4 个纵列,各斑块间不连续。靠近背中央的 2 列花斑较小,呈明显的 3 对~4 对,外侧 2 纵列斑块常由 6 块组成。体被灰白色绒毛状薄蜡粉,蜡粉覆盖虫体不严,光滑的体壁和花纹闪光清晰可见。

8.1.1.2 雌成虫虫体干尸

虫体干尸固着树枝很紧,可持续 1 年甚至更长时间不易脱落,用手捏干尸,可感到体壁薄,易将顶部捏碎。

8.1.2 显微形态特征(参见图 E.1)

8.1.2.1 体腹面

腹面可见触角 1 对,7 节,以第 3 节最长,第 4 节突然变细。足 3 对,均小,腿节小于气门盘直径,胫节的长为跗节的 1.3 倍,跗、爪冠毛均细尖。胸气门 2 对,每条气门路上五格腺 20 个~25 个,呈不规则 1 列。多格腺分布于腹面中区,尤以腹部为密集。大瓶状腺在腹面亚缘区成密集带状分布,小瓶状腺见于胸部中区。

8.1.2.2 体缘

体缘具缘刺,尖锥形。气门洼不显,气门刺与缘刺近似,略小,相互靠近。

8.1.2.3 体背面

肛板三角形 2 块,合成正方形,其后角外缘有长、短毛各 2 根。肛周体壁幼时不硬化,老熟期硬化,无网纹。肛环宽，有内、外列孔及环毛 8 根。腺体在背面盘状孔丰富，有少量小瓶状腺。背刺散布。

8.2 雄成虫(参见图 D.2 和图 F.6)

8.2.1 虫体

体长 2.35 mm～3.50 mm，翅展 4.80 mm～5.20 mm。头部黑褐色，前胸、腹部、触角和足为黄色。

8.2.2 头部

触角丝状，10 节，长约 1.50 mm。单眼 5 对，背、腹眼各 1 对，侧眼在头之两侧各 3 个，呈弧形排列，环绕于头部触角周缘。

8.2.3 胸部

中胸气门和后胸气门各 1 对，周围均无腺体分布。前翅 1 对，半透明。后翅退化为平衡棒，呈叶片状。胸足 3 对，胫节末端有 1 长距。爪稍弯曲，末端有小齿。爪冠毛和跗冠毛各 1 对，跗冠毛粗，爪冠毛较细，末端均膨大呈球形。

8.2.4 腹部

腹部 8 节，具刚毛，在腹面和背面稀疏分布，腹部末端数量最多，约 8 根，簇生。第 8 节有一尾突。阳茎鞘长度约为体长之半，基部上方两侧各有一个尾槽，尾槽内壁具多格腺和粗长刚毛 2 根，尾槽内各生出一根白色细长的蜡丝，长度约为体长的 3 倍。

8.3 卵

长圆形，初产时为白色，渐变粉红色。卵在体下常被白色细蜡丝搅裹成块，不易散开。

8.4 1 龄若虫

8.4.1 田间形态特征(参见图 D.3)

固定后若虫扁平，草履形，体被白色透明蜡质，成平滑的薄蜡壳，其背中部有一条隆线。透过蜡壳可见体色淡黄，眼色淡红。

8.4.2 显微形态特征(参见图 F.1)

8.4.2.1 虫体椭圆形，体长 0.60 mm～0.72 mm，宽 0.30 mm～0.50 mm。

8.4.2.2 触角 6 节；足 3 对，发达，具跗冠毛和爪冠毛各 1 对，均细长，末端明显膨大。

8.4.2.3 体缘刺细尖，稀疏分布，腹部之缘刺略长于头部的，最末 1 根最长，约 70 μm。

8.4.2.4 胸气门 2 对，直筒状，气门刺各 3 根，锥状等大；气门路上有五格腺 4 个～5 个，排成 1 列。

8.4.2.5 肛门位于虫体背面腹部末端，臀裂浅而宽，肛筒伸至臀裂之间且明显外露。肛板表面具网纹。肛板端毛 3 根，中央 1 条极长，约 380 μm。肛环毛 6 根，背面 2 根最长，约 300 μm。

8.5 2 龄若虫

8.5.1 田间形态特征(参见图 D.3 和图 D.4)

8.5.1.1 发育前期虫体体被白色半透明介壳，边缘有长方形白色蜡片 12 对，头部前端为 1 块，前、后胸气门处各有一条白色蜡丝覆盖于长方形蜡片之下，背中隆线加宽，背部有前后两个环状壳点(蜡块)，臀末两根白色蜡丝部分露出介壳。

8.5.1.2 发育中期虫体背部有前、中、后3个环状壳点。

8.5.1.3 越冬后，2龄雌若虫体被一层灰白色半透明呈龟裂状的蜡层，蜡层外附少量白色蜡丝，体缘的缘刺被蜡层覆盖呈白色。

8.5.2 显微形态特征(参见图F.2)

8.5.2.1 虫体椭圆形，黄褐至栗褐色，体长1.00 mm～1.30 mm，宽0.50 mm～0.70 mm。

8.5.2.2 头部具单眼1对。触角为7节。

8.5.2.3 足发达，腿节长度大于气门盘直径。

8.5.2.4 体缘刺密集1列，锥状，粗大，亚缘刺1列，细小，刚毛状。胸气门扩大呈喇叭状，各气门路上五格腺到多格腺已多至10个～15个，呈不规则排列，气门刺与缘刺已无大区别。

8.5.2.5 虫体背面散布锥状小刺。肛筒加长，疏松网状，肛板的长端毛消失，肛板端毛5根，肛环毛6根。管状腺体在虫体腹面成宽亚缘带，在腹部中央零散分布。

8.6 3龄若虫(参见图F.3)

虫体背、腹两面管状腺数量增多，在亚缘区成带状排列，在背中和缘区散布。

8.7 蛹

8.7.1 田间形态特征(参见图D.4)

越冬后雄蛹被一层茧壳，长椭圆形，不太突，毛玻璃状半透明，背面有圆形、直角形等蜡块，茧壳上以缝分成几小块，雄茧边缘有成列的短细蜡丝。

8.7.2 显微形态特征(参见图F.4和图F.5)

8.7.2.1 雄预蛹体近梭形，黄褐色。体长1.20 mm～1.80 mm，宽0.40 mm～0.60 mm，各器官和附肢发育不完全，具有触角、足、翅芽的雏形。

8.7.2.2 雄蛹体色深褐，长椭圆形，离蛹。体长1.70 mm～2.00 mm，宽0.50 mm～0.70 mm。无眼。触角10节。翅芽半透明，宽度和厚度均增加，已达中足。胸部背板骨化明显。腹部分节明显，可见8节，密布有微刺毛，腹部体缘具三角锥状刚毛，腹部末端数量最多。交配器钝圆锥形，表面光滑，基部有4根～6根微型刚毛，在末端刚毛密集分布，约18根～20根。

9 结果判定

以雌成虫鉴定特征为主要依据，其余虫态的形态特征可作参考，符合8.1描述的可鉴定为枣大球蚧(*E. gigantea*)。

10 标本和样品保存

将枣大球蚧及重要的为害状标本妥善保存，各龄若虫、蛹和成虫均可用乙醇-甘油保存液保存，成虫也可制成玻片标本保存，同时记录害虫名称、来源、截获时间、地点、人员等相关信息。对检出该蚧虫的样品，要进行无害化处理。

附 录 A
（规范性附录）
枣大球蚧其他信息

A.1 寄主

国槐（*Sophora japonical* L.）、刺槐（*Robinia pseudo-acacia* L.）、枣（*Zizyphus sativa* Gaertn.）、酸枣（*Zizyphus spinosus* Hu）、朴树（*Celtis sinensis Pers.*）、榔榆（*Uhnus parvifolia* Jacq.）、法桐（*Platanus orientalis* L.）、栾树（*Koelreuteria paniculata* Laxm）、臭椿（*Ailanthus altissima* Swing）、香椿（*Cedrela sinensis A.* Juss）、楝（*Melia azedarach* L.）、胡桃（*Juglans regia* L.）、苹果（*Malus pumila* Mill.）、桃（*Prunus persica* Stokes）、樱花（*Prunus serrulata* Lindl.）、板栗（*Castanea mollissima* Blume）、文冠果（*Xanthoceras sorbifolia* Bunge）、蒲公英（*Taraxacum* sp.）、苦菊（*Chrysanthemum* sp.）、甘草（*Glycyrriza Uralensis* Fisch. G. Glabra L.）等。

A.2 分布

枣大球蚧原记录于日本，现已扩散到俄罗斯（远东地区）和中国的局部地区。

A.3 传播途径

枣大球蚧固着在植株上为害，易随寄主的调运远距离传播和扩散。

附　录　B
（资料性附录）
玻片标本的制作

B.1　将乙醇-甘油保存液中的虫体移入装有10%氢氧化钠（或10%氢氧化钾）溶液的离心管中，如是活体标本应预先在70%乙醇溶液中固定1 h～2 h后，再置于前述液体中。

B.2　将放入标本的离心管置于40 ℃～50 ℃的水浴锅中加热，定时观察，当虫体涨满内容物近透明时移至凹玻片上，在体视显微镜下解剖，一手执解剖刀，一手执解剖针，先用解剖刀的刀尖刺入虫体的背腹交接线上，再用解剖针在刀口皮层上刮动，逐渐向前剖开皮层，成背腹两面，并在虫体的一侧稍留一段相连的部分，再用沸水将内容物冲洗掉。

B.3　将洗干净的虫体移入表面皿中，滴入酸乙醇中和5 min，用滤纸吸掉酸乙醇。

B.4　再加入70%乙醇浸泡5 min，吸掉乙醇，滴入酸性品红溶液，染色12 h～16 h。

B.5　用70%乙醇洗掉多余染色剂，再依次经过95%乙醇、无水乙醇，脱水各5 min。

B.6　用滤纸吸掉乙醇，滴入石炭酸-二甲苯溶液，3 min后吸掉。

B.7　滴入二甲苯3 min后，将虫体移入载玻片上的中性树胶中整姿后盖上盖玻片。

B.8　待玻片标本晾干后，即可用生物显微镜来观察各虫态的形态特征，进行鉴定。

附 录 C
（资料性附录）
蚧科、大球蚧属雌成虫的鉴定特征及枣大球蚧与近似种的区别

C.1 蚧科雌成虫的鉴定特征

体周围有一圈缘毛或缘刺；胸气门开口至体缘之间由五格腺组成了气门路；体末有一尾裂，其底端背面有两块相对的三角形肛板。

C.2 大球蚧属雌成虫的鉴定特征

触角6节～8节，第3节最长。

足分节正常，腿节长度约和气门盘直径等长；胫、跗关节不硬化，爪、跗冠毛各2根，爪下无齿。

体背有筛状孔、杯状腺；腹面有五格腺、多格腺、杯状腺和暗框孔。

气门洼不显，气门刺明显或否，明显时2刺～3刺，不明显时和缘刺无区别。

C.3 枣大球蚧与近似种的区别

皱大球蚧 *E. kuwanai* Kanda 是枣大球蚧 *E. gigantea* 的近似种，常与枣大球蚧混合发生，生活习性相近，主要区别在于皱大球蚧：

——雌成虫虫体鼓起呈半球形，长5.0 mm～7.0 mm，高4.0 mm～6.0 mm，略小于枣大球蚧。产卵前虫体黄褐色，光亮，具虎皮状斑纹，一条蓝黑色背中线宽而明显，从头端直延伸至肛门边。体背侧具蓝黑色斑纹，体侧下缘有锯齿状色带，又似西瓜皮花斑；

——雌成虫虫体干尸，颜色暗淡，鲜艳花纹消失，体壁皱缩，木质化，用手捏捻不易碎；

——显微特征肛环毛6根。

附　录　D
（资料性附录）
枣大球蚧田间形态特征图

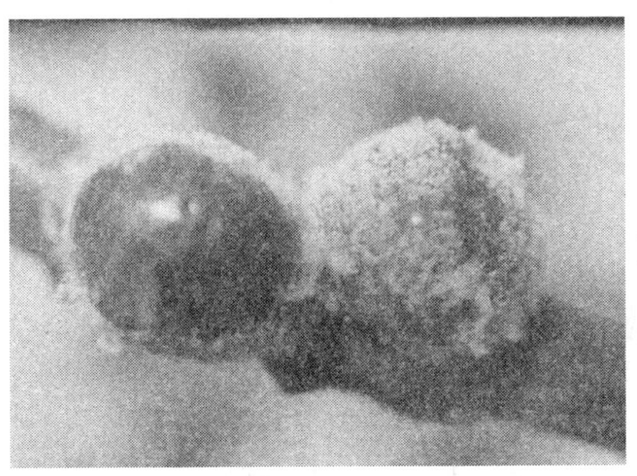

图 D.1　雌成虫

图 D.2　雄成虫

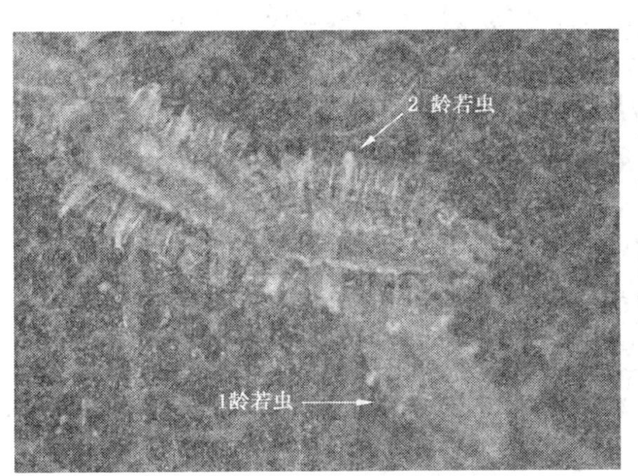

图 D.3　叶片上1、2龄若虫

图 D.4　越冬后枝条上的虫体（雌雄分化）

附 录 E
（资料性附录）
枣大球蚧雌成虫显微形态特征图

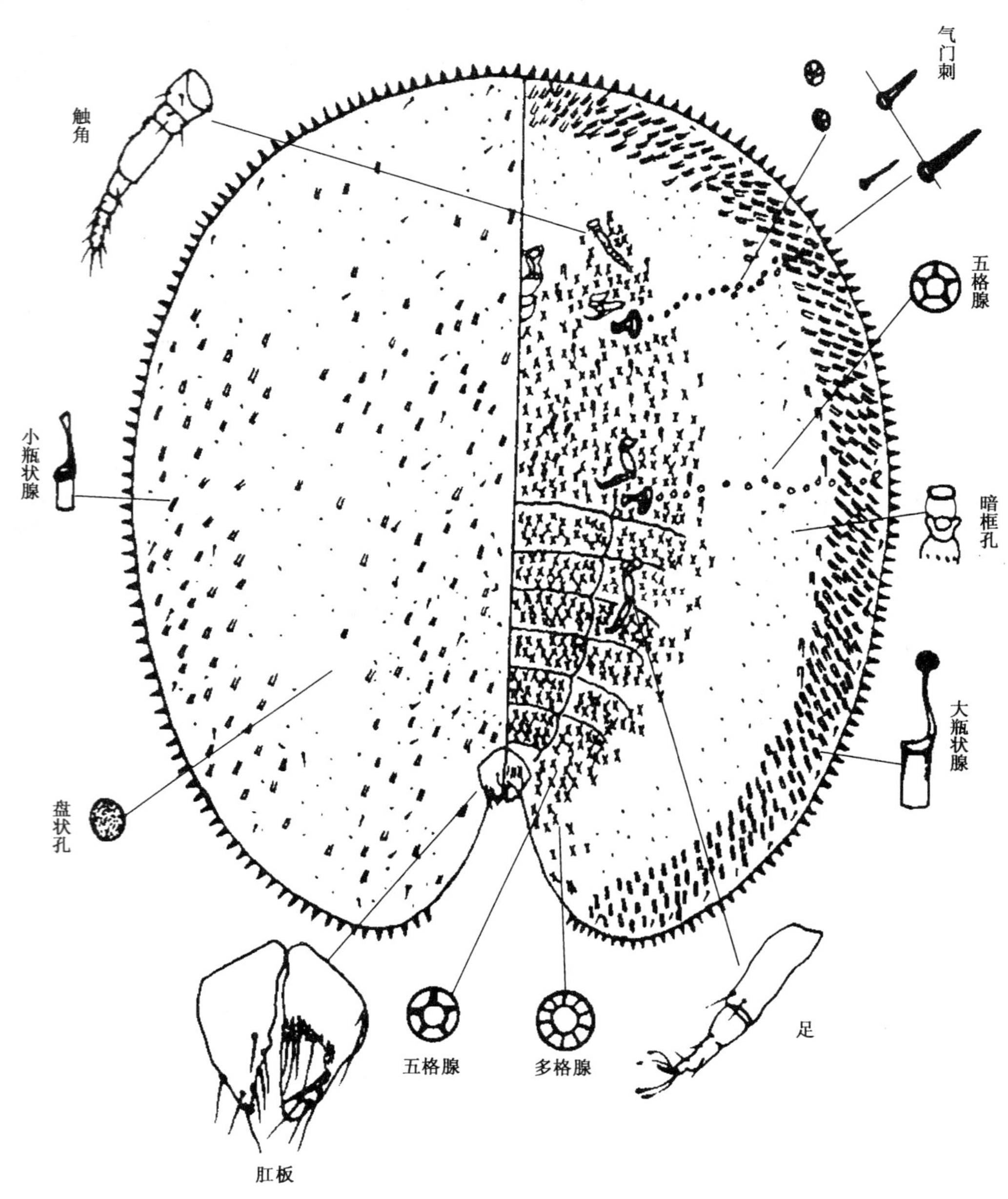

图 E.1 枣大球蚧雌成虫显微形态特征图

附　录　F
（资料性附录）
枣大球蚧各虫态显微形态特征图

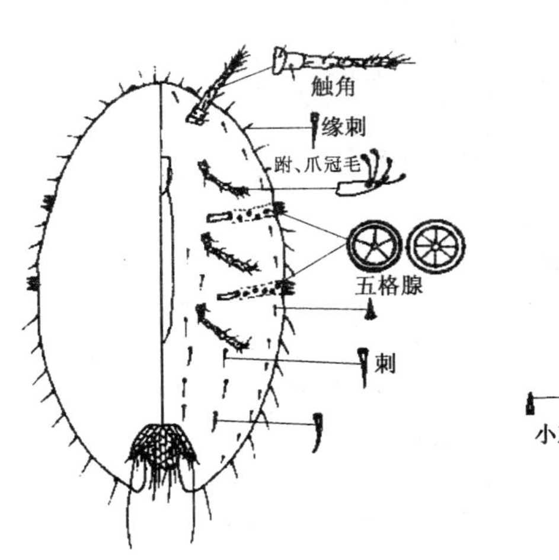

图 F.1　1龄若虫

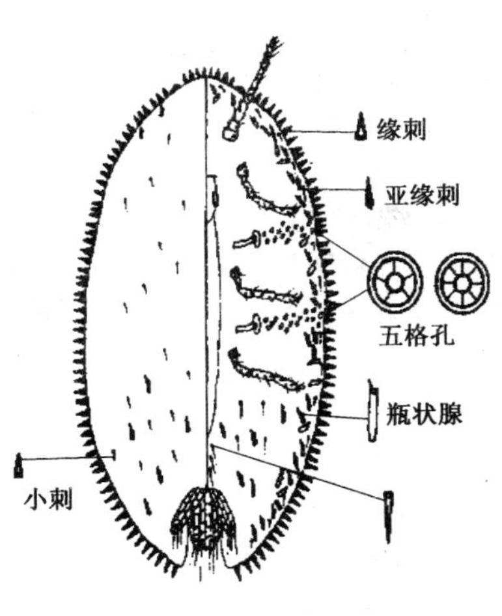

图 F.2　2龄若虫

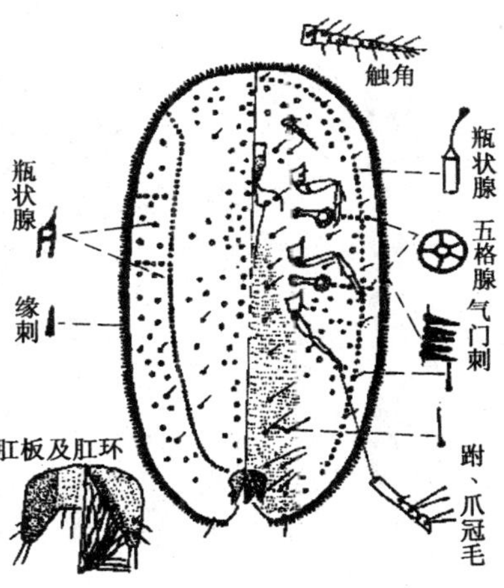

图 F.3　3龄雌若虫

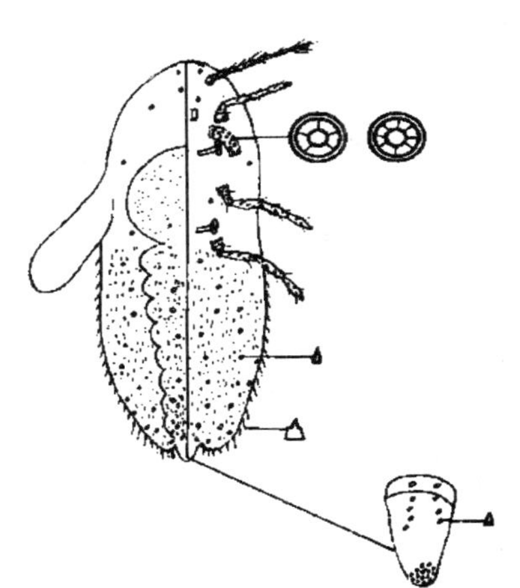

图 F.4　雄预蛹

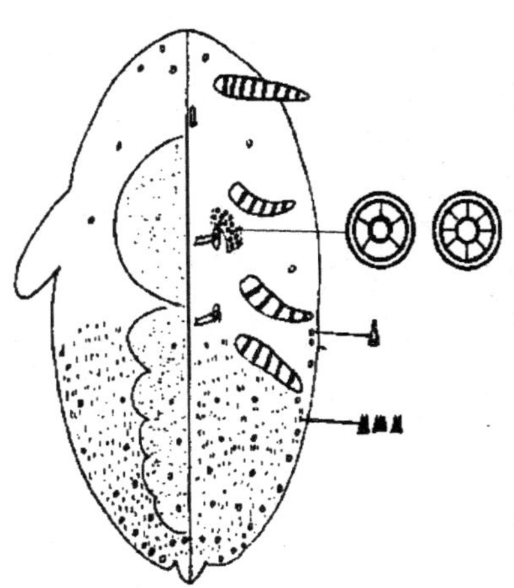

图 F.5　雄蛹

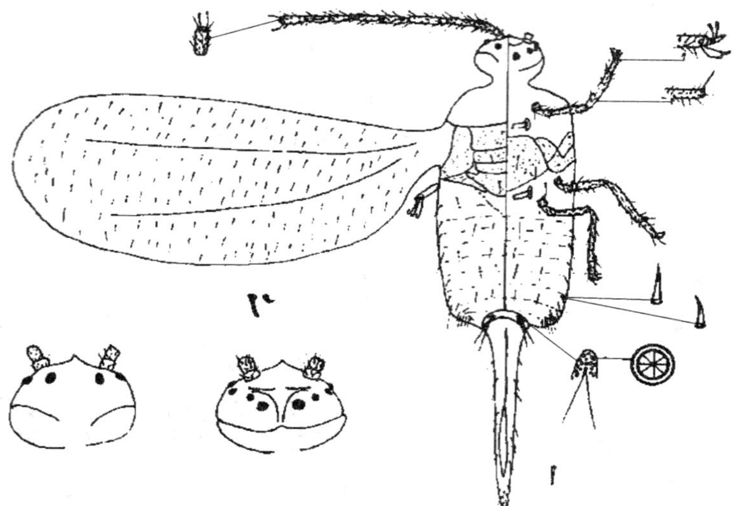

图 F.6　雄成虫

ICS 65.020.01
B 16

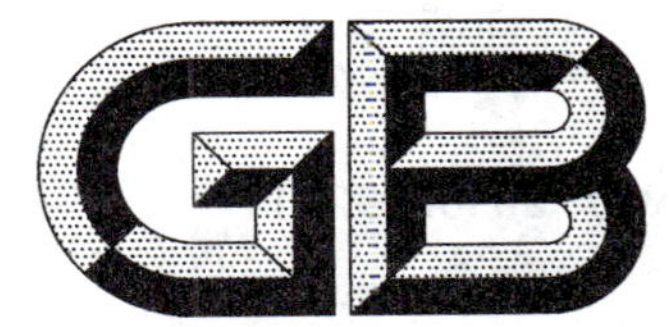

中华人民共和国国家标准

GB/T 28108—2011

匍匐矢车菊检疫鉴定方法

Detection and identification of *Centaurea repens* L.

2011-12-30 发布　　2012-06-01 实施

中华人民共和国国家质量监督检验检疫总局
中国国家标准化管理委员会　发布

前　言

本标准按照 GB/T 1.1—2009 给出的规则起草。

本标准由全国植物检疫标准化技术委员会(SAC/TC 271)提出并归口。

本标准起草单位:中华人民共和国宁波出入境检验检疫局检验检疫技术中心、中华人民共和国福建出入境检验检疫局、中华人民共和国新疆出入境检验检疫局、中华人民共和国厦门出入境检验检疫局、中华人民共和国珠海出入境检验检疫局。

本标准主要起草人:徐瑛、黄可辉、张伟、郭琼霞、张慧丽、王宏毅、陈先锋、傅冬良、廖力、李亚萍。

匍匐矢车菊检疫鉴定方法

1 范围

本标准规定了匍匐矢车菊 *Centaurea repens* L. 的实验室检测与其形态特征鉴定方法。

本标准适用于匍匐矢车菊的检疫鉴定。

2 术语和定义

下列术语和定义适用于本文件。

2.1

头状花序 capitulum

花无梗,密集着生于极度缩短而膨大的花轴上,呈头状,常具总苞。

2.2

瘦果 achene

由一至数心皮组成的单室不开裂的小坚果,种子仅在一点与子房壁相连。菊科植物的瘦果是由下位子房与萼筒共同形成的,也称连萼瘦果(cypsela)。

2.3

根状茎 rhizome

横生于地下的肉质变态茎,具明显的节和节间,先端生有顶芽,节上通常有退化的鳞片叶与腋芽,并常生有不定根。

2.4

总苞 involucre

包围花或花簇基部的一轮苞片。

2.5

总苞片 phyllary

菊科植物总苞的苞片,或菊科总苞的一枚苞片。

2.6

苞片附属物 bract appendage

菊科植物苞片顶端的附属结构,不同种类间差异较大,有流苏状、撕裂状、缘毛状或糙毛状等,匍匐矢车菊的苞片附属物为膜质透明状。

2.7

衣领状环 collar

瘦果顶端一圈窄而直立的环形脊状物。

3 匍匐矢车菊基本信息

中文名:匍匐矢车菊

中文别名:顶羽菊、契丹蓟、俄罗斯矢车菊、苔蒿、苦蒿等。

学名:*Centaurea repens* L.。

英文名:Russian Knapweed、Mountain Bluet、Turkestan thistle、Creeping knapweed 等。

属于菊科,矢车菊属 *Centaurea* L.。

近距离主要通过发达的匍匐根茎和瘦果向外扩散，也能通过水路传播。远距离主要以总苞和瘦果混入种子、谷物、草料、土壤和生长介质中进行传播。

匍匐矢车菊的其他信息参见附录A。

4 方法原理

将现场和实验室检测中发现的疑似匍匐矢车菊的植株或果实通过肉眼、放大镜与体视显微镜观察，根据形态特征与基本生物学信息，按系统分类学方法，鉴定其生物学种类。

5 仪器和用具

5.1 仪器设备

体视显微镜(具目镜测微尺或镜台测微尺)、电子天平(感量0.001 kg，0.001 g)、电动筛或套筛。

5.2 实验用具

放大镜、解剖刀、解剖针、镊子、指形管、培养皿、白瓷盘、标签、标本瓶等。

6 实验室检测鉴定

6.1 植物样品的检测

用肉眼、放大镜或体视显微镜观察植株的形态特征。

6.2 原粮和种子的检测

6.2.1 样品制备

将现场检疫抽取的送检样品充分混匀，制成平均样品。采用四分法，视样品多少取平均样品的二分之一至四分之三(较少样品量时)作为试验样品，称取质量并记录，每份试验样品不少于1.0 kg，剩余的平均样品加贴标签作为保留样品保存。送检样品不足1.0 kg的全部检验。

6.2.2 过筛检测

根据样品种子的直径确定套筛的规格，从大到小依次套上不同孔径的规格筛并加上底筛，将适量样品倒入规格筛的上层内，盖上筛盖，用回旋法过筛(或用电动筛振荡)，使样品充分分离，把过筛的筛上物和筛下物分别倒入白瓷盘内，用镊子挑取杂草籽实，放入培养皿内。混杂于植物原粮和种子中的匍匐矢车菊的瘦果，一般在孔径为1.5 mm以上的筛上物中获得，总苞一般在孔径为5.0 mm以上的筛上物中获得。当样品量少时，也可将全部样品放入白瓷盘中进行人工挑检。

6.3 鉴定方法

6.3.1 目测鉴定

用肉眼或借助放大镜，将检出的杂草进行分类，挑取菊科的总苞和瘦果进行形态鉴定。

6.3.2 镜检鉴定

6.3.2.1 直接观察

将挑取的可疑总苞和瘦果放于体视显微镜下，观察其的外部形态特征，依据匍匐矢车菊的形态特征对籽实进行种类鉴定。

6.3.2.2 解剖观察

外观上难以鉴定时,可采用解剖法,将疑似杂草置于体视显微镜下,用解剖刀和解剖针,对其进行解剖和镜检,观察种子剖面形态、颜色及大小等特征并鉴定。

7 匍匐矢车菊的形态特征

7.1 基本生物学特性

多年生草本,全株无刺。植株形态参见图 B.1。

7.2 植株

7.2.1 根部

根状茎成熟后呈深褐色至黑色,匍匐状多分枝,在不同深度形成大范围的垂直和水平的根部系统,从鳞片状的叶芽处发育出多叶的枝条。

7.2.2 茎

茎直立,单生或簇生,多分枝,高 30 cm~100 cm。

7.2.3 叶

叶互生,叶形多变。植株下部叶具深裂,长 10 cm~15 cm,宽约 5 cm,成株后干枯脱落;茎杆其他叶具柔毛,成株后为灰绿色,椭圆形至披针形,长 1 cm~5 cm,宽 0.2 cm~1.2 cm,叶缘锯齿或全缘;上部叶趋小且更多为全缘。

7.2.4 花

头状花序着生于带叶枝顶,有多花,花冠筒状。

7.2.5 总苞

总苞卵形或近球形,直径 5 mm~15 mm;总苞片 6 层~8 层,覆瓦状排列;总苞片外层与中层卵形或宽倒卵形,长 3 mm~11 mm(包括上部附属物),内层披针形或线状披针形,全部苞片附属物膜质,半透明状;小花两性,质厚,管状,花冠粉红色或淡紫色,长约 14 mm,花冠裂片长约 3 mm(参见图 B.2)。

7.2.6 瘦果

瘦果倒卵形,长 2.0 mm~4.0 mm,宽 1.3 mm~2.5 mm,厚 0.7 mm~1.4 mm;瘦果侧面观有时稍弯曲,基端狭窄,顶端稍宽圆,衣领状环不明显,花柱残基显著隆起;冠毛白色,多层,向内层渐长。冠毛毛状,渐向顶端成羽状,基部不连合成环,易脱落;果皮乳白色至淡黄色,表面光滑无毛,稍具光泽,约具 10 条不明显的纵肋条。内果皮呈褐色;果脐位于瘦果基端,平或稍偏斜;瘦果内含种子 1 粒,种皮膜质,胚匙形,子叶宽,无胚乳(参见图 B.3 和图 B.4)。

8 结果评定

以总苞、瘦果的形态特征为鉴定依据,符合 7.2.5、7.2.6 描述的可鉴定为匍匐矢车菊 *Centaurea repens* L.。

9 标本和样品保存与处理

9.1 标本保存

将鉴定为匍匐矢车菊的植株压制成标本，鉴定为匍匐矢车菊的总苞、瘦果装入指形管或标本瓶内，加以标识，注明编号、名称、产地、商品名称、进出境日期等，经手人签字后妥善保存。

9.2 样品保存

保存样品注明编号、产地、进出境日期等信息后妥善保存。

9.3 保存时间

含有匍匐矢车菊的样品，妥善保存至少6个月。

9.4 样品处理

保存期满后，样品应作灭活处理。

附 录 A
（资料性附录）
匍匐矢车菊其他信息

A.1 学名及分类地位的变更

根据《Flora of North American》、《中国植物志》、The Euro＋Med Plantbase 数据库等的记载匍匐矢车菊最早由 Linnaeus 于 1763 定名后，其名称和分类地位多次变更。

Centaurea repens L. Sp. Pl. ed. 2，2：1293. 1763；

Centaurea picris Willd. Sp. Pl. 3：2302. 1803；

Acroptilon picris（Willd.）C. A. Mey. Verz. Pfl. Casp. Meer. ：67. 1831；

Acroptilon repens（L.）DC. Prodr. 6：663. 1838；

Rhaponticum repens（L.）Hidalgo. Ann. Bot.（Oxford）97：714. 2006

其他异名：*Acroptilon augustifolium*、*Acroptilon australe*、*Acroptilon obtsifolium*、*Acroptilon serratum*、*Acroptilon subdentatum*、*Serratula picris*、*Acroptilon alpinum* subsp. *australe*（Iljin）Rech. f. 等。

尽管其分类地位和学名多次变更，但目前大部分的植物分类文献和网站如：《中国植物志》和国内的地方植物志、《Flora of North American》、《The biology of Canadian weeds》以及澳大利亚等国的数据库认可的学名为：*Acroptilon repens*（L.）DC. 归属于菊科，顶羽菊属 *Acroptilon* Cass. ，部分文献将其学名定为 *Centaurea repens* L. 归入菊科，矢车菊属 *Centaurea* L. ，而 The Euro＋Med Plantbase、Germplasm Resources Information Network（GRIN）等数据库将其学名定为 *Rhaponticum repens*（L.）Hidalgo，将其归入菊科，漏芦属 *Rhaponticum* Vaill. 。匍匐矢车菊与矢车菊属其他种的区别参见附录 C。

根据《中华人民共和国进境植物检疫性有害生物名录》，本标准学名使用 *Centaurea repens* L. 。

A.2 主要地理分布

俄罗斯、乌克兰（南部）、阿富汗、亚美尼亚、阿塞拜疆、格鲁吉亚（北部）、印度、伊拉克、伊朗、哈萨克斯坦、吉尔吉斯共和国、蒙古、叙利亚、塔吉克斯坦、土耳其、土库曼斯坦、乌兹别克、南非、澳大利亚、加拿大（阿尔伯达省、马尼托巴省、萨斯喀彻温省，不列颠哥伦比亚省、安大略湖）、美国（21 个州，西部各州普遍发生）、阿根廷、特立尼达岛。

A.3 危害

多年生杂草，具发达的匍匐状根系，主根能深入土壤（超过 10 m），并以根蘖进行快速定殖，繁殖和扩散。具极强的竞争力，根系分泌的化感物质严重影响作物生长。化学防治和土壤处理也非常困难，是一种能造成田园荒芜的恶性杂草。

附 录 B
（资料性附录）
匍匐矢车菊形态特征图

图 B.1 植株

图 B.2　总苞

图 B.3　瘦果

a——瘦果短径纵剖面；
b——瘦果横剖面；
c——瘦果长径纵剖面；
d——除去外皮层的果实；
e——瘦果顶面；
f——瘦果基部。

图 B.4 瘦果解剖图

附 录 C
（资料性附录）
匍匐矢车菊与矢车菊属其他种的区别

表 C.1 匍匐矢车菊与矢车菊属其他种的区别

区别特征	种类	
	匍匐矢车菊（*Centaurea repens* L.）	矢车菊属（*Centaurea* L.）其他种
不育小花	不存在	有的种类存在
瘦果顶端特征	瘦果顶端稍宽圆，衣领状环不明显	瘦果顶端平截，衣领状环明显
果脐位置	基端	近基部侧生
染色体基数	13	7、8、9、11
总苞片附属物	顶端圆形或具尖角，膜质半透明，透明部分宽大明显	边缘有流苏状、缘毛状锯齿或顶端针刺化，颜色多变；个别种类顶端膜质透明，但透明部分狭窄